高等学校土木工程专业“十四五”系列教材

城市地下工程

刘　鑫　洪宝宁　编著

中国建筑工业出版社

图书在版编目（CIP）数据

城市地下工程 / 刘鑫，洪宝宁编著. — 北京：中国建筑工业出版社，2020.12

高等学校土木工程专业“十四五”系列教材
ISBN 978-7-112-25876-5

Ⅰ. ①城… Ⅱ. ①刘… ②洪… Ⅲ. ①城市建设-地下工程-高等学校-教材 Ⅳ. ①TU94

中国版本图书馆 CIP 数据核字（2021）第 026424 号

本书系统地介绍了城市地下工程，内容共分 8 章，包括：城市地下工程绪论、城市地下工程类型、城市地下工程规划与布局、城市地下工程勘察、城市地下工程结构分析与设计方法、城市地下工程施工方法、城市地下工程环境效应与改善、城市地下工程灾害特点和防灾措施。在各章内容中除介绍了地下工程的特点，以及与地上工程的不同点外，还探讨了城市地下工程中的新理论、新技术和新方法，并引进了大量的工程实例分析，内容编排新颖，重视实用技术，可读性强。

本书可作为普通高等学校岩土、土木、水利工程等专业的硕士研究生教材，相关专业的本科生，从事土木工程和地下工程的设计、施工和管理及科学研究的专业技术人员，大专院校其他专业的师生，也可参考使用。

本书配套课件，有需要的任课教师可发送邮件至 jiangongkejian@163.com 索取。

责任编辑：仕　帅　吉万旺
责任校对：李美娜

高等学校土木工程专业“十四五”系列教材
城市地下工程
刘　鑫　洪宝宁　编著
*
中国建筑工业出版社出版、发行（北京海淀三里河路 9 号）
各地新华书店、建筑书店经销
北京红光制版公司制版
天津安泰印刷有限公司印刷
*
开本：787 毫米×1092 毫米　1/16　印张：25¼　字数：624 千字
2021 年 3 月第一版　2021 年 3 月第一次印刷
定价：**68.00** 元（赠课件）
ISBN 978-7-112-25876-5
（36667）

前　言

伴随着经济发展与社会进步，城市建设从19世纪的建桥世纪，20世纪的高层建筑世纪，发展到21世纪的开发地下空间世纪。美国明尼苏达大学地下空间中心主任雷·斯特林认为，“随着土地使用压力和公众对拥有一个更为清洁环境的要求日益突出，人们将会越来越多地利用地下搞建设”。我国目前已成为城市地下空间开发利用的大国，是世界上地下空间开发利用的热点地区。本教材编写的主要目的是让在校学生能够比较全面地掌握、熟悉和了解城市地下工程的基本知识，以及新理论、新技术、新方法和发展动态，充分认识到城市地下空间是国家的重要社会资源，是我国未来几十年内重点开发的土木工程领域。

本教材资料的积累与整理先后经历了二十余年，并通过四十余次主讲研究生课程——城市地下工程和本科生课程——地下建筑设计的不断补充和完善，在河海大学研究生院和土木与交通学院的大力支持下，于2020年8月份完成了编写工作。编写过程中，江苏科技大学刘顺青老师，南昌工程学院崔猛老师，河海大学博士研究生徐奋强、濮仕坤、单浩、盛柯、王贵森以及硕士研究生倪铖伟、张立业、邵志伟、宋浩翰等在资料搜集、插图绘制、文稿打印等工作中给予过帮助；河海大学博士研究生孙东宁和硕士研究生王春燕在全书文字的校核、插图绘制与选择等方面也付出了辛勤劳动，在此谨表真挚谢意。本教材中引用了许多书刊的图、表、公式、定义等，有的在各章节中注有出处，有的在参考文献中列出，在此向被引用的作者致以谢意。

尽管编著者对本教材的内容和体系反复推敲、认真研究，而且初稿在此次正式出版之前，已在河海大学内部的专业课程教学中使用了数年，但限于涉及领域广和有关方面的资料不足，加之作者水平有限，疏漏、错误之处在所难免，恳请各位专家、同行、读者提出宝贵的意见。

编著者

2020年8月

目　　录

第 1 章　城市地下工程绪论

城市地下工程是利用地下空间在岩层或土层中修建各种工程设施和建筑物或结构物的工程，它涉及范围很广，几乎涵盖了城市功能的所有方面，如：地下铁路、地下商业街、地下停车场、地下市政管线、地下物资库、地下工厂、地下住宅、地下隐蔽所等。城市地下工程的建设拓展了人类生存空间，对城市的可持续发展起到了积极作用。城市地下工程的发展与地下空间的利用密不可分，本章主要介绍地下空间利用的意义、地下空间的特点以及城市地下工程分类与工程建设特点和国内外典型城市地下空间利用。

1.1　地下空间利用意义

地下空间是指在岩层或土层中天然形成或经人工开发形成的空间，如在石灰岩山体中由于水的冲蚀作用而形成的天然溶洞空间称天然形成的地下空间；利用开采后废弃矿坑和使用各种挖掘技术形成的空间称人工开发形成的地下空间。

随着现代化进程加快，城市人口高度集中，生产和交通工具不断密集，使有限的空间资源和用地严重不足，环境日益恶化，已严重限制了城市的发展。地下空间和城市建设方面的专家学者一致认为，现代城市的建设，除了建造高层建筑，使城市向空中发展外，开发利用地下空间，向地下发展是必然趋势。联合国自然资源委员会 1982 年已指出：地下空间是人类潜在的和丰富的自然资源；1983 年联合国经社理事会也同样明确了“地下空间为重要的自然资源”；1991 年东京“城市地下空间利用”国际学术会议通过的《东京宣言》提出：21 世纪是人类地下空间开发利用的世纪。适度、合理、科学地开发利用城市地下空间资源，是可持续发展的重要保障，是改善环境、缓解交通压力、提高集约化程度、保障人防安全的重要手段和途径。

1.1.1　缓解生存空间危机

世界人口的增加和生活需求的增长，与自然条件的日益恶化和自然资源的渐趋枯竭之间的矛盾，反映在生存空间问题上，表现为日益增多的人口与地球陆地表面空间容纳能力的不足；在城市发展问题上，则表现为扩大城市空间容量的需求与城市土地资源紧缺的矛盾，这种现象称之为生存空间危机。

世界上每增加一个人，社会就需为其提供一定的生存空间和生活空间，生存空间包括生态空间，即生产粮食等生活必需品的空间；生活空间，指供人居住和从事各种社会活动的空间，如城镇、乡村居民点，以及铁路、公路、工矿企业等所占用的空间。这两类空间主要都是以可耕地为依托，故衡量生态空间质量的标准应当是单位面积耕地供养人口的能力，衡量生活空间质量的标准应当是在保证足够生态空间的前提下，人均占有城镇或乡村居民点用地面积和人口的平均密度。

从生存空间来看，世界范围在现有的 15 亿公顷耕地不再减少的情况下，如果 2150 年人口达到 150 亿，土地供养人口的能力将达到极限。我国人口占世界人口的 22%，而人均耕地面积仅为世界平均水平的 30%，即使按较低的粮食消费标准分析，在现有 1 亿公顷耕地不再减少的前提下，每公顷可耕地年产粮能力必须达到 9600kg（合亩产 640kg），才能供养 16 亿人口（2050 年）。也就是说，我国的生态空间将在 2050 年前后达到饱和，比世界平均水平提前 100 年。事实上，要求可耕地不再减少是很困难的，仅 1993 年全国耕地减少量就相当于 13 个中等县的耕地面积。

从生活空间来看，要容纳不断增加的人口和使原有人口提高生活质量，也需要大量的土地。1987 年，全国生活空间用地占国土总面积的 6.9%，约为 66.2 万 km^2，其中包括城市用地和农村居民点用地。如果到 21 世纪中叶，我国国民经济总体上达到当时中等发达国家的水平，则城市化水平必须从 1990 年的 19%提高到 65%左右，即城市人口要从 2.1 亿增加到 10.4 亿，净增 8.3 亿人。以人均城市建设用地 $120m^2$ 计，需要土地 10 万 km^2。如果进入城市的农村人口中有 20%放弃在农村的居住用地，按人均用地 $160m^2$ 计，可扣除用地 2.66 万 km^2，即总的生活空间用地需增加 7.34 万 km^2，约相当于台湾、海南两省面积的总和，这无疑将给我国本已十分有限的可耕地造成巨大的压力。因此，必须寻求在不占或少占土地的情况下拓展生活空间的途径，否则不但影响我国城市化的进程，制约国民经济的发展，而且必然导致生态空间的缩减，加剧生存空间的危机。

拓展人类的生存空间，有三种可供选择的途径：第一种是宇宙空间，虽然人类对宇宙空间已进行了初步的探索，但由于人类生存所必需的阳光、空气和水在宇宙其他星球上尚未发现，故大量移民几乎是不可能的；第二种是水下空间，海洋面积占地球表面积的大部分，海底均为岩石，地下空间的天然蕴藏量很大，但阳光、空气、淡水等供应同样十分困难，在可预见的未来，大量开发海底地下空间也是不可能的；因此，当前和今后相当长时期内，开发陆地地下空间就成为拓展人类生存空间唯一现实的途径。

城市地下空间的天然蕴藏量应等于城市总用地范围以下的所有土层和岩层的体积（平均厚度 33km），但这个数字并没有实际意义。如果把开发深度限定在 2000m 以内，考虑到地下工程之间必要的距离，开发范围限定在城市总用地面积的 40%以内较为适当。按照这样的开发深度和范围，一个总用地面积为 $100km^2$ 的城市，可供合理开发的地下空间资源量有 $8\times10^{10}m^3$。以建筑层高平均为 3m 计，可提供建筑面积 $2.7\times10^{10}m^2$，即 270 亿 m^2，相当于一个容积率平均为 5 的城市地面空间所容纳建筑面积的 540 倍。但是地下空间开发深度达到 2000m 在技术上是很困难的。若在 21 世纪的 100 年内，合理开发深度达到 100～150m，对于多数大城市是比较现实的。

1.1.2 解决发展中困难和挑战

在城市发展过程中，必然会遇到各种困难和挑战。各国国情不同面临的困难和挑战也不同，我国在现有条件下，主要反映在以下五个方面：

1. 人口增长的挑战

在人类生存的 400 万年中的大部分时期，人口数量的增长是缓慢的，20 世纪后半叶开始迅速增长，1960 年达到 30 亿，1987 年 50 亿，1999 年 60 亿，2020 年已经突破 75 亿。联合国预测到 2030 年，全球人口将达到 85 亿人。我国人口数量一直居世界首位，

2020年数据显示，人口已达到14亿，预计到2030年前后人口达到16亿时，才有可能停止增长。同时，我国的城市化将使城市人口从2000年的4亿人增加到10亿。人口增长形成的最直接压力是对粮食的需求，但城市发展用地主要来自对可耕地的占用，对保持足够耕地的要求仍然是一个很大的威胁。也就是说，我国的城市发展以至建设未来城市，只能以不占或少占耕地为总前提。

2. 淡水资源短缺的挑战

虽然地球表面的71%是海洋，海水量之大可谓取之不尽、用之不竭。但是遗憾的是，人类及多数生物赖以生存和城市赖以发展的淡水，却只占地球总水量的0.64%。目前，世界上大约有200个国家、40%的人口面临供水紧张，足以引起社会动荡和导致地区冲突，并制约城市的发展。我国的水资源情况在世界上处于很不利的地位，不但现在已严重影响到城市的发展，在未来的城市建设中必将构成一个难以应对的挑战。虽然自然条件是无法改变的，但是通过人们的努力，如节约用水、水源调剂、提高重复使用率、降低海水淡化成本等，有可能使危机得到一定程度的缓解。

3. 能源枯竭危机

能源对于人类生存与发展的重要性和城市对能源的依赖关系，是显而易见的。现在，全世界每年燃烧煤40亿t，消耗石油25亿t，并以每年3%的速度增长。据联合国1994年公布的数字，以1992年的开采量和当时已探明和可能增加探明的储量相比较，石油还可开采75年，天然气能维持56年，煤较多，可开采180年。也就是说，到21世纪中叶，人类将面临传统能源的危机。我国的情况更差，石油和天然气的探明储量都比较少，安全期预计为30～50年，只能越来越多地依赖进口。因此，在传统能源面临枯竭的情况下，出路只有两个：一是节约使用，降低能耗；二是开发利用新能源，这也是在未来的城市建设中必须应对和解决的问题。

4. 环境危机

在人类以自己的智慧和知识创造了巨大的生产力、富足的生活和繁荣的城市的同时，也为自己造成了灾难性的后果，受到自然的无情惩罚，那就是严重的生态失衡和环境污染。宏观上的生态环境恶化主要表现为沙漠化（或称荒漠化）、全球性气候变暖、臭氧层流失、自然灾害频繁等。对于城市来说，主要表现在工业生产和居民生活排出的大量废弃物造成的城市大气污染、水污染、土壤污染。此外，城市环境噪声污染和建筑物玻璃外表面的光污染，也属于城市环境问题。严重的城市环境污染，对今后城市的发展确实是一个危机。我国城市环境质量现状不容乐观，在全世界污染最严重的10个城市中，我国曾占了6个。大城市的空气污染程度通常比世界卫生标准高出3～4倍。

5. 灾害威胁

我国是地震多发国，且国土的70%处于季候风的影响范围，水、旱、风等灾害频繁；同时，我国仍处于复杂动荡的世界局势之中，战争的根源并没有消除。因此，城市面临战争及多种自然和人为灾害的威胁，城市安全还没有充分的保障。地下空间天然具有的防护能力，可以为城市的综合防灾提供大量有效的安全空间，对于有些灾害的防护，甚至是地面空间无法替代的。

克服以上困难的途径，只能是依靠无限的知识资源，应对有限的自然资源危机；通过高新技术提高土地对人口的承载能力，提高对水资源的循环使用水平，降低能源消耗和解决开发新能源的困难，治理环境污染和改善生态平衡。地下空间在容量、环境、安全等方面的巨大优势，使之能在克服城市现代化过程中的诸多矛盾起到重要的作用，因此，也成为地下空间规划必须认真考虑的问题。

1.1.3 促进城市现代化发展

城市现代化是指城市的经济、社会、文化、生活方式等由传统社会向现代社会发展的历史转变过程，在科学技术和社会生产力高度发展的基础上，为城市居民提供越来越好的生活、工作、学习条件和环境，城市经济、社会、生态和谐地运行并协调发展。

“现代化”对于世界上数以千计的城市来说，既有共同的含义，又是一个相对概念，发达国家的“现代”，可能成为发展中国家“现代化”的目标，而后者的“现代”，又可能成为最不发达国家发展的方向。也就是说任何一个国家，城市的现代化发展都要经历一定的历史阶段，适应一定的生产力发展水平和符合自己的国情。

2018 年我国人均 GDP 水平刚达到 9960 美元，开始进入中等偏低收入国家行列，大多数城市现代化水平还很低，同世界先进的现代化城市发展水平相比，还有很大差距。按照历史发展的观点，或迟或早都将走上现代化的道路，并不断提高现代化水平。从我国情况看，21 世纪上半叶城市现代化发展大约会经历三个阶段：第一阶段 2001～2010 年，实现城市现代化的基础阶段，即城市人均 GDP 达到 4000 美元左右，经济进入有序的平稳增长期，城市居民生活质量有较明显的提高，少数发达城市可率先基本实现城市现代化。第二阶段 2011～2030 年，大多数城市普遍实现城市现代化，城市人均 GDP 超过 1 万美元。第三阶段 2031～2050 年，我国城市达到发达国家城市水平的重要发展阶段，城市人均 GDP 将达到 2 万美元以上，城市的经济、科学技术、文化教育、基础设施等将全面达到或接近国际先进水平，居民生活水平达到当时发达国家的中上等水平；届时，城市现代化的主要标志，按现在的认识水平，应当是：高度发达的生产力和科学技术，完善和高效的城市基础设施，清洁优美的城市环境，丰富的城市文化，高水平的城市管理，高素质的城市人口和高度的精神文明，有效的防灾减灾能力以及土地资源、水资源和能源的高效利用；此外，一些有条件的城市还应包括充分的国际合作与区域合作，以及某些重点城市功能的国际化。

在实现城市现代化过程中，地下空间的开发利用，可以起到重要的推动作用和保障，主要表现在：

(1) 在不增加城市用地的前提下，实现城市空间的三维式拓展，从而提高土地的利用效率，节约土地资源。同时，缓解城市发展中的各种矛盾；保护和改善城市生态环境。

(2) 建立水资源、能源的地下储存和循环使用的综合系统，促进循环经济的发展和构建资源节约型社会。

(3) 建立完善的城市地下防灾空间体系，保障城市在发生自然和人为灾害时的安全。

(4) 实现城市的集约化发展和可持续发展，最终大幅度提高整个城市的生活质量，达到高度的现代化。

发展空间由地面及上部空间向地下延伸，是世界城市发展的必然趋势和必由之路，“向地下要土地、要空间已成为城市历史发展的必然”。地下空间利用容量决定着城市地下空间的开发利用模式、规模和可持续性。日本、法国、德国、美国、英国等发达国家，为解决大城市中交通、商业、电力通信、停车场、上下水道等过密化的问题，已经开始把大量的城市设施向地下转移，城市地下空间利用已经向更广泛的方向发展。早在20世纪80年代，国际隧道协会（ITA）就提出“大力开发地下空间，开始人类新的穴居时代”的口号；1990年国际隧协的调查结果表明，地下空间利用在20世纪末将达到高潮：21世纪必将是城市地下空间利用蓬勃发展的世纪。

1.2 地下空间特点

地下空间与地上空间的最大区别，在于周围介质的不同。地上空间是通过围合形成空间，它的周围介质是空气，而地下空间是在岩层或土层中天然形成或人工开发形成空间，它的周围介质是岩石和土壤，这就使得地下空间具有许多不同于地上空间的特性。开发利用城市地下空间，不仅可以再造可使用空间，扩大空间容量，满足多种功能要求，而且在许多方面有着更为突出甚至不可替代的优点，更有利于增强城市总体防护能力和防灾抗毁能力，有利于节能、节地，改善环境，促进城市可持续发展。然而，地下空间的也有其不足的一面，在开发和利用时应充分考虑，做到扬长避短，才能更好地利用地下空间。

1.2.1 无限性与制约性

地球表面积5.15亿km^2，地球表面以下为岩石圈（地壳），陆地下的岩石圈平均厚度为33km，海洋下为7km。地下空间是地球岩石圈空间的一部分，如图1-1所示，国外有人估计即使开发深度为30m，开发面积为城市建成区1/3的地下空间，就能获得相当于城市全部地面建筑的容量，从这一角度来看，地下空间资源是无限的，潜力巨大，如图1-2所示。另外，开挖出的弃土废渣填筑洼地、河滩地等，也可变城市的无用地为有用地。因此，从理论上讲，地下空间资源的开发是无限的。

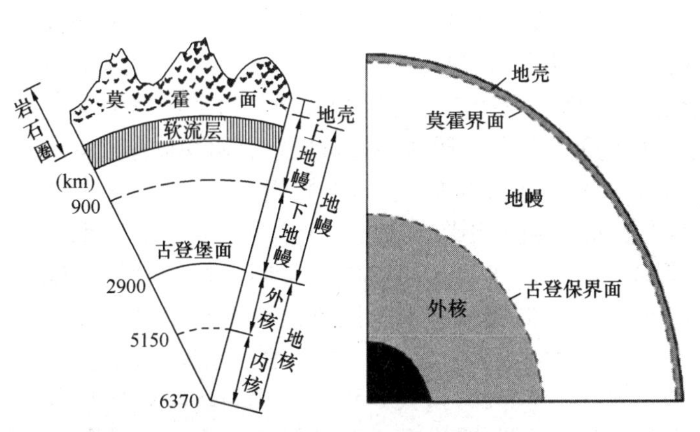

图1-1 地球圈层构造剖面图

图1-2 地上地下建筑面积对比

然而，地下空间在开发过程中往往受城市地质情况、已有地下设施、已有建筑物较深基础、土地所有权与地价、较高的施工技术、经济能力、开发后的综合效益及对城市的影响等因素的制约，如图1-3所示。因此，城市地下工程建设又有一定的制约性。所以必须经过深入调查、科学论证与综合规划。

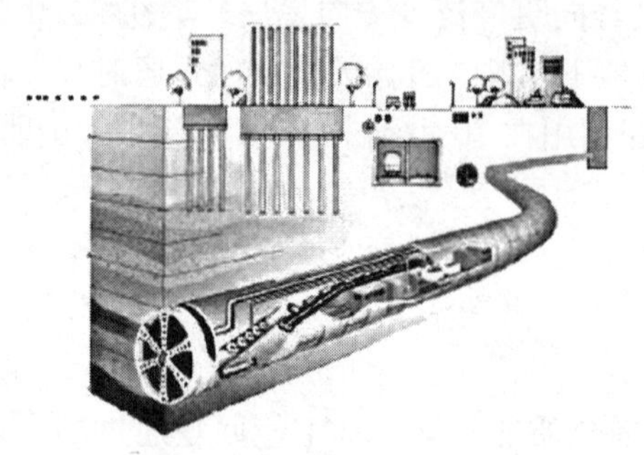

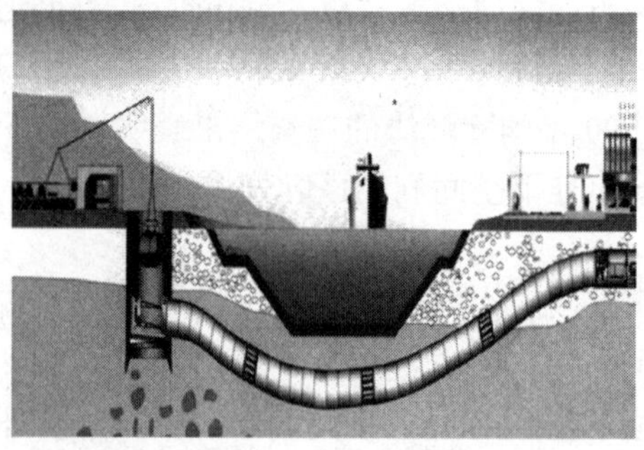

图 1-3 地下工程的制约性

1.2.2 隔绝性与热稳定性

由于人工空间与围岩介质热环境的相互作用，使得地下空间与大气环境相隔离，受大气环境的影响很小，表现出比较稳定的地下温度场。良好的热稳定性使地下空间表现出所谓的“冬暖夏凉”的热环境特性，所以地下空间具有隔绝性与热稳定性。

从地表开始往下，随着深度的增加，地下温度受地表温度的影响逐渐减小，直至不受地表温度影响。因此，地表以下按照温度分布规律可依次分为变温层、常温层和增温层。变温层温度受太阳辐射随气候变化，增温层温度受地下热源影响随地温增温率变化，常温层介于变温层和增温层之间，其温度相对恒定。另一方面，地下空间的围岩介质是稳定的热储存器，并且具有隔绝性，与地上空间周围流通的空气相比，地下空间的热量不易散失。由此可见，地下温度分布规律和围岩介质的性质决定了地下空间良好的热稳定性。

试验表明，在地下 1m 的室内，日温几乎没有变化；在地下 5m 的室内，气温一年四季几乎保持恒定。对于环境要求较高的地下工程，在空调系统停止运行后，经实测，室内温度、湿度等环境指标变化缓慢，8h 内基本不发生变化。地下空间的埋置越深，封闭性越强，其热稳定性越好。空间环境的稳定性大大降低了室内环境的维护成本，节约用于温度、湿度调节的能源，并减少环境污染。利用这一特性可开发建设地下冷库、能源储藏库、粮食库等，其经济效益要远高于地面仓库。另外，隔绝性还可以在交通立体分流、景观视线阻挡、防毒防空袭、隔声、防振和防止气体污染等方面发挥作用。

地下空间具有恒温、恒湿性，不受地面气候变化影响，且由于隔绝性可大大降低室内外热量、湿度的交换，使空间环境保持稳定。然而，同样由于空间环境的稳定，地下空间与外界环境交换能力弱，致使地下空间的通风、采光困难，让人感到气闷和心理恐慌，从而决定了地下空间不适宜人们长时间停留。此外，由于地下空间的隔绝性，对于发生在其内部的火灾等灾害往往容易造成较大的损失。可见，空间环境稳定性与隔绝性有利有弊，随着科技发展、材料更新以及设计施工手段的进步，期待这些弊端可逐步得以解决。

1.2.3 易封闭性与高防护性

地下空间周围介质为高致密性的岩土，因此其空间具有很强的隔绝性，封闭、隔声、防振和挡光效果良好，可满足一些精密仪器生产和其他功能设施对空间环境的特殊要求。由于地下空间为岩土介质所包围，所以地下空间相对来说比较容易封闭，对于良好的岩石围岩介质，只要加以适当的开发即可直接用于存储各类物质甚至是液体物质。对土层介质加以改造与加固，也可用于各类物质的储存，如对天然气形成的土质围岩介质空间进行必要的技术处理，则可形成具有良好封闭性的人工空间。对城市中各类对内部环境要求不高的能源储存设施，尤其液体能源存储设施，可利用地下空间的易封闭性进行开发，并且对各种易燃液体能源进行地下储存，也有利于城市防灾能力的提高。易封闭性是地下空间的基本特性，几乎其所有其他特性都与这个特性有直接的关系。

地下空间的高防护性是指在一定的工程防护措施下，地下空间对各种现代武器的袭击具有与所采取措施相应的防护能力，如对核武器的光辐射、早期核辐射、空气冲击波、放射性污染等，都能进行有效的保护。地下空间的高防护性，主要表现在以下两个方面：

1. 对于战争的防护能力

由于地下空间置身于岩土体之中，其变形受到围岩抗力的作用，因而具有良好的抗动力荷载性能，通过采取一定的工程措施后，所形成的地下工程在抵抗核武器、常规武器与生化武器等的袭击方面，具有地面建筑无法比拟的优越性。例如，当原子弹低空爆炸时，在距 100 万 t 级核弹爆心投影点 2.6km 处，一般地面建筑会全部遭受破坏，而承载力为 98kPa 的地下工程可保存完好，如承载力为 294kPa，则这个距离可缩小到 1.5km。当地下工程建于距地表相当深度以下，有足够厚度的岩土防护层时，除口部需进行防护外，其余部分则不会受到冲击波荷载作用，这一点在地面即使花费再大的代价也难以实现。

2. 对于地震等自然灾害的防护能力

建筑物受地震破坏的程度主要由结构的位移控制，建筑物越高，破坏的可能性就越大。当发生地震时，由于地下结构与围岩的相互作用及变形协调，地下结构的变形较小，再加上介质对结构自振引起的阻尼作用，及地震加速度随着深度增大而迅速衰减，使得地下空间设施的破坏程度大大低于地面建筑。我国的唐山地震、日本的阪神地震等都已证实，地下空间设施在抗震方面具有独特的优越性。1995 年日本神户大地震后，神户市政厅地面建筑严重受损，而其下方的地下商场却安然无恙，依然能够正常运营。此外，地下空间对台风等风灾害的防护性能更不言自明。地下空间的高防护性，为城市地下空间的开发，尤其是市政基础设施的地下化，提供了充分的现实和理论依据。

1.2.4 层次性与不可逆性

地下空间的隔绝性和热稳定性特征导致，不同深度的地下空间反映出不同的工程特点。研究表明，地下 10m 深度范围内的地下空间，浅层区域仍然存在着季节性的温度波动，但随深度增加受季节温度影响逐步减少，当到达地下 10m 深度处，温度保持季节性稳定；地下 10～30m 深度范围内的地下空间，温度相对稳定且隔绝性好，可为特殊类型的工业提供适宜的空间；地下 30m 深度以下的地下空间，隔绝性好且人类活动少。根据地下空间隔绝性和热稳定性特征，以及地下工程自身功能需求，不同的工程往往需要建造在不同的深度中。例如，商业中心、体育中心等人群密集区，为了保持适宜人类活动的温度并避免幽闭恐惧症，一般建设在地下 10m 深度范围内的地下空间中；停车场、地铁、水电管道等公用设施，需要保持相对的温度和湿度，一般建设在地下 10～30m 深度范围内的地下空间中；危险品仓库、油库等地下工程，需要远离人类活动区，一般建设在地下 30m 深度以下的地下空间中。因此，地下空间的开发利用具有层次性特点。城市地下空间开发利用总是从浅层开始，然后根据需要逐步向深层发展。

另一方面，城市地下空间的开发利用具有不可逆性，即在地下空间内建造的地下工程一旦实施，往往是不可逆的。地下工程一旦形成所处的地下空间将不可能回到原来的状态，工程本身很难改造或消除，要想再开发一般比较困难。因为它的存在势必影响将来附近地区的使用。这就要求对地下空间利用必须进行长期的分析预测，进行分阶段、分地区和分层次开发的全面规划，在此基础上，有步骤、高效益地开发利用。需要特别说明本教材中，地下建筑与地下工程的区别，前者强调建筑物和构筑物的静态特性，后者包含各种工程设施、建筑物和构筑物等建造的动态特性。

1.3　地下空间利用历程

人类对地下空间的利用，经历了一个从自发到自觉的几千年漫长的过程。推动这一过程的动力：一是人类自身的发展，如人口的繁衍和智能的提高；二是社会生产力的发展和科学技术的进步。从发展过程来看，大致可分为五个时期。

1.3.1　远古时期

这一时期是指从人类出现到公元前 3000 年的新石器时代为止。为恶劣的生存环境所迫，即人类为了防寒暑、避风雨、躲野兽，开始自发利用地下空间来抵抗自然威胁。在北京西南郊周口店村龙骨山发现的北京猿人头骨和使用的火的遗迹，说明距今 50 余万年前的原始人类曾居住在自然条件比较好的天然岩洞，并在其中保存生活所必需的火种。在周口店龙骨山上，还发现有被称为“新洞人”和“山顶洞人”两种古人类的生活遗址，也都是在天然洞中，距今约一万年。图 1-4 是山顶洞的入口，图 1-5 是模拟山顶洞人生活场景的塑像。

图 1-4　山顶洞入口

图 1-5　模拟山顶洞人的生活场景

人类真正开始开发利用地下空间，在公元前 8000～3000 年的新石器时代。由于一些民族部落从游牧开始聚居，天然岩洞已不能满足要求，故大量掘土穴居住，这标志着人类真正开始主动开发利用地下空间。图 1-6 是石峁遗址发现的窑洞式建筑石砌窑门，图 1-7 是英国发现的奥克尼新石器时代遗址的石室。至今我国已发现新石器时代遗址七千余处，其中最早的是河南新郑裴李岗及河北武安磁山两处，都有窑址和窖穴的发现。黄河流域比较典型的村落遗址有西安半坡、临潼姜寨、郑州大河村等。这一时期地下空间的利用以洞穴居住为主。

图 1-6 石峁遗址发现的窑洞式建筑石砌窑门

图 1-7 英国奥克尼新石器时代遗址的石室

1.3.2 古代时期

公元前 3000 年以后，世界进入了铜器和铁器时代，劳动工具的进步和生产关系的改变，促使生产力有了很大发展，出现了古埃及、古希腊、古罗马及古代中国的高度文明。这时地下空间的利用也摆脱了单纯的居住要求，而进入了更广泛的领域，同时大量的奴隶劳动力使建造大型工程成为可能。例如，公元前 2770 年前后埃及的金字塔（图 1-8），实际上是用巨大石块堆积成的墓葬用地下空间，还有公元前 18 至前 12 世纪中国殷代墓葬群，以及秦始皇陵（图 1-9）等。

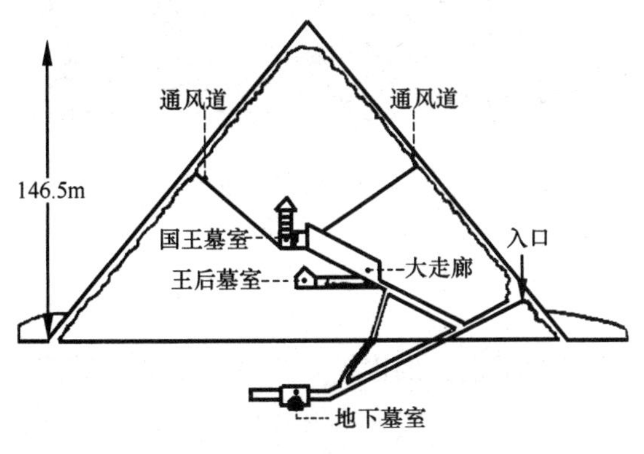

图 1-8 金字塔内部构造

图 1-9 秦始皇陵地宫布局图

在这时期也有一些其他的地下工程，如：古巴比伦地区的幼发拉底河底隧道，隧道长 929m（0.577 英里）；我国秦汉时期的地下粮库等，图 1-10 和图 1-11 是隋唐王朝在洛阳修筑含嘉地下粮库和黎阳地下粮库。这一时期地下空间的利用以建造陵墓为主。

图 1-10 含嘉仓遗址

图 1-11 黎阳仓遗址

1.3.3 中世纪时期

从 5 世纪到 15 世纪，欧洲进入了封建社会的最黑暗时期，即中世纪，这时地下空间的开发利用基本处于停滞状态。我国地下空间利用多用于建造陵墓和满足宗教建筑的一些特殊要求，如北魏、隋、唐、宋、元等各朝都建造了一些陵墓和石窟等。其中，埋葬在陕西省关中地区唐京师长安（如今的西安）周边的唐朝十八位皇帝的“关中十八唐帝陵”，以及黄河流域修筑的甘肃敦煌莫高窟（图 1-12）、甘肃天水麦积山石窟、山西大同云冈石窟（图 1-13）和河南洛阳龙门石窟被称为中国的“四大石窟”最为典型。这一时期地下空间的利用以陵墓和满足宗教特殊要求为主。

图 1-12 敦煌莫高窟

图 1-13 云冈石窟

1.3.4 近代时期

16 世纪的文艺复兴不仅使欧洲在文化艺术上摆脱了宗教的束缚，出现了空前的繁荣，而且自然科学也有了很大的发展，促进了社会生产力的提高和资本主义生产关系的萌芽。从此，欧洲的科学技术开始走到世界前列，地下空间的开发利用也进入了新的发展时期，地下空间的利用开始转为社会服务。

17 世纪火药的使用和 18 世纪蒸汽机的应用，使在坚硬岩层中挖掘隧道成为可能，加速了地下工程的发展。有益矿物的开采、运河隧道的修建，以及随着城市的发展开始修建的地下铁道、上下水道等，使地下空间利用的范围迅速扩大。例如，1613 年建成伦敦水道，如图 1-14 所示，1681 年修建了地中海比斯开湾的连接隧道（长 170m）。19 世纪以后建设的隧道就更多，1843 年伦敦建造了越河隧道，1845 年英国建成第一条铁路隧道，1863 年世界上第一条地下铁道在伦敦建成，如图 1-15 所示；而 1871 年，穿过阿尔卑斯山，连接法国和意大利的长 12.8km 的公路隧道开通，欧洲国家经过半个多世纪的发展，已经形成较为完备的地下设施建造技术。这一时期地下空间的利用以隧道建造为主。

图 1-14 伦敦水道内景

图 1-15 伦敦的地铁在 1863 年开通时情景

1.3.5 现代时期

20 世纪后，特别是 20 世纪 60～70 年代，地下空间的开发利用达到了空前的规模，在一些发达国家，地下空间的开发总量都在数千万到数亿立方米，主要用于建造各种交通隧道（公路隧道）、水工隧道、大型公用设施隧道和地下能源贮库等。城市主要建造地铁、地下商业街、地下停车场和地下管线等。

在这个时期，世界上许多大城市为了改善城市交通，促进商业的繁荣，普遍建设地下铁道。1904 年美国纽约第一条地铁建设开通，使其成为全球历史最悠久的公共地下铁道系统之一，其中，商业营运路线长度为 394km（245 英里），共有 472 座车站，如图 1-16 所示；日本从 1930 年开始建设地下商业街，比较有影响而且规模较大的是八重洲地下街，如图 1-17 所示，于 1963 年动工，分两期建成（1963～1965 年和 1966～1969 年）。这一时期地下空间的利用以大型公用设施隧道和地下能源贮库为主，其中城市以地铁和市政地下管线为主。

图 1-16 美国纽约地铁内景

图 1-17 日本八重洲地下街内景

1.4 我国地下空间利用现状及发展趋势

“十二五”以来，我国城市空间需求急剧膨胀与空间资源有限这一矛盾日益突出。继住房和城乡建设部发布“城市双修”指导意见后，我国全面开展“城市双修”推动城市转型发展，新一轮城市发展带动基础设施建设的新一轮需求。因此，“十三五”成为我国基础设施重大工程建设的重要阶段，而地下空间作为城市基础设施的主要载体，在城市发展的地位愈显重要，发展势头迅猛。其中，以轨道交通为主导的地下交通设施、以综合管廊为主导的地下市政工程，其建设规模、建造水平、运营维护等全生命周期的各个环节已赶超世界。同时，政策支撑体系的不断完善，技术装备的智能化与创新，科研交流与信息共享的进一步加强，都进一步推动了我国城市地下工程建设的步伐。

1.4.1 我国地下空间发展历程

我国地下空间利用历史悠久，早在远古时代，我国开始利用天然山洞和建造地下洞穴用于抵御大自然的侵袭和防止野兽的攻击，如北京周口店发现的北京猿人，他们是生活在40万～50万年以前的人类，就居住在龙骨山上的山洞中；在我国北部干燥的黄土地带，几千年以前我国人民就建造了许多供居住的窑洞和储粮的地下设施，有许多特别成功的经验和独特的创造，为以后地下空间利用积累了丰富的经验，至今在黄土高原地区仍有部分居民住在不同类型的窑洞中。我国北方的菜窖、羊肉窖也普遍使用，酒窖的历史悠久，特别享有世界盛誉的贵州茅台酒、四川五粮液酒，都是在窖中酿造出来的。20世纪30～40年代的抗日战争，各地还建设了许多防空洞和地道。

20世纪60年代，我国地下空间利用主要是人防工程和地铁建设，该时期我国建设了许多掩蔽工事、地下工厂、储库和军事设施等。由于长期坚持和有比较稳定的资金来源，人防工程已形成相当的规模，人防工程的总量已超过几千万平方米。1965年，北京开始建设北京地铁1号线，一期工程全长30.5km，其中运营线路全长22.87km，后延长到23.6km。1971年，1号线正式向公众运营。同年代我国上海市还修建了打浦路水底公路隧道。

20世纪70年代，我国地下空间利用致力于人防工程的平战结合及公路隧道、地下商业街及地铁建设。1978年，全国第三次人防工作会议提出了人防工程平战结合，体现战略效益、社会效益与经济效益的方针，使大量的人防工程在和平时期得到使用。1986年，国家人防委与建设部联合召开人防建设与城市建设相结合工作座谈会，促进了人防工程建设和城市建设的发展，使人防工程体系成为城市地下空间开发利用的一个组成部分，开创了城市地下空间利用的新局面，特别是结合火车站、站前广场的修建，建设了许多广场下的地下商场，其效益一般都较好。

20世纪80年代，我国地下空间利用开始大规模用于城市基础建设，上海建成延安东路水底公路隧道，全长2261m，采用直径11.3m的超大型网格水利机械盾构掘进机施工，1984年开工，1989年5月竣工通车，建成了当时世界上第三条盾构法施工的长大隧道。同一时期上海还建成电缆隧道及其他市政公用隧道等20余条隧道，总长达30余千米。1985～1987年，上海建成黄浦江上游引水隧道一期工程，日引用量达2.30×10^6吨；

1987～1989 年，全国有 46 条规模较大的地下商业街，在规划、设计、施工或利用中。天津地铁、广州地铁、南京地铁在该时期进入设计与施工准备阶段，宁波开始了公路隧道的修建工程。

20 世纪 90 年代，我国地下空间利用进入了城市地铁、地下综合体、地下综合管廊（共同沟）等建设的新阶段。具体表现在以下 6 个方面：

（1）为发展城市交通事业，提高城市内车辆运行时速，减少对城市的空间污染和环境干扰，建造了许多地下铁道、地下汽车交通道、地下步行道等，如上海、天津、广州、青岛等城市相继修建的地铁工程，当时天津已建成 7.4km 长的地铁，上海建成的地铁一号线达 14.4km；

（2）为改善人们的生活和居住环境，建造了许多地下商场、地下商业街、地下电影院、展览馆、运动场等，如滨海城市结合火车站修建建设了许多广场下的地下商场，规模较大的地下商业街等；

（3）为了拓展办公、会议、实验、医疗等各种业务活动空间，滨海城市的许多高层建筑的地下室，多被开发利用为各种业务活动空间；

（4）为了减少各种城市公用设施的管道，电缆等所占用的地下空间，上海浦东开发区建成了首条地下综合管廊，上海黄浦江下建成石油输送隧道；

（5）为了美化环境，增加城市服务功能，一些滨海城市修建了地下污水处理厂、地下变电站、地下水库、地下雨水、污水泵站、电力、电缆隧道等；

（6）为了利用地下的特殊环境，建设了地下工厂，主要用于精密性仪器的生产，以及各种地下仓储空间，地下环境最适宜于贮存物质，许多城市大量利用已建的人防工程，用来贮存粮食、食品、石油、药品等，具有方便、安全和节省能源等特点。

进入 21 世纪后，我国加大了大规模开发利用地下空间资源的力度。截至“十二五”（2011～2015）末，城市地下空间的开发虽然仍延续“三心三轴”的结构性趋势，即以京津冀、长江三角洲和珠江三角洲的大城市为城市地下空间发展核心；以东部沿海、长江中下游沿线和京广线作为城市地下空间发展轴。但在城市地下空间开发利用功能及类型上有了飞跃的进步，如以地下交通为主，其中城市轨道交通建设速度已居世界首位，城市地下道路建设已从起步期转为加速发展期；城市大型地下综合体的建设已经成为城市地下空间开发利用的重点，许多城市地下综合体的设计方法、建设施工水平已达到了国际先进水平。如重庆面积不足 $2km^2$ 的解放碑地区，近十年以来先后有 6 个地下商业开发项目进驻，商铺总面积达到 $6.6\times10^4m^2$；上海人民广场工程总面积 $5\times10^4m^2$，与地铁相连，已形成一个非常繁华的地下商业设施；大连胜利广场地下购物广场 $15\times10^4m^2$，已经开始产生经济效益；无锡规划的人民路地下街空间开发面积 $5\times10^4m^2$；太湖广场地下街空间开发面积 $28.8\times10^4m^2$，地下商铺规划面积达到 $14\times10^4m^2$。哈尔滨、沈阳、郑州、石家庄、西安、广州等地都有已建和在建的大型地下商业城项目；南京的新街口地下商街，与几大商场完美结合，成为我国一大商业盛景。但是地下综合管廊、真空垃圾收集系统、地下水源热泵等地下基础设施的建设才刚刚起步；深层地下空间开发利用寥寥无几，基本处于空白阶段。

1.4.2 城市地下空间利用的原则

童林旭教授认为：未来城市地下工程建设的基本原则是：人在地上，物在地下；人长时间活动在地上，短时间活动在地下；先中心区，后边缘区；先浅部开发后深部开发；先易后难。根据上述原则，今后城市地下空间利用的方向为：

第一步，浅层和次浅层空间全面充分的开发建设。

浅层和次浅层地下空间，是指地表以下 10m 以内和 10～30m 的空间。这部分空间特点是；使用价值最高，开发最容易；距地表较近，人员上下比较方便，也较容易保障内部的安全；自然光线传输到这样的深度不太困难。

最适宜安排在浅层地下空间的城市功能是商业、文化娱乐、体育、业务等人员较多和较集中的活动；其次是多功能的地下交通设施系统和停车场；节约能源的中小型地下工业和民用设施；地下公共和服务设施，如市政管道、电缆、污水处理等。在平面规划上，这些内容安排在与城市主要街道相对应的地下空间中，对大量人员的进出、集散比较方便和安全，与地面街道上的一些活动可以联系起来。同时，可较方便地使用地下交通系统的乘降或换乘设施。由于与地面建筑完全脱开，在结构和施工上都较为简单。为了进一步改善城市环境和景观，还可将部分地面街道改建成运河，形成一个水路系统，扩大水面面积，使地面空间贴近田园化。

第二步，在次深层空间建立城市公用设施的封闭性再循环系统。

次深层空间是指地表以下 30～100m 的空间。尽管当代科学技术已相当发达，然而城市生活基本上处于一种开放性的自然循环系统中，主要表现在太阳的热能多数是被动利用。在夜间或阴天时，就因太阳能不能大量贮存而无法使用；水资源主要靠大气降水，城市从自然界取水，使用后排入江、河、湖、海；能源多为一次使用；大量城市废弃物不经处理和回收而堆积在城郊，对环境造成二次污染等。利用地下空间的特殊性，可将开放性的自然循环转变为封闭性再循环系统，如资源储存设施，即将太阳能、风能等一次利用能源有效储存，并使用大面积的集中供热供冷系统；污水处理设施，即将地区居民洗脸、洗澡、洗衣服等洗涤水和冲洗用水集中起来，经过去污、除油、过滤、消毒、灭菌处理后，输入中水道（又称为杂用水道）管网，供冲厕所、洗汽车、浇草坪、洒马路等非饮用水之用；垃圾回收设施，即将城市垃圾焚烧气化后，回收热能并把残渣作为肥料；将某些生产过程中散发的余热、废热回收，再重复应用于发电或供热等。

第三步，在深层空间建立水和能源贮存系统，以及危险品存放系统。

深层空间是指地表 100m 以下的空间，未来城市中，生活质量的提高在很大程度上取决于水资源和能源的状况。在水资源普遍不足和常规能源逐渐枯竭的情况下，利用深层空间的大容量、热稳定性和承受高压、高温和低温的能力，大量贮存水和能源是十分有利的。有一些对城市构成威胁的危险品，如核废料、剧毒品等，存放在地面可能引起灾害，还要占用大量土地，存放在深层地下空间中，既安全又不占地面土地。

日本在研究大深度地下空间的开发利用中，提出了多种关于如何在未来大城市中开发利用地下空间的构想，包括一些建设地下城市的建议。如清水建设公司提出的方案是：在东京以“皇宫”为中心，直径 40km 范围内，以方格网的形式组成一座地下城市，深 50～60m。在网格的每个节点建造一个扁球形建筑物，每隔 10km 建一个直径 100m 大型地下建筑，设置 8 层，其中有车站、办公室、购物中心、停车场、能源供给设施等，建筑面积 4 万 m^2；在 10km 之间，每隔 2km 布置一个小型扁球形建筑物，直径 30m，分 3 层，其中布置会议厅、图书馆、小型体育馆、小游泳池、儿童活动中心等，大小扁球体的顶部，均有开向地面的天窗，下面的共享大厅中有阳光和植物，房间则围绕大厅布置。网格的直线部分为综合廊道，布置交通线路、公用设施和管线。日本藤田工业公司的宏伟蓝图是将在200m深的地下建设一座六角形的生物城，城市交通网络依靠地下管线连接，这座命名为艾丽斯斯亚的地下城将于2100年建成，地下城将分三部分：

（1）市区，将包括青翠的地下林荫大道和露天的如罗马建筑大厅式的广场（禁止汽车通行），这个林荫火道和广场将包括购物中心、文娱活动中心和保健中心。

（2）办公区，供商业活动之用，设有更多的商店、旅店、停车场，在每个办公中心上空，将设有日光圆屋顶，以减轻人们的幽深恐怖感，快速的电梯或地铁将通往底层。住宅区一部分人可用交通工具垂直地上下，另一部分人则可自郊区垂直驶入地下街。

（3）基础设施区，与市区和办公区隔离，将包括发电、区域传输、废物回收和污水处理等装置。地下城与地面世界一样，既有白昼，也有黑夜，四季分明，气候变化有序，地下城不受地面日益严重的环境污染困扰，信息、交通、给水、排水、供电、商业、服务网点等高效能的基础设施一应俱全。

1.4.3 我国城市地下空间利用发展趋势

根据各城市规划建设公开信息显示，截至2015年已有三分之一以上的城市，编制了城市地下空间专项规划，许多城市，特别是超大城市、大城市的中心区结合旧城改造和新区建设已经编制完成或正在编制地下空间利用开发的详细规划。在编制未来城市地下空间利用时，原则上地下空间的开发必须同城市发展与经济发展相适应，应使人的居住和工作留在地上自然环境中，而将其他各种活动移到地下去。随着新技术、新方法、新材料的发展，先进施工机具的不断问世，各种施工方法的改进，高级防水材料的涌现，以及工程地质学、岩土力学和工程力学理论研究新进展，将为我国城市地下空间利用跨越式的发展创造条件。随着地下空间规划和开挖等技术的进一步提高，将为我国城市地下空间的利用开拓出更为广泛领域，并使地下空间环境与自然环境的差别更为缩小。

1. 更好地解决城市发展引起城市用地短缺问题

不论是为了现有城市状况的改善，还是为了未来的发展，都不能走单纯向郊区外延扩展、扩大城市用地、修建高层建筑或提高城区地面建筑密度的道路，而必须寻求新的途径，使得既能扩大城市空间，又不多占用土地；既节约能源，又能使城市生活现代化；既保护和利用城市空间，乂充分利用新技术革命的成果。一些发达国家城市发展的实践证明，合理开发和利用城市地下空间，建设地下工程，不仅对于缓解城市中的多种矛盾是一个有效的措施，而且对于未来城市空间的扩大、资源的节省、环境质量的提高等，都能发挥积极的作用。

2. 进一步提高城市功能

随着城市的发展，对城市功能也提出了越来越高的要求，这主要体现在城市规模和聚集的程度。对城市功能的要求是围绕着商品交换和改善文化生活环境，以及减少受自然和战争灾害的威胁。利用城市地下空间，富有创造性的建设地下工程，可进一步减少在许多极其重要的市区，由于缺少当地工作的机会，而迫使接受费时的每天需长距离旅行的工作；改进各种社会关系；保证足够的供应，保护传统的文化遗产等。同时，以地下交通为主流开发地下空间，力争运营规模和运营效率在世界大城市中名列前茅。

3. 综合开发利用地下空间

城市地下空间开发利用将不再是满足某一单项功能，将立足于城市的整体建设与功能要求，是多项城市功能的整合共容，如满足交通、商业、供给与环境等的大型综合体。同时，也不再是一种空间形态的孤立，而是由点、线、面、体等多种形态的空间灵活组合，是贯通的、有机的、丰富的空间整体。

4. 加快规划与设计理论和开发技术的发展

建立在城市可持续发展与城市三维立体发展的战略思路上，将地下空间作为城市三维发展的一个维度，地下空间规划与设计理论将会逐步充实完善，其将指导城市科学地向地下延伸。我国目前的地下空间开发的土木技术已接近或处于世界先进水平，但涉及一些关键辅助设备等技术，如机具技术、计算机与电气控制技术、自动化技术等，与世界先进水平还有大的差距，会影响到地下空间开发的规模与成本，将来随着对引进技术的消化吸收和加大研制开发的投入，将会逐步缩小这些差距。

5. 完善法规与管理、重视环境要求与环境控制

不仅有完备的法规、政策及管理措施和先进的维护技术水平，而且将形成一整套推动地下空间综合开发利用的实体和管理部门。无人的城市地下空间设施会更加安全、高效，而有人的城市地下空间设施会更加舒适、美观。地下空间内环境中的造景、环境及地面环境模拟等技术会大大发展。同时，将更多地从环境保护、城市景观保护和历史文物保护的角度开发利用城市地下空间。

6. 不断开发新工艺与新材料

为了降低城市地下空间开发的成本与难度，并适应多种形态的地下空间的组合，满足多种设施功能的交叉与共容，高效、经济的施工工艺将会不断产生，尤其是机械挖掘技术与施工自动化技术会有较大进步。同时，新的建筑装饰材料尤其是地下防水与环境改善的材料也会不断涌现。

1.5 城市地下工程分类与特点

地球表面是一层很厚的岩石圈，岩层表面风化为土壤，形成不同厚度的土层，覆盖着陆地的大部分。岩层和土层在自然状态下都是实体，在满足一定外部条件作用下才能形成空间，即地下空间。地下工程是利用地下空间建造各种地下工程设施，以及各种建筑物和构筑物的工程，如地下铁路、地下商业街、地下贮库、地下管线等。本教材重点介绍的是地下工程在规划、布局、勘察、设计、施工等方面的特点。

1.5.1 城市地下工程分类

根据不同的目的和专业领域（如规划、设计、施工等），城市地下工程的分类的方式不同。比较多的是按地下工程用途（自身功能）、存在环境、埋深等进行分类。

1. 按地下工程的用途分类

1）地下交通工程

这类工程主要解决城市交通问题，提高车辆运行时速和客运量，减少对城市的空间污染，包括：地下铁道、地下公路、地下停车场和过街或穿越障碍的各种地下通道等。

2）地下居住工程

这类工程主要解决特殊环境、特殊目的下的人们住宿问题，在现代城市中已很少采用这种居住方式，包括：窑洞住宅、半地下覆土住宅和地面建筑物的地下室住宅等。

3）地下市政管线工程

这类工程主要解决城市物流、信息流等问题，提高效率、美化环境，包括：地下供水、地下能源供给、地下通信、地下环卫、地下物流和综合管廊等。

4）地下贮存工程

这类工程利用地下适宜储存物质环境，以及使用方便、安全、经济性好等特点，解决节约能源、土地资源，降低营运成本等问题，包括：地下食物、淡水储存、地下热量储存、地下石油与天然气储存和珍惜财产储存等。

5）地下工业和民用工程

这类工程利用地下隐蔽性好、抗干扰性强等特点，解决精密仪器制造、减少生产过程对（或受）外部干扰等问题，包括：地下精密机械厂、地下水电站、污水处理厂、地下核电站、地下垃圾焚烧厂和民用印刷厂等。

6）地下公共建筑工程

这类工程主要解决城市用地不足，节约能源，包括：地下商业街、地下商场、地下医院、地下文娱设施和地下综合体等。

7）地下人防工程

这类工程主要解决战时的人员、物资掩蔽，以及指挥、救助等问题，包括：地下人员掩蔽所、通信枢纽、地下指挥部、地下救护医院和地下备用电站等。

除了上述城市地下工程外，建设在地下的工程还有许多，如：解决旅游开发问题的地下旅游工程，解决引水和大面积灌溉等问题的地下农业工程，解决宗教的祭奠等问题的地下宗教工程，以及解决核电站污染、放射性废物掩埋、国防中飞机库和武器库隐蔽等的地下工程。

2. 按存在环境和建造方式分类

按城市地下工程的存在环境及建造方式，将地下工程分为两类，即岩石中的地下工程和土中的地下工程。

1）岩石中的地下工程

（1）直接开挖建造的地下工程。在岩石中通过直接开挖，建设的各类地下工程，建造方式一般投资较大。

（2）利用报废的地下空间建造的地下工程。对开采地下矿藏、石油而形成的废旧矿井空间，加以改造利用而形成的地下工程，建造方式相对投资少、见效快，是充分利用地下空间的好途径。如美国密苏里州堪萨斯城利用地下 27.4～64.0m 深层的采矿遗留空间，已经开发出面积多达 2000m^2 的地下空间。

（3）通过改造天然溶洞建造的地下工程。这种建造方式可节省大量开挖岩石费用和时间，常见于旅游地下工程。如桂林有“三山两洞一条江”的说法，其中两洞就是利用天然溶洞开发的地下旅游工程。

2）土体中的地下工程

（1）单建式地下工程，指地下工程独立建在土体中，地面上没有其他建筑物，如地铁、地下公路等。

(2) 附建式地下工程，指各种建筑物的地下室部分，如许多贮藏库、停车场等都建在建筑物的地下。

1.5.2 地下工程特点

城市地下工程与地上工程相比较，因所处环境不同，从而使城市地下工程在规划、布局、勘察、设计、施工等方面都有自己的特点。

1. 建设环境特点

城市地下工程在建设环境方面的特点，主要反映在以下几个方面：

1) 地质环境复杂多变

由于城市地下工程建于地下的岩层和土层中，所以所处的地质环境将决定着结构形式，设计、施工和管理方法，以及使用方式和防灾措施。我国地下工程埋深多在20m以内，而在此深度范围内大多为第四纪冲积或沉积层，或为全、强风化岩层，地层多松散无胶结，存在一层滞水或潜水等，地质环境的复杂多变使地下工程的结构设计与施工面临的巨大挑战，都会对影响地下工程的建设。如武汉、南京、杭州、上海等城市，部分区城承压水位高，承压水含水层埋藏浅，对地下工程施工影响巨大。

2) 周边环境复杂多样

由于各种原因，地下工程的修建滞后于城市建设，尤其是城市地铁工程往往多建在建筑物已高度集中的地区或城市道路下面及各种管线附近。因此，研究地下工程在施工过程中对周围环境的影响及其控制技术就显得尤为重要。如，施工将产生一定范围的地表沉降，当沉降达到临界值时，将会引起建筑物的倾斜、开裂等，严重的可导致建筑物功能丧失；城市中很多高层建筑采用的是桩基础，地下工程施工引起的地层移动会对桩基础施加轴向和侧向力，这种力将可能导致既有结构的损害。

3) 地上地下工程相互影响

目前我国地下工程大部分属于浅层和次浅层地下工程，在这地下空间范围内常存在既有的地下管网设施、商业街、停车场等地下工程，而且还将面临新建的地下工程，因此，存在与邻近工程相互影响、相互制约的问题，给地下工程的修建带来许多设计与施工技术方面的特殊难题。如城市中的地铁工程一般都处在密集的建筑群下，与既有建筑物或构筑物的基础紧邻，产生相互作用；处于较浅位置的地下管线结构，与深部的大型停车场或地铁工程形成上、下位置的临接关系；多条隧道的工程又形成平面上的临接问题。因此，隧道支护结构和周边建筑物及其他构筑物之间的共同作用，近邻建筑物的变形以及在开挖过程中建筑结构的内在反应，进而获得其控制技术等，都是地下工程施工应该面对且需重点解决的问题。

4) 围岩稳定性难于判断

地下工程的围岩稳定问题一直是地下工程设计与施工研究的重点问题。对于地下工程而言，其地质、环境以及结构方面的特殊性给这一问题的解决增加了特殊的内容。现有较广泛使用的围岩稳定性理论认为在地下工程施工过程中，地下工程周围岩体发生应力重分布，当这种重分布应力超过围岩的强度极限时，将造成围岩的失稳破坏；在浅埋条件下是否存在承载拱对其稳定性判别影响很大等，常需要通过现场监测加以判断。因此，围岩稳定性难于判断和评价，将困扰着地下工程施工和运营。

2. 规划特点

地下工程规划作为城市规划的重要组成部分，与地面工程相比，在规划原则上一致，都是以城市社会、经济发展目标为依据，合理布置城市空间，但仍有自身的一些特点，主要反映在以下几个方面：

1）地下工程规划受到原有城市规划的限制

地下工程规划作为城市规划的一部分，其发展远不如传统城市规划成熟；地下工程规划受地面上部空间开发情况的限制，一旦未考虑地面下方的开发，将使地下空间基本上处于难以更改的境地；地面工程受施工技术、区域及环境等限制，通常地面工程建设影响深度为地下 10～100m 之间的范围，地下工程规划距地表越深则其受的限制越少。

2）地下工程规划需结合地面进行

浅层和次浅层以内的地下工程需结合城市的广场绿地、公园、庭院进行规划。此外，地下工程包括城市地下铁道、公路隧道、自行车道、地下人行通道等交通设施，需与地面城市道路相协调。

3）地下工程规划受地质条件影响大

目前的施工技术条件要求地下工程必须认真对待不同岩层和土层地质条件的影响，如地下水、地层结构、岩石或土壤性质等，如越江隧道工程受到地下水、江水等的影响。

4）地下工程规划是城市防灾减灾的重要组成部分

地下工程的范围广、类型多、技术条件复杂。此外，地下市政公用设施又是城市生命线工程的重要组成部分。这些特点都使地下工程规划不同于地面工程规划，要具有防护功能。因此，地下工程是城市防灾减灾的重要组成部分。

3. 勘察特点

地下工程全部或部分埋置在地下一定深度的岩土内，它既以岩土体为环境，又以岩土体为介质、结构或部分结构。地下工程的安全、经济和正常使用都与所处的工程地质环境密切相关。因此，地下工程的勘察显得尤为重要，且具有以下几个特点：

1）地下工程勘察更具必要性

地下工程全部埋置在地下岩土体内，它的安全、经济和正常使用，都与其所处的工程地质环境密切相关。由于地下开挖破坏了岩土体的初始平衡条件，引起岩土体内应力重新分布，常常会产生各种形式的变形、破坏，特别严重者可以一直影响到地表。因此，在地下工程建设时，应该深入细致地进行工程地质勘察，以查清该场地的基本地质地形情况和岩土体的基本工程特性。

2）地下工程勘察更具针对性

地下工程岩土工程勘察的目的，是查明地下工程地区岩土工程的地质条件，选择优良的工程场址、洞口及轴线方位，进行围岩分类和围岩稳定性评价，提出有关设计、施工参数及支护结构方案的建议，为地下工程设计、施工提供可靠的岩土工程依据。因此，在实际勘察过程中，勘察技术人员应针对一些特殊地质区域提出合理化建议，例如，针对易塌方地段提出洞室布局调整方案、支护方案及相应参数；针对围岩中风化程度较高、断层节理发育明显的危险区域，提出施工安全注意事项以及合理化应对措施等。

3）地下工程勘察更具时效性

地下工程在开挖过程中，改变了岩土体原有的应力状态，导致岩土体内的应力会重新分布以保持平衡。因此，地下工程现场施工勘察在洞室开挖完成后及时进行，参建各方应当高度重视现场施工勘察人员给出的建议，才能保证施工的安全。

4. 设计特点

地下工程设计时需要根据地下工程的特点，在安全的条件下，有效和经济地设计地下结构。与地面工程相比，地下工程在设计时具有以下几个特点：

1）需充分考虑受力状态的不断变化

由于地下工程是在岩土体中的工程，其受力状态与周围土体有关。施工时需要开挖岩土体，破坏了岩土体原有的应力平衡。因此，岩土体长时间会处于一个寻找应力平衡的状态，从而地下工程受力状态也是在不断变化的。

2）需充分利用地层的自稳能力

地下工程不同于地面工程，最突出的地方是地面工程是做好后受载，而地下工程是在受载状态下构筑。所以，在设计中需要考虑支护体系。另外，地下工程所在的地层，不是单纯的载体，地层也有一定的自承载能力。地下工程要充分利用或者改善地层的自稳范围与自稳时间的大小。

3）需合理控制岩土体的变形

由于地下工程在施工过程中，需要对岩土体进行开挖，因而岩土体会产生变形。设计和施工者的任务就是将这一变形控制在允许范围之内。

4）需考虑岩土体参数随环境不同的变化

地下水的状态往往对地下工程产生巨大影响，在设计和施工中，首先要了解地下水的情况，还要注意地下水的变化，注意地下水的变化带来的地层参数的变化和静、动水压力的变化。地下工程设计和施工有自己的模式，随着施工过程的进展变更设计特别多。

5. 施工特点

地下工程具有体积庞大、复杂多样、整体难分、不易移动等特点。因此，地下工程的施工工法众多，需要根据现场条件选择相应的工法，如岩土体开挖方法可分为明挖法、暗挖法和特殊环境施工方法。地下工程的施工具有下述主要特点：

1）生产的流动性强

一方面，施工机构随着地下建筑物或构筑物坐落位置变化而整个地转移生产地点；另一方面，在一个工程的施工过程中施工人员和各种机械、电气设备随着施工部位的不同而沿着施工对象上下左右流动，不断转移操作场所。

2）产品的形式多样

地下建筑物因其所处的自然条件和用途的不同，工程的内结构、造型和材料也不同，施工方法必将随之变化，很难实现标准化。

3）施工技术复杂

地下工程施工常需要根据建筑结构情况进行多工种配合作业，多单位（土石方、土建、吊装、安装、运输等）交叉配合施工，所用的物资和设备种类繁多，因而对施工组织和施工技术管理的要求较高。

6. 使用特点

地下工程建设在岩土体内，处于一个封闭的环境中，在使用上也具有一些特点，主要反映在以下几个方面：

1）地下工程的光环境与地面工程不同

一般而言，地下工程缺乏自然光照，需要使用人造光源进行照明。部分工程为了节省成本，光源较少，而导致地下工程的环境较为幽暗。即使光源充足，光环境也与自然光存在很大不同。长时间处于人造光源下，会影响人的心理状态和生理状态。

2）地下工程的噪声较大

地下工程中的噪声源有风洞、空气压缩机站、进排风机房、中频电机等。风洞和空气压缩机的噪声大、频带宽、声级高，风洞试验大厅噪声级 120dB 左右，空气压缩机站为 110dB 左右。空气压缩机噪声持续时间长，对人的影响很大。

3）地下工程一般较为潮湿

防潮除湿是地下工程建设的一个关键问题，不少地下工程由于防潮防水处理不当，出现渗漏水、结露、潮气大，影响人们的正常生活和工作，降低工作效率，物品生锈、发霉、变质、质量下降等，直接影响地下工程的合理使用。

7. 防灾特点

地下工程内部防灾的基本原则与地面建筑物防灾是一致的，但是由于地下空间的封闭性，使其防灾具有以下特点：

1）造成人员伤亡严重

地下工程抵御外部灾害的能力一般强于地面建筑，但是抵御内部灾害的能力很弱。在封闭的室内空间中，容易失去方向感，特别是那些进入地下工程，但对内部布置情况不太熟悉的人，容易迷路。在这种情况下发生灾害，心理上的惊恐程度和行动上的混乱程度要比在地面上建筑中严重得多。

2）灾情探测和扑救困难

地下工程的钢筋网和周围的土或岩石，对电磁波有一定的屏蔽作用，妨碍使用无线通信，如果有线通信系统和无线通信用的天线在灾害初期即遭破坏时，将影响到内部防灾中心的指挥和通信工作；同时，出入口有限，从外部对地下工程灾害进行有效扑救十分困难。

3）人员疏散困难

地下空间的高程低于地面，人员疏散方向为从低高程点疏散到高高程点，增加了避灾救灾难度。其一，这种自下而上的疏散方式比地上建筑物由上向下疏散的方式要更加耗时耗力；其二，发生火灾或空间内部有害气体泄露时，疏散方向与热气流烟和有害气体的自然流动方向相同，客观上缩短了内部人员疏散和逃生时间。

1.6 国内外典型城市地下空间利用

从 1863 年伦敦建成世界上第一条地铁开始，国外地下空间的利用已经历了相当长的一段时间。进入 20 世纪后，发达国家如日本和欧美，许多大城市普遍修建地铁，开始了对地下空间的大规模开发和利用。各个国家的地下空间开发利用在其发展过程中形成了各自独有的特色。

1.6.1　国外地下空间利用

1. 日本的地下空间利用

日本是全球最早开展地下工程建设的国家之一，也是当今在地下空间利用的规模、深度、用途等方面最为广泛和深入的国家。20 世纪 30 年代开始进行地下街的开发；20 世纪 50 年代地铁大发展，推动地下街迅速成长；21 世纪初开始对大深度地下空间开发进行研究，至今已逐步实现地下空间的系统化、网络化和规模化。

1）在轨道交通方面

东京地铁始建于 1927 年 12 月，目前共有 56 条路线、435 个车站（图 1-18），路线总长 332.9km，达到世界第三位，每日平均运量将近 1600 万人次，整个东京首都圈轨道交通总里程全长 2500km，发达程度居世界第一位。特点是利用一条环形地面铁道——（山手线）将地铁线串联起来，形成一个地上与地下互相协调一致的城市快速交通综合网络。

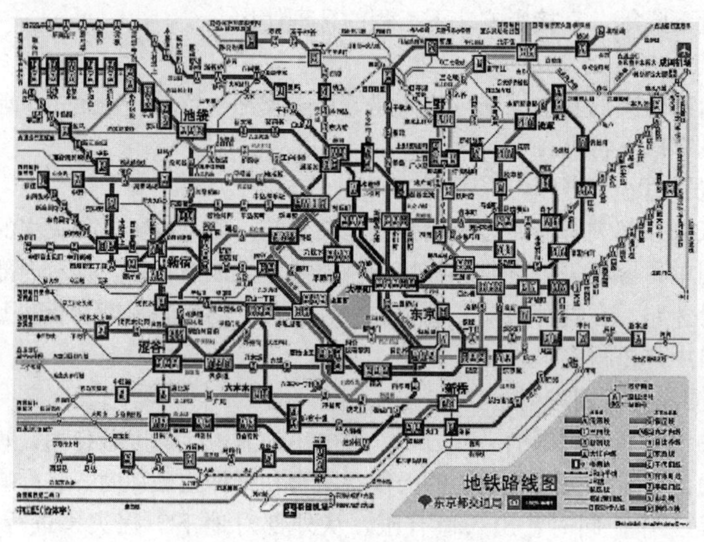

图 1-18　东京地铁线路示意图

2）在地下街方面

日本地下空间利用的代表作是地下街，即把地下工程公共部分建设发挥到极致的产物，也是日本土地私有条件下的必然选择。全日本几乎 50 万人口以上的城市都有地下街，26 座城市大约有 150 条地下街。随着经济的增长，地下街从早期通道型街铺发展成大规模的综合体，空间趋向深层立体化，空间品质及抗灾能力越来越强。

地下综合体是指建设在地下，以三维方向发展的一种地上、地下有机联系的综合性设施，一般结合交通、商业、仓储、娱乐、防灾和市政等专业性功能设施，共同组织人们的活动和支撑城市高效运转。其十分重视地下工程的环境设计，在空气质量、照明乃至建筑小品的设计上均达到了地面空间的环境质量。

东京八重洲地下街是日本地下街建设鼎盛时期的重要代表作。地下街分 2 期建成：

1963～1965 年和 1966～1969 年，总建筑面积约 7 万 m^2。地下街共 3 层：负 1 层为车站站厅、站前广场下的地下街、八重州大街下的一段地下街（150m 长，共有商店 215 家）；负 2 层包括两个停车场，总容量 570 辆车；负 3 层有 4 号高速公路、高压变配电室、管线和廊道，公路车辆可从地下进入两侧公用停车场，路上停车现象基本消除。分布在人行道上的 23 个出入口可方便行人从地下穿越街道和广场进入车站，设在街道中央的地下停车场出入口又使车辆可以方便地进出而不影响其他车辆的正常行驶。

3）在公用设施方面

由于国土狭小的原因，日本始终致力于提高地面下的有效利用率。如今地下已成为日本人重要的生活基础。为保证城市生活的正常运转，并提供更加安全、更加舒适的生活环境，各种各样的地下设施在不断地健全和完善。一些典型设施如下：

（1）国立国会图书馆。位于东京都千代田区的国立国会图书馆（图 1-19），是日本最大的图书馆，它拥有约 750 万册藏书。该图书馆收藏日本国内出版的所有图书，每年有 8 万～10 万册的图书进入这里的书库。馆内庞大数量的图书，其大约一半被收藏在 1986 年竣工的新馆中。这幢楼东西长度约为 148m，南北约为 43m，地上 4 层，地下 8 层，最深处达地下 30m，书库内保持着 22℃的气温和 55%的湿度，以适宜于图书保存。

图 1-19 国立国会图书馆

（2）串木野石油储备基地。1973 年的世界性石油危机曾经对作为石油进口大国的日本带来了严重的影响。经历了这一事态后的日本政府要求石油商等必须进行石油储存，以防紧急事态的发生。在串木野石油储备基地（图 1-20），利用的是地下岩磐油槽方式，即在地下 42m 深的岩磐上挖掘洞穴并将石油储藏在那里。据介绍，串木野石油储备基地现有三个储油设施，一个是宽 18m、高 22m、长 1100m，另外两个与其同样宽度、高度，但长度为 2200m。这三个设施总共储存着 175 万 L 石油。地下岩磐油槽方式有很多长处，例如，因为在地内能够稳定保持约 9℃的温度，所以无须进行温度调节，并且，它具有较强的抗地震、抗霹雷等御灾性能，同时，石油外泄的危险性较低等。

（3）煤气管道。主要以首都圈为服务区域的东京煤气公司，利用地下管道向所属服务区域提供冷暖设备用气，如图 1-21 所示。例如在新宿副都心的办公楼街区，利用设置在

图 1-20 串木野石油储备基地

图 1-21 煤气管道示意图

地下隧道（直径约 4m）内的管道（约长 2km）将蒸汽和冷水送到各幢大楼以调节室内温度。因为热源设备集中在一处，所以效率较高，既能对排出的热能进行再利用，又能实行集中管理。

2. 加拿大的地下空间利用

1）开发理念

加拿大的城市地下空间开发主要遵行如下几点理念：

(1）依托地铁的建设，通过对专有空间产权的拥有，形成规模和功能兼具的地下空间。

(2）建设四通八达的地下步行道系统，地下步行道与地上建筑充分结合，解决人、车分流问题，发挥地上、地下空间的功能互补和相互促进作用。

(3）建设富有魅力的地下步行空间，使人们不受气候影响安全舒适地往来。

(4）重视地下空间的内部环境质量、防灾措施以及运营管理，有法可依。

2）地下步行网络的构建

加拿大的地下空间利用以蒙特利尔市为代表，号称拥有全球规模最大的地下城，尤其是中心区地下步行网络的构建。蒙特利尔商业中心区地下步行网络总长为 33km，每天人流量超过 50 万，连接了 10 个地铁车站、2 个火车站、2 个城际长途汽车枢纽和会议中心、展览馆等 60 多栋建筑，并且拥有 116 个地面出口，以保证市中心任何一点距其最近的出口都不超过步行允许范围。地下步行网络的设计理念与特色：

(1）重在联通。通过步行网络实现地上地下联通，使土地价值得以充分发挥。

(2）重视公共空间品质。公共领域下方以人行通道为主，较少商业开发。

(3）与地铁互动，地铁走向奠定了地下城的格局。政府调整了最初的地铁方案，让地铁线在空地、路面较窄的街道下穿过，缩短地铁站间距至 500～750m（通常的距离为 1000m)，既方便步行连接又带动周边土地发展。

(4）一系列激励措施以及重大项目建设促进了地下网络的建设。

(5）政府的引导作用。

3. 法国的地下空间利用

1）开发特点

法国地下空间开发特点，反映在以下几方面：

(1）对古老地下空间（如采矿场）进行多样化利用。

(2）历史建筑与现代地下空间开发巧妙结合。

(3）城市中心区改造，结合地下空间的大规模开发。

(4）大量建设地下停车场。

2）典型案例

(1）巴黎的地铁于 1900 年建成，是世界上第二条。如今总长度达 256km，可谓四通八达。地铁车站仅在城区内就有 341 个之多，平均每平方千米就有一个地铁站，所以说“巴黎的每幢住宅距地铁都不超过 300m”是有科学根据的。

(2）卢浮宫的扩建是古建筑现代化改造的典范之一。在没有地面用地且古典建筑必须保留的情况下，国际建筑大师贝聿铭先生利用被宫殿建筑包围的拿破仑广场的地下空间容纳了全部扩建内容：广场正中和两侧设置了 4 个大小不等的金字塔形玻璃天窗，而剧场、餐厅、商场、文物仓库、一般仓库和停车场等设施全被有序地安排在金字塔天窗的地下。

（3）巴黎列·阿莱中心广场是世界上最成功的旧城改造范例。巴黎人选择借助轨道交通在列·阿莱地区建设大型地下空间综合体，让该地区焕发生机并有效地保护古建筑。目前，该地区成为欧洲最大的地铁联络站，建成的综合体分4层，地铁、城郊铁路、公交换乘站、车库、商店、步道、游泳池等都被有序安排在地下，形成了一个总面积超过20万 m^2 的地下城。

了解国外地下空间利用的特色以及经验，对我国今后的地下空间利用具有重要的参考价值。经分析以下几点值得借鉴：

（1）科学的准备和论证，并制定详尽的后续再开发规划。

（2）重视地下与地上空间功能的协调和互补，减少地面环境负荷，提升地区环境品质。

（3）综合考虑交通、市政、商业、服务、居住等问题，资源共享，提高地下空间使用效率。

（4）重视地下空间环境质量、防灾措施及运营管理，有法可依。

（5）有规模、有计划地开发。

各国在地下空间利用方面虽均有成功的经验值得借鉴，但也存在一些缺憾，如日本由于地下空间发展迅速，导致存在如下不足：

（1）在急速发展的城市化进程中，大量地下空间的建设基本上是在无计划、无秩序的情况下进行的。

（2）以道路等公共空间的地下开发为中心，与住宅地下利用的低水平形成了不平衡的城市地下空间开发利用状态。

1.6.2 国内地下空间利用

1. 上海的地下空间利用

上海在城市地下空间利用方面，当之无愧是我国的龙头城市。作为地下空间建设最有力的推手，上海地铁建设成绩卓著。根据《上海市城市快速轨道交通近期建设规划（2010—2020）》，2020年上海实现地铁877km的线路运营规模，而远景年（2050年）的轨网规模为1060km，平均每年的建设速度为70～100km，无论建设规模还是建设速度已全球领先。

最近10年，上海完成了多个涉及地下空间的重大工程，以跨越黄浦江两岸的CBD核心区的井字形地下通道以及长江崇明江底隧道等工程最具代表性。其中，全长3290km的外滩地下通道的南段更与相邻地下空间共建，形成了集交通枢纽、城市重要景观带、城市公共活动中心、城市快速交通廊道于一体的经典案例，在城市规划、交通设计、空间营造、景观改造、工程技术等方面有颇多可圈可点之处。此外，人民广场综合交通枢纽站、世纪大道东方路交通枢纽站、静安寺地区、江湾五角场地区、世博会地区、徐家汇地区和龙阳路综合换乘枢纽站等一大批项目成为地上地下综合利用的典范。

2. 北京的地下空间利用

北京是我国最早建设地铁的城市，从1965年建设北京第一条地铁开始至今已经历了

50多年。2012年底，北京总体建成地铁运营线路16条，总长为442km；2020年建成30条运营线路，总长1050km，车站为450个。

北京地下建设发展迅速，以停车、人防功能为主。北京中心城区地下空间以点状、浅层分布为主，主要功能是停车、商业、人防、交通、设备安置等。同时，多方尝试地下市政设施的建设。北京地下综合管廊建设历史悠久，但仍为局部示范建设。早于1958年就开始了地下综合管廊的建设，天安门广场下建设的约为1.3km长的综合管道是我国第一条地下综合管廊。1985年，北京市建设了我国国际贸易中心的地下综合管道；2003年，中关村广场地下综合管廊共铺设主支管线约3km，既方便了管线的管理，又增加了管线的安全。

中关村“地下城”是国内首例超大规模的地下空间综合开发工程，该工程在地下形成“综合管廊＋地下空间开发＋地下环行车道”三位一体的构筑物，不仅有利于减少地面拥堵、充分利用地下商业价值，而且便于对市政管线的养护和维修。

中关村“地下城”共有3层，地下1层是2km的地下环形车道，连通了区域内20多栋大厦，并且将地面交通部分移到地下；地下2层是20万m^2的商铺以及车库、物业用房；而地下3层则是市政管线管廊，包括水、电、冷、热、燃气、通信等市政管线，人员可以直接进入管廊中对管线进行维修。

中关村“地下城”的地下空间平均深度为12m，最深处达14m，共设置了10个地面出入口和13个地下出入口，经由出入口进入中关村西区的车辆不用通过拥堵的路面就可以到达任何一座大厦的地下停车场；与此同时，中关村还预留了与地铁接通的出入口。

3. 广州的地下空间利用

广州市年人均GDP早在2002年就超过了5000美元，完全具备了大规模开发地下空间的经济条件，现阶段广州地下空间开发与建设已进入大规模开发期。以地铁建设为标志，加上隧道工程、人防地下商业街、高层建筑地下室、地下厂房与泵房、市政管线工程等地下工程建设规模的迅速增大，广州市地下空间开发利用已经进入了浅层地下空间开发建设的历史阶段，并逐步走上了城市空间向三维拓展的方向。近年来广州结合地铁建设的地下商业开发量迅速增加，修建了大量地下空间项目，如珠江新城核心区地下空间、康王路地下商业街、地一大道、江南新地、流行前线、动漫星城等。可以预见，广州未来城市地下空间的开发量、开发范围还将会持续上升。

以广州宏城广场周边地区为例，宏城广场位于广州市天河区商业中心地带，地处新城市中轴线，北与天河体育中心相望，周边地区是市级商业中心，汇集购物、餐饮、娱乐、观赏、休闲等功能。地块北邻东西向交通要道天河路，地铁一号和三号线、BRT、珠江新城集运系统（APM线）、常规公交等车站近在咫尺，区域交通地位非常突出，人流、车流交通非常繁忙。

宏城广场地下空间规划范围为北至天河路，南至天河南一路，东、西各为正佳大街和宏城西路，面积约5.6万m^2。由于其周边已建及规划有大量的地下空间设施，影响范围扩大为北至天河北路，南至黄埔大道，东至天河东路，西至广州大道，面积约3km^2。宏城广场地下空间的开发利用情况如下：

（1）土地利用。宏城广场周边地区已形成以天河城广场、正佳广场两个大型购物中心为代表的市级商业中心建筑群。

（2）地下空间。周边现状建有 4 个地铁站，分别为地铁体育西路站和体育中心站、APM 天河南站和体育中心站；地下商业街及人防工程有天河城、正佳广场、天河又一城（即体育西人防工程）等；地下通道有下穿天河路的三条人行过街隧道。

（3）地下管线。周边现状市政管线包括给水、排水、煤气、电力、电信等，主要沿天河路、宏城西路、天河南一路布设。

（4）道路网络。周边规划路网已基本成型，呈现方格网状，主要道路有天河路、体育东路、体育西路、黄埔大道等。

（5）公共交通。周边现状轨道交通线路有地铁一号和三号线及 APM 线，BRT 体育中心站设在天河路中央，设置楼梯与地下过街通道衔接。未来天河路规划在宏城广场段设置下沉车行隧道，地面改造为步行广场，BRT 车站设在下沉隧道内。

（6）静态交通。现状天河城广场、正佳广场、广百等均设有地下车库，天河南一路设路边停车带，该地区作为市级商业中心，停车供需矛盾较突出。

我国城市地下空间大规模开发利用始于人防工程，然而，随着科学技术等方面的发展，已取得了长足的进步，反映在城市交通大为改善，城市功能更趋完善，城市环境越来越美。一些经济发达、实力较强的大中城市，对地下空间进行了相当规模的开发利用，形成了我国城市地下空间开发利用的基本理念：

（1）采用平战结合，充分将人防工程与城市建设相结合，提高地下空间使用效率。

（2）以解决城市突出的交通矛盾和缓解城市服务设施紧缺为主要动因。

（3）对于地铁等交通设施和城市基础设施，考虑初步的网络化和系统性，并对管理提出要求。

第 2 章　城市地下工程类型

城市地下工程的类型多样，按照城市地下工程的用途分类，包括：地下交通工程、地下居住工程、地下市政管线工程、地下贮库工程、地下工业与民用工程、地下公共建筑工程和地下人防工程等。每一类地下工程都有自己的特点和独特的优势，本章主要介绍各类型地下工程的优缺点、在解决城市问题的作用，以及在建设、设计、施工等方面的特点。

2.1　城市地下交通工程

城市交通指人流的活动和物质的运输，简称客运交通和货运交通，它是城市赖以生存和发展的基本功能之一，是城市基础建设的重要内容。随着城市人口密度的增加，交通越来越受到限制，发展城市地下交通系统是必然趋势。

2.1.1　工程分类与特点

从地下工程角度考虑，城市地下交通分为动态交通工程和静态交通工程，如图 2-1 所示。动态交通工程包括：地下铁路（简称地铁）、地下车行道路（公路）、地下步行通道等；静态交通工程包括：地下停车场、地下储油设施、地下修理维护设施等。各类地下交通工程在城市现代化发展和建设中都起着积极作用，下面简单介绍地下铁路、地下公路、地下停车场的主要特点。

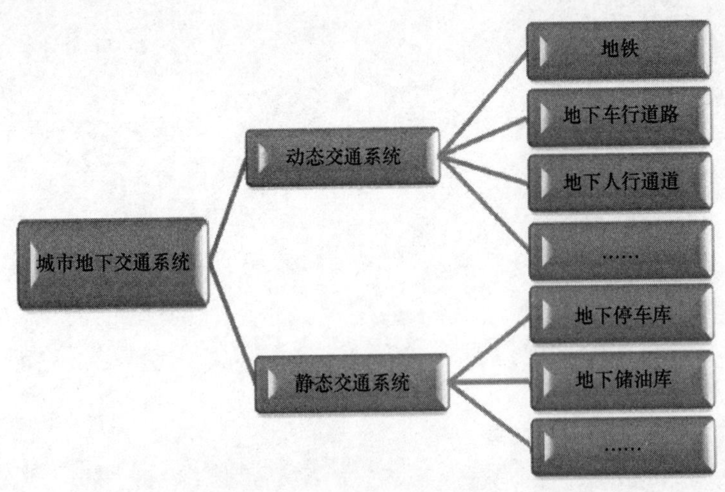

图 2-1　地下交通工程分类

1. 地下铁路

伦敦 1863 年建成世界上第一条地铁，地铁建成后给城市交通带来了质的变化，同时促进了城市建设，很快使伦敦成为世界上屈指可数的国际化大都市，给城市发展带来了无限商机。在1863～1963年100年间，世界上共有20多个城市修建了地下铁路，1990年全世界已有近100个城市已拥有地铁，而到了2020年全世界已有近300个城市已拥有或正在修建地铁，可见地铁对城市发展的意义，这种发展速度至今仍在持续，我国目前至少有40个城市已拥有或正在修建地铁。

1）地下铁路优点

（1）运行速度快，运送能力大。一般来说，地铁列车运行最高时速可达80km，平均行车时速约36km，每站停车一般为30s。其行驶速度为地面公共交通工具行车速度的2～4倍，其运量为公共汽车6～8倍，轻轨交通的2倍多，完善的地下铁道系统将会成为城市公共交通的骨干，可承担市内公共交通运量的50%左右。

（2）准点、安全。城市地面交通工具易受路面交通情况或天气影响，但地铁却不受干扰。列车采用安全自动控制系统来操作，严格保证列车行车间隔。地铁一般以车组方式运行，载客量大、正点率高、安全舒适。供电采用双电源，停电可能性甚微。地铁同样重视防火措施，设有足够的灭火设施。

（3）节约出行时间，对地面影响小，即噪声小、无振动，不妨碍城市景观。地铁列车以平均每小时35～50km的速度运行，且一般不存在堵车问题，所以，省时、快速、方便，减少了乘客出行时间和体力消耗。乘坐地铁通常要比利用地面交通工具节省1/2～2/3的时间。

（4）不存在人、车混流现象，没有复杂的交通组织问题。地铁路网将城市中心区和市郊区（或被河流等分割的市区城市）连成一个整体，既能畅通交通，又能促进经济繁荣，如广州、香港、旧金山等，还能缓和街道交通的拥挤和降低交通事故。

（5）不侵占城市地面空间。地铁可节省地面空间，保存城市中心“寸土寸金”的地皮，并且有一定的抵抗战争和抵抗地震破坏的能力。

（6）环境污染小，主要采用电力驱动。地铁能改善地面环境，降低噪声，减少城市公共交通产生的废气污染，为把地面变成优美的步行街区创造了条件。另外，采用电力驱动可节约能源。

2）地下铁路不足

（1）建设费用高、周期长。由于钻挖地层需许多辅助工序，因此，地下建造成本比地面建造高，地铁建设的投资一般为同样规模地面道路建设投资的5～6倍。由于需要规划和政府审批，甚至还需要试验，建设地铁的前期时间较长，从开始酝酿到破土动工需要时间较长，短则几年，长则十几年。因此，建设周期远远大于地面建设周期。

（2）施工困难、养护费用高。地铁建设会遇到涌水、涌泥、高温、软弱围岩等一系列工程问题，再加之即有建筑物的影响，造成施工条件环境差、施工困难。地铁内的系统低于水平线，导致雨水容易灌入地铁内的设施。因此，除在设计时不得不规划充分的防水排水设施，防止雨水灌入外，还需在发生暴雨时，关闭车站入口的防潮板和线路上的防水闸门，即便如此也可能发生地铁站淹水事件。如台北捷运在纳莉台风侵袭时曾经发生淹水事件，北京地铁1号线因暴雨积水关闭了数小时。另外，由于地下空间特点，照明、管理等也需额外投入，导致养护费用高。

（3）灾害救援不易。地铁对于雪灾和冰雹等的抵御能力较强，但是对地震、水灾、火灾和恐怖袭击等的抵御能力很弱。地铁是封闭性环境，再加之地铁属于地下细长管状物，空间狭小，极易让上述因素发生悲剧。如一旦发生火灾，瞬间就会充满烟雾，而且烟雾不易排出，救援和人员逃生比较困难。2003 年 2 月 28 日，韩国大邱广域市的地铁车站内因为人为纵火而发生火灾，12 辆车厢被烧毁，192 人死亡，148 人受伤。这次火灾产生如此严重的死伤原因，除了车厢内部装潢采用了可燃材料之外，车站区域内排烟设施不完善也是重要因素，加上车辆材质燃烧时产生了大量的一氧化碳等有害物质，导致不少人中毒死亡。因此，自地铁出现以来，工程师们就持续研究如何提高地铁的安全性。

2. 地下车行道路

在城市中的地下公路一般称地下道路，它分为地下车行道路和地下步行道路，主要用于人流的活动。而地下公路所指内容较多，可用于人流的活动（客运交通）和物质的运输（货运交通）。城市地下车行道路的设想早在 18 世纪就有人提出，与现在不同的是那时设想的交通工具是马车。经过多年的酝酿和实践，至今，地下车行道路已经发展为穿越江河或山体等障碍物隧道、地下立交道路、地下快速道路、系统性多点进出城市地下道路等。

地下车行道路与地铁在优点和不足方面有许多相似处，优点方面：运行速度快，不存在人、车混流现象，没有复杂的交通组织问题；不侵占城市地面空间；不妨碍城市景观等。不足方面：建设费用高、施工工期长；施工困难、养护费用高；灾害救援不易等。

地下车行道路的“人-车-路环境”系统与地上道路的差异是最明显的特点之一。

（1）光环境。一般情况下，地上道路白天可以利用自然光照明，地下车行道路则必须使用人工照明和行车灯辅助照明，两者在照度上差异很大。相对较低的照度在一定程度上会影响驾驶人的视距。照明不良时，驾驶人因反复努力辨认，易产生视觉疲劳，影响工作效率，并可能会引起工作失误和造成交通事故。因此，地下车行道路设计必须注意灯光照度，改善照明，减轻驾驶人的视觉疲劳，提高驾驶工作效率，有助于减少交通事故。

（2）声环境。道路的噪声主要来源于发动机噪声、机械噪声、进排气噪声、冷却风扇及其他部件发出噪声、轮胎与路面相互作用的噪声等。有关研究表明，噪声会随着车速提高而增加，当行驶速度低于 60km/h 时噪声以动力系统为主，而高于 60km/h 时轮胎与路面相互作用的声音则成为主要噪声来源。结果表明，地下车行道路的噪声污染已相当普遍，部分地下车行道路内部噪声最高达 90dB，这对驾驶人行车的生理、心理和注意力集中等影响都很大。

（3）空气环境。地下车行道路封闭的空间会使车辆产生的尾气污染物浓度逐渐增大，当达到一定程度后，就会影响人员身体健康和行车安全。机动车排放的尾气含有 100 多种化学污染物，其主要成分以一氧化碳（CO）、氮氧化合物（NO_x）和颗粒物等为主。CO 和 NO_2 两种污染物对人体健康影响较大，烟尘（颗粒物）达到一定浓度后会降低地下道路的能见度，影响驾驶人的视线，容易引发交通事故。因此，地下道路需要进行通风设计，确保污染物浓度降低到安全卫生标准。

（4）温度和湿度环境。地下车行道路的温度和湿度随道路材料不同而异；随天气变化而变化，其中温度比较稳定，湿度较大。长时间较大的湿度会影响地下车行道路的机电系统，进而一定程度上也会影响驾驶人的行车安全。此外，长大地下车行道路还存在内部升温的现象。高温段较长，会影响驾驶人的行车舒适性以及设备的运营安全性，因此，长大地下道路应采取适当的降温措施。

(5) 道路行车空间和路侧环境。地面道路路侧景象丰富，不仅可以为驾驶人提供地点信息，还可以给驾驶人视觉感官上有变化与调节。而地下车行道路路侧只有单调的侧墙，顶面、侧面封闭，侧面宽度和竖向高度有限，影响行车的舒适性。同时，驾驶人行车时缺乏足够的参照物，容易诱发不自觉的超速行为，存在一定的安全隐患。

(6) “黑洞”或“白洞”效应。地下车行道路的进出洞，易形成“黑洞”或“白洞”效应，造成驾驶人视觉上的不适与模糊，具体可分为暗适应和明适应两种情况，分别发生在进、出地下车行道路时会感到视觉不适应，视力感减弱，看不清前方，一段时间后，才能适应周围环境，这种情况称为暗适应，暗适应时间一般较长。在车辆驶出地下道路时，人眼的瞳孔缩小，进入眼睛的光通量减少，也需要一段适应时间，这种情况称为明适应，明适应比暗适应时间要短。

3. 地下停车场

城市停车是城市发展中出现的静态交通问题。静态交通是相对动态交通而存在的一种交通形态，两者相互关联，相互影响。对城市中的车辆来说，行驶时为动态，停放时为静态。停车设施是城市静态交通的主要内容，包括：露天停车场、各类停车场、候车库、储备车库等。随着城市中各种车辆的增多，对停车设施的需求量不断增加，如果两者之间失去平衡，就会发生停车空间不足的矛盾，出现城市停车问题，俗称“停车难”问题。从总体上看，城市停车问题主要表现在停车需求与停车空间不足的矛盾、停车空间扩展与城市用地不足的矛盾上。发展城市地下停车系统是解决城市停车问题的途径和必然趋势。

1) 地下停车场优点

(1) 容量受限制较少。城市停车设施的增长常常落后于车辆的增长，城市停车问题的解决经常处于被动的局面。地下停车场可以在地下空间相当狭窄的情况下提供大量停车位，且车库位置受到的限制较小，有可能在地面空间无法容纳的情况下，满足停车设施的合理服务半径要求，这一点在容积率较高的城市中心区尤为重要。

(2) 节省城市用地。车辆的停放时间一般比行驶时间长得多，也就是说，城市中的车辆大部分处于停放状态；不论采取何种停放方式，都需要占用一定的空间，即停车车位和进出车位所需的行车通道所需要的空间，这个空间的面积，比车辆自身的水平投影面积要大2～3倍。另外，每1辆车需要的停放空间不只一处，即除车辆所有者需要固定的停车空间外，在其驾驶出行的过程中还需要停放，而且可能不只一处。当车辆多到一定程度时，原有道路已不能满足车辆行驶要求，若一部分道路面积被停放的车辆所占用，则动态交通状况将更为恶化。地下停车场可节省城市地面用地，改善交通环境。虽然，地下停车场的出入口、通风口等也需要占用一些地面土地，但数量较少，一般不超过其总面积的15%，且不妨碍城市景观。

(3) 经济上优势。地下停车场除了节省城市用地外还有经济上的优势，在地价昂贵地区即使地面有地可用，用于停车场修建在经济上也是不合理的。若建在地下的停车场不需土地费或只需少量补偿费，则可在经济合理的条件下满足城市的停车需求。

2) 地下停车场不足

地下停车场也有其局限性，主要反映在建设费用高、施工困难、施工工期长、养护费用高、灾害救援不易等方面，这些局限性问题随着科学技术的进步可以克服。

扩大城市停车空间的途径：一是发展机械式多层停车库。这种停车库只需停车位而不需行车通道和进出坡道，停放1台车所需建筑面积比自走式（坡道式）汽车库小得多，而且层数不受限制，故可用最少的占地获得尽可能多的停车位。二是在城市立体化在开发过程中，充分发挥地下停车设施的综合效益。这种途径比在地面上建多层停车库具有更大的优势，然而，对地下停车场的经济可靠性问题，仍需有一个全面的认识。不能片面强调其局限性，必须以城市发展的整体利益为出发点，把改善城市交通环境的全局作为主要目的。在这样的前提下，综合评价发展地下停车设施的必要性和可靠性。从国内当前情况看，主要需解决地下停车设施的性质和投资渠道问题、地下停车空间的开发价值问题和地下停车设施的综合效益问题。

2.1.2 地下铁路（地铁）

地下铁路是城市地下交通工程中最重要的工程之一，对城市交通的改善影响很大。它是一组建筑物的综合体，其运输系统包括：区间隧道、地铁车站和其他设施。

1. 区间隧道

区间隧道为连接两个地下车站的建筑物，主要用于通行地铁列车。在设计中除需满足安全运行外，还要满足通风、给水排水、通信、信号、照明等管线合理布置的要求。

1）隧道需求的理论空间

区间隧道在地铁线路长度与工程量方面均占有较大的比重，要尽量减少开挖量，就存在一个理论界限问题，称之隧道限界，即在确保列车运行的安全的前提下，各种建筑物和设备必须与线路保持的最小距离。隧道限界包括：车辆限界、设备限界和建筑限界，接触轨和接触网限界等，如图2-2所示。

车辆限界：指在平直线路上运行中的车辆可以达到的最大范围，即为车辆在运行中的横断面的极限位置，车辆任何部分都不得超出这个限界之外。车辆限界应根据车辆主要尺寸等有关参数，并考虑在静态和动态情况下所达到的横向和竖向偏移量及偏转角度，以及按可能产生的最不利情况进行组合计算确定。在确定控制点时，应考虑到车辆制造上的公差、行走部分的磨损、车辆一侧整套弹簧损坏的可能性、车辆在曲线上的横向移动、由于横向和纵向颠簸而产生的偏移，以及由于外轨道超高而产生车身的偏斜和车辆前后转向架随线路之弯曲而移动等。

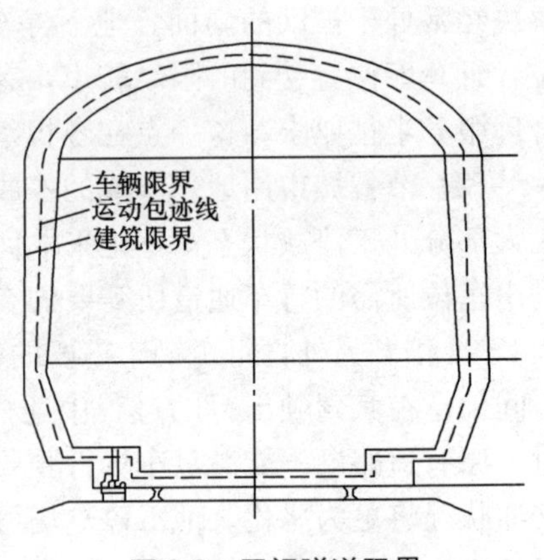

图2-2 区间隧道限界

设备限界：指车辆限界以外，隧道中各种设备（如照明、通风、集成电路等）与车辆限界之间必须保持一定距离的各控制点所连成的轮廓线。

建筑限界：一个垂直于线路中心线的最小有效的隧道净空，它决定隧道内轮廓尺寸，结构的任何部位均不得侵入这个限界以内（包括施工误差、测量误差以及结构的永久变形）。建筑限界是在车辆限界和设备限界的基础上制定的，它决定于隧道内设置的各种设备（如信号、供电、照明等设备，工作人员人行道等）的分布和尺寸。

接触轨限界：设在设备限界范围内，用以控制接触轨的固定结构和防护罩的安装，以及能容纳受流器安全工作状态下所需的净空。它应根据受流器的偏移、倾斜和磨耗、接触轨安装误差、轨道偏差、电间隙等因素确定。

接触网限界：鉴于我国目前地铁车辆的受电弓及接触网方面没有太多的实际经验，《地铁设计规范》GB 50157—2013 在限界内容中没有包括接触网限界。

2）实际横断面形式选择

区间隧道理论空间需求是根据各种建筑物和设备必须与线路保持的最小距离而定，往往很不规则。在实际建设中，以区间隧道理论空间需求为基础，根据埋设深度、施工方法和结构形式等不同，确定具体的横断面形式。区间隧道的基本横断面形式有矩形、拱形、圆形和椭圆形等。

矩形断面：可分为单跨、双跨及多跨等种类，如图 2-3 所示。该断面形式的内轮廓与区间隧道建筑限界接近，内部净空可得到充分利用，便于顶板上铺设城市地下管网设施。

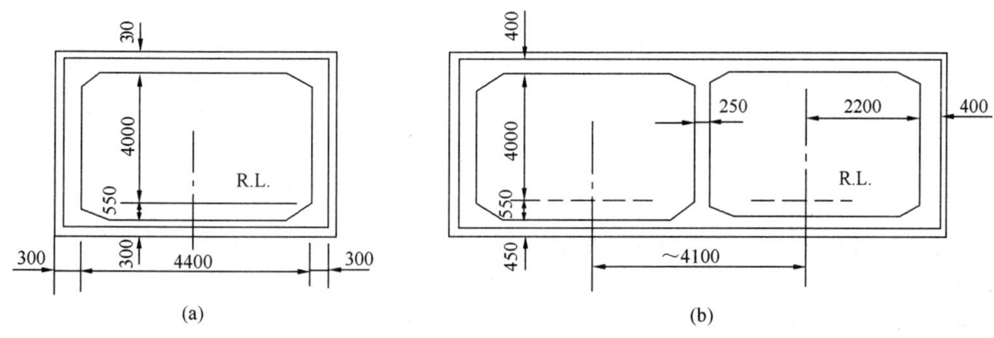

图 2-3 矩形断面

（a）单跨；（b）双跨

拱形断面：可分为单拱、双拱及多拱等种类，如图 2-4 所示。单拱多用于单线或双线的区间隧道或联络通道，双拱及多拱等多用在停车线、折返线或喇叭口岔线上。

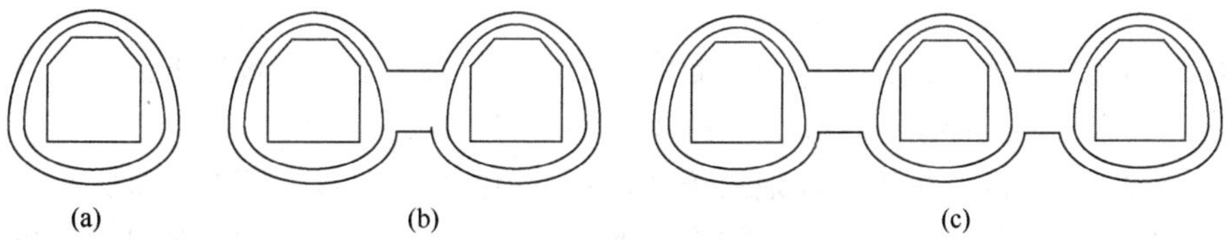

图 2-4 拱形断面区间隧道示意图

（a）单跨；（b）双跨；（c）多跨

圆形断面：可分为单圆和多圆两种形式，如图 2-5 所示，具有结构受力合理、线路纵向坡度、平面曲线半径变化不会改变断面形状、对内部净空利用的影响小等特点。其横截面的内轮廓尺寸除要根据建筑限界、施工误差、道床类型、预留变形等条件决定外，还要按线路的最小曲线半径进行验算。

实际工程中，区间隧道横断面形式的选择，受地铁埋置深度影响最大。地铁的埋深是指线路的轨面到地面的距离。一般来说，埋深越小越经济，施工越容易，但埋深也受不良地质现象、技术条件、已有地下管线、建筑物基础和其他地下工程等的制约。地铁埋深一般以 20m 左右为界，划分为浅埋和深埋两种。

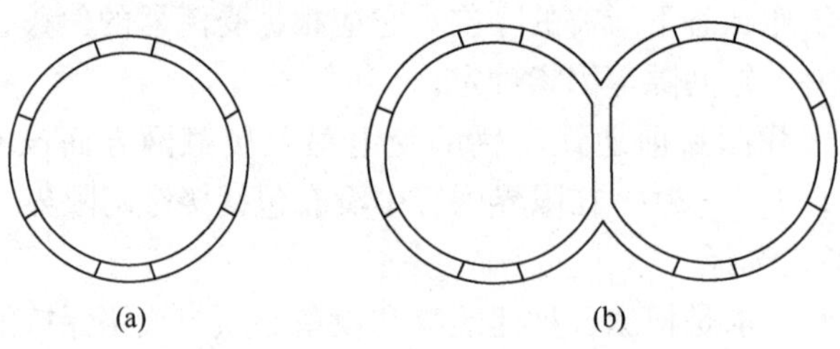

图 2-5 圆形断面区间隧道示意图
(a) 单圆形；(b) 双圆形

(1) 浅埋区间隧道形式：浅埋地铁（埋深小于 20m）一般运用于交通量小和街道宽敞的郊区，多采用明挖施工，目前国内外地铁建设趋向于采用浅埋为主。区间隧道形式的横断面常用钢筋混凝土矩形框架结构，包括：单跨矩形、双跨矩形、单跨双层和单拱式等。

(2) 深埋区间隧道形式：深埋地铁（埋深大于 20m）一般运用于建筑稠密、交通繁忙的市中心，多采用暗挖施工。区间隧道断面形式一般采用圆形断面，采用盾构法施工，用装配式钢筋混凝土管片衬砌支护，结构上覆土的深度应不小于盾构直径。从技术与经济上看，采用单线隧道为好。另外，还有采用矿山法施工的单线马蹄形、双线双拱形、双线单拱形等。

浅埋地下铁道隧道与深埋地下铁道隧道相比，优点是：建筑造价低，运营费用省，防水性能好（采用现浇混凝土和外铺防水层）等；缺点是：车站处于线路低点，列车进站必须减速制动，出站必须爬坡，而深埋车站在高点，列车进站，上坡自然减速，出站下坡自然加速。

3) 线形要求

地铁隧道线形要求参见《地铁设计规范》GB 50157—2013，主要设计指标如下：

(1) 线路平面最小曲线半径，指车辆可以安全通过的圆曲线的最小半径。一般取最小值为 300m。

(2) 缓和曲线长度，指在直线与圆曲线、圆曲线与圆曲线之间设置的曲率连续变化的曲线长度。如设计时速小于 50km/h，缓和曲线长度应该大于 20m。

(3) 最大允许坡度，指为确保地铁正常行驶采用的最大坡度。正线的最大坡度宜采用 3%，困难地段可采用 3.5%，辅助线的最大坡度宜采用 4%，但不包括各种坡度折减值。

最大允许坡度还与缓和曲线长度有关，线形设计是一个比较综合的问题。另外，轨距 (1.435m) 设计，一般与地面轨距一致等。

2. 地下铁道车站

地铁车站是地铁交通系统（路网）中一种重要的建筑物，它是供旅客乘降、换乘和候车的场所。地铁车站应保证旅客使用方便、安全、迅速地进出车站，并有良好的通风、照明、卫生、防火设备等，给旅客提供舒适而清洁的环境。地铁车站应容纳主要的技术设备和运营管理系统，从而保证城市轨道交通的安全运行。在整个地铁系统中，车站是最复杂的部分，也是投资比重最大的部分。

1) 车站的类型

根据运营性质的不同，车站可分为终始站、中间站、区间站和换乘站等，如图 2-6 所示，各种类型的车站其功能和设计要求不同，各有自己的特点。

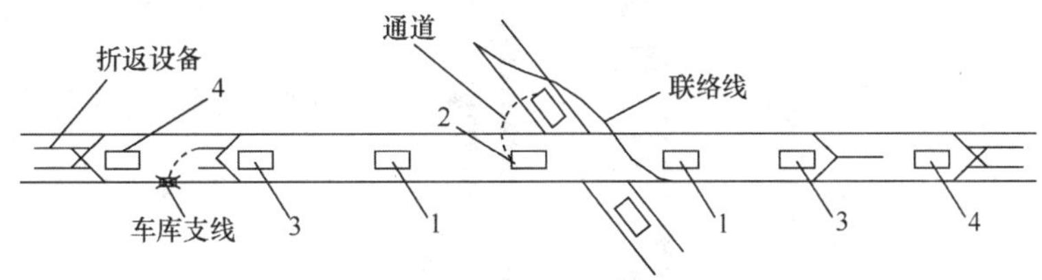

图 2-6 地铁车站类型

1-中间站；2-换乘站；3-区间站；4-终点站

(1) 终始站。它位于线路的两端，通常设在郊外，由于客流的集中乘降和存在列车折返设备，故建设规模都较大。在终始站上能否以最快的速度改变列车运行方向，是影响整个线路运载能力的重要因素。除折返线外，还可能设置停车线、检修线和通向车辆段的线路。环形折返线需要一定的半径，使站台宽度加大，对车轮的磨损也较严重；近端式的终始站，是比较普遍采用的一种形式。

(2) 中间站。它主要供乘客中途上下车之用，是路网中数量最多的车站。中间站的通过能力决定着整个线路的最大通行能力。如若平均的停车时间为 30s，则线路的通过能力为每小时 34 对列车（列车间隔 105s）；如果将停车时间减为 25s，则通过能力可增加到每小时 40 对（列车间隔时间为 90s）。路网中所有中间站作为一个整体，采用同样的布置较为有利。但是随着线路数目的增多，在交叉点处的中间站，就要起换乘作用，因而应根据路网的远景规划，留有余地，以备扩建，以保证在不停车的条件下修建换乘通道及设备。

(3) 区间站。因线路上客流量分布不均匀，所以在客流量最集中线路两端的车站设置折返线，以便在客流高峰区段内增开区间列车，利于客流的疏散，故称区间站或区域站。

(4) 换乘站。除供旅客乘降外，还可供旅客由此站经楼梯、地道等通道去其他站层，换乘另一条线的列车。换乘站位于线路交叉点的车站，简单的只有两条线路互相换乘，如果几条线路在同一车站上换乘，布置就相当复杂。换乘站的布置与线路相交的方式有关，当两条线路垂直相交时，上下距离又较小，多采用垂直换乘的方式，乘客通过楼梯或自动扶梯即可换乘，路程最短。如果两条线路成锐角相交，可使两线在站台部分保持平行，然后通过天桥、地道或楼梯实现换乘。当上、下两车站在投影范围内不相交、不重合时，只能经楼梯和一段地下连接通道才能换乘。相交线路在两条以上时，空间关系比较复杂，可将其中一两个车站适当拉开距离，采取垂直与平行换乘结合的方式，以此简化换乘过程。

路网中车站位置、站间距、车站规模及形式的选定应与城市交通近期和远期发展规划、使用要求相结合来综合考虑。

2) 地铁车站的建筑组成

地铁车站的建筑组成和内容比较复杂，按功能进行分类，一般包括乘客使用、运营管理、技术设备和生活辅助四大部分，如图 2-7 所示。

(1) 乘客使用部分：为主要部分，包括地面出入口和站厅、地下空间站厅、楼梯或自

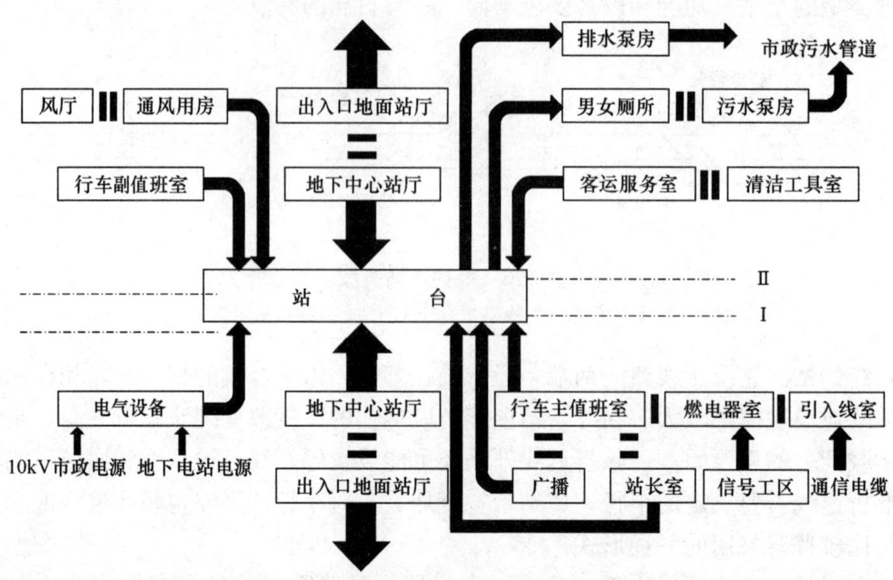

图 2-7 地铁车站功能分析图

动扶梯、售票厅与检票口、站台和隧道等。

（2）运营管理部分：包括主、副值班室，站长、会计及其他工作人员办公室，会议室，广播室，继电器室，信号值班室，通信引入室，工务区等。

（3）技术设备部分：包括电器用房（牵引、降压变电站）、通风用房、给水排水用房、自动扶梯机房等。

（4）生活辅助部分：包括客运服务人员休息室、清洁工具贮藏室、洗手间等。

3）地铁站台设计

（1）站台形式：地铁车站按站台与正线之间的位置关系，可分为岛式车站站台、侧式车站站台，以及岛、侧混合式车站站台三种基本类型。

岛式车站站台：岛式车站站台位于上、下行车线路之间，如图 2-8 所示。具有岛式站台的车站称为岛式站台车站（简称岛式车站），是比较常用的一种车站形式。岛式站台候车便于乘客在站台上互换不同方向的车次，具有站台利用率高、能灵活调剂客流、乘客使用方便等优点。

侧式车站站台：侧式车站站台位于上、下行车路线的两侧，如图 2-9 所示。具有侧式站台的车站称为侧式站台车站（简称侧式车站），是一种比较常见的车站形式侧式站台适用于轨道布置集中的情况，有利于区间采用大的隧道或双圆隧道双线穿行，具有一定的经济性。但在城市地下工况条件复杂的情况下，大隧道双线穿行缺乏灵活性，而且，候车客流换乘不同方向的车次必须通过天桥才能完成，会给乘客带来一定的不便。

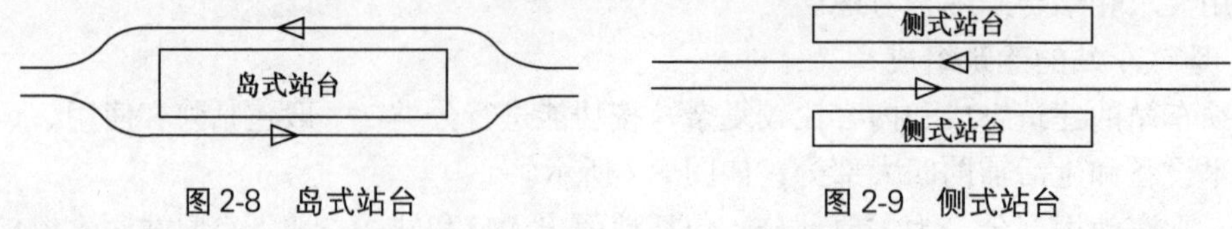

图 2-8 岛式站台　　图 2-9 侧式站台

岛、侧混合式车站站台：岛、侧混合式车站将岛式站台及侧式站台同设在一个车站内，如图 2-10 所示。岛、侧混合式站台可同时在路线两侧站台上、下车。

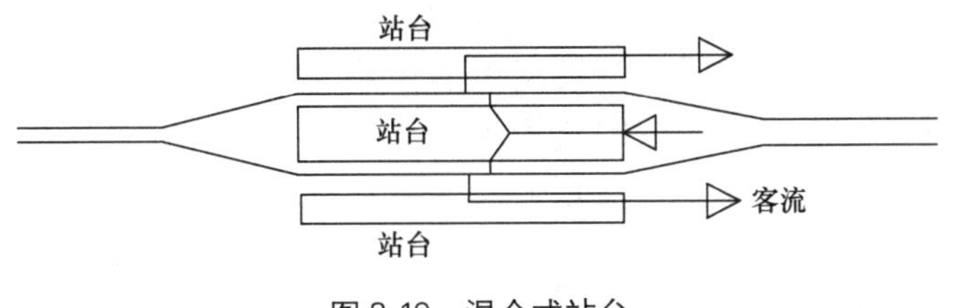

图 2-10 混合式站台

（2）站台规模：地铁车站站台的长度、宽度、高度等都要根据需要进行设计。如站台侧边距机车距离一般要小于 12cm，高度应低于车厢地板面 5～10cm，从隧道底板面到站台地面高度为 1.5m 等。

（3）车站结构：地铁车站多采用箱形框架结构车站，主要有单跨、双跨、三跨、四跨几种类型。目前我国浅埋地铁车站多采用的结构形式为：岛式车站，多采用三跨、四跨形式；侧式车站，多采用双跨、四跨形式；拱式结构车站，双拱和三拱结构，在我国近期建成和正在建设的浅埋地铁车站中比较流行。

地铁车站的设计，除上面介绍内容外，仍还有很多内容，如地点的选择、断面形式选择、开挖深度等，此处不再赘述。

3. 其他设施

为了保证地铁的正常运营，在地铁路网中，每一条线路必须按照运营要求布置各项组成部分，以发挥其运营功能。路网除区间隧道、车站外，还需有折返设备、车辆段（车库及修理厂）、联络支线（渡线），以及维持正常运营设施。

1）折返设备

折返设备有环形线、单线尽端线、双线尽端线。前两者只能供列车折返，后者可停放列车在此进行临时检修（应修检修坑）。在线路的终点站，列车折返迅速程度决定了线路的最大通行能力，因而折返设备是线路薄弱的环节。在国外（如伦敦、巴黎）广泛采用环形线的折返设备，以保证最大通过能力，节约设备费用及运营成本。可是环形线折返设备使得列车在小半径曲线上运行，单侧磨耗钢轨，不能停放及检修列车，难于延长线路，若用明挖施工修建时，则存在增大开挖影响范围等缺点，因而常采用尽端折返设备。

采用尽端折返线时，列车可停留、折返、临时检修，也不妨碍线路的延长。尽端折线的有效长度为从道岔外基本轨第一个绝缘接头到车挡中心的距离，应较列车计算长度多出一定长度（约 29m）。每一折返线下设宽度为 1.2～1.3m、深约 1.2m 的检查坑，以便检查车辆的走行部分。在车挡后应设有线路工房，还应包括卫生技术设备、修配间、储存间等。

2）车辆段（车库）

车辆段（车库）规模根据该地铁所拥有的车辆数（运行车辆、预备车辆、检修车辆的总和）来决定。车辆段一般位于靠近线路端点的郊区，早上车辆向市中心发车，夜间收班向郊外入库。车辆的调配损失不大。车辆段设有待避线、停留线、检车区、修理厂、调度指挥所和信号所等。

3）联络线

路网中地下线路与地面车库应有专用线联系，此种专线一般不宜和折返线合用。此外，在路网的交叉线附近，为便于两线间车辆相互调配，可设联络线。为便于车辆折返，在适当位置设有渡线。大城市四周的郊区范围内，沿半径方向可达数十公里，大部分的郊区居民与城市有工作上、文化上、生活上的联系，因而需要组织良好、迅速的室内外交通运输。为使地下铁道能服务于近郊区的客流，各方向来的市郊铁道，常设地下联络线，并市内设站，作为市内交通的一部分。联络线和地下铁道交叉处设换乘站，以供旅客换乘。

4）维持正常运营设施

维持正常运营设施一般包括：电气设备、通风设备、给水排水设备、信号通信设备和防护设备等。

（1）电气设备：地铁用电分为牵引用电和动力照明用电两种，地铁的变电站可设有牵引变电站和降压变电站两种，或两者合一，称为混合变电站。

（2）通风设备：地下铁路有两种通风方式，自然通风和机械通风。自然通风是利用温差或列车活塞作用进行；机械通风是在车站或隧道间设置压入或抽出风机形成的机械通风系统。

（3）排水设备：进入隧道的水必须迅速排除，一般沿线路每隔 0.7～1.0km 设置一个排水泵房，在河流和湖泊区域宜增设排水设备。

（4）信号通信设备：地下铁道装有计算机的中心控制室与信号安全联络设备，指挥车辆行驶。目前常用的设备有：列车自动停车设备、列车自动控制装置和列车自动驾驶装置。通信联络设备，包括地铁系统与城市的电话系统，以及地铁中心控制室或车站直接用报话机和车辆的通信联系。

（5）区间防护设备：一般通常将整个线路按一定距离划分为若干个防护区段，中间设有横隔防护密闭门，当隧道一处被破坏，为防止全隧道损失，可将横隔防护密闭门关闭，横隔防护密闭门一般设在区间设备段内。

4. 地下铁道路网规划

城市地下铁道工程对城市的交通状况改善和经济发展起到积极作用，但自身存在一定的局限性，如投资高、施工复杂、面临综合利用等问题，因此，建设地下铁道必须做好可行性和必要性研究。

1）地下铁道建设的前提条件

城市是否修建地铁，必须根据国民经济状况等综合因素，遵循国务院在 2018 年的《国务院办公厅关于进一步加强城市轨道交通规划建设管理的意见》中指出的“量力而行，有序推进”方针，使地铁的发展与城市经济发展的水平相适应。有关专家认为，城市地下铁道建设的必要前提可概括为以下三个方面：

（1）城市人口状况。从世界上已有地铁运营的城市看，超过 100 万人的城市最多，约占 80%，其余人口不到 100 万的城市中，大多数也接近 100 万，因此，城市人口超过 100 万时，应作为建造地下铁道的宏观前提。

（2）城市交通流量情况。按城市人口多少评估该城市是否需要修建地铁只能是一种宏观前提，主要应考虑城市交通干道上单向客流量的大小，即现状和可以预测出的未来单向客流量是否超过 2 万人次，且在采取增加车辆、拓宽道路等措施，已无法满足客流量的增长，才有必要考虑建设地铁。

（3）城市地面、上部空间进行地铁建设的可能性。城市中心区域的土地被超强度开发，建筑容量、商业容量、业务容量均达到饱和状态，其地面、上部空间在现有技术条件下已被充分利用，调整余地不大，则可以考虑修建地铁。

对经济条件较好、交通堵塞较严重的城市，在建设地铁的问题上应优先考虑，但在建设中，为了降低整个系统的造价，应尽量缩短地下段的长度。值得指出，地铁投入运营后，只靠售票的收入支付全部运营管理费用是不够的，有的连年收支都不能平衡，短期内难以回收全部投资，大部分城市地铁要靠政府补贴。从经营情况看，建设地铁是亏本的；但从社会效益、环境保护、战时人防等整体来看，地铁对国家的整体利益，远远超过亏损部分。所以，各国政府仍不惜花费巨资建设地铁。

2）路网基本结构形式

路网一般指城市内各条线路组成的几何图形。在满足地下铁路建设前提条件的论证后，就应该进行科学的地下铁道路网规划，使地下铁道成为城市交通系统的组成部分。在规划路网结构形式时，不但要考虑各线路的具体情况，更要考虑路网的整体布局，即要考虑路网总的结构形式是否合理。从世界上已有地铁运营的城市看，路网基本结构形式有：单线式、单环式、多线式、蛛网式和棋盘式等。

（1）单线式（放射形）。单线式是将各条地铁线路汇集在一个或几个中心，通过换乘站从一条线路换乘到另一条线路。这种形式对乘客出行非常方便，郊区乘客可直达市中心，并且由一条线到任何一条线只要一次换乘就可以到达目的地，是换乘次数最少的一种形式。但当多条线路汇集在市中心且集中在一点时，易造成客流组织混乱，并增加施工难度和工程造价。如意大利的罗马、我国香港等，如图 2-11 所示。

（2）单环式（放射性环状）。单环式是在客流量集中的道路下设置地铁线路，并闭合成环。该种形式便于车辆运行，减少折返。如英国的格拉斯哥，如图 2-12 所示。

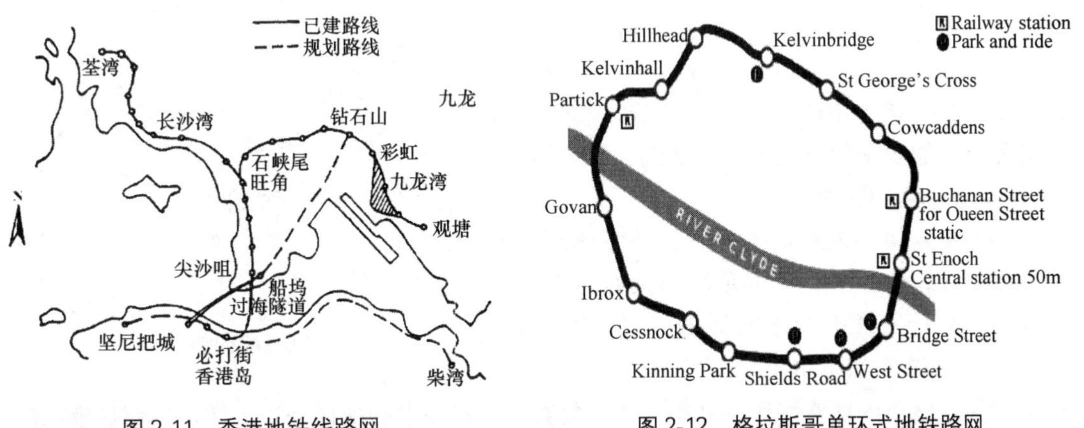

图 2-11　香港地铁线路网　　图 2-12　格拉斯哥单环式地铁路网

（3）多线式（放射性网状）。当城市具有几条方向各异或客流量大的街道，可设置多线式路网。这几条线路往往在市中心处交汇，便于乘客由一条线换乘另一条线，也有利于线路的延长扩建。如我国的南京，美国的波士顿等，如图 2-13 所示。

（4）蛛网式（环线加对角线）。“蛛网式”线网是很多大城市地铁建造的主要形式。这种路网形式通过环线将多条线路有机地联系在一起。由于环线和所有经过的径向线路可以直接换乘，整个路网连通性好，可以减少旅客的换乘次数，而且能有效地缩短市郊间乘客利用轨道交通出行的里程和时间，还可以起到疏散市中心客流的作用，减轻像多线式存在的市中心区换乘的负担。如我国的上海地铁等，如图 2-14 所示。

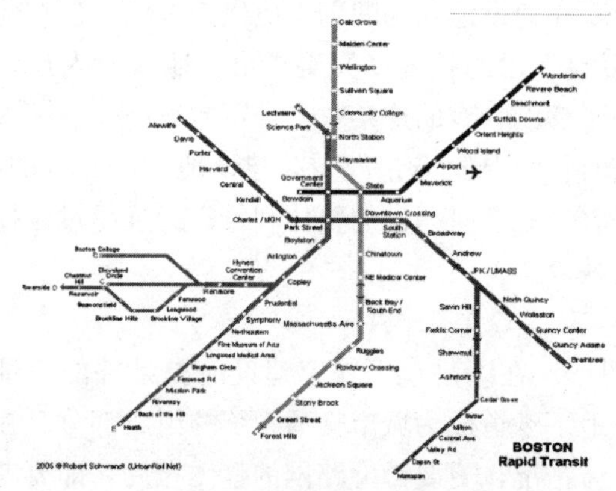

图 2-13　波士顿多线式线路网路网

图 2-14　上海蛛网式地铁路网

（5）棋盘式（栅格网状）。棋盘式地铁线路由多条辐射状线路与环形线路组合，通常由若干纵横线路在市区相互平行布置而成，形成的网络多为四边形结构。这种形式线路网密度大，客流量分散，但最大缺点是乘客换乘次数增多，增加了车站设备的复杂性。如果在城市轨道交通干道网规划中必须采取此种结构形式时，应尽量将交叉点布置在大的客流集散点上，以减少乘客换乘次数。如美国的纽约等，如图 2-15 所示。

（6）棋盘加环线形式。环线应放在客流密度较大的地方，并尽量多地贯穿大的客流集散点，如对内、对外交通枢纽等。这种路网的最大特点是提高环线上乘客的直达性，减少其换乘次数，同时能改善平行线间乘客的换乘条件，缩短了出行时间，并减轻了市中心的线路负荷，起到疏散客流作用。如我国的北京地铁，如图 2-16 所示。

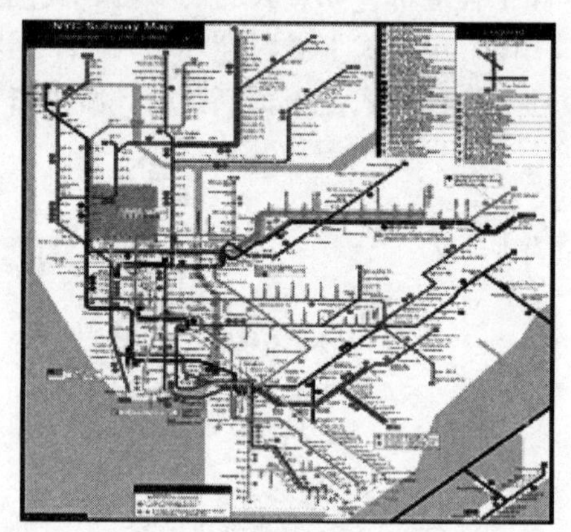

图 2-15　纽约地铁图

3）地铁路网布置

路网布置是修建地铁可行性和必要性研究的组成部分，总体原则是需满足城市交通对地铁的要求，但同时需考虑城市发展的远景，即人口、交通的增长趋势和城市地面、地下建筑状况等。衡量现代化城市的交通好坏，其中一个主要指标是市民出行交通是否方便，而衡量市民出行交通方便的主要尺度是出行时间的长短。因此，需要从以下几方面着手：

（1）路网布置必须符合城市的总体规划。根据城市总体规划和城市交通规划前瞻性地做好路网布置规划，使之成为城市总体规划的重要组成部分。轨道交通的规划和建设，可带动沿线住宅和商业区的开发和升值。

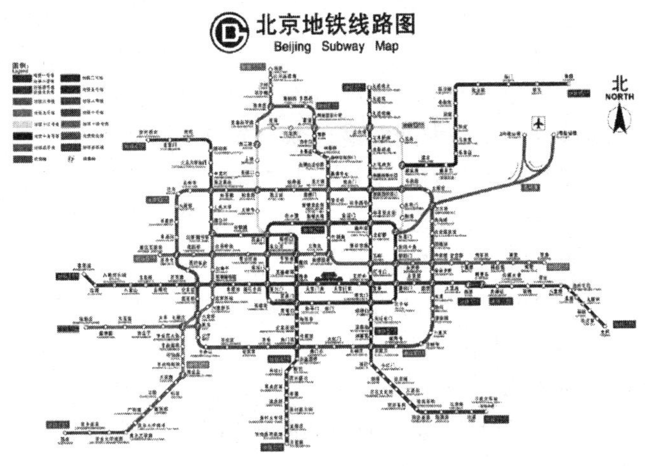

图 2-16 北京棋盘加环线地铁路网

(2) 路网布置要与城市客流预测相适应。路线的基本走向要满足城市交通的需要；路网应贯穿城市中心、文化娱乐中心、商业中心、对外交通中心（如火车站、机场、码头和长途汽车站等）、城市人口集中区和城市的重大枢纽。路网只有沿城市交通主客流方向布置，才能照顾到市民快速、方便出行的需要，并能充分发挥快速轨道交通客运量大的功能。

(3) 路网要尽量沿城市主干道布置，线路布置要均匀，线路密度要适当，乘客换乘要方便，换乘次数要少。同时各条规划线路上的客运负荷量要尽量均匀，要避免个别线路负荷过大或过小的现象。另外，要与城市公共交通网衔接配合，充分发挥各自优势，为乘客提供优质的交通服务。

(4) 在考虑线路走向时，应考虑沿线地面建筑情况，要注意保护重点历史文物古迹和保护环境。要先考虑地形、地貌和地质条件，尽量避开不良地质地段和重要的地下管线等构筑物。

2.1.3 城市地下车行道路

在相当长的时期内，城市中大量机动车和非机动车行驶的道路系统，一般不宜转入地下空间，因为工程量很大，造价过高，即使在经济实力很强的国家也不易实现。然而，从长远角度看，将城市地面上的各种交通系统大部分转入地下，给地面上留出更多的空间供人们居住和休息，符合开发城市地下空间的理想目标。

1. 城市地下道路分类

现在许多城市不断修建高架路、轻轨，但高架路、轻轨存在着一些弊病，如振动、噪声、污染等。城市交通系统发展趋势，除了修建地铁外，还要发展地下车行道路，即地下公路（除特别指明，以下地下道路均指地下车行道路）。城市地下道路可按交通功能形态、服务车型、道路长度等分类。从已建的城市地下道路按交通功能形态分类来看，城市地下道路主要有以下四种类型：

1) 穿越江河、山体等障碍物的城市地下道路

这种类型地下道路作为整条道路的一个节点（或一个组成部分），主要是以穿越障碍

物（江海、湖泊等）或因城市风貌保护、立体交通等原因而修筑；其功能标准等受两端接线道路控制。这与“跨线桥”“大桥”等概念类似。此类型的地下道路应用较为广泛，上海市已有多条穿越黄浦江的越江隧道，如打浦路隧道、延安东路隧道等。此外，还有南京、武汉等地的长江隧道以及无锡太湖隧道、苏州金鸡湖隧道等。

根据两端衔接路网情况，可分为两类：一类是与快速路衔接的地下道路，如延安东路隧道、翔殷路隧道、外环隧道；另一类是与地面主、次干道衔接的地下道路，如大连路隧道、复兴东路隧道和打浦路隧道。在布置模式上，这些地下道路有明显的共同特点，都是以单点进出为主，中间不设出入口，内部没有车流交织，交通功能较为单一。

2）穿越一个或多个交叉口的城市地下道路

在行业标准《城市桥梁设计规范》CJJ 11—2011 中对这类地下道路称为“地下通道”，但在实际应用中，这种类型的地下通道通常也称为下立交，是为改善节点交通矛盾，或改善区域景观环境而设置，对改善重要路口交通矛盾、简化交叉口交通组织、提高交叉口通行效率效果明显。这种类型的地下道路比较常见，如上海东方路（穿世纪大道）下立交、徐家汇路（穿重庆路）下立交、黄兴路（穿五角场）下立交等；南京市城东干道，通过多个穿越交叉口的地下道路实现快速、连续的交通流。

从运营效果看，下立交的设置对改善交叉口服务水平效果明显，但部分下立交受路网间距影响，容易将节点交通矛盾转移至下游交叉口，同时由于仅解决直行机动车交通问题，非机动车和人行交通穿越路口问题依然难以改善。

3）系统性的多点进出城市地下道路

此种类型地下道路通畅距离较长，规模较大，设有多个出入口，与路网联系较为紧密；以服务中长距离交通为主，在交通网络中承担了较强的系统性交通功能；通常采用城市快速路或主干路标准，是城市骨干网络重要组成部分，对完善城市道路网路具有重要作用，如日本东京中央环状线新宿线即为典型的多点进出城市地下道路。

该类型的地下道路系统性强，可自成体系，可与城市道路的等级标准相一致，也可采用专用标准，如采用小客车专用标准。在功能定位、使用功能、通风、防灾、应急救援设计等方面与其他类型的地下道路具有显著差异。因距离长，通常会像高架道路那样采用多个出入口布置，并可根据需要分段运营管理，这与“高架道路”概念类似。

4）改善市区域交通环境、整合车库资源的城市地下道路

随着机动车保有量的不断增加，中心城区停车问题日益突出，一方面各地块的停车设施利用率存在差异，另一方面进出停车库交通对地面道路的交通影响较大，为减少对地面动态交通的影响、整合车库资源、提高停车效率，诞生了一种用于连接地块车库的新型地下道路。目前，北京中关村、金融街及无锡高铁商务区等地都已建成该类地下道路。国内外联系地下车库的地下道路类型较多，对于那些与建筑物合建、出入口布置在道路红线之外的联系地下车库的地下连接道路可作为交通建筑来处理，将不纳入城市地下道路范畴。

对于主线布置于市政道路之下，并设有独立的出入口，且出入口位于道路红线范围之内，联系各地块地下车库的地下公共通道，将其纳入城市地下道路范畴，可统称为“地下车库联络道”，具体定义为：位于道路下方用于连接各地块地下车库并直接与城市道路相衔接的地下车行道路。地下车库联络道可作为城市支路的重要补充，在城市功能核心规划

区域设置。

除按交通功能形态分类外，为了便于在规划设计过程中对不同类型地下道路进行区分，城市地下道路还可从长度、服务车型等其他角度分类：

1）按长度分类

地下道路按照长度可分为特长距离、长距离、中等距离和短距离四类，如表 2-1 所示。

城市地下道路按长度分类 **表 2-1**

分类	特长距离地下道路	长距离地下道路	中等距离地下道路	短距离地下道路
长度 L（m）	$L>3000$	$3000\geqslant L>1000$	$1000\geqslant L>500$	$L\leqslant 500$

（1）短距离地下道路：国内外一般认为 500m 以下为短距离地下道路，大多数是交叉口下立交，可采用自然通风，设施配置简单。

（2）中等距离地下道路：长度为 500～1000m，通常为跨越几个交叉口，或穿越较长障碍物的地下道路，设施要求相应较高。

（3）长距离地下道路：长度为 1000～3000m，此类地下道路应充分考虑其交通功能和配套设施，尤其是地下道路出入口与地面道路的衔接以及内部交通安全配套设施。

（4）特长地下道路：大于 3000m，一般为多点进出快速路或主干路，交通功能强，实施影响大，上海市的北横通道即属于此类地下道路。该类型地下道路需充分考虑总体布置、通风、消防、逃生等系统设计。

2）按服务车型分类

城市地下道路根据服务车型一般可分为混行车地下道路和小客车专用地下道路。以往地下道路大多是大型车和小客车混合使用，由于城市道路服务车型以小客车为主，考虑到实施条件、工程成本、运行安全等因素，近年来小客车专用的地下道路越来越多，如巴黎 A86 地下道路、外滩隧道等。对于小客车专用地下道路，道路设计的相关技术标准可以适当降低，减小工程实施难度和经济成本，节约地下空间资源。

除上述小客车专用地下道路，近年来还出现了其他专用车型的地下道路，如公交专用地下道路，在地下建造适合公交运营的专用道路与车站设施，形成地下公交快速通道，减少公交车延误，提高公共交通出行服务水平。

2. 城市地下道路系统设计

地下道路位于地下，空间相对封闭，易造成洞内空气污染、洞内外照度差异悬殊、噪声高、火灾难以控制等一系列影响运营安全的问题。因此，城市地下道路除设置常规的交通工程设施外，还需要配置通风、照明、监控、防灾设施等系统性的安全保障设施。因此，在设计、建设时，涉及道路交通、结构、建筑、排水、暖通、电器、防灾等多学科领域，系统组成复杂，综合性、交叉性强。

1）地下道路交通设计

地下道路交通设计主要解决城市地下道路的建设必要性、总体功能定位、交通适应性、确定技术标准等一系列问题。通过几何线形确定道路的总体走向，满足在一定技术标准下车辆安全、高效的通行需求。合理布置出入口，与地面交通形成有机衔接，提高地下道路系统运行效率。在交通工程设施上，地下道路的交通标志、标线需满足地下道路环境特点，考虑地下道路驾驶人驾驶的生理、心理特点，力求简洁明了、可视性好，在有限空间内，因地制宜，合理布置。除常规的标志、标线设施外，城市地下道路还需设置用于信息采集和发布、车道管理等智能交通管理设施，确保道路安全、有序运营。

2）地下道路结构设计

地下道路结构作为城市地下道路的主体，是地下道路规划建设的重点和难点。地下道路结构实施，根据施工工艺可分为明挖法、盾构法、矿山法及沉管法等。各种工艺有各自的适用条件和优、缺点。城市地下道路结构设计应根据工程地质、周边环境，从技术、经济、工期、环境影响等方面综合比较，选择合理的结构形式和施工方法，分别对施工阶段和使用阶段按承载能力极限状态和正常使用极限状态进行设计，解决结构的防水、耐久性等问题，主体结构应满足使用年限的要求。

3）地下道路建筑设计

地下道路建筑设计主要是根据道路、规划、城市景观、环境保护、防灾的要求，进行地下道路的主体、地下与地面附属设备用房、管养及应急设施的建筑布置及装修设计。建筑横断面布置是设置重点，需根据工法要求，集约利用空间，综合考虑行车功能、设备安装、安全疏散、装饰装潢及施工误差等要求。建筑设计应兼顾耐久、安全与美观，以人为本，既要考虑使用的安全性，又要考虑管养的便利性，还需与环境协调统一。

4）地下道路通风设计

地下道路通风主要解决地下道路的空气质量的问题。根据不同的地下道路形式及规模，制定有差异的地下道路空气质量标准，选择经济合理的通风和控制方式，包括自然通风、全横向、半横向、纵向、组合式机械通风等。根据地下道路周边不同的环境情况，选择合适的通风塔位置或进行必要的空气净化。地下道路通风设计既要满足地下道路内部的空气质量要求，又要对排放口位置周围环境进行分析，满足外部空气环境质量要求。

5）地下道路给水排水设计

地下道路给水排水主要解决地下道路内用水以及雨、废水排出等问题。给水应满足地下道路各项用水对水质、水压、水量的要求，并贯彻综合利用、节约用水的原则。排水应分类集中，采用高水高排、低水低排、互不连通的系统就近排放，确定合适的排水量标准、合理设置排水泵房。

6）地下道路工程电气设计

地下道路工程电气设计内容分为强电、弱电两部分。强电部分主要解决城市地下道路正常工况时用电设备、事故工况时应急设备安全供电及环境照明的问题，需从全局出发统筹兼顾，合理确定供电系统的规模，从安全、技术、经济、维护等方面确定供电方案。弱电部分主要解决城市地下道路一体化的统一管理，加强事件处置的有效性及危害的抑制性，并对内、外通信的问题，以交通安全为原则，有效管理交通；注重计算机、通信及电子技术的发展，合理采用相关设备与技术。

7）地下道路防灾设计

地下道路防灾设计主要针对火灾、交通事故、水淹、地震等各种灾害事故进行预防。城市地下道路防灾设计应针对灾害类型，结合地下道路功能、环境条件等因素制定设防标准。防灾系统设计应综合考虑行车安全、灾害报警、交通控制、防灾通风与排烟、安全疏散与救援、防灾供电、应急照明、消防给水与灭火、防淹排水、防灾通信与监控、灾害时的结构保护等，在突发事件下，保证车辆和人员安全疏散，快速离开危险环境，并保证救援工作的顺利进行。

3. 地下车行道路线路与断面形式

城市地下道路一般位于城市区域，人口稠密，建筑物多，建设难度大、风险高。城市地下道路平、纵线形，需根据地质、地形、水文、通风、施工工法等因素综合确定，除了受城市道路网布局、地区控制性详细规划、道路规划红线等影响外，还受地下管线设施、建筑物基础等影响。

1）线形

地下道路一般采用直线，尽量避免曲线。路面纵坡通常应不小于 0.3%，并不大于 3%。

2）断面限界

地下道路的断面设计需要考虑多种因素。首先隧道需要满足净空要求，隧道净空是由建筑限界、通风及其他设备需要所确定。

(1) 建筑限界：指隧道衬砌等任何建筑物不得侵入的限界，即净空，如图 2-17 所示。在计算建筑限界时，要考虑车道、路肩、路缘带、人行道等的宽度及车辆的高度等，若不通人可不考虑人行道，如图 2-18 所示。为了减少隧道净空，我国的许多地下道路都不考虑人行道。

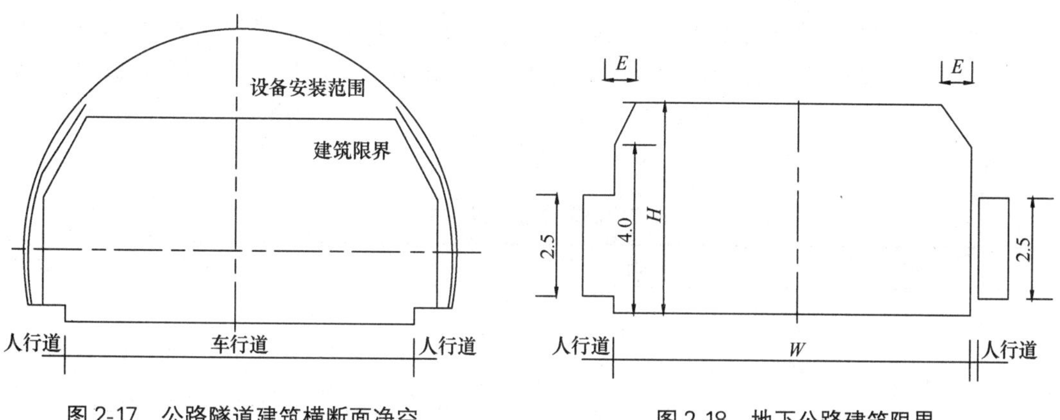

图 2-17 公路隧道建筑横断面净空

图 2-18 地下公路建筑限界

(2) 通风：地下车行隧道特别是长度大于 100m 的隧道，必须考虑通风，通风设备一般放置在隧道的顶部。

(3) 其他设备：管道、照明、防灾、监控、运行管理等附属设备。

3）断面形式

若为衬砌的内轮廓形状，其形状的确定，应使衬砌受力合理，围岩稳定。浅埋地下车行隧道中常见的断面形式有：单跨矩形、双跨矩形；深埋地下车行隧道中，常见的断面形式有：椭圆形、马蹄形。

4. 地下道路特点

(1) 在服务对象上，城市道路的服务车型以小客车为主，交通流组成较为单一，小型车比例远远超过其他车型，除公交车外，一般达 90%以上。因此，很多城市地下道路采用了小客车专用形式。另外，城市地下道路的交通流量比一般隧道大，运营后容易发生交通拥堵。

（2）在横断面布置上，为节约利用地下空间资源或受建设条件制约，有些地下道路采用同管双层布置双向交通或与轨道交通同孔布置，形成路轨共用格局。此外，有些还与高压电缆、输水管道、通信光缆等市政管线共管，不再仅仅承担交通功能，复合功能强。

（3）在交通组织上，为服务沿线重点区域，通常会在地下道路沿线设置多对匝道与地面道路的衔接。

（4）在通风设计上，地下道路的区域位置、交通特性、环境保护要求、功能特性等方面与公路隧道存在差异，城市地下道理内污染物浓度控制标准有别于公路隧道。在通风系统设置上，城市地下道路车流量大，通风标准要求高。多点进出的地下道路，主线的出入口分合流车流对通风影响很大。此外，地处城区，环保要求高，风塔设置难度大，对洞口环境保护要求更高。

5. 地下道路与地上道路、公路隧道差异

1）地道路与地上道路存在的差异

地下道路与地上道路在道路环境、驾驶行为和车辆运行特征、设施配置、运营与防灾安全、道路特征与交通组织、建设特征等方面存在明显的差异。如：地下道路封闭的行车空间、单调的景观环境以及内部光线等，使得驾驶人所表现出来的交通行为特征与地上道路较大差异。再如：地下道路侧墙对驾驶人行为具有显著影响，大量的交通流数据以及自然驾驶试验分析表明，随着行车行驶速度的增加，侧墙影响效应增加，车辆偏离侧墙的距离增大，此外，左、右侧侧墙的影响程度也不一致，在我国，右侧的侧墙效应更明显。地下道路与地上道路各方面差异情况见汇总情况如表 2-2 所示。

地下道路与地上道路的差异 **表 2-2**

差异性		地上道路	地下道路
道路环境	外界环境	受外界雨雪影响	几乎不受外界影响
	光环境	自然光	自然光少，尾气等容易造成能见度低，需辅助照明系统
	空气环境	与外界空气一样，无须通风	污染物容易积聚，中等以上距离的地下道路需要辅助通风系统
	温度和湿度环境	随外界天气与气候变化而变化	相对稳定，但长大地下道路存在升温现象
	声环境	自然声，噪声不大	噪声大，对驾驶人生理、心理影响较大
驾驶行为和车辆运行特征	驾驶行为	正常	保守性，受干扰少，容易超速
	车辆运行特征	除快速路外，一般道路受两侧干扰较大，间断流	连续流，受干扰少，容易超速
设施配置		标志标线、护栏等常规交通设施，相对简单	除传统的交通工程设施外，需配置通风、照明、监控、消防、逃生疏散等设施

续表

差异性		地上道路	地下道路
运营与防灾安全		较为简单，对防灾安全要求较低	对运营安全要求极高，需进行消防、逃生应急等防灾设计
道路特征与交通组织		相对容易	空间有限、封闭，视距等受影响，内外部衔接相对困难
建设特征	空间位置	地面或高架	地下深埋或浅埋
	影响因素	地质地形，城市规划等	除与地上道路影响相同因素外，还受地下设施影响较大，因素复杂
	施工技术	相对容易	技术难度大，风险高
效益		初期投入少	初期投入较大，但环境保护等长远效益明显，综合效益优势突出

2）地下道路与公路隧道存在的差异

地下道路与公路隧道在建设条件、交通特点、道路特征与交通组织、功能性、附属设施与安全防灾、技术标准等方面存在较大的差异，汇总情况如表 2-3 所示。

地下道路与公路隧道的差异 **表 2-3**

差异性	公路隧道	城市地下道路
建设条件	主要受地质、地形因素影响	（1）穿越中心城区，建筑物多，地下管线、桩基等障碍物设施复杂； （2）受沿线开发，拆迁影响较大
交通特点	客、货车混行，还包括重载卡车等	（1）交通组成较为单一，以小客车为主，甚至为小客车专用； （2）交通流量大
道路特征与交通组织	以单点进出为主；线性，技术标准要求高；交通组织相对简单	（1）建筑横断面形式多样，如同孔双层布置； （2）存在多点进出，服务沿线重点区域； （3）受地下设施影响，部分路段平、纵线性技术标准较低，尤其是地下匝道等； （4）道路总体走向受城市道路网布局、地区控制性详细规划控制； （5）需考虑与地面道路的衔接，统筹布置，交通组织相对复杂
功能性	功能较为单一，主要承担交通功能	（1）复合功能性强，不仅承担交通功能，还可与高压电缆、输水管道、通信光缆等“城市生命线”共管； （2）或与轨道交通同孔，形成路轨共用格局
附属设施与安全防灾	相对简单	（1）通风差异，要求更高：存在分岔，车流汇入与分离影响风流；线性较差时还影响风流的顺畅流动；由于地处城区，对风塔、洞口环境保护要求更高；污染物的控制标准也有差异； （2）交通监控系统更为复杂，需考虑与周边区域路网的联动协调，进行统一规划
技术标准	以公路隧道和公路线形设计规范为依据	采用城市道路工程技术标准，同时当为小客车专用时还应采用小客车专用技术标准

2.1.4 地下停车场

地下停车场是指建筑在地下用来停放各种大小机动车辆的建筑物，主要由停车间、通道、坡道或机械提升间、出入口、调车场地等组成。地下停车场对在保留中心城区开敞空间条件下解决停车问题起了积极作用。

1. 地下停车场的分类

城市地下停车场可按建筑形式、使用（服务）对象、车辆运输方式、所处地质条件等分类，以便于在规划设计、施工、管理过程中对不同类型地下道路进行区分。

1）建筑形式

地下停车场按建筑形式可分为单建式停车场和附建式停车场。

（1）单建式地下汽车库：单建式地下汽车库是地面上没有建筑物的地下汽车库，一般建于广场、公园、道路、绿地、湖泊或空地之下，主要特点是不论其规模大小，对地面上的空间和建筑物基本上没有影响，除少量出入口和通风口外，顶部覆土后仍是城市开敞空间。而且，单建式地下汽车库可以建造在城市中心那些根本不能布置地面多层汽车库的位置，如广场、街道、运动中心、湖泊，或建筑物非常密集的地段，甚至可以利用一些沟、坑、旧河道等对城市建设的不利因素，修建地下汽车库后填平，为城市提供新的平坦用地。

（2）附建式地下汽车库：当一些大型公共建筑需要就近建造专用汽车库，附近又没有足够的空地建设单建式地下汽车库时，可利用地面上多层或高层建筑及其裙房的地下室布置地下专用汽车库，称为附建式地下汽车库。这种类型的汽车库使用方便，布置灵活，节省用地，规模适中，使用率高，较适合于专用汽车库。但设计中要选择合适的柱网，以满足地下停车和地面建筑使用功能的要求。

2）使用对象

地下停车场按使用对象可分为公共停车场和专用停车场。

（1）公共地下汽车库：公共汽车库是指供车辆暂时停放的汽车库，具有公共使用的性质，是一种市政服务设施。公共汽车库的需求量大，分布面广，一般以停放大小客车为主，是城市停车设施的主角。城市建设规划考虑地下停车场设置时，应根据实际需要和可能，使公共汽车库，既具有一定的容量，又能保持适当的充满度和较高的周转率，使车辆的进出和停放都很方便，要尽可能提高单位面积利用率，以保证公共停车场能发挥较高的社会效益和经济效益。

（2）专用地下汽车库：专用汽车库以停放载重车为主，还可以停放其他特殊用途的车辆，如消防车、救护车、军事车辆、居民车辆等。

3）车辆运输方式

按车辆在库内的运输方式分类，主要有坡道式（又称为自走式）和机械式两种。此外也有两种方式的混合型，例如水平方向自走，垂直方向有机械升降等，可称为半机械式。

（1）坡道式地下汽车库。坡道式停车场是利用坡道出入车辆，优点是造价比机械式要低得多，可以保证必要的进、出车速度，且不受机电设备运行状况的影响，运行成本较低，如今所建的地下停车场多为这种类型。与机械式相比，坡道式的主要缺点是用于库内交通运输的使用面积占整个车库建筑面积的比重很大，两者的比例接近于 0.9∶1，使面积的有效利用率大大低于机械式汽车库，并相应增加了通风量和需要管理的人员。

（2）机械式地下汽车库：机械式停车场是利用机械设备对汽车的出入进行垂直自动运输，取消了坡道，使停车场内使用效率增加，通风和消防也变得容易和安全，还减少了相应的管理人员。由于受到机械运转条件的限制，机械式地下汽车库进车或出车需要间隔一定时间（1～2min），不像坡道式汽车库可以在坡道上连续进出（最快可每 6s 进出一辆车），因此在交通高峰时间内可能出现等候现象，这是机械式停车的主要局限性。同时由于机械设备造价高，在每个车位的造价指标方面，机械式地下汽车库显然处于不利地位。但是，在坡道式地下汽车库修建受限时，修建机械式地下汽车库是不错的选择。

4）所处地质条件

地下停车场按所处地质条件分为土层地下停车场和岩层地下停车场。其中，岩层地下停车场布置比较灵活，一般不需要垂直运输，地形、地质条件有利时，规模几乎不受限制，对地面及地下其他工程几乎没有影响，节省用地效果明显。但岩石硐室作为停车间多是单跨，而由多个单跨洞室组成的大规模车场，行车正道面积所占比重较高。

2. 城市地下停车场系统设计

城市地下停车场系统设计除包含地下交通工程应有的交通、结构、建筑、通风、给水排水、电气、防灾等设计外，在基地选址、建设规模、停车需求量预测和出入口的设置方面有自己的特点。

1）基地选址

地下停车场的选址应符合城市总体规划和道路交通规划的要求，与城市结构和路网结构相适应。保持合理的服务半径，公用汽车库的服务半径不宜超过 500m，专用汽车库不宜超过 300m。所选位置应使地下汽车库的充满库有一定保证，三级以下（含三级）汽车库应小于 70%，二级以上（含二级）应不小于 85%，周转率均不应小于 8 次/日。应符合城市环境保护要求，地下汽车库的排风口位置应避免对附近建筑物、广场公园等造成空气污染。应符合城市防火要求，设置在或出露在地面上的建筑物和构筑物，其位置应与周围建筑物和其他易燃、易爆设施保持必要的防火和防爆间距。基地应选择在水文和工程地质比较有利的位置，避开地下水位过高或地质构造特别复杂的地段。基地应避开已有地下公用设施主干管线和其他已有地下工程。大型地下停车场的修建要适应城市规划和城市发展的需要。地下车库与地下街应设置在商业繁华、人口出集之处，既可减轻地面交通压力，又可适应商业发展的需要，投资虽然增加，但投资回收也快。

2）建设规模

地下汽车库的规模，即停车合理容量的确定，涉及使用、经济、用地、施工等许多方面。如在城市的某一地区存在 1000 台停车需求量，可以建 1 座大型汽车库，容量 1000 台；也可以建 2 座，容量各 500 台；还可以建 3 座，每座容量 300 台，到底哪一方案最合理，应做综合的分析比较。

当单个地下汽车库的建设规模确定后，还应按表 2-4 的规定进行地下车库的规模分级，以便于进一步按有关规范进行规划设计。由于大型汽车一般不适于停放在地下汽车库中，故表中只对停放小型车和中型车的地下车库实行了规模分级。

地下车库的规模分级 表 2-4

规模等级	小型车地下汽车库（台）	中型车地下汽车库（台）
一级	>400	>100
二级	201～400	51～100
三级	101～200	26～50
四级	26～100	10～25

3）停车需求量预测

为了比较准确地确定地下汽车库的建设规模，对城市停车需求量进行一定时期内的预测是必要的。采用直观预测，然后对相关量进行综合修正的方法，可用图 2-19 表示。

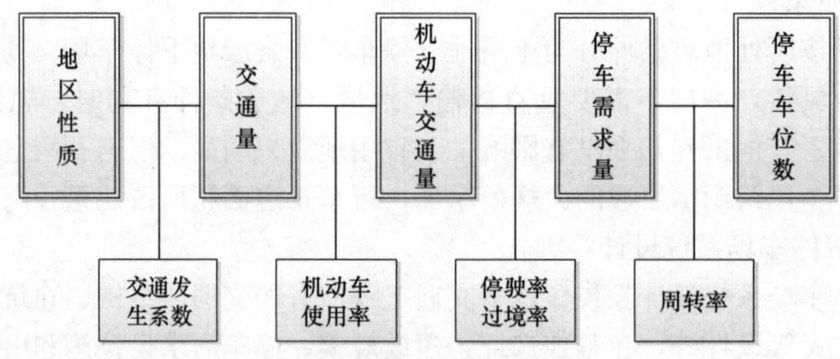

图 2-19 直观预测综合修正的方法

实际上，一个地区的交通状况，必然受到周围地区甚至整个城市所有因素的影响，因此，应当对均匀度、充满度、用地结构、路网结构四个相关因素进行量化分析。

4）出入口的设置。

由于地下汽车库在地面上的基地一般较少，有的几乎没有，故总平面设计的内容比较简单，重点放在库内外交通的组织上，特别是出入口的设置。

（1）车辆出入口。总体规划注意使出入口尽可能避开主要交通干道；避开车流量、人流量集中的场所，即交通流量不宜大于 300 辆/时而停车又比较方便的地段。对于 100 辆以上大型车库，在车库与街道之间应设置车行道或车辆逗留回转用的小广场，车行道长度和宽度视停车场周围环境、车库规模及建筑布置形式而定；对于宽广马路下的停车场，车辆的出入口必须特别注意防止与地面交通相互干扰，出入口与地面车流之间至少要设置一条以上的慢车道或逗留场所，并使出口与入口的车流与地面上车流方向一致。

（2）人员出入口。人员出入口的位置尽可能做到缩短用车人员的步行距离，并适当靠近地面公交车辆的停靠站。根据日本实际调查统计，步行距离在 30m 以内的人员出入口占 50%～70%、200m 以内占 80%～90%，管理人员出入口或紧急出入口则尽可能靠近办公室和设备房间。

容纳 10～30 辆的小型车库可只设一个出入口，一般车库则分设车辆出口和入口以及管理维护人员出入口，如有地下街则还需另设顾客通行出入口。

3. 地下停车场的规划和构造基准

城市地下停车场的规划应遵循与城市道路框架相适应、协调；与城市交通流量、各种社会活动相对应，并能体现发展城市中心区与限制交通相结合的原则。在具体选址中应充分注意如下问题的综合协调。

(1) 根据中心区土地发展和旧区改造计划，以及拆迁难易程度，使规划选址方案的需要与实际可能相结合。

(2) 重视节约城市用地，尽可能提高选址方案的综合开发可能性和提高建筑面积密度，以保证停车场（库）的合理容量（以 200～400 台为宜），提高建设投资效益。

(3) 规划选址方案位置适中，使停车者到达出行目的地的步行距离控制在 300～500m 以内，采用分散布局方案，重点放在中心区边缘地带。

(4) 注意静态交通规划与动态交通规划相结合；挖潜与土地利用调整的有机结合；把规划选址与需求控制相结合。

在我国现有条件下，进行地下汽车库的规划布局，应当考虑平战结合问题，以及在平时发生灾害时起到防灾空间作用的问题。

在地下停车场具体建设中应充分注意构造基准，以满足使用功能。地下停车场的构造基准是设计的基础尺寸，包括车道宽度、梁下有效高度、弯曲段回转半径和斜道坡度等。

(1) 车道宽度，指道路上供一列车辆安全顺适行驶所需要的宽度。双向行驶的汽车车道宽度需大于 5.5m，单向行驶车道可采用 3.5m 以上。

(2) 梁下有效高度，指梁底至路面的高度，在车道位置要求不低于 2.3m，在停车位置应不低于 2.1m。

(3) 弯曲段回转半径，指当方向盘转到极限位置时，由转向中心到前外转向轮接地中心的距离称为最小转弯半径。为使汽车在弯道顺利行驶，单向行驶的车道有效宽度应在 3.5m 以上，双向行驶在 5.5m 以上进行设计。

(4) 斜道坡度，指斜边最高点的高度与斜边平面投影的长度之比。一般规定在 17% 以下。如出入口直接相连时，应尽可能采取缓坡，如 13%～15%。

2.2 城市地下市政管线工程

城市市政管线是城市物流、能源流、信息流的运输载体，也是维持城市正常生活和促进城市发展所必须的条件。城市市政管线工程是城市基础设施的主要组成部分，城市市政管线可架空铺设，如电力、电信、道路照明等，也可地下埋设，如给水、排水、燃气、热力、电信等。随着城市现代化发展，人们对美化环境要求越来越高，再加之地下管线特别是管道具有安全、经济、保质、无污染等优点，因此，发展城市地下市政管线工程是一个趋势，也是评价一个城市现代化程度高低的重要指标。

2.2.1 城市市政管线工程分类

城市市政管线工程一般包括给水、能源供应、通信和废弃物的排除四大类。为了便于在设计、施工、管理过程中，对不同管线工程类型在布置方式与布置原则方面进行区分，通常按性能与用途、铺设方式、管线覆土深度和输送方式等分类。

1. 工程分类

1）按性能与用途分类

可以分为管道工程和线路工程。管道工程，包含给水管道、排水管道、热力管道、城市垃圾输送管道、可燃和助燃气体管道等；线路工程，包含电力线路、电信线路、地下建筑线路等。

2）按管线覆土深度分类

可以分为深埋和浅埋工程，一般以管线覆土深度是否超过 1.5m 作为划分深埋和浅埋的分界线。在北方寒冷地区，由于冰冻线较深，给水、排水以及含有水分的煤气管道，需深埋铺设；而热力管道、电力、电信线路不受冰冻的影响，可以采用浅埋铺设。在南方地区，由于冰冻线不存在或较浅，给水等管道也可以浅埋，而排水管道需要有一定的坡度要求，排水管道往往处于深埋状况。

3）按输送方式分类

可分为压力管道和重力流管道。压力管道，如给水、燃气、热力、灰渣等管道；重力流管道，如排水管道。

多数市政管线工程是随着城市的发展逐步形成，因此，往往自成体系、分散布置，互相之间缺乏有机的配合，如排水能力与供水能力不适应；在一个系统内部、各个环节之间也可能不够协调，如在排水系统中处理能力往往小于排污能力等。市政管线工程的布置，到目前为止，除少数管道布置在管沟中外，大部分管线均直接埋设在土层中。为了避开建筑物的基础，多沿城市道路铺设，不但维修困难，还占据了道路以下大量有效的地下空间，缺乏适应发展的灵活性。

2. 布置原则

在城市市政管线工程布置中，要综合考虑到远景规划的发展；线路要取直，并尽可能平行建筑红线安排。目前，城市市政管线基本上是沿着街道和道路布置，因此，在道路的横断面中必须考虑有铺设地下管线的地方。常规做法是：

(1) 建筑线与红线之间的地带，用于铺设电线；人行道用于铺设热力管道或通行式综合管道；分车带用于铺设自来水、污水、煤气管及照明电线。

(2) 街道宽度超过 60m 时，自来水和污水管道都设在街道内两侧；在小区范围内，地下管线工程多数应走专门的地方。此外，地下管线的布置，应符合相应的建筑规范要求。

上述布置原则，仍为我国现阶段采用方法，一般为浅层工程（1～3m）。城市市政管线工程未来发展趋势，应该是“城市地下市政管线工程的综合化”，即为综合管廊，日本称之为“共同沟”。

2.2.2 管道工程

地下管道工程包括：管道组装和铺设，管道阀门和管件的安装，河流、湖泊、道路等障碍的穿跨越，管道防腐和管道附属构筑物的修筑（如水土保护、线路标志）等工程项目。其中，管道线路即用管子、管件、阀门等连接管道起点站、中间站和终点站，构成管道运输线路的工程，是管道工程的主体部分，约占管道工程总投资的 2/3。以大型油、气管道为例说明管道在建设和设计方面的一些特点。

1. 管道工程特点

管道工程建设一般是根据运输的物质载体先进行管道类型、方式等选择和线路图设计，再进行管道施工。整个建设过程中具有如下特点：

1）综合性强

管道工程是应用多种现代科学技术的综合性工程，既包括大量的一般性建筑和安装工程，也包括一些具有专业性的工程建筑、专业设备和施工技术。一条管道消耗钢材几十万吨以至上百万吨，投资有时需要几十亿美元，工程规模十分庞大，被世界各国视为大型的、综合的工业建设项目。

2）复杂性高

管道工程与所经地区的城乡建设、水利规划、能源供应、综合运输、环境保护和生态平衡等问题密切相关，而且，组织施工需要解决大量的临时性问题，如物资供应、交通车辆、筑路、供水、供电、通信、建设管道预制厂以及生活保障等，这些都使管道工程更加复杂。

3）技术性强

管道工程是技术性较强的现代工程。管道本身和所用的设备，要保证能在较高的压力下，安全、连续地输送易燃易爆的油和气。陆上管道的工作压力有的高达 80kg/cm^2 以上，海洋管道的受压力的性能甚至高达 140kg/cm^2。另外，各种油、气的性质不同，要使管道能满足不同的输送工艺要求。例如，天然气和原油的输送管道要进行脱硫或脱水等预处理，输送易凝高黏原油的管道要进行加热或热处理等。管道铺施的环境千差万别，还要有针对性的处置措施，例如，永冻土地区的隔热，沙漠地区的固沙，大型河流的穿越或跨越，深海水下的稳管等。这些技术问题都是十分复杂，需要多专业、多学科来综合解决。现代化的管道工程广泛应用电子技术，具有很高的自动化水平，在管理上，实行集中控制和高效、可靠的管理，其技术性更强。

4）严格性高

管道工程质量必须严格达到设计和规范的要求。管道系统在工况经常变化的条件下，要长期、高效、安全地连续运行，就要求管道随时处于最佳运行状态。

2. 管道工程设计

首先确定管道由起点站到达终点站的基本走向，即确定管道平面位置。根据初选的线路走向方案，在现场埋设转角桩定线，进行地质和水文勘察以及地形测量（地面测量或航空测量）等工作，在此基础上绘制成线路走向平面图和纵断面图。图中标明管道的管径、管壁厚、管材、防腐材料，保温层的材料和结构，截断阀的规格型号和位置，管道的铺设方式和埋深，河流及其他障碍的穿跨越方式，温度补偿形式和位置，抗震措施，沿线水工保护构筑物和线路标志等。管道工程的基本原则是：

（1）在满足管道输送工艺的要求前提下，选择适宜的站址；线路尽可能短，一般以不超过航空直线长的 5%为宜。

（2）大型穿跨越工程要尽可能少，选择工程量小、技术上可行而又安全、施工方便的地点，这往往是确定管道走向的重要依据。

（3）沿线有充分的动力、水和建筑材料供应条件；尽可能避开不良地质地段、地震区和有矿藏的地区。

(4) 能够妥善处理管道与其沿线城镇、工矿、农田水利及其他建筑物(现有的和规划中的)的相互关系;交通比较方便,便于施工和维护,并注意自然环境保护。

(5) 站间管道是整体密闭的承压系统,输送压力一般为 40~70kg/cm^2,高的可达 84kg/cm^2。单相油、气管道的线路走向通常不受地形坡度的限制。

为保持管道稳固,又不妨碍交通和农田耕作,多数管道采用埋地铺设的方式。世界上埋地管道约占已建管道的 98%以上。管顶的覆土厚度根据管道稳定性、地温、冻土层(或融化层)厚度、耕作深度和安全等条件决定,一般在 0.8~1.2m 之间。对局部地下水位过高而不宜埋设的地段,可采用土堤铺设方式,或将管道架设在地面的管枕或管架上。

不论是地上或地下管道,由于温度差的作用,都可能产生热变形。常用固定墩和补偿段来保护管子弯头和同它相连的设备不受破坏。为防止沼泽地区的管道漂浮,一般采用钢筋混凝土连续覆盖层或马鞍形混凝土块加重,也可用机械式地锚来稳管。山丘陡坡地带的管道,在必要时修筑截水墙或排水沟等水工设施,防止管顶覆土流失。沙漠地区的管道多用植被或化学凝固剂固沙,避免覆盖层移动和管道裸露。管道穿过铁路或公路时,多在路基下装设水泥套管或钢套管,管道在套管中穿过,以保证管道与道路的安全。但也有不用套管而直接在路基下埋设的,这两种方法都是规范所允许的。

2.2.3 线路工程

线路工程可分为电力线路工程和通信线路工程。相对于地下电力线路,地下通信线路在我国更为常见,如在日常生活中经常可以看到此处铺设有地下军用光缆的标志。线路工程在建设和设计方面与管道工程类似,但相对简单些,不再赘述。下面以输电线路为例,简单介绍一下地上、地下的区别。

地下输电线路与架空输电线路相比,地下电力线路的主要优点是不占用线路走廊;又由于电缆埋设在地下,不受大气环境等自然条件的影响,运行比较安全。但其投资费用高,电缆在运行中会受到大地电流的电磁感应影响,还会发生化学腐蚀,不易判断故障位置等,对此均须采取相应的技术措施。1954 年瑞典首先建成戈特兰岛 100kV 直流地下电力线路,全长 96km,输送容量 2 万 kW。1961 年英法两国在英法海峡联建一条 100kV、65km 的地下电力线路。1965 年新西兰在库克海峡建成新西兰南北岛 250kV、609km 的直流输电线路,其中有 39km 地下电力线路。1984 年加拿大建成两条 525kV 交流地下电力线路,长度分别为 30km 和 8km。我国广州黄棠线有 220kV 交流地下电力线路 3.12km,还有上海跨黄浦江的 220kV 地下电力线路和浙江舟山 110kV 直流地下电力线路,锦州董家变电所已试运行 500kV 交流地下电力线路。

总体上看,线路工程比管道工程地下埋设率低。如电缆、电线的地下埋设率比其他管道低,埋设率最高的英国和德国也只有 62.6%和 51.1%。在城市方面只有伦敦、巴黎和波恩达到 100%,这是因为传统的电力输送采用埋设电缆方式的造价较高,如在日本,电缆在地下管沟中布置,要比在地面上架设贵 3~6 倍。我国一些大城市到 2018 年止,电缆、电线的地下埋设率已达到 70%以上。

2.2.4 城市地下市政管线工程综合化

城市地下市政管线工程的综合化,就是通过对搜集的各项规划设计资料进行统一分析研究，达到协调各种管线工程在规划设计上的矛盾，以便在城市用地上，综合、合理地安排各种地下管线的位置。历史上市政管线工程往往采用自成体系及分散直埋的布置与铺设方式，存在种种弊端，长期得不到满意的解决。发达国家在城市地下建设的综合管廊，为解决这些难题提供了一些有益经验和途径。

1. 历史回顾

城市地下市政管线工程综合化布置很早在欧洲一些大城市出现。巴黎在 1832 年开始建造大型地下排水系统，后来逐步延长，至今已有 1500km。该地下综合管廊为砖石结构，高 2.5～5.0m，宽 1.5～6.0m，在以排水为主的廊道中，还容纳了一些供水管和通信电缆。伦敦的早期综合管廊也有 100 多年的历史，长约 3.2km，虽不含排水管，但包括有煤气管和高压电缆，煤气管在廊道中用墙与其他管线隔开，如图 2-20 所示。

西班牙马德里主要街道下有长 92km 的地下综合管廊，除煤气管外，所有公用设施管线均进入廊道。市政当局在廊道使用 20 年后，认为在技术上和经济上都比较满意，因此进一步制定规划继续扩建。俄罗斯莫斯科有长 120km 的地下综合管廊，该廊道截面高 3m，宽 2m，除煤气管外，各种管线均有，只是管廊比较窄小，内部通风条件也较差。瑞典斯德哥尔摩市区街道下有建在岩石中的长 30km 综合管廊，该圆形廊道直径 8m，战时可作为民防工程。民主德国在 1964 年开始修建地下综合管廊，已有 15km 建成使用，技术比较先进。此外，比利时的布鲁塞尔、美国华盛顿、加拿大蒙特利尔等地，也都有地下综合管廊。

日本称地下综合管廊为“共同沟”，如图 2-21 所示。东京在 20 世纪 20 年代的地震后重建中，在九段坂和八重州两处建造有长 1.8km 的共同沟，但在以后的 30 年中没有进一步的发展，除战争影响外，主要是当时的投资和管理体制不完备，与共同沟有关的各公用设施企业之间的利害关系不均衡，当时的掘开式施工方法对街道交通影响较大。20 世纪 60 年代以后，共同沟建设问题再次被提上日程。1963 年颁布了有关法律，规定在新建城市高速道路和地下铁道时，都应同时建设共同沟，在城市道路改造时，也应同时建设共同沟。到 1979 年，全国 14 个都、县市中，沿城市快速道路下修建的共同沟总长已达 110.3km，沿一般街道有 26.5km，总长 136.8km；到 1992 年，全国的共同沟总长达

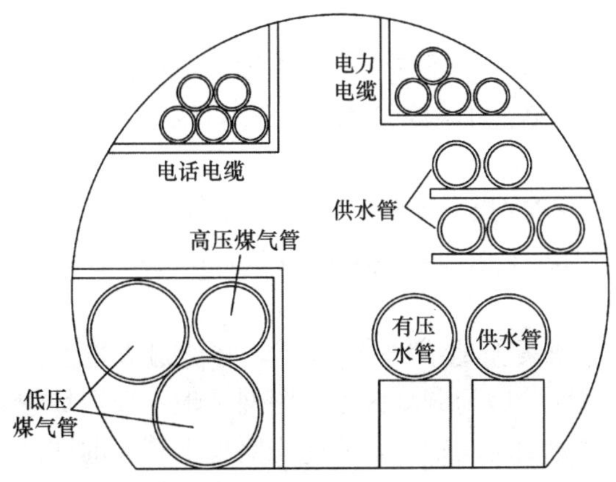

图 2-20 伦敦的早期综合管廊示意图

图 2-21 日本的“共同沟”(地下综合管廊)

310km。按规划从1978年到21世纪初，日本将在全国80个城市干线道路下建设共同沟1100km。统计资料表明，日本是当今世界上，地下综合管道技术发展最快、最完善的国家之一。

我国的地下综合管廊建设最早可追溯到1958年在北京天安门附近铺设的第一条地下管廊，20年之后才有第二条管廊问世。1994年开发上海浦东新区时在张杨路修建全长11.13km的地下管廊，标志着综合管廊建设正式起步。在这之后，北京、上海、天津、广州、昆明、福建和南京等城市也在城市建设过程中修建了小部分综合管廊，但总体规模都不大。直到2000年之后，我国地下管廊建设开始加速，但目前与日本、德国、新加坡等国家相比，投入使用的地下综合管廊仍不算多。由于城市基础设施落后，在短时期内不可能有明显的改变，但从长远看，若要从根本上改变落后状况，应坚持逐步走公用设施大型化、综合化和地下化的路子，应当结合旧城区的改造和新城市的建设，适当修建地下综合管廊。

2. 地下综合管廊特点

城市地下综合管廊的基本含义是将电话、电气、煤气、上下水等两种以上的管线，共同收容在地下同一隧道中，成为现代城市基础设施中各管线的物质载体。其优点主要表现在如下方面：

(1) 将地上、地下分散的各类管线集中在一起，便于廊内各种管线整齐划一，集中铺设，统一管理，并能合理、充分、经济地利用道路下部空间，节约城市用地，满足管线远期发展和监控的需要；同时可避免因埋设、维修管线而导致地面道路反复开挖，确保交通运输畅通。

(2) 各种管线在管廊中铺设，避免了管线各自分层杂乱的直埋在土层中，不易进行探勘，不易被发现问题等方面的不足；同时也可避免因地下管线错综复杂而造成的检修不便，降低了维修、改造费用。另外，铺设在管道内的各种管线，由于不直接与土壤、地下水、道路结构层中的酸碱物质接触，可减少腐蚀，延长使用寿命，管理、养护也更为方便。据统计，在综合管廊中的管线的使用寿命比直埋在土中要高2～3倍。

(3) 让架空线进入综合管廊，可改善城市景观，有利于城市绿化，提高城市环境质量；并且从根本上避免了道路像“拉链”似的反复挖填造成资源浪费的根源，大大提高道路使用寿命，降低道路养护、管理费用。

(4) 由于地下空间低耗能、易封闭、易掌控，便于将各种安全隐患消灭在萌芽中。另外，管道结构本身具有一定的坚固性，因此，对管线具有较好的保护性能，这在战时及灾害性条件下尤为重要。

城市地下综合管廊也有局限性，主要反映在初次投资费用高，与传统铺设方法相比较，至少需增加50%～60%。另外，设计和施工较复杂、建设周期较长，而且在建设期间将产生较大的交通影响，增大了事故率。

城市地下综合管廊需要一定的建设规模，形成类似地下的“路网”，才能最大地发挥其作用。在建或已建成的综合管廊大多位于新城区，因为老城区地上路网及地下管网均较为复杂，建设综合管廊需要投入大量的人力、物力和时间来探勘原先道路地下管线的埋设情况，并且需要开挖道路、封锁交通，施工周期较长，因此，造成老城区建设综合管廊要比城市新区投入成本高，建设推进缓慢。

3. 城市地下综合管廊布置

城市地下综合管廊自身结构组成包括：廊道一般地段（即标准断面的地段）和特殊地段（即支线、电缆线头接头位置，进物、进人孔等）；辅助设备包括：通风口及出入口，排水、照明、通风、防灾安全等设备。从城市地下综合管廊存在条件上看，主要有：在岩层中开挖隧道和在土层中建造砖石或钢筋混凝土结构形成的廊道这两类。从城市地下综合管廊存在形态上看，主要有：独立存在和附建于其他地下工程中的廊道这两类。从城市地下综合管廊埋深上看，主要有：深埋和浅埋这两类。由于地下综合管廊存在形式较多，因此，在选择布置方案时，一般需结合具体情况，综合分析。

地下综合管廊一般设置在城市道路的下面，其平面线形与道路中心基本一致。考虑排水要求，廊道的纵坡不应小于 0.2%。从地面至廊道顶的覆盖厚度在标准地段应不小于 2.5m。廊道通常每隔 30m 设一接头，在特殊地段（如断面变化、弯道、分支和地质条件变化等处）也应设接头。

若土层较薄，岩层埋藏较浅，地质条件又比较好的城市，可以在岩层中修建综合管廊，因为在岩层中开挖的隧道，可获得较大的横截面面积，从而增大管线的容量，有利于公用设施的大型化与综合化。

在土层中建设浅埋综合管廊时，可以与道路建设结合在一起，廊道顶部用预制盖板，铺垫层后，面层可用混凝土块拼装（适应于步行道）。这种做法的优点：①由于可以开盖操作从而减少对道路的破坏；②廊道截面面积可高效利用，降低造价；③检修后可以很快恢复路面。

1968 年日本东京在建造银座综合管廊时，就采用这种做法。当然，多数情况下浅埋廊道上面仍需覆土 1.5～2.5m，因为，即使在修建综合管廊的情况下，道路下仍可能有少数管线需要直埋，或单设沟道，如煤气管、大型排水管等。

在城市再开发中，建设附建式地下综合管廊较单建廊道有更大的优越性，如结合地铁或地下商业街的建设，统一修建地下综合管廊，功能上独立布置，结构上则组织在一起，可以利用主体工程的边、底、角等不好利用的空间铺设管线，可节省投资和缩短工期。日本非常提倡这种做法。

2.3 城市地下居住工程

人类从远古时代就穴居在地下，随着生产力的提高和社会的进步，人类逐渐从穴居野外到地面上营造房屋居住。然而，世界性的人口增长与资源匮乏，使人们开始重新评价在地下环境中居住的意义与效果。从节省土地、节约能源和开拓新的空间的角度看，在现代科学技术条件下，完全有可能在地下空间中创造一种适合居住又对健康无害的环境。目前，地下居住方式主要有四种：窑洞住宅、气候恶劣区的地下居所、覆土住宅及城市市区的地下室住宅。

2.3.1 窑洞住宅

窑洞住宅是指利用高原有利的地形，凿洞而居的住宅。窑洞住宅是我国西北黄土高原上居民的古老居住形式，这一“穴居式”民居的历史可以追溯到四千多年前。我国北部的黄土高原是窑洞住宅分布最广的地区。据 2012 年的统计，我国居住窑洞中的居民有 300 多万人，其中大部分是在陕西黄土高原。除我国外，北非、西亚和中东地区，在历史上和现在，也都有类似的地下居住建筑的存在。窑洞住宅从形式上分为：靠山式窑洞、下沉式窑洞和混合式窑洞这三种类型。

靠山式窑洞，是指在黄土台地上的陡崖或冲沟两侧的土壁上挖掘出来的窑洞，如图 2-22 所示。随各地地形条件的变化和自然条件的不同，靠山式窑洞在单孔形状、尺寸，多孔组合方式、院落布置等方面，都各有特点。

下沉式窑洞，俗称天井窑院，或地坑窑院，如图 2-23 所示。在黄土高原的地势较平坦地带，直接利用自然地形挖掘窑洞比较困难，故往往先从地面挖一个坑，形成一个下沉的院落，四周成为一个人工的黄土陡崖，向里横向挖洞，形成一个低于自然地面的窑院和窑洞，即为下沉式窑洞。在陇东、陕西关中、晋南、豫西等地都有大量下沉式窑洞，该类窑洞的向阳面往往是住宅、厨房和储藏等空间，阴面则为厕所等，院内栽有绿树，并设集水和排水设施。有时几个院落之间在地下连通，出入主要依靠下沉式院落内的台阶。该类窑洞的主要问题是：排水困难，通风往往不佳。

图 2-22　靠山式窑洞

图 2-23　下沉式窑洞

混合式窑洞，在一些地形条件比较有利的地区，有些人口多，或经济上比较富裕的家庭，常常将靠山窑、下沉窑和地面房屋三者混合在一起灵活布置，高低错落，地上、地下呼应，空间组合相当丰富。

传统的窑洞住宅，其结构尺寸主要凭经验确定。例如民间的“窑宽一丈”“窑高丈一”等，对于盲目加大洞跨和洞高起一定的限制作用。山于黄土质地均一，裂隙和杂质少，使力学分析的边界条件比较简单，可使用多种现代的数学、力学方法进行分析计算，确定窑洞住宅的结构尺寸。下面仅介绍国内外总结出的一些推荐尺寸。影响窑洞结构安全的主要尺寸是窑洞的跨度、高度、土体间壁（俗称“窑腿”）的厚度及拱顶以上的自然土层厚度。这些尺寸随各地区黄土的物理力学性质的差异有所不同。根据对传统窑洞的经验总结，推荐的各地区窑洞的结构尺寸如表 2-5 所示。

我国不同地区窑洞住宅工程内部结构的推荐尺寸 **表 2-5**

项目		新黄土层（上更新世）			老黄土（中更新世）		
		地震烈度					
		7	8	9	7	8	9
陕中、晋中南、陇西	最大跨度（m）	3.5	3.4	3.3	3.7	3.5	3.4
	自然土层最小厚度（m）	4.0	4.0	4.0	3.5	3.5	3.5
	最小间壁系数，k	0.9	0.95	1.0	0.85	0.95	1.0
	合理高跨比，H/B	0.9～1.3			0.8～1.2		
陕北、晋西北、陇东南	最大跨度（m）	3.4	3.3	3.2	3.6	3.4	3.3
	自然土层最小厚度（m）	4.5	4.5	4.5	4.0	4.0	4.0
	最小间壁系数，k	0.95	1.0	1.1	0.9	1.0	1.1
	合理高跨比，H/B	0.9～1.3			0.8～1.2		
宁夏南、陇中	最大跨度（m）	3.3	3.2	3.1	3.4	3.3	3.2
	自然土层最小厚度（m）	5.0	5.0	5.0	4.5	4.5	4.5
	最小间壁系数，k	1.0	1.1	1.1	0.95	1.1	1.1
	合理高跨比，H/B	1.0～1.3			0.9～1.2		

注：k 为最小土体间壁系数，$k=2b/(B_1+B_2)$，式中 b 为间壁厚度，B_1、B_2 为相邻两窑洞跨度，B 为窑洞最大跨度，H 为窑洞最大高度。资料引自童林旭，地下建筑学，济南，山东科学技术出版社，1994，211。

随着经济社会发展和人民生活的改善，窑洞开始被机关和部分居民废弃。告别窑洞的学校全部搬进了新建的楼房式学校，富起来的农民也离开了祖传的窑洞，走进了新瓦房、新楼房。部分农民虽仍然住着祖辈们留下来的窑洞庄院，但窑洞的面貌在发生着变化，一是门面窗户增加，并且装上了玻璃，使窑内光线更充足，更明亮；二是窑口外圈或崖面用青砖砌衬，使窑洞更加坚固；三是窑内墙壁、窑掌用白灰刷新，地面用砖或地板砖砌衬，防潮防鼠，清洁明亮；四是一些新式高档家具搬进了窑洞，给古朴的黄土窑洞增添了现代化的气息。

2.3.2 气候恶劣区地下住宅

气候恶劣区地下住宅，是指在气候恶劣区，往往因为干旱、高温或寒冷、风沙等原因，使得建造地上住宅，在节能（制冷、制热）和抗灾等方面非常不利，而将住宅建于地下的住宅。这种住宅可充分利用地下空间恒温、遮蔽性强等特点，达到改善内部环境条件，易于防范风暴等灾害的目的。由于土壤温度随着土层深度加大，而趋向稳定，故地下居所能够改善气候（温度）对内部环境的影响。根据对抗气候的不同，分为高温地区的地下住宅、寒冷地区地下住宅等。

1. 高温地区的地下住宅

在澳洲南部有着一个名叫“库伯佩蒂”的小镇，这座小镇是世界上唯一一个地下城镇，数千名镇民常年居住在地下。这里气候非常恶劣，是全球最干燥大陆上最干燥的一片土地，室外温度非常高，夏季地表温度能达到 52℃。图 2-24 是“地下城”库伯佩蒂的出口之一，像这样的出口该地区还有很多。图 2-25 是库伯佩蒂地区的一个地下书店。

图 2-24 地下住宅出口

图 2-25 库伯佩蒂的地下书店

2. 寒冷地区的地下住宅

生活在北极附近的因纽特人，为了躲避风雪，抵抗寒冷的气候，他们的房子一半建在土堆中，另外一半建在地下，称“冰屋”，可以起到保温的作用。为了除湿和采光，一般采用天窗，并作为地下室与外界交换空气的换气孔，典型冰屋的入口和内部空间如图 2-26和图 2-27 所示。

图 2-26 冰屋入口

图 2-27 冰屋内部空间

2.3.3 覆土住宅

覆土住宅是指在平地上或挖开地基，按常规方法建住宅，当房体结构工程完成后，屋顶和外墙面积的 50%以上用一定厚度的土覆盖，其余部分（主要是朝阳面）仍然外露的一种半地下式住宅。这种覆土住宅常指那些小型的独户掩土居所，它适宜于自然风光较充足的坡地，在外观上与环境非常协调，较好地体现了“人与自然”共存的宗旨。此外，在居室的室内设计和环境指标方面，往往是现代化和高标准的，太阳能技术、将自然光和景色引入地下的设备屡见不鲜。因此，这种居住模式是一种革新，是城市规划建设未来的发展目标。

早期的覆土住宅比较多地关注节能方面，而对于通风和太阳能的利用考虑得不够完善，比较封闭；平面和空间布置比较复杂，不利于降低造价、快速施工和迅速推广。在经过一段时间的实践后，一些研究机构进行了总结，在建筑平面、结构、构造、通风、日照等方面加以简化或加强，使覆土住宅的内部环境得到进一步改善，节能作用也有所提高。在建筑布置上，逐渐形成了如下三种类型：

1. 直线型覆土住宅

该类住宅适合于寒冷地区，平面多呈矩形，目的是尽量扩大朝南的敞开墙面以接受太阳能，结构也很简单，一面坡的屋顶既便于在上面覆土，也有利于更多的阳光进入室内。图 2-28 为在不同坡度的地形上，综合了通风、日照、层数、地形等多种因素之后，单层和双层直线型覆土住宅的最佳布置方式。

2. 天井式覆土住宅

该类住宅与我国传统的四合院和下沉式窑洞的布局很相似，所有的敞开的墙面均朝向天井内院，并不强调朝向，其布置方式用地比较紧凑，天井内院中很幽静，缺点是看不到户外的景色。

3. 穿堂式覆土住宅

该类住宅平面基本上同直线型，但四周外墙上可根据需要开窗，室内的通风和光线更接近于普通地面房屋，节能效果比前两类差。

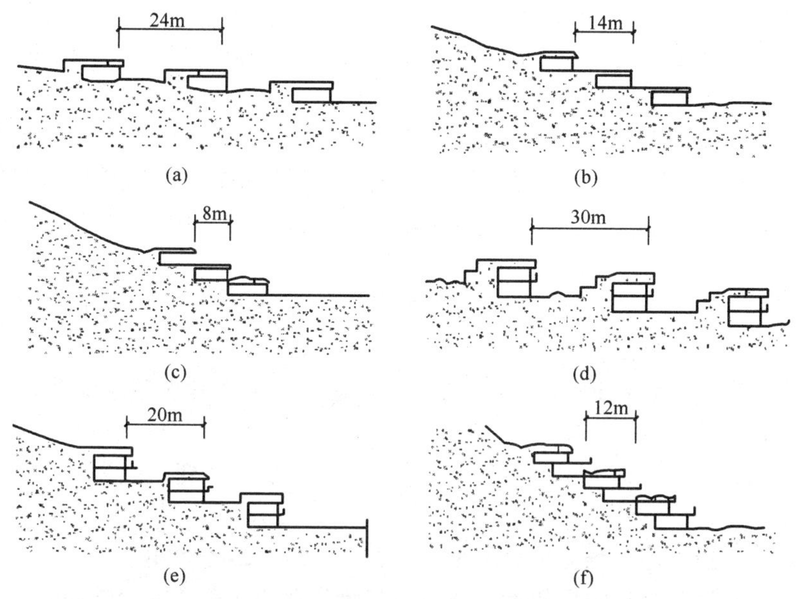

图 2-28 覆土住宅的最佳布置方式

（a）坡度 10%，单层；（b）坡度 30%，单层；（c）坡度 50%，单层；
（d）坡度 10%，二层；（e）坡度 30%，二层；（f）坡度 50%，二层

在未来，带有“独立能源调节系统”地下住宅模式可能是城市规划建设的发展方向。一方面增加主动太阳能利用系统，解决夜间和阴天时的热能储存问题，另外增设一个利用冬季天然冷源的空调系统，解决夏季供冷问题。如美国在一些覆土住宅中，考虑利用冬季的低温将水冻成冰，利用地下的恒温条件，贮藏在地下的冰库中，夏季使冰溶化成冷水，用之在进风口处，使室内空气降温，到冬季再将水冻成冰，循环使用；冬季采暖也可利用太阳能的热量，借助地下的恒温条件，用较少的能源和设备，将热能贮藏在地下，冬季使用。

2.3.4 地下室住宅

地下室住宅一般指各种建筑物的地下附建部分，在我国的北京、上海、哈尔滨、青岛、天津等城市都有利用附建式地下室住人的情况。这类地下居住方式是在经济相对落后的、财力有限而城市住房又比较紧张的背景下产生的，在居住环境指标方面一般都不太理想，但如果在设计上充分考虑人的居住需要，这些不良情况也可以避免。有些经济发达国家，如日本，从保护居民健康出发，法律上规定不允许居住在地下。

地下室是建筑物中处于室外地面以下的房间。地下室的类型按功能分，有普通地下室和防空地下室。按结构材料分，有砖墙结构和混凝土结构地下室。按构造形式分，有全地下室和半地下室。

1. 半地下室

房间地面低于室外设计地面的平均高度大于该房间平均净高 1/3，且小于等于 1/2 者被称作半地下室。这类地下室一部分在地面以上，可利用侧墙外的采光井解决采光和通风问题。

2. 全地下室

全地下室外露地面以上部分（露出部分小于房间平均净高 1/2）侧墙上同样可以开窗或通过采光井解决采光和通风问题。地下室外露侧墙上是否可以开门窗或门窗是否临街，与判定是全地下室还是半地下室没有任何关系，判定的标准只有一个，就是地下室房间地面低于室外设计地面的平均高度与该地下室房间净高的高差在哪个范围内，在半地下室的要求范围内就是半地下室，在全地下室的要求范围内就是全地下室，与其他任何因素均没有关系。

高层建筑地下室是中心城区地下空间开发利用的主要方面，但不是以居住为目的，其目的主要反映在以下几方面：

(1) 可在一定地价和容积率限定的前提下，最大限度地开发建筑面积，以追求开发效益；

(2) 既可以解决某些设备用房的需求，也可以与裙房商业建筑成为一个整体作为综合商场，增加房产投资经济效益；

(3) 可以建设地下停车场，帮助解决城市中心区停车难的问题；

(4) 可以补偿掉部分建筑层数的荷载对地基承载力的要求，减少桩基的造价和建筑物沉降。

2.4 城市地下贮库工程

贮库是用于短期或长期存放生活资料与生产资料的建筑物，贮库工程是城市基础设施的主要组成部分。由于地下环境对于许多物质的贮存有突出的优越性，而且地下空间具有良好的防护性、热稳定性、密闭性等特点，为在地下建造各种贮库提供了十分有利的条件。再加之，随着人口的增长，土地资源的相对减少，环境、能源等问题的日益突出，使得发展地下贮库工程成为一种趋势。

2.4.1 城市地下贮库工程分类

地下贮库在 20 世纪 60 年代以前一般仅用于军用物资与装备、石油与石油制品的贮存，类型不多。但是在不断发展下，新类型不断增加，使用范围迅速扩大，涉及人类生产与生活的许多重要方面。

1. 工程分类

到目前为止，地下贮库工程大体上概括为五大类，即：地下水库类，包括饮用水库和工业水库；地下食物库类，包括地下粮库、地下食油库、地下冷冻库和地下冷藏库等；地下能源库类，包括地下化学能库、地下电能库、地下机械能库和地下热（冷）能库等；地下物质库类，包括存放车辆库、武器库、装备库、军需品库、商品库等；地下废物库类，包括地下核废料库、地下工业废料库和城市废物库等。

在这五类中，按照用途与专业可分为国家储备库、城市民用库、运输转运库等，其中，国家储备库是指国家设置的为防止战争和应付自然灾害，以及其他意外事故而储备各类物资的仓库。这是一种特殊的储备资源库，如国家储备粮库、国家储备物资仓库等。城市民用库是指保证城市生产、生活、安全的各种贮库，按储存物品的性质分为：一般性综合贮库、食品贮库、粮食和食油贮库、危险品贮库和其他类型的贮库。运输转运库，又称“中转仓库”，是指中转地储存待运物资的仓库。

2. 地下贮库的布局与要求

城市地下贮库布置的原则，首先应满足贮库用途、城市规模和性质的要求，其次要考虑工业区的布置、与交通运输系统密切配合的关系，以及接近货运多、供应量大的地区。这样可合理组织货区，提高车辆的利用率，减少车辆的空驶里程，方便为生产、生活服务。大、中型城市的贮库区布置，应采取集中与分散、地上与地下相结合的方式。

1）城市地下贮库工程的布局

根据布置原则，城市地下贮库工程的布局，应处理好贮库与交通、居住区、工业区的关系。

（1）贮库布置与交通的关系。贮库最好布置在居住用地之外，离车站不远，以便把铁路支线引至贮库所在地。对小城市的贮库布置，起决定作用的是对外运输设备（如车站、码头）的位置；大城市除了要考虑对外交通外，还要考虑市内供应线的长短问题。大库区以及批发和燃料总库，必须要考虑铁路运输。贮库不应直接沿铁路干线两侧布置，尤其是地下部分，最好布置在生活居住区的边缘地带，同铁路干线有一定的距离。

（2）贮库分布与居住区、工业区的关系。危险品贮库应布置在离城 10km 以外的地上与地下；一般贮库都应布置在城市外围；食品贮库布置应布置在城市交通干道上，不要在居住区内设置；地下贮库洞口（或出入口的周围），不能设置对环境有污染的各种贮库；性质类似的食品贮库，尽量集中布置在一起；冷库的设备多、容积大，需要铁路运输，一般多设在郊区或码头附近。

（3）运输转运库，一般设在铁路、公路的车站和沿海口岸或江河水路码头附近，主要为适应商品流通过程中的中转、分运、组配和转换运输方式或运输工具的需要而设置。较大型的转运仓库，一般有铁路专用线直达库内站台。库内商品一般按发运路线储存堆放。

2）城市地下贮库工程的基本要求

地下贮库必须依靠一定的地质介质才能存在。从宏观上看，存在条件有岩层和土层两类，一般地下贮库都是通过在岩层中挖掘洞室或在土层中建造地下建筑来实现。地下贮库的建设应遵循如下技术要求：

（1）地下贮库应设置在地质条件较好的地区；

（2）靠近市中心的一般性地下贮库，出入口的设置，除满足货物的进出方便外，在建筑形式上应与周围环境相协调；

（3）布置在郊区的大型贮能库、军用地下贮存库等，应注意对洞口的隐蔽，多布置绿化；

（4）与城市无多大关系的运输转运贮库，应布置在城市的下游，以免干扰城市居民的生活；

（5）由于水运是一种经济的运输方式，因此，有条件的城市，应沿江河多布置一些贮库，但应保证堤岸的工程稳定性。

3. 地下贮库的发展

瑞典和其他斯堪的那维亚国家是世界上最先发展地下贮库的国家，目前已拥有大型地下油、气库 200 余座，不少单库容量超过 $1.0\times10^6m^3$。其中瑞典在 20 世纪 60～70 年代，曾以每年 $1.5\sim2.0\times10^6m^3$ 的速度建设地下油、气库，已经完成了 3 个月能源战略储备任务。在开发利用地下空间贮能、节能方面，美国、英国、法国、日本成效也比较显著。日本清水公司自 1969 年起连续建造了 6 座液化天然气库，其中有一直径 64m、高 40.5m，贮存量可供东京使用半个月的贮库；美国珍珠港军事基地的燃料油和润滑油库，由 20 个圆柱形罐体组成，每个罐体净直径 33m，高达 80m，其油库容量达 $9.0\times10^5m^3$，另外，美国还有 2000 多口井处理酸碱废料，而且还将钠加工废料捣成浆状，注入深部地层以防污染。

为了充分利用地下空间，减少建造成本，还有的国家建有废旧矿坑油库。即在已采完报废的矿井内构筑地下贮油库，采用这种形式首先应考虑的是废旧矿山井巷的地质条件和围岩状况。围岩应具备高强度、稳定和不渗透的特性，并在贮藏中不影响油品的质量，密实的砂岩、石灰岩、页岩等满足这种要求。法国梅塞沃尔卢曾在盆地构造上开采铁矿，该铁矿 1868 年投产，经过 100 年生产，于 1968 年关闭，经修整，1972 年开始储藏燃料油，容量 $5.0\times10^6m^3$。

我国到 20 世纪 60 年代末期，在地下贮库的建设中已取得很大成绩，建成了相当数量的地下粮库、冷库、物质库、燃油库。1973 年，我国开始规划设计第一座岩洞水封燃油库，1977 年建成投产，效果良好，是当时世界上少数几个掌握地下水封储油技术的国家之一。我国是一个多山的国家，许多城市地处山区、丘陵和半丘陵地区，有的则处在丘陵与平原的交界处，还有的完全处在平原地区。因此，合理规划、因地制宜地利用当地的地下空间资源，开发地下贮库，将具有深远的意义。

联合国经社理事会（ESC）自然委员会第八届会议（1983 年 6 月）通过的决议中指出："地下空间，特别是在贮存水、燃料、食物和其他物品，以及在供水、污水处理和节能方面存在巨大的潜力。"随着各国人口的增长，土地资源的相对减少，环境、能源等问题的日益突出，地下贮库由于其特有的经济性、安全性等发展很快。

2.4.2 地下液体燃料贮库工程

在地下贮库中，地下液体燃料贮库在设计、建设等方面最能反映地下贮库的特点。液体燃料指石油制品和液化天然气或液化石油气两类，它们不仅是常规能源的主要组成部分，还是重要的战略物资。

1. 液体燃料贮存特点

石油制品主要包括有航空汽油、车用汽油、柴油、煤油等燃料油；液化天然气与液化石油气均属于液化烃类，是由气体在低温或高压条件下凝结而成。与贮存有关的液体燃料特性主要有相对密度、黏度、温度、压力、易燃性、可燃性和挥发性等。液体燃料的相对密度一般都小于1，不同制品的相对密度均不相同，相对密度较小的（如煤油、汽油柴油等）称为轻油，轻油黏稠度小，易于流动；相对密度较大的（如原油、低标号柴油、润滑油等）称为重油，重油黏稠度大，不易流动。同一种油品的黏稠度随温度的高低而变化，温度高时黏度较低，低时则大，低到一定程度时，有的油品就会凝固，失去流动能力。因此，在储运油品时，常需要对输油管和储油罐采取加热或保温措施。但是不论轻油还是重油，遇水总是浮在上面，不相混合，利用这一特点，在稳定地下水位以下，靠水和液体燃料的压力差储存液体燃料就不会流失。

大部分石油制品是在常温、常压下贮存、使用。但液化天然气和石油气常需在液体状态下贮存，这就必须在贮库创造低温或超压条件。在常压下，液化天然气的储存温度必须保持−165℃的低温，在常温下，液化石油气必须在0.25～0.8MPa、液化天然气必须在10.0MPa的条件下贮存。由于燃料油和液化气的易燃性，因此，在贮运时必须防火、防爆，严禁明火或偶然的打火及静电火花等。

地下燃料贮库有：开凿洞室贮库（如岩石中金属罐油库、衬砌密封防水油库、地下水封石洞油库、软土水封油库等）；岩盐溶淋洞室油库；废旧矿坑油库；冻土库、海底油库、爆炸成型油库等几种类型。把液体燃料贮库建在地下不同深度的岩土层中，只要满足以上各种储存要求，与储存在地面上的金属容器相比，具有经济性、安全性等突出优点，因此，当具备适宜的地质条件和方便的交通运输条件时，用地下库取代地面库完全有可能。

2. 地下岩盐洞式油库

地下岩盐洞式油库是在岩盐层中，用水浸析的方法构筑洞室贮藏石油的一种贮存方法。由于石油在岩盐层中不渗透，长期贮存性质不变，而且开挖费用低，又无需维修，因此，成为一种理想的贮油方法。

地下岩盐洞式油库形成的原理是用水通过钻孔浸析岩盐，使之成为设计形状和容量的贮存油库。图2-29为在厚岩盐层中用水浸析形成的椭球状洞库过程的示意图，具体方法如下：

（1）从地面钻进垂直钻孔，此孔可达数百米，并在钻孔中下套管1。

（2）由进水管2注水溶解、浸析岩层。然后，由管3把岩盐的溶液抽出，这样在岩盐层中逐渐形成洞室5。溶解后形成的1m^3的盐水中可含盐约313～315kg，约耗水6～7m^3。

（3）当洞室达到设计形状和大小后，液体燃料即可经管4注入椭球洞室之中。

此种类型的岩盐洞库要求的岩盐层厚度一般大于50m。如果岩盐层的厚度有限，约

30～50m，可应用倾斜钻孔岩盐底板行进并逐渐水平钻进，再通过注水和抽出盐液，在层内逐渐形成坑道式的洞室库，如图 2-29(b) 所示。

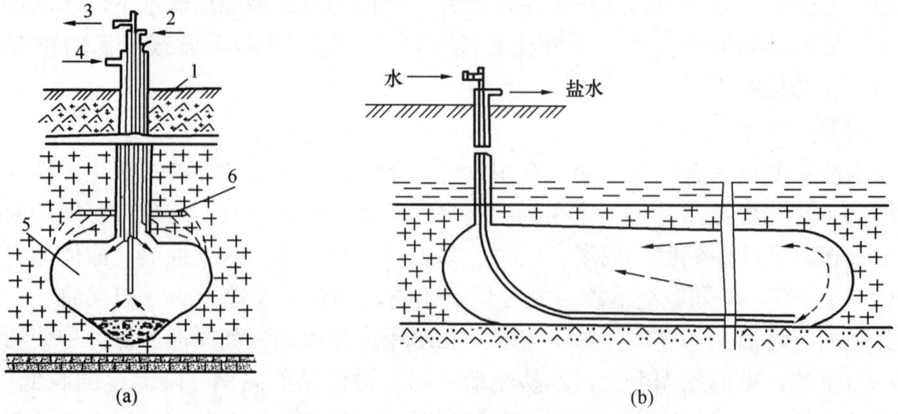

图 2-29 地下岩盐洞式油库的形成原理

(a) 厚岩盐层的椭球状油库；(b) 有限厚度岩盐层的坑道式油库

1-钻孔套管；2-进水管；3-盐水引出管；

4-油管；5-椭球状油库；6-上部非盐岩层

北美和欧洲一些国家都有在岩盐层中用浸析方法建造的地下贮油库，其尺寸宽可达数十米，高数百米，容量可达 5.0～6.0×10^5m^3，甚至有的达到 10.0×10^5m^3 以上。形成洞室的岩盐层最小厚度 10m，埋深自地下 400～800m。如法国马赛马尔提格地下贮油库，深度在 300～900m 之间，岩盐层洞室高 75～480m，其容量变动在 8.8～36.5×10^4m^3。法国还在耗特里尔斯、特圣尼等地建造了多个地下岩盐洞式油库。至 20 世纪 80 年代，世界各国地下岩盐洞式油库的建设状况，如表 2-6 所示。

世界各国地下岩盐洞式油库建设容量（统计至 20 世纪 80 年代）　　表 2-6

国家	英 国	民主德国	加拿大	挪威	美国	法国	联邦德国
建筑总容量（×10^4m^3）	1500	700	1400	100	8000	600	1000

3. 地下水封岩洞油库

地下燃料贮库一般仍采用以开挖法形成的地下空间进行燃料储藏为主，其中，用钢、混凝土、合成树脂等作衬砌，利用地下水防止贮存物泄露的水封岩洞油库最具特色。地下水封岩洞油库是利用液体燃料的相对密度小于水、与水不相混合的特性，在完整坚硬的围岩洞（可不衬砌）中，依靠地下水压力和岩石的承载力，直接封存液体燃料。石油制品和液化气在储存原理和建筑布置上没有很大差别，只是要求埋置深度不同。以石油制品的水封岩洞储存为例说明其特点。

1）地下水封岩洞油库的贮油原理

当岩石中处于地下水以下的洞室开挖成形后，围岩中的裂隙水将向洞室流动，在洞室周围形成降水漏斗。当洞室中注入油品后，降水曲线随着油面上升逐渐恢复，如图 2-30 所示。此时，在洞罐壁面上存在压力差，即在任一高度上，水压力均大于油压力，如图 2-30 所示。因此，油不可能从围岩裂隙中漏失，而水可通过裂隙流入洞罐。当水进入后沿洞壁向洞罐底流动，汇集到洞罐底部后再由泵抽出。若油品没有充满洞罐，则油面以上的一部分洞罐空间仍处于漏斗区中，故应保证洞罐必要的埋置深度，以防止油气沿水漏斗内的干裂隙逸出地面。因此，这种贮油方法一般情况下必须使洞罐埋置在距离稳定地下水位 5m 以下的深度。

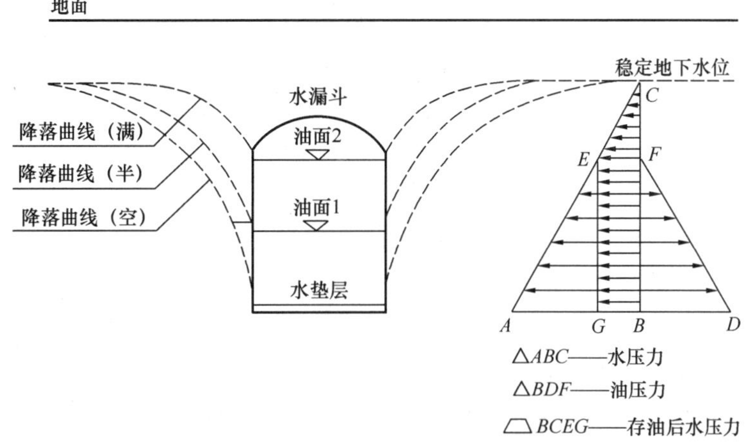

图 2-30　地下水封岩洞油库原理图

从水封油库的原理可以看出，建造岩洞水封油库，必须具备三个基本条件：

（1）岩石完整，坚硬，岩性均一，地质构造简单，节理裂隙不发育；

（2）在适当的深度存在稳定的地下水位，但水量又不很大；

（3）所贮油品的相对密度小于 1，不溶入水，且不与岩石或水发生化学作用。

只要具备这些条件，任何油品或其他液体燃料，都可以用这种方法在地下长期贮存。

2）地下水封岩洞油库设计

（1）油库选址。在确有大量油品需要储存的地区建造岩洞水封油库，需要根据水封油库原理，科学地选择库址。首先是库址需存在稳定的地下水位。为了做到这一点，除根据地质勘测资料加以判断外，常以海平面（退潮后的海水位），江、河的最低水位，或大型水库的死库容水位作为地下水位稳定的保障，因为在岩层中的地下水位不易确定，但至少不会低于这些控制水位。其次是油库所需要的水量能得到稳定的补给。因此，水封油库库址选择在江、河、湖、海港口附近山体中的比较多。最后，还要具备方便的交通运输条件。

（2）地下储油区的布置。水封油库的库区一般由地面上的作业区、地下的储存区、地面上的行政管理和生活区三部分组成。作业区多设在码头或铁路车站，储存区根据地形和地质条件，布置在距作业区尽可能近的山体中；有一些辅助设施，如锅炉房、变电站、污水处理装置等，则宜布置在储存区操作通道的口部以外；行政和生活区则可视具体情况灵活布置。

岩洞水封油库的地下储油区由在岩层中开挖出的洞罐、操作通道、操作间、竖井、泵坑以及施工通道等组成，必要时还有人工注水通道。各部分的名称、位置和相互关系如图 2-31所示。

从岩洞水封油库的特点出发，地下储油区的布置要综合解决洞罐的数量、位置、埋

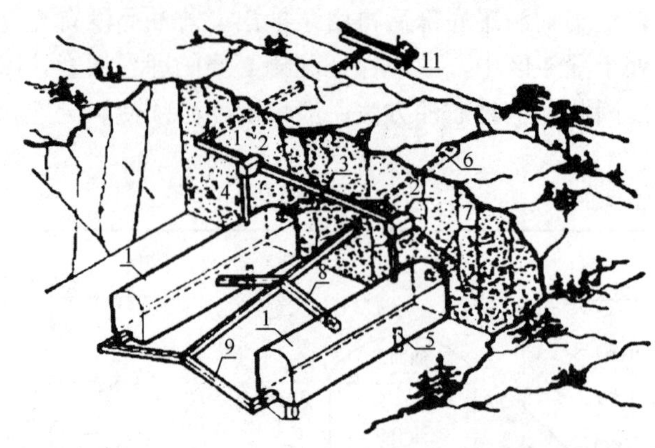

图 2-31　岩洞水封油库地下储油区透视
1-洞罐；2-操作间；3-操作通道；4-竖井；5-泵坑；6-施工通道；7-第一层施工通道；8-第二层施工通道；9-第三层施工通道；10-水封挡墙；11-码头

深、洞轴线方向、洞口位置和操作通道、竖井、施工通道、注水廊道等的布置，以及发展扩建等问题，其中影响造价和施工速度较大的是洞罐的数量和埋深问题。另外，地下油库的建设往往是分期进行的，因此在建筑布置中应考虑到发展扩建的可能性，使二期工程施工时不但不影响一期工程的使用，还能利用已有的通道。

3）地下水封岩洞储存油品方法

地下水封岩洞储存油品主要有两种方法，即固定水位法和变动水位法。两种方法的原理示意图，如图 2-32 所示。

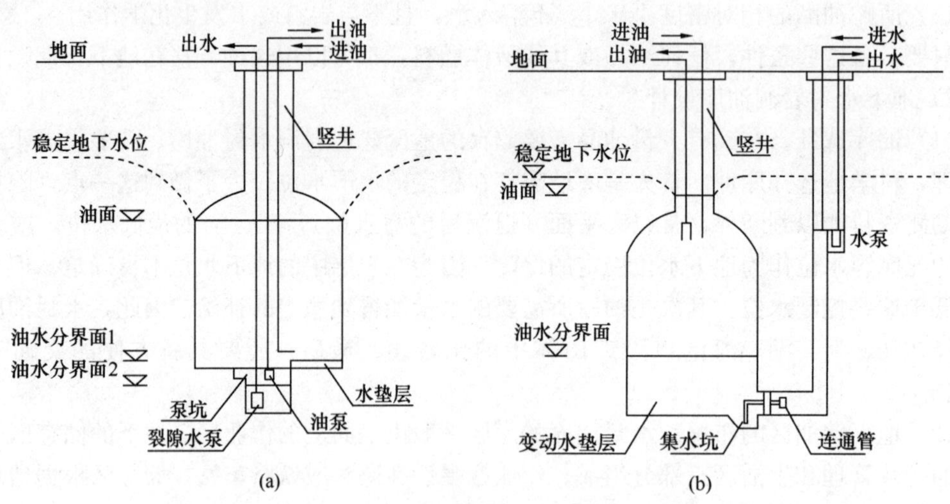

图 2-32　地下水封岩洞油库的贮油方法
(a) 固定水位法；(b) 变动水位法

(1) 固定水位法。洞罐内的水垫层厚度固定（一般为 0.3～0.5m），水面不因贮油量的多少而变化，水垫层的厚度由泵坑周围的挡水墙的高度控制。水量过多时，水将漫过挡水墙流入泵坑，泵坑中的水面升高到一定位置时，水泵自行开动排水。

(2) 变动水位法。洞罐内的油面位置固定，充满洞罐顶部，而底部水垫层的厚度则随贮油量多少而变化。贮油时，边进油边排水；出油时，边抽油边进水。罐内无油时，洞罐整个被水充满。在洞罐中不需要泵坑，只需在洞罐附近设置一个泵井，利用连通管原理进行注水与抽水。

上述两种方法各有优缺点。固定水位法不需大量的注水和排水，污水处理量也小，运营费用较低。但当油面较低时，洞罐上部空间加大，易使油品挥发增加损耗，另外，充满油气的空间也增加了爆炸的危险；变动水位法的优缺点与固定水位法相反。综合分析比较，固定水位法对于多数油品，如原油、柴油、汽油等较为适用；而变动水位法由于可利用水位调节洞罐内的压力，故对航空煤油、液化气等要求在一定压力下储存的液体燃料比较合适。

4）地下水封岩洞油库的现状

地下水封岩洞油库技术最早产生于瑞典。1948 年瑞典利用一座废矿坑贮存燃料重油，创造了变动水位法水封油库的技术，如图 2-33 所示。1950 年，瑞典开始建造第一座人工挖掘的岩洞水封油库，此后，瑞典大力发展这种油库，并很快推广到北欧一些自然条件与瑞典相似的国家，并形成了比较成熟的贮油工艺和建造技术。随着工艺和技术的进一步完善，其他国家（包括我国在内）也逐步开始引用和推广，如在韩国、日本、中东等地也建有很多地下水封岩洞油库。韩国建有 4 个地下洞库，总库容 1830 万 m^3。日本建有 3 座地下洞库，总库容 500 万 m^3。1976 年，我国建成山东黄岛地下水封油库，库容积 15 万 m^3；1976 年，建成浙江象山地下水封油库，库容积 4 万 m^3；1998 年，建成汕头地下水封 LPG 库，库容积 20 万 m^3，为汕头海洋石油化工有限公司和美国加德士有限公司合资兴建；2002 年，建成宁波地下水封 LPG 库，库容量 50 万 m^3，为英国 BP 石油公司在我国投资兴建；2009 年，建成珠海地下水封 LPG 库，库容量 40 万 m^3。

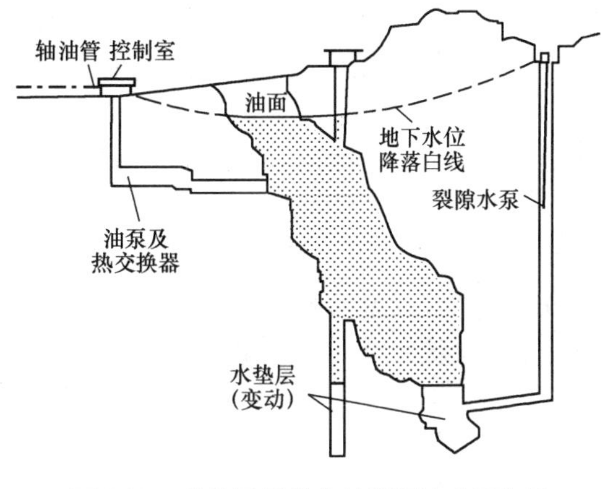

图 2-33 瑞典最早的水封岩洞油库示意图

地下油库的储量越大，造价越低。因此，在一些地质条件较好的国家，如瑞典、英国、法国等，都建成或准备建设库容超过 100 万 m^3 的岩洞水封液体燃料库，最大的已达 150 万～160 万 m^3；单个洞罐尺寸也在不断扩大，瑞典的洞罐已基本定型为跨度 20m、高 30m，长度则可达数百米。除容量大、造价低外，节省钢材和其他建筑材料也是岩洞水封油库的突出优点。

近年来，岩洞水封储存技术又有了新的发展，为了在平原和沿海土层较厚的地区使用水封储油技术，我国和日本等国正在研究试验在土层中建造水封油库，甚至可以在地下水位以上建造人工注水的水封油库。可以预料，水封储存液体燃料技术在我国将随着石油产量的增加得到更广泛的应用和发展。

5）工程实例

黄岛国家石油储备地下水封洞库工程（以下简称黄岛洞库）是国家石油储备二期工程之一，是国内第一个大型地下水封石洞油库工程，如图 2-34 所示。工程分为地下和地上两个单项工程。地下工程主要包括：变配电、自控、消防、油气回收、制氮、污水处理设施等单元；地下工程主要包括 9 个储油干洞室、5 条水幕巷道、6 个操作竖井及施工巷道、通风巷道等。工程于 2010 年 11 月 18 日开工，2014 年 3 月 26 日进行中间交接，2015 年 5 月 26 日一次投运成功，2017 年 4 月 27 日通过项目竣工验收。项目批复投资概算 214,425 万元，竣工决算 198,682 万元。

(a)

(b)

图 2-34 工程实景图

(a) 岛油库鸟瞰图；(b) 竖井管道安装

黄岛国家石油储备地下水封洞库工程是国家“十二五”重点工程，也是国家能源建设发展的民生工程和战略工程，它的建成投用为我国建设具有“安全、环保、低碳、节省用地、节省投资”的大型地下水封洞库树立起崭新的里程碑，开创了单次开挖方量超过 300 万 m^3 大型水封洞库的先例。在没有成熟技术和经验可供借鉴的条件下，从管理创新、技术创新、方法创新、理论创新入手，开发了居于世界领先水平的具有自主知识产权的“大型地下水封石洞油库建设关键技术集成创新”科技成果，对大型地下水封石洞油库建设特别是国家石油储备二、三期工程建设起到了示范引领作用。同时，增强了国家战略石油储备能力，对维护国家能源安全、推动国家经济建设具有广泛而深远的重大意义。设计、建设亮点主要反映在以下几方面：

(1) 结合工程地质特征，率先实施大型地下水封洞库设计坚持借鉴与创新并举，率先开展科研攻关与系统设计工作，根据地质条件优化洞室布局，地上工程总图竖向、工艺布置合理，满足项目建设与生产运营需要。

(2) 开发水幕系统设计与测试技术，保证洞库水封可靠性开发水幕系统设计与测试技术，研究不同工作模式下运行期的水封性特征，有效减少了主洞室裂隙水的渗入量，保证了洞库水封的可靠性，提高了洞库储油的安全性。

(3) 全面实施洞库动态设计，创新地下工程动态设计理念，结合项目管理系统（DK-PMS）和洞库动态设计辅助数字平台系统（DKDAP）等信息化手段，运用设计理念，保证了安全、质量，控制了投资、进度。

(4) 优化洞库气体置换流程，实现氮气自动密封保护洞罐投油前采用氮气顺序置换工艺，减少了置换用氮量，节约了置换费用。投油后采用氮气自动密封保护工艺，保证洞罐生产安全。

(5) 开发进出库节流减震装置，研制大型潜没油泵自主研发进出库节流减震装置，有效解决了洞罐进出油管道系统的震动问题；立项研制大功率、高电压油浸式潜没油泵，实现了潜没油泵制造及工程应用的国产化，填补国内空白。

(6) 优化油气回收工艺，实现高效节能减排优化原油油气回收处理工艺，节省建设投资781万元，实现了洞库油气的“零排放”，保护了环境，节约了能源。

(7) 注重绿色设计，实现节地环保优化设计方案，减少建设用地23312m^2；施工期间开挖的560万m^{3}土石方，全部有效利用，取得了大型洞库工程无废渣排出的业绩。

2.4.3 地下冷库

冷库是用于在低温条件下贮存食品，在规定的贮存时间内，使食品不变质，并保持一定的新鲜程度。地下冷库是一种低温贮藏的地下空间利用方式。其基本原理是利用一般制冷装置冷却洞内的空气，然后四周的岩石中的热量传递给空气，紧靠洞室的岩石首先被冷却，以后逐渐深入扩展到岩石内部。流向洞室的热流并非一固定值，当岩体冷却区扩展时，将随时间的延长而减少，经过一定时间后，在洞室周围岩体中，就会形成一定范围的低温区，积蓄了巨大的冷量，并维持洞室内具有稳定的低温。因此，建造地下冷库可以少用或不用隔热材料，温度调节系统也较地面冷库简单，经常运营费用比地面冷库低得多。根据资料统计分析，地下冷库的运营费用比地面冷库的运营费用要低25%～50%。

地下冷库具有如下优点：密闭性能好，温度稳定，节约材料，降低投资，少耗能源，节省维修和运营费用，防护力强，利于备战，节约土地，保护环境。

1. 地下冷库的位置选择

地下冷库位置选择是一个综合性问题，除了国民经济和使用要求外，主要是工程地质条件问题。应在工程地质详细勘察研究的基础上，根据具体的工程岩体情况，通过综合分析对比，技术经济比较，尽量选择较为有利的冷库位置。

1) 地形地貌

地下冷库宜选择在山体中，且以山形完整，地表切割破坏少，无冲沟、山谷和洼地的浑圆状山体为佳。山体深厚程度能满足冷库的要求，库体部位的地表高差不要过大或过小，以3～6m为佳，边坡角度以55°～75°为宜。当地年温差愈小，气温愈低，岩石日照愈少愈好。地形上阴坡比阳坡好。地面无多层建筑物，无不均匀动荷载作用影响，不受地表洪水及其他动力地质作用，如滑坡、崩塌的影响。

2) 地质条件

(1) 地下冷库所选的位置要求区域稳定性好，即地下冷库在使用期限内，工程场地无地壳差异性升降，无强烈地震影响而产生开裂、沉降和支撑结构破坏，或由于震动引起地下水运动状况的改变，而发生液化及冻结层的部分融解等。山体应无滑动，无岩浆、火山活动的可能。为此，地下冷库应选择在区域地质构造简单，地应力不高，无区域性断裂通过，第四纪以来无明显的构造活动，附近无发震断裂，地震基本烈度不超过七度的地区。

(2) 冷库围岩以选在地质构造简单，岩层变位变形轻微；断层、节理小，间距大，组数少，无断层破碎带和节理密集带，或者它们充填胶结程度好，连通性差，产状平缓，倾角小；岩石单一，岩质均匀，层厚大，层理、层面不发育，且联结性好、倾角小的地段为佳。

(3) 在水平岩层或平缓岩层中（倾角小于15°），如果是不同性质不同强度的岩层相间产出，洞轴线应尽量在层厚大、强度高的岩层中通过；当岩石强度低，或层厚小、层间联结差时，围岩垂直压力大，洞顶岩层容易因为拉应力超过抗拉强度而产生冒顶，此时应选择较硬完整、层厚较大的岩层作顶板。

(4) 在倾斜岩层中，如果倾角较大，洞轴线一般应与岩层走向垂直或大锐角相交，否则，洞库长距离的拱顶，与岩层倾向洞内的一侧边墙因岩层被切断而产生偏转压力；当倾角较小（小于层面内摩擦角）、无节理切割、层间联结好时，洞轴线也可平行岩层走向，视岩层的组合性质、地应力的方向和需要而定。

(5) 洞室应尽量避开褶皱轴部，特别是向斜轴部、倒转背斜的轴部和翼部，必要时宜选择舒缓褶曲，并以垂直通过为宜。洞库穿过断层、节理时，轴线应尽量垂直主导裂隙和断层的走向，并通过调查分析，尽量减少节理切割围岩，在洞室构成不稳定的分离体。

(6) 选择地下冷库的位置，应力求将洞库选在水文地质条件简单，既易于查清地下水的补给、径流和排泄条件，又易于防排地下水的地方，要求地下水少，补给来源有限，水温低，压力小，水质好。为此，地下冷库应选择在无储水汇水构造，地下水径流、排泄条件差，围岩透水性小，上部有隔水层，地下水的水位低于洞底标高 3～4m。

2. 地下冷库的埋置深度选择

地下冷库的埋置深度选择的基本原则：满足防护要求，有利于备战；满足围岩稳定，有利于支衬与施工；满足制冷要求，有利于节约能源和提高使用效果。

地下冷库如果埋置过浅，上覆岩土层太薄，由于拱的力学效应，不利于成拱，且因上覆地层支撑能力不够，而产生洞顶坍塌，也不利于抗震和防护；同时，由于地温变温层有一定的厚度，若冷库埋深过小，处于变温层特别是在其中上部时，太阳热及其温度的周期性变化，对冷库的制冷不利。

地下冷库如果埋置过深，围岩压力大，地应力也可能较高，坚硬或弹性高的岩石容易产生岩爆，软弱岩石容易产生塑性变形，出现挤出、底鼓和滑移，而且越深水文地质条件也可能越复杂。若当埋深达到地温增温层时，因受地内热影响地温增加，愈深温度愈高，对冷库不利。因此，地下冷库的埋置深度应根据具体情况，以防护要求（视对冷库要求的防护等级而定）、围岩稳定性，并考虑洞库跨度、地温分布状况及其他因素综合分析、对比，从而确定一个较为有利的深度位置。

从围岩稳定性的考虑，地下冷库的埋置深度见表 2-7。从地温分布状况看，以常温层最为理想。确定常温层深度的方法较多，但目前无一个简单易行、准确可靠的方法，在一般情况下，可用工程地质类比法，即将拟选冷库地段与国内外工程地质条件相类似的已有常温层测试资料的地区进行对比分析确定；也有的用钻孔测量，即在钻孔中测定不同深度岩层的温度，当温度略高于当地多年平均气温 2℃左右时，该深度即为常温层的深度。

根据围岩稳定性确定地下冷库的埋置深度　　表 2-7

围岩稳定性		埋置深度（B：洞跨）
围岩类别	稳定系数 F	
稳定	≥8	$(1.2\sim1.8)B$
基本稳定	5～7	$(1.8\sim2.2)B$
稳定性差	2～5	$(2.2\sim2.5)B$

3. 地下冷库的建筑形式

生活水平的提高和食品工业的发展，对食品冷库的需要量日益增加，美国、日本等都以每年30～50万吨贮量的增长速度建造冷库，瑞典、挪威等国也在岩层中大量建造地下冷库。我国从20世纪60年代末到80年代初，建成不少岩洞冷库，从几百吨贮量的小型库到万吨大型库都有。从分布情况看，西南地区居多，东北、华北和少数沿海城市也有。

1）地下冷库的几何尺寸

（1）洞体长度与跨度：从建筑热工观点看，散冷面越小越好，洞库体形应尽可能接近球形或正方形，长方形较差，其长跨比越大，建筑耗冷量也越大。挪威一座岩洞冷库，库容积$1.1\times10^4m^3$，只有一个大洞室和一条短通道；洞室跨度为20m，长57m，长宽比仅为2.8，见图2-35。瑞典的一座分配性冷库，贮存包装好的冷冻食品，库容积为$1.6\times10^4m^3$，扩建后可增2倍；洞室跨度为20m，长100m，长宽比为5，平面布置见图2-36。

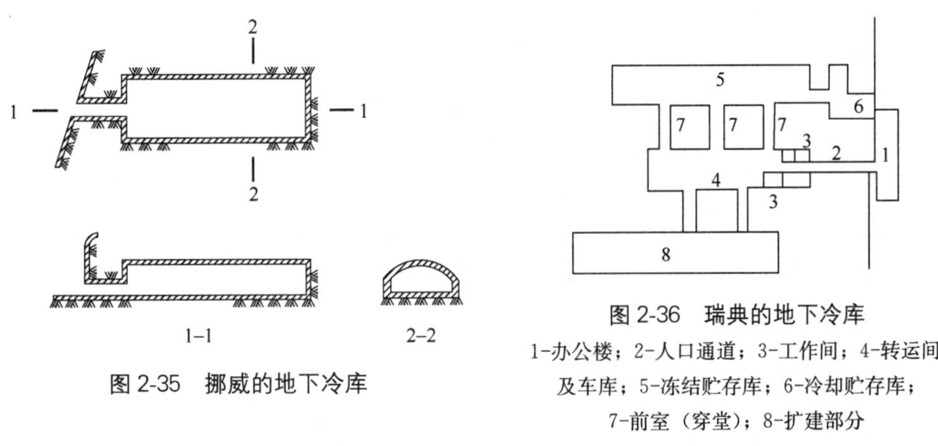

图2-35　挪威的地下冷库

图2-36　瑞典的地下冷库

1-办公楼；2-人口通道；3-工作间；4-转运间及车库；5-冻结贮存库；6-冷却贮存库；7-前室（穿堂）；8-扩建部分

（2）洞体高度与跨度：地下冷库洞体高度，一般根据人工堆码高度再加上管道和操作距离而定，但从热工上考虑，散冷面要小，跨度应加大，高度增加，长度要缩小。研究表明，洞体的高跨比取1.5较为有利。提高洞库的高跨比，必须根据实际情况，1000t以下的小冷库，一般没有必要做楼层，但高跨比最好大于或等于1；1000t以上可考虑楼层，尽量使高跨比大于1.5。

2）地下冷库的平面布置

由于受岩石成洞条件的限制，岩洞冷库不可能集中成一个大面积或多跨连续的库房，洞与洞之间又必须保持一定厚度的岩石间壁，因此，只能在布置方式上尽可能集中和缩小洞间的距离，减少通道的长度，其总平面布置避免“分散式”或“放射式”，尽量采用“集中式”或“封闭式”，如“日”“目”“田”等字形的布置，就可以使地下冷库占地面积减少，从而减少冷库周围低温度场的范围，对节能是有利的。图2-37是两个小型岩洞冷库的布置方案，(a)为“口”字形布置，贮量500t；(b)为“日”字形布置，贮量700t。这样布置的结果，单位贮量散冷面积分别为$2.8m^2/t$和$2.78m^2/t$，单位贮量占地面积分别为$1.24m^2/t$和$1.36m^2/t$。布置紧凑以后，使低温穿堂的面积大大减少，有的甚至使两个库房相邻，从而取消了穿堂，对降低能耗是有利的。

4. 地下冷库的发展

地下冷库作为一种低温贮库，由于围岩固有的隔热保冷性能，与地面冷库相比，避免了太阳直接辐射与剧烈的热波动作用。若在库壁设置适当的热湿绝缘层，可以节省绝缘材料，少耗电量，并由于地下冷库埋置于地下一定深度，因而还具有节约地皮、保护环境、防护力强、利于战备等重要意义。但是，地下冷库的工程造价一般较地面冷库高。

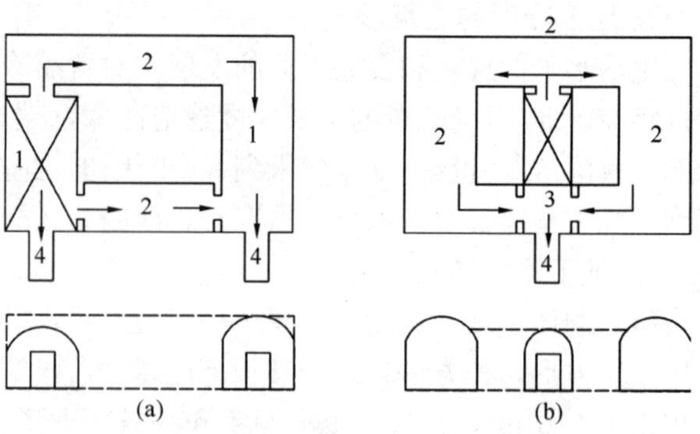

图 2-37 地下冷库的平面布置

(a)“口”字形布置；(b)“日”字形布置

1-急冻间；2-冻结贮存库；3-转运间；4-穿堂

我国人多地少，耕地有限，不少大中城市的人均耕地占有量已经接近乃至超过了联合国提出的“警戒线”，切实保护耕地，合理有效利用土地资源，已经成为刻不容缓的大事。同时，随着我国人民生活水平的提高，人们对所需食品的质量和数量的要求也愈来愈高。因此，与此相适应的地下冷库建设有良好的前景。现在，不仅具备了较好的经济条件，而且经过多年来的工程实践和科研工作，取得了正反两个方面的宝贵经验和科技成果；我国地域辽阔，山峦起伏，许多地方有良好的地质条件。因此，从长远观点看，在有条件的地方，特别是某些大中城市，伴随城市向地下发展的有利时机，根据地下冷库的特点与技术要求，因地制宜地发展地下冷库，不仅十分必要，而且是可能的。

2.4.4 其他用途的地下贮库工程

1. 地下粮食库

粮食的储存是为了通过各种手段，确保贮粮的食用品质和遗传品质，这取决于温度、湿度、氧气的控制等，尤其温度和水分的影响。据介绍，粮食贮藏的最合适的条件是温度为15℃左右，相对湿度在50%～60%之间，而地下贮粮可以使用较少的投资满足上述条件。大量实践证明，地下贮粮有以下优点：

(1) 贮粮品质好，稳定性强；

(2) 虫霉繁殖少，损耗降低；

(3) 管理方便，不必翻仓。

不足之处在于地下粮库的一次性投资较高和缺乏对其内部环境参数的监测手段。

2. 地下水库

地下蓄水就是把水蓄在土壤或岩石的孔隙、裂隙或溶洞里，用水时，再把水顺利地取出来。地下贮水的方式有如下几种：

(1) 把水灌注在未固结的岩土层和多孔隙的冲积物中，包括河床堆积、冲积扇及其他适合的蓄水层等；

(2) 把水灌注于已固结了的岩层中，如能透水的石灰岩或砂岩蓄水层等；

(3) 把水灌注于结晶质的岩体中；

(4) 把水贮存于人工岩石洞穴或蓄水池里。

由于地下水库工程简单，其投资相对地面水库要小得多，且不占农田，水的蒸发量小。因此，地下水库的研究已引起国内的重视。

3. 地下核废料库

随着原子能技术的研究与应用，原子能电站的数量正在不断增加，所占的发电量的比重也越来越大，但如何处理和贮存高放射性的核废料是急待解决的问题。由于地下空间封闭性好，并有良好的防护性，自然便会引起人们的关注。地下核废料贮存库大致分为两类：

（1）贮存高放射性废物，一般构筑在地下1000m以下的均质地层中；

（2）贮存低放射性废物，大都构筑在地下300～600m以下的地层中。

由于核废料贮库的要求高，必须在库的周围进行特殊的构造处理，以防对外部环境和地下水的污染。在库址选择上，要通过仔细勘察和选择最佳地层后，才能最后确定，保证数千年将该废料严密地封存在地下，不至于影响生态环境。

2.5 城市地下工业工程

工业建设是城市重要的物质基础，是城市形成和发展的重要内容，它在城市中布置，并影响着城市的性质、规模和总体布局的确定，对城市的形成、发展起着重要的作用。工业发展形成了许多新型城市，如西北的白银市，西南的攀枝花市等。工业发展也创造了许多财富，促进了城市发展，在单位面积的土地上，工业产值约为农业产值的100倍。

2.5.1 城市地下工业工程的分类

城市地下工业工程主要有：地下轻工业与机械工业工程、地下能源工业工程、地下食品工业工程和地下电力工程等。

1. 地下轻工业与机械工业工程

地下空间的封闭性和热稳定性及其防震、防磁等性能，特别有利于某些轻工业、手工业、精密性生产等工业的生产。如四川省船舶修理厂，坚持在地下生产已有多年历史，多数洞室无衬砌，利用自然通风与机械通风相配合，基本上解决了洞内通风与除湿问题；此外，该厂还在地下建造了400kW的备用地下发电站、灌氧站和可容纳800人的地下礼堂和会议室等生活设施，取得了很好的综合效益。再如重庆市钟表工业公司是生产闹钟、手表、防振器等产品的中型钟表企业。随着生产发展加快，急需扩大公司厂房和生活福利场地，但扩大企业用地非常困难，1967年开始向地下要地，先后修建了8715.39m^{2}地下工业工程，其中，地下礼堂、地下饭厅、地下厨房、小会议室、休息室、生产车间、物资仓库、制氧间等已投入使用。实践证明，把这些建筑设在地下是完全合理的，腾出极宝贵的地面做绿化、运动、休息之用，地面、地下结合可获得很大的综合效益。

此外，由于现代太空技术、核能技术和电子技术的发展，精密性生产产品部件的精确度要求越来越高，如机械的精加工产品尺寸形状误差，通常要求控制在几微米至几十微米之间，要保证这样的精度，室内温湿度波动必须控制在极小范围内，否则由于金属的热胀冷缩，加工精度就难以保证。这些温湿度、清洁度、防微振、防电磁屏蔽等高技术要求，如果在地面建筑中创造这样的环境条件，必须增加复杂的空气调节系统，配合各种高效过滤器等，而在地下空间中，则可以利用岩土良好的热稳定性和密闭性，大大节省空调费，减少粉尘来源，容易创造精密性生产所需的环境条件。

2. 地下能源工业工程

地下空间具有防火、防盗等优点，它对于能源开发和合理利用及贮能、节能，应付日趋严重的能源危机等，潜力巨大。当今世界各国在利用地下空间贮能、节能方面做了大量的工作，尤其是北欧、斯堪的纳维亚地区、美国、英国、法国和日本等国，工作很有成效，取得了良好的经验。目前，世界各国利用地下空间贮能、节能的方式主要有：开凿洞室的贮备方法，利用废旧矿井系统，利用岩盐溶淋洞室和含水层贮藏等。

3. 地下食品工业工程

由于地下温度稳定，在此自然低温下冷藏冻肉、蔬菜、水果等，耗能源少，保鲜效果好。如西安阎良的地下冷藏厂，存肉数百万斤，具有结构简单、造价低、坚固耐用、存放效果好、不占耕地等优点。四川达县地区肉联厂，先后用100万元改造人防工事作为地下冷库，仅1986年一年时间获利润357.85万元；再如重庆大板桥的地下冻肉库，1975年建成后投入使用，冷藏规模500t，总建筑面积8000m^2，总投资51.8万元，计每吨投资1036元，按同类型地面冻肉库需70万元相比较，节约投资26%。另外，对该库的热工测定表明，在没有结冻或制冰的情况下，机器运转台数减少40%～50%，转运时间减少55%，库温仍保持温度，相应地减少电、油、氨的耗费，降低了生产费用。现在重庆结合城市的布局，分片建立起各种岩洞冻肉库10个，洞体面积1.66×10^{4}m^2，储藏量1万余吨。

此外，某些要求恒温、恒湿的食品生产车间，将之放在地下空间中也十分容易，往往只要除湿就可达到要求，如营养价值和药物价值都很高的竹参、银耳、木耳之类均可在地下空间中生产。

4. 地下电力工程

在电力工业方面，利用地下空间建设地下发电站、变电站等，正在不断发展。如日本先后在雨龙、水上、须田贝、奥只见、新冠、大平、玉原、今市等地建起了二十几座地下发电站，在新宿、奥只见、九段等地建设了十几座地下变电站，收到了良好的经济效益。可以预料，燃料的地下储备、原子能发电站的地下选址等地下工程将会有较大的发展。现在，欧洲、美国等地已建多处地下原子能发电站。地下空间也可以采用管路的形式，作为输电设备。

2.5.2 地下工业工程的合理布置

地下工业工程的布置除应考虑工程周围的环境和地质条件外，其自身应做到如下三点：

1. 遵循各工业工艺流程的基本要求

合理的工艺流程要求做到短、顺，不交叉，不逆行。因此，从保证生产的合理和提高生产效率出发，要求安排好各主体厂房、各主要通道在相互位置和高程上的关系，使这一关系适应工艺流程的要求，并经过洞口，把地下部分的生产与地面上联系起来。这种布置方式再与现场的地形、地质等具体结合起来，就基本上确定了地下厂房的总体布置方案。

从我国的建设实践看，工艺流程与厂房布置大致有三种情况：

（1）工艺流程比较简单，对厂房布置没有严格的要求。例如，没有固定产品的生产，为科研服务的生产，新产品的研制等，常常没有固定的工艺流程，可以更多地从地质、结构和施工等方面考虑厂房的合理布置。

（2）工艺流程有严格的顺序，但厂房布置的灵活性仍较大。这种情况在机械制造类型的生产中比较明显。从原料运入，到机械加工和装配，由各种运输方式互相连接，形成一条比较严格的生产流水线。

（3）工艺流程有固定的程序，或主要在大型设备或管道中进行，像发电、核能利用、贮油和某些化工生产，往往属于这种情况。其特点是厂房必须适应严格的工艺流程，因而布置方式比较固定。几个大型主厂房之间的关系必须首先满足工艺流程短、顺等要求，所以，必然形成主厂房布置集中或尽量靠近的状况，以减少通道中的能量损失。这个要求与从地质、结构和施工等角度出发，希望大型洞室不要过于集中，常有较大的矛盾，特别是大型洞室直接相交，对岩石稳定和结构处理等都有影响，必须根据具体条件把这两方面统一起来。

2. 满足方便的交通运输条件

在运输工具确定以后，可根据运输量和装货后的车辆宽度确定运输通道的宽度。通道可根据需要区分为主要的和次要的，单行的和双行的。主通道一般布置在厂房的中部，也可以根据工艺流程布置在车间的一侧或两侧。要注意通道所占的面积与车间的总建筑面积保持适当的比例，比例过高是不经济的。

当两条或几条通道相交时，由于在相交处要保持一定的转弯半径，转角处的岩石需适当扩挖，这些都使顶部的岩石稳定性受到影响，衬砌也复杂。有的工程采用在交叉点做一个高出通道的圆形洞室，使各通道都交在这个洞室的拱脚之下，再在衬砌外回填，顶住岩石，如图 2-38 所示。

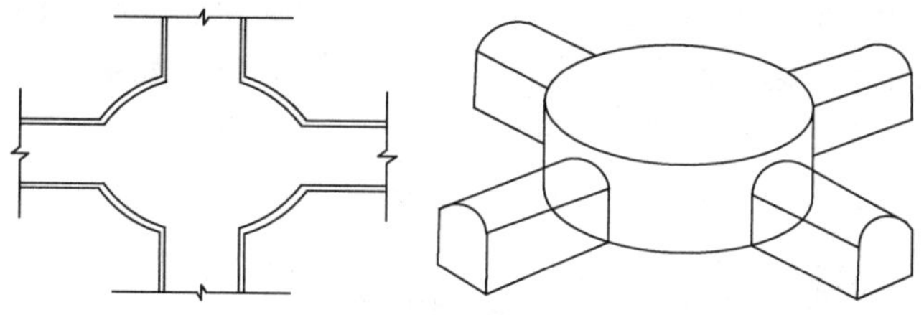

图 2-38　大型通道结构处理处

车间之间的转运对厂房布置提出一定要求，洞室之间的连接方式很可能影响到转运是否方便。如果两洞室纵向连接，地面又在同一高程上，两车间的转运比较简单，如果洞室垂直相交，情况就比较复杂。在进行厂房布置时，可能由于其他条件的限制，使两个洞室与通道不在同一高程上，这样使两者之间的运输也比较困难。由此可见，除其他条件外，不能忽视创造较为有利的运输条件。

人流的组织主要根据上下班时人员流动的多少，集中程度和生产与运输的危险程度确定。当人员数量与车间面积相比不太大或洞口比较多时，一般不需要安排固定的人行路线或专用的人行道，但是应结合生活区的位置确定主要人流进出的洞口，尽量减少人流与工艺流程和主要运输线的交叉。

当人员较多，通行时间集中，或者货运量较大，车辆行驶频繁，可以考虑设置单独的人行通道或与货运通道平行的人行道。在有的工程设计中，把人行道与进风通道结合在一起，也是一种解决办法。但是如果进入空气温度过低或风速过大时，做人行道是不合适的。此外，在厂房总体布置，组织人流路线时，必须着重考虑安全疏散问题。

3. 根据生产特点进行合理分区

地下工业厂房的布置，还必须按生产特点进行分区布置。在某些生产过程中，有发生火灾或爆炸危险的，或者产生大量余热、余湿、烟尘、有害气体、噪声、震动等；而另一些生产过程，有可能要求清洁、安静、恒温、防震等。这些生产上的特殊问题和要求，都应在总体布置中加以解决，否则可能造成生产上的混乱和互相干扰，还会影响生产人员的安全。对于这些问题，应按生产特点和使用要求分区布置，即用建筑设计中常用的功能分区方法加以解决。

有些生产过程，会产生一些对周围环境和生产人员健康有害的物质；如热加工车间的烟尘、余热、余湿，化工生产或电镀车间的有毒或腐蚀性气体，研磨车间的金属粉尘，核能生产中的射线辐射和放射性污染等。还有一些生产过程产生较强的噪声或较强的震动，对周围的生产造成干扰，如空气压缩机的噪声、锻压或冲压车间的振动等。对于那些有害程度严重的，当然最好不放在地下，必须放在地下的部分，应当按照危害的性质和程度分区布置，以便针对具体情况采取措施和限制其对外界的影响。

对于余热、余湿、烟尘和有害气体等，基本上可以用同一方法处理，即加强通风，将其及时排走（有害气体要用专门的管道直接排出地面），并补充以新鲜空气，因此把这些车间布置在总排风通道或竖井附近是比较有利的，但是要注意把这些部分与其他车间密闭隔离，在所有与其他车间连通的部位，如门、孔洞等，都要有密封装置，以防有害物逸出；对于发散有害气体的设备，可以设置密封罩并通过密封管道排走。

有些精密的生产，要求恒温、恒湿、防尘、防震、防磁、安静等环境，这时可把精密生产区尽可能单独布置，远离有害的或有干扰的生产区，充分利用岩石的特点，分别采取一些技术措施，就可以比较容易的满足要求。为了使精密生产部分与其他部分联系方便，可以在两者之间布置通道或辅助性生产作为缓冲或过渡，如图 2-39 所示。

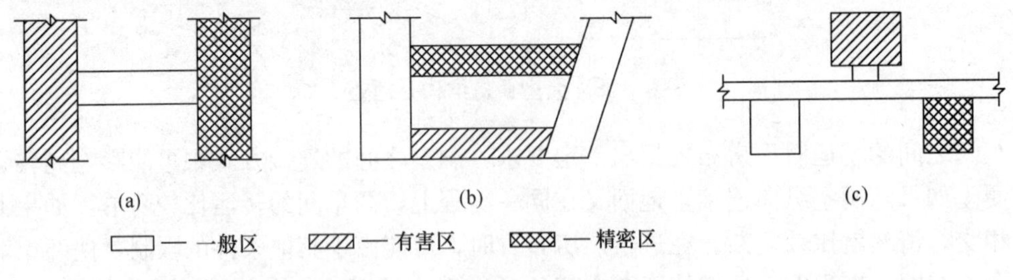

图 2-39 精密生产区的布置方式

（a）通过一条通道连接生产区；（b）通过两条通道连接生产区；（c）生产区布置于通道两侧

2.5.3 城市地下工业工程建设原因和意义

在地下空间中组织工业生产，一般比在地面上困难和复杂，要付出相当高的代价。从 20 世纪初，开始进行地下工业工程建设，而且日益受到重视，其原因有两个方面：一是经过战争和大量核试验，证明地下工程具有良好的防护能力，许多国家将军事工业和在战争中必须保存下来的工业转入地下；二是地下空间提供的特殊生产环境，为某些类型的生产提供了良好的条件，比在地面上进行更为有利。我国从 20 世纪 60 年代中期开始，耗费巨资，在西南和西北地区的崇山峻岭中，进行了大规模的地下工业工程建设，经过十几年的实践，取得了在岩石中大规模开发地下空间的经验，这对于发展地下工业工程，开发利用我国丰富的岩石地下空间有重要意义。

1. 有利于节约城市土地

土地是十分有限的自然资源，是农业生产的基本生产资源，也是城市人口和各种经济活动立足的载体。目前，随着现代化建设的不断深入，耕地减少，人口又不断增加，人均占有耕地面积迅速下降。面对严峻的形势，对工业建设企业来说，除了妥善处理企业前期建设用地与预留发展用地的关系，合理规划，精心设计，采用方案合理、布局紧凑的总体布置形式，厂房联合集中，公用和公共设施集中布置外，将部分工业企业设置在地下，积极开发地下空间，是十分有效的途径。

2. 有利于保护环境，美化城市

随着我国工业生产的发展，大量工业废弃物进入环境，环境污染防治与工业发展的矛盾日益突出。在这种形式下，利用地下空间建设污水处理厂、废物处理厂、电站，将一些噪声较大的企业，城市中不甚雅观的基础设施，如垃圾焚化炉、能源储存中心、高速铁路等置入地下，对于保护环境，美化城市起重要作用。

3. 有利于节约能源

地下空间的特点是不受气候影响，节能而且安静，并能比地上工程更好地防止发生可能的灾难性事故，能更少受到地震破坏。为此，将某些轻工业和手工业生产企业，特别是精密性生产企业、油类药品、食品库等建在地下，不仅利于节能，也有利于生产。

2.6 城市地下公共建筑工程

城市地下公共建筑工程是指供人们进行各种公共活动的建筑，主要用于教育、医疗卫生、文化体育、商业服务、金融邮电、社区服务、行政管理和市政公用八个方面。他们在城市现代化进程中，占有越来越重要的地位。城市地下公共建筑在功能、空间、环境、结构、设备等方面与地面上的同类型建筑相比，并无原则上的区别，但由于所处环境不同，在建设和使用方面有自己的特点。城市地下公共建筑工程种类较多，比较典型的工程包括：地下商业建筑工程、地下行政办公建筑工程、地下文教与展览建筑工程、地下文娱与体育建筑工程等。

2.6.1 城市地下商业建筑工程

1. 城市地下商业街

地下商业街的布置大致有三种形式：

(1) 街道型，指在道路下面，呈细长形地下街，是把地下人行道扩展到一定宽度，两端设地下广场。这种形式对使用者来说，形状简明，安全性好。

(2) 面型，指在站前广场的地下街。因为易于迷路，故应有一个主干道直通其间，并在必要处设置地下广场，尽量使通道直角交叉。

（3）放射型，上述两种的混合型，形状复杂易于迷路，最好用于地面道路呈放射型的情况。

地下商业街是城市在各种建筑物之间或是独立修建的，两旁设有店铺、事务所等的一种地下通道。从这个意义上讲，地下商业街有两种形态，即独立形成一个实体，或附属于某些建筑物。日本是修建地下商业街最发达的国家，到20世纪80年代末期，日本的17个城市拥有地下商业街76条，其中，东京八重州地下街，是最大的地下街之一，其长度约6km，面积$6.8\times10^4m^2$，设有商店141个与51座大楼连通，每天活动人数超过300万人。图2-40是东京车站八重州地下街简图。至2000年，日本各种用途的地下商业街总面积达81.8万m^2，如表2-8所示。法国巴黎、英国以及一些欧洲国家也已经修建地下商业街。

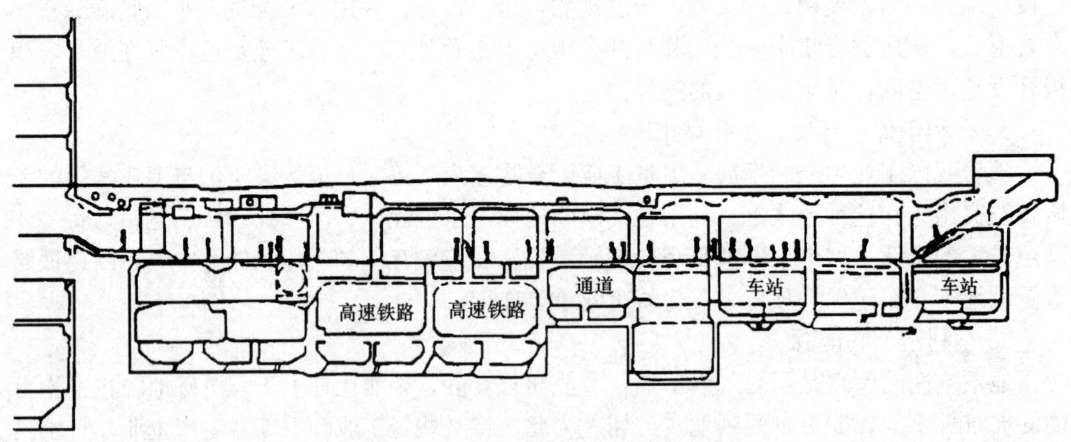

图2-40 日本东京车站八重洲地下街

日本各种用途的地下商业街规模（至2000年） **表2-8**

项目	面积(m^2)	比例(%)
地下公共通道	224202	27.4
地下商场	241752	29.5
地下停车场	218001	26.6
其他	134595	16.4
总计	818552	100.0

地下商业街除应满足变通和商业方面的要求外，其通道网应布置简捷、规整。因为地下街相对于地面是闭塞的，故必须在大型地下街设立消防系统防止灾害，并创造一旦发生灾害时的人员疏散条件。

表2-9列出了若干地下街的建筑面积和出入口设置情况。

部分地下商业街建筑面积和出入口状况 **表2-9**

地下街名称	商业空间总建筑面积(m^2)	出入口总数(个)	每个出入口平均服务面积(m^2)	室内任一点道出入口的最大距离(m)
日本东京八重洲地下街	18352	42	435	30
日本东京歌舞伎町地下街	6884	23	299	30

续表

地下街名称	商业空间总建筑面积(m^2)	出入口总数(个)	每个出入口平均服务面积(m^2)	室内任一点道出入口的最大距离(m)
日本横滨站西街口地下街	10303	25	412	40
日本名古屋中央公园地下街	9308	29	321	30
日本大阪虹街地下街	14168	31	457	40
我国吉林市地下环形街	3000	8	375	45
我国石家庄市站前地下街	5140	6	856	80
我国沈阳市北新客站地下街	6370	10	637	56

由表 2-9 可知，日本地下街的每个出入口服务面积大体为 300～400m²，分布也较均匀，室内任一点至出口仅 30～40m，其防灾效果较好，这样可增加旅客的安全感，增加地下街的吸引力。图 2-41 是吉林地下街的平面图，该地下街位于吉林市吉林太街与光华路和上海路的交叉口之下，建筑面积 5900m²，埋置深度为 6m，现浇钢筋混凝土衬砌。其营业厅柱网尺寸 6.9m×6.9m，大厅净高 3.87m。中间设一防火墙，将空间分为两个防火单元。营业厅的四周为 6m 宽、3.3m 高的人行道，四个双向出入口，其中之一除有梯道外，还有一环形斜道供车辆行驶，以便进货。

城市地下商业街在我国的城市建设中起着多方面的积极作用，具体反映在以下三个方面：

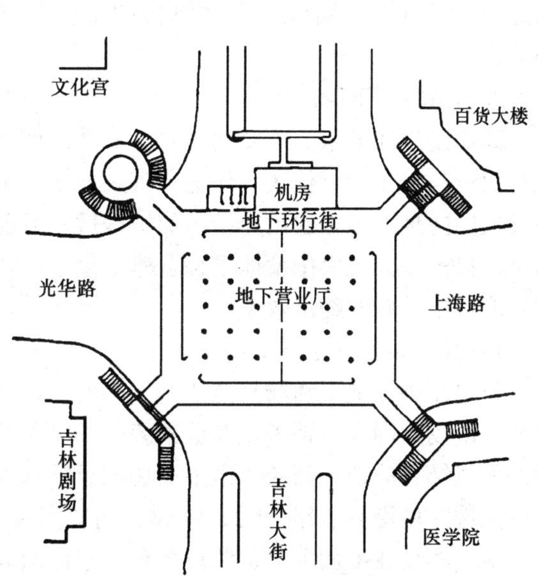

图 2-41 吉林市地下环形街

（1）可以有效利用地下空间，改善城市交通，近年来我国的地下街均建于大城市的十字交口，人流、车流繁忙地段，地下街的修建，实现了人、车分流，改善了城市的交通状况；

（2）地下街与商业开发相结合，活跃了市场繁荣城市经济；

（3）改善城市环境，丰富了人民的物质和文化生活。

城市地下商业街的建设应遵循一定的原则，概括为如下几方面：

（1）地下街基本上是以公用通道或停车场为中心修建，但为了提高其社会经济效益，还应附有必要的商店等，但商店的面积要尽量小些，日本规定：店铺面积不准大于通道面积，所以地下街的规模受到一定限制。

（2）地下街是一个闭锁的空间，万一发生火灾很多人不能像在地面那样，马上辨别出自己的位置而迅速避难。因此要充分考虑利用者的方便，以及紧急情况下的避难问题，应尽量使地下街内的诱导标志简明。

（3）地下街应与地面道路或站前广场等相配合，形成一体，充分发挥其功能，也就是要把地下街作为城市规划的一环来进行规划与建设。

(4) 为防止灾害扩大，原则上禁止地下街与其他建筑物的地下室相连接，因为这样不易识别。如果必须连接时，应有必要的识别、排烟及联络通道等设施。

(5) 地下街与一般建筑相比，要求较高，从防火观点出发，每 200m^2 要设防火壁等设施。

因此，日本规定在下述情况下可以修建地下街：站前广场及繁华商业区的地面交通十分拥挤而需改善时；城市规划中需要建立时；为使地面交通安全、顺畅，而必须整顿时；从该地区情况看，在道路以外或上空等位置设置有显著困难时。

地下街是众多市民聚集的商业中心，因此其规划、设计必须与城市中心地区的规划设计相适应，并充分考虑其安全、便利、舒适、健康等要求。

(1) 安全性，因为地下是一个闭锁的空间，一旦发生火灾，也要保证绝对安全。地下商业街的布置最好采用直线状的简明布置，以公共地下人行道为主轴，并有适宜的通风。

(2) 便利性，地下街规划的前提是按公共地下人行道、路外停车场的规划要求进行布置，使人们感到方便。

(3) 舒适性，地下街应是一个舒适的空间，它既是购物、步行的场所，也是一个休息的场所，因此，地下街场面、橱窗等的设计，应确保五感（视、嗅、味、听、触）舒适。

(4) 健康性，地下街是一个闭锁的空间，与绿地较多的地面相比，对健康是不利的。因此，应千方百计确保进入地下街的市民及从业人员的健康，如设置喷水池、绿化园地等。

2. 城市地下商场

商业是现代城市的重要功能之一，城市商业与居民日常生活关系密切。城市的商业建筑从数量与分布看，仅次于住宅建筑，居第二位。我国的地下空间开发与利用，在经历了一段以民防地下工程建设为主体的历程后，目前正逐步走向与城市的改造、更新相结合的道路。目前一大批大中型地下综合体、地下商场在一些城市建成，并发挥了重要的社会作用，取得了较好的经济效益。

1) 开封相国寺地下商场

开封相国寺地下商场是全国八大小商品市场之一，商品远销十多个省市和河南省广大城乡，市场周围人口稠密、商业繁荣。20 世纪 80 年代后期，在该商场内，建成了一个大型的平战结合的地下商场。地下商场位于相国寺市场人口的广场下，东邻人民会堂，西靠邮电大楼，南沿自由路。图 2-42 是开封相国寺地下商场的平剖面图。

地下商场在平面上呈折线形分布，东西两翼大厅以通道相隔。其形状是受周围已有的建筑物、城市道路和地下管网规划等的制约。该地下商场总建筑面积 2478m^2，共设有四个出入口。A、C 出入口以踏步上下，D 出入口为坡道出入便于车辆货运和残疾人座车，B 出入口预留作穿越道路的过街道。商场按 300 人的容量设计，设有两套进风、排风设备，通风空调设计保证夏季室内温度 27℃，冬季不低于 16℃，相对湿度 75%±5%，二氧化碳浓度不大于 2.5%，风机房有消声、隔声设施。考虑到地下大厅的防火安全，划分 5 个防火排烟分区，设置 6 套消防系统。

2) 徐州古彭地下商场

徐州古彭地下商场位于徐州淮海路与中山路交汇路口的东北角，是市区交通枢纽和商

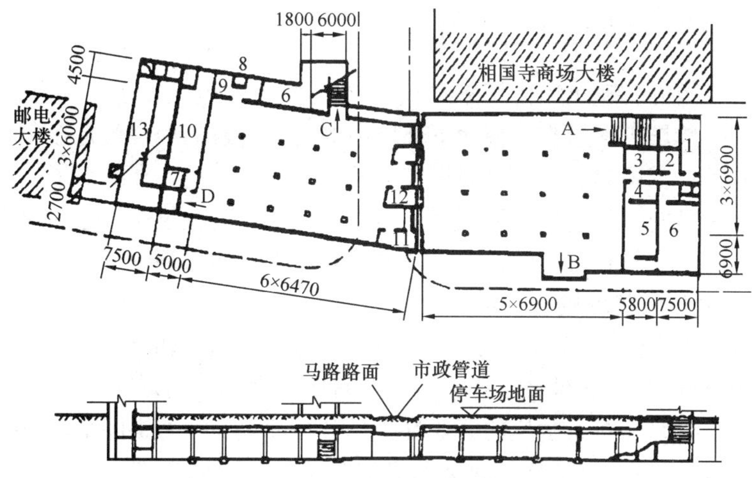

图 2-42 开封相国寺地下商场剖面图

1-配电室；2-广播室；3-公安办公室；4-办公室；5-会议室；6-风机房；7-滤毒室；8-泵房；9-卫生间；10-通风除湿室；11-办公室；12-值班室；13-人行坡道；A、B、C、D-出入口

业中心，见图 2-43。

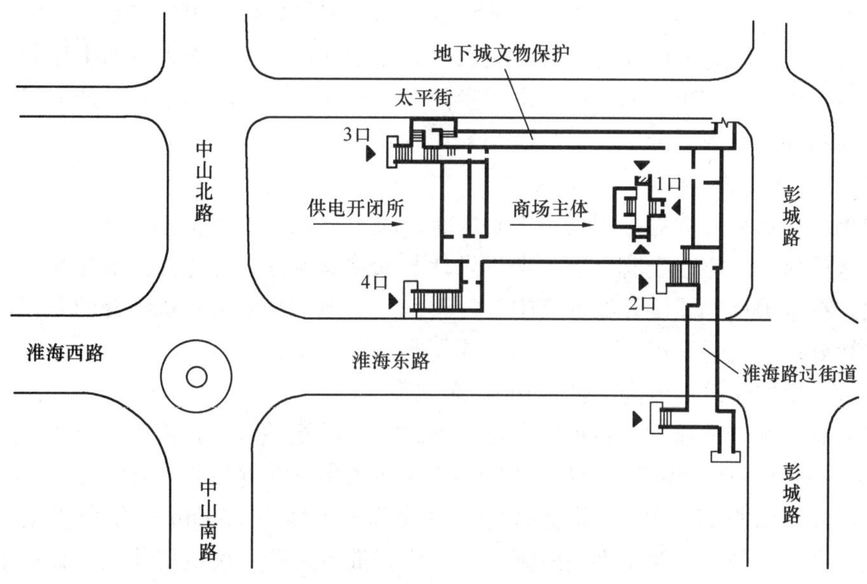

图 2-43 徐州古彭地下商场

该地下商场净高 22m，中间局部为两层，埋深 8m，建筑面积 $5952m^2$。整个商场设有四个商业厅，另有设备与生活设施房间，及消防、公安工作室和会议厅、办公室。有 4 个人员出入口，1 个连通口、1 个进货口和 5 个排风、排烟竖井，其门部宽度除 1 号口为下俯式敞门，面宽 18m 外，其余均为 4m。徐州古彭地下商场设计新颖，建筑物达到大体量、多功能和美化环境的目的，是一个上下结合、平战两用的地下综合体，而且商场口部的布置做到了与广场环境的统一与协调。

2.6.2 城市地下行政办公建筑工程

发达国家的行政办公建筑周使用率虽仅为25%左右，但工作人员需在其中停留的时间较长，因此，一般属于不适宜建在地下环境中的公共建筑类型。但是在20世纪70年代能源危机的影响下，美国建造了几座规模较大的地下公共建筑，在取得了一定的节能效果的同时，采取多种措施，使内部环境尽可能与地面上同类型建筑相接近，提供了一些有益的经验。下面选用两个较有特色的地下行政办公建筑工程加以评价分析。

1. 明尼苏达大学威廉森楼

美国明尼苏达大学于1977年修建的威廉森楼，是一个典型的地下行政办公建筑工程，总建筑面积约8000m^2，地下两层。其中一半左右用于大学的行政办公和档案贮存，工作人员220人；另一半是面对大学生的营业性书店，建筑物的周使用时间为60小时。建设场地尺寸约为80m×120m。建筑为现浇钢筋混凝土结构，明挖施工，只有7%的屋顶面积，覆土0.7m，其余直接作为路面。建筑总造价为347万美元，不包括太阳能设备的投资，单位面积造价为445.7美元/m^2。

威廉森楼相当成功地利用地下空间解决了在特定的社会背景和场地条件下所提出的设计任务，在利用地下环境节能以及充分利用新能源等方面进行了有益的探索；在外观上保存了原有校园的风貌，又通过出入口、下沉庭院和太阳能集热器等的布置，增加了现代建筑的艺术表现力。在室内设计上，为解决长时间在地下环境中工作人员的生理和心理的不良反应问题，也做了较成功的尝试。由于室内大部分为高大开敞的空间，加上很多暴露的大截面结构构件，室内缺少了一些静谧和亲切感。

2. 美国加利福尼亚州州政府大楼

加利福尼亚州首府萨克拉门托市中心区有一块1.5个街区的空地，20世纪70年代后期准备在这里修建一座州政府办公大楼，设计要求除满足办公功能外，节能是一个主要要求，因此，在全国举办了设计竞赛。中选方案采用了地上与地下建筑结合的方式，在节能和内外空间处理上也很有特色。

州政府大楼的建筑场地南北长180m，东西宽100m，在东、南、西三个方向为街道所包围；北侧有一条街道通过，将场地分割成两部分，北部占1/3，南侧占2/3。除南边有一幢16层的办公楼外，周围建筑层数以4～6层的较多。在北侧较小场地上，布置一座6层办公楼，建筑面积17500m^2；南侧各地下办公部分，面积7000m^2，屋顶覆土后，东半部恢复成一个街心公园，西半部暂时铺草皮，将来准备建若干幢低层住宅。在地下工程的中部，从南向北做一个长80m、宽15m的下沉广场，南端有一个150座位的地下小礼堂，顶部做成阶梯形的草坪。工程建成于1982年，造价1850万美元，每平方米建筑面积造价755美元，包括太阳能设施的投资。建筑的周使用时间为40小时。

该工程在地下办公部分沿下沉广场和东西两侧4个下沉庭院均设置了带形窗，在办公室内的任何一点都有接触天然光线的机会，对于在其中工作时间较长的工作人员不存在环境上的缺陷。

2.6.3 城市地下文教和展览建筑工程

地下文教和展览建筑包括在地下的图书馆、博物馆、纪念馆、科技馆、展览馆及建在地下的各类教育院校和科学研究勘测设计机构等。在高等学校方面，由于学生不是固定在某一位置活动，因此，部分教室和实验室建在地下还是可取的。图书馆建在地下，有利于人工环境的控制和书籍的保存。展览馆一般都避免使用天然光线，人在其中活动时间也不长，建在地下是合适的。但托幼建筑和中小学建筑一般不宜建在地下，因为儿童和青少年在其中停留和活动的时间较长，对身心不利。我国利用地下空间建设文教与展览建筑的例证很少，主要原因是人的认识局限性，我国的建筑师普遍对地面、上部空间的概念比较明确，对地下空间缺乏理性认识，甚至还存在着偏见。下面介绍美国的几个典型地下文教和展览建筑工程。

1. 哈佛大学图书馆

哈佛大学图书馆于 1976 年建成，总建筑面积 8000m^2，地下两层，局部三层，与场地形状相适应，建筑平面呈两个错开的长方形。地下一层主要为阅览室，二层为书库和通往三个原有图书馆的通道，三层也是书库。在平面的南半部，设置一个贯通两层的下沉式庭院，院内种一棵日本红枫树，在秋季树叶变色时十分美观，主要阅览室均围绕庭院布置。原有地形自南向北倾斜，工程覆土后恢复为平地，利用在西侧和北侧出现的地面高差，布置了主要的出入口，水平进出，沿建筑周边还做了不深的连续采光井。由于地下水位很高，为了确保防水质量，在外墙周围回填了 1m 厚的砾石，埋设了排水管，集中到泵坑中的地下水由连续运转的水泵抽走，使建筑物形成在人工形成的疏干漏斗中，此外，还向钢筋混凝土外墙中注入了氯丁橡胶液，以加强混凝土结构自防水性能。工程总造价 560 万美元，单位造价 700 美元/m^2。

哈佛大学图书馆设计在解决新旧建筑的统一、保存校园传统风貌和保留开敞空间与绿地等困难问题上是成功的，为其他学校解决类似问题提供了经验。

2. 明尼苏达大学土木与矿物工程系系馆

明尼苏达大学土木与矿物工程系原有系馆建于 1912 年，已属于应报废的建筑。1977 年确定将理工学院北端一块空地作为建筑场地，场地狭窄，周围布满各时期的建筑物，在这样的条件下，如果在地面上建设一座现代化的教学大楼，不但在建筑风格上很不和谐，有限的一点开敞空间也将被占用。明尼苏达大学土木与矿物工程系在地下空间研究方面处于全美的领先地位，发起成立了“美国地下空间协会”（American Underground Space Association），在校内成立了“地下空间中心”（Underground Space Center）。因此该系利用新建系馆的机会和自己在开发地下空间方面的优势，决定采用全地下方案（95%在地下）。通过这一工程，在规划、设计，特别是在节能方面，全面进行研究、试验综合展示地下空间开发的最新技术，揭示地下空间利用的巨大潜力。

系馆场地条件良好，上部有 15m 厚土层，中间是一层 9m 厚的石灰岩层，下面是软质砂岩。整个建筑面积 14100m^2，其中 10000m^2 建于土层中。掘开法施工，完工后回填并覆土；其余 4100m^2 建在砂岩层中，顶部紧靠石灰岩层，上下两部分之间由两个竖井（内设楼梯和电梯）联系。岩洞底最深处距地表 34m。系馆的结构试验室因跨度较大，且需要从地面进出设备和构件，故顶部露出地面。系馆主要由教室、实验室和行政办公室等部分组成。教室区平面呈半圆形，分隔成几个大小不等的扇形平面教室和展览室，环绕在一个圆形休息厅周围，圆厅内有天然采光。实验室大都在主体建筑北侧，不需要天然光线；办公室则多数在南侧，面向一个下沉式庭院，以获得充足的阳光。岩层中的工程采用光面爆破，喷锚结构，内做两层的全衬套，其中主要为各种实验室和计算机房等。工程总造价1300万美元，单位造价920美元/m^2。工程于1982年建成，系馆建成后，受到广泛的赞扬，并获得美国土木工程学会1983年卓越工程成就奖。

3. 旧金山市莫斯康尼会议中心

莫斯康尼会议中心是一座采取地下建筑方案以保留城市开敞空间的典型大型地下会议和展览建筑，1981年建成，工程总造价1.26亿美元。旧金山市的中心区，本已高层林立，只剩下中心区边缘地带的叶巴布因那（Yerba Buena）地区，面积约$35\times10^4m^2$，高层建筑较少，在一个街区的范围内，还保留着中心区唯一的一块空地，面积约$4.6\times10^4m^2$。20世纪60年代末，市政当局准备在这地区进行再开发，并在空地处建设一座大型会议和展览中心。如果这座大楼建设在地面上，则仅存的开敞空间将不复存在，故决定采用全地下方案。设计者很好地完成了这项任务，不但在地下创造了面积$2.3\times10^4m^2$、跨度90m的无柱展览大厅，而且在屋顶覆土后，可以建成一座$3.2\times10^4m^2$的公园，既保留了开敞空间，还增加了城市绿地，充分体现了城市立体化再开发的优势，成为迄今为止世界上最大和最成功的大型地下公共建筑之一，虽然一次投资多用了2000万美元，但由于出色的设计提高了建筑的知名度，中心的使用效率很高，仅一年的经济收益就达5000万美元，很快可以收回建设投资。

莫斯康尼会设中心总建筑面积45000m^2，包括展览大厅23000m^2，供50～600人使用的会议室共31个，最大的面积2800m^2；还有供6000人用餐的餐厅和机房、卫生间及辅助用房。展览大厅占整个平面的3/5，长255m，宽90m，结构为8对后张拉预应力钢筋混凝土落地拱，跨度83.3m，拱下最高点距地11.3m，形成一个无柱的大空间，当厅内没有展品时，最多可容纳24000人。会议室和一些辅助用房集中布置在另外2/5空间，分为两层，大会议室为一层，占有两层高度。在大会议室的上部有一个完全建在地面上的门厅，面积2800m^2，结构为四个钢管空间桁架，跨度27.4m，挑出9.1m；门厅四周全为玻璃幕墙，有三组宽敞的楼梯和自动扶梯直通地下展览厅。此外，地下水位在展览大厅地面以上3.5m，故在建筑四周布置了环形排水系统，以局部降低地下水位。

2.6.4 城市地下文娱和体育建筑工程

地下文娱建筑工程包括影剧院、会堂、俱乐部、文化宫等；体育建筑工程有综合体育馆和各种单项运动的场管，如地下网球场、冰球场，游泳池等。这些类型的公共建筑工程没有对天然光线的要求，但要求人工控制气候，故很适合建在地下环境中。但是从防灾和安全的角度看，由于空间的封闭和疏散的困难，特别对那些人员非常集中的影剧院、会堂等，存在着较多的不安全因素和防灾上的隐患。

20世纪70年代，我国有些城市结合人防工程建设，在城市土层中建造了一些浅埋的地下影剧院，采用跨度20m左右的拱形结构。这些影剧院虽然在缓解城市文娱设施不足的矛盾上能起一定作用，但由于防护能力较差，不利于战时使用；在平时使用中，防灾措施不完善，也不够安全。因此，如果花费很高的代价，在土层中建造浅埋大跨的地下影剧院，在我国的条件是不适宜的。如果具备良好的地质条件，在设计中又能妥善解决安全和防灾问题，建造一些不太大的地下文娱体育设施，仍是有积极意义的（童林旭，1994）。我国的大连、重庆、青岛、杭州、厦门等城市，以及北欧的一些国家，如挪威、瑞典、芬兰等，结合民防建设在山体中建造一些文娱、体育设施还是比较成功的，下面列举几个典型实例。

1. 杭州宝石会堂

我国地下娱乐设施开发较好的城市是杭州市，该市在西湖下建造的大型地下娱乐宫在国内是少见的。该地下娱乐宫围绕在杭州西湖西、南一带的山岭，有一部分延伸到市区以内，在 20 世纪 70 年代，杭州市对这部分山体的地下空间进行了开发，结合人防工程和平时的使用要求，在其中布置了一些综合性的商业服务设施和文化娱乐设施，其中最大的一个就是宝石会堂，可容纳 1360 人开会或看电影，也可进行文艺演出。1980 年建成使用，社会、经济效益都较好。

整个会堂布置在一条长 86m、宽 20m、高 16m 的岩洞中，采用喷锚结构加衬套的做法，在衬套墙上每隔 4m 做一根壁柱，顶在岩壁上；衬套顶为先用预制拱架支撑在壁柱上，铺梁和板后再现浇混凝土，形成叠合的换顶结构。会堂内部的建筑设计与地面上影剧院无异，在视线、音响、环境等方面均达到应有的标准。但观众的出入口只有两个，分布在底层休息厅的两侧；观众厅内没有备用的安全出口，仅在舞台的一侧有一个安全口。因此，不论从安全口的数量、宽度，还是分布状况看，是存在缺陷的。如果在没有先进的消防设施，且人员高度集中的情况下，无法充分保证安全。

2. 瑞典斯德哥尔摩伯尔瓦尔德音乐厅

瑞典斯德哥尔摩市的伯尔瓦德半地下音乐厅，是一个单建式半地下建筑，用于国家广播电视台音乐演播，可供大型交响乐队演奏，观众席围绕舞台布置，共 1306 个座位，其中 486 个可为合唱团使用，总建筑面积 $9000m^2$，舞台面积 $275m^2$，1979 年建成，使用效果很好。

该音乐厅位于斯德哥尔摩内城与郊区一个大面积绿化带之间，有一块建设场地已用于建造广播电视台及其附属建筑，体量很大的演播厅只能建造在绿化带中，这对于一个在树林中以独户住宅为主的高级居住区来说是很不适宜的，对宁静、优美的居住环境和景观将产生不良影响。设计者采用将音乐厅建筑 2/3 建在地下，其余露出地面的半地下方式，解决了这一难题，利用路边一个隆起的山丘，挖一个深 7m 的岩石坑，将整个音乐厅建筑下沉到坑底标高。观众厅部分有 10m 高露出地面，但由于周围的休息厅和其他辅助房间已有 4m 高，故从地面上看建筑体量并不很大，完全不同于常规的音乐厅或影剧院的建筑形象，与周围的公园式环境较为协调。

音乐厅设备完善，音质良好，设有两层休息厅，主要出入口在底层，观众可通过一个宽敞的楼梯上至二层休息厅。二层休息厅朝向室外部分均开满落地窗，厅内十分明亮，沿大楼梯的一侧外墙为完全裸露的花岗岩（坑壁），与光洁的楼梯和柱形成强烈的对比，产生一种特有的建筑艺术效果。

3. 美国乔治城大学雅特斯体育馆

美国华盛顿特区的乔治城大学，历史悠久，校园内已没有增加新建筑的用地，但急需扩充体育设施，因此决定在一个原有的足球场下，建一座全地下的浅埋体育馆，即雅特斯体育馆。该体育馆建成于 1979 年，屋顶不覆土，仍恢复为足球场。

该地下体育馆建筑面积共 $13200m^2$，包括运动大厅、多功能球场、游泳池、壁球室、舞厅和更衣室等设施，地下空间的最大净空约 11m，最小净空也有 6m，完全可以满足体育运动的需要。其中，运动大厅 $8000m^2$，内有 12 个多功能球场和 200m 室内跑道；在大厅以外，有一个 25m 室内游泳池，容纳 2000 人的更衣室和一个面积 1000m^2的舞厅，8 个壁球室和一些辅助设施。为了在地下获得足够大的运动空间，采用了大跨度双曲壳体结构，每个壳尺寸为 20m×42m。壳体最高点距地面 11m，最低点为 6m，壳体厚度仅 8～9cm，上铺混凝土板，将屋顶垫平，中间可以走管、线。

该工程造价 720 万美元，单位造价 540 美元/m^2，还略低于地面常规体育馆的造价，由于热损失少，可节能 20%，运行费仅相当于地面体育馆的 1/3。雅特斯地下体育馆的修建，解决了学校建筑用地不足的矛盾，同时使原来一个简单的足球场，成为一个综合的文娱体育活动中心，充分发挥了地下空间在扩大空间容量和节省土地等方面无法取代的作用。

2.6.5　城市地下综合体

随着城市集约化程度的不断提高，单一功能的单体公共建筑，逐渐向多功能和综合化发展。一个建筑空间在不同条件下适应多种功能的需要成为多功能建筑，例如一个会议厅可转换为宴会厅、舞厅，一个球类比赛的体育馆可转换为溜冰场等。由多种不同功能的建筑空间组合在一起的建筑称为建筑综合体。如，一幢高层建筑中，可以在不同层面上和地下室中分别布置商业、文娱、办公、居住、停车等内容。经过进一步发展，不同城市功能也被综合布置在大型建筑物中，成为城市综合体。地下综合体，是随着城市立体化再开发，建设沿三维空间发展的，地面、地下连通的，结合交通、商业、贮存、娱乐、市政等多用途的大型公共地下建筑工程。城市中若干地下综合体通过铁道或地下步行道系统连接在一起时，形成规模更大的综合体群。

1. 城市地下综合体的发展概况

地下综合体是在 20 世纪六七十年代发展起来的一种新的建筑类型，欧洲、北美和日本的一些大城市，在新城镇的建设和旧城市的再开发过程中，都建设了不同规模的地下综合体，成为具有现代大城市象征意义的建筑类型。

早在 20 世纪 30 年代初，日本东京建成地铁以后，便着手在地铁的人行通旁开设地下商场，此为地下街的早期形式。经过实践，证实此种形式方便乘客，缓解交通，节省了乘客换乘和购物时间，从此日本在长期修建和经营地下街的过程中，使其功能不断完善，构筑了许多以地铁为主体，结合地下街、地下商场的综合体。

欧洲国家，如德国、法国、英国的一些城市在战后的重建和改建中，发展高速道路系统和快速轨道交通系统，因此，结合交通换乘枢纽的建设，发展了多种类型的地下综合体，特点是规模大，内容多，水平和垂直两个方向上的布置都较复杂。美国城市由于高层建筑过分集中，城市空间环境恶化，因此在高层建筑最集中的地区，如纽约的曼哈顿区、费城的市场西区、芝加哥的中心区等地，开发建筑物之间的地下空间，与高层建筑的地下室连成一片，形成了大面积的地下综合体。加拿大的冬季漫长，半年左右的积雪，给地面交通造成困难，因此，大量开发城市地下空间，建设地下综合体，用地下铁道和地下步行道将综合体之间和综合体与地面上的重要建筑物之间连接起来。加拿大蒙特利尔市，有六个大型地下综合体，总面积 80 余万平方米，目前仍在继续扩展，他们通过地下步行街和地铁，将城市中心的高层建筑、商店、餐厅、旅馆、影剧院、银行等公共活动中心及交通枢纽连接起来。

我国过去的地下空间开发与利用，主要是为了战备，或与战备密切相关的防护建筑。起步较早，发展较慢。20 世纪 80 年代后，有些大城市为了缓解城市发展中的矛盾，进行了建设城市地下综合的尝试。据不完全统计，仅到 2000 年止，正在进行规划、设计、建造和已经建成的已近百个。规模从几千到几万平方米不等，主要分布在城市中心广场、站前广场和一些主要街道的交叉口，对改善城市交通和环境，补充商业网点的不足，都是有益的。

2. 城市地下综合体的类型与特点

地下综合体有多种分类方法，按其在城市中的位置和作用，大致分为三种类型（童林旭，1994）：

1）新建城镇的地下综合体

在新建城镇或大型居住区的公共活动中心，与地面公共建筑相配合，将一部分交通商业等功能放到地下综合体中，使中心区步行化，并克服了不良气候的影响。这种地下综合体布置紧凑，使用方便，地面、地下空间融为一体，很受居民欢迎。德方斯（La Defense)是法国巴黎为分散人口而建的一座卫星城，距市中心约 4km，该地区交通发达，业务、商业活动集中，故较大规模的开发利用地下空间，形成地下综合体。

2）与高层建筑群相结合的地下综合体

附建在高层建筑地下室中的综合体，其内容与功能多与该高层建筑的性质和功能有关，可视为地面建筑功能向地下空间的延伸。日本东京的世界贸易中心、美国纽约的曼哈顿区、加拿大多伦多市中心区等，常常将高层建筑的地下室与街道和广场的地下空间同步开发，使之连成一片，形成一个大面积的地下综合体。

3）城市广场和街道下的地下综合体

在城市的中心广场、文化休息广场、购物中心广场和交通集散广场，以及交通和商业高度集中的街道和街道交叉口，都适合于建设地下综合体。我国有几个大城市的中心广场，在再开发的规划设计中，利用地下空间形成地下综合体，以保留广场上的开敞空间，同时，对交通实行立体化改造，并适当增加一些商业、饮食等服务设施。上海人民广场地下综合体是国内设计的大型综合体之一，是为解决该地区的停车问题而提出的建设项目，故其中地下公共停车库的容量有 600 台。日本北海道首府札幌市，在 20 世纪 70 年代初期，结合地下铁道的修建，建成三处地下街，其中大通地下街的内容较多，有商店街 $6700m^2$，公共通道 $7800m^2$，停车场 $1.5\times10^4m^2$，容量 374 台，加上其他共约 $3.3\times10^4m^2$。我国吉林市、长春市、哈尔滨市等，2000 年前都已有建在街道下的地下综合体，一般仅包括商店和公共通道，比较简单。

3. 我国城市地下综合体的发展

城市地下综合体建设在我国已占据一定位置，但与发达的工业国家相比还有一定差距，主要反映在地下综合体的建设还缺乏整体性、综合性、超前性及科学性。相关学者的研究表明，在我国应优先发展以下几种类型的地下综合体。

1）道路交叉口型

在城市中心区路面交通繁忙的道路交叉口地带，以解决人行过街交通为主，适当设置一些商业设施，考虑民防因素，结合市政道路的改造，建设中小型初级的地下综合体。同时，应适当考虑城市的发展，且与未来地下网络体系连接的可能性。

2）车站型

我国许多城市正在规划和建设地铁，结合少量重点地铁车站的建设，把部分商业、贮存、人行过街交通道、市政管线工程及灾害时的人员疏散、掩蔽等功能结合起来，并与地面的改造相结合，进行整体规划与设计，实施联合开发，如上海的地铁徐家汇站，就是提高地下交通系统整体效益，探索我国城市现代化改造的尝试。

3）站前广场型

它是在大城市的大型交通枢纽地带，结合该区域的改造、更新，进行整体设计、联合开发建设的大中型地下综合体。在综合体内，可将地面交通枢纽与地下交通枢纽有机组合，适当增设商业设施，充分利用商业的赢利来补贴其他市政公用设施，通过加设一些供乘客休息、娱乐、观赏的小型广场等，以满足地下活动人员的各种需要。

4）副都心型

为了达到大城市中心职能疏解的目的，往往需在城市的部分重点地区新建一些反磁力中心（亦称分中心、副都心），这种新建反磁力中心的地下空间体系，几乎涵盖了市中心的所有职能，如商业、文化、娱乐、行政，事务、金融、贸易、交通等，与上部空间的再建，共同构成现代城市的繁荣。

5）中心广场型

市中心广场称为城市的起居室，但在土地效益寸土为金的市中心，留出大片空地，单层次利用空间，其效益不能得到全面发挥。为此，许多城市在整顿城市空间的同时，充分利用地下空间资源，建设大型地下综合体，以补充地面功能的单一化，保护广场周围的传统风貌。巴黎的 Les Hall 广场，慕尼黑的卡尔斯广场，上海的人民广场，北京的天安门广场等，均属于这一类型。

2.7 城市地下人防工程

地下人防工程是城市地下工程的重要组成部分，是一个城市抗灾救灾不可缺少的生命线工程，也是防备空中袭击、有效保护人员和物资、保证战争潜力的重要设施。随着我国城市建设的快速发展，作为城市建设重要组成部分的人防工程也取得了可喜成就，一大批不同类型、质量较高的平战结合的工程相继建成并投入使用，在战备效益、社会效益和经济效益等方面，彰显了人防工程在城市发展中特殊性和不可取代性。

2.7.1 城市地下人防工程的主要类型

人防工程是一个战时能生活、能生产、能疏散，且自成体系的综合性工程，通常有如下六类：通信指挥工程，一类重点城市包括省、市、区三级通信指挥工程；医疗救护工程，包括中心医院、救护医院、救护站；防空专业队工程，包括医疗救护、消防、防化、运输、通信、治安及抢修、抢险七种专业队的掩蔽工程；人员掩蔽工程，包括省、市机关部门工作人员集体掩蔽部和一般人员掩蔽部；物质保障工程，包括生活物质库、战备物质库、区域水源供水站和区域电站等工程；干道交通工程，包括连接干道、疏散机动干道等工程。下面简要介绍通信指挥工程、人员掩蔽工程和医疗救护工程的一些建设特点。

1）通信指挥工程

通信指挥是各级人防系统的首脑和中枢，其主要任务是对所辖范围内的人防系统进行不间断的指挥，同时对上级和下级以及相邻的指挥系统保持不间断的联系。童林旭教授认为，人防工程建设应注意以下问题：

（1）内部功能和组成应当完备。瑞典和瑞士的人防指挥所，均由工作、生活、设备三部分组成，内部功能齐全，足以保证在与外界完全隔绝的条件下，仍较长时间发挥指挥功能。

（2）内部布置应当紧凑。在功能尽可能完备的前提下，在布置上尽可能紧凑，减少不必要的房间和走廊等辅助面积，应以指挥室为中心，合理进行功能分区。

（3）具备长时间坚持运转的能力。指挥所首先应能在人员补充、生活必需品供应、向外排出的废物等活动均受阻的情况下，仍继续正常运转，因此，必须有独立的内部电源、燃料、饮用水和食品的储备量，应满足战时15～30天使用，低等级的也不应少于7天。

2）人员掩蔽工程

人员掩蔽工程的主要功能是在预定的防护能力范围内，保障城市中各种人员的生命安全，保存支撑战争和战后恢复的有生力量。人员掩蔽工程分为人员掩蔽所和专业队掩蔽所两大类。人员掩蔽所是为普通居民掩蔽用的，专业队掩蔽所包括医疗救护、工程抢险、消防、运输、防化、治安等多种。从国内外情况看，人员掩蔽工程主体部分的建设应注意如下问题：

（1）类型多样、设计标准不同。人员掩蔽工程类型很多，功能各异，往往不能简单地规定掩蔽一个人需要多少建筑面积作为统一的设计标准，如长期使用和临时使用的掩蔽所，在组成、面积、设备等方面都有明显区别。

（2）防护条件与生活条件。人员掩蔽工程涉及千百万人的生命安全，但防护标准不可能很高，应当在按标准完善防护设施的同时，尽量提高工程的安全程度；同时，生活供应和物质储备上应有一定的保障，国外的人员掩蔽工程都准备了在外界供应断绝后，坚持1～2周的物质储备。

（3）使用效率和经济效益。人员掩蔽工程数量多，但平时不适宜居住，建设掩蔽工程应考虑平时的用途。我国城市居住区的人员掩蔽工程，多布置在多层或高层住宅楼的地下室中或公共建筑的地下室中。前者内部布置受上部柱网和结构的限制很大，平时很难利用，造成相当大的浪费；后者容易利用，可发挥较高的经济效益。

3）医疗救护工程

地下医疗救护工程的任务是为战时在各种可能使用的武器袭击后迅速出现的大量伤员进行紧急抢救和治疗，尽可能多地挽救受伤者的生命；在战后，除对一些伤员继续治疗外，还应承担受袭击地区的卫生防疫工作。战时地下医疗救护设施，与平时使用的各类各级医疗设施虽有不少共同之处，但在任务、功能、治疗内容、建筑组成、面积指标、病人周转时间、物质供应等方面存在着很大的差异。人防医疗救护设施宜分为三级：救护站、急救医院和中心医院，其设施和规模上的差别见表2-10。

各级战时医疗救护设施、规模的参考数据 **表2-10**

项目	救护站	急救医院	中心医院	备注
建筑面积(m^2)	200～400	800～1000	1500～2000	救护站为简易手术台，按24小时工作，分两班，男女各半
每昼夜通过伤员数量(人次)	200～400	600～1000	400～500	
病床数(张)	5～10	50～100	100～200	
手术台数(张)	1～2	3～4	4～5	
医疗人员(人)	20～30	30～50	80～100	
伤员周转时间(天)	1	7	14	

注：资料来源于童林旭著，地下建筑学，济南，山东科学技术出版社，1994。

为了最大限度地发挥地下医疗救护设施的救治能力，专家认为医疗救护工程建设时应注意如下问题：功能和组成应适应大量战伤和紧急救治，内部的分区和布置应适应外部染毒情况下的接纳和救治伤员，交通运输的组织应适应人力运送伤员，内部设备能力和物质储备应适应与外界完全隔绝的特点。

2.7.2　城市地下人防工程的设计

新建的人防工程在建设前都经过可行性论证，既考虑到战时防空的需要，又考虑到平时经济建设、城市建设和人民生活需要，具有平战双重功能。同时，人防工程需严格按建设程序执行，从土建到装修都需注重质量。这样建成投入使用后，才能取得明显的战备效益、社会效益和经济效益。现阶段许多大中型人防工程都成为城市的重点工程，如：哈尔滨奋斗路地下商业街（现为金街，图 2-44）、沈阳北新客站地下城、上海人民广场地下停车场（图 2-45）、郑州火车站广场地下商场等，并获得了很好的社会效益和经济效益。

图 2-44　哈尔滨奋斗路地下商业街

图 2-45　上海人民广场武胜路地下停车场

人防工程的类型很多，其中防空地下工程是人防工程的重要组成部分，是战时防空、保障人民生命安全的重要措施。与其他类型人防工程一样，在建筑结构设计方面国家有明确的规范要求，即需严格执行《人民防空地下室设计规范》GB 50038—2005。下面通过介绍防空地下室的设计和施工，以了解一些地下人防工程的特点。

1. 防空地下室结构设计的主要特点

防空地下室结构设计的主要特点是，要考虑战时爆炸动荷载的作用。爆炸动荷载属于偶然性荷载，具有荷载量值大、作用时间短且不断衰减等特点。暴露于空气中的防空地下室结构构件，如高出地面不覆土的外墙、不覆土的顶板、通道内防护密闭门门框墙、临空墙等部位，应考虑直接承受地面空气冲击波的作用。其他与土相邻的结构构件，如有覆土顶板、土中外墙及底板等，则应考虑直接承受土中压缩波的作用。由于防空地下室战时与平时考虑的荷载效应组合不同。因此，规范条规定防空地下室结构除按本规范设计外，尚应根据其上部建筑在平时使用条件下，对防空地下室结构的要求进行设计，并应取其中控制条件作为结构设计依据，即防空地下室结构设计应同时满足平时与战时两种不同荷载效应组合的要求，这是防空地下室结构设计的基本特点。

防空地下室结构在爆炸动荷载作用下，可只验算结构承载力。对结构变形、裂隙，以及地基承载力与地基变形可不进行验算。在爆炸动荷载作用下，其动力分析可采用等效静荷载法；结构设计主要是确定防护单元墙的等效静载、墙体厚度并计算出配筋。值得指出，在核爆时产生的杀伤破坏因素中不只限于空气冲击波，至少还应考虑早期核辐射。早期核辐射是核武器特有的杀伤因素，对结构本身不产生破坏作用，但当进入防空地下室的核辐射超过规定的限值时，就会对内部人员起杀伤作用。早期核辐射主要通过防空地下室顶板与出入口进入室内，为简化计算，规范采用规定围护构件厚度和通道长度的构造作法来满足防早期核辐射的要求。对结构设计来说，主要是在确定顶板、出入口门框墙、临空墙及外墙厚度时应注意要能同时满足防早期核辐射的要求。

2. 防空地下室结构设计的一般规定

1）核爆动荷载作用的简化考虑。在核爆动荷载作用下，不计入上部建筑物在地面冲击波荷载作用下可能传给防空地下室结构的弯矩和剪力。

2）对钢筋混凝土结构构件可考虑进入塑性工作状态。在核爆动荷载作用下，结构构件的变形通常是随时间的增长至最大值，随之即出现衰减振动，因此可以考虑由结构构件产生的塑性变形来吸收荷载能量，即在核爆动荷载作用下，构件可进入塑性工作状态。

3）对只考虑弹性阶段工作的结构构件，称为弹性工作阶段设计。如砖砌体外墙，由于砌体属脆性材料，所以设计中按弹性工作阶段考虑。对于既考虑弹性阶段工作，又考虑塑性阶段工作的结构构件，称为弹塑性工作阶段设计。如钢筋混凝土顶板、外墙、临空墙等。

4）在动荷载作用下，对防空地下室钢筋混凝土结构来说，处于屈服后开裂状态仍属正常工作状态。结构构件工作状态是用允许延性比表示，规范规定，允许延性比为构件允许最大变位与其弹性极限变位的比值。当允许延性比等于1时，是按弹性工作阶段设计；当大于1时，按弹塑性工作阶段设计。对砌体构件允许延性比值规定取1.0；对重要的密封要求高的钢筋混凝土构件（如防护密封门及门框墙），宜按弹性工作阶段设计，延性比按不同受力情况分别取值，其中，受弯构件取3.0，大偏压构件取2.0，小偏压构件取1.5，中心受压构件取1.2。

5）由于受力情况不同，各类构件所能提供的延性性能也不相同，即各种不同的受力构件在达到最后破坏时所具有的安全储备相差较大，因此，当按弹塑性工作阶段设计时，应使体系中安全储备较大的受弯截面先出现塑性铰，以防止安全储备较小的受压、受剪截面先达到最大抗力而导致体系的脆性破坏。由于在爆炸动荷载作用下，结构构件变形极限已用允许极限延性比控制，且在确定各种构件允许延性比时，已考虑了对变形的限制，因而在防空地下室结构设计中，不必再单独对结构构件的变形与裂缝开展进行验算。

6）材料设计强度可提高。在爆炸动荷载作用下，材料设计强度可适当提高，安全度可适当调整。实验表明，加载速度直接影响材料的力学性能，在爆炸动荷载作用下，结构构件所经受的毫秒级快速变形过程，与标准静载试验速度比要快千百倍，这时材料力学性能发生比较明显的变化，主要表现为强度提高，但变形性能包括塑性性能等基本不变，这对结构工作起到有利作用。动力试验还表明，初始施加的静应力即使高达70%屈服应力，然后再加动荷载，此时材料强度的提高值仍与单独施加瞬间动载时一致。所以在设计中当爆炸动荷载与静荷载同时作用下，仍可取同样的动力强度提高系数。

3. 人防工程的施工

人防工程的施工应从建筑部分、结构部分、电气部分、通风部分和给水排水部分注意下列问题。

1）建筑部分

(1) 防护单元内部不应设置沉降缝、伸缩缝，如需设置必须设置防爆沉降缝；密封通道、防毒通道、洗消间、滤毒室、扩散室等房间、通道，其墙面、顶面、地坪均应平整光洁、易于清洗。

(2) 人防地下室防护区顶部除上条中叙述个区域外不允许用水泥砂浆粉刷或找平；非活置式人防门下有门槛，门槛与地坪建筑高差应不小于150mm；活置式人防门下无门槛，门框下边与建筑地坪同高。人防门框锚钩应伸入结构层内。

(3) 当防护密封门设置于竖井时，其门窗外表面不得突出竖井内墙面，防爆波活门应嵌入墙内；在距人防门框四周20mm范围内墙面粉刷层不得超出门框角钢面。

(4) 平战转换预制构件应与工程同步做好，并设置构件的存放位置；出入口式战时封堵处在非人防侧预留沟槽，预埋件锚钩应伸入结构层内；战时封堵框平时应采用刷漆或加钢丝网用水泥砂浆粉刷的处理方式，处理完毕后在两侧墙体标示“战时封堵”字样。

2) 结构部分

(1) 钢筋混凝土结构构件纵向受力钢筋的锚固长度 $l_{aF}=1.05l_{ad}$；地下室基础底板上层筋必须从地基反梁上层主筋下部穿过，顶板下层筋必须从顶板反梁下层主筋上部穿过。

(2) 人防区顶板、底板、临空墙必须设拉结筋；人防围护结构和密封墙体门洞四角必须设置加强筋；被止水钢板割断的附墙柱箍筋应搭接焊在止水钢板上。

(3) 人防维护结构和密封墙体（均为钢筋混凝土内墙）模板对拉螺杆不允许穿PVC套管，且螺杆中部应设止水片；管割断的墙筋应点焊在穿墙管上。

(4) 梁与边柱交接处，外墙与顶、底板交接处钢筋构造要求为：边柱外侧纵向钢筋伸入地、顶梁内的锚固长度应不小于 $1.5l_{ad}$；当顶板厚度小于外墙厚度时，顶板上排筋伸入外墙内锚固长度应不小于 $1.5l_{ad}$；当顶板厚度不小于外墙厚度时，外墙外侧纵向钢筋伸入顶板内锚固长度应不小于 $1.5l_{ad}$；外墙外侧纵向钢筋伸入底板内锚固长度应不小于 $1.5l_{ad}$。

3) 电气部分

(1) 在围护结构内铺设，穿过外墙、临空墙、防护密封墙和密封墙的各种电缆（包括各种强弱电）管线，应按照人防要求进行制作。直接穿越人防外墙、临空墙、防护密封墙和密封墙的电缆应采用壁厚大于2.5mm的热镀锌钢管作为穿线管，两端出墙100mm，中间双面满焊密闭肋，相邻线管管壁间距不小于100mm。

(2) 人防强弱电井、各人员出入口和连通口的防护密闭门和密闭门框墙上应预埋4～6根管径为50～80mm、壁厚大于2.5mm的热镀锌钢管，作为备用管。具体做法为两端出墙100mm，中间双面满焊密闭肋。

(3) 各类母线槽、桥架不能直接穿越人防临空墙、门框墙、外墙及顶板。当必须通过时，母线应符合防护密闭要求，桥架应改为穿管铺设，一根电缆穿一根套管。

(4) 临空墙、门框墙、人防外墙两侧的指示灯、配电箱，只能明装，不允许暗装；临空墙、门框墙、人防外墙两侧安装接线盒及过渡盒时，应避免两侧过线盒在同一位置。

(5) 甲类防空地下室的救护站、防空专业队工程、人员掩蔽所工程、配套工程的柴油发电站中除柴油发电机组平时可不安装外，其他附属设备及管线均应安装到位；人防主体浇混凝土后，不得再打洞开槽。

4) 通风部分

(1) 人防围护结构及密闭墙体风预埋管为直接预埋管，外径为配合尺寸。风管预埋管

以 $\delta \geqslant 3mm$ 钢板卷制，预埋管长度为 700mm，两端出混凝土墙 150mm；中间双面满焊密闭肋（$\delta=3mm$，$b=50mm$），不焊法兰。不得用现成的钢管截断代替。浇混凝土后预埋管内外除锈刷两道防锈两道红色调和漆。

（2）测压管以 $DN15$ 镀锌钢管煨制、焊接，不得丝接。埋入墙混凝土，在混凝土中管段任意部位焊接密闭肋（$\delta=5mm$，$b=50mm$）。井侧或非人防侧标高：人防顶板下 0.5m，出墙 150mm，丝接堵头；机房或防化值班室侧标高、机房地坪上大于 2.0m，出墙 150mm，丝接 $DN15$ 闸阀。出墙管段刷两道红色调和漆。

5）给水排水部分

（1）防爆地漏和管段均为 $DN80$，是压力管道。管道材料为镀锌钢管，连接方式为丝接，需加麻丝，白厚漆。管道伸进集水坑 100mm，焊接钢制弯头并接管至坑底 200mm。地漏上口标高低于地平 5～10mm，盖板应能在地漏支口内灵活转动，支口上黄油，盖板刷两道沥青漆。明露管道刷两道沥青漆。

（2）进出人防单元的管道，在人防侧安装 $P \geqslant 1.0MPa$，铜芯或不锈钢芯的焊接法兰闸阀，阀与墙、顶之间的 200mm；进入人防的给水管道，阀前材料应采用热镀锌钢管或钢塑复合管。

（3）临空墙、门框墙、在室外地坪上的人防外墙上水套管做法：两端出墙 100mm，中间双面满焊密闭肋（$\delta \geqslant 5mm$，$b \geqslant 50mm$）；穿越人防顶板的预埋管为预埋套管，预埋管中间双面满焊闭肋（$\delta \geqslant 5mm$，$b \geqslant 50mm$）。套管出顶板上下 100mm。

（4）与人防无关管道不得进入人防，比如地面的给水、污水、雨水、空调冷凝水管；临空墙、门框墙、人防外墙两侧的消火栓箱只能明装。

2.7.3 城市地下人防工程的平战结合与平战转换

地下人防工程的建设为达到战时抗御各种武器的袭击，一般比普通地下工程增加 5%～20%的投资，这部分投资在平时难以产生效益，同时一些防护设施给平时使用造成一定程度的不便，因此，为了充分发挥投资的效益，就要使工程同时具有平时和战时两种功能，即平战结合，这两种功能又必须能迅速转换，即平战功能的转换问题。

1. 城市人防工程的平战结合

平战结合，主要是指人防工程建设的各类软、硬件设施，在不影响其防空能力前提下，在和平时期应该尽量服务于社会，并成为城市建设、社会经济建设的一部分，努力开发好，尽力创造良好的社会效益、经济效益。一般把这种“立足战备，服务社会，着眼平时，造福人民”的行为，可统一称为平战结合。

1）平战结合需求

平战结合需求主要是指为适应防空袭等战争的需要，建设的防空系统。在和平时期就需建立起训练有素的管理、指挥、技术与保障队伍，构筑大量的救护、物资、人员等隐蔽工程，并配备有一定数量的多种配套设备。因此，在和平时期，相关管理机构应投入相应资金来开展培训、演练、维护，使其防护能力不断提升。同时，把这些资源服务于社会，为人民造福，并获得一举多得的效果。

2）平战结合的原则

平战结合原则主要指防空建设应坚持战时防空袭需要与平时城市发展需要相结合原

则；坚持为经济发展、社会发展和人民生活服务的相结合原则；坚持实现战备效益、经济效益、社会效益相结合的原则。

2. 城市人防工程的平战转换

城市人防工程的平战转换有两种含义：一是指民防工程为了平时使用的方便和节省投资而暂时简化防护设施，在必要时迅速使之完善，达到应有的防护能力；二是指平时建设中大量建造的非防护地下工程，或在战时可以利用的其他城市地下空间，如隧道、综合管廊、废弃的矿井等，利用这些工程主体部分本身具有的防护能力，在需要时适当增加口部防护设施。

1）平战转换方式

地下工程平战转换主要包含使用功能转换、建筑结构转换和防护设备转换三方面。从转换方式上来讲，人防工程转换分为三种情况：第一种为战时不转换，即在设计建造时一次达到战时的防护标准；第二种是全转换，即平战和战时功能完全不一致，平时不符合防护要求；第三种部分转换，一次性完成主要防护功能（如通风口防护措施等），少数部分（如平时对外出入口封堵，相邻防护单元间封堵，战时男女干厕及水箱的安装等）待临战时二次完成。从平时设计使用来看，第三种方式较为普遍采用。不论是采用哪种转换方式或确定哪些转换内容，都必须在工程的规划设计阶段做好必要的准备，以保证在若干年后，仍能按原设计在规定时间内完成转换。

2）平战转换时间

在战时完成转换所允许的时间是最重要的，再根据工程的性质、规模、位置、重要程度等多种因素，来决定采取哪一种转换方式和确定哪些转换内容。在现代科学战争中，空袭的武器越来越先进，加上战争的突发特性，导致预警时间大大缩短，导致平战转换工作完成转换所允许的时间大大缩短。战时必须在争取到的时间内完成所有转换，否则就失去了转换的意义。因此，平战转换要与争取到的时间联系起来，将平战转换的内容按其所需的转换时间分成几类，然后按其时间确定转换方式与内容。根据自己的情况大多国家都规定了完成平战转换的时间限制，比如一天或者两天等。我国的平战转换时间为：前期转换3～6个月；临战转换2～4周，紧急转换43～72小时。并且要保证转换时间与人口疏散保持一致。在设计时，根据工程情况按照这时间标准来选择适当的转换方式和转换内容。

3）平战转换规划

平战转换工作的开展需要在工程建设过程中就进行提前规划，确定采取哪种转换方式和转换内容，以保证在战争到来时，能保证在限定时间内实现转换。部分转换方式可以依次完成设计并通过二次施工实现，另外一些可以在设计时将构件设计好，战争时期进行快速安装。国外在平战转换工程设计中，都会将需要安装的防护设备和需要的相应工具放于指定位置，这种做法是值得我们借鉴和学习的。

4）使用功能的平战转换

在大多数情况下，一些工程平时和战时的用途截然不同，故都在不同程度上存在平战使用功能的转换问题，例如在平时作为停车场，战争时期作为庇护所进行掩蔽，这种转换就需要具备足够的时间以及足够的准备工作来实现。但有的工程，例如医院地下中的战时医疗救护设施，平时和战时在功能上非常相近，平战转换比较容易。因此在平战结合设计中，考虑地面建筑的结构类型、使用性质，并合理确定其平时使用功能，以便减少平战转换的矛盾。

5）出入口的平战转换

很多大型建筑的地下室在平时主要是作为休闲娱乐的场所，这些场所经常会设置大量的出入口，而且开口较大。但是作为战时防护，就必须要将一些出入口进行封堵，还有少部分需改造为战时通道。平时出入口有三种封堵方式：第一种为在需要战时封堵洞口周围预埋构件，到临战时用螺栓（或者焊接）把钢筋混凝土预制构件（如柱、梁、板等）与洞口上下（左右）固定，并在构件外围设置柔性防水层，并且外侧堆放沙袋防护，这种方式比较经济；第二种是在需要封堵的洞口安装一道防护门（或防护密闭门），使其满足预定抗力要求，到战时把防护门关闭，同样在防护门外围做防水层和堆放沙袋保护层；第三种是在需要封堵的洞口安装防护门和防护密闭门，这种方式的优点快捷方便，但造价相对高些。为了保证高效地实现战时转换，就必须要按照一定的原则对其进行设计，这些出入口主要的转换原则如下：

（1）满足防护和使用要求。经封堵或改造后的平时出入口要满足战时的防护要求和使用要求，并保证战时人员车辆的正常通行。由于这些转换措施施工时间仓促，耐久性和完善程度降低，只能满足战争阶段较短时间的要求，不能与长期使用的主体结构相提并论。

（2）采用简单易行的措施。平时出入口战时封堵受时间空间以及技术上的限制，而且战时可以用来进行改造的时间非常有限，加上施工条件复杂，且主要是专业人员参与，只能人工操作，因此应急转换技术措施的实现，要求所采用的转换措施构件重量宜小且应易行简单。

（3）做好前期规划及统筹安排。在前期设计时就要及时进行方案的规划设计，保证战时转化的顺利开展。实现出入口在战时的功能转换，例如，对于建筑平面口部门洞、转换接口处（如预留孔、预埋件等）的构造形式和强度的设计，以及在平时如何对其进行防护，各种转换构件的存放等都需要进行合理安排。

3. 平战结合历史进程

据考古发现中世纪时期已有用于军事的人防工程，1961 年在河北省发现的宋朝古地道，距今已有八百多年的历史，地道的完整程度和规模均是史无前例，经考古学家证实该地道属于人工建造的军事防御工程，地道内含有大量的军事器材。其走势并不规则，全长超过 40km，地道的深度约为 4m，部分地段呈纵横交错的形式布置，每隔一段距离还建有通风用的竖井，具有较高的考古价值。

第二次世界大战之后，人们加大了对地下空间的开发力度，其原因之一是战争对现代城市的破坏非常严重。在战争时期英国部分修建地下人防工程的城市，为民众提供了庇护场所，不仅保护了民众的生命安全，还为后来扭转战机奠定了基础，图 2-46 为英国第二次世界大战时期的防空洞。1938 瑞典开始构建防护掩体，现已建人防工程 6800 个，是目前全世界人防工程最完备的国家之一，图 2-47 为瑞典斯德哥尔摩市克拉拉防空洞。当处于战事时，人防工程

图 2-46　英国第二次世界大战时期的防空洞

图 2-47 瑞典斯德哥尔摩市克拉拉防空洞

能够容纳近九成的居民，建造面积已达到人均 0.8m²，并全部采用平战结合的方式，工程内的战时通信系统在和平时期主要用于救援工作。为了确保战时通信系统不被荒废，国家还制定了相关法律来保证工程的使用。

我国开始萌发人防工程平战结合的思想，可追溯到 20 世纪 50 年代初期，那时正值国民经济恢复时期，国务院就做了结合民用建筑修建防空地下室的规定，明确指示要把人防建设与城市建设结合起来。修建的一定数量附建式人防地下工程，平时用作办公室、会议室、文娱室、宿舍、仓库、加工车间等，为解决城市用房紧张状况起到了一定的作用。1978 年党中央把贯彻平战结合的原则，作为人防建设的重要方针提出来，多次指示：基本建设、城市建设、农田水利建设和人防地下空间建设都要贯彻平战结合的方针，人防地下工程的设计既要符合战时防空的要求，又要充分考虑平时使用的需要，使其具有战时能防空，平时能生产、生活服务的双重功能。

1986 年在厦门召开了贯彻人防建设与城市建设相结合的会议，人防地下空间的平战结合得到了各级领导的高度重视，国家人民防空委员会及时颁布了技术要求，开展了平战功能转换的研究，使保护分级、防火分区、结构形式、计算方法、内部设备、环境质量、装修标准等更适合我国的国情，又接近国际标准，一大批平战结合的工程不断涌现。如地处上海杨浦区的内江民防高层公寓，按新的技术标准改造和设计，高层建筑地下室 572m²，改过去全埋为半埋地下室，这种半地下便于自然通风和采光，采光窗到战时再进行转换措施，进行快速封堵，根据人体生理环境的要求，对通风、照明做技术处理。经过近一年的居住试验，空气中的二氧化碳、负离子数等均已达到居住要求，而不会影响人的健康。这种半地下室住宅，具有投资省、功能多，平时能居住，战时能防空，符合我国国情。贯彻人防工程平战结合方针，我国已经取得了很大的成绩，人防工程的平时利用率迅速增加。例如，至 2011 年，无锡市市区人均使用人防工程面积超过 1.2m²，居全国设防城市前列。市区人防工程平战结合利用率达到 80%以上，为社会提供再就业岗位 2100 余个，年创产值（营业额）超过 2 亿元，并为城市提供地下车位 3 万余个；2012 年，酒泉市人防工程开发利用率达 58%，年收入 160 万元，上缴税收 32 万元，为社会提供就业岗位 125 个；2013 年，自贡市开发利用各类人防工事 19 万 m²，为社会提供就业岗位 600 余个，提供车位 1870 个，实现产值 3500 余万元，创税收 100 万余元。

第3章　城市地下工程规划与布局

城市地下工程在城市发展中，起着举足轻重的作用，然而，科学的规划和布局是能否发挥各类型和整体地下工程作用的关键。本章主要介绍城市地下工程规划与布局原则、规划内容、规划模式，以及城市立体规划、开发构想和国内外城市地下工程规划与布局的案例分析。

3.1　城市地下工程规划

城市空间一般指城市建成区的空间，是一定数量的人口、规模设施和各种城市活动在特定的自然环境中所形成的人工空间，作为一定地域范围内的政治、经济、社会和文化中心。现代化的城市空间规划包含着城市地下空间规划，而地下空间的开发利用需要通过具体的城市地下工程来实现。规划是指比较全面长远的发展计划，对未来整体性、长期性、基本性问题的思考和考量，设计未来整套行动方案。

3.1.1　城市扩展模式

城市由最初的从事商业交换活动，并具备防御功能的居民集居点演变而来。随着数千年人类社会的发展，尤其是近代工业革命（即第二产业革命），给城市的发展带来了巨大的变化，赋予的功能越来越多，人口变得更加集中，城市规模也迅速扩大。

当城市规模较小，处于自发发展阶段时，城市空间沿水平方向四周扩展（即同心圆式扩展），以适应城市发展的需要。当城市发展到相当规模时，再无限制地向水平方向扩展，就有可能引起两个问题：一是土地资源的不足，二是交通问题的加剧。如北京市，20世纪90年代仅城市建筑用地每年要扩大5～7km，到21世纪20年代还需要50km^2土地，而在总体规划中，规定的用地范围仅剩20km^2可供使用，土地短缺的矛盾已十分尖锐。

为了克服同心圆式发展的弊端，又出现了带状扩展、组团状扩展、星座式扩展等多种形式，但不论哪一种方式，扩展范围都有一定的限度，仍无法解决土地与交通的矛盾。如星座式的扩展，即在城市远郊区建设卫星城，可对中心区人口起到一定的分流和截流作用，在一定程度上缓解了原有城市过分密集、空间容量不足的矛盾，但使卫星城在城市发展起积极作用的前提是基础设施和服务设施不能低于原城区的水平；在卫星城和原城市中心区之间也必须有快捷的交通和通信联系，否则不但很难吸引城区的单位和居民向卫星城迁移，反而会使郊区农业人口盲目流入卫星城，进一步加重城市的负担。

在城市向水平方向扩展的同时，人们还发现新开发的地区，其效益远比不上原有的城区特别是中心区，于是大量社会财力又返回中心区，向房地产业投资，使一些发达国家大城市中心区出现畸形的发展，其特征是高层建筑的大量兴建。这一情况开始于美国，20世纪20年代以后，逐渐遍及世界各大城市。

建造高层建筑，实际上是城市从平面扩展向上部空间扩展的开始。由于高层建筑占地少、容量大，使城市容积率空前增长，投资者在有限的土地上获得了最大的经济效益，同时也提高了城市的集约化程度和空间容量。城市中心区经济效益的提高，使这一地区的土地价格暴涨，更加刺激高层建筑向更多的层数发展。例如，日本从防灾角度考虑，在建筑法规中曾规定建筑高度不能超过 31m，但在 20 世纪 60 年代初经济高速发展的形势冲击下，加上高层建筑抗震技术的改进，于 1963 年废除这一规定，改用容积率控制。从 1964 年到 1981 年，仅东京就建起 45 层以上的超高层建筑 147 幢，其中 89.5%集中在市中心区。在同一时期，日本城市土地价格迅速提高。

高层建筑的过分集中，使城市环境迅速恶化，城市空间越来越狭小，致使城市中心区逐渐失去了吸引力，出现居民迁出，商业衰退的逆城市化现象。20 世纪 60 年代以后，为了解决城市的混乱和拥挤问题，有一些大城市修建了市内高架道路，以减少平面交叉，提高行车速度，但这也是一种向上部空间扩展城市的努力，虽然有利于改善交通，但对城市环境和景观产生不利影响。

综上分析，以高层建筑和高架道路为标志的城市空间向上部扩展，其利弊得失已比较明显，说明当城市实际容量超过合理的理论容量时，必将造成不良的后果。令人欣慰的是，许多历史文化名城，如伦敦、巴黎、罗马、布拉格、圣比得堡等，都曾采取有效措施，防止了兴建高层建筑的现代浪潮对城市传统风貌的破坏。

当城市建设规模，受到各种因素的限制，无法向水平方向和上部空间扩展时，为了摆脱困境和保持城市的繁荣与高效，许多大城市都有重点地进行改造与更新，即有计划地实行城市再开发。城市再开发使人们逐渐认识到，城市地下空间在扩大城市空间容量上的优势和潜力，逐渐形成了城市地面空间、上部空间和地下空间协调扩展的城市空间构成新概念，使现代城市逐渐走上了城市立体规划与立体开发的轨道，并且在实践中取得良好效果，成为城市现代化的必然趋势。

3.1.2 城市地下工程规划特点

城市规划的基本任务是以城市社会、经济发展目标为依据，合理布置城市空间，使之更好地促进生产力的发展，提高人民生活水平。城市地下工程规划作为城市规划的重要组成部分，本质上与地面设施的规划没有什么差别，但实施中除存在自身的一些特点外，与地面设施规划相比也有不同点。

1. 地下工程规划特点

1）受经济技术制约比较高

地下空间利用对工程技术的高要求，也制约了空间设计的表现手法，使得地下工程在城市景观和空间艺术布局方面，与城市地面以上工程的高低错落、层次丰富、造型各异相比，表现手法（形式）较为单调。另一方面，地上、地下环境不同对工程技术也有不同的要求，往往使得在现有经济技术条件下，大规模地将地下空间的环境改造成为人类生活生产乐于承受的标准是不可能的，如地下住宅。在无人空间也是如此，如地下管线的综合管廊，虽是一种很好的工程技术方案，但建设成本较高，难以大规模推广。另外，一些各方面要求（主要是针对环境）较高的开发内容，在地下空间中难以开展。

2）受建设环境影响比较大

追溯城市建设史，城市空间的开发一般遵循“城市地面空间开发，城市上部空间开发，城市地下空间开发”这样一个先易后难的次序。当然，有些国家有例外，如新加坡等在城市开发中采用从地下空间开发开始到上部空间开发，最后回到地面的模式。但众所周知，地下空间利用以地面空间和上部空间为基础，上部空间一旦开发完善，其下方的地下空间基本处于难以更改的境地（影响的深度范围从几米至八九十米甚至更深，取决于建筑承载力要求与地基的力学性能）。另一方面，由于缺乏统一规划，特别是地上、地下结合不够，致使许多城市没有充分发挥一些本可以开发利用的地下空间，而让其为高层建筑的深层桩基占据。地下管线任意交叉纵横，不仅造成地下空间资源的严重浪费，而且给将来地下空间的开发利用增加了难度。

3）受地下工程建设缺乏法律保障影响

这点以日本最为典型，对日本主要大城市地下空间开发利用情况进行调查发现，大规模开发范围基本在道路、公园下方，即国有土地下，尽量回避私有土地，以免出现对私有土地业主的高价赔偿。我国也有类似情况，如上海市某区的繁华街道，通过招商将其两侧地块批租给了外方，之后，规划部门提出了地下空间地下连通的要求，得到私人业主们以技术力量不足等为借口的阻挠，以至方案难以实施。

4）受地质环境影响比较大

地下空间与地面空间相比，还有一个最根本的区别，即两者所在空间介质的不同。地面以上空间是各向同性的空气介质，地下空间则是各向异性的土或岩石介质。这样的区别导致地下工程开发内容少，表现形式单一等。空气介质是人的自然生活环境，阳光、清风、通透是人的自然喜好。而地下空间因其介质（土或岩石）不透光、通风条件差、视野局限，而易引起人的不良心理反应。由此局限了某些对阳光、环境要求高的功能用途在地下实现，如大面积的绿化（尤指人工空间）。

2. 城市地下工程规划和城市总体规划的不同点

由于城市地下工程规划存在上述特点，使得地下工程规划和城市总体规划之间有以下不同点：

(1) 城市总体规划一般以城乡为范围，规划范围较大，而地下工程规划--般在进行旧城改造的城市市区进行，规划范围较小。

(2) 城市总体规划涉及面广，社会、经济无所不包，而城市地下工程规划涉及面相对较窄，一般仅涉及地下空间用地组织、工程技术和实施方案，相对来说比较侧重于工程方面。

(3) 城市总体规划，其城市用地功能形态分布在规划范围内是“满铺的”，而城市地下工程规划则不然，受可利用地下空间资源范围、经济条件、生活习惯等因素的制约，城市地下空间开发的位置选择、形态分布是审慎的，往往地下空间开发用地的总面积仅占规划范围总面积的 1/4 左右，甚至更少，用地的功能组织也只会落实在这有限的范围内，并非规划范围的“满铺”。

3.1.3 城市地下工程规划的原则

1. 城市地下工程的总体规划

城市地下工程的总体规划首先必须符合国家有关方针和基本国策，同时还需体现城市地下工程的特殊功能和目的。

1）为生产力发展创造有利条件

城市地下工程规划的最主要目的和任务就是配合地面、上部空间共同创造有利于经济发展的软、硬件环境。具体表现在理顺城市各种容量间的关系，保证各种容量的合理匹配；拓展新的城市空间，充分挖掘土地潜力；配合城市其他设施建设，创造较好的投资环境，促进土地开发进程；通过城市地下空间开发，增加城市的综合抗灾防灾能力。

2）必须从实际出发符合国情

我国幅员广阔，城市众多，各地自然、经济和社会发展条件差别很大，即使是同一个城市在不同的发展时期，在城市不同的局部都是不同的。城市地下工程的规划，必须建立在对城市自然、经济和社会发展等基础资料的翔实调查研究基础上，根据翔实的基础资料，考察国内外类似城市地下空间开发的经验、教训，具体情况具体分析，编制符合实际情况的、具有较强可操作性的地下工程规划。城市地下工程建设对工程技术的要求比地面以上建设要高，工程建成后难以变更。此外，地下空间开发在人们心理上的障碍也是地面以上建设所没有的。所以，在城市地下工程规划中，尤应对城市各种制约因素仔细权衡，确保规划的可操作性。“提质增效”是我国的基础建设的出发点，对城市规划的要求就是用最少的资金投入取得城市建设合理化的最大成果。地下工程建设的投资较地面以上建设要高得多，每平方米造价一般是地面的两倍以上。所以，如何科学合理地确定城市地下工程规模、大致形态、建设标准意义重大。在城市地下工程规划中要处理好“创造良好生产生活环境”和“尽可能地节约投资”之间的关系，避免因降低建设成本造成地下工程环境不良的情况发生，直接影响日后的使用和投资回收。从长期看，建成后再一点一滴地维修、改造，造成的浪费也是不容忽视的。另一方面，在我国的某些大城市，如上海、北京等城市，适当地修建一些具备世界一流品位标准的大型地下公共建筑工程，与国际接轨，对体现城市实力和弘扬民族精神也是很重要的。当然，也应避免盲目引进国外规划设计的标准和形式，而不顾是否实用、国力是否允许的行为。

3）贯彻建设和环境保护相结合的原则

人类为了居住、生产的需要，而忽视环境保护，盲目高密度地开发土地，已给人类自己带来了严重后果。一切违背自然界发展客观规律的行为，都将遭到自然的严惩。城市的建设发展，与生态环境的保护不是对立的，而是相辅相成的。现代发达工业国家曾出现的城市中心极核衰退问题，起因之一就是环境的恶化。因此，在城市地下工程规划中必须贯彻建设和环境保护相结合的原则，不仅仅是城市地下工程不应影响城市环境建设，而是要进一步通过城市地下工程拓宽缓解地面压力，“移”某些原拟建于地上的设施到地下，为地面环境建设增添用地。这一点，在经济发达而城市病严重的大城市中尤显重要。

4）体现城市艺术品位民俗历史和文化素养

城市是时代文明的集中体现，文化和民俗贯穿了人们的生活，无所不在。只有在城市规划中充分体现城市艺术布局的韵味，体现城市历史发展中的民俗、文化，才能使得城市不只是一个现代化的“城市机器”，而是一个充满生机和特点的社会经济载体。这也是我国精神文明建设的需要。

2. 城市地下工程规划设计的基本原则

城市地下工程规划因其所处介质和环境等方面的特点，实现起来较地上空间难得多，但一旦成功，往往令人回味无穷，会很快便能成为城市重要景观之一。然而要成功，在具体规划时就应遵循以下三个基本原则。

1）着眼当前考虑长远

我国距世界发达国家经济实力还有差距，因此，在城市地下工程规划中应着眼当前。首先，将过去已建的地下人防工事、地下室或其他地下空间充分利用，使之符合总体规划；其次，将民用的地下工程通过加固改造等措施修建成平战结合的地下人防空工程；最后，结合城市建设需求开发地下空间，如在市政道路、道路交叉口、广场下，规划建设集管网结合、地下交通、战时隐蔽疏散等功能为一体的具有综合功能的地下街或地下通道，既充分利用了路下空间，节约土地，节省建设管理费用，又避免反复开挖路面，污染城市环境，同时为城市水、电、气等生命工程的安全防护、防震抗灾等打下良好的基础。在考虑近期地下工程规划建设的同时，还应放眼发展需要，考虑长远，为地铁等远距离地下快速交通，以及必须的大型引水隧洞、排水道等预留位置，避免任意占用造成的地下空间重复改造。

2）地上地下统一规划

地下工程规划必须统筹地面与地下的规划，实行竖向分层立体综合开发，横向相关空间互相连通，地面建筑与地下工程协调配合。地下工程规划离开了城市规划，就会无的放矢；城市规划离开了地下工程规划，就会变得残缺不全。因此，地下工程规划必须服从于城市总体规划，要纳入城市总体规划之中。规划中要注意取长补短，去弊存利，建在地下有利的就规划在地下，建在地上有利的就规划在地上。地下工程规划建设要在结合上多做文章，尽量做到一举多得。如在高楼聚集区，结合成条成片的地下室，统一规划为地下商业街。只要统一地下室的规划布局，并增加一点连接通道的投资，一条繁华的地上、地下结合的地下街就可形成。

3）专业综合相互制约

当前我国的地下工程规划多数是按专业分别规划的，如给水、排水、雨水、电力、电讯、人防、地下交通等，计划投资分散，工程互相矛盾，返工浪费现象时有发生，缺乏综合与相互制约性。由于计划、规划脱节，使之在长远结合上也存在问题，造成即便是同一路段规划也难以一次实施。这种情况下，可在满足各专业规划技术要求的前提下，修建共同使用的综合管廊，它可与人防疏散干道、地下交通道或地铁相结合，各种管网设在其中，既能一物多用，节省投资，又能在坚固的外壳保护下，提高防灾、防空能力。

《城市地下空间开发利用管理规定》（2011年修正版）明确指出，城市地下空间规划编制应注意保护和改善城市的生态环境，科学预测城市发展的需要，坚持因地制宜，远近兼顾，全面规划，分步实施，使城市地下空间的开发利用同国家和地方的经济技术水平相适应。比较合理的规划理念应该是：充分满足各专业的技术要求，统一规划、统一实施，一物多用、节约投资、提高防灾抗灾能力。

3. 我国城市地下工程规划面临的问题

我国的地下空间利用虽历经了几千年（尤其是近50年）的发展，取得了一定的成绩，但与发达国家的某些大城市相比还有很大差距，主要反映在以下几方面：

（1）功能用途上以单体地下工程和分散布置的各类地下管线为主，其他设施不多。由人防工程改造形成的地下工程，使得在平时用于商业娱乐等功能用途时，室内环境设计上受到很多局限，与国外的现代化大型开敞地下公共建筑相比有很大差距。虽然 20 世纪 90 代后，以上海为代表的一些我国大城市迈开了城建改造步伐，出现了一些具时代气息的地下公共建筑，但从数量上看还是少于国外发达国家，而且地下建筑单体的规模也较有限。

（2）大城市往往因历史原因存在地下管线陈旧、密度大、规划管理混乱的问题。如我国的上海市，1864 年埋下第一根管线（煤气），距今已有 150 多年的历史，20 世纪末的城市管线使用情况调查表明，全市 1.6 万 km 管线中近三分之一的管龄在 50 年以上，这些管线严重老化，极易损坏，管线的密度达 70km/km^2 以上，另外，由于历史等各种原因，地下管线标高、管位等比较混乱，并且资料翔实性往往较差。我国的城市地下管线与国外发达国家比有很大差距，在许多大城市的老城区中先进的地下综合管廊技术不可能实现，在某些试点地区进行尝试，也往往因为经验、技术、立法等问题，而出现一些不良现象和矛盾，如渗漏水、管位混乱、缺乏管理经费等。

（3）20 世纪 90 年代后的城市现代化新建筑一般都附设有一定的地下层，地下层的功能用途一般以停车和设备用房为主，而动态交通功能以地铁、隧道公路、地下车行或人行道、地下步行街等为主的这类设施在我国大城市中明显偏少。

（4）城市地下工程开发选址随意性大，没有真正做到与地面建设统筹规划、安排。“各自为政”的布局现状，不利于连通形成集聚效益。

上述问题在我国城市地下空间开发中具有一定的普遍性，各类设施与国外的差距可归纳情况，如表 3-1 所示。

国内外城市地下空间差距 **表 3-1**

项目		国内	国外
功能用途广泛性		不足，以单体设施和地下管线为主	很广泛
三大设施	地下交通设施	以静态交通为主，动态交通还需进一步提高	动态、静态交通较平衡，地铁、公路隧道发达
	地下公共设施	数量较少，一般缺少现代信息	相对较多，现代气息足
	地下管线	分散布置(旧、密、乱)	日本为主的城市管线共同沟发达
地下空间环境		较差，闷、潮、有异味现象突出	较好
地下空气艺术魅力		一般不考虑	范例很多
地下空间的互为连通		较少	很广泛

从发达国家成功的经验和现有的技术水平上看，城市地下空间开发可划分为三个阶段和格局，如图 3-1 所示。

（1）现格局（萌芽阶段）：综合效益较低，我国大多数城市地下空间开发均处于萌芽阶段。

（2）新格局（发育阶段）：已能较好地体现地下空间开发的经济效益，其中有些特点已在国外发达城市开发中得到体现，我国近期的城市地下空间开发的规划目标为发育阶段。

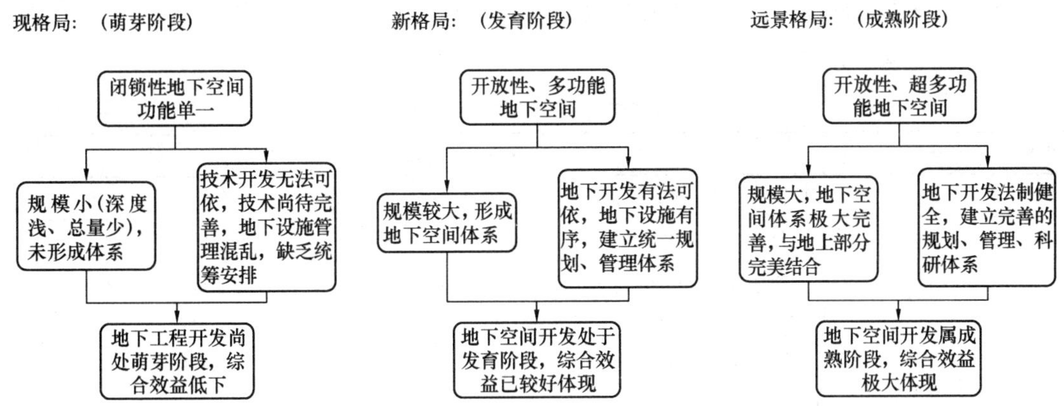

图 3-1　地下城市空间开发阶段划分

（3）远景格局（成熟阶段）：综合效益极大体现，以目前的科学技术水平可以预测到的城市地下空间开发利用为最终目标。

根据城市地下空间开发的三个阶段，我国在城市地下空间总体规划中，需要结合实际情况逐步实现的目标和解决的问题，如表 3-2 所示。

我国城市地下空间开发需要逐步实现的目标和解决的问题　　表 3-2

三大方面	形态与规模	功能与作用	软件设施
实现的目标	符合现代化大都市的要求	综合效益极大体现	建立高效的现代化的管理体系
解决的问题	（1）地下空间形态开放化（打通与新建）； （2）地下空间规模大型化（综合体）； （3）地下空间结构综合化	（1）成为大规模的商业娱乐中心； （2）城市交通立体化； （3）市政管线集约化、综合管道化	（1）统一规划； （2）法制健全； （3）设施先进； （4）管理完善

3.2　城市地下工程规划内容

城市规划的内容是依据城市的经济社会发展目标和有关生产力布局的要求，充分研究城市的自然、经济、社会和区域发展的条件，确定城市的性质，预测城市的发展规模，选择城市用地的发展方向，按照工程技术和环境的要求，综合安排城市的各项工程设施，并对各项用地进行合理布局。

3.2.1　城市地下工程规划内容

《城市地下空间开发利用管理规定》（2011 年修正版）明确指出，城市地下空间规划的主要内容包括：地下空间现状与发展预测；地下空间开发战略，开发层次、内容、期限与布局；地下空间开发的实施步骤，以及地下工程的具体位置，出入口位置，不同阶段的高程，各设施之间的相互关系，与地面建筑的关系及其配套工程的综合布置方案、经济技术指标等。根据目前国内外地下工程建设的现状，不同地下空间适宜于规划的内容，参见表 3-3。

不同空间地下工程规划内容参考表 表 3-3

序号	类型	内容
1	居住空间	阅览室、游泳池、体育场、配电房、水泵房、垃圾收集点、地下停车场等
2	公共服务空间	办公室、会议室、展览厅、博物馆、阅览室、地下街、商场、餐厅酒吧等
3	交通运输空间	公路隧道、铁路隧道、地下铁道、过河隧道、海底隧道、地下停车场、过街堂、地下邮政运输道等
4	防灾空间	疏散干道、人员遮蔽所、地下指挥所、通信枢纽、地下医院、防护站、“三抢”分队指挥部等
5	文体空间	地下旱冰场、地下舞厅、地下游乐中心、地下游泳池、地下洞天公园、地下游艺宫等
6	能源空间	地下发电站、地下供热站、地下冷库、燃油库、地下核热站、地下核电站等
7	仓储空间	地下粮油库、地下水库、地下物资库、地下武器库、地下金库等
8	管道空间	给水、排水、雨水、电力、通信、煤气、热力管道、综合管廊等

在具体城市区域的规划内容选择上，还应遵循城市地下工程规划的基本原则，因地制宜地选择规划内容。在城市建设中，城市中心区和城市居住区是建设的重点地区，下面通过城市中心区、城市居住区，以及城市综合体的地下工程规划要点，阐述在不同功能区域中具体的规划内容和项目种类。

3.2.2 城市中心区的地下工程规划

地下空间的开发需要满足两个基本条件：一是地面空间紧张，导致不能充分满足功能需求，矛盾尖锐，地价高涨；二是有足够的经济实力和实施条件。无疑城市中心区往往是最先能满足这两个条件的地区，实践也证明，大部分成系统的地下空间开发，都发生在城市中心区，且其中的城市广场和商业区又最具代表性。

1. 城市广场（站前广场）

城市广场是城市中的建筑物、道路或绿化带围合而成的开敞空间，是城市居民社会活动的中心，往往成为城市的标志和象征。城市广场从功能上主要有三类：①政治集会型广场，如北京天安门广场；②商业文娱休息型广场，如商业区中的步行广场；③交通集散型广场，如城市站前广场。

在上述三种广场类型中，最需要优先考虑开发的地下空间，应属交通集散型广场中的站前广场。站前广场的主要特点是人流量大、人流结构复杂、各类交通工具种类多、集中程度高。由此产生的主要问题是站前广场的空间容量往往难以应付上述问题，难以保证有序、健康发展，具体表现在人流密度过高；人、车混杂严重；交通工具停放困难；治安、交通、卫生等难以管理。单纯依靠站前的外延水平式扩展不是解决问题的根本办法，目前条件下只有走内涵式立体化再开发的道路，其中，上海市铁路新客站站前广场的情况较为典型，在规划方面也值得思考。

上海市铁路新客站位于闸北区，距原来的老北站有 500m 左右，是上海市 20 世纪 80 年代后期的城建“作品”，较好地发挥了其应负的城市职能。然而，快速的城市社会经济发展，带来了更频繁的社会活动和横向联系。于是人流量、车流量骤增，两者的空间容量需求总额，大大超过了站前广场和车站本身的实际容量，尤以广场交通为甚。

在上海铁路新客站的站前广场建设规划中，除了预留了地铁车站以外，没有考虑其他立体开发方案，以至于运行几年以后，广场上交通已经相当拥挤，人、车混杂严重，停车车位严重不足，环境问题也难以有效控制。另外，从新客站南、北广场的交通联系上看，也过于不方便，人们从南广场到北广场，必须绕行才到达，如图 3-2 所示。

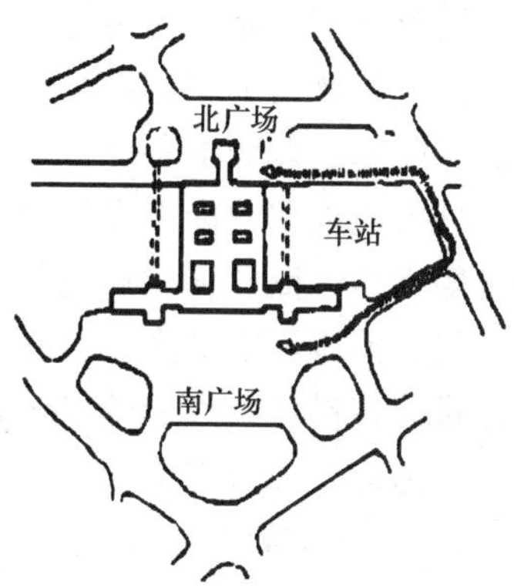

图 3-2 上海新客站站前广场总平面图

当以上矛盾产生后，为了缓解南广场上的人流交通和停车问题，曾做了规划修改方案。该方案放弃南广场南边岛状土地上的高层建设项目，改成绿化休息广场，在广场绿地下面建造泊位达几百辆的地下停车场和地下商业设施，地下商业设施与地面的最主要联系是一个下沉式广场。应当说，改进后的方案能初步解决站前广场和周围地区的停车问题，对于城市景观建设也是有利的，加强了新客站的开敞性。但以后由于种种原因，此规划方案至今未能实现。那么，对类似上海新客站广场的规划，陈立道等（1997）专门做过研究，具体意见如下：

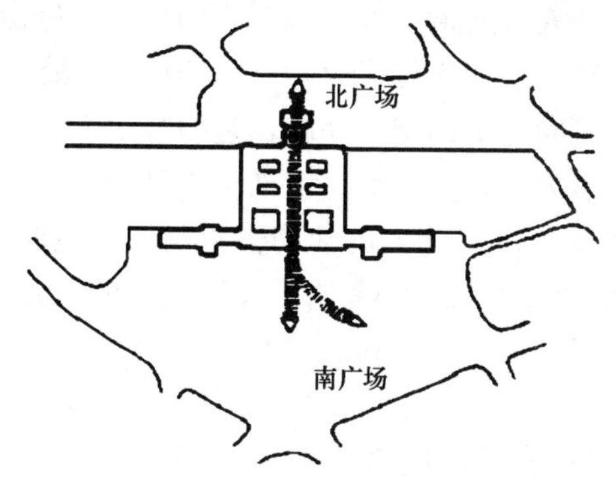

图 3-3 上海新客站地下工程建设探讨

（1）中心是：必须走立体化开发的道路。

（2）策略是：地下、地面和地上统筹考虑，统一规划、设计、施工。

（3）具体措施有：尽量体现“人车分流”，满足停车要求；加强南北广场之间的联系；在完善的地下交通系统的基础上，适当配备地下公共建筑；以平时用途为主，以大空间、高起点为标准（造价不一定要求昂贵）；布置绿地、景点等休息场所。图 3-3 即为按以上措施进行规划的南北联系规划示意图。

按此规划方案，在南北广场的地下均布置了社会停车库，根据需要，南大北小，基本上可以解决停车问题。整个布局中轴对称，一条贯穿南北的地下步行道成为地下空间的主轴，连接了南北广场中的所有人流集散要点，如地铁车站、公交枢纽（南北广场均有）等，由地铁车站至北广场的公交换乘大大方便了，可以直接由地下通道步行完成，无须上到南广场地面再绕过车站。出入口仅为主要出入口，出入口之间的地下通道完成了“人车分流”作用，并尽量在满足防灾要求的基础上，与周围公共建筑的地下商场连接，以期获得最大规模效应，主轴的两端分别是一个与地面绿化、园林结合的下沉式广场出入口和一个作为地下防灾、休闲功能的地下广场，通道主轴的两侧和地铁站的一层，均布置一些商业服务设施，在创造经济效益的同时，也利于吸引人流。

2. 城市商业区

城市商业区包括商业繁华的街道或地区。从历史形成上，可以分为传统商业区和新兴商业区两大类。在新兴商业区的地下工程建设中，只要规划及时、到位，是较易实现的，不存在传统保护等棘手问题。在传统商业区的地下工程规划中，有四个共同点是值得注意的：保存或保护地面原有历史风貌（全部或局部）；改造不适应现状的城市基础设施（以交通为主），尽量多地利用地下空间；保持地上、地下风格和商业特色的协调一致。在城市商业区的地下工程规划中，地下商业街的规划最为复杂，具有一定的代表性。

城市地下商业街是由地下步行通道、地下商业设施，以及各种服务与辅助设施组成的地下商业综合设施，它往往与地面交通设施相连，承担城市人流的组织疏散功能，同时又连接着商场、购物中心等，是购物空间的一部分。

城市地下商业街工程是对城市商业设施的完善和补充。随着城市规模的扩大和集约化程度的提高，商业开发环境的恶劣以及土地资源的紧缺，使得地下商业设施得到一定的发展，其规模也不断扩大。一般城市地下商业街的规划和建设可以结合地铁车站、地下人行过街道等容易吸引人流的设施建设，也可以单独在建筑物地下进行开发。城市地下商业街的规划内容主要有以下四项：

1）营业空间

城市地下商业街的营业空间包括商店区及服务空间。商店区包括店面及仓储等附属空间，并按各业种进行分区，是地下商业街主要的商业交易的活动区域。服务空间为顾客提供信息服务（咨询台等）、金融服务（如 ATM 提款机）等。

2）公共通道

城市地下商业街的公共通道主要包括商店区内的人行通道、各类地下广场、地下过街道横道、与其他建筑空间（如地铁车站、地下停车场等）的连接通道，以及楼梯、升降梯和自动扶梯等垂直交通设施。公共通道主要承担地下商业街的交通功能，是顾客出入、人流集散和货物运输的建筑空间。商店区的人行通道是为了让商业交易活动正常进行；连接其他地下空间的通道是为了扩展地下商业街的功能和范围，使人的活动得以延续，同时，其连接数的多少会直接影响地下商业街的规模和大小；地下广场是地下人行交通的节点，一些中庭广场可以兼作休息、广告、景观展示的空间。

3）辅助设施空间

城市地下商业街的辅助设施空间包括设备用房、运营管理用房和辅助空间。设备用房包括通风、供能、通信、给水排水、灾害控制等设备系统用房；运营用房包括管理办公室、防灾管理中心等；辅助空间包括公共卫生间、休息区等。

4）地面附属设施

地下商业街的地面附属设施是指商业街的地面出入口、高低风亭、冷却塔、天井等设施，这些设施均会对城市地面的环境产生一定的冲击与影响。城市地下商业街是否要附建停车场，与很多因素有关。例如，地下商业街所在的位置、地上交通状况、环境要求、地下商业建筑的经营管理体制等。一般来说，地下商业街内是要设置停车场的。

城市地下商业街规划内容受许多因素影响和制约，在进行规划时，应充分考虑这些影响因素，趋利避害，发挥有利因素，采取合理措施，减少有害因素的制约。影响地下商业街规划的因素主要包括：

（1）地面建筑、交通及绿化等设施的设置。

（2）地面建筑的使用性质、地下管线设施、地面建筑基础类型及地下室的建筑建构因素。

（3）地面街道的交通流量、公共交通线路、站台设置、主要公共建筑的人流走向、交叉口的人流分布与地下街交通人流的流向设计。

（4）防护、防灾等级，战略地位及规划防灾防护等级。

（5）地下商业街的多种使用功能与地面建筑使用功能的关系。

（6）地下街竖向设计、层数、深度及在水平与垂直方向的扩展与延伸方向。

（7）与附近公共建筑地下部分，首层、地铁、地下快速通道，其他设施、地面车站及交叉口的联系。

（8）设备之间的布置，水、电、风、气等各种管线的布置及走向，与地面联系的进、出风口形式等。

此外，在地下商业街规划时，还应对以下几方面的内容作重点考虑：

（1）明确地上与地下步行交通系统的相互关系。

（2）在集中吸引、产生大量步行交通的地区，建立地上、地下一体化的步行系统。

（3）在充分考虑安全性的基础上，促进地下步行道路与地铁站、沿街建筑地下层的有机连接。

（4）利用城市再开发手段，以及结合办公楼建造工程，积极开发建设城市地下步行道路和地下广场。

3.2.3 城市居住区地下工程规划

1. 规划的内容

“居住”是城市中最主要的活动之一，居住区一般由下述四大要素按一定的比例有机构成：住宅用地、公建（公共和公用）用地、道路用地和绿地。按我国《城市用地分类与规划建设用地标准》规定，如表 3-4 所示，居住用地可以分为四个等级，其中一级最佳，四级最差。

我国居住用地分类 **表 3-4**

类别	说明
一类居住用地	市政公用设施齐全，布局完整，环境良好，以低层住宅为主的用地
二类居住用地	市政公用设施齐全，布局完整，环境良好，以多、中、高层为主的用地
三类居住用地	市政公用设施比较齐全，布局不完整，环境一般，住宅与工业等用地混杂交叉的用地
四类居住用地	以简陋住宅为主的用地

总的来说，我国城市居民的居住水平与发达国家相比有一些差距，某些城市中心区的居住区中，三、四类居住用地占了大部分。随着改革开放、经济发展的深入、持续，不少城市住宅建设取得了很大成就，成片的“危棚简屋”和“旧式里弄”式住宅被置换，出现了一批优秀的住宅小区样板。在新建的城市一、二类住宅小区中，我国的地下工程建设种类与内容主要在如下方面：

（1）铺设地下管线：主要是上下水管，供电、通信电缆等。但在多数居住小区中，仍未能做到所有管线走地下（保证地面以上无明线）。

（2）布置停车设施：在很多高级居住区内，以利用附建式地下空间为主，布置了一定的停车泊位。这一点，可能是居住区地下工程建设目前最有意义的一项内容。

(3) 用于人防建设：我国的居住小区建设，要求配备有一定数量的人防设施，于是结合附建地下室修建了一些人防工事，有些平时空关，也有一些被用于自行车停放功能。

(4) 用于超高层建筑的设备层：超高层建筑必需配备专门的设备层，设备层建于地上，建筑有效利用率必然降低，因此，往往将设备层单独或结合车库建于地下层中。

(5) 污水净化等其他公用配套设施：污水净化设施一般建于地下，其他设施建于地下的不多见，如变配电站等。

以上五种地下空间开发的种类具有一定的普遍性。当然，除此以外还有一些其他形式的存在，但不具有代表性。从上述分析可以看出，目前在我国城市居住区的规划与建设中，为了节约居住区用地和改善居住环境，而全面开发利用地下空间，还未开始。

2. 规划的实施

居住区规划负有改善人民生活环境的重要职责。大量事实说明，在缺乏社会服务和经济出路的情况下，在拥挤、嘈杂、污秽的恶劣环境中，将会造成各种不文明现象的出现，形成严重的社会问题。良好的居住环境，可以影响人们的生活方式、行为活动和促进社会风气的好转。

为了获得一个优美的环境，将地面绿地扩大到最大限度，为人们提供更多的文化娱乐场所，将更多的公用设施和公用建筑放在地下，这是一个行之有效的途径，它可以节约土地，并有足够的防灾防护能力。因此，城市居住区地下工程规划的基本思路是：利用地下空间开发，优化居住区功能配置，提高居住环境水平和防灾防护能力。城市居住区地下工程规划的方法与步骤如下：

1) 测算需要开发地下空间的量

通过居住基地用地条件（面积、地形、地质等）所能提供的容量和由实际规划容量(居住人数)、居住标准等得出的对空间需求量比较，确定地下空间需开发的总量，以达到在保证居住区一定的居住标准（人均面积、环境指标、公建配套等）基础上的最大居住容量。反过来，可将达到固定容量前提下的最高居住标准设为目标。

2) 确定居住区适宜地下工程建设的主要内容

居住区内可置入地下的内容很多，在我国目前的技术条件下主要有以下三项：

(1) 地下交通设施。汽车越来越普及，在居住区的地下工程规划中必须考虑居住区停车地下化问题。

(2) 地下公共设施。公共设施配备的比例和种类是衡量居住区居住条件好坏的重要因素。在不少居住区中，文、体设施的不足是普遍的，通过地下工程建设，增加居住区空间容量，既可以节省公建用地比例，又可以增加一些必要的文体设施，如图书馆、游泳池、体育场等。这些设施的实现，可以依赖增加的地下空间，也可以通过置换地面其他公建设施得到。

(3) 地下公用设施。居住区的变配电站、水泵房、煤气调压站、污水处理系统等都可以并且宜于建在地下。有可能时，应适当考虑建设地下公共管线设施。

3) 结合地上进行统一规划布局

城市地下工程规划可结合地上的广场、绿地、公园、庭院等进行统一规划，形成独特的城市风貌。

3.2.4 城市地下综合体规划

城市地下综合体是伴随城市立体化再开发过程和集约化程度不断提高，而出现的大规模地下空间建筑。它集公共交通、商业、市政、仓储物流、人防等多种功能为一体，是人类开发利用地下空间发展到一定程度后形成的产物，具有高密度、高集约性、业态多样性及复合性的特点，其规划的主要内容如下：

1）交通设施

公共交通设施表现为不同类别的公共交通的有机组合，各个交通要素通过便捷的换乘通道彼此联系，形成一个清晰完整的系统，与地下综合体内的其他要素既有互动又相对独立。以高铁站为核心的交通枢纽地下综合体，一般包括高铁、地铁、长途客运、市内公交、出租车以及社会停车场；位于城市中心区域的城市节点型地下综合体，一般包含地铁、停车场等交通元素，有时在此基础上还增设市内公交或长途客运；此外，还包括人行通道及相应设施。

2）地下商业服务设施

地下商业服务设施包括地下购物、餐饮、娱乐等设施等。地下商业的规模在很多城市已经相当巨大并形式多样，任何一个地下综合体基本都具有购物等商业功能。

3）市政公用设施

市政公用设施主要包括市政主干管、线，综合管廊及仓储物流设施，以及设备用房和辅助用房，即地下综合体在使用过程中的设备用房和辅助用房。

4）其他设施

其他设施主要包括人防设施、文体设施等。人防空间多根据“平战结合”原则与其余类型的空间共同设计使用。文体服务设施包括文化（如地下美术馆、音乐厅、展览馆等）以及体育（地下游泳馆、健身房等）设施等。文体建筑地下化最早出现在一些地处寒带地区的发达国家，如北欧、北美。这些国家冬季天气寒冷，同时地质条件优越，因而建有一大批地下文体建筑。目前，众多地下综合体内也建有展览馆、游泳馆等建筑。

根据城市地下综合体的开发程度，包括的内容，规模的大小，地下综合体可以采用水平及竖向分布方式。水平方向上的平面组合方式如下：

（1）全部内容集合在一个地下建筑中。

（2）分布在两个独立建筑中，并采用下沉式中心广场。

（3）在地下互相连通和分别布置在两个以上的独立建筑或建筑群中。

垂直方向上的组合方式归纳如下：

（1）综合体主要内容布置在高层建筑地下空间，部分内容可能布置在地面建筑的底层。

（2）综合体的全部内容都在地下单层建筑中。

（3）当综合体规模很大，在水平方向上的布置受到限制时，一般布置成地下多层；除地下交通、商业、停车等基本功能外，可将仓储、物流、综合管廊及防空等进行一体化规划设计。

3.3 城市地下工程布局

城市地下工程总体布局是在城市总体规划中城市性质和规模大体定位的情况下，在城市地下可利用资源、城市地下空间需求量和城市地下空间的合理开发量的研究基础上，结合城市总体规划的各种方针、策略和对地面建设的功能形态规模等要求，对城市地下工程进行统一安排、合理布局，使其各得其所、将各组成部分有机联系后形成的，它是城市地下工程建设的发展方向，是以后地下工程建设的重要依据。

3.3.1 城市地下工程布局模式

城市地下工程总体布局的核心是各种用地功能的组织、安排，即根据城市的性质、规模和各种前期研究成果，将城市可利用的地下空间，按其不同功能要求，有机地组合起来，使城市地下空间成为一个有机的联合整体。

1. 城市地下工程的用地功能组织

城市地下工程的总体布局从其基本形态上也可以分为集中紧凑和疏松分散两大类。但因为地下空间的特殊性，一般都是疏松分散的。即使是集中紧凑型，也仅是相对而言，不可能出现完全的集中紧凑型。疏松分散型的出现，常与城建初始阶段认识上对地下空间的不重视和缺乏统筹考虑有关。城市地下工程的用地组织表达方式大致有三种：

1）沿用传统的城市规划功能布局方式表述

该种方式将地下工程按其功能的不同，沿袭传统的城市用地功能划分，进行用地组织。因地下空间的固有特点，其功能分类与地面规划略有不同。这种方法的优点是地下工程的功能明确，便于推算和表述各类用地和规划控制指标。缺点是直观性不强。

2）利用地下工程的特定名称表述

常见的用于城市中表述地下工程总体布局的地下设施有：地下综合体、地下街、地下停车库、地下人行过街道、地下公路隧道、地下立交、地下铁路线、地下居所和地下各类仓库。采用这种划分方式编制地下工程总体布局规划，最大的优点是直观性强，一目了然(地下空间可开发的范围与规模在现阶段与地面以上相比是较小的)，非常适合开发项目不多的城市；缺点是当开发项目增多时，划分过于繁琐，缺乏宏观性，不利于制定各类总体规划指标。

3）采用综合方法表述

将以上两种方法进行综合，就形成了综合方法表现方式。其特点是充分结合了两者的优点。该方法在功能划分上仍沿用第一种方法，只是将城市地下工程建设中的重点工程利用第二类中的方法予以标出，以示突出。一般突出的内容有：地下综合体、地下街和其他需特别突出的设施。

2. 城市地下工程总体布局方案制定

城市地下工程总体布局是以用地功能组织为基本内容，以地下工程规划结构为框架。黄浦区是上海市浦西的极核心地区，功能定位为城市中央商务区，著名的“中华第一街”南京东路和大世界等享誉世界的设施都位于该区范围内。以上海市黄浦区为例，阐述城市地下工程总体布局方案的制定。图 3-4 是上海市黄浦区地下空间开发的规划结构。

图 3-4 上海市黄浦区地下空间规划

(1) 规划结构体系：以人民广场为依托，以地铁 1、2 号线发展方向为主轴的“大十字”地下商城结构体系。

(2) 三个商业中心：地铁 1 号和 2 号线交汇点的人民广场站，结合地面繁华市口，形成全区地下商业主中心，在新闸路地铁车站周围和南京路、河南路口的地铁 2、3 号线交汇点形成两个地下商业次中心。

(3) 三个娱乐中心：在西藏路、延安路，结合地面大世界游乐场形成主地下娱乐中心；在南京西路、上海图书馆附近的福州路、福建路各形成一个以娱乐为主的地下次娱乐中心。

黄浦区主要街道的地下空间功能布局如表 3-5 所示。

上海市黄浦区主要街道地下空间功能布局分布 **表 3-5**

类别 路名	地面功能定位	地下空间功能
南京路	商业街	以商业服务为主
福州路	文化街	以文化、娱乐为主
建安路	交通主干道	以停车和防灾联通为主，适当开发商业服务功能
金陵路	精品特色街	以商业服务为主
西藏路	娱乐、休闲、购物街	通过地下综合体建设具体综合性的地下设施

通过上海市黄浦区的实例分析，不难发现在制定城市地下工程总体布局方案的过程中，应体现以下原则：

1) 以地铁为依托

交通便捷是城市发展的有利促进因素，考察世界范围内经济发展较快的城市，几乎都具有不同程度的交通优势。在地下空间开发利用中也是同样，首先应选择交通便利商业繁华的区域作重点开发。因此，城市地下工程规划的第一要点是决策城市地下动态交通建设的可行性和在可行的前提下的各类设施选线、选择站点等工作。

在城市旧城改造中，某些中心极核点，往往也是交通问题最突出的地区。对交通问题的改善措施，有如下几种：拓宽道路，重新设计道路框架；重新设计交通组织方案，有时将中心区部分辟为步行区域，修建高架道路（因高架道路对城市景观、环境都有不利影响，因此较少在城市中心区的极核区修建）；修建地下铁道；修建空中二层连通通道（或过街天桥）、地下过街人行道等，达到人车分流的目的；布置一定量的社会停车库。

地铁是城市地下空间联系的重要通道，还具有不受外界气候环境影响、客流量大的优势。因此，在城市地下空间开发中，要不失时机地结合地铁站建设，开发其周边的地下空间，形成地下空间开发的各类中心。

2）与地面上部建设相协调

城市空间的三个部分：地面、地上和地下空间，是一个有机联系的整体，地下空间为地面、上部建筑的建设提供了基础，当城市立体再开发时，地下空间的开发弥补了地上的诸多难以解决的矛盾，促进了城市的发展。

城市是一个整体，地下空间与地面、上部空间的联系还表现在功能对应互补、共同产生集聚效应上。如上海市地面中心人民广场，在地下空间开发总体布局中，也是处于区商业的主中心地位。因此，城市地下空间的开发，应是地面功能的扩展及延伸，在平面布局上应与地面主要路网格局保持一致，功能分布上对应互补。

3）保持规划总体布局在空间和时间上的连续性与发展弹性

任何城市规划都应是一个动态的连续规划，在规划工作中，对现状以及未来发展方向的分析预测不可能都是百分之百充足而准确，随着时间的延续，会有新情况发生，因此，在城市地下工程规划中，应尽量考虑这些不可知的因素，在保持总体布局结构、功能分区相对稳定的情况下，使规划的实施过程有一定的应变能力，成为具有一定弹性的动态规划。

此外，城市地下工程规划的编制，还必须保证规划的可操作性，必须与城市发展的客观现实性相结合，才能为城市建设提供管理依据。

3. 城市地下空间布局形态

城市地下空间形态是城市地下空间功能的体现，与城市地面空间形态不同的是，城市地下空间是一种非连续的人工空间结构，需要经过系统的规划和长期的发展才能逐步形成连续的空间形态。根据城市地下空间发展的特点，地下空间形态可以分为三种类型，即点状地下空间形态，线状地下空间形态，点状与线状地下空间形态构成的较大面积的网络状地下空间形态。

1）点状地下空间形态

点状地下空间形态是相对于城市地下空间总体形态而言，它是城市地下空间形态的基本构成要素，也是功能最为灵活的要素，由城市中占据较小平面范围的各种地下空间形成。点状地下空间可分布于城市街区、城市节点以及城市其他用地中，一般偏重于城市中心、站前广场、集会广场、较大型的公共建筑、居住区等城市矛盾的聚合处。与城市地面功能相协调的点状地下空间设施，对于解决现代城市中人车分流和动静态交通拥挤等问题具有非常重要的作用。“点”有大有小，大的可以是功能复杂的综合体，如城市地铁站是与地面空间的连接点和人流集散点，同时伴随着地铁车站与周边区域的综合开发，可以形成集商业、文娱、人流集散、停车为一体的多功能地下综合体。小的可以是单个商场、地下车库、人行道或市政设施的站点，如地下变电站、地下垃圾收集站等。

2）线状地下空间形态

线状地下空间也是相对于城市地下空间总体形态而言，它是点状地下空间在水平方向的延伸或连接。线状地下空间设施是城市地下空间形态构成的基本要素和关键。呈线状分布的地下空间主要指地铁、地下道路，以及沿着街道下方建设的地下设施，如市政管线、地下管线综合管廊、地下排洪（水）暗沟、地下停车库、地下商业街等，另外相邻点状地下空间之间连通也可成为线状空间。线状地下空间设施是构成城市地下空间形态的基本骨架，它将地下分散的空间连成系统，提高整体开发的效益。现阶段，我国大部分城市在地下空间开发利用方面缺乏对线状空间作用和地位的认识，没能形成整体空间形态。

3）网络状地下空间形态

网络状地下空间形态是相对于城市地下空间总体形态而言的，即以城市地下交通为骨架，将整个城市的地下空间采用多种形式进行连通，形成城市地下空间的网络系统。网络状地下空间是城市各种功能的延伸和拓展，也是城市地下与地上形态协调的反映。线状地下空间设施越发达，网络状地下空间设施规模就越大。日本研究的城市中心区地下公路和地下停车系统也是一种新型的网络状地下空间形态。

4. 城市地下空间功能组织

城市地下空间布局的主要任务是合理组织各种地下功能空间，即根据城市结构、城市发展方向、城市上部空间规划以及地下空间利用现状，将可置入或已置入地下的多种城市功能有机地组织起来，成为一个功能实体或地下空间系统。如交通设施主要组织人流、车流、物流的循环；公共服务设施主要组织商业、文化价值的流动和人流、物流的静态缓冲；市政设施主要组织能源流、垃圾物流的循环；通信情报设施主要组织信息流的循环；防灾设施主要作为在发生自然和人为灾害时人流、物流的主要节点。

3.3.2 城市居住区地下工程布局模式

1. 城市居住区地下交通设施布局模式

居住区的交通状况是影响居住整体环境和安全出行的重要因素。目前居住区较为普遍地存在小区路和组团路（指上接小区路、下连宅间小路的道路）人车混行，地面停车不规范，地面车库或自行车棚影响视觉景观的情况。随着技术经济条件的发展和人民生活水平的提高，居住区设计标准也在不断提高，着力改善居住区服务水平、生态环境、宜居程度。按照建设部颁布的《2000年小康型城乡住宅科技产业工程城市示范小区规划设计导则》规定：小区内小汽车停车位应按照不低于总户数的20%设置，并留有较大的发展可能性。经济发达及东南沿海地区按照总户数的30%以上的要求设置。实际上目前在发达城市的居住区，每户小汽车的保有量要远远高于这个标准。而我国大城市居住区建筑密度相对较高，外部空间环境有限，因此修建地下停车场已成为解决这一矛盾的有效途径。

1）地下动态交通设施规划模式

居住区内的动态交通设施包括车行道路系统和步行道路系统。合理发展地下道路系统可以实现人车分流，优化交通，改善小区环境。考虑到和地下停车空间的结合，居住区的小区或组团路可采用地下车行、地上步行的方式，使车行系统和地下车库结合布置，修建成片式地下车库，形成较为发达的地下交通设施，如图3-5所示。

2）地下静态交通设施规划模式

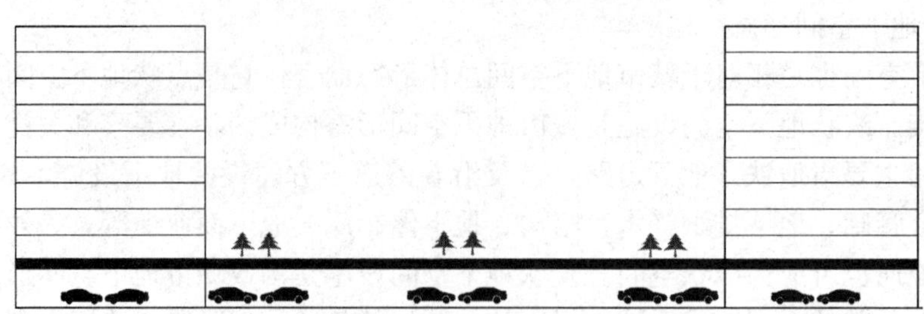

图 3-5 居住区大型地下停车库

由于私人小汽车保有量逐年增加，使得城市停车空间日益紧张，道路交通压力增大。对于近距离出行，电动车仍然是便捷、实惠的交通工具。目前我国大多数居住区的电动车数量相当可观。居住区的每个组团内都应安排集中电动车停车库，考虑到独立式地面电动车库占地较大，景观性较差，可以考虑设置半地下或地下电动车停车库，在其上部进行绿化种植，或采用半地下或地下电动车车库的方式与机动车库或其他地下公用设施结合布置。电动车停车库用地面积按每辆车 1.5～1.8m^2 进行估算。

2. 城市居住区地下服务设施规划模式

1）休闲娱乐设施规划模式

居住区会所是指为本居住区服务的文化娱乐设施，它一般与中心绿地集中布置。在规划设计中，会所往往位于小区中心的位置或入口广场的中心，其景观与环境设计体现了整个规划的主题与框架。会所可以是集中式布局，也可以是一种群体的方法布置。其内容包括篮球场、羽毛球室、乒乓球室、游泳室、健美健身室、棋牌室、卡拉 OK 室、阅览室等。为获得更多的绿地空间，可以考虑适当地将部分用房放置在地下。考虑到地下用房的采光问题，可以将其与下沉式广场结合起来。或者利用下沉式广场的中庭屋顶玻璃采光，来改善会所的使用环境，提升环境品质，减少和消除地下建筑的封闭沉闷感。

以天阳美林湾居住小区为例，它将地下会所与地上商业街结合起来，开发了近 5000m^2 的建筑面积。地下休闲健身中心，内容包括室内温水游泳池、多功能篮球馆、瑜伽健身馆、乒乓球馆、垒球馆、棋牌房、多功能社区小影院、儿童益智房，还配备餐厅、小超市、休闲主题的商业街等设施，如图 3-6 所示。这些地下设施都是围绕着下沉式广场

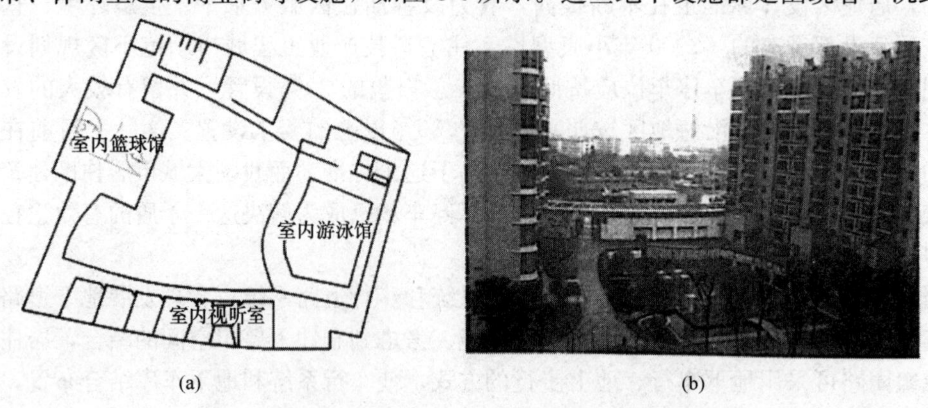

图 3-6 天阳美林湾居住小区地下层总平面图及实景图

（a）天阳美林湾会所地下层总平面图；（b）实景图

设计的。特别是半篮球馆，其顶部连接着地面，设有绿化和错落有致的玻璃采光窗，白天完全可以利用自然采光来照明。这种半封闭的活动空间对于喜欢安静的小区居民来说，干扰可以降到最小。

居住区内的诊所、邮局、银行以及理发、美容、礼品店、花店、超市等共同组成的综合性公共空间，既可增加服务面积，又可为小区居民日常生活服务。随着高层住宅在居住区中普遍使用，建筑结构的需求带来了更多的地下空间。居住区下沉商业步行街模式就是将这些地下空间从完全的停车或库房功能中解放出来，结合公共绿地和室外开敞空间，成为下沉商业步行街，在入口处或中心局部联系下沉广场，形成空间节点，给人以多样的空间体验，如图 3-7 所示。

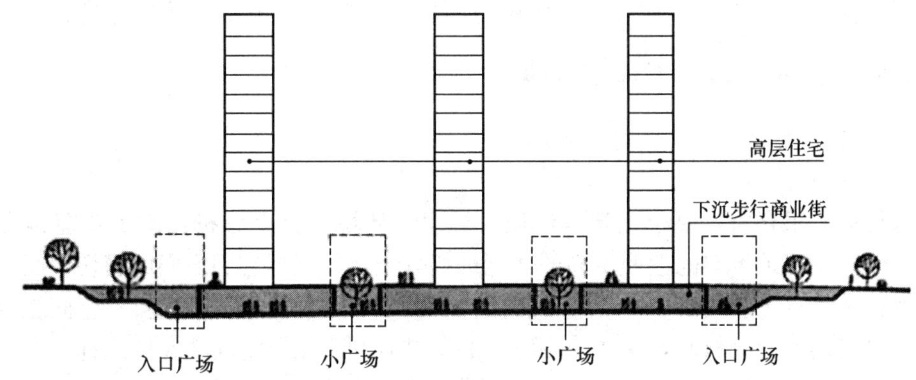

图 3-7 居住区下沉式步行商业街

2）公共服务设施布局模式

居住区内布置了以下一些市政设施：配电房、水泵房、垃圾收集点。配电房和水泵房等可置于小区一边的独立地块地下，地上栽种绿植，增加绿地面积，改善居住区环境；或设置在高层住宅的地下室或首层。垃圾收集点均匀分布于居住区内，以方便住户。目前一般新建小区的配电房、水泵房通常设置在建筑物的首层或地下室。为防止设备对住户的影响，主要噪声源变压器的振动采取主动隔振设计，以减小变压器振动激发的结构声传递效率，从而减小总体噪声；对配电房房间的混响声采取局部安装吸声结构的方法，消去一部分的混响声；对设备房的门采取隔声设计，减小房间内的噪声向外界环境的传递；对设备房的窗户采取通风消声设计，减小房间内的噪声向外界环境的传递。当配电房设置在建筑物的首层时，应注意不应设在厕所、浴室或其他经常积水场所的正下方。当小区配电房设置在建筑物的地下室时，注意配电房内的地面标高要比室外地面标高高出 10cm，防止室外积水渗入配电房。

3）市政管网地下集中布局模式

公用设施的各种管线如供水管、电力、通信电缆等应尽可能将其在技术上有可能集中的主干管线综合布置在“地下综合管廊”中，这样不仅易于管线的维修、更换和增设，可避免道路及地面经常性的开挖破坏，而且有利于居住区地上环境景观的改善。居住区公用设施尽可能地下化，并使管线布设实现“地下综合管廊”的形式，是目前居住区地下空间利用的基本内容，应积极提倡。

4）通道及商业功能布局模式

对于和附近地铁能连通的小区，设置地下连通通道和附属的地下商业设施，提高小区效率，增加居住区开发价值。

5）平战结合地下人防设施布局模式

我国新建居住区需按比例建造一定面积的人防地下室。若能规划好并充分利用好这一部分空间，就可使之平时发挥功能效益、灾害时可行使防灾功能。掩蔽人员的防空地下室应布置在人员居住、工作的适中位置，其服务半径不宜大于 200m。防空地下室的室外出入口、进风口、排风口、排烟口和通风采光窗的布置，应符合战时及平时使用要求和地面建筑规划要求。防空地下室设计应符合战时防护及使用要求，平战结合的工程应满足平时使用的要求。在平时使用要求与战时防护要求不一致时，设计中应采取平战功能转换措施，且应能在规定的时间内完成防空地下室的功能转换。

3.3.3 城市商业街地下工程布置模式

1. 城市地下商业街建筑空间组合原则

1）合理的功能分区

在进行空间组合时，要根据建筑性质、规模、环境等特点分析，满足功能合理的要求。功能分区是将地下空间按照不同的功能进行分类，并根据它们之间的密切程度加以划分和联系，使之分区明确又联系方便。按主次、内外、动静关系合理安排；空间组合划分时要以主要使用空间为核心，次要使用空间的安排有利于主要空间功能的发挥；各个分区要根据实际的使用需求按人流活动的顺序关系安排位置，对外联系的空间如出入口等要靠近交通枢纽。

一般地下商业街的功能布置及关系如图 3-8 所示。人流通行是地下街主要的功能，在步行街两侧可设置营业性用房。在靠近过街附近设水、电、管理用房，根据需要按距离设置库房、风井等。

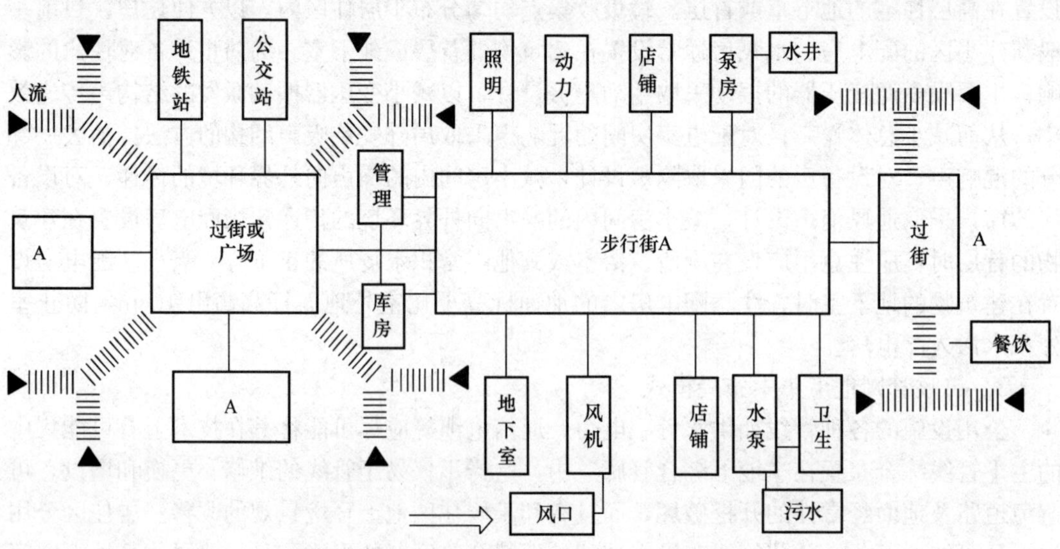

图 3-8 地下商业街功能布置及关系

2）明确的流线组织

流线组成主要是不同人流和物流，组织方式有平面的和立体的。流线设计应避免交叉和相互干扰，保证各种流线的畅通便捷。人流组织包括内部步行人流组织和与城市步行网络的交接。物流包括商品的运输、垃圾的清运等，设计原则是物流不应与顾客人流发生矛盾和交叉。流线组织问题，实质上是各种流线活动的合理顺序问题，是一定功能要求和关系的体现，同时也是空间组合的重要依据。

3）清晰的空间导向

地下空间作为特殊的三维空间实体，其整体与外形不可见，因此人置身其中对地下街的规模、形状、范围、走向以及和邻近建筑及环境之间的关系难以全面把握，从而丧失了外界景观对视觉常有的引导作用，容易失去方向性。地下街的平面布局应该简洁规整、导向明确，空间的可达性、可视性良好，提高人的方位感。地下空间特征与地上空间有相似之处，空间特征明显的场所主要是在空间尺度上产生明显空间变化的场所。在规划设计时，合理设置空间差异化节点，如围绕出入口、主通道、下沉广场和中央大厅等空间节点，组织空间系统，从而形成有效的空间导向性，以实现人流集散、方向转化、空间过渡场所的衔接。

4）合理的结构选型

地下商业街结构方案同地面建筑有差别，常做成现浇板顶，墙体、柱承重。没有外观，只有室内效果。地下商业街结构形式主要有3种，如图3-9所示。

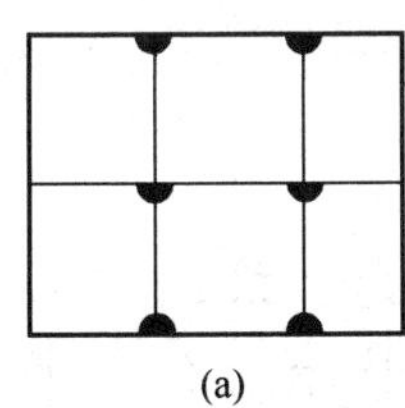
(a)

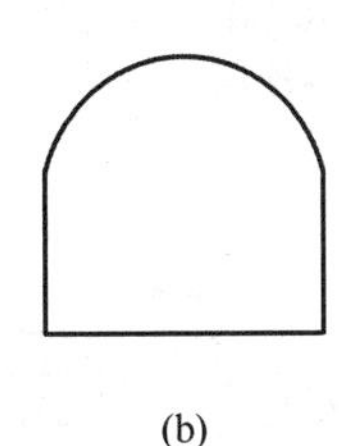
(b)

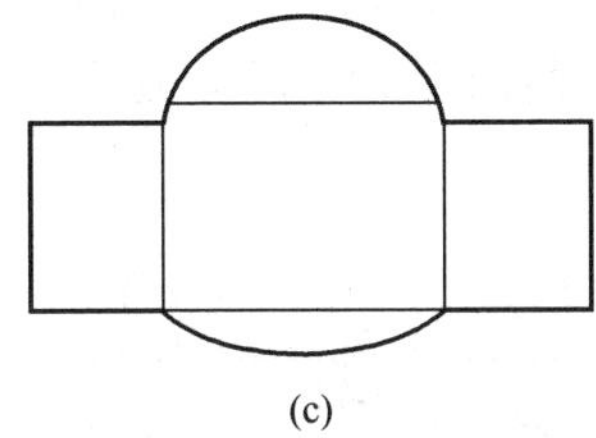
(c)

图3-9 地下商业街结构形式

(a) 矩形框架；(b) 直墙拱顶；(c) 拱平顶结合

（1）矩形框架：此种方式较多采用。由于弯矩大，一般来用钢筋混凝土结构，其特点是跨度大，可做成多跨多层，中间用梁柱代替，使用方便，节约材料。

（2）直墙拱顶：墙体为砖或块石砌筑，拱顶为钢筋混凝土。拱形有半圆形、圆弧形、抛物线形。此种形式适合单层地下街。

（3）拱平顶结合：此种结构顶、底板为现浇钢筋混凝土结构，围墙为砖石砌筑。

具体采用何种结构类型应根据土质及地下水位状况，建筑功能及层数、埋深、施工方案来确定。

5）合理的设置布置

优化管线综合设计，使管线设计紧凑合理，尽量在地下商业街的边、角或一些不便使用的周边布置管道，使中部公共空间位置获得较大的净高。

2. 地下商业街平面布局模式

根据地下商业街在平面上与功能单元的组合方式，可分为步道式、厅式及混合式布局3种方式。

1）步道式组合

步道式布局模式，是指以步行道为主线，组织功能单元的布局。根据步行道与功能单元的组合关系，可分为中间步道式、单侧步道式与双侧步道式，如图 3-10 所示。

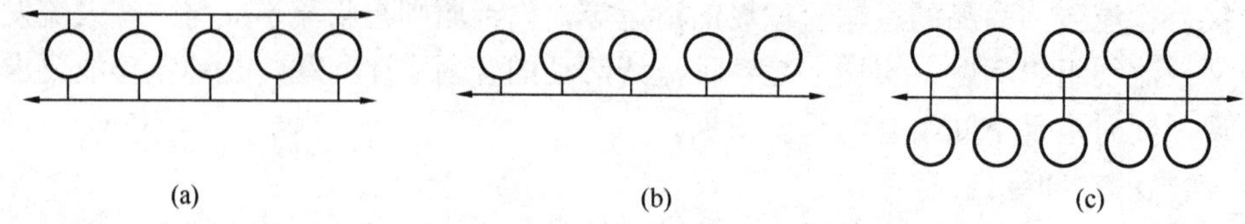

图 3-10 步道式组合方式

（a）中间步道；（b）单侧步道；（c）双侧步道

步道式布局的特点是步行道方向性强，与其他人流交叉少，可保证步行人流通畅，购物等功能单元沿步道分布，井然有序，与通行人流干扰小。

2）厅式组合

厅式组合方式，是指在某方向并非按同一规则安排各功能单元的分布，没有明确的步行道，人流空间由各功能单元内部自由分割。其特点是组合灵活，在某方向的布局没有规则可循，空间较大，人流干扰大，易迷失方向，应注意人流交通组织和应急疏散安全。

图 3-11（a）为厅式组合的示意图，图 3-11（b）为日本横滨东口波塔地下街。横滨波塔地下街为厅式组合的地下街，建于 1980 年，总建筑面积为 40252m^2，设置 120 个商铺，建筑面积为 9258m^2，地下二层为停车系统，设有 250 个车位。

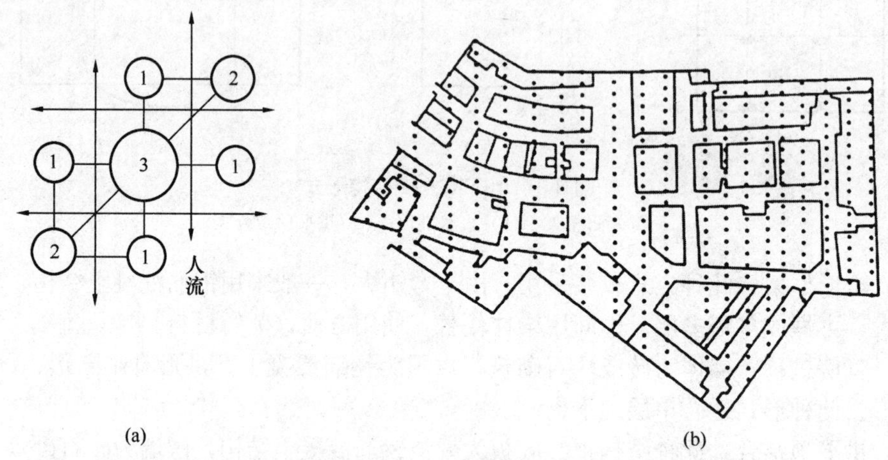

图 3-11 厅式组合方式

（a）厅式组合示意图（1、2、3 表示店铺规模）；（b）日本横滨东口波塔地下商业街概略图

3）混合式组合

混合式组合即把步道式与厅式组合为一体，也是地下街中最普遍采用的形式。其特点是可结合地面街道与广场布置，规模大，功能多，能充分利用地下空间，有效解决人流、车流问题。

混合式组合方式如图 3-12 所示，图 3-12（a）为混合式组合示意图，左侧为厅式布置，右侧为步道式布置；图 3-12（b）为日本八重洲地下商业街概略图。日本东京火车站八重洲地下商业街建于 20 世纪 60 年代，整个地下空间与东京车站和周围 16 幢大楼相连通总建筑面积为 6.6 万 m^2，设置 215 个店铺，建筑面积为 1.84 万 m^2，570 个车位，地下商业街与地下高速公路连通，而且车辆能直接停在车库。

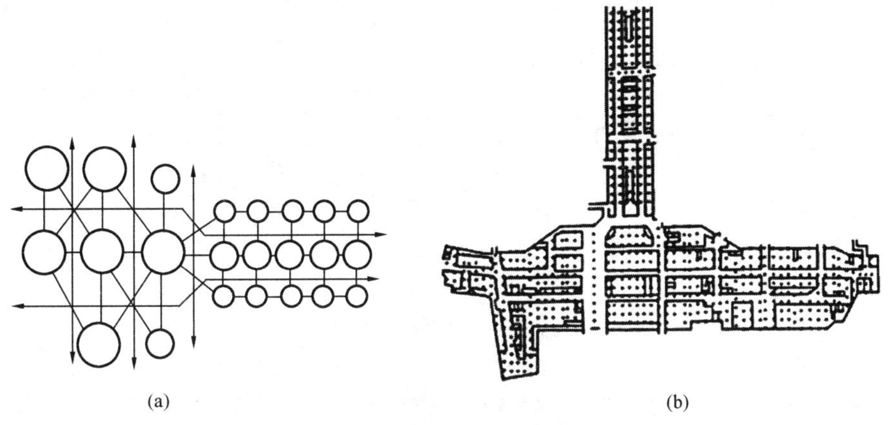

图 3-12 混合式组合方式

（a）混合式组合示意图；（b）日本东京八重洲地下商业街概略图

3. 地下商业街竖向布局模式

1）竖向组合内容

地下商业街的竖向组合比平面组合功能复杂，这是地下商业街为解决人流、车流混杂，市政设施缺乏的矛盾而出现的。地下商业街的竖向组合主要包括以下几个内容：

（1）分流、营业功能（或其他经营）。

（2）出入口、过街立交。

（3）地下交通设施，如高速路或立交公路、铁路、停车场、地铁车站。

（4）市政管线，如上下水、风井、电缆沟等。

（5）出入口楼梯、电梯、坡道、廊道等。

2）竖向组合内容的差别

随着城市的发展，要考虑地下商业街扩建的可能性，必要时应做预留（如地下综合管廊等）。对于不同规模的地下商业街，其组合内容也有差别，其内容如下：

（1）单一功能的竖向组合：单一功能指地下商业街无论几层均为同一功能，比如，上下两层均可为地下商业街，如图 3-13（a）所示。

（2）两种功能的竖向组合：主要为步行商业街同停车库的组合或步行商业街同其他性质功能（如地铁站）的组合，如图 3-13（b）所示。

（3）多种功能的竖向组合：主要为步行街、地下高速路、地铁线路与车站、停车库及路面高架桥等共同组合在一起，通常机动车及地铁设在最底层，并设公共设施廊道，以解决水、电的铺设问题，如图 3-13（c）、（d）所示。

3.3.4 城市地下综合体布局模式

城市地下空间的开发和利用，根据不同条件大体有两种方式：一种是全面展开，大规

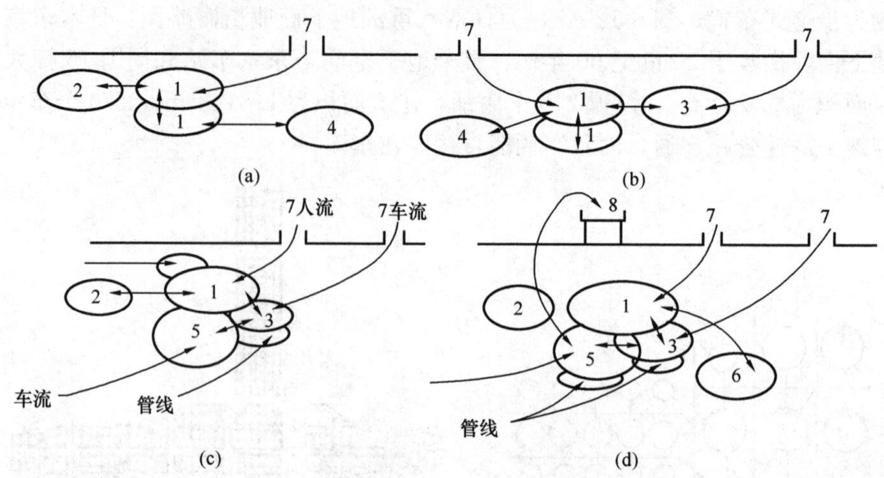

图 3-13 地下商业街多种功能组合示意图

(a) 单一功能竖向组合；(b) 两种功能竖向组合；(c) 三种功能竖向组合；(d) 多于三种功能竖向组合

1-营业街及步行道；2-附近地下街；3-停车库；4-地铁站（浅埋）；5-高速公路；6-地铁线路（深埋）；7-出入口；8-高架公路

模开发；另一种是从点、线、面的开发做起，逐步完成整体开发。根据城市地下综合体建设的目的和所在点、线条件不同，可划分为以下几种布局模式。

1. 城市街道型

城市街道型地下综合体是指在城市路面、交通拥挤的街道及交叉路口，以解决人行过街为主，兼作商业、文娱功能，结合市政道路的改造而建成的中、初级地下综合体，如图 3-14所示。

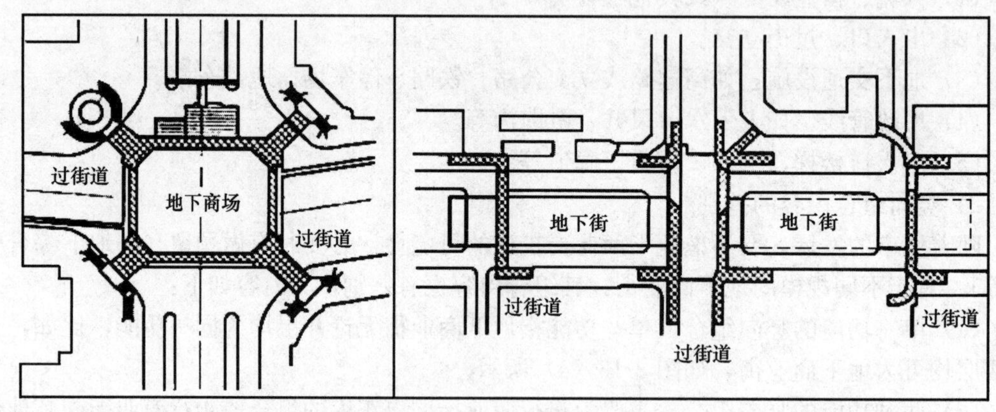

图 3-14 地下过街道与地下商业街形成的综合体

城市地下街综合体可减少地面人流，实现人车分离，防止交通事故发生，对缓解交通拥挤能起到很好的作用，并能有效地缩短交通设施与建筑物间的步行距离。地下商业街对地面商业也是重要的补充，实践证明，地下街的建设对城市发展和改造具有重要的促进作用，并能发挥较好的经济效益。

地下街作为城市地下综合体的中、初级模式，对传统商业街保留传统风貌具有特殊意义。如北京王府井地下街长810m、宽40m，分为3层：地下一层为市政综合管廊；地下二、三层把大街南口北京地铁站与新东安市场等连接起来，通道两侧为商场、餐饮、娱乐设施、自动扶梯、下沉式花园，从而形成王府井商业区四通八达的立体交通体系。

2. 火车站型

火车站型地下综合体是指以火车客运站为重点，结合区域改造，将地面交通枢纽和地下交通枢纽有机结合，适当增加配套的商业服务设施，集多种功能于一体的地下综合体。立体化交通组织是车站模式的显著特征。通常在大型火车站地区，交通功能极为复杂，往来人流、车流混杂拥挤，停车困难，采取平面分流方式已不能满足需求。因此，立体分流方式将是解决交通问题的最有效办法。如北京火车站，除了地铁车站以外，基本没有采取立体分流，停车空间严重不足，人车混流现象严重，以至不得不进行改造，新建了大型地下停车场。通过火车站型地下综合体的建设，实行立体化交通组织，将地面上的大量人流吸引到地下，各种交通线路的换乘也可在地下进行，使人、车分流，减少交叉、逆行和绕行，避免人流上、下多次往返，使客流量很大的车站秩序井然，加之配有一定数量的商业服务设施和停车空间，极大地方便了旅客。

北京西客站是集铁路车站、地铁、公交、邮电、商务于一体的大型现代化多功能的交通枢纽，是高架候车站型与地下候车站型结合在一起的火车站型地下综合体，对比过去车站内拥挤不堪的状况，火车站型地下综合体显示出高效、便捷、多功能的优势。在许多国家火车站地区再开发中，甚至将原来地面层的铁轨交通也变成地下化的铁道。我国的火车站型地下综合体建设已成为许多大城市车站改造、立体再开发的重点工程，是目前采用较多的一种模式。此外，交通枢纽型的地下综合体不只限于车站建筑和交通的改造，可以与周围地区的城市建设结合起来，统一规划，综合开发利用，如上海铁路车站地区的不夜城建设，体现了这一模式的发展趋势。

3. 地铁车站型

地铁车站型地下综合体是指已建或规划建设地铁的城市，结合地铁车站的建设，将城市功能与城市再开发相结合，进行整体布局和建设，建成具有交通、商业、服务等多种功能的地下综合体。实践证明，地铁的建设会对沿线地带的地价级差、区位级差、城市形态与结构带来较大变化。另外，交通枢纽地带多重系统的重叠，聚集了大量的人流、物流，这两点都是城市改造更新和调整的巨大动力。因此，建设以地铁为主体的地下综合体，充分发挥地下交通系统便捷、高效的作用，将促进所在地区的繁荣与发展，是提高地下交通整体效益的有效途径。

地铁车站型地下综合体模式的显著特征是地面建筑的高层化。因此，应使之与高层建筑群地下空间有机结合，最大限度地缩短从地铁站到高层商业、办公居住的距离，从而快速高效地解决高层建筑内大量人员的集中与疏散。地铁车站与高层建筑地下层的结合有两种方式：

（1）将地铁直接设在高层地下空间中，如蒙特利尔地下商场、多伦多Eaton中心及Blor商业中心；

（2）地铁车站与高层地下空间连通，如日本索尼公司大厦。

以上介绍的是单一地下综合体。对于大型或超大型地下综合体，也就是地下城，通常由横跨街道的数个街区地下综合体构成。在地下城的总体布局中，综合体地铁的连通方式可分为：

(1) 在两条地铁线之间设置连接走廊；

(2) 通过社会文化设施与地铁建立联系；

(3) 通过主要商业街连接地铁；

(4) 在人流量较大时，通过走廊连接同一线路的地铁车站；

(5) 把空置的大型地块和地铁联系在一起。

4. 居住区型

居住区型地下综合体是指在大型住宅区内，以满足居住区需要的功能为主，将交通娱乐商业公用设施、防灾设施等结合地铁车站建设而建成的小型综合体。居住区型地下综合体以满足居住区需要的多种功能为主，应避免盲目综合化导致居住区功能混乱而影响生活质量。居住区地下开发不应局限于一定数量的防灾地下空间，应更多地从节约土地和扩大空间容量的角度全面开发，必要时发挥防灾作用，居住区内以静态交通为主。

3.3.5 城市新区地下工程布局模式

以上海浦东新区的地下工程布局模式构思为例，阐述城市新开发区域地下工程总体布局模式特点。上海浦东新区作为我国重点的开发地区，它的建设无疑给上海地区的现代化地下空间利用带来新的契机，同时，也带来了新的挑战。在编制浦东新区建设规划的同时，注入城市规划的现代思想，充分考虑到新区的地下空间利用是极其重要的。

根据浦东新区现有的政策和未来功能发展预测，该地区的地下空间建设主要应包括如下方面：地下交通设施，有地铁、停车场及部分地下公路隧道；地下综合管廊设施，有给水排水系统、能源配给系统、情报通信管道、垃圾废物处理系统等；防灾设施，有地下避难通道、避难所、大区域的地下防汛调节系统等；商业文化设施，有地下商业中心、地下体育娱乐场所等；生活业务设施，地下行政办公室、地下住所等几大类开发利用项目。

在对浦东新区地下空间利用调查基础上，侯学渊、束昱等专家提出了浦东新区地下空间的平面规划和竖向布局模式。

1. 浦东新区的平面布局模式

城市主导空间单元，即城市中心地段、城市交通枢纽地段、大型公建设施及高层建筑群地段，最能体现地下空间综合开发、联合建设的规划思想，也是城市上下部空间的关键协调点。浦东陆家嘴金融贸易区以金融、贸易、信息、咨询等第三产业为中心，建造金融楼群、证券交易所、外贸市场和行政办公机构，并以新建的“东方明珠"电视塔为中心，形成了一系列娱乐文化设施，无疑陆家嘴地区是浦东新区地下空间开发的关键点。

在平面布局模式上可以这样设想：以陆家嘴地区大型地上地下综合体为中心，以交通线（主要是地铁）为发展轴，随着轴向滚动发展，与新区的其他中心区域联结，如周家渡-六里综合区、北蔡-张家综合区、庆宁寺-金桥综合区、外高桥-高桥综合区等，建设各种规模的城市（地上地下）综合体。这样点与线的形成及其不断地发展，就形成了一个浦东新区现代地下空间开发的网络和面。而在每一个地下空间开发的“点”上，地下空间开发可以规划为建设以补充、完善城市中心功能为主的地下工程，如商业、文化娱乐、行政、业务及金融贸易等，并通过城市交通枢纽放射到城市的各个区域，这种城市综合体就像一个“大磁铁”一样，形成的“磁场”，将有力地吸引和推动周围各项城市事业的发展。

2. 浦东新区的竖向布局模式

地下空间与地面空间不同，地下空间的开发一旦实施，要想再开发和复原是极其困难的，因此，就浦东新区而言，其地下空间的开发必须有长期的规划，不仅要做平面布局的规划，也要做竖向层次上的布局规划。

根据城市中心（分中心）公共用地、道路用地、居住区用地，结合浦东新区未来发展预测和国外地下空间开发的经验，彭芳乐、侯学渊等人提出的浦东新区地下空间竖向层次规划模式如表 3-6 所示。

浦东新区地下空间竖向开发模式构思 **表 3-6**

用地分类 土层竖向深度(m)	新区中心(分中心)公共用地	城市道路用地	城市居住区用地
0.00～−5.00	地下街 地铁车站	地铁、地下车库、综合管廊 人行过街道、地下道路	地下室 地下街、地下通道
−5.00～−10.00	地下车库 地下变电设施	地铁隧道 地下物流设施	地下车库、地下泵站、 地下变电设施
−10.00～−30.00	区域性市政基础设施		
−30.00～−100.00 −100.00 以下	地下高速隧道 地下能源设施 地下骨干工厂(变压变电站、地下水处理厂)		

3. 城市新区地下工程布局模式启示

通过上海浦东新区地下工程布局模式的构思分析，不难发现在考虑城市地下工程布局时，有如下几点值得借鉴和考量：

（1）着眼当前考虑长远：如上海浦东新区长远发展预测，包括地下交通设施（地铁、停车场、部分公路等）、物流系统（给水排水系统、能源配给系统、情报通信管道、垃圾废物处理系统等）、防灾设施、商业文化设施和生活业务设施等。在布局规划中应体现考虑这些地下工程的布置、实施时间等。

（2）地上、地下统一规划：如上海浦东新区有平面布局规划模式，像上海黄浦区一样，也有一些功能中心。浦东陆家嘴功能中心含有金融、贸易、信息、咨询等第三产业，将建造金融楼群、证券交易所、外贸市场和行政办公机构，以及“东方明珠”电视塔为中心的系列娱乐文化设施，其他还有周家渡-六里综合区等，这些中心以地铁连接。因此，对城市要进行立体规划与立体开发，处理好地面、地上和地下建设的关系。

（3）综合专业、相互协调：如上海浦东新区有竖向布局规划模式，需综合考虑开发层次、内容、布局和实施步骤等。因此，地下空间开发必须有长期的规划，不仅要做平面布局的规划，而且要做竖向层次上的布局规划。

3.4 城市地下工程规划与布局例析

国内外许多城市都已经制定或正在编制城市地下空间开发利用规划。如法国的巴黎由于统一规划使地下工程的功能得到全面发挥，使其拥有享誉世界的地下空间成就，尤其是城市排水管道系统，在统一的规划指导下，通过一个较长时期内进行的排水系统建设，使排水、排污和给水一并得到兼顾，发挥着综合管廊的作用；加拿大的蒙特利尔为创造舒适的生活环境，制定了统一的规划，逐步将地下街、地下车库和地下人行道等连接成了网络，形成了一个名副其实的“地下城”；日本的东京、大阪等城市都制定了统一的地下空间规划，创造了一个又一个成功的例子。我国的西安也已经编制了《西安市城市地下空间开发利用规划》，把西安市的地下空间分为地下交通、地下商业、地下综合管廊、地下仓储和地下防灾防护等 6 个类别进行规划，必将有效地指导西安市的城市地下空间开发利用。此外，上海、青岛、大连、杭州、本溪等也都完成或正在积极地编制地下空间规划。

3.4.1 上海世博园区地下工程规划与布局

1. 规划背景

上海世博会的预期参观人数远远超过以往历届世博会，参观人流将对设施、交通形成巨大压力，而地下空间的开发将有效增加参观面积并容纳管理、服务、市政、停车等各类设施，从而缓解场馆压力。另外，系统完善、层次合理的地下空间也将成为后续开发的先导和坚实基础。因此，世博园区地下工程的规划应当以地区长远发展为目标，构建地下空间网络体系，同步规划、分期发展，确保地下资源的有序合理利用。世博园区地下工程规划的必要性主要体现在如下 3 个方面：

1）解决大流量交通组织与管理的需要

世博会期间有大量的人流涌入，为做好世博园区内外的交通衔接，决定从空中（步道）、地面、地下等多方面开展研究，确定园区合理的交通组织模式。一方面通过对轨道交通车站区地下空间进行开发利用，加强园区与轨道交通的衔接，有效疏解世博会进出园区的客流；另一方面，因世博园区位于黄浦江两岸，为保持两岸园区的连续性，使园区成为一个有机整体，必须利用地下隧道连接黄浦江两岸园区。

2）完善地下市政设施的需要

由于展会前后功能上的差异，客观上要求在世博园区规划中应对城市基础设施的功能和容量保留足够的弹性。要达到这样的目标，在园区内发展多功能廊道系统是合理而经济的选择，实现“统一规划，统一建设，统一管理”，将综合管廊及早规划、建设到位，从而节约宝贵的土地资源。

3）未来区域城市发展的需要

世博园区位于城市中心区内，世博会的召开必将带动基础设施的改善和城市面貌的更新，良好交通、市政等基础设施将为城市后续功能利用提供保障，未来该区域将成为一个新的城市副中心。由于地下空间开发的不可逆性，对世博会展区的地下空间利用更应合理谋划，为未来城市发展打下一个良好的基础。

2. 规划范围及总体思路

上海世博会园区分浦西会馆区、浦东会馆区，由于浦西腹地较窄，多为保留改造的厂房，后续地下空间拓展的空间不大，因此地下空间开发利用主要集中在浦东核心区和东西两个片区的区域，如图 3-15 所示。上海世博会园区规划的总体思路如下：

地下空间建设必须满足园区总体规划的要求，展现 21 世纪城市发展的总体趋势。地

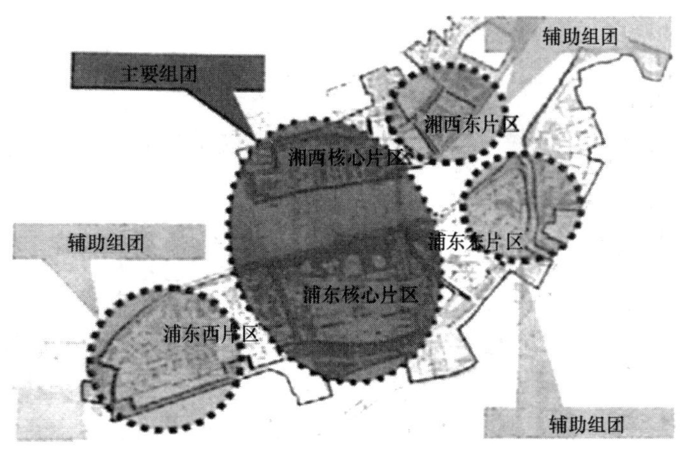

图 3-15 世博园分区图

下空间的开发利用应体现生态城市、绿色城市、园林城市的建设理念，体现“城市，让生活更美好”的世博会主题。同时，应符合上海市地下空间整体规划，依托地下交通设施与其他城市基础设施，合理配置利用地下空间资源，形成新型、合理的城市空间结构。此外，地下空间建设还需立足长远发展需要，结合园区后续利用及地区发展要求，充分考虑未来发展可能，统筹规划，合理、有序、可持续地开发地下空间。

3. 地下空间总体规划结构

1）总体网络

根据园区的功能结构和永久性建筑的布局，并充分考虑与地下空间后续建设的衔接，确定地下空间开发以浦东核心区为中心展开。即地下空间将依托地下交通设施，特别是地下轨道交通及其连接设施，开发地下综合体和地下商业街，将网络化、多层次的空间结构融入商业、娱乐、游憩、停车等城市内容，由此形成舒适、高效的地下空间网络。

（1）规划两条地下空间公共轴线：即南北向的世博轴和东西向的东西轴线。其中，世博轴是典型的以交通和服务功能为主的地下综合体工程，南起耀华路，接轨道交通入口处的地下交通集散广场，跨雪野路、南环路、北环路及浦明路，北至滨江庆典广场，全长为1045m；并连接四大场馆、两个轨道交通车站，作为南北贯通的地下通道及其两侧附属的商业、服务业设施，加上地下通道沿线有序分布的造型独特的阳光谷地下广场，构筑富有特色的世博会地下南北主轴，如图 3-16所示；东西轴线为沿线的地下商业设施、园区城市配套设施以及停车等功能服务的工程。两条轴线成为整个世博园区地下空间的主轴线，将地下空间的主要交通节点串联起来，构成了整个园区的地下空间的主框架。

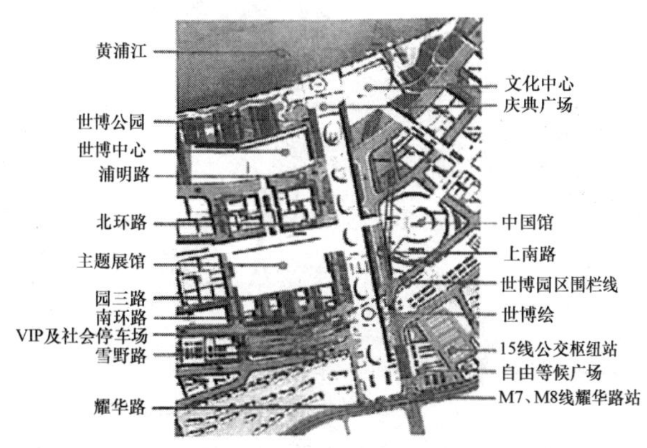

图 3-16 世博轴位置关系图

（2）规划 5 个重要节点：依托上

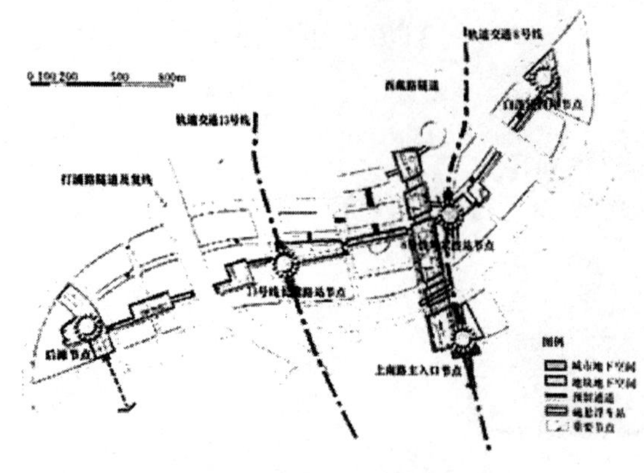

图 3-17 世博轴地下空间总体功能布局

述两条主轴，并结合城市地下轨道交通和考虑后续利用开发，规划了五个重要节点，如图 3-17 所示。上南路主入口节点：依托地下轨道交通设施，主要功能为地下人行枢纽和商业等；8 号线周家渡站节点：依托地下轨道交通设施，主要功能为地下人行枢纽和商业等；13 号线长清路节点：依托地下轨道交通设施，主要功能为地下人行枢纽和商业等；后滩节点：依据后续利用规划，主要功能为商业等；白莲泾西岸节点：依据后续利用规划，主要功能为商业等。

（3）协调关系：与越江系统的关系，即城市地下空间的连通在遇到越江系统时，应予以避让，采用上跨或下穿的方法，世博园为了解决园区浦江两岸的交通，通过建设西藏南路隧道、打浦路隧道复线和龙耀路隧道，将东西两岸连通，合为一体。与市政管线的关系，即地下空间应该避让综合管沟等市政管线。地块（指暂时未开发区域）地下空间通过预留通道与城市地下空间衔接，形成完整的地下空间体系。

2）分层与功能

世博园区地下空间开发实行纵向分层控制，具体分层和功能如下：

（1）地下一层，如图 3-18 所示。城市地下空间：主要为世博轴和东西轴，以商业、文化、娱乐以及人行功能为主。地块地下空间：原则上服从地面功能，结合东西轴节点可设置部分地下商业服务设置。

（2）地下二层，如图 3-19 所示。城市地下空间：世博轴地下二层以人行、商业、管理功能为主。东西轴以管理、配套服务和停车功能为主。

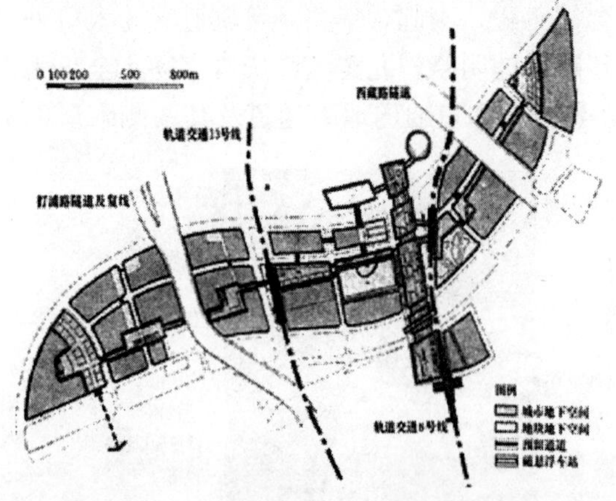

图 3-18 世博园地下一层功能布局

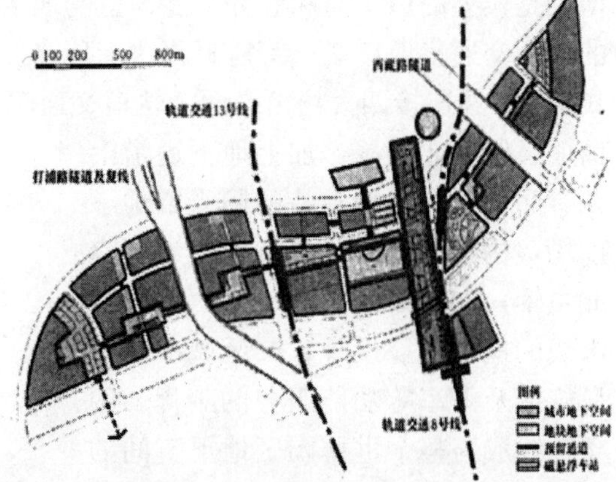

图 3-19 世博园地下二层功能布局

（3）地下三层。城市地下空间和地块地下空间可根据需要决定是否设置地下三层，原则上服从其地面功能，主要为设备与停车服务。

3）城市地下空间的连通和开发时序及开发规模

结合城市地面公共开发空间形成的城市地下空间网络，城市地下空间应连接交通设施与主要公共设施。世博轴地下二层（－6.00m）贯通，东西轴地下一层（－1.00m）贯通。世博园的开发可分为以下四个阶段：

（1）一期开发：主要在世博会召开前实施，核心区世博轴及四大场馆的地下空间。

（2）二期开发：主要集中在世博会后进行，主要为核心区其余地块的地下空间。

（3）三期开发：主要在世博会后开发，包括西藏路隧道与打浦路隧道之间除核心区以外地块地下空间。

（4）远期开发：规划在世博会后开发，包括西藏路隧道以东与打浦路隧道，以西地块地下空间。

世博园区总体开发规模 160 万 m^2 左右，其中城市地下空间为 40 万 m^2 左右，地块地下空间为 120 万 m^2 左右。

4. 地下空间开发利用发展趋势启示

（1）综合化：地下空间开发利用的主要趋势是综合化，其表现首先是地下综合体的出现，其次是地下步行道系统和地下快速轨道系统、地下高速道路系统的结合，以及地下综合体和地下交通换乘枢纽的结合；第三是地上、地下空间功能既有区分，更有协调发展的相互结合模式。

（2）分层化与深层化：随着深层开挖技术和装备的逐步完善，深层地下空间资源的开发已成为未来城市现代化建设的主要课题。在地下空间深层化的同时，各空间层面分化趋势越来越强，分层面的地下空间将人、车分流，市政管线、污水和垃圾的处理分置于不同的层次，各种地下交通分层设置。

（3）城市交通与城际交通的地下化：城市交通和“高密度、高城市化地区”城市间交通的地下化，将成为未来地下空间开发利用的重点。

（4）先进技术手段的不断成熟和应用：随着地下空间开发利用程度不断扩展，要求隧道开挖速度及开挖安全越来越高，先进技术应运而生，如 TBM、盾构挖掘、微型隧道挖掘、GPS（卫星全球定位）、RS（遥感）、GIS（地理信息系统）等技术。

（5）市政公用隧道（共同沟）得到更广泛的应用和发展：随着城市和生活现代化水平的提高，各种管线种类、密度和长度将快速增加，多功能廊道的发展成为必然。

3.4.2 广州珠江新城地下空间规划

1. 规划背景

珠江新城位于广州市天河区，北起黄埔大道，南至珠江，西以广州大道为界，东抵华南快速干线，用地面积约 6.6km^2（包括员村污水处理厂部分），原规划建筑面积约 1300 万 m^2，是广州新城市中轴线上的主要区段和未来的城市中心。

新城核心区地下空间是广州市政府为了使位于广州市新中轴线上的珠江新城中央商务区的商务配套服务功能进一步深化、区域交通条件的根本性优化以及珠江新城中央广场整体形象的强化而规划建设的，是配合 2010 年亚运会召开的重点工程之一，是广州市目前规模最大、最重要的地下空间的综合开发利用项目。区内有广州地铁三号线、五号线和城市新中轴线地下旅客自动输送系统，周边主要为高级写字楼、星级酒店、社会配套公建，其中有广州市地标建筑“双子塔”、四大文化公建（广州歌剧院、广州图书馆、广东省博物馆、广州市第二少年宫）、海心沙市民广场等标志性建筑，如图 3-20 所示。

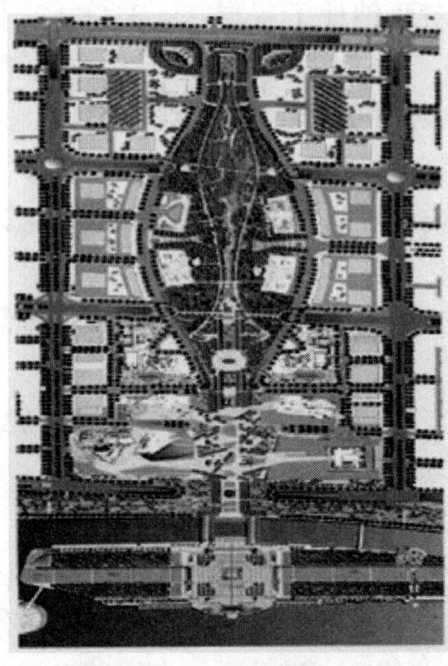

图 3-20 广州珠江新城核心区效果

2. 建设目标

20 世纪 80 年代，广州新城市中轴线的概念就开始被提出来；1993 年珠江新城规划编制开始，但由于受亚洲金融风暴的影响，珠江新城的规划建设一度中断搁浅；1999 年广州市政府又开始组织珠江新城的规划设计，并就前期规划和建设管理进行检讨；2004 年《珠江新城中央广场城市设计》编制完成。随后，广州市建设委员会相继组织开展了珠江新城市政交通项目设计和市政交通项目景观工程及海心沙岛景观设计；2009 年一切规划编制及相关工程招投标完成后，面积约 40 万 m^2 的花城广场才开始动工建设；在广州亚运会开幕前夕，外形似宝瓶状的生态型绿色开敞广场地面部分建成并对外开放，其与珠江中间的海心沙广场相连，形成广州最大的“城市客厅”。建设目标反映在如下 3 个方面：

（1）优化改善珠江新城 CBD 商务核心区的交通，加强与城市交通的衔接和联系，增强与轨道交通的便捷换乘功能，创造多层次的地下立体交通体系。建立以轨道交通为骨架、公共交通为主体、结合其他交通形式并行，具备完善的人行交通和人车分流的地下交通体系。

（2）连接、整合区域内各类综合设施和周边建筑的地下空间，统一规划区域内供电、给水排水、供冷、垃圾收集、安全监控系统、消防设施、人防设施、停车库等各项设施，使区域内各项公共设施统筹、统一、有机结合，形成一个资源共享的地下公共空间体系。

（3）创建广州市新中轴上标志性的 CBD 中央景观广场，营造 21 世纪广州市“城市客厅”为地面景观，为市民及游客提供观光、休闲、娱乐、购物等配套齐全、服务优质的各类设施，形成以人为本、充满活力、景观宜人的城市新中心区。

3. 珠江新城地下空间动态交通规划

珠江新城地下空间的动态交通规划如下：负 3 层，APM（旅客自动输送轻轨系统）站台；负 2 层，APM 站厅，3000 个小汽车停车位；负 1 层，公交车站、停车场、旅游车停车场；共设有两处公交总站分别在四大公建之间地下空间一层和高德置地中心首层，如图 3-21 所示。

图 3-21 地下空间的动态交通规划

1）过境交通设计

过境交通设计（三条过境隧道）：东西向道路金穗路、花城大道、临江大道设计为下沉隧道，连接广州大道及珠江新城东西的城市道路，如图 3-22 所示。采取隧道直接过境

图 3-22 过境隧道

的方式可以使得过境交通对内部循环交通的影响降到最低，也保障了机动车通过时的便捷性。

2）内部行车系统

内部车行系统（四个循环）：珠江新城核心区内交通通过珠江大道东、珠江大道西的单行逆时针大循环系统，将珠江新城核心区划分为北环、中环、南环三个交通小循环系统。同时为了加强临江大道与东西珠江大道的联系，在临江大道及华就路上的负一层地下空间设置两个环形交通岛，如图 3-23 所示。

3）与地下车库的连接

图 3-23 内部行车系统

（a）交通小循环系统；（b）逆时针大循环系统

通过四对旋转坡道以及华就路、兴安路隧道，地下空间负二层车库与周边建筑物地下车库相连接，为达到资源共享的目的，地下车库内设计单向两车道环形共享通道，并设置横向循环通道，以满足车库与周边建筑物车辆进出需要，车库出入口设计应满足车辆转弯半径的要求和预留一定长度的车辆排队区域，避免车辆排队时造成共享通道堵塞。

4）轨道交通

地铁三号线及五号线交汇于珠江新城站，连接火车东站和西电视塔的 APM（旅客自动输送轻轨系统）从广场中轴线地下沿南北方向穿越，在花城广场下共设有四个站点，分别是市民广场、中央广场、双塔广场、歌剧院，站间距离约为 400m，每小时 8000 人。

5）公交及旅游巴士

在金穗路以南地下负一层设置 30 辆旅游大巴停车场、出租车上下客区、候客区和货车装卸区；临江大道以北地下负一层道路两侧设置公交车站及旅游大巴车站，其中公交车站为两路公交车的中途站。

4. 珠江新城地下空间的建筑设计

广州珠江新城核心区地下空间的设计是由下沉景观广场系列、商业购物廊、下沉庭院以及用于连接轨道交通及周边建筑地下空间的人行通道系统等几个主要设计元素组成。建筑设计有以下几个特点：

（1）下沉景观广场沿中轴线布局，构成地下商业城的脊柱。

（2）下沉景观广场、大型坡道和楼梯，将大自然引入地下，满足地下建筑的自然通风和采光要求，使地下空间与地面建筑和景观从视觉和空间上融为一体。

（3）不同主题的下沉广场各具特色，广场入口标志鲜明，提供人们清晰的空间方位感。

（4）商业购物廊犹如血管延伸在地下各个功能区，围绕着联系轨道交通及周边建筑地下空间的人行通道系统展开，使地下人行系统在空间和装饰上产生人性化建筑效果。

（5）在地下空间的设计中，大量采用下沉广场和采光天井设计，将自然光线引入地下建筑，提供给人们一个更安全、更舒适，并起到节约能源作用的功能区。

5. 珠江新城地下空间分层功能规划和商业规划布局

1）分层功能规划

（1）地下平面一层设计：是珠江新城核心区市政交通项目体系的主平面层，主要布置商业等主要功能，由核心区和东西侧翼区组成。

（2）地下平面二层设计：是公共停车库、设备空间以及旅客自动输送系统站厅，该层与周围建筑的地下车库相连。

（3）地下平面三层设计：是旅客自动输送系统站台和旅客自动输送隧道，以及核心区供冷共同管廊。

2）商业规划布局

新城汇由三个不同风格和主题的区域组成：潮流服饰与娱乐区、时尚生活区、华丽典雅区。每个区域都有独特经营特色，汇聚了全国乃至世界各地高档零售、餐饮、娱乐、艺术与文化于一体。其中一区 8 万 m^2，二区 4 万 m^2，三区 3 万 m^2；定位为中高档“卧倒型”购物中心，业态组合包括了百货、超市、电影院、餐饮、儿童公园等，拟订零售部分国际一线品牌商家占比超 30%，如图 3-24 所示。

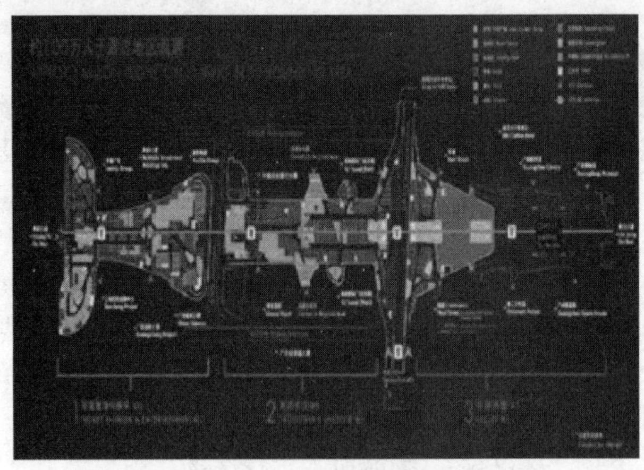

图 3-24 珠江新城地下商业规划布局

（1）一区：主要以高端百货、精品超市、星级影院、特色餐饮、品牌专卖店为主。

（2）二区：时尚服饰、国际餐厅及咖啡厅、化妆品及个人护理。

（3）三区：顶级名牌商店、高级百货公司、高级精致美食。

6. 珠江新城核心区地下空间规划提供的经验和启示

1）新技术研究及运用

广州市珠江新城核心区地下空间的设计在许多方面就大型地下空间的设计进行了探讨和研究，采用了一批新技术、新工艺。设计中对等多个主要问题采取了专题研究的方式，其中包括：大型地下空间开发中遇到的消防问题专题研究；人防工程问题专题研究；原有地铁线路保护问题专题研究；岩层爆破开挖对原有地铁的影响研究评估及新型爆破技术工艺研究；大面积地下建筑新型抗浮技术研究；地下超长建筑不设缝问题专题研究；大跨度无梁楼盖节点设计研究；区域智能化交通诱导系统及车库管理系统专题研究；隧道结构增加结构防撞能力及减少开裂的研究；区域真空垃圾压缩系统的设计研究；区域供冷系统的设计研究等。这些问题均逐一得到了较好的解决，对城市其他地下空间的开发利用起到了较好的借鉴作用。

2）提供的经验

（1）在城市中心区构建以轨道交通为主体、常规公交系统为辅助、私人小汽车为补充的综合交通体系。

（2）形成完整、立体、安全的人行交通系统。依托空中步行连廊（天桥）、地面过街设施、地下人行通道，实现 CBD 区内任何一处人车分流。

（3）通过合理的商业规划，分层、分区、分业态实现了地下空间的商业价值最大化。

（4）实现交通分流和地下空间商业价值的同时，地面留出足够的绿化空间供市民活动，以广场作为城市中心区的名片。

（5）在建设和使用中利用了大量环保和安全的新技术。

3）提供的启示

（1）根据城市定位、城市发展战略以及未来城市中心的功能三个方面，明确开发利用地下空间的具体目标。

（2）充分借鉴国内成熟地下空间规划的经验，特别是对地下交通规划、与轨道交通的结合方式、水平和竖向空间功能规划等方面的经验。

（3）从经济角度出发，特别关注地下空间的长远运行，比如商业的生存能力、交通系统的长远发展、地下设施维护的可持续性等。

（4）要认识到地下空间规划对于城市远景的深远影响，在做城市远期规划的初期就需要对地下空间的利用有一个比较明确概念，并将此加入到城市规划的影响因素中。

（5）对项目可能情况做出论证，总结出主要问题，并对这些主要问题作相关的专题研究，在规划和使用中采取环保安全的技术。

3.4.3 加拿大多伦多“PATH”地下空间开发

1. 规划背景

20 世纪初，欧美发达城市先后进行了城市地下空间的开发和利用，其中轨道交通的发展一直是地下空间建设的主要部分，而以加拿大多伦多为代表的城市却以不同的角度发展了地下空间，被命名为“PATH”（通道）的地下步行系统是多伦多乃至全世界最大的地下商城兼通道，“PATH”是土地私有制下私营部门推动的产物。多伦多市的“PATH”有着近百年的发展历史，剖析其建设发展历程，可归纳为三个阶段，如图 3-25 所示。

第一阶段为“二战”前，是“PATH”发展的雏形期。首个对外开放的地下通道是伊顿（Eaton）百货公司为了应对严峻的经济形势，在严寒而又漫长的冬季也能吸引人流进

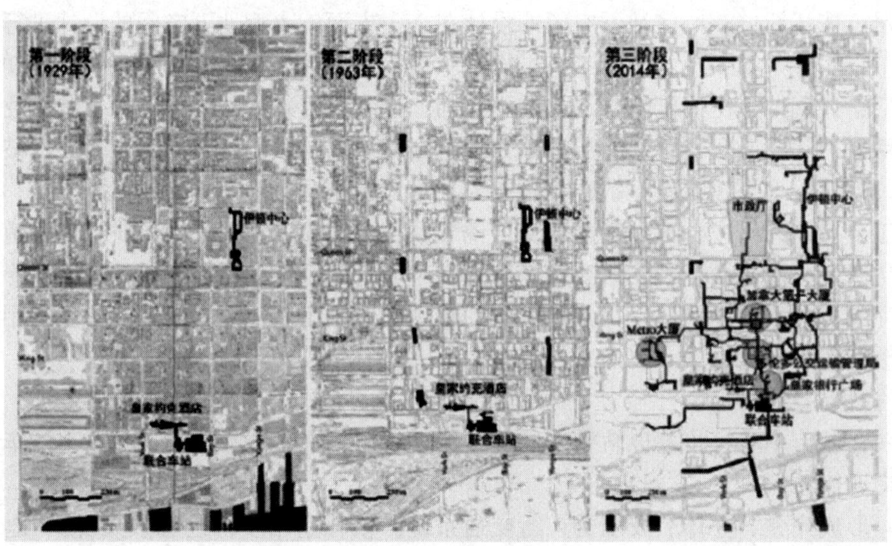

图 3-25 “PATH”发展进程图

入商场，增加经济效益，于 1900 年建立的。到 1917 年为止一共建造了 5 条地下通道连接到伊顿百货公司。

第二阶段为“二战”后，是“PATH”的发展期。在这个时期，主要是建立地铁空间与“PATH”的连接，许多地铁的转换站和中厅与邻近的商务楼、零售店等通过“PATH”连接到了一起。多伦多市市政府逐渐注意到“PATH”带来的经济和社会效益并看好其发展前景。为了鼓励“PATH”的建设，政府出台了两项激励政策：一是对于地下街区的开发强度的调整，即地下空间开发的出租商业面积，可不计入大厦本身的商业营业面积，同时可适当提高地下空间地块的土地开发强度，把超过容量部分收益的 30%用于地下通道的建设；二是建设资金的补助，即根据 1969 年城市市中心步行报告，政府为“PATH”项目支付建设总成本的 50%。

第三阶段为近期发展完善阶段，是“PATH”建设的成熟期。进入 20 世纪 80 年代，“PATH”迅速成长起来，加拿大第一大厦与里士满-阿德莱德中心之间的连接建立起来之后，“PATH”串起了许多百货商店、酒店、办公大楼以及地铁站等，形成了城市地下街道生活的“PATH”廊道系统。

2. 规划原则

“PATH”是位于多伦多中心区的大型地下空间，不仅拥有世界最大的地下商业综合体，商业设施服务整个多伦多，而且四通八达，是多伦多中心区的地下疏散通廊。“PATH”的规划原则如下：

(1) 改善地面交通的拥挤状况，为商务中心区提供必要的商业、文化等辅助服务设施；

(2) 生态：引入阳光与绿色，地下、地上空间融为一体；

(3) 科学连通：地下空间的格局不拘泥于地面的方格街区，而是更注重人行的便捷和连通，并辅以明显的标识；

(4) 预留：为未来扩展预留接口，“PATH”规划扩展至 60km。

3. 建设规模及空间特征

1）建设规模

目前，“PATH”的整体规模约为 50km²，北起邓达斯（Dundas）和贝（Bay）街交口处的多伦多长途汽车总站（Toronto Coach Terminal），南至大多伦多会展中心南楼，以每个地铁站为中心，呈辐射状延伸到地上的许多饭店、公寓、银行、商场和写字楼下。“PATH”范围内的商业设施相互连接，使地上、地下形成一个整体。除了餐馆和商店之外，“PATH”里还建有相当数量的旅馆、银行、邮局、电影院、网吧、健身中心以及文化味十足的展览厅、画廊和书店；配有公共座椅、饮水机、储物柜、电话、地图和信息亭等基础设施，来满足不同人群的使用，同时还配有可停放数万辆汽车的停车场，如图 3-26所示。

2）空间特征

（1）中庭："PATH”高层建筑与高层建筑之间用中庭来相互连接，在“PATH”空间中，存在着许多这样用于连接建筑与建筑的中庭，形成空间上的节点。这种空间节点既是水平交通和垂直交通的交叉点，又将富有阳光空气感的室外空间纳入室内，形成内外空间的有机交融；同时这些空间兼具服务功能，有咖啡馆、餐厅、零售店等，为使用者提供便利。目前，“PATH”中有 125 个层间转换节点，69 个方向转换节点，如图 3-27 所示。

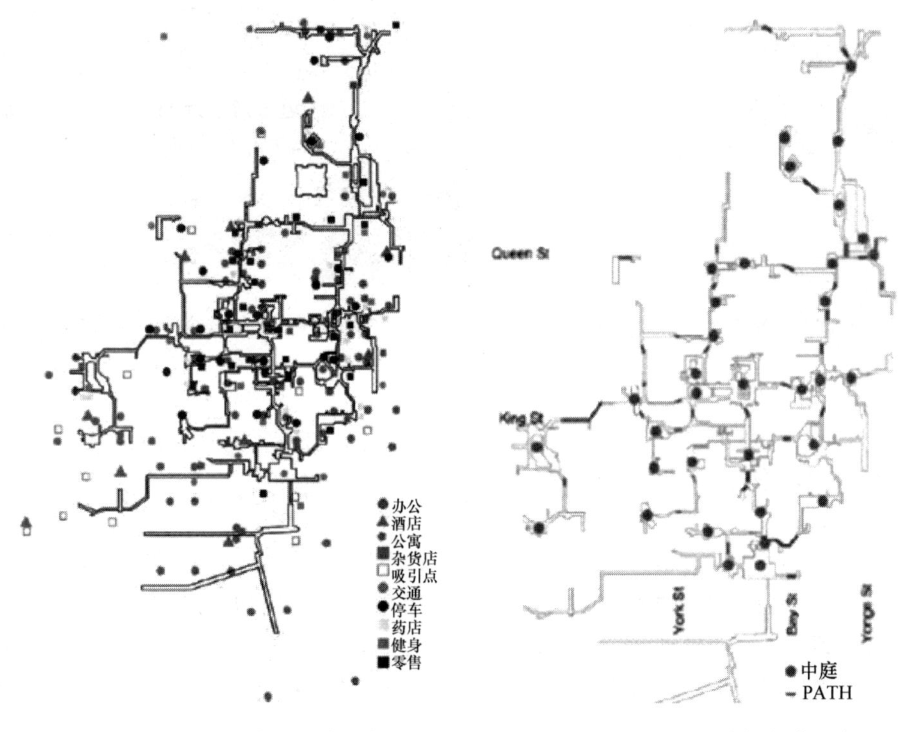

图 3-26 “PATH”基础设施分布图　　图 3-27 “PATH”空间组合示意图

（2）出入口："PATH”设置了多个出入口，每个出入口均设有色彩鲜艳的“PATH”标识，该标识在多伦多市政府注册，于 1988 年开始使用。“PATH”标识由 4 个不同颜色的字母组成，每个颜色代表不同的方向：“P”为红色指南方，“A”为橘色指西方，“T”为蓝色指北方，“H”为黄色指东方，如图 3-28 所示。但是，和大多数地下系统一样，

“PATH”出入口在街道层面的可识别性不强。这些出入口不管是设置在开放的楼梯间，还是位于独立展馆和楼宇之中，由于其单一的功能性，往往被融入周围的环境或者建筑体中，使得从户外访问“PATH”比较困难，许多人，尤其是初次到访的人几乎无法轻易识别和发现。

(3) 无障碍设计：加拿大自1960年起就已在无障碍设计上取得了相当的发展，并制定了各种标准，规定公共建筑物必须进行无障碍设计，如图3-29所示。所以，在整个“PATH”系统中，在建筑入口或其他任何有高差的地方，都设有符合规范的残疾人坡道及扶手。所有停车场和建筑入口停车位均设有残疾人专用停车位，洗手间都有残疾人专用位置，尽可能创造良好的环境条件支持残疾人独立行动，享受各项服务和休闲活动。

图3-28 “PATH”出入口（红点）分布

图3-29 “PATH”系统内的无障碍设计

4. 交通组织和商业设施

“PATH”不仅拥有世界最大的地下商业综合体，商业设施服务整个多伦多，同时四通发达，是多伦多中心区的地下疏散通廊，如图3-30所示。

1) 交通组织

(1) 疏散通廊：“PATH”位于多伦多“TTC”地铁线路U形凹口之间，长27km，连接6个地铁站和公共交通枢纽，每天疏散数十万的通勤人流和游客。

(2) 连通性：超过125个接口可通往中心区任一地点，链接50多个商务楼，20个停车场，2个百货公司，6个酒店以及铁路、码头、多伦多重要景点。图3-31为“PATH”的中庭。

2) 商业设施

“PATH”有37.16万m^2商业空间，1200多家商铺，提供超过5000人就业，每年进行全世界最大规模的地下“sideway sale”，通过对全世界最大规模的地下人行道枢纽站、连通站建设，目前共有5条相对独立的通道引导人流，平均每条宽6m，百米内到达公交站、铁路、出租车站等公交枢纽。图3-32为“PATH”的地下空间标识。

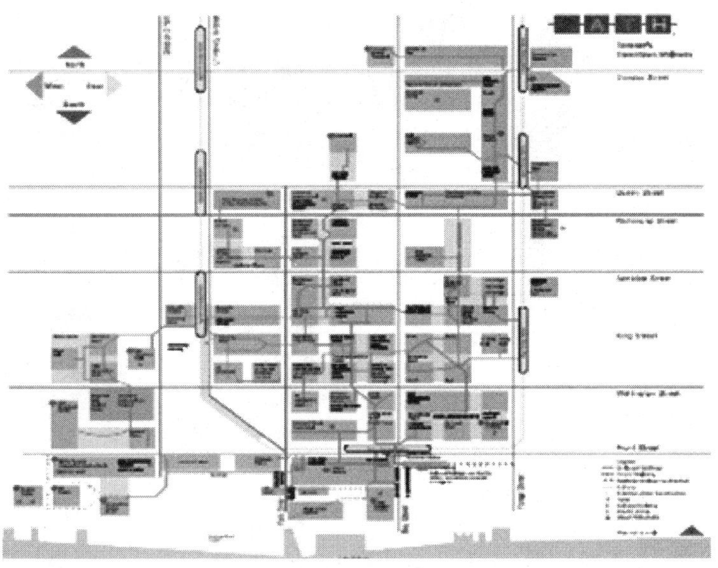

图 3-30 “PATH”地下结构示意图

图 3-31 中庭

图 3-32 地下空间标识

3.4.4 美国芝加哥“Pedway”

1. 规划背景

芝加哥地处美国北部，号称“风城”。该市冬季漫长且多雪，据统计一年有四分之一的时间日平均温度在零度以下；即使在温暖的季节，也时常会出现暴雨、大风等不良天气。“Pedway”是芝加哥地下步行系统的通称，也被称为对付糟糕天气的“秘密武器”，深受当地居民的欢迎。这个始建于 1951 年的庞大地下系统覆盖了芝加哥市中心区“loop”（鲁普区）核心地带大部分区域和主要建筑，在芝加哥漫长的冬季为市民提供了一个温暖的场所；人们可以利用地铁不出地面直接到达上班、商务和购物的目的地，也让人们有个安全的独立空间来躲避地面上错综复杂的车行交通。经过多年发展，“Pedway”系统已经在芝加哥市中心令人目眩的摩天大楼之下，构建了一个同样让人称奇的地下城市，如图 3-33 所示。

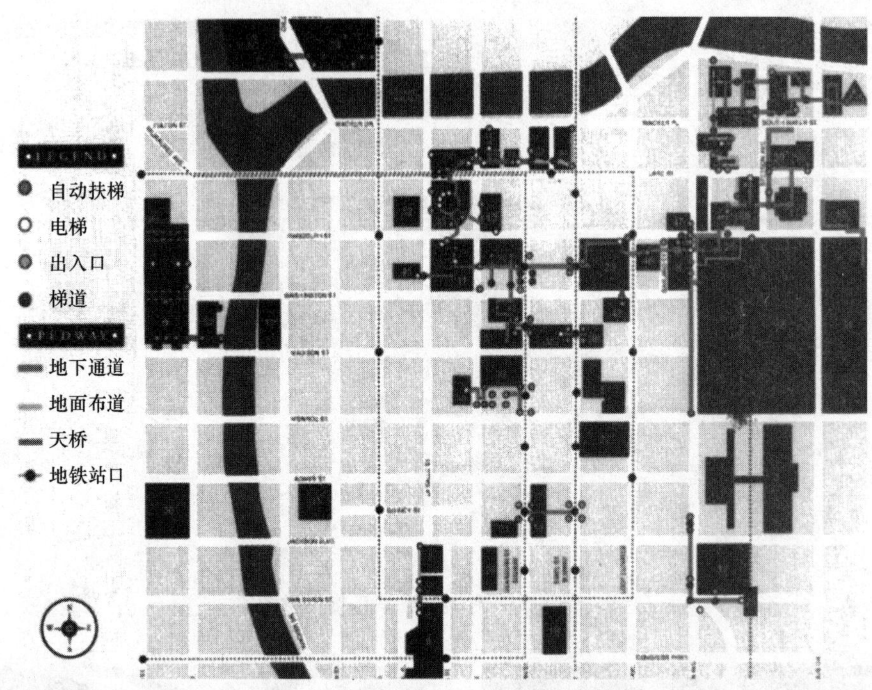

图 3-33 芝加哥“Pedway”平面图

“Pedway”地下步行系统可以立体化解决道路狭窄、每天有 20 万辆机动车进入这个区域的交通问题，将人车分离，引导步行交通进入地下，既保护行人的安全，也改善了地面交通状况。此外，芝加哥市中心区长期推行的高密度、高强度的开发模式造成地面土地资源极其紧缺，向地下要空间、扩大环境容量也成为现实可行的一个途径。在经济利益和社会利益的双重驱动下，政府、公众和私有公司纷纷以地下步行系统为基点着手开发利用地下资源，客观上也推动了“Pedway”的发展。

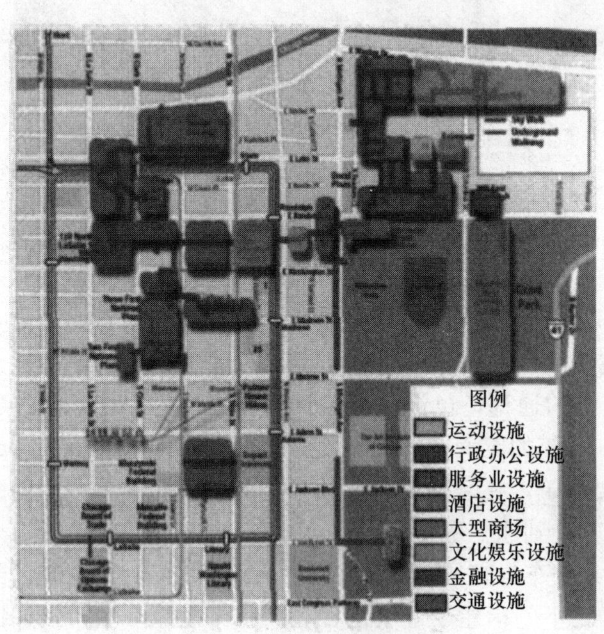

图 3-34 “Pedway”沿线设施布置图

2. 规划设计

“Pedway”分布的区域为芝加哥的中心商贸区，建筑密集流量大，联系的 50 余栋建筑多为社会活动集中的节点。根据功能的不同，相关节点大致归类为交通设施、办公酒店等服务业设施以及商业文化设施等，如图 3-34 所示。

1）交通设施

芝加哥“Pedway”的出现是市区轨道交通发展到一定阶段的产物，并依托地铁的拓展逐渐成为中心区步行交通的特殊载体，所以

“Pedway”网络分布始终与各种交通设施密切相关。系统的发展也始终坚持提高网络到达交通设施可达性的原则，因此，“Pedway”就像根植于地铁和通勤铁路的向外“生长”的“藤蔓”，“地铁”和通勤铁路则像“根”一样向“Pedway”的“杆茎”释放源源不断的客流。

“Pedway”共联系了 7 个地铁站点的站厅层，每天有上万人次行人涌出车站，进入与轨道交通连接的“Pedway”系统，分流至各个目的地。据芝加哥交通局统计，在“Pedway”与地铁站点连接最繁忙的区段，日通行人次达 2 万人，而在多风、寒冷的冬天人次可到 4 万。

“METRA”是穿梭芝加哥市区与郊区间的通勤铁路，它在市区的线路与车站均布设在地下。利用同处地下的便利，“Pedway”将出入口延伸至“METRA”的候车大厅内，吸引人们利用“Pedway”进出车站，减少了出入站客流与地面车行交通间的相互干扰。

“Pedway”的发展也兼顾了静态交通空间。芝加哥中心区两处可提供上千个车位的地下公共停车场周边均分布了“Pedway”的地下通道，人们利用它从中心区到达停车场，给出行者带来了极大便利。

2）办公、酒店等设施

“Pedway”在布局上的另一特点是串联起众多的办公、写字楼。芝加哥市中心是芝加哥大都市地区最主要的就业区，其中既有联邦、郡县和地方政府的行政、司法机构，也有跨国公司云集的写字楼和银行等金融中心，还有多个星级酒店，因此以工作、商务为目的交通比例很大，而将这些交通吸引点串联起来的“Pedway”为该地区的步行交通提供了另一种方式。利用此类建筑体量大、空间充足的特点，“Pedway”的通道与建筑的地下层相连。再通过梯道、自动扶梯等将步行者输送至建筑内部，如图 3-35 所示。相得益彰的是，“Pedway”使沿线设施的使用者出行更为便捷，相关建筑提供底层、走廊等内部空间也完善了“Pedway”的硬件环境。

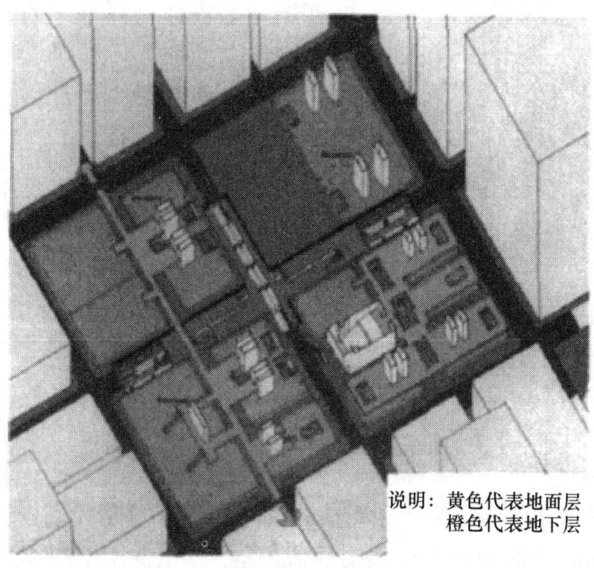

图 3-35 “Pedway”与地面建筑关系图

3）商业、办公等设施

芝加哥“Pedway”上分布有数个大型购物中心和文化、健身中心等休闲设施。设计时，“Pedway”的布局尽量与设施内部协调统一，使步行更为舒适和轻松。例如“Pedway”穿过“Macy”百货的地下一层营业区，步行通道与商场间以落地玻璃分割；“Pedway”在芝加哥文化中心下被处理为一个小型的圆形广场，形态与文化中心主体建筑的玻璃穹顶相呼应。小广场内经常布置各类广告，人们可快速了解演出和展览的资讯。

4）地下通道（交通线）

地下通道是“Pedway”的骨架，也是芝加哥中心区地下城的动脉，地面上分散的建筑因为这些通道而在地下成为整体。“Pedway”的通道结合了城市的用地布局、轨道交通站点的分布以及沿线建筑的形态和结构，因此平面线形蜿蜒曲折。通道的细部设计充分考虑了行人的感受和通行的流量，宽度3～8m不等。高度大部分在3m左右。

从建设模式上芝加哥“Pedway”的通道可分为两种：一种为独立的人行地道。这种通道多分布在道路或建筑间公共区域的地下，以交通功能为主，内部设备简洁、实用，多由政府投资建设。优势在于，高效、便捷、投入低。另一种通道为合建式，即结合各类建筑的附建式地下设施，在地下空间中辟出的步行通廊。由于这类通道多与建筑同时建成，所以设计细节上与建筑有很好的融合。开发商在引入通道时已考虑到地下空间的综合利用，通道及沿线设施的功能也更为丰富。此类通道的建设和管理一般由开发商来运作。优势在于，综合、丰富、价值大。

“Pedway”内通道都配备有中央空调、消防设施以及安全监控系统，有的还装配了公用电话、公共厕所和休息区，通道与建筑间通常会设置旋转门或防火门等予以空间的分隔。同时“Pedway”通道中也布置了大量的梯道和自动扶梯，尤其在一些人流集中、交换频繁的区域，行人可以方便地进出地面。

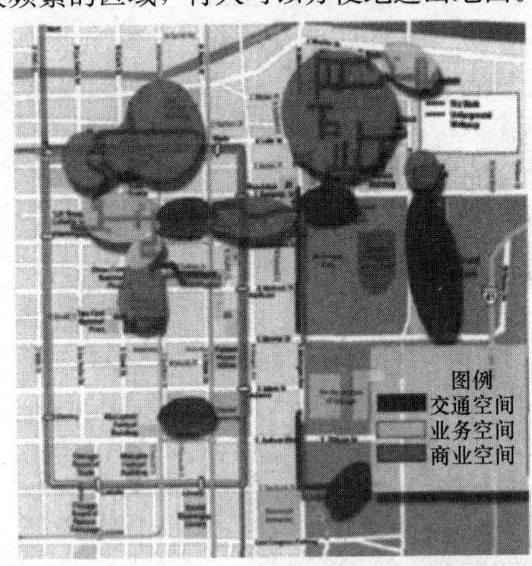

图3-36 “Pedway”地下空间功能分布图

3．“Pedway”综合功能

“Pedway”的建设遵循了地下空间利用的普遍规律，即地下与地上空间的统一性，因此系统是与开发理念的转变、芝加哥中心区功能和容量的提升更新同步的。而“Pedway”之所以可以成为“城”，也是得益于它以交通空间为基础，积极拓展其他功能的特点，如图3-36所示。

由最初两条地铁线路间的换乘通道发展至今，地下交通空间依然是“Pedway”系统基本的使用功能。借力于地铁的稳定发展，该系统的交通功能日趋综合化和多样化，地下铁路和地下停车场等城市动、静态交通枢纽与之连接。除此之外，依托“Pedway”的网络构架，更多的城市功能得以发展。“Pedway”沿线开发商和机构纷纷尝试整合城市地下与地上空间，以地面功能的多样化来引导地下空间开发利用的多样化，挖掘更多的可利用土地资源。

(1) 业务空间：由于“Pedway”使用上的便利，一些政府机构和会务中心将人流吸引率高的设施布置在“Pedway”内。比如公共事务性建筑市民中心和市政府，两个建筑地下空间是以板块形式整体利用开发的。在预留出“Pedway”通道的情况下，地下空间分隔成数个民事法庭、婚姻、出生注册、机动车登记等办公室；“Macy”百货、伊利诺中心也将多个会议和展览大厅移至“Pedway”。

(2) 商业空间：由于商业活动不需要自然光线，因此十分适于在地下空间内进行。“Thompson”中心是座集合了办公、商业的综合性建筑，“Pedway”和地铁从其地下通过，衔接“Pedway”的是其地下层的大型餐厅。在伊利诺中心建筑群下，结合“Pedway”形成了覆盖整个中心的地下商业街区，其中餐馆、商场、书店、健身中心等服务设施一应俱全，繁华程度不亚于地面商业街，即使不是大规模的开发区域，沿“Pedway”也随处可见咖啡屋、药店、花店这些便民的商业服务设施。

这些复合利用地下空间的模式，克服了“Pedway”单纯作为步行通道、人流量不均匀造成的设施闲置以及投资回收的困难，同时各类空间也利用和刺激了步行系统的人气效应，保证了设施移至地下后的使用状态。

4. 芝加哥“Pedway”的启示

(1) 轨道交通的原动力作用：与日本、我国香港等地世界上成功开发利用地下空间的案例类似，芝加哥“Pedway”的产生也与轨道交通的发展密切相关。轨道交通“联”与“通”的作用能迅速刺激沿线物业升值，带来良好的社会与经济效益。

(2) 地下空间功能的复合性：单纯的地下交通设施功能单一，对城市功能的综合提升贡献有限，且很难收回投资。将交通与商业、办公等服务设施捆绑建设，则可以产生复合效益。

(3) 规划、政策的重要性：地下空间是城市十分宝贵的自然资源，具有不可复原性，科学系统地编制地下空间开发利用规划十分重要。我国目前关于地下空间开发利用的法律和法规是地下空间开发利用的瓶颈，相关产权、管理等问题尚不明确，同时很多城市还未编制系统的地下空间规划来指导建设。

(4) 资金投入的多元性：地下空间的建设周期长、投资大，单由政府投资建设显然不够，因此，芝加哥“Pedway”很早即由政府单独出资转变为公共、私有资本共同加入，政府从建设法规、财税政策上给予私有资金积极的引导和奖励。

第4章　城市地下工程勘察

工程地质勘察对地上工程和地下工程的建设都很重要，它是选址、设计、施工包括安全使用的依据。然而，由于工程所处的条件、环境、投资成本、不可逆性等方面的差异，导致地上工程和地下工程在地质勘察内容、侧重点等方面有所不同。本章主要介绍城市地下工程地质勘察特点、勘察内容、勘察方法以及工程地质勘察在地下工程选址实例分析。

4.1　工程地质勘察

城市地下工程全部或部分埋置在地下岩土体内，它的安全、经济和正常使用，都与其所处的工程地质环境密切相关。因此，在城市地下工程建设时，进行深入细致的工程地质勘察是必要的，目的是查清工程场地的基本地形、地貌情况和岩土体的基本工程特性等，为相关工程问题评价、良好地质条件选定、建筑结构设计和施工措施确定等提供需要的各种资料，以保证城市地下工程能在经济、安全的条件下进行修建和使用。

4.1.1　工程地质勘察的基本内容

地下工程地质勘察就是通过野外地质测绘，配合勘探和测试工作，查明地下工程通过地段的地形地貌、地层岩性、地质构造、水文地质和不良地质现象等工程地质条件，其基本内容如下：

1）地形地貌调查

查明地下工程所处地段的自然状况，对于河谷岸坡要查明山坡的形态和坡度，分析地下工程穿过的阶地和岸坡是否存在稳定性问题；对于分水岭的垭口（两山之间）处要注意是否为断裂带所构成，查明分水岭两侧沟谷的形态、分布、密度、切割情况和发展趋势；对于地下工程置于覆盖土层中情况，查明是否存在因软弱土层较厚引起地面沉降等情况；根据地下工程位置的标高和顶部的埋置深度，从地形上分析有无偏压的可能；洪水期河流或地表沟谷水流是否会倒灌等。在城市中，除地质上的地形地貌外，还需查明地上、地下的建筑物和结构物的基本情况。

2）地层岩性研究

查明地下工程所处地段的各类岩土体的分布、年代、岩性、岩相及成因类型，岩土层的正常层序、产状、接触关系、厚度及其变化规律和工程地质性质等。对于岩层中的地下工程必须特别查明隧道洞身的岩层顺序及厚度、岩性特征和物理力学性质，以及岩石的风化程度等，并在调查中注意软弱夹层的分布和厚度，特别注意查明地下工程是否通过如煤层、含盐地层、膨胀性地层以及有害矿体等特殊地层；查明这些特殊地层可能产生的危害和影响，并对有害气体及放射性物质的含量等做出评价，预测含盐地层引起的地下水的侵蚀性和膨胀性地层引起导洞的膨胀变形等。

3）地质构造研究

查明地下工程所处区域性地质构造的部位，岩层的产状及各种构造形式的分布、形态和规模，特别要注意查明是否处于几个构造体系的复合部位；查明岩土层各种接触面及各类构造岩的工程特性，以及近期构造活动的形迹、特点及与地震活动的关系等。在调查中要对岩层产状进行仔细的测量，并根据岩层出露情况分析褶皱、断裂构造的类型及相互间的关系；对于断层，应查明它们的性质、产状、破碎带和影响带宽度及延伸情况，断层破碎带的岩性特征及含水情况等；对于节理，应查明其成因、组数、产状和密度，查明节理面的特征和张开度以及充填情况等；对于傍山隧道，应调查岸坡卸荷裂隙、风化裂隙的影响范围和深度，分析其是否会影响到地下工程的稳定性及围岩岩体的性质等。

4）水文地质调查

查明地下工程所处区域泉、井等地下水与天然和人工露头及地表水体关系，岩土渗透性、地下水的埋藏条件、出露情况、水位形成条件以及动态变化关系等；查明含水、透水层和相对隔水层的数目、层位，以及各含水层的富水程度和它们之间的水力联系，在调查中判明地下水的类型；测定地下水的流量、流向，预测地下工程地段的涌水量；在断层带附近或岩溶地区，要分析是否会发生突然涌水的危险；分析地下水的水质对混凝土有无侵蚀性；调查地下水与附近城市、村庄的饮用水和农业用水的水力联系等。

5）不良地质现象研究

以地形地貌、地层岩性、地质构造和水文地质条件的调查为基础，查明地下工程所处地段有无不良地质现象，如滑坡、风化、崩塌、斜坡变形、岩堆、泥石流和岩溶等；查清它们的位置、类型、分布、形态、规模和成因及其发展演化趋势，预测不良地质现象对地下工程建设可能产生的影响以及对工程的影响等。

6）地温的测定

当地下工程的埋置较深时，应研究地温的变化规律及其对工程的影响。在潮湿的坑道中，当温度达到 40℃时，工作就很困难，一般不宜超过 25℃，超过这个温度就要采取降温措施。因此，在勘察阶段对地下工程内部的温度进行预测是有必要的。

4.1.2 工程地质勘察的基本方法

地下工程地质勘察的基本方法有：工程地质测绘、工程地质勘探和工程地质试验，有关具体操作和试样方法可参照有关国家规范、标准和规程。为顺利实现工程地质勘察的目的、要求和内容，提高勘察质量，必须了解和掌握各种勘察方法的特点和实施方法。

1. 工程地质测绘

工程地质测绘是工程地质勘察中一项最重要、最基本的勘察方法，是工程早期地质勘察阶段的主要勘察方法。工程地质测绘实质上是综合性的地质测绘，其任务是在地形地质图上填绘出工程址区的工程地质条件，即运用地质、工程地质理论对有关的各种地质现象进行详细观察和描述，以查明拟定区内工程地质条件的空间分布和各要素之间的内在联系，并按照精度要求将它们如实地反映在一定比例尺的地形设计图上；配合工程地质勘探、试验等所取得的资料编制成工程地质图，作为工程地质勘察的重要成果并提供给工程规划、设计和施工部门参考。

工程地质的测绘范围一般以满足工程选址、工程设计和病害处理为原则，即根据地质构造复杂程度、不良地质现象发生和影响范围，以及工程地质条件分析的需要加以确定。

2. 工程地质勘探

为了查明地下岩土性质、分布及地下水等条件，需要进行工程地质勘探。勘探是在工程地质测绘和调查所取得各项定性资料基础上，进一步对场地地质条件进行定量的评价。岩土工程地质勘探常用的手段有钻探工程、坑探工程及地球物理勘探三类。

(1) 钻探工程是使用最广泛的一类直接勘探手段，普遍应用于各类工程的勘探。由于它对一些重要的地质体或地质现象可能会误判、遗漏，所以也称它为“半直接”勘探手段。

(2) 坑探工程是一类直接勘探手段，勘探人员可以在坑中观察编录，以掌握地质结构的细节。但是特别是重型坑探工程耗资高，勘探周期长，使用时应考虑经济性。

(3) 地球物理勘探简称物探，是一类间接的勘探手段，它可以简便而迅速地探测地下地质情况，且具有立体透视性的优点。但其勘探成果具有多解性，使用时往往受到一些条件的局限。

钻探工程、坑探工程和地球物理勘探这三种勘探手段，在城市地下工程勘察的不同阶段，即可行性研究勘察阶段、初步勘察阶段、详细勘察阶段和施工阶段，其使用的侧重点有所不同，需综合考虑，互为补充应用。

(1) 可行性研究勘察阶段的目的是对拟建场地的稳定性和适宜性做出评价，主要进行工程地质测绘，勘探往往是配合测绘工作而开展的，而且较多地使用物探手段，钻探和坑探主要用来验证物探成果和取得基准剖面。

(2) 初步勘察阶段目的是对地下工程地段的稳定性做出岩土工程评价，勘探工作比重较大，以钻探工程为主，并为室内试验取样，同时做原位测试和监测。

(3) 详细勘察阶段目的是提出详细的岩土工程资料和设计所需的岩土技术参数，应对工程设计、支护处理以及不良地质现象的防治等具体方案做出论证和建议，以满足施工图设计基本要求，因此，须进行直接勘探，与其配合还应进行大量的原位测试，其中各类工程勘探的坑、孔密度和深度都有详细严格的规定；在复杂地质条件下或特殊的岩土工程（或地区），还应布置重型坑探工程，同时，此阶段的物探工作主要为测井，以便沿勘探井孔研究地质剖面和地下水分布等。

(4) 施工勘察阶段主要目的是根据前期地质勘察所揭露的地质情况，验证已有地质资料和岩土体的分类，对岩土体的稳定性和涌水等情况进行预测预报。当发现与地质报告资料有重大不符时，应提出修改设计的建议。

3. 工程地质试验

工程地质试验是工程地质勘察中不可或缺的重要环节，一则为工程建设提供必要的设计参数；二则为工程建设中的某些特殊工程地质问题的评价，提供必要的技术参数和依据。再者，通过工程施工前后，某些特殊问题和环境方面问题进行的野外现场观测与监测，可为工程施工、维护和环境保护等提供必要的数据与资料。另外，工程地质试验也为理论分析和计算提供参数，如稳定性、变形等计算。工程地质试验分为两类，即室内测试和原位测试。

1) 室内试验

室内试验是在实验室内对野外现场采取的试样进行的试验，以获得工程设计、施工和技术管理所需要的数据资料。主要试验内容包括：岩土工程性质试验、化学试验与检测和一些工程地质问题的专门试验等。室内试验分两类，即常规试验和非常规试验。

(1) 常规试验，测定岩土的基本物理力学指标。

(2) 非常规试验，试验内容根据具体问题确定。如岩体，有时要做三轴压缩强度试验、抗拉强度试验及直剪试验等；土体，有时要做高压固结试验、动三轴试验等。

2) 现场原位试验

现场原位试验是在野外工程现场进行的试验，为获得工程设计和工程地质问题评价所需数据与资料。由于现场原位试验是在自然条件下进行试验，岩土试样没有被扰动或扰动甚微，试验条件与实际工程情况最大程度的一致，且试验范围或试样尺寸较大，更能综合反映岩土的实际工程地质性质，因此试验成果较室内试验更为可靠，它往往是室内试验不可替代的。但由于野外现场的原位试验在仪器设备、技术、人力、物力和试验时间等方面一般较室内试验复杂或大得多，故试验成本较高，操作也更为困难。因此在工程地质勘察中，现场原位试验不可能全面展开，只是在条件许可的情况下应尽可能多做，与室内试验相互补充。

4.1.3 工程地质勘察的工程意义

城市地下工程既以岩土体为环境，又以岩土体为介质、结构或部分结构。因此，工程地质勘察对城市地下工程建设的安全、经济及正常使用都有着重要意义，主要反映在以下4个方面：

1) 为地下工程的选址、设计和使用等提供可行性依据

工程地质环境要素影响地下工程周围岩土体的变形和稳定性，直接关系到地下工程的选址、设计和使用。因而，地下空间的利用必须重视对工程地质环境要素的正确分析与评价，否则，将使地下工程建筑难以达到设计和使用要求，甚至报废。如某岩层中的地下冷库，建筑面积1288.87m^2，容量1000t，由于选址不当、埋置深度过浅、围岩裂隙发育、地下水系发达等原因，在冷库投入使用后，地面和地面建筑物就会发生严重开裂和不均匀沉降，洞内岩壁上裂隙纵横，致使冷库停止使用，造成重大经济损失。

2) 为地下工程施工的顺利实施提供保证

地下空间的开发利用，将引起岩土体内应力重新分布，导致岩土体要素发生变化，产生各种环境工程地质问题，如地面沉降、地面塌陷、围岩失稳等。这些工程地质问题，不仅变化形式复杂而且影响周期长。影响的大小和周期主要取决于工程方面的作用因素，如洞室的埋深、断面形状和大小、相邻洞室间距、施工方法与技术、开挖顺序、支衬结构类型和支衬是否及时等。工程方面的作用，反过来也作用地质环境，两者相互作用、相互影响。因此，根据工程地质环境要素及拟建工程特点与要求，选择较好的位置和设计方案，采用恰当的施工方法和支护类型，以尽量维护岩土体的自身强度、控制岩土体的变形、充分发挥岩土体与支护结构的共同作用，将会减少施工过程中不良工程地质要素对施工的影响，保证地下工程施工的顺利实施。

3) 为地下工程安全性和合理性的提高提供条件

根据地下工程建设的实践经验，充分利用有利的工程地质条件，避开不利的条件，对安全、合理地修建地下工程是十分重要的，如美国明尼苏达州及其附近地区，风化表土以

下的基岩一般为水平产状的石灰岩和砂岩互层，其中表土强度较低，适合采用明挖法施工，石灰岩石质坚硬，而砂岩不是很坚实。在对该区工程地质环境要素综合评价的基础上，得出地下工程宜建于表土层中，以石灰岩地层顶部作为基底，或将洞室完全开挖在石灰岩地层中，以及将洞室开挖在砂岩地层中，而将石灰岩作为洞室的顶板，这样使地下工程的建设既安全又合理。

4）为地下工程减少造价提供途径

地下工程的开挖破坏了岩土体的原有应力平衡条件，一般需要选择支护方式和支护结构（或衬砌结构）类型。由于许多支护结构（或衬砌结构）都是临时的，即挖一部分支护一部分，撤除一部分。若通过详细的工程地质勘察，能充分合理地利用岩土体地层自承载能力，可以减少支护数量，节约支护结构（或内衬结构）材料，延长支护或使用时间。

4.2 岩土体工程地质评价

在城市地下工程建设中，地下洞室周围的岩土体简称围岩，围岩涉及的范围常指洞室周围受到开挖影响，开挖宽度或平均直径3倍左右的范围。在岩土体的工程特性评价中，岩土体的分类是地下工程围岩稳定性分析的基础，也是解决地下工程设计和施工工艺标准化的一个重要途径，下面主要介绍与岩体相关的工程地质评价内容。

4.2.1 岩体分类

从岩体工程地质特征出发，在总结各种围岩条件下的支护结构和施工工艺方面成功和失败经验教训的基础上，经过分析概括，可将岩体进行归纳分类。目前，国内外已提出的岩体分类方案有数十种之多，这些分类中有定性的，也有定量的；有单一因素分类，也有考虑多种因素的综合分类。尽管分类原则和考虑的因素不尽相同，但岩体完整性、成层条件、岩块强度、结构面发育情况及地下水等因素，在各种分类中都不同程度地考虑到了，在实际工作中可根据具体地下工程的岩体条件和工程类型选用。以岩体质量分级和岩体地质力学分类（RMR分类）为例，阐述相关的内容。

1. 岩体质量分级

《工程岩体分级标准》GB/T 50218—2014中按岩体基本质量指标 BQ 进行分级，BQ 的表达式如式（4-1）所示：

$$BQ = 100 + 3R_c + 250K_v \tag{4-1}$$

式中 R_c——岩石饱和单轴抗压强度（MPa）；

K_v——岩体完整性系数，K_v 利用声波试验资料，按式（4-2）确定。

$$K_v = \left(\frac{v_{pm}}{v_{pr}}\right)^2 \tag{4-2}$$

式中 v_{pm}——岩体纵波速度；(km/s)

v_{pr}——岩块纵波速度。(km/s)

当无测试资料时，也可用岩体体积节理数（单位岩体体积内结构面条数）J_v，查表4-1求得 K_v 值。

J_v 与 K_v 对照 表 4-1

J_v（条/m^3）	<3	3～10	10～20	20～35	≥35
K_v	>0.75	0.75～0.55	0.55～0.35	0.35～0.15	≤0.15

岩体的基本质量指标主要考虑了组成岩体的岩石坚硬程度和岩体完整性。依据 BQ 值和岩体质量定性特征，可将岩体划分为 5 级，如表 4-2 所示。

围岩基本质量分级 表 4-2

围岩基本质量级别	岩体基本质量的定性特征	岩体基本质量指标（BQ）
Ⅰ	坚硬岩，岩体完整	>550
Ⅱ	坚硬岩，岩体较完整；较坚硬岩，岩体完整	550～451
Ⅲ	坚硬岩，岩体较破碎；较坚硬岩，岩体较完整；较软岩，岩体完整	450～351
Ⅳ	坚硬岩，岩体破碎；较坚硬岩，岩体较破碎～破碎；较软岩，岩体较完整～较破碎；软岩，岩体完整～较完整	350～251
Ⅴ	较软岩，岩体破碎；软岩，岩体较破碎～破碎；全部极软岩及全部极破碎岩	≤250

岩石饱和单轴抗压强度 R_c 与岩石坚硬程度的对应关系，可按表 4-3 确定。

R_c 与岩石坚硬程度的对应关系 表 4-3

R_c(MPa)	>60	60～30	30～15	15～5	≤5
坚硬程度	硬质岩		软质岩		
	坚硬岩	较坚硬岩	较软岩	软岩	极软岩

当地下工程围岩处于高天然应力区或围岩中有不利稳定的软弱结构面或地下水存在时，岩体的基本质量指标应进行修正，修正值［BQ］按式（4-3）计算：

$$[BQ] = BQ - 100 \times (K_1 + K_2 + K_3) \tag{4-3}$$

式中 K_1 ——地下工程地下水影响的修正系数，按表 4-4 确定；

K_2 ——主要软弱结构面产状影响的修正系数，按表 4-5 确定；

K_3 ——初始应力状态影响的修正系数，按表 4-6 确定。

地下工程地下水影响的修正系数 K_1 表 4-4

地下水出水状态	BQ				
	>550	550～451	450～351	350～251	≤250
潮湿或点滴状出水，$p≤0.1$ 或 $Q≤25$	0	0	0～0.1	0.2～0.3	0.4～0.6
淋雨状或线流状出水，$0.1<p≤0.5$ 或 $25<Q≤125$	0～0.1	0.1～0.2	0.2～0.3	0.4～0.6	0.7～0.9
涌流状出水，$p>0.5$ 或 $Q>125$	0.1～0.2	0.2～0.3	0.4～0.6	0.7～0.9	1.0

注：1. p 为地下工程围岩裂隙水压(MPa)；

2. Q 为每 10m 洞长出水量(L/min · 10m)。

地下工程主要结构面产状影响的修正系数 K_2 表 4-5

结构面产状及其与洞轴线的组合关系	结构面走向与洞轴线夹角小于 30° 结构面倾角 30°～75°	结构面走向与洞轴线夹角大于 60°，结构面倾角大于 75°	其他组合
K_2	0.4～0.6	0～0.2	0.2～0.4

初始应力状态影响的修正系数 K_3 表 4-6

围岩强度应力比 $\left(\frac{R_c}{\sigma_{max}}\right)$	BQ				
	>550	550～451	450～351	350～251	≤250
<4	1.0	1.0	1.0～1.5	1.0～1.5	1.0
4～7	0.5	0.5	0.5	0.5～1.0	0.5～1.0

根据修正值［BQ］的岩体分级，仍按表 4-2 进行。各级岩体的物理力学参数和围岩自稳能力可按表 4-7 和表 4-8 评价。

岩体物理力学参数表 表 4-7

岩体基本质量级别	重度 γ (kN/m³)	抗剪断峰值强度		变形模量 E (GPa)	泊松比 μ
		内摩擦角(°)	黏聚力(MPa)		
Ⅰ	>26.5	>60	>2.1	>33	<0.2
Ⅱ		60～50	2.1～1.5	33～16	0.2～0.25
Ⅲ	26.5～24.5	50～39	1.5～0.7	16～6	0.25～0.3
Ⅳ	24.5～22.5	39～27	0.7～0.2	6～1.3	0.3～0.35
Ⅴ	<22.5	<27	<0.2	<1.3	>0.35

地下工程岩体自稳能力 表 4-8

岩体类别	自稳能力
Ⅰ	跨度不大于 20，可长期稳定，偶有掉块，无塌方
Ⅱ	跨度 10～20m，可基本稳定，局部可发生掉块或小塌方；跨度小于 10m，可长期稳定，偶有掉块
Ⅲ	跨度 10～20m，可稳定数日至 1 个月，可发生小至中塌方；跨度 5～10m，可稳定数月，可发生局部块体位移及小至中塌方；跨度小于 5m，可基本稳定
Ⅳ	跨度大于 5m，一般无自稳能力，数日至数月内可发生松动变形、小塌方，进而发展为中至大塌方。埋深小时，以拱部松动破坏为主，埋深大时，有明显塑性流动变形和挤压破坏；跨度小于 5m，可稳定数日至 1 个月
Ⅴ	无自稳能力

注：小塌方，塌方高度小于 3m，或塌方体积小于 30m³；中塌方，塌方高度 3～6m，或塌方体积 30～100m³；大塌方，塌方高度大于 6m，或塌方体积大于 100m³。

2. 岩体地质力学分类（RMR 分类）

RMR 分类由比尼卫斯基（Bieniawski）1973 提出，后经多次修改，于 1989 年发表在《工程岩体分类》一书中。该分类系统由岩块强度、*RQD* 值、节理间距、节理条件及地下水 5 类指标组成。分类时，根据各类指标的数值，按表 4-9 的标准评分，求得总分。然后，按表 4-10 和表 4-11 的规定对总分作适当地修正。最后用修正后的总分对照表 4-12 求得岩体的类别及相应的不支护地下工程的自稳时间和岩体强度指标。

岩体地质力学（RMR）分类　　表 4-9

分类参数及其评分值								
分类参数		数值范围						
完整岩石强度（MPa）	点荷载强度指标	＞10	4～10	2～4	1～2	对强度较低的岩石宜用单轴抗压强度		
	单轴抗压强度	＞250	100～250	50～100	25～50	10～25	3～10	＜3
评分值		15	12	7	4	2	1	0
岩芯质量指标 *RQD*		90%～100%	75%～90%	50%～75%	25%～50%	＜25%		
评分值		20	15	10	8	5		
节理间距		＞200cm	60～200cm	20～60cm	6～20cm	＜6cm		
评分值		20	15	10	8	5		
节理条件		节理面很粗糙，节理不连续，节理宽度为零，节理面岩石坚硬	节理面稍粗糙，宽度小于1mm，节理面岩石坚硬	节理面稍粗糙，宽度小于1mm，节理面岩石软弱	节理面光滑或含厚度小于5mm的软弱夹层，张开度1～5mm，节理连续	含厚度大于5mm的软弱夹层，张开度大于5mm，节理连续		
评分值		30	25	20	10	0		
地下水条件	每10m长的隧道涌水量（L/min）	无	＜10	10～25	25～125	＞125		
	$\frac{节理水压力}{最大主应力}$比值	0	＜0.1	0.1～0.2	0.2～0.5	＞0.5		
	总条件	完全干燥	潮湿	只有湿气（有裂隙水）	中等水压	水的问题严重		
评分值		15	10	7	4	0		

按节理方向修正评分值　　表 4-10

节理走向或倾向		非常有利	有利	一般	不利	非常不利
评分值	隧道	0	−2	−5	−10	−12
	地基	0	−2	−7	−15	−25
	边坡	0	−5	−25	−50	−60

节理表向和倾角对隧道开挖的影响　　表 4-11

走向与隧道轴垂直				走向与隧道轴平行		与走向无关
沿倾向掘进		反倾向掘进		倾角 20°～45°	倾角 45°～90°	倾角 0°～20°
倾角 45°～90°	倾角 20°～45°	倾角 45°～90°	倾角 20°～45°			
非常有利	有利	一般	不利	一般	非常不利	不利

按总分值确定的岩体级别及岩体质量评价　　表 4-12

评分值	100～81	80～61	60～41	40～21	＜20
分级	Ⅰ	Ⅱ	Ⅲ	Ⅳ	Ⅴ
质量描述	非常好岩石	好岩石	一般岩石	差岩石	非常差岩石
平均稳定时间	15m 跨度 20 年	10m 跨度 1 年	5m 跨度 1 周	2.5m 跨度 10h	1m 跨度 30min
岩体黏聚力(kPa)	＞400	300～400	200～300	100～200	＜100
岩体内摩擦角(°)	＞45	35～45	25～35	15～25	＜15

4.2.2　岩体的稳定性评价

围岩稳定性评价是地下工程研究的核心，一般采用定性评价与定量评价相结合的方法进行。定性评价是根据工程设计要求对地下工程选址区的工程地质条件进行综合分析，并按照一定的标准和原则对其围岩进行分类和分段，找出可能产生失稳的部位、破坏形式及其主要的影响因素。定量评价是根据一定的判据对围岩进行稳定性定量计算。目前工程上常用稳定性系数来反映围岩的稳定性。稳定性系数是指围岩强度与相应的围岩应力之比，当$\eta=1$时，围岩处于极限平衡状态；当$\eta>1$时，围岩稳定；当$\eta<1$时，则不稳定。实际评价时，为安全起见，应有一定的安全储备，因此常将η除以一大于1的安全系数。

1. 稳定性的定性评价

地下工程围岩稳定性不仅取决于岩体本身性质及其所处的天然应力、地下水等地质环境件，还与地下工程规模、断面形状及施工方法等工程因素密切相关。因此，地下工程围岩的失稳破坏实际上是这些因素综合影响的结果。对一般埋深和规模不太大的地下工程，围岩的破坏与失稳总是发生在围岩强度薄弱部位。这些部位不稳定的地质标志较为明显，通常能够通过一般地质调查工作予以查明。但对埋深和规模较大的地下工程，由于围岩应力的作用明显增大，不稳定的地质因素较为复杂，围岩稳定性的研究与评价也就较为困难和复杂。如非线性弹性问题、弹塑性问题和流变问题等，都可能在这类洞室中出现。大量的实践经验表明，一般地下工程围岩的失稳与破坏通常发生在下列部位：

(1) 破碎松散岩体或软弱岩类分布区，包括岩体中的风化和构造破碎带，以及力学强度低、遇水易软化、膨胀崩解的黏土质岩类分布区；

(2) 碎裂结构岩体及半坚硬层状结构岩体分布区；

(3) 坚硬块状及厚层状岩体中，在多组软弱结构面切割并在洞壁上构成不稳定分离体的部位；

(4) 地下工程中应力急剧集中的部位，如地下工程洞室间的岩柱和洞室形状急剧变化的部位，常易产生应力型破坏。

以上这些部位通常是围岩失稳的部位，特别是在有地下水活动的情况下，最容易形成大规模的塌方。因此，选择地下工程地址时，应尽量避开以上不稳定部位或减少这类不稳定地段所占的比重。

对于一般的地下工程，围岩稳定的地质标志也是比较明确的，如新鲜完整的坚硬或半坚硬岩体，裂隙不发育，没有或仅有少量地下水活动的地区，以及新鲜的坚硬岩体，裂隙虽较发育，但均紧密闭合且连续性，不能构成不稳定分离体，且地下水活动微弱或没有的地区，围岩通常十分稳定。地质条件介于上述两大类之间者，是属于稳定性较好至较差的过渡类型。

2. 稳定性的定量评价

1）岩体的整体稳定性计算

对于整体状或块状岩体，可视为均质的连续介质，其围岩稳定性分析，除研究局部不稳定影响外，应着重于围岩整体稳定的力学计算。计算方法是根据围岩重分布应力计算或实测结果，求出围岩中的最大拉应力或压应力，将其与岩体的抗拉或抗压强度比较，来评价围岩的稳定性。圆形、椭圆形及矩形地下工程洞室周边切向应力 σ_t，可按式（4-4）进行计算：

$$\sigma_t = Cp_0 \tag{4-4}$$

式中　C——应力集中系数；

p_0——岩体的初始垂直应力（kPa）。

当满足式（4-5）、式（4-6）时，可认为围岩稳定，不考虑围岩压力：

$$\sigma_c \leqslant R_b/F_s \tag{4-5}$$

$$\sigma_t \leqslant R_t/F_s \tag{4-6}$$

式中　σ_c——洞壁围岩切向压应力（kPa）；

σ_t——洞壁围岩切向拉应力（kPa）；

R_b——岩石饱和单轴抗压强度（kPa）；

R_t——岩石饱和单轴抗拉强度（kPa）；

F_s——安全系数，一般取 2。

2）岩体的局部稳定性计算

侧壁分离体的稳定性计算，如图 4-1 所示，侧壁分离体在自重 W_2 的作用下沿 L_4 滑移，而后缘切面 L_2 的抗拉强度可忽略。这时分离体 DFE 的稳定性系数为：

$$F_s = (W_2 \text{con}\alpha \tan\varphi + c_4 L_4)/(W_2 \sin\alpha) \tag{4-7}$$

式中　φ——结构面 L_4 的内摩擦角（°）；

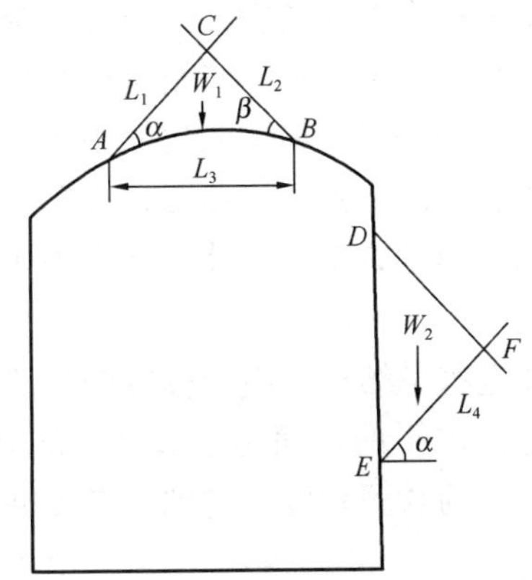

图 4-1　洞顶洞壁分离体稳定性计算简图及实物图

c_4 ——结构面 L_4 的内摩擦角（kPa）；

α ——结构面 L_4 的倾角（°）；

W_2 ——块体的重力（kN）。

洞顶分离体的稳定性计算，如图 4-1 所示，在洞顶由 L_1、L_2 两组结构面切割成三角形分离体 ABC。结构面的倾角为 α、β，这时分离体的稳定性系数为：

$$F_s = [2(c_1L_1 + c_2L_2)(\cos\alpha + \cos\beta)]/\gamma L_3^2 \tag{4-8}$$

式中 c_1 ——结构面 L_1 的黏聚力（kPa）；

c_2 ——结构面 L_2 的黏聚力（kPa）；

α ——结构面 L_1 的倾角（°）；

β ——结构面 L_2 的倾角（°）；

γ ——岩体的重度（kN/m^3）。

当 $F_s \geqslant 2$ 时，分离体稳定；当 $F_s < 2$ 时，分离体不稳定。

4.2.3 稳定性的影响因素分析

地下工程洞室岩体围岩稳定性受一系列影响因素的影响，其中起控制作用的主要因素有岩石性质、岩体结构、天然应力状态、地质构造、地下水等。

1）岩石性质

岩石性质是影响地下工程围岩稳定性的最基本因素。坚硬完整的岩体为地下工程围岩稳定提供了基本保证，围岩一般是稳定的，不需支护，能适应各种断面形状及尺寸的地下洞室；软弱岩体，如黏土岩类、破碎及风化岩体、吸水易膨胀的岩体等，通常具有力学强度低及遇水软化、崩解、膨胀等不良地质现象，不利于洞室稳定；软硬相间的岩体，由于其中软岩层强度低，有的则因层间错动成为软弱夹层。因此，这类岩体的力学性质一般较差，围岩稳定性也比较差。

2）岩体结构

岩体结构对围岩稳定起控制作用。松散结构及碎裂结构岩体的稳定性最差；薄层状岩体次之；厚层状及块状岩体结构最好。对于脆性的厚层状和块状岩体，其强度主要受软弱结构面的分布特点所控制。

结构面对围岩稳定性的影响，不仅取决于结构面本身的特征，还与结构面的组合关系及这种组合与临空面的交切关系密切相关。一般情况下，只有当结构面的组合交线倾向洞内，才有可能出现不利于围岩稳定的分离体，特别是当分离体的尺寸小于洞室跨径时，就可能向洞内滑移，造成局部失稳。围岩分离体有楔形、锥形、菱形、方形等，它们出现在顶围、侧围和底围，其稳定性不同。围岩通常有两种典型分离体，即方顶块分离体和尖顶块分离体。

(1) 方顶块分离体是顶围由陡倾结构面和近水平结构面组合构成的分离体，如方形块状体、板状体、柱状体和三角柱状体等，其近似水平的顶面是割裂面，陡立侧面是滑面，这种分离体的稳定程度，与割裂面的密度、滑面的软弱程度，特别是有无夹泥及分离体与洞室轴线间的方位有关。

(2) 尖顶块分离体是两组走向平行倾向相反的结构面和另一组与其走向垂直或斜交的

陡倾结构面组合构成的分离体。这种分离体的稳定程度，与倾斜侧面的倾角大小和出现密度关系很大，倾角越小，密度越大，分离体越不稳定。

3）天然应力状态

天然应力的影响主要取决于垂直于洞轴线方向的水平应力的大小和天然应力比值系数(ξ)，它们是围岩内重分布应力状态的主要因素。例如，对圆形洞室来说，当$\xi=1$时，围岩中不出现拉应力集中，压应力分布也较均匀，围岩稳定性最好；当$\xi<1/3$或$\xi>3$时，围岩内将出现拉应力，压应力集中也较大，对围岩稳定不利。最大天然主应力的量级及与洞轴线的关系，对洞室围岩的变形特征也有明显的影响，因为最大主应力方向上围岩破坏的概率及严重程度比其他方向大。因此，估算这种应力的大小并设法消除或利用是非常重要的。由于最大主应力多为水平向，在洞轴线选择时，应尽量使两者一致或成小夹角形式，而不要垂直。

4）地质构造

围岩常是强度不等的坚硬和软弱岩层相间的岩体。构造变动中，常沿坚硬和软弱岩层接触处错动，形成厚度不等的层间破碎带，大大破坏岩体的完整性。洞室通过坚硬和软弱相间的层状岩体时，易在接触面处变形或塌落。因此，洞室应尽量设置在坚硬岩层中，或尽量把坚硬岩层作为顶围。

（1）褶皱的形式、疏密程度及其轴向与洞室轴线的交角不同，围岩稳定性不同。洞室横穿褶皱轴比平行褶皱有利。

（2）洞室通过断层，若断层带宽度愈大，走向与洞轴交角愈小，它在洞内出露便越长，对围岩稳定性影响便越大。断层带破碎物质的碎块性质及其胶结情况，也都影响围岩稳定性。破碎带组成物质如为坚硬岩块，且挤压紧密或已胶结，比软弱的断层泥与组成疏松的糜棱岩或未胶结的压碎岩的稳定性要高。

（3）构造岩带的地下水动力条件，常常是分析围岩稳定的重要依据。

5）地下水

岩体中地下水的赋存与活动，既影响围岩的应力状态，又影响围岩的强度，进而影响洞室的稳定。实践证明，许多洞室只要是干燥的，即便是通过软弱的或破碎的岩层时，围岩稳定性总是较好的或危害比较微弱，且易于克服，而存在地下水时，情况就要复杂得多。地下水的影响表现在静水压力作用、动水压力作用、对软弱岩体及软弱夹层的软化和泥化作用、对可溶性岩体的溶蚀作用及对滑动面的润滑作用等。此外，洞室涌水本身就是重大的工程地质问题之一。

此外，地下工程的断面形状、规模、施工及支护衬砌方法等对围岩稳定性也有影响。

4.3 工程地质测绘

工程地质测绘是各项勘察中首先开展的一项勘察工作。在基岩裸露山区，进行工程地质测绘，就能较全面地阐明该区的工程地质条件，得到岩土工程地质性质的形成和空间变化的初步概念，判明物理地质现象和工程地质现象的空间分布、形成条件和发育规律。即使在第四系覆盖的平原区，工程地质测绘也仍然有着不可忽视的作用，只不过此时测绘工作重点应放在研究地貌和软土上。由于工程地质测绘能够在较短时间内查明工作区的工程地质条件而花费相对较少，在区域性预测和对比评价中能够发挥重大作用，在其他工作配合下能够顺利地解决建筑场地的选择和建筑物的原则配置问题。所以在规划设计阶段或可行性研究阶段，它往往是工程地质勘察的主要手段。

4.3.1 工程地质测绘分类和内容

1. 工程地质测绘分类

工程地质测绘可分为综合性测绘和专门性测绘两种，综合性工程地质测绘是对工作区内工程地质条件的各要素的空间分布及各要素之间的内在联系进行全面综合的研究，为编制综合工程地质图提供资料。专门性工程地质测绘是为某一特定建筑物服务的，或者是对工程地质条件的某一要素进行专门研究以掌握其变化规律，为编制专用工程地质图或工程地质分析图提供依据。在研究程度较低的地区，综合性工程地质测绘占重要地位，而在研究程度较高的地区，只需做专门性工程地质测绘。工程地质测绘和普通地质测绘不同，两者的区别主要有以下几点：

(1) 工程地质测绘密切结合工程建筑物的要求，结合工程地质问题进行。

(2) 对与工程有关的地质现象，如软弱层、风化带、断裂带的划分，节理裂隙、滑坡、崩塌等，要求精度高，涉及范围较广，研究程度深。

(3) 常使用较大比例尺（1∶5000～1∶25000)，对重要地质界限或现象采用仪器法定位。当然在区域性研究中也使用中、小比例尺。

(4) 突出岩土类型、成因、地质结构等工程地质因素的研究，对基础地质方面，尽量利用已有资料，但对重大问题应进一步深化研究。

2. 工程地质测绘研究内容

工程地质测绘的研究内容有以下 7 个方面：

1) 地层岩性

地层岩性是工程地质条件的最基本要素，是产生各类地质现象的物质基础，是工程地质测绘主要的研究对象。其研究内容包括：

(1) 各类岩土体的分布、年代、岩性、岩相及成因类型，岩土层的正常层序、产状，接触关系、厚度及其变化规律和工程地质性质等。

(2) 各类岩体一般应描述岩石名称、颜色、成分、结构、构造、风化破碎程度、软弱及泥化夹层、节理裂隙（裂面形态、充填物、宽度、发育程度等）及岩层产状等。

(3) 土层一般应描述土名、颜色（干、湿）、厚度、成因类型、物质组成等。

岩石和土作为地下工程载体，是最基本的工程地质要素，它们参与地质结构的组成，决定地形地貌和自然地质作用的发育特征，控制地下水的分布和矿产分布。工程地质测绘中，必须以岩土分类为重点，且必须在图上区分出来。

2) 地质构造

地质构造对地下工程建设的区域地壳稳定性、场地稳定性和工程岩土体稳定性来说，都是极其重要的因素；而且它控制着地形地貌、水文地质条件和不良地质现象的发育和分布。所以，地质构造是工程地质测绘研究的重要内容。工程地质测绘对地质构造的研究内容有：

(1) 岩层的产状及各种构造形式的分布、形态和规模；

(2) 软弱结构面(带)的产状及其性质,包括断层的位置、类型、产状、断距、破碎带宽度及充填胶结情况;

(3) 岩土层各种接触面及各类构造岩的工程特性;

(4) 近期构造活动的形迹、特点及与地震活动的关系等。

工程地质测绘中研究地质构造时,要运用地质历史分析和地质力学的原理和方法,查明各种构造结构面的历史组合和力学组合规律。既要对褶皱、断层等大的构造形迹进行研究,也要重视对节理、裂隙等小构造的研究。尤其是在大比例尺工程地质测绘中,小构造研究具有重要的实际意义。因为小构造直接控制着岩土体的完整性、强度和透水性,是岩土工程评价的重要依据。

3) 地形地貌

地貌是岩性、地质构造和新构造运动的综合反映,也是近期外动力地质作用的结果,在非基岩裸露地区进行工程地质测绘要着重研究地貌,并以地貌作为工程地质分区的基础。工程地质测绘中对地貌的研究内容有:

(1) 地貌形态特征、分布和成因;

(2) 划分地貌单元,地貌单元的形成与岩性、地质构造及不良地质现象等的关系;

(3) 各种地貌形态和地貌单元的发展演化历史。

上述各项主要在中、小比例尺测绘中进行。在大比例尺测绘中,则应侧重于对地貌与地下工程布置以及岩土工程设计、施工关系等方面的研究。要以各种成因的微地貌调查为主,包括分水岭、山脊、山峰、斜坡悬崖、沟谷、河谷、河漫滩、阶地、剥蚀面、冲沟、洪积扇、各种岩溶现象等,调查其形态特征、规模、组成物质和分布规律。同时,又要调查各种微地形的组合特征,注意不同地貌单元(如山区、丘陵、平原等)的空间分布、过渡关系及其形成的相对时代。在中、小比例尺工程地质测绘中研究地貌时,应以地质构造、岩性和地质结构等方面的研究为基础,并与水文地质条件和物理地质现象的研究联系起来,着重查明地貌单元的类型和形态特征,各个成因类型的分布高程及其变化,物质组成和覆盖层的厚度,以及各地貌单元在平面上的分布规律。

4) 水文地质条件和气象水文

工程地质测绘中研究水文地质条件的主要目的是研究地下水的赋存与活动情况,为评价由此导致的工程地质问题提供资料。如研究孔隙水的渗透梯度和渗透速度,是为了判明地下工程产生渗透稳定问题的可能性等。在工程地质测绘中水文地质调查的主要研究内容包括:

(1) 工作区岩土渗透性,地下水的埋藏条件、类型、出露情况、水位、形成条件以及动态变化;

(2) 地下水的补、径、排关系,地下水化学成分及对工程建筑物的侵蚀性等。

对水文地质条件的研究要从地层岩性、地质构造、地貌特征和地下水露头的分布、性质、水质、水量等入手,查明含水、透水层和相对隔水层的数目、层位、地下水的埋藏条件,各含水层的富水程度和它们之间的水力联系,各相对隔水层的可靠性。通过泉、井等地下水的天然和人工露头以及地表水体的研究,查明工作区的水文地质条件,故在工程地质测绘中除应对这些水点进行普查外,对其中有代表性的和对工程有密切关系的水点,还应进行详细研究,必要时应取水样进行水质分析,并布置适当的长期观察点以了解其动态变化。气象水文主要研究收集当地历年来的气象水文资料，研究河流对斜坡冲刷能力，水流作用下冲沟的形成与发展趋势，降雨强度、历时与滑坡变形破坏。

5）不良地质现象

研究不良地质现象要以地层岩性、地质构造、地貌和水文地质条件的研究为基础，并收集气象、水文等自然地理因素资料。研究内容包括：不良地质现象（滑坡、风化、崩塌、斜坡变形等）的类型、分布、形态、规模和成因及其发展演化趋势，并预测其对地下工程建设的影响，不良地质现象要以地层岩性、地质构造、地貌和水文地质条件为基础进行研究。

6）已有建筑物的调查

地下工程工作区内及其附近已有建筑物与地质环境关系的调查研究，是工程地质测绘中特殊的研究内容。研究内容有：

（1）选择不同地质环境中的不同类型和结构的建筑物，调查其有无变形、破坏的标志，并详细分析其原因，以判明建筑物对地质环境的适应性；

（2）具体地评价地下工程场地的工程地质条件，对拟建地下工程可能的变形、破坏情况做出正确的预测，并提出相应的防治对策和措施；

（3）在不良地质环境或特殊性岩土的地下工程场地，应充分调查、了解当地的施工经验。

7）人类活动对场地稳定性的影响

人类某些工程活动，往往影响地下工程场地的稳定性，例如，人类的地下开采、大挖大填、强烈抽排地下水等引起的地面沉降、地表塌陷、诱发地震、斜坡失稳等现象，对它们的调查研究应予以重视。此外，场地内如有古文化遗迹和文物，应妥为保护发掘，并向有关部门报告。

4.3.2 工程地质测绘的基本要求

不同的地下工程、不同的地质勘察阶段对工程地质测绘工作的具体要求均不同，但基本要求均包括：测绘范围确定、测绘比例尺选择和测绘精度要求。

1）工程地质测绘范围的确定

工程地质测绘不像一般的区域地质或区域水文地质测绘那样，严格按比例尺大小由地理坐标确定测绘范围，而是根据拟建地下工程的需要在与该项工程活动有关的范围内进行。原则上，测绘范围应包括场地及其邻近的地段。适宜的测绘范围，既能较好地查明场地工程地质条件，又不至于浪费勘察工作量。根据实践经验，由拟建地下工程的类型和规模、设计阶段以及工程地质条件的复杂程度和研究程度三方面确定测绘范围。

（1）地下工程类型不同，规模大小不同，则其与自然环境相互作用影响的范围、规模和强度也不同，选择测绘范围时，首先要考虑到这一点。

（2）在地下工程规划和设计的开始阶段为了选择地下工程场地，方案往往有很多，相互之间又有一定的距离，测绘的范围应把这些方案的有关地区都包括在内，因而测绘范围很大。但到了具体地下工程场地选定后，特别是地下工程的后期设计阶段，就只需要在已选工作区的较小范围内进行大比例尺的工程地质测绘。可见，工程地质测绘的范围是随着地下工程设计阶段的提高而减小的。

（3）工程地质条件复杂，研究程度差，工程地质测绘范围就大。分析工程地质条件的复杂程度必须分清两种情况：一种是工作区内工程地质条件复杂，如构造变化剧烈，断裂发育很大或者岩溶、滑坡、泥石流等物理地质作用很强烈；另一种是工作区内的地质结构并不复杂，但在邻近地区有可能产生威胁地下工程安全的物理地质作用，如强烈地震的发展断裂等。这两种情况都直接影响到地下工程的安全，若仅在工作区内进行工程地质测绘则后者是不能被查明的，因此，必须根据具体情况适当扩大工程地质测绘的范围。在工作区或邻近地区内，如已有其他地质研究所得的资料，则应收集和运用它们，如果工作区及其周围较大范围内的地质构造已经查明，那么就可以分析、验证它们并进行必要的补充。

2）工程地质测绘比例尺的选择

工程地质测绘的比例尺大小主要取决于设计阶段要求。如地下工程设计处于初期阶段，一般往往有若干个比较场地，测绘范围较大，而对工程地质条件研究的详细程度并不高，所以采用的比例尺较小。当进入到设计后期阶段时，为了解决与施工、运用有关的专门地质问题，所选用的测绘比例尺可以很大。在同一设计阶段内，比例尺的选择则取决于场地工程地质条件的复杂程度以及地下工程类型、规模及其重要性。工程地质条件复杂、地下工程规模巨大而又重要者，就需采用较大的测绘比例尺。另外，工程地质测绘的比例尺大小应和使用部门的要求提供图件的比例尺一致或相当。

在满足工程建设要求的前提下，尽量节省测绘工作量。根据我国各勘察部门的经验，地下工程地质测绘比例尺一般规定为：

（1）可行性研究及初步勘察阶段，选用 1∶5000～1∶25000，属小、中比例尺测绘；

（2）详细勘察阶段，选用 1∶1000～1∶2000，属中、大比例尺测绘；

（3）施工勘察阶段，选用 1∶50～1∶200 或更大，属大比例尺测绘。

3）工程地质测绘的精度要求

工程地质测绘的精度包含两层含义，即对野外各种地质现象观察描述的详细程度，以及各种地质现象在工程地质图上表示的详细程度和准确程度，为了确保工程地质测绘的精度，这个精度要求必须与测绘比例尺相适应。“精度”指野外地质现象能够在图上表示出来的详细程度和准确度。

一般对地质界限要求严格，大比例尺测绘采用仪器定点。要求将地质观测点布置在地质构造线、地层接触线、岩性分界线、不同地貌单元及微地貌单元的分界线、地下水露头及各种不良地质现象分布的地段。观测点的密度应根据测绘区的地质和地貌条件、成图比例尺及工程特点等确定。为了更好地阐明测绘区工程地质条件和解决工程地质实际问题，对工程有重要影响的地质单元体，如滑坡、软弱夹层、溶洞、泉、井等，必要时在图上可采用扩大比例尺表示。

为满足不同的测绘精度要求，必须采用相应的测绘方法。在地下工程勘察中，预可行性研究、可行性研究和初步设计的勘测阶段，多使用地质罗盘仪定向，步测和目测确定距离和高程的目测法；或使用地质罗盘仪定向，用气压计、测斜仪、皮尺确定离程和距离的半仪器法。在重要工程、不良地质地段的施工设计阶段，则使用经纬仪、水平仪、钢尺精确定向、定点的仪器法。对于工程起控制作用的地质观测点及地质界线，也应采用仪器法进行测绘。

4.3.3 工程地质测绘程序和步骤

1. 工程地质测绘的工作程序

工程地质测绘工作的一般程序包括：查阅资料、现场踏勘和编制测绘纲要三部分。

1）查阅资料

查阅已有的资料，如区域地质资料（区域地质图、地貌图、构造地质图、地质剖面图及其文字说明）、遥感资料、气象资料、水文资料、地震资料、水文地质资料、工程地质资料及施工经验等。

2）现场踏勘

现场踏勘是在搜集研究资料的基础上进行的，其目的在于了解测绘区地质情况和问题，以便合理布置观察点和观察路线，正确选择实测地质剖面位置，拟定野外工作方法。现场踏勘的方法和内容如下：

（1）根据地形图，在工作区范围内按固定路线进行踏勘，一般采用“Z”字形，曲折迂回而不重复的路线，穿越地形地貌、地层、构造、不良地质现象等有代表性的地段。

（2）为了解全区的岩层情况，在踏勘时选择露头良好、岩层完整有代表性的地段做出野外地质剖面，以便熟悉地质情况和掌握地区岩层的分布特征。

（3）寻找地形控制点的位置，并抄录坐标、标高资料。

（4）询问和搜集洪水及其淹没范围等情况；了解工作区的供应、经济、气候、住宿及公交通运输条件。

3）编制测绘纲要

测绘纲要一般包括在勘察纲要内，其内容包括以下几个方面：

（1）工作任务情况（目的、要求、测绘面积及比例尺）。

（2）工作区自然地理条件（位置、交通、水文、气象、地形、地貌特征）。

（3）工作区地质概况（地层、岩性、构造、地下水、不良地质现象）。

（4）工作量、工作方法及精度要求。

（5）人员组织及经济预算；材料物资器材的计划；工作计划及工作步骤。

（6）要求提出的各种资料、图件。

2. 现场测绘方法

工程地质测绘方法可分为相片成图法和实地测绘法。

1）相片成图法

相片成图法是利用地面摄影或航空（卫星）摄影的图像，在室内根据判释标志，结合所掌握的区域地质资料，把判明的地层岩性、地质构造、地貌、水系和不良地质现象等，调绘在单张相片上，并在相片上选择需要调查的若干地点和路线，然后据此作实地调查，进行核对修正和补充。将调查得到的资料，转在等高线图上而成工程地质图。

航空照片及卫星照片（即航片、卫片）真实、集中地反映了较大范围内的岩土类型、地质构造、地貌、水文地质条件和物理地质现象，特别是工作区域稳定性、道路选线和滑坡等不良地质现象，实践证明效果良好。卫片、航片都是按一定比例尺缩小的自然景观的综合立体影像图，各种不同的地质体和地质现象由于有不同的产状、结构和物理化学性质，并受到内外力的不同形式、不同程度的改造，形成各式各样的自然景观。这些自然景观虽然都是地貌景观的表现，却都包含一定的地质内容，而这些自然景观的直接反映就是相片上的色调及各具特点的形态影像，因此影像中包含着丰富的地质信息。能区分出不同地质体或地质现象间地质信息的差别，就能在相片上划分出地质体或地质现象，带有地质信息的各种影像特征也就是判释标志，如色调、性质、形式、结构、阴影等，作为直接影像的相片能客观、全面而准确地反映出地表的自然景观，不但可以直接判释地质现象而且准确性优于地形图。

卫星照片视域广阔，能将大范围内的地质现象联系起来综合分析，对查明和评价区域稳定性有重要意义，特别是对查明活断层更能收到良好的效果。

航空照片主要是用做大、中比例尺工程地质测绘的底图，以迅速而较准确地查明工作区的工程地质条件，航片对研究崩塌、滑坡、泥石流、活断层、地震砂土液化、流动沙丘等物理地质现象非常有效，可以迅速地判定各种不稳定地段，并可以对某些地质作用的发展进行预测。需要注意的是，相片的判断、解释必须与实地观察互相配合、互相印证，才能收到良好的效果。

2）实地测绘法

实地测绘法有三种，即路线法、布点法和追索法。

（1）路线法是沿着一些选择的路线，穿越测绘场地，将沿线所测绘或调查到的地层、构造、地质现象、水文地质、地质地貌界线等填绘在地形图上。路线形式可为直线形或折线形，观测路线应选择在露头及覆盖层较薄的地方，路线方向应大致与岩层走向、构造线方向及地貌单元相垂直，这样可以用较少的工作量获得较多的工程地质资料。

（2）布点法是根据地质条件复杂程度和测绘比例尺的要求，预先在地形图上布置一定数量的观测路线和观测点。观测点一般布置在观测路线上，但观测点应根据观察目的和要求进行布点。布点法是工程地质测绘的基本方法，常用于大、中比例尺的工程地质测绘。

（3）追索法是沿地层走向或某一地质构造线或某些不良地质现象界线进行布点追索，主要目的是查明局部的工程地质问题。追索法常在布点法或路线法的基础上进行，是一种辅助方法。

3. 工程地质测绘的基本步骤

1）观察点的密度和布置

在一定面积内有一定数量的观察点才能保证观测精度。观察点的数量应根据工程地质测绘不同阶段的测绘范围、比例尺选择、精度要求等确定。以下是工程地质条件的关键地段：

（1）不同岩层接触处（尤其是不同时代岩层）、岩层的不整合面；

（2）不同地貌单元分界处；

（3）有代表性的岩石露头（人工露头或天然露头）；

（4）地质构造断裂线；

（5）物理地质现象的分布地段；

（6）水文地质现象点；

（7）对工程地质有意义的地段。

2）观察点的定位

工程地质观察点定位时，常采用的主要方法有：目测法、半仪器法、仪器法、GPS

定位仪等几种。

（1）目测法是对照地形底图寻找标志点，根据地形地物目测或步测距离。一般适用于小比例尺工程地质测绘，在可行性研究阶段时采用。

（2）半仪器法是用简单的仪器（如罗盘、皮尺、气压计等）测定方位和高程，用徒步或测绳测量距离。一般适用于中等比例尺测绘，在初步勘察阶段时采用。

（3）仪器法是用经纬仪、水准仪等较精密仪器测量观察点的位置和高程，适用于大比例尺工程地质测绘，常用于详细勘察阶段。对于有意义的观察点，或为解决某一特殊岩土工程地质问题时，也宜采用仪器测量。

（4）GPS定位仪。目前，各勘测单位普遍配置GPS定位仪进行测绘填图，GPS定位仪的优点是定点准确、误差小，并可以将参数输入计算机进行绘图，大大减轻了劳动强度，提高了工作进度。

3）工程地质测绘成果资料整理

工程地质测绘最终成果资料整理，在野外验收后进行，要求内容完备，综合性强，文、图、表齐全。其主要内容如下：

（1）对各种实际资料进行整理分类、统计和数学处理，综合分析各种工程地质条件、因素及其间的关系和变化规律；

（2）编制基础性、专门性图件和综合工程地质图；

（3）编写工程地质测绘调查报告。

4.4 工程地质勘探

工程地质勘探是在地面的工程地质测绘和调查所取得的各项定性资料的基础上进行的一项地质勘察工作，目的是对地下工程建设场地地质条件做进一步的定量评价，主要工作包括查明地下工程区域地下岩土性质、分布及地下水等情况；选择优良的工程场址、洞口及轴线方位，进行岩土体的分类和稳定性评价；提出有关设计、施工参数及支护结构方案的建议等，为地下工程设计、施工提供可靠的地质资料。

4.4.1 不同勘察阶段地质勘探

工程地质勘察一般分四个阶段，即可行性研究勘察阶段、初步勘察阶段、详细勘察阶段和施工阶段。不同阶段对工程地质勘探工作的要求和目的，以及采用的勘探手段也不同，各有侧重点。

1）可行性研究勘察及初步勘察阶段

在可行性研究勘察阶段和初步勘察阶段，勘探主要内容有：

（1）搜集已有地形、航片和卫片、区域地质、地震及岩土工程等方面的资料；

（2）调查分析地下工程的地貌、地层岩性、地质构造及物理地质现象等条件，查明是否存在不良地质因素，如性质不良的岩层、与洞轴线平行或交角很小的断裂和断层破碎的存在与分布等；

（3）调查地下工程进出口和傍山浅埋地段的滑坡、泥石流、覆盖层等的分布，分析其所在山体的稳定性；

（4）调查地下工程沿线的水文地质条件，并注意是否有岩溶洞穴、矿山采空区等存在；

（5）进行地下工程地质分段和初步岩土体分类。

可行性研究勘察阶段主要进行工程地质测绘，勘探往往是配合测绘工作而开展的，而且较多地使用物探手段，钻探和坑探主要用来验证物探成果和取得基准剖面。本阶段的物探主要用于探测覆盖层厚度及古河道、岩溶洞穴、断层破碎带和地下水的分布等。钻探孔距一般为200～500m，主要布置在地下工程进出口、地形低洼处及有岩土工程问题存在的地段。初步勘察阶段勘探工作比重较大，以钻探工程为主，并取样，同时做原位测试和监测。钻探中应注意收集水文地质资料，并根据需要进行地下水动态观测和抽、压水试验。试验则以室内岩土物理力学试验为主。

2）详细勘察阶段

在详细勘察阶段，勘探主要内容有：

（1）查明地下工程沿线的工程地质条件。在地形复杂地段应注意过沟地段、傍山浅埋地段和进出口边坡的稳定条件。在地质条件复杂地段，应查明松软、膨胀、易溶及岩溶化地层的分布，以及岩体中各种结构面的分布、性质及其组合关系，并分析它们对围岩稳定性的影响。

（2）查明地下工程地区的水文地质条件，预测涌水及突水的可能性、位置及最大涌水量。在可溶岩分布区还应查明岩溶发育规律，溶洞规模、充填情况及富水性。

（3）确定岩体物理力学参数，进行围岩分类，分析预测地下工程围岩及进出口边坡的稳定性，提出处理建议。

（4）对大跨度的地下工程，还应查明主要软弱结构面的分布和组合关系，结合天然应力评价围岩稳定性，提出处理建议。

（5）提出施工方案及支护结构设计参数的建议。

本阶段工程地质测绘、勘探及测试等工作同时展开。测绘主要补充校核可行性研究及初勘阶段的地质图件。在进出口、傍山浅埋及过沟等条件复杂地段可安排专门性工程地质测绘，比例尺一般为1∶1000～1∶2000或更大（可行性研究勘察及初步勘察阶段测绘比例尺一般为1∶5000～1∶25000）。地质勘探是该阶段的主要勘察手段，并配有大量的室内试验和原位测试工作。各类工程勘探的坑、孔密度和深度均有详细严格的规定，钻探孔距一般为100～200m，城市地区地下工程洞室的孔距不宜大于100m，洞口及地质条件复杂的地段不宜少于3个孔。孔深应超过洞底设计标高3～5m，当遇到破碎带、溶洞、暗河等不良地质条件时，还应适当调整其孔距和孔深。在水文地质条件复杂地段，应有适当的水文地质孔，以求取岩层水文地质参数。坑、洞勘探主要布置在进出口及过沟等地段，同时结合孔探、坑探和洞探，以岩土体分类为基础，分组采取试样进行室内岩土力学试验及原位岩土体力学试验，测定岩石、岩土体和结构面的力学参数。对于埋深很大的大型地下工程洞室，还需进行天然应力及地温测定，在条件允许时宜进行模拟试验。

3）施工勘察阶段

施工勘察阶段勘探主要根据详细勘察阶段所揭露的地质情况，验证已有地质资料和岩土体分类，对岩土体稳定性和涌水情况进行预测预报。当发现与地质报告资料有重大不符时，应提出修改设计的建议。工程地质试验是该阶段主要的勘察手段，配有验证性的地质勘探和地质测绘工作。地质测绘工作主要是编制地下工程展示图，比例尺一般为1∶50～1∶200，工程地质试验工作需同时进行涌水与岩土体变形观测，必要时可进行超前勘探，对不良地质条件进行超前预报。超前勘探常用地质雷达、水平钻孔及声波探测等手段，超前勘探预报深度一般为5～10m。

4.4.2 钻探工程

在岩土工程勘察中，钻探与坑探、物探相比较，有其突出的优点，它可以在各种环境下进行，一般不受地形、地质条件的限制；能直接观察岩芯和取样，勘探精度较高；能提供做原位测试和监测的工作条件，最大限度地发挥综合效益；勘探深度大，效率较高。因此，不同类型、结构和规模的建筑物，不同的勘察阶段，不同环境和工程地质条件下，凡是布置勘探工作的地段，一般均需采用此类勘探手段。

1. 钻探工程的特点和要求

1）钻探工程的特点

钻探工程的特点，主要反映在以下4个方面：

(1) 钻探工程的布置，不仅要考虑自然地质条件，而且需结合岩土工程类型及其结构特点。

(2) 除了深埋隧道以及为了解专门地质问题而进行的钻探外，常规孔深一般十余米至数十米，所以经常采用小型、轻便的钻机。

(3) 钻孔多具综合目的，除了查明地质条件外，还要为室内试验取样、做原位测试和监测等；通常原位测试往往与钻进同步进行，不能盲目追求进尺。

(4) 对钻进方法、钻孔结构、钻进过程中的观测编录等，均有特殊的要求。如岩芯采取率、分层止水、水文地质观测、采取原状土样和软弱夹层、断层破碎带样品等均有相关特殊技术要求。

2）钻探工程的特殊要求

为了完成勘探工作的任务，岩土工程钻探有以下4项特殊的要求：

(1) 土层是岩土工程钻探的主要对象，为了可靠的鉴定土层名称，准确判定分层深度，正确鉴别土层天然的结构、密度和湿度状态，要求钻进深度和分层深度的量测误差范围应为±0.05m，非连续取芯钻进的回次进尺应控制在1m以内，连续取芯的回次进尺应控制在2m以内；某些特殊土类，需根据土体特性选用特殊的钻进方法；在地下水位以上的土层中钻进时应进行干钻，当必须使用冲洗液时，应采取双层岩芯管钻进。

(2) 对岩层作岩芯钻探时，一般完整和较完整岩体取芯率不应低于80%，较破碎和破碎岩石不应低于65%。取芯时要需重点查明的软弱夹层、断层破碎带、滑坡的滑动带等地质体和地质现象，为保证获得较高的岩芯采取率，应采用相适应的钻进方法。例如，尽量减少冲洗液或用干钻，采取双层岩芯管，连续取芯时，应降低钻速，缩短钻程。当需确定岩石质量指标*RQD*时，应采用75mm口径的（N型）双层岩芯管和金刚石钻头。

(3) 钻孔水文地质观测和水文地质试验是岩土工程钻探的重要内容，借以了解岩土的含水性、发现含水层并确定其水位（水头）和涌水量大小、掌握各含水层之间的水力联系、测定岩土的渗透系数等，在钻进过程中应按水文地质钻探的要求，做好孔中水位测量、冲洗液消耗量及钻孔涌水量测定、水温测量等工作。为了保证准确测定地下水位和水文地质试验的正常进行，对不同含水层进行分层止水，并加以隔离；按照水文地质试验工作的要求和更换次数及位置选择孔径，一般抽水试验钻孔的直径，在土层中应不小于325mm。在基岩中应不小于146mm，压水试验钻孔的直径为59～150mm。为了保证取得准确的水文地质参数，采取干钻或清水钻进，不允许使用泥浆加固孔壁的措施。此外，钻孔不能发生弯曲，孔壁要光滑、规则，同一孔径段应大小一致。

（4）在钻进过程中，为了研究岩土的工程性质，经常需要采取岩土样。坚硬岩石的取样可利用岩芯，但其中的软弱夹层和断层破碎带取样时，必须采取特殊措施。为了取得质量可靠的原状土样，需配备取土器，并应注意取样方法和操作工序，尽量使土样不受或少受扰动。采取饱和软黏土和砂类土的原状土样，还需使用特制的取土器。

2. 钻探方法

我国岩土工程勘探采用的钻探方法有冲击钻探、回转钻探和振动钻探等；按动力来源又将它们分为人力和机械两种。机械回转钻探的钻进效率高，孔深大，又能采取岩芯，所以在岩土工程钻探中使用广泛。我国现行《岩土工程勘察规范》GB 50021—2001（2009年版）对各种钻探方法适用的岩土类别和勘察选用要求如表4-13所示。

钻探方法的适用的岩土类别和勘察选用要求　　表4-13

钻探方法		钻进地层					勘察要求	
		黏性土	粉土	砂土	碎石土	岩石	直观鉴别、采取不扰动试样	直观鉴别、采取扰动试样
回转	螺旋钻探	++	+	+	—	—	++	++
	无岩芯钻探	++	++	++	+	++	—	—
	岩芯钻探	++	++	++	+	++	++	++
冲击	冲击钻探	—	+	++	++	—	—	—
	锤击钻探	++	++	++	+	—	++	++
振动钻探		++	++	++	+	—	+	++
冲洗钻探		+	++	++	—	—	—	—

注：++适用；+部分适用；—不适用。

由表4-13可知，不同的钻探方法分别适用于不同的地层，它们各有优缺点，应根据地层情况和工程要求恰当的选择。

3. 复杂地质体的钻进技术

岩土工程钻探往往会遇到复杂地质体，如软弱夹层、破碎带和深厚砂卵石层等，这些地层常常是工程所关注的重要对象。为了探明这些复杂地层的空间分布、工程性质和水文地质条件，须保证钻进的穿透能力并提高岩芯采取率，以提供有关的地质信息。主要措施有：增大岩芯抗扭断能力、改善钻具单动性能、及时起钻和缩短回次进尺时间、减小破岩作用力、提高钻具稳定性、减小冲洗液的冲刷、提高取岩芯的可靠程度等。为此，需采用一些专门的钻进技术，下面将作简要介绍。

1）无泵钻进

在钻进过程中不用水泵，而是利用孔内水的反循环作用，不使钻头与孔壁或岩芯黏结，同时将岩粉收集在取粉管内。这种钻进技术较简便，但它可防止由于水泵送水冲刷岩芯及孔壁，较顺利地穿透软弱、破碎岩层，提高岩芯采取率并保持岩层的原状结构。因无泵钻进劳动强度大，钻进效率较冲洗液钻进低，所以在钻穿软弱、破碎岩层并做完水文地质试验后，应及时下入套管，改用冲洗液钻进。

2）双层岩芯管钻进

双层岩芯管钻进是复杂地层中最普遍采用的一种钻进技术。一般岩芯钻采用单层岩芯管，其主要的缺点是钻进时冲洗液直接冲刷岩芯，致使软弱、破碎岩层的岩芯被破坏。而双层岩芯管钻进时，岩芯进入内管，冲洗液自钻杆流下后，在内、外两管壁间隙循环，并不进入内管冲刷岩芯，所以能有效地提高岩芯采取率。双层岩芯管有双层单动和双层双动两类结构，以前者为优。金刚石钻头钻进一般都采用双层单动岩芯管。这种钻进技术是在钻头内部使用岩芯卡簧采取岩芯的，在外管上还镶有扩孔器，不经扰动，所以不仅钻进效率高，同时因单动岩芯管当岩芯进入后，再不经扰动，岩芯采取率及岩芯质量也较高。

3）厚砂卵石钻进

深厚砂卵石层的钻进和取样，一直是岩土工程钻探的难题。成都水电勘测设计院采用金刚石钻进与SM和MY-1型植物胶体作冲洗液的钻进工艺，在深厚砂卵石层中裸孔钻进，深度已超过400m，不仅孔身结构简化，而且钻进效率和岩芯采取率也大大提高。砂卵石岩芯表面被特殊的冲洗液包裹着，从而可获取近似原位的柱状岩芯以及夹砂层、夹泥层的岩芯。

4）绳索取心钻进

绳索取芯钻进技术是小口径金刚石钻进技术发展到高级阶段的标志。此项钻进技术的主要优点是：有利于穿透破碎易坍塌地层；提高岩芯采取率及取芯的质量；节省辅助工作时间，提高钻进效率；延长钻头使用寿命，降低成本。绳索取芯钻进可以直接从专用钻杆内用绳索将装有岩芯的内管提到地面上取出岩芯，简化了钻进工序。

虽然钻探工程是使用最广泛的一类勘探手段，普遍应用于各类工程的勘探，但由于它对一些重要的地质体或地质现象有时可能会误判、遗漏，所以也称它为“半直接”勘探手段。

4.4.3　坑探工程

坑探工程也叫掘进工程、井巷工程，它在地下工程勘察中占有较高的地位，与一般的钻探工程相比较，其特点是：勘察人员能直接观察到地质结构，准确可靠，且便于素描；可不受限制地采取原状岩土样，同时进行大型原位测试。尤其对研究断层破碎带、软弱泥化夹层和滑动面（带）等的空间分布特点及其工程性质等，更具有重要意义。坑探工程的缺点是：使用时往往受到自然地质条件的限制，耗费资金大而勘察周期长；尤其是重型坑探工程不可轻易采用。

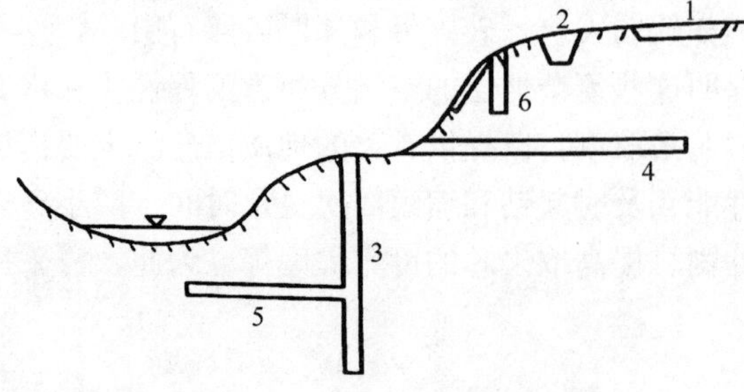

图4-2　工程地质常用的坑探类型示意图

1-探槽；2-试坑；3-竖井；4-平硐；5-石门；6-浅井

岩土工程勘探中常用的坑探工程方法有：探槽、试坑、浅井、竖井（斜井）、平硐和石门（平巷），如图4-2所示。在常用坑探工程方法中，探槽、试坑、竖井这三种为轻型坑探工程；平硐、石门、浅井这三种为重型坑探工程。不同坑探工程的特点和适用条件，如表 4-14 所示。

各种坑探工程的特点及适用条件　　表 4-14

名称	特点	适用条件
探槽	在地表深度小于 3～5m 的长条形槽子	剥除地表覆土，揭露基岩，划分地层岩性，研究断层破碎带；探查残坡积层的厚度和物质结构
试坑	从地表向下，铅直的、深度小于 3～5m 的圆形或方形小坑	局部剥除覆土，揭露基岩；做荷载试验、渗水试验，取原状土样
浅井	从地表向下，铅直的、深度 5～15m 的圆形或方形井	确定覆盖层及风化层的岩性及厚度，做荷载试验，取原状土样
竖井（斜井）	形状与浅井相同，但深度大于 15m，有时需要支护	了解覆盖层的厚度和性质，风化壳分带、软弱夹层分布、断层破碎带及岩溶发育情况、滑坡体结构及滑动面等；布置在地形较平缓、岩层又较缓倾的地段
平硐	在地面出口的水平坑道，深度较大，有时需支护	调查斜坡地质结构，查明河谷地段的地层岩性、软弱夹层、破碎带、风化岩层等，做原位岩体力学试验及地应力量测，取样；布置在地形较陡的山坡地段
石门（平巷）	不出露地面而与竖井相连的水平坑道，石门垂直岩层走向，平巷平行	了解河底地质结构，做试验等

4.4.4 地球物理勘探

地球物理勘探简称物探，它是用专门的仪器来探测各种地质体物理场的分布情况，对其数据及绘制的曲线进行分析解释，从而划分地层，判定地质构造、各种不良地质现象的一种勘探方法。由于地质体具有不同的物理性质（导电性、弹性、密度、放射性等）和不同的物理状态（含水率、空隙率、固结程度等），它们为利用物探方法研究各种不同地质体和地质现象提供了物理前提。

1. 物探的主要作用

物探的优点是：设备轻便、效率高；在地面、空中、水上、钻孔中均能探测；易于加大勘探密度、深度和从不同方向敷设勘探线网，构成多方位数据阵，具有立体透视性的特点。但是，这类勘探方法往往受到非探测对象的影响和干扰，以及仪器测量精度的局限，其分析解释的结果就显得较为粗略，且具有多解性。为了获得较确切的地质成果，在物探工作之后，还常用勘探工程（钻探和坑探）来验证。为了使物探这一间接勘探手段在工程勘察中有效发挥作用，在利用物探资料时，必须较好地掌握各种被探查地质体的典型曲线特征，将数据反复对比分析，排除多解，并与地质调查相结合，以获得正确单一的地质结论。地下工程勘察中可在下列方面采用地球物理勘探：

(1) 作为钻探的先行手段，了解隐蔽的地质界线、界面或异常点；

(2) 在钻孔之间增加地球物理勘探点，为钻探成果的内插、外推提供依据；

(3) 作为原位测试手段，测取岩土体的波速、动弹性模量、动剪切模量、卓越周期、阻率、放射性辐射参数、土对金属的腐蚀性等。

2. 地球物理勘探的分类

由地球物理勘探的基本原理可知，其应用时应具备下列条件：被探测对象与周围介质之间有明显的物理性质差异，而且差异越大，获得的结果比较满意；被探测对象具有一定的埋藏深度和规模，且地球物理异常具有足够的强度；能抑制干扰，区分有用信号和干扰信号；在有代表性地段进行方法的有效性试验。能满足上述条件，可进行地球物理勘探工作的方法种类较多，表 4-15 所列为物探分类及其在岩土工程中的应用。

物探分类及其在岩土工程中的应用 **表 4-15**

类别	方法名称		适用范围
直流电法	电阻率法	点剖面法	寻找追索断层破碎带和岩溶范围，探查基岩起伏和含水层、滑坡体，圈定冻土带
		电测深法	探测基岩埋深和风化岩厚度、地层水平分层，探测地下水，圈定岩溶发育
	充电法		测量地下水流速流向，追索暗河和充水裂隙带，探测废弃金属管道和电缆
	自然电场法		探测地下水流向和补给关系，寻找河床和水库渗漏点
	激发激化法		寻找地下水和含水岩溶
交流电法	电磁法		小比例尺工程地质水文地质填图
	无线电波透视法		调查岩溶和追索圈定断层破碎带
	甚低频法		寻找基岩破碎带
地震勘探	折射波法		工程地质分层变化，探测基岩埋深和起伏变化，查明含水层埋深及厚度，追索断层破碎带，圈定大型滑坡体厚度和范围，进行风化壳分带
	反射波法		工程地质分层
	波速测量		测量地基土动弹性力学参数
	地脉动测法		研究地震场地稳定性与建筑物共振破坏，划分场地类型
磁法勘探	区域磁测		圈定第四系覆盖下侵入岩界限和裂隙带、接触带
	微磁测		工程地质分区，圈定有含铁磁性底沉积物的岩溶
重力勘探	重力勘探法		探查地下空洞
声波勘探	声幅测量		探查洞室工程的岩石应力松弛范围，研究岩体完整性及动弹性力学参数
	声呐法		河床断面测量
放射性勘探	γ径法迹		寻找地下水和岩石裂隙
	地面放射性测量		区域性工程地质填图
测井	电法测井		确定含水层位置，划分咸淡水界限，调查溶洞和裂隙破碎带
	放射性测井		调查地层孔隙度和确定含水层位置
	声波测井		确定断裂破碎带和溶洞位置，进行风化壳分带、工程岩体分类

在地球物理勘探中运用最普遍的是电阻率法和地震折射波法。此外，近年来地质雷达和声波测井的运用效果也较好。需要指出的是，该表中所列的岩土工程应用，有些实际上属于原位测试内容，将在后续阐述。

3. 地球物理勘探常用方法

1) 电阻率法

电阻率法是依靠人工建立直流电场，在地表测量某点垂直方向或水平方向的电阻率变化，从而推断地质体性状的方法。它主要可以解决下列地质问题：

(1) 确定不同的岩性，进行地层岩性的划分。

(2) 探查褶皱构造形态，寻找断层。

(3) 探查覆盖层厚度、基岩起伏及风化壳厚度。

(4) 探查含水层的分布情况、埋藏深度及厚度，寻找充水断层及主导充水裂隙方向。

(5) 探查岩溶发育情况及滑坡体的分布范围。

(6) 寻找古河道的空间位置。

电阻率法包括电测深法和电剖面法，它们又各有许多变种，在地下工程勘察中应用最广的是对称四极电测深法、环形电测深法、对称剖面法和联合剖面法。

2) 地震折射波法

地震勘探是通过人工激发的地震波在地壳内传播的特点来探查地质体的一种物探方法。在地下工程勘察中运用最多的是高频（小于 300Hz）地震波浅层折射法，可以研究深度在 100m 以内的地质体。主要解决下列问题：

(1) 测定覆盖层的厚度，确定基岩的埋深和起伏变化。

(2) 追索断层破碎带和裂隙密集带。

(3) 研究岩石的弹性性质，测定岩石的动弹性模量和动泊松比。

(4) 划分岩体的风化带，测定风化壳厚度和新鲜基岩的起伏变化。

地震勘探的使用条件是：地形起伏较小，地质界面较平坦和断层破碎带少，且界面以上岩石较为均一，无明显高阻层屏蔽，界面上下或两侧地质体有较明显的波速差异。

3) 地质雷达

地质雷达是交流电法勘探中的一种方法。它是沿用对空雷达的原理，由发射机发射脉冲电磁波，其中一部分是沿着空气与介质（岩土体）分界面传播的直达波，经过时间，后到达接受天线，为接收机所接收。另一部分传入介质内，在其中若遇电性不同的另一个介质体（如其他岩土体、洞穴等），就发生反射和折射，经过时间，后回到接收天线，称为回波。根据所接收到两种波的传播时间来判断另一介质体的存在并测算其埋藏深度。地质雷达具有分辨能力强，判释精度高，一般不受高阻屏蔽层及水平层、各向异性的影响等优点。它对探查浅部介质体，如覆盖层厚度、基岩强风化带埋深、溶洞及地下洞室和管线位置等，效果尤佳，因而近年来在地下工程勘察中逐渐推广使用。

4) 声波测井

声波测井的物理基础，是研究与岩石性质密切相关的声振动沿钻井的传播特征。它可以充分利用已有的钻井，结合地质调查，查明地层岩性特征，进行地层划分；确定软弱夹层的层位及深度；了解基岩风化壳的厚度和特征，进行风化壳分带；寻找岩溶洞穴和断层破碎带；研究岩石的某些物理力学性质，进行工程岩体分类等。与其他测井方法密切配合，还可以全部或部分代替岩芯钻探，开展无岩芯钻进。可见，声波测井在岩土工程勘察中的应用是多方面的。声波测井的方法有多种，目前国内运用最多的是声速测井。该方法是根据不同岩层的岩石矿物成分、结构、节理裂隙发育和风化程度等，具有不同的声速及

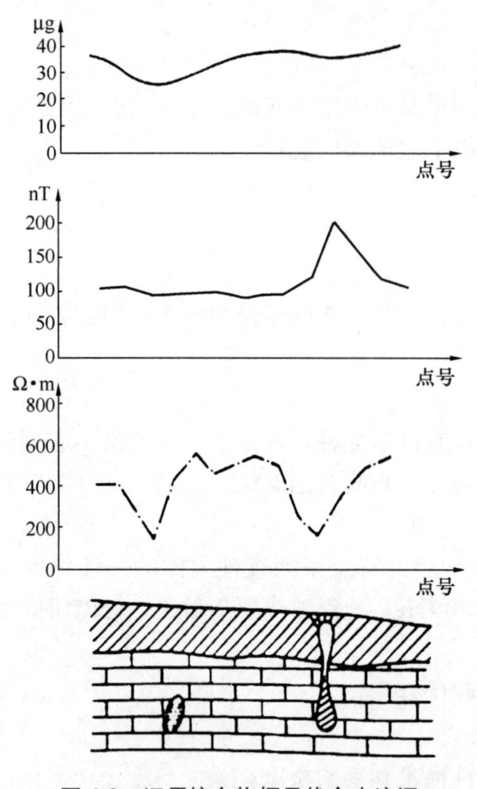

图 4-3 运用综合物探寻找含水溶洞

声速曲线形态，据此即可划分为岩层、探查断层破碎带和进行风化壳分带等。

5）综合物探方法

各种物探方法的使用都有一定的局限性，而大多数勘察场地又都存在着相同物理场的多种地质体并存的现象，用单一的物探方法解释异常比较困难。因此，可在同一剖面、同一测网中用两种以上的物探方法共同工作，将数据资料相互印证，综合分析，就有利于排除干扰因素，以提高解释的置信度。图 4-3 是运用综合物探寻找含水溶洞的实例。该区用电测剖面法探查时，发现充水溶洞与被土充填的溶洞间电性差异很小，收效差。然而从地质调查中了解到，充填于溶洞中的土是上部土洞与灰岩中的溶洞贯通而淤积的，由于淋滤作用，土中含铁磁性矿物局部富集，其重度也较大。为此，沿原电剖面测点布置了磁法勘探和重力勘探。结果被土填充的溶洞出现了明显的高磁力异常，而充水溶洞测得较低的重力值；通过三种物探方法比较，较有效地区分出充水溶洞与被土填充的溶洞，排除了电法成果的多解性，取得了正确的地质结论。此地区经综合物探方法确定的 9 个含水溶洞，其置信度达 100%。该典型实例说明了综合物探在地下工程勘察中应用的可行性。

地球物理勘探是一种间接的勘探手段，虽然它可以简便而迅速地探测地下地质情况，且具有立体透视性的优点，但其勘探成果具有多解性，使用时往往受到一些条件的局限。考虑到地质勘察各阶段勘探手段的特点，布置勘探工作时应综合使用，互为补充。

4.5 工程地质试验

工程地质试验是工程地质勘察中不可或缺的重要环节，它是为评价工程地质条件和问题以及工程设计、施工提供参数而进行的试验总称。它包括室内和现场的各种试验研究工作。

4.5.1 岩体室内试验

岩体室内试验是指对岩块的试验，目的是测定岩石的物理力学性质。其中物理性质试验有：含水率试验、颗粒密度和块体密度试验、吸水性试验、膨胀性试验、耐崩解试验等；力学性质试验有：单轴抗压强度试验、三轴压缩强度试验、直剪切试验、抗拉强度试验等。

1. 单轴抗压强度试验

单轴压缩强度试验适合于能制成规则试件的各类岩石。一般将试件制成一定尺寸，两端具有平整平面的圆柱状，然后将其放在压力试验机上，以每秒 0.5～1.0MPa 的速度加载直至破坏，同时记录破坏荷载和加载过程中试件出现的情况。然后按式（4-9）计算岩石单轴抗压强度：

$$R=\frac{P}{A} \tag{4-9}$$

式中 R——岩石单轴抗压强度（MPa）；

P——试件破坏荷载（N）；

A——试件截面积（mm^2）。

试验技术要点包括：

（1）试件可用岩芯或岩块加工而成。试件在采取、运输、制备过程中应避免产生裂缝。

（2）试件尺寸应符合下列要求：圆柱体直径宜为 48～54mm，含大颗粒的岩石，试件直径应大于岩石最大颗粒直径的 10 倍；试件高度与直径之比，宜为 2.0～2.5。

（3）试件精度应符合下列要求：两端面的平整度误差不得大于 0.05mm，端面应垂直于试件轴线，最大偏差不大于 0.25°；沿试件高度的直径误差不大于 0.3mm。

（4）试件的含水状态可根据需要选择：天然含水状态、烘干状态、饱和状态等。同一含水状态下，每组试验试件数量不得少于 3 个。

2. 单轴压缩变形试验

单轴压缩变形试验也是适合于能制成规则试件的各类岩石。试件制作及采用压力试验机加载的过程与单轴压缩强度试验基本相同，不同的是要采用电阻应变片及相应的电桥电路（常用惠斯顿电桥）测量和记录加荷过程中试件的应变发展情况，并绘制试验试件的荷载-轴向应变及横向应变关系曲线。然后按式（4-10）、式（4-11）计算岩石的平均弹性模量和平均泊松比：

$$E_{av}=\frac{\sigma_b-\sigma_a}{\varepsilon_{1b}-\varepsilon_{1a}} \tag{4-10}$$

$$\mu_{av}=\frac{\varepsilon_{db}-\varepsilon_{da}}{\varepsilon_{1b}-\varepsilon_{1a}} \tag{4-11}$$

式中 E_{av}——岩石平均弹性模量（MPa）；

μ_{av}——岩石平均泊松比；

σ_a、σ_b——应力轴向应变关系曲线上直线段起始点和终点对应的应力值（MPa）；

ε_{1a}、ε_{1b}——应力与轴向应变关系曲线上直线段起始点和终点对应的应变值；

ε_{da}、ε_{db}——应力为 σ_a、σ_b 时对应的横向应变值。另外，可以利用破坏时的轴向荷载计算得到岩石的单轴抗压强度。试验技术要点包括：

（1）试件的要求、加载要求及含水率的要求和单轴抗压强度试验相同。

（2）试验时，电阻应变片需满足一定的要求，即电阻片阻栅长度应大于岩石颗粒直径的 10 倍，并应小于试件的半径；同一试件所选定的工作片与补偿片的规格、灵敏度系数应相同，电阻差值不应大于±0.2Ω；电阻应变片应牢固粘贴于试件中部表面，并应避开裂隙或斑晶。纵向或横向的应变片数量不得少于两片，其绝缘电阻应大于 200MΩ。

3. 三轴压缩强度试验

岩石三轴压缩强度试验适合于能制成圆柱形试件的各类岩石。岩石三轴试验的方法和原理与土的三轴压缩（剪切）试验十分相似，它也是通过在不同侧向压力下测定一组岩石试件的轴向极限压力，从而在 τ-σ 坐标图上得到一组极限应力圆，这组极限应力圆的公切线就是强度包线，利用强度包线在纵轴上的截距和倾角就可以得到岩石的三轴抗压强度参数 c、φ。试验技术要点包括：

(1) 圆柱形试件的直径应为承压板直径的 0.98～1.00 倍，试件的端面平整度、精度及其他要求同单轴抗压强度试验要求。

(2) 试验时，同一含水状态下，每组试件数量不少于 5 个。

(3) 以每秒 0.05MPa 的加荷速度，同时施加侧向压力和轴向压力至试验预定的侧向压力值，并使得侧向压力在后续试验过程中始终保持不变。

(4) 每秒 0.5～1.0MPa 的速度施加轴向荷载，直至试件完全破坏，记录破坏荷载。当试件破坏时，若有完整破坏面，应量测破坏面与最大主应力作用面之间（一般为水平面）的夹角。

4. 抗拉强度试验

岩石抗拉强度试验适合于能制成规则试件的各类岩石。抗拉强度试验采用劈裂法，是在试件直径方向上施加一对线性荷载，使试件沿直径方向破坏。试验时，采用压力试验机的专用夹头，对半夹住试件的两端，以每秒 0.3～0.5MPa 的速度施加拉力荷载，直至试件断裂破坏，记录破坏荷载，然后按式 (4-12) 计算岩石的抗拉强度：

$$\sigma_t = \frac{P}{A} \tag{4-12}$$

式中 σ_t——岩石单轴抗压强度 (MPa)；

P——试件破坏荷载 (N)；

A——试件受拉截面积 (mm^2)。试验技术要点包括：

(1) 圆柱形试件的直径宜为 48～54mm，试件的高度或厚度宜为直径的 0.5～1.0 倍。其他要求同单轴抗压强度试验要求。

(2) 试件破裂应以出现贯穿于整个试件截面的破裂面为准，凡出现局部脱落的试件均为无效试件。

5. 直剪试验

岩石直剪试验适合于岩块、岩石结构面，以及混凝土与岩石胶结面的剪切试验。岩石直剪试验的方法原理与土的直剪试验相类似。试验时，将制备好的岩石试件装入上、下剪切盒中，并使预定剪切面位于上、下盒的交界面处，试件与剪切盒之间的空隙要用填料填实。然后对试件施加一定的垂直向荷载并使之在后续剪切过程中保持不变，最后施加水平剪切荷载，使岩石试件沿预定剪切面发生剪切破坏。水平剪切荷载的施加应分级进行，每级荷载为预估最大剪切荷载的 1/12～1/8，每级荷载施加后，测读稳定的剪切位移和法向位移，直至试件剪切破坏为止。在不同的法向压力下重复上述试验，即可得到不同法向压力下，剪切面上的破坏剪应力。将它们绘制在在 τ-σ 坐标图上，并连成一条直线，该直线在纵轴上的截距和倾角就是岩石直接剪切试验的抗剪强度参数 c、φ。试验技术要点包括：

(1) 岩石试件的直径不得小于 50mm，试件的高度应与直径或边长相等。如对岩石结构面进行剪切试验，则结构面应位于试件中部，并与端面基本平行；混凝土与岩石胶结面剪切试验的试样应为方块体，边长不宜小于 150mm，其胶结面也应位于试件中部。混凝土骨料的最大粒径不得大于试件边长的1/6。

（2）每组试件数量不应少于5个。

4.5.2 土体室内试验

土体室内试验的方法有很多种，主要包括：土的物理性质试验，如颗粒级配试验、土粒比重试验、含水率试验、密实度试验、液塑限试验等；土压缩、固结试验；土的抗剪强度，如直剪试验、各种常规三轴试验、无侧限抗压强度试验等；土的动力特性试验，如动三轴试验、共振柱试验、动单剪试验等。鉴于室内土体试验种类较多，下面只介绍部分试验的基本原理，详细试验方法、技术要点等查看有关规范。

1. 土的压缩试验

土的单向压缩试验，采用环刀切取土样，然后放入护环内，土样上、下两面均放有透水石，以便于加压时将挤出的水排走。试验时，由于受环刀及护环限制，可以认为土样不发生侧向变形，因此只要测定在各级规定压力下，土样在竖直方向的稳定变形量（压缩量）经过换算即可得到相应的孔隙比。然后分别在自然坐标下和半对数坐标下绘制孔隙比-压力关系曲线（e-p、e-lg$p$），利用曲线就可以得到压缩系数、压缩指数、压缩模量、体积压缩系数等有关压缩性指标。土的压缩试验设备主要由压缩仪、加压设备、量测设备三部分构成，如图4-4所示。

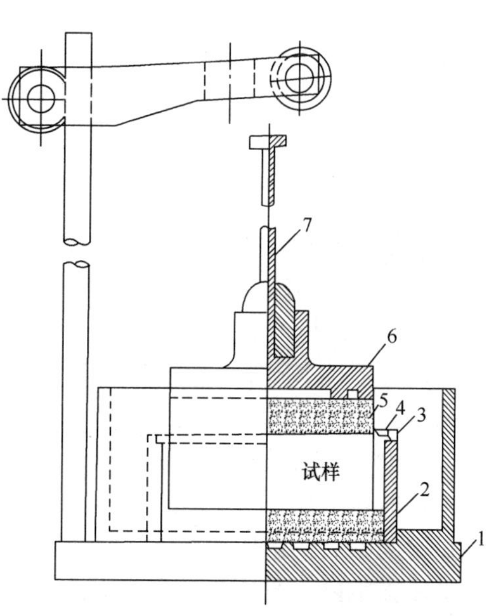

图4-4 单向压缩仪示意图

1-水槽；2-护环；3-环刀；4-导环；5-透水石；6-加压上盖；7-位移计导杆；8-位移计架

2. 土体抗剪强度的直接剪切试验

直接剪切试验采用直接剪切仪，直剪仪分为应变控制式和应力控制式，前者是等速推动试样产生位移，同时测定相应的剪切力；后者则是对试件分级施加水平剪应力测定相应的位移。目前我国普遍采用的是应变控制式直接剪切仪，由固定的上盒和可水平移动的下盒组成，如图4-5所示。

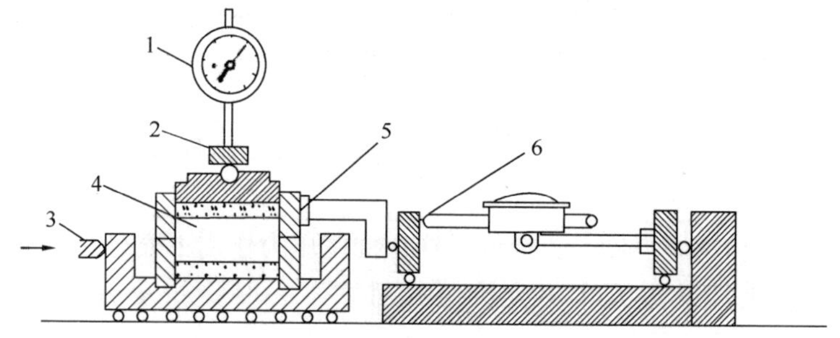

图4-5 应变控制式直接剪切仪示意图

1-垂直变形测量表；2-垂直加荷框架；3-推动座；4-试样；5-剪切盒；6-量力环

试验前，将试验土样装入上、下盒中，土样底部和上部均放有透水石。试验时，通过上盒的加压框架，给试样加上一定的垂直向压力 σ（对剪切面而言为正应力），然后通过传力装置给下盒施加水平推力，并保持下盒均匀移动，使土样在上、下盒的接触面上产生剪切变形直至破坏，同时测量记录施加的剪切力和剪切位移。以剪切位移为横坐标，剪切应力为纵坐标，绘制剪应力-剪切位移关系曲线，如图 4-6 所示。取曲线的剪应力峰值或稳定值作为土体的抗剪强度值 τ_f。对同一种土至少取 4 个试样，在不同的垂直压力 P_i 下进行剪切试验，可得到不同的抗剪强度值。绘制抗剪强度值 τ_f 与垂直压力的关系曲线，则 τ_f-σ 关系接近于直线，该直线与横标轴夹角即为土的内摩擦角，而直线在纵轴上的截距为土的内聚力。

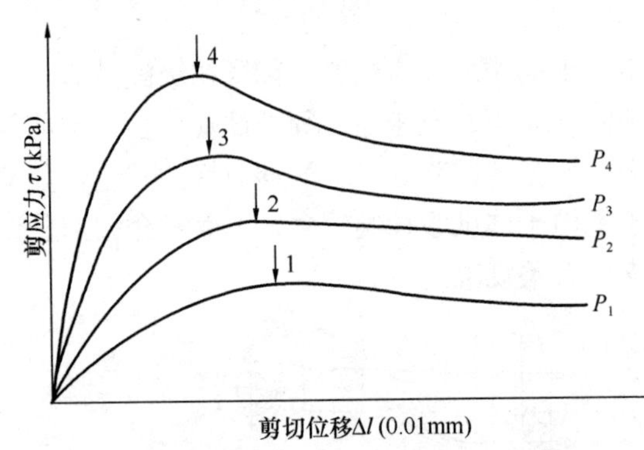

图 4-6 剪应力与剪切位移关系曲线

为了模拟现场的排水条件，直接剪切试验可分为快剪、固结快剪和慢剪三种。快剪试验是在施加竖向压力后，立即快速施加水平剪应力使试样剪切破坏；固结快剪是允许试样在竖向压力下排水固结，然后快速施加水平剪应力使试样剪切破坏；慢剪试验是允许试样在竖向压力下排水固结，然后缓慢地施加水平剪应力使试样剪切破坏。

3. 土体抗剪强度的三轴剪切试验

三轴剪切试验是测定土的抗剪强度的一种较为完善的方法，它可以在很大程度上克服直剪试验的缺点。它是将土样制成圆柱状的试样，用不透水的薄层橡皮膜套好，并放入充满水的压力室内，通过围压系统给试样施加一定大小的各向相等的围压 σ_3，然后再给试样在垂直方向上分级施加轴向压力 σ_1，使得试样在偏应力 $\Delta\sigma_1=\sigma_1-\sigma_3$ 作用下受剪，当偏应力增加到一定程度，试样就会在某个最不利的应力组合面上发生剪切破坏。这样每一个试样在一定的围压下 σ_3 都有一个破坏的大主应力 σ_{1f}，利用它们，就可以在 τ-σ 坐标系中得到一个极限应力圆。多组试样在不同围压下进行试验可得到多个极限应力圆，这些极限应力圆的公共切线称为土的强度包线。强度包线在纵轴的截距即为土的黏聚力，而强度包线与横轴的夹角即为土的内摩擦角，这就是要测定的土的抗剪强度指标。三轴试验试验仪器分为应力控制式和应变控制式两种，一般采用应变控制式，如图 4-7 所示。

根据试验时土样在围压下是否允许固结和剪切过程中是否允许排水，三轴试验又可分为如下三种：

（1）不固结不排水剪试验（UU）：土样在周围压力下施加轴向压力直至剪切破坏的全过程中均不允许排水；

（2）固结不排水剪试验（CU）：允许土样在周围压力作用下充分排水固结，但是在施加轴向压力至剪切破坏的过程中不允许土样排水，一般要测定剪切过程中的孔隙水压力；

（3）固结排水剪试验（CD）：允许土样在周围压力作用下充分排水固结，并且在施加轴向压力至剪切破坏的过程中允许土样充分排水。由于要求在剪切过程中允许土样充分排水，因此要求控制剪切速率，以保证产生的孔隙水压力能及时充分消散。由于试验过程中孔隙水压力始终为0，因此固结排水试验测得的指标为有效应力指标。

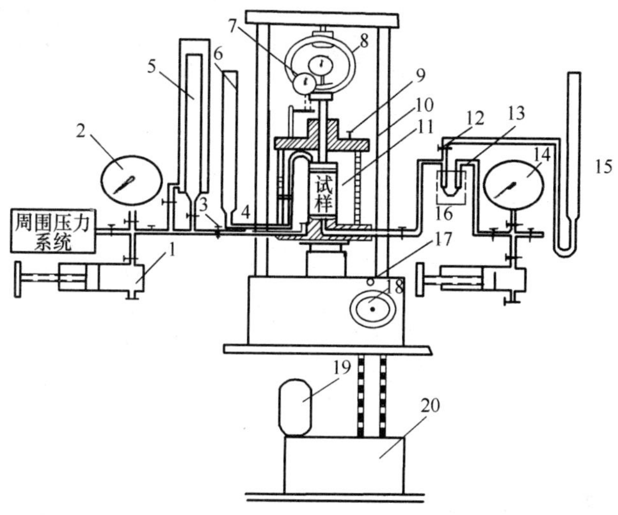

图 4-7 应变控制式三轴剪切仪

1-调压管；2-周围压力表；3-周围压力阀；4-排水阀；5-体变管；6-排水管；7-轴向变形量表；8-量力环；9-排气孔；10-轴向加荷设备；11-压力室；12-量管阀；13-零位指示器；14-孔隙压力表；15-量管；16-孔隙压力阀；17-离合器；18-手轮；19-电机；20-变速箱

4. 土的动力性质试验

土的动力性质试验主要有动三轴试验、动单剪试验及共振柱试验，其试验方法、测试内容及存在问题如表 4-16 所示。

土动力特性室内试验方法汇总 **表 4-16**

试样名称	试验方法	测试内容	存在问题
动三轴试验	将圆柱形试样在给定的压力下固结，然后施加激振力，使土样在剪切面上的剪应力产生周期性交变	（1）动弹性模量、动阻尼比及其与动应变的关系； （2）既定循环周数下的动应力与动应变关系； （3）饱和土的液化剪应力与动应力循环周数的关系	应力条件与现场相差较大
动单剪试验	在试样容器内制成一个封闭于橡皮膜的方形试样，其上施加垂直压力，使容器的一对侧壁在交变剪切力作用下作往复运动		试样成形困难、应力分布不均匀
共振柱试验	试样为空心或实心圆柱形，一端固定，另一端施加周期性变化的扭转激振力使土样发生扭转振动	测定小应变时动弹性模量和动阻尼比	试样制备困难，不易密封，操作较繁

表 4-16 中采用振动三轴仪进行动三轴试验比较常用，目前国内外常见振动三轴仪有：电磁激振式振动三轴仪，惯性激振式振动三轴仪，液压脉动式振动三轴仪，气压激振式振动三轴仪。振动三轴仪与前述常规三轴仪基本类似，其主要区别在于，它能够对土样施加垂直向的呈周期性变化的激振力。

试验主要分两大步：第一步是给试样施加静荷载，让土样在一定压力下固结，荷载的

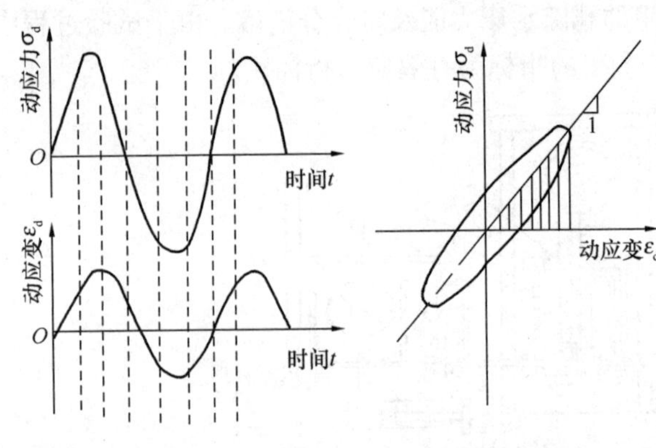

图 4-8 动应力、动应变曲线及应力应变滞回环

大小视需要而定；第二步是（一般在不排水条件下）施加动荷载，动荷载的频率、振动波形，按预先设定的由小到大变化，进行分级试验。同时记录在动荷载作用下的动荷载及动变形量，用于计算各级动荷载条件下既定振动周数时的动应力和动应变。典型的动应力和动应变记录曲线以及据此得到的动应力-动应变滞回环如图 4-8 所示。根据应力应变滞回环可以计算土体的动弹性模量和阻尼比，但要求各种动荷载施加系统的激振力幅值必须平衡稳定、波形规则对称，幅值相对偏差和半周期相对偏差不宜大于 10%。

4.5.3 现场原位测试

岩土工程原位测试是在天然条件下原位测定岩土体的各种工程性质。由于原位测试是在岩土原来所处的位置进行的，因此它不需要采取土样，被测土体在进行测试前不会受到扰动而基本保持其天然结构、含水率及原有应力状态，因此所测得的数据比较准确可靠，与室内试验结果相比，更加符合岩土体的实际情况。尤其是对灵敏度较高的结构性软土和难以取得原状土样的饱和砂质粉土和砂土，现场原位测试具有不可替代的作用。综合起来，原位测试具有下列优点：

（1）可以测定难以取得不扰动土样如饱和砂土、粉土、流塑状态的淤泥或淤泥质土的工程力学性质。

（2）可以避免取样过程中应力释放的不良影响。

（3）原位测试的土体影响范围远比室内试验大，因此具有较强的代表性。

（4）可以节省时间，缩短岩土工程勘察周期。

原位测试虽然具有上述优点，但也存在一定的局限性，比如各种原位测试具有严格的适用条件，若使用不当会影响其效果，甚至得到错误的结果。原位测试的方法有很多种，以下主要介绍与地下工程相关的几种方法：静力触探试验、圆锥动力触探试验、旁压试验、现场剪切试验以及岩体原位应力测试。

1. 静力触探试验

静力触探是通过一定的机械装置，用准静力将标准规格的金属探头垂直均匀地压入土层中，同时利用传感器或机械量测仪表测试土层对触探头的贯入阻力，并根据测得的阻力情况来分析判断土层的物理力学性质。由于静力触探的贯入机理是个复杂的问题，目前虽有很多的近似理论对其进行模拟分析，但尚没有一种理论能够圆满解释静力触探的机理。目前工程中仍主要采用经验公式将贯入阻力与土的物理力学参数联系起来，或根据贯入阻力的相对大小做定性分析。静力触探试验主要目的有 5 个方面：根据贯入阻力曲线的形态特征或数值变化幅度划分土层；评价地基土的承载力；估算地基土层的物理力学参数；选择桩基持力层、估算单轴承载力，判定沉桩的可能性；判定场地土层的液化势。静力触探的试验设备主要由三部分构成：探头部分；贯入装置；量测系统。试验技术要点包括：

（1）触探头应匀速垂直地压入土中，贯入速率为1.2m/min。

（2）触探头的测力传感器连同仪器、电缆应进行定期标定，室内探头标定测力传感器的非线性误差、重复性误差、滞后误差、温度零漂、归零误差均应小于1%*FS*（满量程读数），现场试验归零误差应小于3%，绝缘电阻不小于500MΩ。

（3）深度记录误差不应大于触探深度的1%。

（4）当贯入深度大于30m，或穿过厚层软土层再贯入硬土层时，应采取措施防止孔斜或触探杆断裂，也可配置测斜探头量测触探孔的偏斜角，以修正土层界线的深度。

（5）孔压探头在贯入前，应在室内保证探头应变腔为已排除气泡的液体所充满，并在现场采取措施保持探头应变腔的饱和状态，直至探头进入地下水位以下的土层为止。在孔压静探试验过程中不得上提探头，以免探头处出现真空负压，破坏应变腔的饱和状态，影响测试结果的准确性。

（6）当在预定深度进行孔压消散试验时，应量测停止贯入后不同时间的孔压值，其计时间间隔应由密而疏合理控制。试验过程中不得松动探杆。

2. 圆锥动力触探试验

在圆锥动力触探试验中，一般以打入土中一定距离（贯入度）所需落锤次数（锤击数）来表示探头在土层中贯入的难易程度。同样贯入度条件下，锤击数越多，表明土层阻力越大，土的力学性质越好；反之，锤击数越少，表明土层阻力越小，土的力学性质越差。通过锤击数的大小就很容易定性地了解土的力学性质。再结合大量的对比试验，进行统计分析就可以对土体的物理力学性质做出定量化的评估。圆锥动力触探试验主要目的有两个方面：定性划分不同性质的土层，查明土洞、滑动面和软硬土层分界面，检验评估地基土加固改良效果；定量估算地基土层的物理力学参数，如确定砂土孔隙比、相对密度等以及土的变形和强度的有关参数，评定天然地基土的承载力和单桩承载力。圆锥动力触探设备较为简单，主要由三部分构成：探头部分；穿心落锤；穿心锤导向的触探杆。试验技术要点包括：

（1）自动落锤装置保持平稳下落。

（2）防止锤击偏心、探杆倾斜和侧向晃动，保持探杆垂直度（最大偏斜度不应超过2%）；锤击贯入应连续进行，不能间断，因为间隙时间过长，可能会使土（特别是黏性土）的摩阻力增大，影响测试结果的准确性。锤击速率宜为每分钟15～30击；在砂土或碎石土中锤击速率可采用每分钟60击。

（3）每贯入1m，宜将探杆转动一圈半；当贯入深度超过10m时，每贯入20cm宜转动探杆一次。

（4）对轻型动力触探，当$N_{10}>100$或贯入15cm锤击数超过50时，可停止试验；对重型动力触探，当连续三次$N_{63.5}>50$时，可停止试验或改用超重型动力触探。

（5）为了减少探杆与孔壁的接触，探杆直径应小于探头直径。在砂土中，探头直径与探杆直径之比应大于1.3，在黏性土中这一比例可适当小些。

（6）由于地下水位对锤击数与土的物理性质（砂土孔隙比等）有影响，因此应当记录地下水位埋深。

3. 旁压试验

在旁压试验过程中，通过量测每级横向压力下旁压仪测量腔的体积变化可以得到扩张体积和压力关系曲线（p-V 曲线）。典型的 p-V 曲线如图 4-9 所示，它可以分为四个阶段：Ⅰ阶段，初步阶段 OA；Ⅱ阶段，似弹性阶段 AB；Ⅲ阶段，弹塑性阶段 BC；Ⅳ阶段，破坏阶段 CD。

旁压试验主要目的有两个方面：测定土的旁压模量和应力应变关系；估算黏性土、粉土、砂土、软质岩质和风化岩石的承载力。旁压试验设备主要由旁压器、加压稳压装置、变形测量装置几部分构成，如图 4-10 所示。试验技术要点包括：

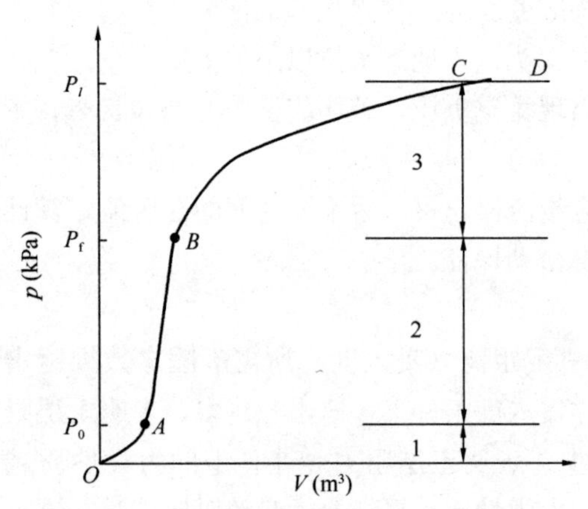

图 4-9 典型的旁压试验 p-V 曲线

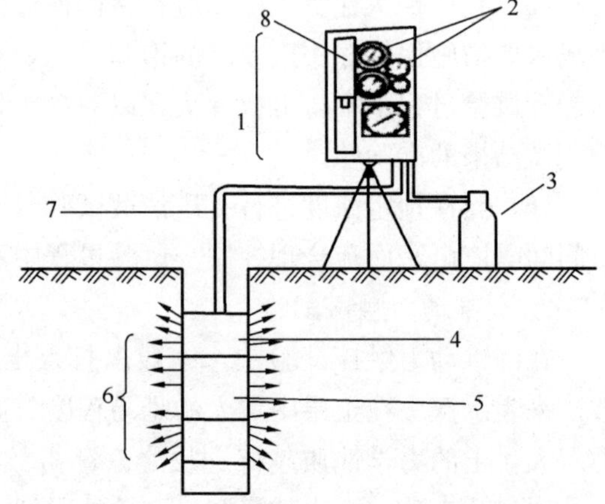

图 4-10 旁压仪示意图

1-监测装置；2-压力表；3-高压气瓶；4-辅助腔；5-测量腔；6-旁压器；7-同轴塑料管；8-量管

(1) 旁压试验点要求布置在有代表性的位置和深度进行，旁压仪的量测腔要求位于同一土层内。试验点的垂直间距应根据地层条件和工程要求确定，但不宜小于 1m，试验孔与已有钻孔的水平距离不宜小于 1m。

(2) 预钻式旁压试验应保证成孔质量，孔壁要垂直、光滑、呈规则圆形，钻孔直径与旁压器直径应良好配合，防止孔壁坍塌。

(3) 加荷等级可采用预期临塑压力的 1/7～1/5，初始阶段加荷等级可取小值，必要时，可做卸荷再加载试验，测定再加荷旁压模量。

(4) 每级压力应维持 1min 或 2min 后再施加下一级荷载，维持 1min 时，加荷后 15s、30s、60s 测读变形量，维持 2min 时，加荷后 15s、30s、60s、120s 测读变形量。

(5) 当量测腔的扩张体积相当于量测腔的固有体积时，或压力达到仪器容许的最大压力时应终止试验。

4. 现场直接剪切试验

现场直接剪切试验是在现场对岩土样施加一定的法向应力和剪切力，使其在剪切面上破坏，从而求得岩土体在各种剪切面特别是岩土体软弱体结构面上抗剪强度的一种原位测试方法。根据试验对象的不同，现场直接剪切试验又可分为土体现场剪切试验和岩体现场剪切试验两种，以土体的现场剪切试验为例。土的现场直接剪切试验的原理与室内直剪试验的原理基本相同，一般是在现场对几个试样（每组不少于3个试样）施加不同的法向荷载，待其固结稳定后再施加水平剪力使其破坏，同时记录下每个试样破坏时的剪切应力，绘制出破坏剪应力与法向应力的关系曲线，继而可以得到土体在特定破坏面上的抗剪强度指标即内摩擦角和黏聚力。土的现场剪切试验的主要设备有剪力盒，用以制备和装盛土样；法向荷载施加系统，由千斤顶、加压反力装置及滚动滑板构成，用以施加法向应力；水平剪力施加系统，由千斤顶及附属装置（反力支座等）构成；测量系统，由位移量测系统（位移计、百分表等）和力量测系统（力传感器）构成，用以测量法向荷载、法向位移、水平剪力、水平位移等，如图4-11所示。试验方法和技术要点包括：

(1) 试坑的开口尺寸视所需试验土层的深度及坑壁土的性质而定。一般情况下工作面的尺寸为2.5m×1.6m。试样的制备一般在试坑中进行，用下端带有刃口的剪力盒，边压入土体边削去剪力盒外侧土体，一直到剪力盒全部切入到预定的试验深度为止，沿刃口的深度将周围土体削除，形成与剪切面一致的试坑基底平面，同时修整剪力盒中试样的顶面，使试样顶面超出剪力盒顶面1cm左右，并使其保持平整。试样制备完成后，可安装法向应力施加装置和水平推力施加装置以及相应的应力、位移测量装置，试验设备安装完成之后，即可开始试验。

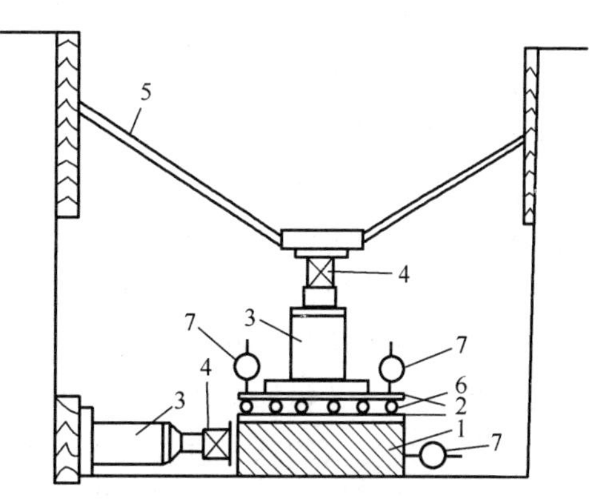

图4-11 现场直接剪切试验装置

1-剪切盒；2-滚动滑板；3-千斤顶；4-力传感器；5-加压反力装置；6-滚珠；7-位移计

(2) 对试样分级施加法向荷载，荷载的等效集中力作用位置应位于剪切面的中心，最大法向荷载应大于设计荷载，一般可分4～5级逐渐达到试验所需的最终法向荷载。每级法向荷载施加后每5min测量一次试样变形，当每1min变形不超过0.05mm时可施加下一级荷载。最后一级法向荷载施加后，当1h内垂直变形不超过0.05mm时，即达到相对稳定状态，可以施加剪切荷载。

(3) 施加水平剪切力，每级剪切荷载按预估最大荷载的8%～10%分级等量施加，也可按法向荷载的5%～10%分级等量施加。当剪切变形急剧增长或变形继续增长而剪应力无法增加或剪切变形达到试样边长（直径）的1/10时可终止试验。

(4) 当需要根据剪切位移大于10mm时的试验成果确定土的残余抗剪强度时，可能需要沿剪切面继续进行摩擦试验。

(5) 剪切面积（试样截面积）不宜小于0.3m^2，高度不宜小于20cm或为试样土颗粒最大粒径的4～8倍；开挖试坑时，应避免对试样土体的扰动和使土样含水量发生显著变化。在地下水位以下试验时应先降低水位，待试验装置安装完毕，恢复地下水后再进行试验；试验过程及法向应力、水平剪切力施加以及终止试验的标准应符合上述试验方法中的相关要求。

5. 岩体原位应力试验

目前岩体原位应力测试一般通过先测出岩体应变，再根据应力应变关系计算出应力值的间接测量方法。常见的测试方法可分为两大类：第一类是应力解除法；第二类是应力恢复法。岩体原位应力测试的目的是测定无水、完整或较完整的岩体原位应力。

1）应力解除法

岩体在应力作用下产生应变，当需要测定岩体中某点的应力时，可先将该点的单元岩体与其基岩部分分离，使该点单元岩体所受的应力解除，同时量测该单元岩体在应力解除过程中产生的应变，由于这一过程是可逆的，因此可以认为，单元岩体在应力解除过程中产生的应变，也就是原位岩体应力使该单位岩体所产生的应变。利用岩体的应力应变关系即可计算得到岩体的原位应力。根据量测元件安放在岩体内的深浅又可分为岩体表面应力解除法、浅孔应力解除法和深孔应力解除法三种。后两种又可分别细分为孔壁应变法、孔径变形法、孔底应变法。

（1）孔壁应变法的基本过程：先用大孔径钻头在待测岩体上钻孔至预定深度并将孔底打磨平整，再改用小孔径钻头钻测试，深度大约 50cm，要求测试孔与大钻孔同轴且内壁光滑，然后采用安装器按一定的方位将应变计安装于测试孔壁上，待应变计读数稳定后读取初读数。最后采用直径比测试孔径稍大一些的套钻进行分级钻进，逐步解除测试孔壁的应力，钻入深度为测试孔壁应变计读数不再发生变化为止。

（2）孔径变形法与孔壁应变法在钻孔方面要求类似，差别在于孔径变形法测量的是应力解除前后测试孔孔径的变化情况，根据孔径的变化推导得到岩体的原位应力。

（3）孔底应变法的基本过程：先用大孔径钻头在待测岩体上钻孔至预定深度并将孔底打磨平整和进行干燥处理，然后用安装器将孔底应变计安装在经打磨、烘干处理的钻孔底部，待应变计稳定后读取初读数，然后仍用原来的大孔径钻头继续钻进，进行应力解除，钻至一定深度后，待孔底应变计读数不再改变时，读取应力完全解除后的应变计读数值，最后通过应力应变关系换算成原位岩体应力。

2）应力恢复法

当测点岩体的应力由于切槽而被解除后，应变也随之恢复到原来不受力的状态。反过来，当在切槽中埋入压力枕（扁千斤顶）对岩体施加压力到应力释放前的状态，则岩体的应变也会回到应力释放前（切槽前）的状态。因此，在通过压力枕加压过程中，只要对切槽周围岩体的应变进行测量，当应变恢复到切槽前的状态时，压力枕所施加的应力就可以认为是岩体的原位应力。

现行规范规定采用应力解除法的孔壁应变法、孔径变形法、孔底应变法三种测试方法进行岩体的原位应力测试，这三种方法的具体操作要求以及通过测得的应变和孔径变化计算岩体原位应力的计算公式，可参见《工程岩体试验方法标准》GB/T 50266—2013。

4.6　地下工程选址例析

工程地质勘察的目的，在于以各种勘察手段和方法，调查研究和分析评价地下工程场地和地下工程周围岩土体的工程特性，为工程场址、设计、施工及使用提供所需的工程地质资料。本节通过对在岩层中修建地下工程的选址实例分析，介绍地质勘察在工程场址、洞口及轴线方位，以及围岩分类和围岩稳定性分析中的作用。

4.6.1 地下工程选址基本要求

地下工程选址必须考虑一系列因素，要求在几个可能的建设方案中选出一个最优方案，工程地质条件是主要依据。对于一般的地下洞室来说，选址的主要依据是岩体的稳定。地下工程选址的基本要求如下：

1）地形条件的选择

地形上要山体完整，洞顶及傍山侧应有足够的厚度，避免由于地形条件不良造成施工困难、洪水及地表沟谷水流倒灌等问题。同时应避免埋深过大造成高天然应力及施工困难。另外，相邻洞室间应有足够的间距。

2）岩性条件的选择

岩性比较坚硬、完整，力学性能好且风化轻微。而那些易于软化、泥化和溶蚀的岩体及膨胀性、塑性岩体则不利于围岩稳定。层状岩体以厚层状的为好，薄层状的易于塌方。遇软硬及薄厚相间的岩体时，应尽量将洞顶板置于厚层坚硬岩体中，同一岩性内的压性断层，往往上盘较破碎，应将洞室至于下盘岩体中。

3）地质构造条件的选择

地质构造上，应选择断裂少、规模较小及岩体结构简单的地段。区域性断层破碎带及节理密集带，往往不利于围岩稳定，应尽量避开。如不得已时，应尽量直交通过，以减少其在洞室中的出露长度。当遇褶皱岩层时，应置洞室于背斜核部，以借岩层本身形成的自然拱维持洞室稳定。向斜轴部岩体较破碎，地下水富集，不利于围岩稳定，应予避开。另外洞轴线应尽量与区域构造线、岩层及区域性节理走向直交或大角度相交。在高天然应力区，洞轴线应尽量与最大天然水平主应力平行，并避开活动断裂。

4）水文地质条件的选择

水文地质方面，洞室干燥无水时，有利于围岩稳定。因此，洞室最好选择在地下水位以上的干燥岩体或地下水量不大、无高压含水层的岩体内，尽量避开饱水的松散岩土层、断层破碎带及岩溶发育带。

5）进出口位置的选择

进出口应选在松散覆盖层薄、坡度较陡的反向坡，并避开地表径流汇水区。同时应注意研究进出口边坡的稳定性，尽量将洞口置于新鲜完整的岩质边坡上，避免将进出口布置在可能滑动与崩塌岩体及断层破碎岩体上。

在地热异常区及洞室埋深很大时，应注意研究地温和有害气体的影响。能避则避，不能避开时，则应研究其影响程度，以便采取有效的防治措施。应当指出，在实际选择地下洞室位址时，常常不是对某个单一因素进行研究和选择，而应在全面综合各种因素的基础上，结合地下洞室的不同类型和要求进行综合评价，选择好的位置、进出口及轴线方位。

4.6.2 选址实例分析

某工程地下厂房设计跨度 27.5m，边墙高约 50m。坝址河谷左岸由印支期正长岩为主构成，右岸以二迭系玄武岩为主构成，穿插有正长岩支叉岩体，坝址同时也是良好的地下工程场址。但鉴于左岸正长岩体较厚实，岩体完整性较好，所以将地下厂房系统放在左岸。

在左岸布置地下洞室群，有三个位置可供选择：A 址在水库岸坡内；B 址在坝肩外上游侧；C 址在坝肩下游位置，如图 4-12 所示。三处工程地质条件对比如表 4-17 所示。

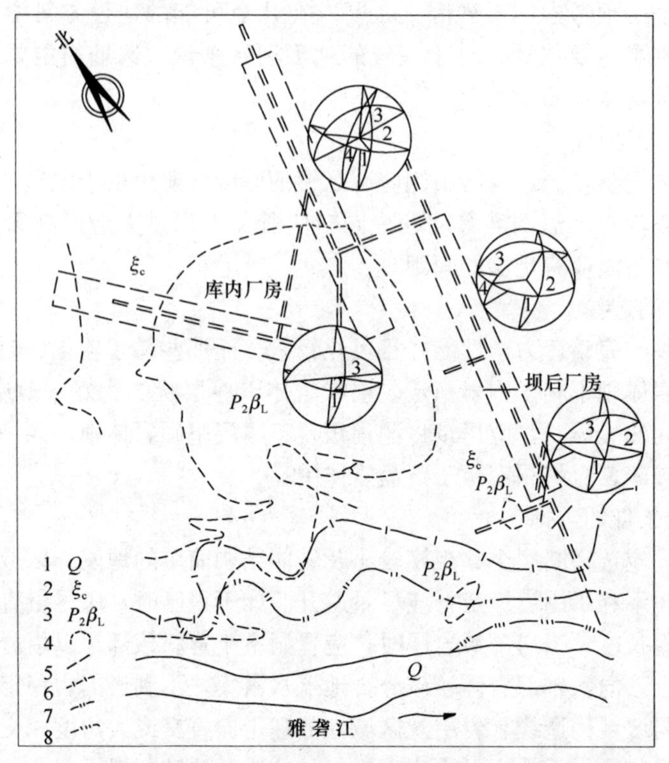

图 4-12 某地下厂房位置选择示意图（据王思敬等，1984）

1-第四系；2-正长岩；3-蚀变玄武岩；4-岩性界线；5-小断层；6-微风化带下限；7-弱风化带下限；8-强微风化带下限

某工程地下洞室群位置选择工程地质条件对比 **表 4-17**

序号	比较项目	A 址	B 址	C 址	较优位置
1	岩体类型	正长岩、玄武岩（顶部）	正长岩为主、玄武岩（部分）	正长岩为主、玄武岩（部分）	B
2	岩体结构	块状及整体状	整体状	块状及裂隙块状	B
3	与主要节理组 J_1 关系	垂直	夹角小	平行	A
4	与次要节理组 J_2 关系	平行	夹角小	垂直	C
5	与初始最大主应力交角	垂直	夹角小	夹角小	B、C
6	最大主应力量级（kg/cm^2）	250～300	250～300	150～200	C
7	与地面工程关系	距库岸近	距库岸远	距坝端近（在推力方向上）	B

从岩体结构考虑，A 址为正长岩和玄武岩交叉接触部位，玄武岩中发育软弱蚀变破碎带；B 址主要为新鲜完整的正长岩，但部分洞体仍位于玄武岩中；C 址厂房边墙及拱顶为正长岩体，底部为玄武岩捕虏体，纤闪石化严重，而正长岩则因接近地表风化卸荷带，

节理显化，小型软弱结构面发育。总体上 B 址较好。

从洞室和节理关系考虑，坝址发育三组节理，J_1 产状为 NNE，NW∠80°，J_2 产状为 NWW，NE∠70°，J_3 产状为 NWW，NW∠15°～20°，其中 J_1 延伸到达 5～10m，J_2 长仅 2～5m，J_3 为缓倾角节理延伸长 2～5m。A 址洞轴与主要节理 J_1 垂直，但和次要节理 J_2 平行；B 址洞轴线与主要节理组 J_1 夹角较小；C 址洞轴线与主要节理组 J_1 夹角也较小，如图 4-13（a）所示。由于水工要求关系，各厂址洞轴线方向能够改变的范围有限。

从初始应力场条件考虑，坝址实测初始应力场的最大主应力为 NE 至 NNE，倾向 SW，即倾向河谷，倾角为 40°～50°。A 址洞轴线因水工布置需要，与初始应力场最大主应力夹角较大；B 址及 C 址洞轴线和初始最大主应力交角较小，如图 4-13（b）所示。C 址的初始应力较低，最大主应力为 15～20MPa；A 址和 B 址初始最大主应力达 250～300MPa。

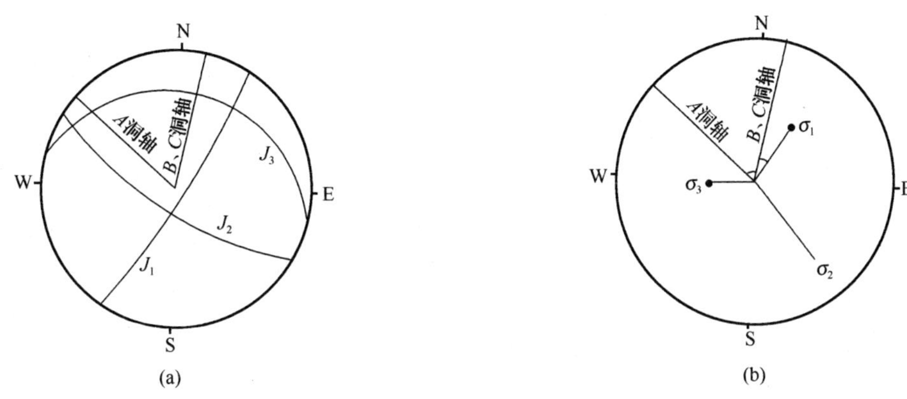

图 4-13 地下厂房洞轴线和节理系统及初始应力场关系

（a）节理系统；（b）初始应力场

从工程总体布置关系考虑，A 址在水库岸坡，库水沿 NNE 主要节理入渗，对地下洞室有影响；B 址在坝肩上游，距迎水面较远；C 址在坝肩下游，影响坝肩位移，位移量可增加一倍。

综上所述，在初始方案论证阶段，认为 B 址较优，但是洞深大，通道工程要加长，此外洞轴线与主要节理组 J_1 的夹角要保证至少达到 30°，并要加强喷锚措施。A 址和 C 址的工程地质条件则较差。

4.6.3 围岩稳定性分析

地下工程的地质体结构在形成过程中受不同规模边界条件及应力场的控制，产生规模大小不一，级次不同的结构面。同时，结构面的频度，即发育程度又和它的规模有关，规模越大，则数量越少，因此，不同规模的结构面将对不同级别的地质体稳定问题起作用。以某工程的地质结构分级为例说明它的实际应用，分别结合工程位置进行稳定边界条件的分析和稳定性评价。

1）大断层的影响

在工程区内有三条规模较大的断层，F_I 断层自工程的东南方通过，距工程位置约 500m，其延伸长度达 30km。该断层走向为 N50°E，倾向为 SE，倾角为 40°～60°，断层带宽达 10～40m，有很厚的角砾岩带。影响带内岩石挤压破碎，岩层形成拖拉和挤压褶皱。$F_{Ⅱ}$ 断层从工程的西南方通过，距工程位置约 400m，其延伸长度约 12km，走向为 N30°W，断层近于直立。断层角砾岩宽 10m，呈大块状碎裂角砾结构，胶结良好，形成正地形，但两侧岩石裂隙发育，比较破碎。$F_{Ⅲ}$ 在工程区北面通过，最近处仅 100m。该断层延伸长度约数公里，走向不稳定，倾角很陡，断层带宽达数米，由角砾组成。

这三条断层虽然规模比较大，但对地下工程围岩稳定没有直接影响。但是它们对于工程位置的确定起到了决定性的作用，工程建筑物将局限在这三条断层所围限的断块中。地下洞室布置于比较完整的石英砂岩中，位于背斜的东南翼，岩层走向 N80°E，倾向 SE，倾角为 35°～40°。

2）断层的影响

本工程区内的断层约十条左右，它们的宽度一般数十厘米至一两米，延伸约 100～200m 或更长一些，其性质随成因的不同而有所差异，如图 4-14 所示。

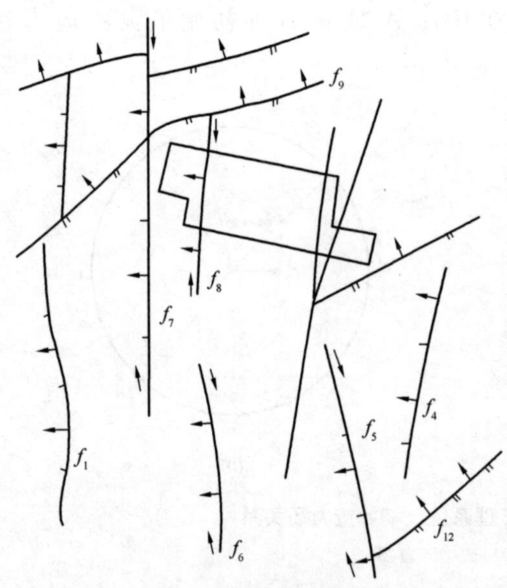

图 4-14 主体工程部位断裂分布

这些断层大都是单独切割洞体的，正好在洞体边墙或拱顶交叉的极少。因此，主要应考虑的是单一断层，或断层与更小一级结构面的组合作用。对主体工程来说，只有一条断层 f_8 切割洞体，对它的稳定问题可作专门的分析。

断层 f_8 的沿一条岩脉发生错动而形成的扭性结构面，宽约 1～2m，含有二、三条角砾岩及断层泥条带，呈塑性状态，两侧发育平行的节理，有渗水及湿润现象。由于它的走向与两条主要洞室直交，又近于直立，所以对洞室稳定影响很小。在这种情况下，对洞体进行局部处理，沿断层拱圈加厚加筋，对拱脚及边墙加密锚杆，以利用两侧完整岩石，并注意排水措施，施工结果证明这些措施是有效的。

其他几条断层或未切割洞体，或切割了通道及其他规模较小的洞室，并且断层本身规模也较小，最大宽度数十厘米，采取局部处理便可达到稳定的目的。

3）断裂面的影响

断裂面是指小型断层性错动面或断裂张开面，这类结构面在本工程中有 50 条之多，其中在地下工程的主要洞室区约有 20 条。这些断裂面的规模一般很小，走向或倾向延伸长度约 20～30m，最长达 50m，和洞室的跨度和高度尺寸接近，因此可以切穿洞室或洞室的局部部位。同时由于宽度不大，一般断层角砾岩宽 3～5cm，不超过 10cm，所以断层本身的稳定性问题不大，而要重点考虑断裂面组合交切所形成的结构块体的稳定，为此需采用地质切面图及剖面图具体确定不稳定结构体的规模，形态和位置及其和洞室的关系。

图 4-15 表示主洞室范围内断裂面的分布，它们可以分为四组：

(1) 层间错动面 S_1～S_3，基本上顺层，由于中厚层石英砂岩中软弱夹层很少，有少数错动面是沿着页岩及薄层砂岩层面产生错动形成的，故错动面上物质主要是岩屑及岩粉，有较高的摩擦阻力。

(2) 小型冲断层性质的错动面 f_5～f_7，它们在走向山和层间错动面接近，但 f_5 的倾向和层间错动面相反，这类错动面走向上比较稳定，倾向上呈波状起伏。错动面上含有岩屑、岩粉及细角砾，宽度 3～5cm，局部角砾岩带加厚可达 8～10cm，有时含有断层泥条带。

(3) 张性或张扭性断裂面 f_3～f_4，它们属于小型横断层性质，断层面由厚度不大的岩屑充填，走向上不稳定，延伸较短，仅 10～20m 左右。

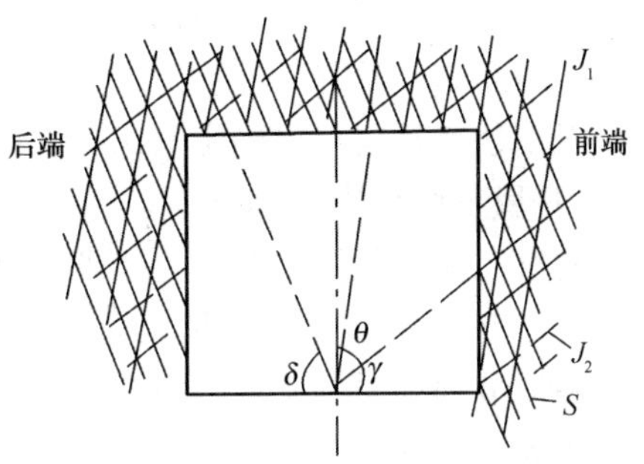

图 4-15 主体工程范围内断裂分布

f_1-断层；f-错动面；S-层面错动；δ-岩脉；S_P-出水点

(4) 扭性断裂面 f_1～f_2，属于小型裂断层，这类结构面走向稳定而平直，产状很陡，断裂面有水平擦痕，含有泥质薄膜及角砾岩，宽度仅 3～5cm，延伸长度约 10～20m。

4) 节理及层面的影响

对工程洞体而言，节理、层面具有普遍的影响。它们在产状上和上述几组断裂面相同，但是在工程的不同部位上发育的组数不同，要予以分段。

在图 4-16 所示的某一段内，节理主要有三组，即层面、反倾向节理、张扭性节理。层面比较发育，间距为 20～30cm。反倾向节理一般短小，不切层，间距为 50cm。张扭性节理延伸长，但间距较大，可达 50～100cm 以上，节理和洞体几何关系分析如下：

(1) 先做出各结构面的赤平极射投影，如图 4-16 (a) 所示。标出洞轴及垂直洞轴的方向，然后做出垂直洞轴及平行洞轴的剖面，如图 4-16 (b) 所示。在剖面上按视倾角及平均间距作出结构面。最后根据与节理面与洞壁及拱顶的切割关系，划出洞体周边表层不稳结构体的深度，作为普遍锚固深度或衬砌的参考，如图 4-16 (c) 所示。

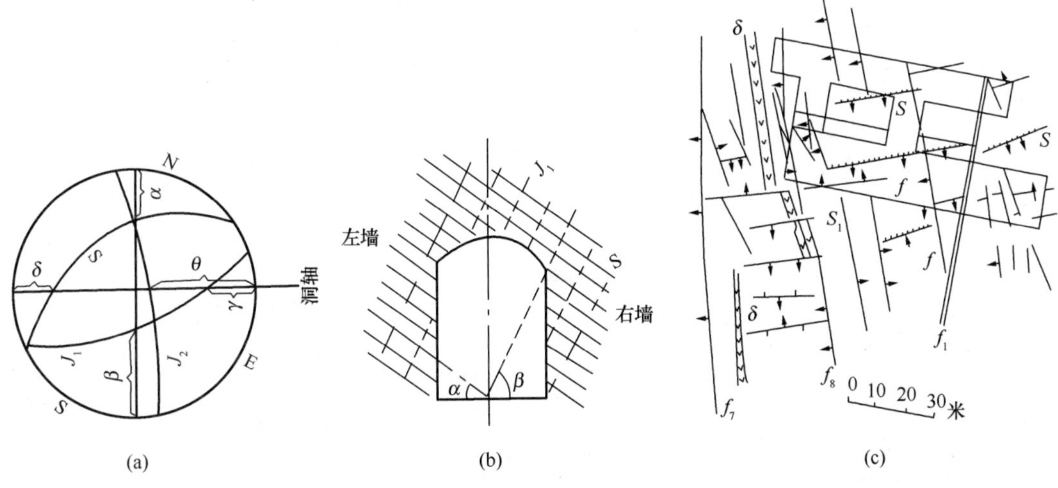

图 4-16 洞周节理组合关系

(2) 节理、层面等普遍而大量发育的结构面不能逐条定位，只能进行统计，确定其各组产状、间距、延伸长度等。

根据这些资料可以确定其组合关系，作为表层不稳结构体规模的分析。

5) 稳定性结论

通过上述对各级结构面分级评价及分析，针对该地下工程可获得如下结论：

(1) 普通的问题是节理，层理构成洞体周边的表层松动岩体，形成可能的掉块与开裂。根据节理和层理系统的组合情况，可确定喷锚措施的基本参数，对该洞室可通过挂网喷锚作为永久支护。

(2) 洞体断裂面，包括断层性小错动面及层间错动面，在洞壁或拱顶构成不稳结构体，影响洞体局部稳定。

(3) 对洞体稳定有影响，而规模比较大的断层为数很少。经过分析认为在地质结构上不存在影响洞体上方整个山体失稳的地质边界条件。切割洞体的断层只有一条，规模较大，采用局部加固，并注意排水，断层可得到稳固。

(4) 区域性大断层对洞体无直接影响，但构成工程外围边界条件，应考虑它们对地震场地烈度的影响。

第 5 章　城市地下工程结构分析与设计方法

城市地下工程在岩土介质中修建，在形成过程和建成使用过程中，由于受力状态和周围介质均与地上工程有明显的差别，因而导致在结构分析和设计中需要考虑的因素更多、更复杂。本章主要介绍城市地下工程结构分析和设计方法的特点、典型地下工程的结构设计，以及已有地下工程的结构设计实例分析。

5.1　城市地下工程结构分析方法

城市地下工程从结构形式、受力条件，包括对地质环境的处理等方面，均与地上的工程有区别，反映在结构分析方法上也不同，即需要针对所分析的地下工程结构，从几何特征（结构类型）、荷载条件和岩土体性质等方面选用不同的分析方法。

5.1.1　地下工程结构类型

城市地下工程结构类型的选择主要由使用功能、地质条件和施工技术等因素确定。结构类型首先受使用要求制约，如人行通道，可做成单跨矩形或拱形结构；地质条件直接关系到围岩压力大小，如地质较差，应优先采用圆形断面结构；在使用功能和地质条件相同情况下，施工方法不同往往需要采用不同的结构类型，如盾构法衬砌采用装配式结构，矿山法衬砌多采用现浇或喷锚式结构。按照地下工程结构的不同形式，一般可分为四大类：拱形结构、圆管结构、框架结构和薄壳结构。

1. 拱形结构

拱形结构是一种主要承受轴向压力并由两端推力维持平衡的曲线或折线形结构，又叫推力结构，可以把受到的压力分解成向下的压力和向外的推力，是所有结构中唯一产生外推力的结构。地下工程中衬砌结构的横断面多数是拱形结构。拱形结构根据围岩坚固性系数的大小，又分为喷锚结构、半衬砌结构、厚拱薄墙结构、直墙拱结构等，如图 5-1 所示。

各种拱形结构形式的适用条件和主要特点如下：

（1）喷锚结构。当围岩的坚固性系数 $f_k>8$，稳定性好并且干燥时，可采用喷锚结构。

（2）半衬砌结构。当围岩的坚固性系数 $f_k\geqslant 8$，侧壁无坍塌危险，仅顶部岩石可能有局部脱落时，只在顶部衬砌，称为半衬砌结构。此时为了岩石不受风化，常在侧壁表面喷一层 2～3cm 厚的水泥砂浆。

（3）厚拱薄墙结构。顶拱的拱脚较厚，边墙较薄，这样可将顶拱所受的力通过拱脚大部分传给围岩，充分利用了岩石的强度，使边墙所受的力大为减少，从而减少了边墙的厚度，节约了建筑材料。一般围岩的坚固性系数 f_k 在 6 和 7 之间时，可采用这种结构。为

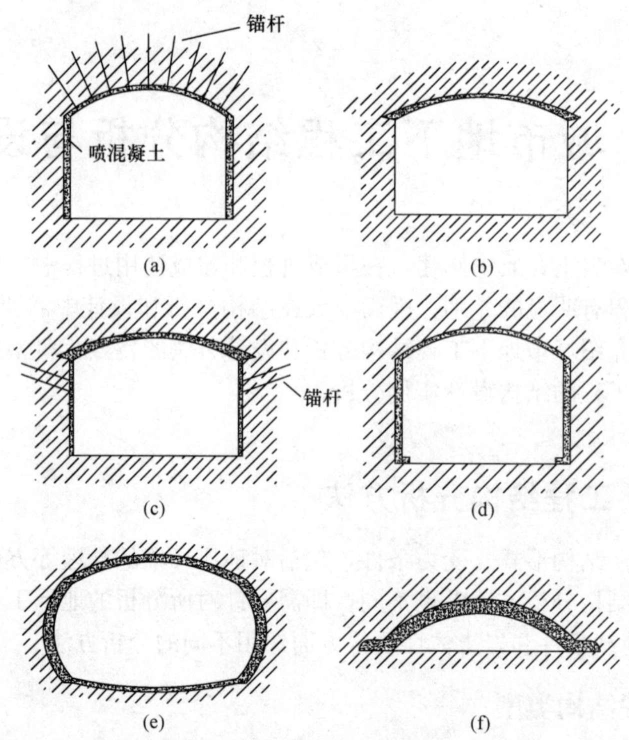

图 5-1　地下工程中常见的拱形结构形式

(a) 喷锚结构；(b) 半衬砌；(c) 厚拱薄墙；(d) 直墙拱；(e) 曲墙拱；(f) 落地拱

了保证边墙稳定性，可在边墙的上端打入锚杆，将边墙和岩石锚固在一起。

(4) 直墙拱结构。顶拱与边墙浇筑在一起，形成一个整体结构。当围岩的坚固性系数 f_k＝3～7 时，可采用这种结构。在铁路隧道、地下厂房、地下仓库、军事坑道、水工隧洞等地下工程中，直墙拱结构使用最广泛。直墙拱结构不但在坚硬地层中常被采用，在软土中小跨度的人防通道也常应用。

(5) 曲墙拱结构。当围岩坚固性系数 $f_k \leqslant 2$，松散破碎易于坍塌，可采用曲墙拱结构。这种衬砌结构的形式很像马蹄，因此，也叫马蹄形衬砌，如围岩比较坚硬，又无涌水现象，底板可做成平面，并与边墙分开。

(6) 落地拱结构。多用于大跨度的仓库，如飞机库等，在岩石和软土中均可使用。

各种围岩的坚固性系数如表 5-1 所示。

围岩的坚固性系数　　**表 5-1**

等级	坚固性程度	典型的岩石	普氏坚固性系数 f_k
Ⅰ	最坚固	最坚固，致密和有韧性的石英岩、玄武岩以及其他各种特别坚固的岩石	20
Ⅱ	很坚固	很坚固的花岗岩、石英斑岩、硅质片岩，较坚固的石英岩，最坚固的砂岩和石灰岩	15
Ⅲ	坚固	致密的花岗岩，很坚固的砂岩和石灰岩，石英矿脉，坚固的砾岩，很坚固的铁矿石	10

续表

等级	坚固性程度	典型的岩石	普氏坚固性系数 f_k
Ⅲa	坚固	坚固的砂岩、石灰岩、大理岩、白云岩、黄铁矿，不坚固的花岗岩	8
Ⅳ	较坚固	一般的砂岩、铁矿石	6
Ⅳa	较坚固	砂质页岩，页岩质砂岩	5
Ⅴ	中等坚固	坚固的泥质页岩，不坚固的砂岩和石灰岩，软砾石	4
Ⅴa	中等坚固	各种不坚固的页岩，致密的泥灰岩	3
Ⅵ	较软弱	软弱页岩，很软的石灰岩，白垩岩，盐岩，石膏，无烟煤，破碎的砂岩和石质土壤	2
Ⅵa	较软弱	碎石质土壤，破碎的页岩，粘结成块的砾石、碎石，坚固的煤，硬化的黏土	1.5
Ⅶ	软弱	软致密黏土，较软的烟煤，坚固的冲击土层，黏土质土壤	1
Ⅶa	软弱	软砂质黏土，砾石，黄土	0.8
Ⅷ	土质岩石	腐殖土，泥煤，软砂质土壤，湿砂	0.6
Ⅸ	松散性岩石	砂，山砾堆积，细砾石，松土，开采下来的煤	0.5
Ⅹ	流砂性岩石	流砂，沼泽土壤，含水黄土及其他含水土壤	0.3

2. 圆管结构

圆管结构是一种具有空心圆形断面且可以把径向压力转化为沿圆缘部分的轴向压力的结构。软土中的地下铁道或穿越河床的交通隧道常采用圆管结构，有的做成装配式，又叫作管片结构，如图 5-2（a）所示，施工时用盾构掘进；有的为预制圆管，如图 5-2（b）所示，用顶管法或沉管法施工。

(a)

(b)

图 5-2 圆管结构形式

（a）盾构隧道装配式管片结构；（b）顶管施工预制圆管

3. 框架结构

箱形结构是由钢筋混凝土的底板、顶板、侧墙及一定数量的内隔墙构成的封闭箱体，具有良好的抗弯和抗扭特性，整体性、抗震效果也好。软土中明挖施工的地下铁道通常采用箱形结构，如图 5-3 所示，沉管施工的过江管一般做成箱形结构。计算这种结构常采用框架计算理论，故叫作框架结构。软土中的地下厂房、地下医院或地下指挥所也常采用框架结构。

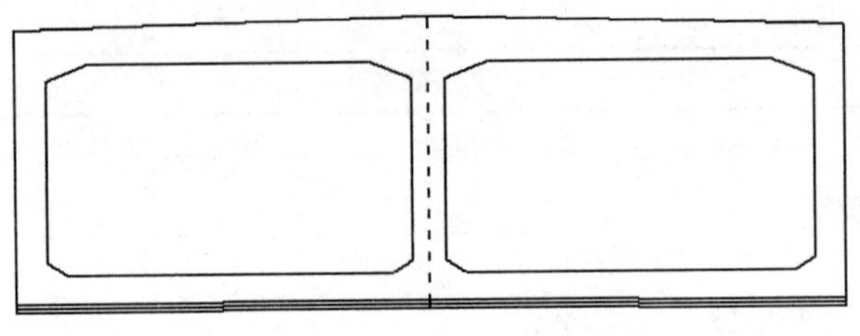

图 5-3 箱形结构隧道

4. 薄壳结构

薄壳结构是一种可以把受到的压力均匀地分散到物体的各个部分，减少受到的压力的结构，能充分利用材料强度，同时又能将承重与围护两种功能融合为一。岩石中地下油库罐室的顶盖常采用穹顶；软土中地下厂房有的采用圆形沉井结构，它的顶盖可采用弯顶。部分地下工程薄壳结构形式，如图 5-4 所示。

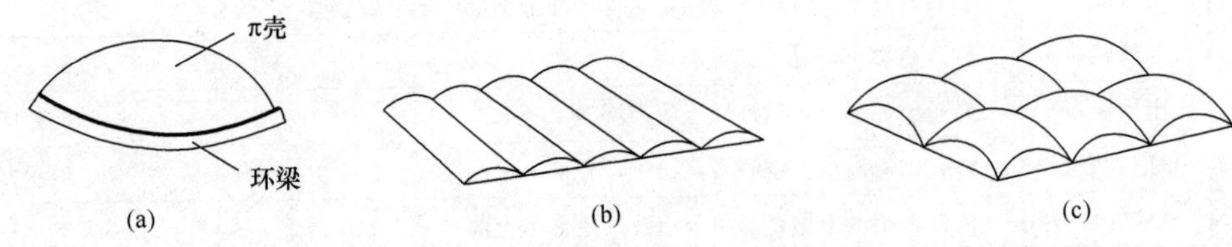

图 5-4 部分地下工程的薄壳结构

(a) 地下油库罐室的薄壳结构；(b) 某明挖施工的地下仓库的顶盖；(c) 某地下商店的顶盖

根据壳体形状，可分为：

(1) 柱面薄壳。单向有曲率的薄壳，由壳身、侧边缘构件和横隔组成。

(2) 圆顶薄壳。正高斯曲率的旋转曲面壳，由壳面与支座环组成，壳面厚度做得很薄，一般为曲率半径的 1/600，跨度可以很大。支座环对圆顶壳起箍的作用，并通过它将整个薄壳搁置在支承构件上。

(3) 双曲扁壳（微弯平板）。一抛物线沿另一正交的抛物线平移形成的曲面，其顶点处矢高与底面短边边长之比不应超过 1/5。双曲扁壳由壳身及周边四个横隔组成，横隔为带拉杆的拱或变高度的梁。适用于覆盖跨度为 20～50m 的方形或矩形平面（其长短边之比不宜超过 2）的建筑物。

(4) 双曲抛物面壳。一竖向抛物线（母线）沿另一凸向与之相反的抛物线（导线）平行移动所形成的曲面。此种曲面与水平面截交的曲线为双曲线，故称为双曲抛物面壳。工程中常见的各种扭壳也为其中一种类型，因薄壳结构容易制作，稳定性好，容易适应建筑功能和造型需要，所以应用较为广泛。

除上述四大类基本结构形式外，在实际工程问题的结构分析中还常遇到诸如地下工程中的房间型洞室（有端墙或承力中隔墙）、网锥形筒壁、球形壳体结构、不规则外形的地下贮存仓库、隧道接头、矿山平巷的接岔（马头门）等地下多跨拱架结构与地下空间结构，以及深大基坑工程的支护与支撑联合结构、沉井式结构等。

5.1.2 地下工程结构分析特点

地下工程结构埋置于地下，其周围的岩土体不仅作为荷载作用于地下工程结构上，而且约束着结构的移动和变形。所以，在地下工程结构分析中除了要计算因素多变的岩土体压力之外，还要考虑地下工程结构与周围岩土体的共同作用。从计算理论和计算方法角度看，地下结构分析有如下特点：

1. 受力特点不同

地上工程先有结构，后有荷载，即经过施工形成结构后，再承受自重和其他静载或动载。而地下工程常是先有荷载，后有结构，即在受载情况下形成结构，结构形成后除需承受自重和其他静载或动载外，还需承受来自地层的作用力。如在岩土体内构筑地下工程结构，在工程开挖之前就存在着地应力荷载，整个开挖过程伴随着地层应力逐步释放；当结构形成后，除承受主动荷载作用（如围岩压力、结构自重等）外，还承受一种被动荷载，即地层的弹性抗力。地层抗力也是地下工程结构区别于地上工程结构的显著特点之一。因为，地上工程结构在外力的作用下，可以自由变形不受约束，而地下工程结构在外力的作用下，其变形受到地层的约束。所以地下工程结构设计必须考虑结构与地层之间的相互作用。虽然地层抗力限制了结构的变形，使结构的受力条件得以改善，承载能力有所增加，但是给地下工程结构的计算与设计带来了复杂性，增加了难度。

2. 工程材料特性的不确定性

地上工程材料多为人工材料，如钢筋混凝土、钢材、砖石等。这些材料虽然在力学与变形性质等方面有变异性，但与岩土材料相比，不但变异性小得多，而且人们可以加以控制与改变。地下工程材料所涉及的材料，除了支护材料性质可控制外，其工程围岩均属于难以预测和控制的岩土体。岩土体不仅含有大量的断层、节理、夹层等不连续介质，而且还存在较大的不确定性，更为复杂的是地下工程围岩内往往分布大量地下水，使得岩土体的性能更难准确把握。

3. 工程荷载的不确定性

地上工程结构，所受荷载较为明确，虽然某些荷载存在随机性，但荷载的变异性与地下工程对比相对较小。对于地下工程，工程围岩的地质体不仅会对支护结构产生荷载，同时它又是一种承载体。因此，不仅作用到支护结构上的荷载难以估计，而且此荷载又随着支护类型、支护时间与施工工艺的变化而变化。

4. 破坏模式的不确定性

工程的数值分析与计算的主要目的在于为工程设计提供评估结构破坏或失稳的安全指标，这种指标的计算是建立在结构的破坏模式基础之上的。对于地上工程结构，其破坏模式一般比较容易确定，在结构力学或土力学中有介绍，例如强度破坏、变形破坏等。对于地下工程结构，其破坏模式一般难以确定，它不仅取决于岩土体结构、地应力环境、地下水条件，而且还与支护类型、支护时间与施工工艺密切相关。

5. 地下工程信息的不完备

地质力学与变形特性的描述与定量评价，取决于所获得信息的数量与质量。然而，地质条件的千变万化，岩土体工程性质的复杂性，本身就很难准确把握，再加之地下工程只能在局部的工作面或有限的范围内获取信息，而且，获取的信息也有可能存在错误。如地质勘察资料无论如何也达不到实际工程的要求，多少会与设计时所考虑的情况有出入。

5.1.3　地下工程结构分析方法

岩土体的复杂性（非均质、各向异性、非线性、时间相关性等）和岩土体构造的复杂性（节理、裂隙、断层等），使得在地下工程应力和变形分析中，难以采用解析方法，获得解析解，即使采用也必须进行大量的简化，而得出的结果则难以满足工程需要。至于要模拟复杂地下洞室的施工过程，需考虑各种开挖方案和支护措施等因素，解析方法就更无能为力了。伴随着电子计算机的应用，而发展起来的数值分析方法，与大型物理模拟实验和现场实验相比，具有快速、便捷、费用低，可以模拟各种岩土体材料和构造特性以及施工过程，易于改变参数、重复计算等特点，在地下工程的结构分析中，越来越显示出强大的生命力，并得到越来越广泛的应用。

在地下工程结构分析中，常用的数值方法有：有限元法（FEM）、边界元法（BEM）、有限差分法（FDM）、离散元法（DEM）、块体理论、刚体有限元法（RFEM）、界面元、非连续变形分析法（DDA）、流形元法（MM）、无单元法（EFM）、耦合分析与反演分析等。这些数值分析方法主要可大致分为连续变形分析方法和非连续变形分析方法两大类。

1. 连续变形数值分析方法

这类方法将岩土体介质抽象为连续介质模型，主要包括：有限元法、边界元法、有限差分法等。有限元法和边界元法是建立在连续介质力学基础上，适合于小变形分析，是发展的较早、较成熟的方法，尤以有限元法应用更为广泛，而边界元法由于它仅对于计算域边界进行剖分，而具有独特的优越条件。

1）有限元法

以离散化原则为基础，把一个复杂的整体问题离散化为若干个较小的、等价的单体。通过变分原理（或加权余量法）和分区插值的离散化处理，将基本支配方程转化为线性代数方程，把求解域内的连续函数转化为求解有限离散点（节点）处的场函数值。有限元的典型软件有 ABAQUS、ANSYS、Plaxis 等。

2）边界单元法

有限单元法实质上属于微分法，与微分法相对应的是积分法，积分法所涉及的边界可包围整个问题域，而数值分析的离散化仅在边界上近似，即在内部问题的外边界或外部问题的内边界上划分单元作近似处理。积分法统称为边界单元法，有直接法和间接法两类，它们都是利用了简单奇异问题的解析解，并可近似满足每个边界单元的应力和位移边界条件。由于该法仅仅限定和离散问题的边界，可把平面问题的重点转移到边界上来，可有效地使已知问题的维数降低一维，并由此减小方程组的规模，使计算效率大大提高。由于边界元法可以正确地模拟远处的边界条件，并可以保证在整个材料体内应力场和位移场变化的连续性。因此，边界元法最适用于均质材料和线性形态情况。

3）有限差分法

有限差分法的理论基础是拉格朗日元法，该方法运用流体力学中跟踪质点运动的物质描述方法，即拉格朗日拖带坐标系方法，它利用差分格式，按显示时步积分方法进行迭代求解，根据构形的变化不断更新坐标系，以此模拟岩土介质的有限变形和大位移行为。基于拉格朗日元理论编写的专用程序 FLAC，已广泛应用于边坡、基础、坝体、隧道、地下采场和洞室等岩土工程分析中。

2. 非连续变形数值分析方法

这类方法将岩土体介质抽象离散体系模型，主要有：离散元法、块体理论、刚体有限元法、界面元、非连续变形分析法、流形元法等。离散元法和块体理论是分析多节理岩体的另一类重要方法，它们把岩体抽象成为被节理、裂隙切割成分离的块状体系，再进行力学分析，适合于大变形问题，虽然发展较晚，而且不够成熟，但发展相当迅速，对分析裂隙岩体是一种强有力的工具。

1）离散单元法

尽管有限元法或边界元法将问题域的内部或边界进行了离散化，但在计算过程中，仍要求保持整体完整性，单元之间不允许拉开，应力仍保持连续。Cundll 于 1971 年首次提出的离散单元法则完全强调岩体的非连续性，该方法最先用于计算节理及块状岩体的非连续变形，后又进一步发展可考虑块体本身的弹性变形，并推广至三维和动力问题。

2）块体理论

块体理论实质上是一种几何学的方法，根据岩体中实际存在的节理倾角及其方位，利用块体之间的相互作用条件找出具有移动可能性的岩体及其位置，故也称关键块理论。该理论是一种通过判别和描述洞室围岩最危险岩石块体运动来确定岩体稳定性的分析方法。

3）刚体有限元法

刚体有限元法则把岩块视为刚体块单元，块体之间以具有相应刚度的弹簧（阻尼器）连接形成总的系统，建立相应的基本方程。用刚体有限元法（RBFEM）给出的应力精度不会低于甚至高于位移精度，优于传统的以位移法为基础的有限元数值解。

以上三种不连续块体方法在模拟节理岩体方面，克服了连续体力学的局限性，在模拟岩体运动趋势及失稳条件方面有其优点，然而也存在一些不足，如下：

（1）离散元法中关于块体之间阻尼系数、运算的时间步长等参数的确定带有极大的随意性和盲目性，至今没有作为确定这些参数可遵循的原则；

（2）三种方法中关于块体单元的划分带有随意性，对最终成果的影响尚有待探讨。

除了上述方法外，还有几种非连续变形数值分析方法，如界面元法、DDA 方法、流形方法、无单元法等，也常用于地下工程结构分析。

3. 耦合分析与反演分析

除连续变形分析方法和非连续变形分析方法所述的各种数值方法与计算模型外，耦合分析方法和反演分析方法也逐步在地下工程结构分析中应用。

1）耦合分析方法

该方法是将两种或两种以上方法耦合形成的新方法，近年来也得到了发展与应用，如有限元与边界元的耦合、有限元与离散元的耦合、离散元与边界元的耦合等，这些耦合方法可分别发挥各种方法的优点并进行耦合提高。

2）反演分析方法

该方法是逆向思维方法在数值分析中的体现，它不仅是单纯利用现场量测信息为数值分析方法提供实用的计算参数，而且也可作为工程预测分析的一种工具，为地下工程信息设计和专家系统的形成提供了可能性，从而有着良好的应用前景。

在上述各种数值分析方法中，以有限元为代表的连续性数值分析方法，在实际岩土工程中应用较为广泛；从学科发展角度看，更符合实际岩土体变形特点的非连续变形分析有着更广阔的发展空间。然而，特别是连续性分析、开裂以及非连续性分析的统一问题，长期没有得到很好的解决，这一方面有待进一步的深入理论研究。

5.1.4　地下工程结构计算模型

地下工程结构计算模型主要有三种：荷载结构模型、收敛约束模型和连续介质模型（或称地层结构模型），它们在地下工程结构分析和设计中广泛应用，对工程的设计和施工起到了良好的指导性作用。

1. 荷载结构模型

荷载结构模型是我国隧道设计规范中推荐采用的一种方法，也称为作用-反作用模型或者结构力学模型，在20世纪60～70年代的设计计算中占主导地位。在计算中，是按地层（围岩）分类法或由实用简化公式先确定地层压力，并将其作为施加于地下结构（衬砌结构）外荷载（主要指开挖洞室后松动岩土的自重所产生的地层压力），按弹性地基上的结构物，计算衬砌内力，并进行结构截面设计。

计算过程中，首先确定地层压力，然后计算衬砌结构地层及其他荷载作用下的内力分布，最后，根据内力组合进行衬砌结构的断面验算。采用这种结构计算模型，计算方法简单，工作量小，具有明确的安全系数评价法。结构设计人员采用这种方法进行设计计算时，依据规范而行，比较有信心。在我国铁路隧道结构设计中，大量采用的隧道衬砌标准图，就是基于这种力学计算模式理论而编制，它构成了我国铁路隧道结构设计的框架基础。这种计算方法也有缺点，主要是对地质条件的模拟过于简单，误差较大。

2. 收敛约束模型

收敛约束模型是一种以理论为基础，实测和施工实践为依据，经验为参考的较为完善的地下结构设计模型，在国际隧道界也占有一席之位。该模型认为围岩的压力和支护的抗力是在围岩和支护系统共同变形中形成的，它主要关心的是支护抗力作用下的地层状态，而不再是荷载作用下的支护结构状态，从而体现了新奥法的岩石支撑作用的思想。

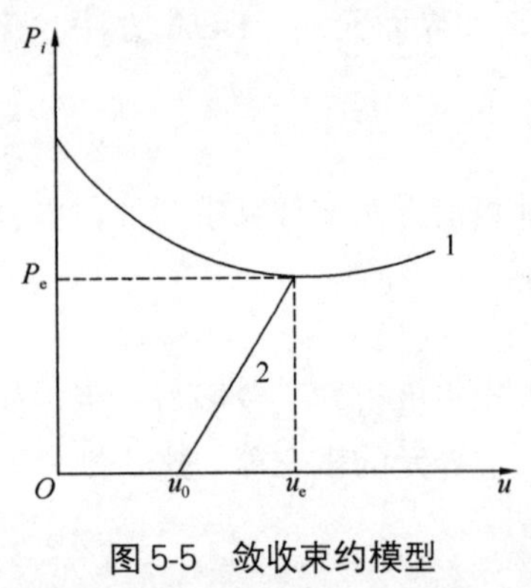

图5-5　敛收束约模型

收敛约束模型的基本原理是将地下结构的计算建立在连续介质的基础上，按黏弹塑性理论等推导公式后，在以洞周位移为横坐标、支护抗力为纵坐标的坐标平面内，给出表示地层受力变形特征的收敛线，并按结构力学的原理在同一坐标平面内绘出表示衬砌结构受力变形特征的支护限制线，得出以上两条曲线的交点，如图5-5所示，根据交点处表示的支护抗力值进行衬砌结构设计。对软岩地下洞室、大跨度地下洞室和特殊地形地下洞室的设计，比较适合用这种方法。但该方法在具体应用时，存在着很多理论和实验技术上的问题难以解决，如黏弹塑性力学模型的推导、参数的选取等；实测的定位、精度控制等，仍停留在定性分析上，要将其推向为隧道支护定量分析与设计的实用阶段，还有许多理论上的难题需要解决。目前一般仅按照量测的洞周收敛值进行反馈和监控，以指导地下工程的设计和施工。

图5-5中，曲线①为地层收敛线，曲线②为支护特征线。两条曲线交点的纵坐标

(P_e)即为作用在支护结构上的最终地层压力，横坐标(u_e)则为衬砌变形的最终位移。因洞室开挖后一般需隔开一段时间后，才能实施衬砌，图中以“u_0”值表示洞周地层在衬砌修筑前已经发生的初始自由变形值。

3. 连续介质模型

连续介质模型又称地层结构模型。20 世纪 70 年代中期以来，随着电子计算机的广泛应用，特别是有限元、边界元等方法的推广，为连续体模型在地下工程中的应用创造了条件，喷锚支护一类以“主动”加固岩体为机制的支护形式，以及以这种支护技术为背景的新奥法的应用，使连续介质模型得以发展。

在这种模型中，围岩和支护系统不再作为相互作用的两个方面，而把它们作为一个联合系统加以考虑，计算的目的在于分析由开挖引起的地应力重分布和由此产生的变形和围岩稳定性问题，支护手段是作为“连续体”模型的一个边界条件来考虑的。该模型认为，岩土介质有自承载作用，即地下工程周围的土层不仅能对衬砌结构产生荷载，而且其自身也能承受荷载；同时认为，地下结构承受荷载的大小并不是固定不变的，它与岩土介质及结构自身的刚度密切相关。地下结构是否安全可靠，首先取决于周围地层的稳定状态，由此，衬砌结构的作用是在洞室周围地层应力重分布的过程中参与地层的变形，对地层提供必要的支撑抗力，并与地层一起组成共同受力的整体，以保持洞室的稳定。内力计算的特点是，不仅要计算衬砌结构的内力，而且需计算洞室周围地层的应力。在计算过程中，通过位移协调条件使地层应力与衬砌结构的内力保持平衡。

由于目前国内外尚无与之相适应的安全度评价标准，缺乏明确的定量设计依据及围岩稳定性判据，以至于在进行洞室的有限元计算，得到支护应力与围岩塑性区范围后，仍无法判定设计的支护强度是否合理。因此，其计算结果多数都没用到工程实践上，只能为设计人员和方案决策者提供一个定性的参考。为了将基于地层结构模型得出的结果，用于实际工程，有人用相应的数值积分理论，将基于地层结构模型而求得的有限元高斯积分点上的应力转换为结构截面内力，反推出衬砌支护结构的弯矩、轴力、剪力等内力值，以利于工程设计人员应用。这似乎又回到了荷载结构模式，或者说地层结构模型并未真正摆脱荷载结构模式，衬砌结构又成了主要的承载结构，而对于岩体结构的状态无法评价。

以上介绍了地下工程结构计算常用的三种模型，但由于每一种计算模型均带有一些假定前提和种种限制条件，使得它们的使用范围各不相同。因此，若采用某种单一的计算模式，便不足以反映地下结构形式上的多样性，以及它与周围地层或岩体相互制约而呈现的受力复杂性。如果采用多种计算模式，将计算结果相互对比分析，从而可避免过分依赖某一种计算模式所造成的风险。然而，由于结构计算模型和模型中力学参数自身存在一些不确定性和模糊性，使得在地下工程结构分析和设计中，常采用工程类比法。

4. 工程类比法

由于地下结构所处的岩土介质在漫长的年代中经历过多次地质构造运动，影响其物理力学性质的因素很多，至今还没有完全被人们所认识，常使理论计算的结果与实际情况有较大的出入，很难用作确切的设计依据，所以，地下结构的分析和设计很大程度上还是依据经验和实测，由此派生出了工程类比法。

工程类比法在我国甚至于世界的隧道与地下工程设计领域中，仍占主导地位。我国已成功修建了长 14.295km 的大瑶山隧道，以及长 18.46km 的秦岭特长隧道，在结构分析和设计中也都毫不例外地指出，在设计中以工程类比法为主，辅之必要的力学计算。当然，在采用力学计算方法时，也绝不可能排斥建立在工程类比基础上的经验设计方法。如主要根据经验总结而创立的新奥法（在我国称之为“喷锚构筑法”），在预设计阶段，支护参数仍需采用工程类比的经验来确定，即便是依据监控量测资料而随机应变的施工方法和支护参数的设计变更，经验仍起决定作用。

工程类比的经验设计方法是建立在正确的围岩分类体系，以及既有工程资料的积累和整理之上，然而，现行的围岩分类本身带有很大的人为因素，仍是一个以定性为主的分类，工程类比也只是在依据局部有限的经验进行类比，同时标准图的设计对具体工程的适应性也绝非尽善尽美，基于此设计出的地下工程设计文件，也未做到精益求精，其“经济合理性”的评定标准也只是人为而已。随着大数据等先进技术的发展和推广与应用，有望大幅度提高工程类比的准确性和可操作性。

虽然地下工程的理论研究滞后，但不能否定理论研究的重要性，随着把有限元、边界元、离散元、杂交元、人工神经网络等计算方法引入到地下工程中，在地下工程结构分析和设计中考虑弹、塑、黏，以及反映岩土体不可逆、剪胀、应变软化、各向异性等种种不同情况，理论研究将来逐渐显现它们的应用价值。

5.2 城市地下工程结构设计方法

地下工程要求从结构选型、埋置条件、施工方式、荷载组合等诸方面，进行多方案的分析、比较，通过设计选择最佳方案，力求组成一个最合理的岩土结构体系，使得大部分外力由岩土介质承受。在设计中它不像地上建筑那样，只通过内力和外力的平衡，去进行内力分析和选择截面，而是除掌握地上建筑的设计知识外，必须掌握土体和岩体的性质。

5.2.1 地下工程结构设计特点

地下工程除少数可以自由选择，修建在均匀完整、强度高的坚实岩体中，无须支护衬砌者外，大多数均需设置在工程地质条件欠佳的岩土体中。因此，需特别重视设计环节。若设计不合理轻则增加施工难度和影响施工质量，重则导致整个工程建设的失败。如在隧道工程中，若位置特别是洞口位置选择不当，易造成洞口或进出口地段滑坡，堵塞洞门、洞身外移破裂；若进出口段埋深不足且受偏压，易招致塌落、冒顶等事故。因此，隧道合理位置的选择最为关键，也是首先需要解决的重大问题，如果隧道场地位置及轴线方向选择合理，就会从根本上排除危及围岩稳定性的某些不利条件，最大限度地保持隧洞进出口、挖方边坡的稳定及洞身的受力平衡状态。地下工程结构设计的特点主要表现在如下方面：

(1) 地下结构不同于地上结构，最突出的地方是地上结构是做好后受载，而地下结构是在受载状态下构筑。地下结构是用来承受地层垂直压力和双侧向压力的，或者是承受其中之一者的结构。地下结构形成后是一个空间体系，可以承受地层实体对人工开挖的地下空间的作用。但在形成过程中，地下结构不是空间体系，或者不完全是空间体系，不能有效地承受地层的作用，因此，在设计中需要考虑支护体系。

(2) 地下结构所在的地层，不是单纯的载体，地层也有一定的自承载能力，不论在垂直方向还是水平方向，地层均有一定的自稳范围和自稳时间，随着地层种类和构造不同，其自稳范围和自稳时间在一个很大的范围内变化。地下结构设计就是要充分利用或者改善地层的自稳范围与自稳时间的大小，达到性价比最高的构筑。

（3）由于地下结构是以地下空间代替地层实体的承载物，而在替代过程中，是在某种范围和时间内，依赖地层的自承载能力实现这一替代过程，土层会产生变形。设计和施工者的任务就是将这一变形控制在允许范围之内，尽可能控制在 20～50mm 之内。完全不变形是不可能的，较少变形也会带来造价的增高。

（4）地层如果是土体，一般可以看成是松散的连续体：地层如果是岩体，因为在施工过程中的爆破震动等，会引起围岩松弛；开挖卸荷，会产生应力重分布和变形，这将破坏岩土体的整体性，降低岩土体的强度，引起岩体失稳与坍塌，因此就要特别注意岩体的结构面的不利和有利的组合，这样才能在安全的条件下，有效和经济地建造地下结构。

（5）地下水的状态往往对地下工程和结构产生巨大影响，在设计和施工中，首先要了解地下水的情况，还要注意地下水的变化，注意地下水的变化带来的地层参数的变化和静、动水压力的变化。

（6）基于上述特点，在形成预期的地下结构的过程中，需注意到地下工程结构与地层、辅助施工结构、临时支护结构的共同作用，使形成的空间构成封闭的三向受力体系，减少或控制变形。因此，工程的安全与投资大小，既取决于千变万化的岩土体特性，也取决于地下工程结构的正确设计与施工，正确的地下工程布置和设计，能适应岩土体产生应力释放后的受力变化，将有利于维持稳定。同时，地下工程结构的施工步骤也需要有严格的工作程序。

在掌握地下工程结构设计特点后，还需要特别注意，在设计时获取的地质条件只是一个概略的资料，只有通过施工过程的推进才能逐步了解地质状态，并且随着时间的推移，由于受力状态的变化，地层和岩层还会流变，甚至还有地壳运动的因素，如地震等，都会使地层随时间有一个明显或不明显的变化。这也使得地下工程的变更设计特别多。因此，地下结构的设计与施工有一个特殊的模式：设计→施工及监测→信息反馈→修改设计→修改或加固施工→建成后还需一段时间的监测。

5.2.2 地下工程结构设计方法

1. 设计方法

地下结构的设计就是地下结构的形成与最终状态的设计，可以概括如下：当要修建一个特定的地下工程时，在考虑地下工程结构设计特点后，可以确定最终要建成什么样的地下结构，然后研究拟建场地的地质条件（包括工程地质和水文地质条件）、环境条件等有什么困难，可能采取哪些方法克服，或者说能达到地质条件和环境条件等的限度。在拟采取的方法中，应区别哪些方法是可以选择的，哪些方法是必须的，这些方法中是否可以利用永久地下结构，或者部分利用永久结构形成各阶段的施工结构。达到上述要求的方法可能有多种，其差异可能是明显的，也可能是不明显的，明显的从定性的研究就可以决策，不明显的拟用经济技术指标进行比较后决策。按照上述思路描绘的地下结构设计方法框图，如图 5-6 所示。

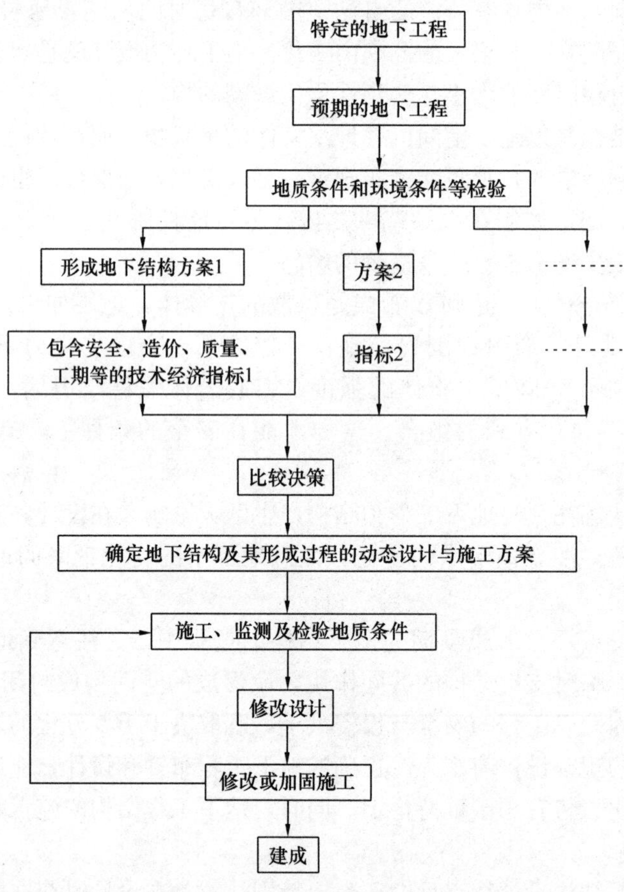

图5-6 地下结构设计方法框图

从图5-6中可以看出，地下结构的设计较地面结构设计复杂，因为地下工程位于地层包围之中，周围地层的水文、工程地质情况复杂多变，土质性质又具有很大的区域性，常使理论计算结果与工程实际有差别，一定要有经验。另外，在具体设计中，还需特别注意如下一些问题：

(1) 地下空间内建筑结构替代了原来的地层，结构承受了原本由地层承受的荷载。在设计和施工中，要最大限度发挥地层自承能力，以便控制地下结构的变形，降低工程造价。

(2) 在受载状态下构建地下空间结构物，地层荷载随着施工进程发生变化，因此，设计时要考虑最不利的荷载工况。

(3) 作用在地下结构上的地层荷载，应视地层介质的地质情况合理概化确定。对于土体一般可按松散连续体计算，而对于岩体，首先查清岩体的结构、构造等发育情况，然后确定按连续或非连续介质处理。

(4) 地下水状态对地下结构的设计和施工影响较大，设计前必须弄清地下水的分布和变化情况。

(5) 地下结构设计要考虑结构物从开始构建到正常使用，以及长期运营过程的受力状况，注意合理利用结构反力作用，节省造价。

(6) 在设计阶段获得的地质资料，有可能与实际施工揭露的地质情况不一样。因此，地下结构施工中应根据工程的实时工况动态修改设计。

（7）地下结构的围岩既是荷载的来源，在某些情况下又与地下结构共同构成承载体系。

（8）当地下结构的埋置深度足够大时，由于地层的成拱效应，结构所承受的围岩垂直压力总是小于其上覆地层的自重压力。

地下工程结构设计时，对上述因素要全面综合考虑，不能分割地静止地对待，因此，要有一整套地下结构及其形成过程的设计，要有详细的施工顺序说明，要有监测系统的安排，并考虑可能的变化和相应的措施。

2. 结构设计

地下工程的类型较多，以上只是从一般性的角度介绍了地下工程结构的设计方法，以及需关注的一些问题。应该讲，不同的地下工程类型，不同的国家，在设计方面，以及所采用结构分析和计算方法还是有区别的。以隧道设计为例，国际隧道协会 1978 年成立了隧道结构设计模型研究组，收集汇总了各会员国在隧道方面采用的地下结构设计方法，如表 5-2 所示。我国基本上均采用整体式圆形衬砌计算法，即把衬砌环看作为按自由变形的均质刚度圆环来计算。

国际隧道协会各会员国目前采用的地下结构设计方法　　表 5-2

国名＼隧道类型	盾构开挖的软土质隧道	喷锚钢拱支撑的软土质隧道	中硬石质深埋隧道	明挖施工的框架结构
奥地利	弹性地基圆环	弹性地基圆环，有限元法；收敛约束法	经验法	弹性地基框架
德国	覆盖层大于 $2D$，顶部无支承的弹性地基圆环；覆盖层大于 $3D$，全支承弹性地基圆环，有限元法	覆盖层大于 $2D$，顶部无支承的弹性地基圆环；覆盖层大于 $3D$，全支承弹性地基圆环，有限元法	全支承弹性地基圆环，有限元法，连续介质或收敛法	弹性地基框架（底压力分布简化）
法国	弹性地基圆环，有限元法	有限元法，作用反作用模型经验法	连续介质模型，收敛法，经验法	—
日本	局部支承弹性地基圆环	局部支承弹性地基圆环，经验法加测试有限元法	弹性地基框架，有限元法，特殊曲线法	弹性地基框架，有限元法
中国	自由变形或弹性地基圆环	初期支护：有限元法、收敛法；二期支护：弹性地基圆环	初期支护：经验法；永久支护：作用-反作用模型；大型洞室：有限元法	弯矩分配法解算箱形框架
瑞士	—	作用-反作用模型	有限元法，收敛法	—
英国	弹性地基圆环，缪尔伍德法	收敛-约束法，经验法	有限元法，收敛法，经验法	矩形框架
美国	弹性地基圆环	弹性地基圆环，作用-反作用模型	弹性地基圆环，Proctor-White 方法，有限元，锚杆经验法	弹性地基上连续框架

注：D 为隧道直径。

3. 设计与施工原则

相同的地下工程类型在不同地质环境下，选取的设计方法不同，在形成过程的施工方法选择上也存在不同，以岩层地下工程为例，说明设计与施工原则。岩层地下工程的设计与施工原则可归纳如下几个方法：

(1) 在洞室的布置和造型上应适应原岩应力状态和岩体的地质、力学特征，尽量争取较好的受力条件。在洞形设计上应选择较好的造型，因为在其他条件相同的情况下，洞室的形状对应力分布的影响是相当大的。

(2) 施工过程中，尽量采用控制爆破技术，以减少对围岩的扰动强度，使断面成形规整，以利于围岩自身承载能力的保持和支护结构作用的发挥。

(3) 尽可能减少开挖时对围岩的扰动。对于断面较小的洞室，应尽量采用全断面或分上下台阶开挖的方案，以减少扰动次数，提高工效；对大跨度洞室，尤其在松散岩体中，则可采用分部开挖方案，化大断面为小断面，以减小扰动的强度。

(4) 支护要及时快速。及时支护的目的是抑制围岩变形的有害发展。所谓“及时”不能简单而片面地理解为就是“紧跟作业面施工支护”；只有当围岩变形已有适度发展，但又未出现有害松动前进行支护才是合理的。而对某些软弱围岩，它要求及早提供支护以制止围岩出现有害松动。为实现及时支护，可采用速凝和早强的锚杆和喷射混凝土支护，必要时甚至采用超前锚杆支护和超前围岩注浆等。

(5) 合理利用开挖面的“空间效应”，抑制围岩变形。如果在“空间效应”的范围内设置支护，就可以减少支护前的围岩位移量，从而起到稳定围岩的作用，因而施工中要求把支护施工面与开挖面的距离限制在一定范围之内。

(6) 尽量减少其他外界因素（主要是水和潮气）对围岩的影响。例如，对风化、潮解、膨胀等岩体要尽早封闭；有地下水的裂隙岩体，则要注意防止大的渗透压力。

(7) 初期支护采用分次施工的方法。采用二次喷射或二次锚固的方法是调控围岩变形的一种重要手段。在初次喷射混凝土或锚固时，由于喷层薄、支护少，能有效地控制围岩出现较大的变形。当第二次喷锚时，又能迅速降低变形量，以免围岩出现过量变形而丧失稳定。

(8) 当围岩变形量很大时，则必须再加大支护可塑性来调控围岩变形。实际上，锚杆本身是一种良好的可塑性支护，在所有支护构件中，只有锚杆支护能不受围岩变形影响而保持支护能力。锚固体的模型试验证明：锚杆锚入碎石所组成的锚固体，既具有较高的抗压能力，又能适应较大的变形。

(9) 调节支护封底时间。有时施工做了补强支护，围岩变形仍不断发展，但封闭仰拱后，变形很快就停止了。仰拱闭合时间对软弱围岩中修建的隧道关系重大，闭合过晚甚至会导致施工失败。一般规定，在极不稳定的围岩及塑性流变岩体中，仰拱封底应在最终支护之前进行，尤其是变形量大的围岩，仰拱封底以尽早为宜。通常可根据量测结果来确定仰拱闭合时间。应当说明，仰拱只是在必要时才设置，而且设置的时机一定要适时。

5.2.3 地下工程结构的形式

城市地下空间的开发利用会遇到各种类型和规模的地下工程，特定的地下工程类型对于地下结的采取什么形式起了主导作用；反过来，由于在地层实体中开发，地质条件和环境条件也影响着地下结构及其施工方法，决定着形成过程中的结构形式。总的来讲，不同的地下工程类型对地下结构采用什么形式起主导作用。胡振赢先生（1998）认为，从结构设计角度来看，地下结构的形式可以分为两种主要类型：

1. 主要承受垂直地层作用的地下结构

主要承受垂直地层作用的地下结构，跨度的变化对地下结构的形成过程影响很大，如单线几米宽的铁路隧道，主要利用地层有一定的自稳时间来完成地下结构的施工，当遇到软弱地层时，常用加固地层的方法提高其自稳时间的能力。如遇到城市地下空间（如地铁大型车站）要求较大跨度时，单纯用加固地层的方法达不到预期的目的，则需要把地下空间在施工过程中分成若干部分，然后，再构成最终的大空间。该类方法的基本做法是利用最终的地下结构，加上施工所需的结构（这一部分在最终完成时拆除）形成较小的、地层可以承受的自稳范围和自稳时间的结构体系，待其稳定后，将小的结构体系连接，形成建筑类型要求较大的地下空间结构体系。这就是当地下工程要求越来越大的空间，地质条件和环境条件等对于整体建成地下结构有困难时，出现的各种施工方法和施工结构，相应的力学问题也被命名为施工力学，其基本的原理是“化大为小”，将地层的作用和能量逐步释放，以适应地质和环境条件可以接受的程度。

2. 主要承受双侧向地层作用的地下结构

主要承受双侧向地层作用的地下结构，如高层建筑的基坑，随着基坑深度、地质条件和环境条件的变化而出现各种情况。例如，重庆的砂泥岩中开挖基坑，基岩的层面角通常为 10°左右的缓倾角，可以直接开挖而不需支护；又如，有较宽的场地，可以按自稳坡角放坡，也不需要支护。但在软弱地基上建造高层建筑，则必须对基坑支护才能施工基础和地下室，在这类情况下，已经创造了许多专门的临时支护方法。

无论是软土还是基岩地层，侧向也都有地质条件赋予地层的自稳范围和自稳时间，考虑这一条件，应尽可能利用地下结构，既作永久结构又作临时支护。近年来发展起来的逆作法就是这一原理的充分体现，它与地层共同工作，在地下结构的形成过程中，随时构成空间受力体系，逐步开挖出地下空间，逐步将地层的侧向作用转移到地下结构上，同时，也解决了某些环境条件的限制。

5.3 地下工程支护结构设计

地下工程形成过程设计是修筑地下工程的过程中，需要进行的必要的支撑、衬砌、支护设计，重点是地下工程的支护结构设计。地下工程与地面建筑不同，地下工程是按照使用等要求在地层内挖掘而成，因此，需要根据围岩在挖掘后所处的稳定状态和地下水渗漏等情况，结合使用要求进行必要的支撑、衬砌、支护设计。

5.3.1 支护结构主要类型

在地下工程的施工过程中，当岩体不太稳定时，首先应考虑设置支撑。支撑是加固围岩的临时性措施。支撑的结构和强度必须与围岩的大小和性质相适应。近年来，已广泛采用的喷射混凝土支护，比传统的木支撑、钢支撑和混凝土支撑具有既方便、有效，又节省材料和时间的优点，值得进一步推广。与支撑相对应，衬砌是加固围岩的永久性结构，一般用浆砌条石、混凝土、钢筋混凝土砌筑。地下工程的支护是继开挖工程之后，地下工程施工中的另一项主导工程，对地下工程进行支护，是为了保持围岩的稳定、防水、防潮、隔潮，以保证洞室的正常使用。地下工程支护结构形式很多，按照对围岩的作用和支护的结构特征不同，类型如下：

（1）喷射混凝土支护，包括：喷射混凝土支护、喷射混凝土-锚杆支护、喷射混凝土-锚杆-钢筋网支护、喷射混凝土-钢拱架支护等（多用于岩体，用于土体时一般要打锚杆）。

（2）衬砌支护，包括：现浇衬砌支护、预制衬砌支护（盾构法、顶管法等）、局部衬砌支护、整体衬砌支护等。采取什么形式，一般根据坚固性系数 f_k 来确定，可参见规范。

（3）其他支护，包括：锚杆支护、桩体系支护、挡土墙支护、钢板墙和桩排式地下连续墙支护等，在土体中应用较多。

5.3.2 支护结构设计方法

在支护结构设计中，最常用的方法仍是工程类比法和荷载结构模型法，作为辅助的理论方法有：收敛约束模型法和地层结构模型（连续介质模型）法等，对于不同支护结构类型，也有用现场监控法和计算机数值模拟法等进行设计。

1. 喷锚支护设计方法

一般情况下，对各级围岩，初期支护均应优先考虑选用喷射混凝土支护或喷锚联合支护。其设计原则如下：支护类型的确定应根据围岩地质特点、工程断面大小和使用条件要求等综合考虑；合理选择锚杆类型与参数，在围岩中形成有效的承载力。喷锚支护工程的成败与选用的支护的设计参数、支护的时机、支护的刚度、围岩的性态及施工方法等都有密切关系。即使完全相同的条件，采用不同的施工也可能导致截然不同的结果。更何况由于岩性及地质条件复杂多变，很难于施工前得到准确的原始参数，加之喷锚支护与围岩共同工作的特点，就更增加了设计的困难。所以，喷锚支护设计要求做到勘测、设计、施工紧密配合，这就是喷锚支护工程的主要特点。对于地下工程喷锚支护的设计，目前概括起来主要有三种设计方法：以围岩分类为基础的工程类比法，以计算为基础的理论分析法和以量测为基础的现场监控法设计。

1）工程类比法

工程类比法发展最早，也是当前喷锚支护设计中应用最广泛的方法。目前国内有关喷锚支护规范仍以此法为主。现在的工程类比法主要是在编制围岩分类表的基础上，根据拟建工程的围岩等级与工程尺寸等，结合已建类似工程的经验，直接确定喷锚支护参数与施工方法。工程类比法与设计者的实践经验关系很大。此外，工程类比通常要涉及地质和工程多方面的因素，所以，要进行严格的类比也是比较困难的，还往往受到客观实践状况的限制。但尽管如此，在对喷锚支护作用机理还认识的不透的今天，这种方法仍然是主要的实用设计方法。

2）理论计算法

理论计算设计法（收敛约束模型法）是在测得岩体和支护力学参数的前提下，根据围岩力学特征建立数学模型，通过计算确定支护参数的方法。这种方法是基于岩体力学的发展，考虑围岩与支护共同作用而逐渐形成的。其具体的力学模型和计算方法主要根据岩体的力学属性和结构类型而定。当前有近似的解析计算法和借助电子计算机的有限元、边界元等数值解法，后者能考虑弹塑性、各向异性、节理裂隙等多方面因素，因而在工程设计中已逐步被采用。但理论计算法发展尚不成熟，这主要是因为围岩地质状况复杂多变，其力学模型和岩体力学参数不易选定测准，加之在计算方法中要反映施工方法、支护时机等因素的影响亦很困难，所以，一般只作为设计参考。

3）现场监控法

现场监控法又称为信息设计法，是新近发展起来的一种以现场量测为手段的设计方法。这种方法是以现场监测的信息为设计的依据，其最大特点是在施工时，一边进行各种量测，一边把量测的结果反馈到设计施工中，使设计、施工变得更符合现场实际，最终确定支护参数。由于这种方法是以现场实测为依据，故有助于人们进行科学判断，而且它又能适应多变的地质条件和各种不同的施工条件，因而它比工程类比法及理论计算法更为实用可靠，这也正是当前此法在软弱地层设计中迅速发展的原因。由于这种方法主要用在施工过程，且其量测地段的选择、量测数据的分析与应用，仍依赖于人们的经验，加之受目前量测技术发展水平所限，所以，这一方法的推进受到一定的阻碍。另外，此法需要作许多量测工作，工作量、耗资和对施工的干扰都较大，这也是其推广受阻的原因。

综上所述，喷锚支护的三种设计方法各有利弊，单靠哪一种方法都有其局限性。从当前喷锚支护设计的发展情况来看，三种方法互相渗透、互相补充将是今后发展的方向。目前正在国内外蓬勃兴起的反演分析计算法，就是监控设计法与理论设计法的互相渗透，既较好解决了岩体力学参数和地应力难取的问题，又完善了监控设计法的反馈工作。然而这种方法也离不开经验和工程类比，因为初始参数的确定仍借助于工程类比和人们的经验。这正是体现了三种的设计方法的互相渗透与结合。

2. 衬砌支护设计方法

根据衬砌结构与地层相互作用方式的不同假设，隧道衬砌结构设计方法可大致分为 2 类，即荷载结构模型法和地层结构模型（连续介质模型）法。

1）荷载结构模型法

此法认为地层对结构的作用只是产生作用于衬砌结构的荷载，包括主动地层抗力和被动地层抗力，并以此计算衬砌结构的内力和变形。根据计算所采用地层变形理论的不同，荷载结构模型法主要可分为局部变形理论计算法和共同变形理论计算法 2 类。

2）地层结构模型法

此法认为衬砌与地层一起构成受力变形的整体，并根据连续介质力学原理来计算衬砌与周边地层的变形和内力。根据计算中所选用的地层岩土体材料的本构关系的不同（如线弹性、非线性弹性、黏弹性、弹塑性和黏弹塑性等）对计算类型进行分类。

荷载结构模型法和地层结构模型（连续介质模型）法的求解过程均可采用有限单元法进行数值计算。由于有限单元法计算过程中能很好地体现材料非线性、几何非线性、节理和其他不连续特征以及开挖效应等许多复杂工程因素对衬砌结构变形和内力分布的影响，故在隧道衬砌结构计算中得到了广泛发展。

目前，国内外隧道衬砌结构设计主要以荷载结构模型法为主。根据计算过程中对管片接头的不同力学处理方式以及对管片接头刚度、纵向螺栓内力传递和外荷载分布形式的不同假设，盾构隧道管片衬砌结构设计方法又可以主要分为惯用法、修正惯用法、多铰圆环法和梁-弹簧模型法 4 种计算方法。我国主要采用（修正）惯用法或在依据已有工程经验的基础上采用工程类比法进行衬砌结构计算，而国外主要采用多铰圆环法或梁弹簧模型法对盾构隧道管片衬砌结构进行内力计算和结构设计。

不同计算方法对盾构隧道管片接头力学性能的假设也不尽相同，从而使得工程设计过程中因设计者采用不同设计方法计算所得控制衬砌结构设计的力学参数，如结构变形、内力大小及分布等产生较大差异，导致设计过于保守或偏于不安全。

3. 其他支护设计方法

其他支护，包括：锚杆支护、桩体系支护、挡土墙支护、钢板墙和桩排式地下连续墙支护等，在土体中应用较多。以锚杆支护设计方法为例，进行说明。

锚杆支护设计关系到巷道锚杆支护工程的质量优劣，关系到安全可靠程度及经济是否合理等重要问题。目前锚杆支护设计方法基本上有 3 种。

1）工程类比法

在锚杆支护设计方法中，工程类比法包含着较简单的经验公式。其建立在以往解决岩土层控制的经验基础上。该设计方法的缺点是强调控制工程问题的本身，而缺乏对引起不稳定的内在原因重视。由于围岩条件千差万别，且某一类别中尚存在各种不同情况，所以使用时必须参照多方面经验。

2）理论计算法

理论计算法（收敛约束模型法）是建立在解决支护问题的结构和岩石力学理论基础上的设计方法，它分析围岩的应力与变形，给出锚杆支护参数的解析解。理论计算方法很多，计算中一些参数难以可靠确定，因此计算结果存在局限性，在某些条件下能够应用，在某些条件下则难以应用。它的重要性是为研究锚杆支护机理提供了理论依据。该方法一般通过公式估算有关支护参数。

3）计算机数值模拟法

以计算机数值模拟为基础的设计方法，在原采用工程类化法和理论计算法的基础上，认为锚杆支护设计必须保证隧道始终处于安全可靠状态，而可靠的设计必须以对开挖引起的岩层变形、锚杆受力及支护效果的精确测量为基础。应采用以下两种方法：

（1）进行监测，找出围岩压力显现特征及掘进期间锚杆支护受力的特性；

（2）利用计算机对支护结构系统构造的数学模型进行模拟，模拟可能遇到的应力场范围内岩层压力显现与锚杆支护过程，评价所选择的各种锚杆支护系统或支护结构的可行性与可靠程度。

澳大利亚、英国等国家在锚杆支护设计上形成了以计算机数值模拟为基础的集地质力学评估、初始设计、现场监测、信息反馈和修改、完善设计等步骤为一体的锚杆支护设计方法。具体实施分 4 个步骤：

（1）地质力学评估包括对围岩力学性质的测定、地应力测试和现场勘查；

（2）初始设计是利用计算机数字模拟方法在隧道开挖前进行；

（3）现场监测即是利用测力锚杆、深孔多点位移计对锚杆受力，隧道顶板、两边的离层以及对围岩表面位移进行实时观测；

（4）信息反馈和修改、完善设计是根据现场监测信息与初始设计进行对比分析，若接近或相同则证实初始设计比较正确，否则应修正初始设计，调整锚杆支护结构和参数，完成最终设计。

5.3.3 喷锚支护设计

在地下工程支护结构设计中，将着重介绍地下工程喷锚支护设计、土层锚杆设计，其余支护设计可参见相关规范、手册等。喷锚支护最初是在奥地利发展起来的，如图5-7所示，所以又称新奥法。它具有投资少、施工快、质量可靠的优点。

1. 喷锚支护类型

喷锚支护结构的基本组成是锚杆和喷射混凝土，按使用期限、锚固机理、有无预应力、喷射混凝土方式，又可分成若干类型。

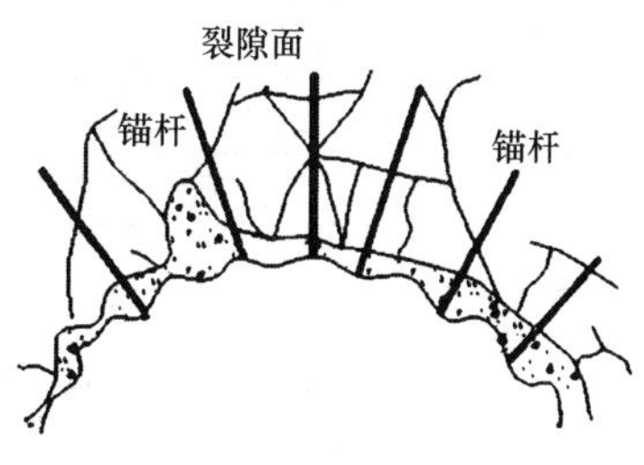

图5-7 喷锚支护示意图

1）锚杆

锚杆按使用期限不同，可以分为临时性和永久性锚杆两种。临时性锚杆用于施工期或使用年限较短的洞室；永久性锚杆一般与喷射混凝土结合使用。锚杆按有无预应力，可以分为预应力锚杆（或锚索）和无预应力锚杆两种；按锚固机理不同，可分为机械型和胶结型锚杆。胶结型锚杆（也称灌浆锚杆）按照胶结材料的不同，又分为砂浆锚杆和树脂锚杆。

2）喷射混凝土

喷射混凝土有干式喷射和湿式喷射两种。干式喷射混凝土是先将砂、石、水泥和速凝剂按一定比例干拌均匀，然后装入喷射机，在压缩空气的推动下，使干拌料沿管线连续地输送到喷枪，再在该处与水混合，以极高的速度喷射到岩面上，凝结硬化而成。干式喷射的缺点是粉尘较大，为此，国内外均在研究湿式喷射混凝土。湿式喷射混凝土工艺流程与干式有所不同，它是将原材料湿拌均匀后，再装入混凝土喷射机，因此粉尘较少。

喷射混凝土的施工方法，不用模板，将混凝土的输送、灌注和捣固等合为一道工序，施工工艺大为简化，操作简单施工速度快，地质条件变化时，也可灵活地改变喷层厚度及调整喷射时间，保证施工安全。

从已建成的工程看，喷锚支护结构的质量和效果都比较好，而且造价低。但到目前为止，喷锚结构的设计还主要是根据实践经验而定，校核的方法是采用施工过程中的应力、应变等测量资料来补充和说明，至今还没有一个标准的设计准则。表5-3是一些国家按岩石质量指标（RQD）来确定喷锚支护的参数。

按岩石质量指标（RQD）确定喷锚支护参数 表5-3

RQD	开挖方法	可交替使用的支护型式				
		钢拱架			锚杆间距(m)	喷射混凝土厚度(cm)
		类型	间距(m)	岩石荷载高度(m)		
优质的 100%～90%	掘进机	需要或轻型		(0～0.2)B	不需要	不需要或局部使用
	传统方法			(0～0.3)B		不需要或局部使用 5～8

续表

<table>
<tr><th rowspan="3">RQD</th><th rowspan="3">开挖方法</th><th colspan="5">可交替使用的支护型式</th></tr>
<tr><th colspan="3">钢拱架</th><th rowspan="2">锚杆间距（m）</th><th rowspan="2">喷射混凝土厚度（cm）</th></tr>
<tr><th>类型</th><th>间距(m)</th><th>岩石荷载高度（m）</th></tr>
<tr><td rowspan="2">良好的
90%～75%</td><td>掘进机</td><td rowspan="2">轻型</td><td rowspan="2">1.6～2.0</td><td>(0～0.4)B</td><td rowspan="2">1.6～2.0</td><td>不需要或局部使用 5～8</td></tr>
<tr><td>传统方法</td><td>(0.3～0.6)B</td><td>局部需要 5～8</td></tr>
<tr><td rowspan="2">一般的
75%～50%</td><td>掘进机</td><td rowspan="2">轻型或中型</td><td>1.6～2.0</td><td>(0.4～1.0)B</td><td>1.3～1.6</td><td>顶拱 5～10</td></tr>
<tr><td>传统方法</td><td>1.3～1.6</td><td>(0.6～1.3)B</td><td>1.0～1.6</td><td>拱及边墙大于 10</td></tr>
<tr><td rowspan="2">劣的
50%～25%</td><td>掘进机</td><td>中型圆形</td><td>1.0～1.3</td><td>(1.0～1.6)B</td><td rowspan="2">0.65～1.3</td><td>拱及边墙 10～15，
与锚杆共同使用</td></tr>
<tr><td>传统方法</td><td>中型或重型</td><td>0.65～1.3</td><td>(1.3～2.0)B</td><td>拱及边墙大于 15，
与锚杆共同使用</td></tr>
<tr><td rowspan="2">极劣的
25%～0%</td><td>掘进机</td><td>中型或
重型圆形</td><td rowspan="2">0.65</td><td>(1.6～2.2)B</td><td>0.65～1.3</td><td>拱及边墙大于 15，
与钢拱架共同使用</td></tr>
<tr><td>传统方法</td><td>重型</td><td>(2.0～2.8)B</td><td>1.0</td><td>全断面大于 15，
与钢拱架共同使用</td></tr>
<tr><td rowspan="2">极劣的挤入
土及膨胀土</td><td>掘进机</td><td rowspan="2">加重型</td><td rowspan="2">0.65</td><td rowspan="2">高达 75m</td><td rowspan="2">0.65～1.0</td><td rowspan="2">全断面大于 15，
与钢拱架共同使用</td></tr>
<tr><td>传统方法</td></tr>
</table>

注：B 为洞室的跨度（m）。

2. 喷锚支护特点

喷锚支护较传统的构件支撑，无论在施工工艺和作用机理上都有一些特点，主要反映在以下几方面：

（1）灵活性。喷锚支护是由喷射混凝土、锚杆、钢筋网等支护部件进行适当组合的支护形式，它们既可以单独使用，也可以组合使用。其组合形式和支护参数可以根据围岩的稳定状态，施工方法和进度，隧道形状和尺寸等加以选择和调整。它们既可以用于局部加固，也易于实施整体加固；既可一次完成，也可以分次完成。充分体现了“先柔后刚，按需提供”的原则。

（2）及时性。喷锚支护能在施作后迅速发挥其对围岩的支护作用。这不仅表现在时间上，即喷射混凝土和锚杆都具有早强性能，而且表现在空间上，即喷射混凝土和锚杆可以最大限度地紧跟开挖而施工，甚至可以利用锚杆进行超前支护。

（3）密贴性。喷射混凝土能与坑道周边的围岩全面、紧密地黏结，因而可以抵抗岩块之间沿节理的剪切和张裂。

（4）深入性。锚杆能深入围岩体内部一定深度，对围岩起约束作用。

（5）柔韧性。喷锚支护属于柔性支护，它可以较便利地调节围岩变形，允许围岩作有限的变形，即允许在围岩塑性区有适度的发展，以发挥围岩的自承能力。

（6）封闭性。喷射混凝土能全面及时地封闭围岩，这种封闭不仅阻止了洞内潮气和水对围岩的侵蚀作用，减少了膨胀性岩体的潮解软化和膨胀，而且能够及时有效地阻止围岩变形，使围岩较早地进入变形收敛状态。

3. 喷锚支护设计

根据岩体的产状，将围岩按大类分为整体、块状、层状和软弱松散等几类。不同结构类型的围岩，开挖洞室后力学形态的变化过程及其破坏机理各不相同，喷锚设计原则也有差别。

（1）对于整体状围岩，可以只喷上一薄层混凝土，防止围岩表面风化和消除表面凹凸不平以改善受力条件；仅在局部出现较大应力区时才加设锚杆。

（2）在块状围岩中必须充分利用压应力作用下岩块间的镶嵌和咬合产生的自承作用；喷锚支护能防止因个别危石崩落引起的坍塌。通过利用全空间赤平投影的方法，查找不稳定岩石在临空面出现的规律和位置，然后逐个验算在危石塌落时的力作用下锚杆或喷射混凝土的安全度。

（3）在层状围岩中，洞室开挖后，围岩的变形和破坏，除了层面倾角较陡时表现为顺层滑动外，主要表现为在垂直层面方向的弯曲破坏，用锚杆加固使围岩发挥组合梁的作用。

（4）软弱围岩近似于连续介质中的弹塑性体，采用喷锚支护时，宜将洞室挖成曲墙式，必要时加固底部，使喷层成为封闭环，用锚杆使周围一定厚度范围内的岩体形成“承载环”，以提高围岩自承能力。

1）锚杆设计

目前应用最广的是全长黏结式锚杆。端头锚固型锚杆一般用于局部加固围岩及中等强度以上的围岩中。预应力锚索一般用于大型洞室及不稳定块体的局部加固，而预拉力小且锚固于中硬以上岩体时宜采用涨壳机械式锚头。摩擦式锚杆目前主要用于矿山工程。

锚杆的数量和间距的确定，一般以能充分发挥喷层作用为准则。合理的锚杆数量能使初期喷层恰好达到稳定状态，这样复喷才能提高支护结构的安全性。为了防止锚杆之间的岩体塌落，通常要求锚杆的纵横向间距小于杆体长度的一半。同时考虑便于施工，锚杆的纵向间距最好与掘进进尺相适应。

（1）锚杆长度的确定应当以能充分发挥锚杆的功能，并获得经济合理的锚固效果为原则。一般来说，锚杆的最小长度应超过松动圈厚度，留有一定安全余量，且不宜超过塑性区。对于裂隙岩体和层状岩体，锚杆主要是对节理、裂隙面起加固作用，这时锚杆宜适当长些，尽量穿过较多的节理和裂隙。根据我国喷锚支护的设计经验，锚杆长度可在 1/4～1/2 洞跨的范围内选取，而国外采用的锚杆长度一般都超过我国所用的锚杆长度。加固不稳定块体的锚杆，应根据实际需要来定，不受上述原则限制。

（2）锚杆直径的选取通常视工程规模、围岩性质而确定。一般全长黏结式锚杆在14～22mm 之间。在选取锚杆的钢材类型、直径和长度时，还应当充分考虑到尽量发挥锚杆的效用，力求使锚杆杆体的承载力与锚杆的拉力相当，并要考虑锚杆杆体与砂浆之间的黏结力以及砂浆与围岩间的摩擦力。

（3）锚杆的布置应采用重点（局部）布置与整体（系统）布置相结合。为了防止危石和局部滑塌，应重点加固节理面和软弱夹层，重点加固的部位应放在顶部和侧壁上部。为防止围岩整体失稳，当原岩最大主应力位于垂直方向时，应重点加固两侧，以防止该处出现所谓“剪压破坏”，但在顶部仍应配置相当数量的锚杆，因为只锚固两侧的做法通常不能收到预期的效果。图 5-8 中表示了不同锚固方案（岩石性质及参数均相同）有限元计算的结果，显然两侧和顶部都进行锚固的效果要好得多。当最大主应力位于水平方向时，则应把锚杆重点配置在顶部和底部。

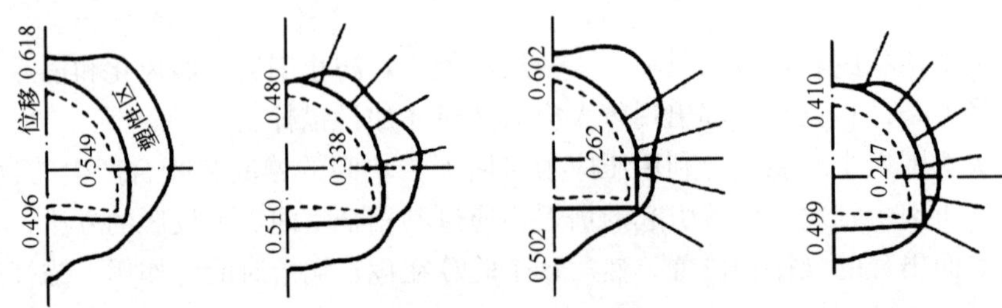

图 5-8 不同锚固方案对塑性区及洞周位移的影响（单位：cm）

（4）锚杆的方向，应与岩体主结构面成较大角度，这样能穿过更多的结构面，有利于提高结构面上的抗剪强度，使锚杆间的岩块相互咬合。

2）喷射混凝土设计

最佳的喷层厚度（刚度）应既能使围岩维持稳定，又允许围岩有一定塑性位移，以利于围岩承载能力的发挥和减小喷层的弯曲应力。按照这个原则，无论是初次喷层厚度还是总厚度都不宜过大。根据工程经验，初始喷层厚度宜在 3～15cm 之间，喷层总厚度不宜大于 20cm。只有大断面洞室才允许适当增大喷层厚度。在地压较大、喷层不足以维持围岩稳定的情况下，应采取增设锚杆、配置钢筋网等联合支护或其他控制措施，而不能盲目地加大喷层厚度。另外，喷层太厚对发挥喷层材料的力学性能是不利的。一般来说，随喷层厚度的增加，支护的弯矩也显著增大，当喷层厚度 $d \leqslant D/40$（D 为开挖的隧道直径）时，喷层接近无弯矩状态，显然这是最有利的受力状态。除了仅起防风化作用外，喷层支护的最小厚度一般不能小于 5cm，而在有较大围岩压力的破碎软弱岩体中，喷层厚度以不小于 8cm 为宜。

钢筋网具有防止或减小喷层收缩裂缝，提高支护结构的整体性和抗震性，使混凝土中的应力得以均匀分布和增加喷层的抗拉、抗剪强度等功能，当喷射混凝土有可能从围岩表面剥落时以及地震区或有震动影响的洞室，应优先考虑配置钢筋网。

钢支撑一般在下列场合考虑使用：

（1）喷射混凝土或锚杆发挥支护作用前，需要使洞室岩面稳定时；

（2）用钢管棚、钢插板进行超前支护需要支撑时；

（3）为了抑制地表下沉或者由于土压大，需要提高初期支护的强度或刚性时。

5.3.4 土层锚杆设计

土层锚杆是由岩石锚杆发展起来的。1958 年，联邦德国的宝尔公司在深基础施工时，为了固定挡土墙，采用锚杆注浆技术制成土层锚杆获得成功，引起了各国工程技术界的重视。随后各国学者和公司相继投入土层锚杆技术的开发研究工作，并使这项技术得到迅速发展。现在土层锚杆技术已能施工长达 50m 以上的锚杆，在黏性土中抗拔力可达 1000kN，在非黏性土中达 2500kN，被锚固的挡土墙可达 40m 以上。

由于它发展迅速，并已成为一项新的地下工程施工支护技术，许多国家先后制定了土层锚杆规范，欧洲已开始制定统一的欧洲标准规范。但是，土层锚杆技术和其他地基加固技术一样，它的发展主要不是依靠理论上的突破，而是大量采用实践的施工经验，故理论研究往往落后于施工实践。

在我国，土层锚杆技术于20世纪80年代初在北京、天津等地开始研究和应用。如天津某污水处理厂的沉淀池，曾用1338根长度12～13m的垂直土层锚杆作为抗浮措施，大大减少池底板的厚度，节约了工程建设投资。其后，又在地铁、深基坑挡土墙支护和其他市政工程中应用。

1. 土层锚杆的构造

土层锚杆是一个受拉构件，如图5-9所示。整根土层锚杆长度分为锚固段和自由段。锚固段是土层锚杆中以摩擦力形式传递荷载的部分，它是由水泥、砂浆等胶结物以压浆形式，注入钻孔中凝固而成的。其中受拉的锚杆（钢筋或钢丝束等），它的上部连接自由段。自由段不与钻孔土壁接触，仅把锚固力传到锚头处。锚头是进行张拉和把锚固力锚碇在结构上的装置，它使结构承受锚固力。

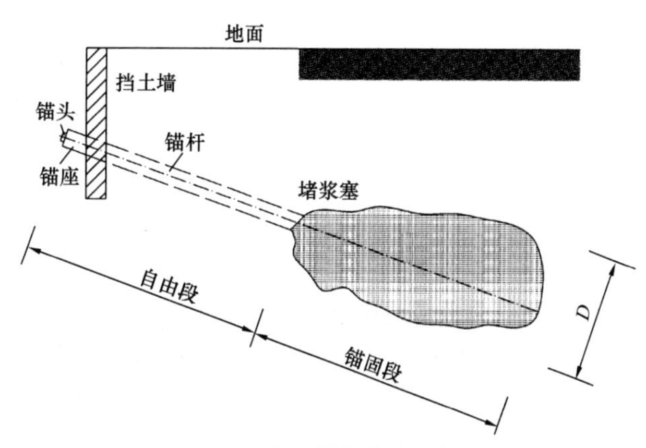

图5-9 土层锚杆构造示意图

2. 土层锚杆的设计

土层锚杆的设计应考虑以下因素：

（1）土层锚杆的使用时间，一般使用时间在2年以内为临时性土层锚杆，超过2年为永久性土层锚杆。

（2）土层锚杆的锚固体截面积和长度直接影响土层锚杆的承载力，通过试验表明，在饱和软土中土层锚杆承载力与锚固段长度和直径呈正比关系。

（3）锚杆钢筋（或钢丝束）和水泥砂浆强度的确定。在设计荷载作用下，主要通过考虑锚固砂浆产生的裂缝宽度和裂缝间距来控制。

（4）设计土层锚杆拉力由锚固体与土体间摩擦力确定，在实际工程应用时，应进行现场抗拔试验，确定其极限承载力。

斜土锚的设计计算简图，如图5-10所示。斜土锚的高度为d，宜在填土层下，以防钻孔时发生坍塌。

斜土锚的自由长度l_f，应是位于土体滑裂面内的锚固长度，当斜锚与地面成夹角α时，根据图中所示锚杆与破裂面及支护结构所构成的三角关系可得：

$$\frac{l_f}{\sin\left(45^\circ-\frac{\varphi}{2}\right)}=\frac{H+a-d}{\sin\left(45^\circ+\frac{\varphi}{2}+\alpha\right)} \tag{5-1}$$

整理得：

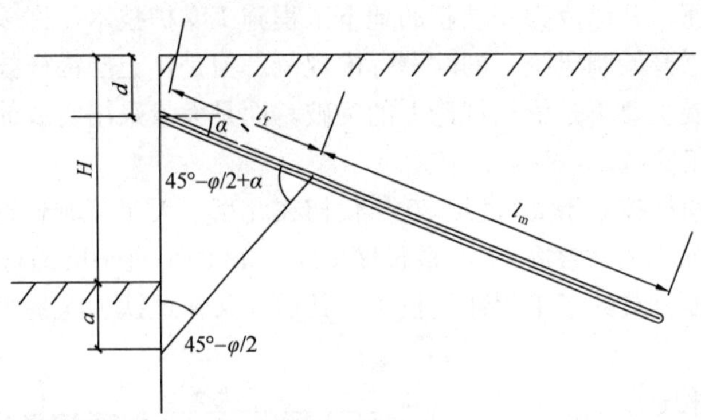

图 5-10 斜锚杆设计计算简图

$$l_{\mathrm{f}}=\frac{\sin\left(45^{\circ}-\frac{\varphi}{2}\right)}{\sin\left(45^{\circ}+\frac{\varphi}{2}+\alpha\right)}\cdot(H+a-d) \tag{5-2}$$

斜锚的锚固段长度应进行到较硬的持力层中，锚固段的长度不应小于 4m，锚固段的长度 l_{m} 由锚杆设计拉力值及锚固段土体摩阻力强度确定：

$$F_{\mathrm{n}}=\frac{1}{K}\pi D\sum_{i=1}^{n}l_{i}f_{i} \tag{5-3}$$

$$l_{\mathrm{m}}=\sum_{i=1}^{n}l_{i} \tag{5-4}$$

式中 F_{n} ——单锚容许抗拔力（kN）；

K ——安全系数，根据锚杆破坏后的危害程度决定，对于永久性锚杆 $K=1.8\sim2.2$，对于临时性锚杆 $K=1.4\sim1.8$；

l_i ——穿越第 i 层土的厚度；

f_i ——第 i 层土的极限摩阻力（kPa），无当地经验时，可按表 5-4 确定；

n ——锚杆穿越的土层数；

D ——锚杆段直径，当钻孔直径为 d_0 时，采用一次灌注，$D=1.2d_0$；采用一次灌注，然后第二次压力注浆 $D=1.5d_0$。

极限抗拔摩阻力 f_{k} 值 表 5-4

土层种类	淤泥质土	黏性土				粉土	砂土			
土的状态		坚硬	硬塑	可塑	软塑	中密	松散	稍密	中密	密实
f_{k} 值	20～25	60～70	50～60	40～50	30～40	100～150	90～140	160～200	220～250	270～400

注：表中数据仅用作初步设计时估算；表中 f_{k} 值时采用一次常压灌浆测定的数据。

锚杆直径 d_{g} 应符合下式要求：

$$d_{\mathrm{g}}\geqslant2\sqrt{\frac{R_{\mathrm{a}}}{\pi[\sigma]}}+\delta T \tag{5-5}$$

式中 d_{g} ——锚杆直径（mm）；

R_{a} ——设计锚杆应力（kN）；

［σ］——锚杆材料容许拉应力（kN/mm²）；

δ——锚杆钢材年锈蚀量，取 0.04～0.05mm/年；

T——锚杆使用年限。

为了避免群锚作用降低单锚承载力，锚杆水平间距一般为 1.5～4.0m，上下层锚杆间距不宜大于 2.5m，锚杆的倾斜角一般取 15°～25°，以保证充分利用锚杆的水平力。

5.4　地下工程结构设计

地下结构最终形式设计是指在确定地下结构选型后，进行相应的截面设计、配筋设计等工作。以城市浅埋地铁隧道结构设计为例，介绍地下结构最终形式设计的相关内容。其余地下结构设计可参见相应的规范、手册等。

5.4.1　结构断面的确定

地铁的设计包括线路设计和隧道结构设计。地铁线路设计应注意如下问题：选线时，应尽量避开不良地质现象或已存在的各类地下埋设物、建筑基础等，并应使地铁施工对周围的影响控制在最小范围；地铁线的曲线段应综合考虑运输速度、平稳维修以及建设土地费等对隧道曲率半径的影响与要求等，制定最优路线。确定线路的纵向埋深时，应考虑如下因素：地下各类障碍物的影响；两条地铁线交叉或紧挨时，两者之间的位置矛盾与相互影响；工程与水文地质条件的优劣程度及埋深对造价的影响。

地铁的结构设计是在完成线路设计，确定了线路平面图与纵断面之后进行的。地铁构筑物，包括车站、隧道及其他结构，一般均采用钢筋混凝土衬砌，因此，浅埋地铁结构物的设计和地上钢筋混凝土结构物的设计基本相同。箱形结构承受垂直压力、侧压、车辆等荷载，计算时，沿隧道纵向取 1m 为计算单元，作平面问题处理。设计中框架结点视为刚结，外力作用下的结构为高次超静定，其近似计算常用力矩分配法。其计算简图如图 5-11所示。设计内容与步骤为：选定设计断面、荷载引算、框架内力计算、结构配筋设计、绘制设计图。

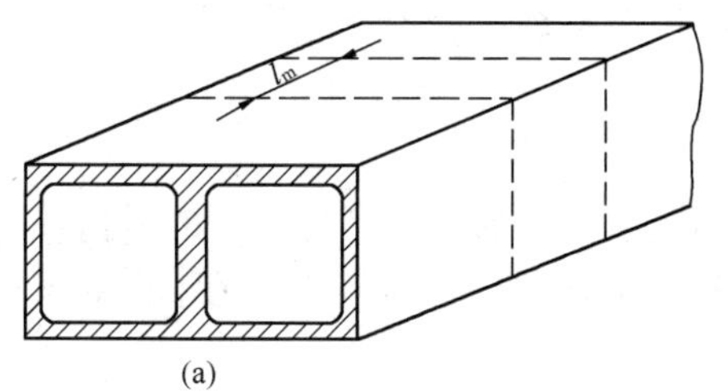

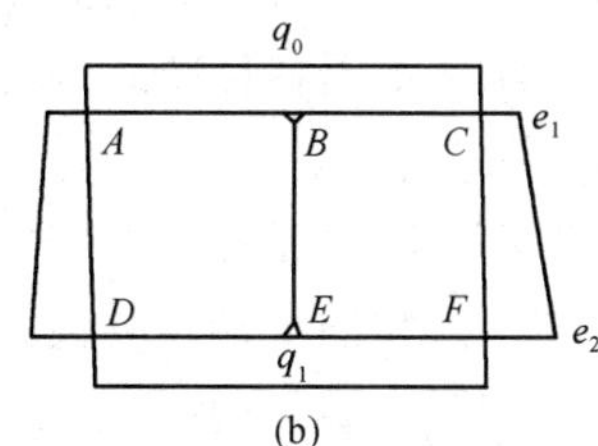

图 5-11　地铁隧道结构计算简图

（a）双跨双线箱形结构；（b）计算简图

在结构断面的确定中，首先按建筑限界、线路的平面和纵断面、道床高度等计算结构内部空间尺寸；然后，根据结构高宽比、荷载状况，类比参照已有结构尺寸，假定断面厚度，选定供计算用的结构形状尺寸，并假定合理的计算图式。其设计步骤如下：

1. 隧道净断面的确定

建筑接近限界是确定净断面的主要依据，由建筑接近限界规定隧道内空间的最小尺寸和形状，然后将曲线半径、超高、道床、施工误差等影响因素加以考虑，最后，确定净断面。

2. 估算建筑断面的厚度

箱形框架内力的计算，必须以假定的框架截面尺寸为先决条件。截面估算时，应考虑混凝土或钢筋混凝土的强度、承受的荷载、建筑物的高宽比和钢筋保护层厚度等因素。

估算或假定厚度的过程，首先将框架分解成若干基本构件，然后计算出作用在构件上的荷载、引起的内力，由此估算出构件的厚度，最后参照实践经验作必要的类比修正。

(1) 关于顶板截面厚度，假定顶板截面的厚度为跨度的 1/10～1/8，即如果跨度为 4500mm，则其截面在 450～550mm 间选取，然后，概略计算顶板荷载，并根据荷载估算顶板弯矩值，以进一步假定顶板截面的厚度。

(2) 关于底板截面尺寸，可比顶板截面厚度增加 5cm，我国一般采用与顶板尺寸相同。

(3) 关于侧墙截面尺寸，可参照顶板尺寸假定的基本步骤确定，考虑施工和防水要求，厚度最小应在 40cm 左右。

在隧道净空间和截面尺寸计算的基础上，隧道结构的断面随之确定。

5.4.2 荷载计算

在隧道结构设计中，荷载计算需要考虑的因素很多，较为复杂，应明确以下诸条计算原则：

(1) 作用在浅埋隧道结构上的荷载一般包括：路面活荷载、垂直土压力、侧向土压力和水压力、作用在结构底板上的荷载、特殊荷载及其他荷载。

(2) 进行结构设计时，对于作用在结构上的各种荷载，应根据规范和具体条件采用设计荷载组合，画出设计荷载图。然后，再进行框架内力分析计算。

(3) 结构按极限状态法设计时，应将标准荷载乘以超载系数作为计算荷载，即计算荷载＝标准荷载×超载系数，而超载系数对不同的荷载性质可取 1.0～1.2。

浅埋隧道结构承受各种荷载的确定如下：

1) 路面活荷载

一般浅埋地铁隧道设置于城市主干街道的下方，通常要考虑路面的活荷载。这类荷载由地面建筑物、行驶的车辆及其他公共设施产生，它与结构距地面的距离关系很大，当覆盖层超过 8m，其影响就不甚重要了。

路面活荷载通过路面下的土层传递于结构上，它在土中的传递状态随土质密实状况和荷载分布形状而定。地面活荷载在土中的压力分布，即作用在结构上的计算方法很多，但常用的有弹性力学解法和波士顿规范法。

弹性力学解法是按各向同性均质体的直线变形理论计算土层内的压力分布，即以弹性力学公式用积分的方法求解。通常认为用此法解得的压力分布接近实际，但计算较为繁杂。波士顿规范法认为活荷载向下传递时，假定荷载板的边缘对垂直面成 α 角度（一般为 30°）扩散，且压力在该面积上作均匀分布，如图 5-12 所示。此法应用比较广泛，日本和莫斯科地下铁道的设计，活荷载的传递取45°角向外扩散计算。按波士顿方法，当荷载板为正方形或圆形时，土中的压力计算公式为：

$$q = q_0\left(\frac{b/d}{\frac{b}{d}+2\tan\alpha}\right)^2 \tag{5-6}$$

当荷载板为长条形基础时，有：

$$q = q_0\left(\frac{b/d}{\frac{b}{d}+2\tan\alpha}\right) \tag{5-7}$$

式中 q——土中深度 d 处荷载集度（kPa）；

q_0——地面荷载集度（kPa）；

b——地面荷载分布宽度（m）；

d——计算压力处土层深度（m）；

α——扩散角。

2）垂直土压力

作用在浅埋地铁隧道顶部的垂直土压力，即是结构正上方各种物体的全部重量。该重量包括三部分：道路铺砌的重量、地下水位以上土的重量和水位以下土体重量，如图5-13所示。隧道顶部的垂直土压力，可表达为：

$$W_1 = \gamma_1 h_1 + \gamma_2 h_2 + \gamma_3 h_3 \tag{5-8}$$

式中 W_1——作用于隧道结构顶部的垂直土压力；

γ_1、h_1——路面材料的重度（kN/m^3）、厚度（m）；

γ_2、h_2——地下水位线以上土的重度（kN/m^3）、厚度（m）；

γ_3、h_3——地下水位线以下土的重度（kN/m^3）、厚度（m）。

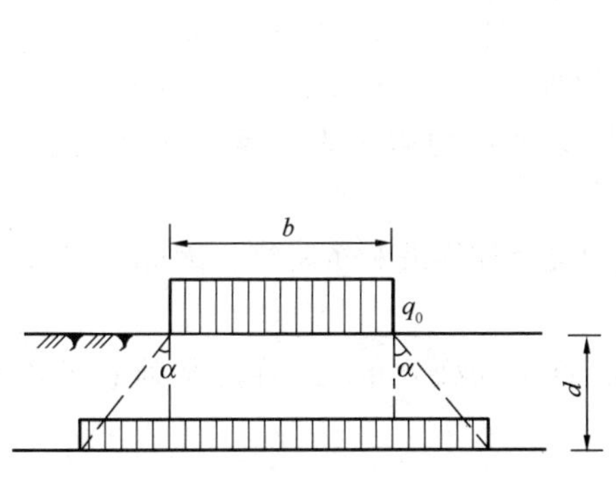

图5-12 活荷载在土中的传递

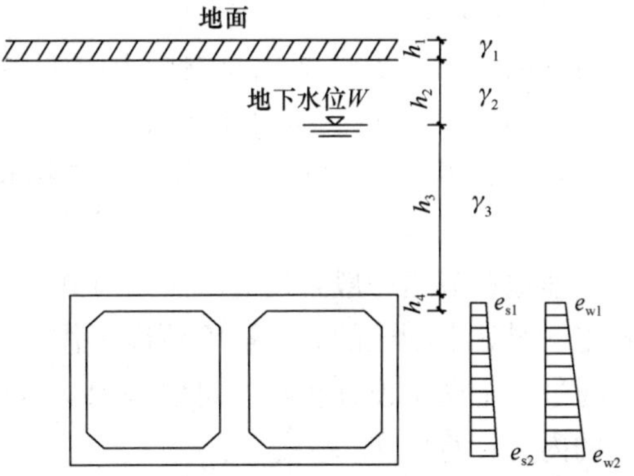

图5-13 作用于浅埋地铁隧道结构上垂直、水平荷载

e_{s1}、e_{s2}-分别为侧墙上端、下端侧向土压力（kPa）；

e_{w1}、e_{w2}-分别为侧墙上端、下端侧向水压力（kPa）

3）侧向土压力和水压力

在结构侧墙上，一般作用有土压力和水压力，计算时可采用土压和水压加在一起的综合土压力计算方法和土压与水压的分算方法。目前，土压力计算常用朗肯和库仑法。我国上海地区，经模型实验和现场实测，认为地下工程的土压力数据与朗肯理论的计算结果更为接近。

4）结构底板的荷载

结构底板的荷载是指承托结构的地基对结构作用的反力。此反力是由作用在结构上的所有垂直荷载，通过底板传给结构底面上的地基，而地基由此产生了向上的反力，反作用于底板上形成荷载（图 5-14），而结构内车辆行驶与地板的自重一般不考虑。反力一般视为均匀分布。底板荷载的计算公式为：

$$W_2 = W_1 + \frac{2Q_1 + Q_2 + Q_3 + Q_4}{2L} \tag{5-9}$$

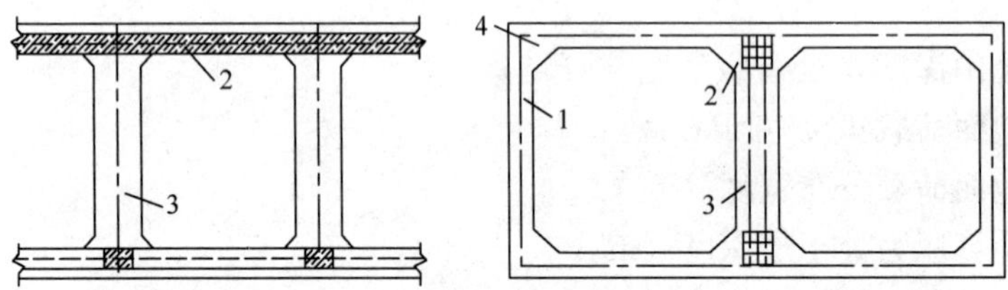

图 5-14 结构底板荷载组成

1-侧墙；2-纵梁；3-中柱；4-板肋

式中 W_2——底板荷载（kPa）；

W_1——顶板荷载，包括顶板上部垂直土压力和顶板自重（kPa）；

Q_1、Q_2、Q_3、Q_4——侧墙、纵梁、立柱、梗肋的自重（kN/m）；

$2L$——隧道结构的总宽度（m）。

5）特殊荷载

根据地下铁道隧道结构的重要性及防护要求，不同埋深和结构形式，规定出结构不同部位的荷载数值。

6）其他荷载

地震的影响、温度变化及混凝土收缩等的影响，均属于此类荷载。全部埋置于地下的结构，地震的影响不如对地面结构强烈，认为地下结构可以承受，不必再作计算。如果结构上部覆盖层很浅，或为附建式结构，则必须作地震因素引起的土压力变动的计算。

浅埋地铁隧道一般采用分段施工方式，每段间设有伸缩缝和沉降缝，因此，当采用此方式施工时，混凝土的收缩影响可以不作计算。

通过以上两个设计步骤，可以得到隧道结构断面及荷载分布图。在此基础上即可开展结构的内力计算。

5.4.3 框架内力计算

框架内力包括轴力、弯矩和剪力。只有获得框架内力的数值，才可进行钢筋混凝土强度和配筋设计。双跨双线箱形隧道结构是一种对称结构。在对称荷载作用下，弯矩图和轴力图是对称的，而剪力图为反对称，在反对称荷载作用下，弯矩图和轴力图是反对称的，而剪力图是对称的。利用此种原理，可取结构的一半进行计算，即可取双跨双线箱形结构的左侧框架设计，则其计算图形见图 5-15。

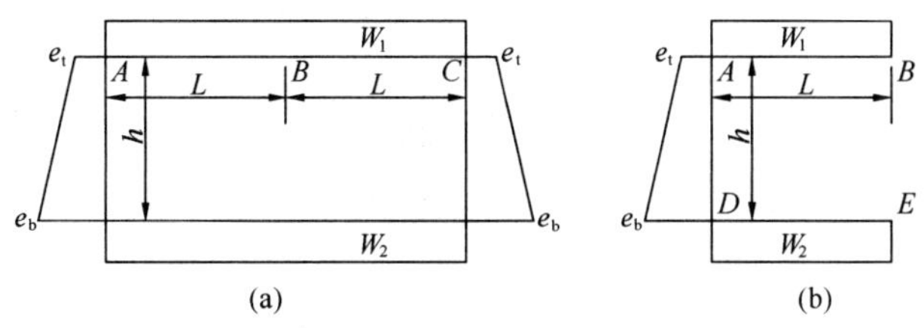

图 5-15 框架计算图形

(a) 框架荷载图；(b) 左侧框架计算图形

1) 轴力计算

计算轴力，应对特殊荷载进行折减。各构件轴力计算公式如下：

顶板轴力：

$$N_{AB}=N_{BA}=\frac{1}{6}h(2e_t+e_b+3aq_{墙特}) \tag{5-10}$$

底板轴力：

$$N_{DE}=N_{ED}=\frac{1}{6}h(2e_b+e_t+3a_1q_{墙特}) \tag{5-11}$$

侧墙轴力：

$$N_{AD}=\frac{1}{2}l(W_1+3a_2q_{顶特}) \tag{5-12}$$

$$N_{DA}=\frac{1}{2}l(W_2+3a_3q_{底特}) \tag{5-13}$$

$$N_{AD中}=\frac{1}{2}(N_{AD}+N_{DA}) \tag{5-14}$$

式中 N_{AB}、N_{BA}、N_{DE}、N_{ED}、N_{AD}、N_{DA}、$N_{AD中}$——分别为 AB 构件 A 端、B 端，DE 构件 D 端、E 端，AD 构件 A 端、D 端及中部的配筋用轴力（kN/m）（指单位长框架构件轴力）；

e_t、e_b、W_1、W_2——不包括特载的侧墙上端、下端的水平荷载，以及不包括特载的顶部垂直土压力和底板荷载（kPa）；

$q_{墙特}$、$q_{顶特}$、$q_{底特}$——墙部、顶板、底板的特载值；

a_1、a_2、a_3、a——特殊载折减系数，根据不同部位选用 0.3～0.6。

2) 弯矩计算

箱形框架的弯矩计算，采用力矩分配法较为简便。这种渐进计算方法步骤，可归纳如下：

(1) 根据框架左侧，如图 5-15 (b) 所示，每一刚性节点均为固定，依表 5-5 杆端力矩（M^F）表，算出杆件各端的固端力矩。

(2) 放松其中一个节点（其他节点仍固定），将放松节点不平衡力矩反号，按刚度分配系数分给相交于该点的各杆端，并进行力矩传递，如此该点的力矩暂时平衡。

不平衡力矩 M^{μ} 为固端力矩 M^{F} 之和。分配系数为：

$$\mu_{ij}=\frac{S_{ij}}{\Sigma S} \tag{5-15}$$

式中 S_{ij}——ij 的抗弯刚度；

ΣS——会交于该点各杆抗弯刚度之和。

因此，同一节点各杆分配系数总和为 1。传递系数为：

$$C_{ab}=\frac{M_{ba}}{M_{ab}^{D}} \tag{5-16}$$

式中 M_{ba}——由杆件 AB 的 A 端的分配力矩传给 B 端的传递力矩；

M_{ab}^{D}——杆件 AB 的 A 端的分配力矩。

一般均匀截面的直杆，传递系数等于 0.5。

（3）放松第二个节点，按第 2 步骤同法进行力矩分配和传递。如此继续至所有节点均放松并平衡其力矩。

（4）每次分配力矩和传递力矩数值很快收敛。将固端力矩、分配力矩和传递力矩相加，即为杆端最后力矩。

杆端力矩（M^{F}）表 **表 5-5**

支撑状态 / 荷载状态	A $\theta_A=0$ —— B $\theta_B=0$（两端固定）		A $\theta_A=0$ —— B（A 固定，B 铰支）	A —— B $\theta_B=0$（A 铰支，B 固定）
	M_{AB}^{F}	M_{AB}^{F}	M_{AB}^{F}	M_{AB}^{F}
A W B, l	$\frac{wl^2}{12}$	$\frac{wl^2}{12}$	$\frac{wl^2}{8}$	$\frac{wl^2}{8}$
$l/2$, $l/2$, A W_1 W_2 B, l	$\frac{(11w_1+5w_2)l^2}{192}$	$\frac{(5w_1+11w_2)l^2}{192}$	$\frac{(9w_1+7w_2)l^2}{128}$	$\frac{(7w_1+9w_2)l^2}{128}$
q, A, B, l	$\frac{ql^2}{20}$	$\frac{ql^2}{20}$	$\frac{ql^2}{15}$	$\frac{ql^2}{15}$
q_1, q_2, A, B, l	$\frac{l^2}{60}(3q_2+2q_1)$	$\frac{l^2}{60}(2q_2+3q_1)$	$\frac{l^2}{120}(8q_2+7q_1)$	$\frac{l^2}{120}(7q_2+8q_1)$
a, b, A, q, B, l	$\frac{q}{60}[2a_2+\frac{3b}{l}(2l^2-b^2)]$	$\frac{q}{60}[2a_2+\frac{3b}{l}(2l^2-b^2)]$	$\frac{q(l+b)}{120l}(7l^2-3b^2)$	$\frac{q(l+b)}{120l}(7l^2-3a^2)$

3）剪力计算

首先，按框架各构件的受力情况计算剪力。如顶板结构 AB 梁（图 5-15b），其受力情况如图 5-16 所示。

A 端剪力，可对 B 点列出力矩方程，作如下计算：

令 $$\Sigma M_B=0 \tag{5-17}$$

$$M_{AB}^{计} + \frac{1}{2}W_1 l^2 - Q_{AB}^{计} \cdot l - M_{BA}^{计} = 0 \tag{5-18}$$

由于 $$M_{AB}^{计} = M_{BA}^{计} \tag{5-19}$$

所以 $$Q_{AB}^{计} = \frac{1}{2}W_1 l \tag{5-20}$$

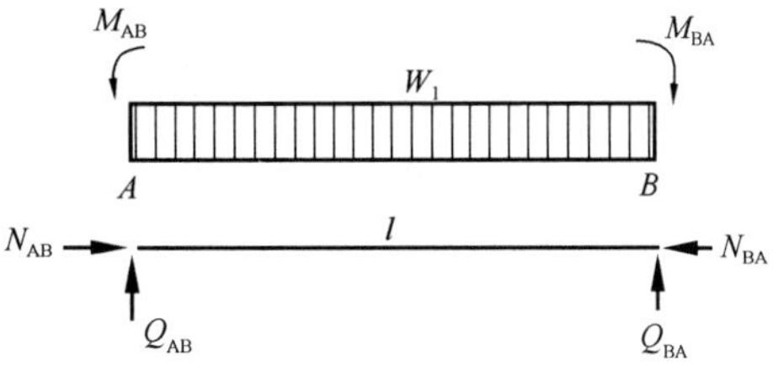

式中 $Q_{AB}^{计}$——顶板 A 端剪力（kN）；

$M_{AB}^{计}$、$M_{BA}^{计}$——AB（BA）构件 A 端（B 端）支座轴线处弯矩，称为计算弯矩（kN·m）；

W_1——与上文侧墙轴力式中意义一致；

l——顶板宽度。

图 5-16 框架顶板结构剪力计算图

通过对图 5-15（b）中各构件剪力求解后，可得到图 5-17 所示的剪力图。如同计算弯矩，计算剪力作用在轴线处，不可用以配筋。控制配筋的剪力应是作用在支座边缘处的剪力。其间关系为：

$$Q_{ij}^{配} = Q_{ij}^{计} - \frac{1}{2}W_{ij} b \tag{5-21}$$

式中 $Q_{ij}^{配}$——ij 构件 i 端支座边缘处的剪力，称为配筋剪力（kN）；

$Q_{ij}^{计}$——ij 构件 i 端支座轴线处的剪力，称为计算剪力（kN）；

W_{ij}——ij 构件承受的荷载（kN/m）；

b——ij 构件 i 端处的支座宽度（m）。

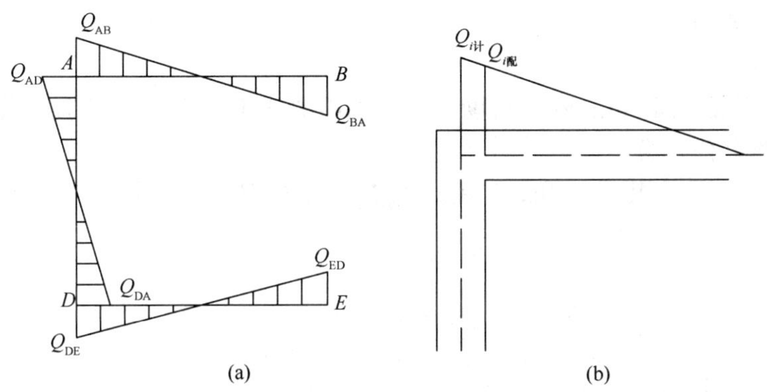

图 5-17 框架剪力图

（a）计算剪力与配筋剪力；（b）配筋剪力计算图

5.4.4 结构配筋

钢筋混凝土框架结构的配筋计算，应依构件的受力情况进行。现以顶板 AB 梁为例进行研究，取其沿隧道长轴方向 1m 宽度考虑，则 AB 梁同时在弯矩、轴力和剪力作用下，视为受弯受压（受剪）构件，如图 5-18 所示。

1. 偏心状况判断

计算偏心受压构件的偏心距大小，以确定采用的受力钢筋面积的公式：

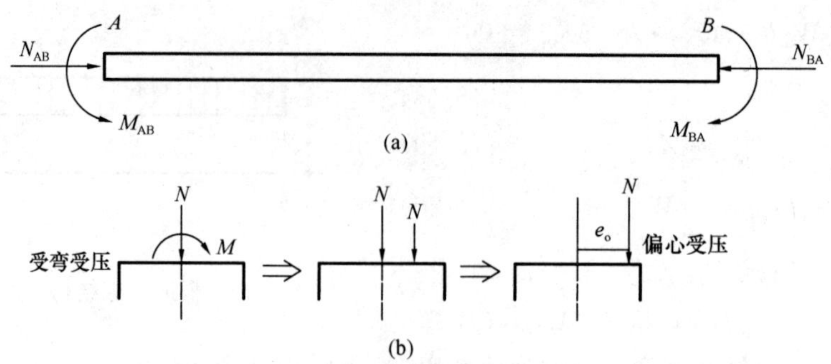

图 5-18 受弯受压-偏心受压构件

(a) 构件受力；(b) 偏心受压

$$e_0 = \frac{M_{ij}^{配}}{N_{ij}} \tag{5-22}$$

式中 e_0——偏心距（m）；

$M_{ij}^{配}$、N_{ij}——分别为 ij 构件承受之弯矩和轴力，单位分别为“kN·m”和“kN”；

$h_0=h-a$；

h——构件高度（m）；

a——钢筋保护层，一般 $a=50$mm。

如果 $e_0>0.8h_0$，则为大偏心，按大偏心计算。由于地下铁道结构要求较高，钢筋一般不截断，所以上述公式中的弯矩应取较大一端计算。

2. 构件端面配筋

1）受压钢筋面积

地下铁道区间隧道钢筋混凝土衬砌，可选用混凝土 C30 和Ⅱ级钢筋，则受压钢筋面积按大偏心计算，公式为：

$$A_{s'} = (N_{ij}e - A_{0\max}f_{mc}bh_0)/[f'_y(h_0-a')] \tag{5-23}$$

$$e = \eta e_i + \frac{h}{2} - a' \tag{5-24}$$

$$e_i = e_a + e_0 \tag{5-25}$$

$$A_{0\max} = \xi_b(1-0.5\xi_b) \tag{5-26}$$

式中：$A_{s'}$——受压钢筋面积（mm^2）；

N_{ij}——轴向力（kN）；

f_{mc}——混凝土抗弯抗压强度（N/mm^2）；

f'_y——钢筋抗压设计强度（N/mm^2）；

b——构件沿轴线 1m 宽度，$b=1000$mm；

a'——受拉钢筋保护层（mm）；

e——轴向力作用点至受拉钢筋合力点之间的距离（mm）；

η——偏心距增大系数；

e_i——初始偏心距（mm）；

e_a——附加偏心距（mm）；其值取偏心方向截面尺寸的$\frac{1}{30}$和 20mm 中的较大者；

e_0——轴向力对截面重心的偏心距（mm）；

A_{0max}——截面的最大抵抗系数；

ξ_b——相对界限受压区高度。

如果按上述公式计算的受压钢筋面积出现负值，说明受力上不需要受压钢筋，此时钢筋可按结构布置。

2）受拉钢筋面积

受拉钢筋面积计算公式为：

$$A_s = \frac{M_{ij}^{配}}{f_y \gamma_0 h_0} \tag{5-27}$$

$$\gamma_0 = 0.5(1 + \sqrt{1 - 2A_0}) \tag{5-28}$$

$$A_0 = \frac{M_{ij}^{配}}{f_{mc} b h_0^2} \tag{5-29}$$

式中　A_s——受拉钢筋面积（mm）；

γ_0——系数。

其余符号如上所述。

3）抗剪钢筋面积

按截面混凝土抗剪强度与受力进行比较，如混凝土具备的抗剪强度大于承受的剪力，则可做结构布置。截面混凝土的抗剪强度为 $0.25 f_c b h_0$，其中 f_c 为混凝土抗剪强度设计值。

至此，可以绘出构件端面的钢筋布置，如图 5-19 所示。

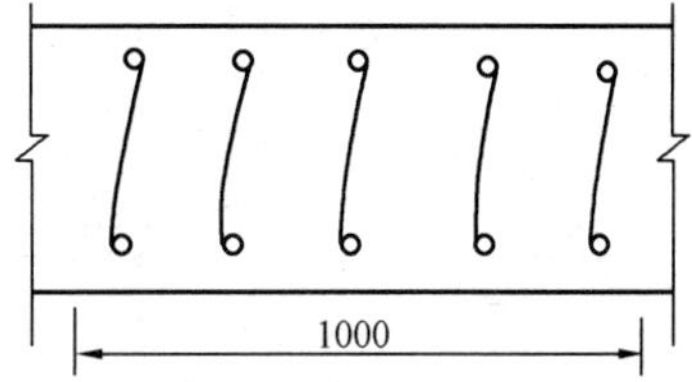

图 5-19　构件端面钢筋布置

4）构件跨中钢筋布置

由于框架各构件的弯矩沿跨度发生大小和方向的变化，构件端部的配筋方法不适用于跨度中部。为了进行跨度中部的钢筋配置，必须求得最大弯矩的位置，即弯矩对跨度距离变量导数为零的位置。

令 $dM/dx=0$（M 为弯矩，x 为 ij 构件离 i 端距离变化），可求得 x 值，一般说最大弯矩在 1/2 跨度的地方。然后，用 x 值代入弯矩方程求得最大弯矩数值。

因此，以框架顶梁为例，其端部与跨度中部受力不同。端部的上方受拉，下部受压，而跨度中部上方受压，下方受拉。在顶板构件中钢筋不截断，在端部上方的钢筋中弯下一部分，以作中部下方抗拉钢筋用，如图 5-20 所示。

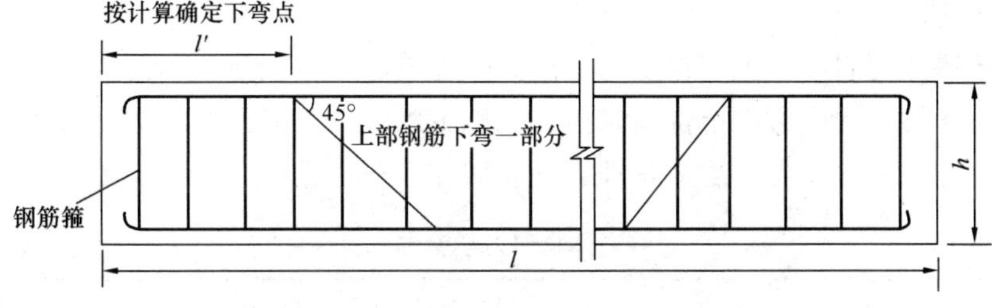

图 5-20　框架顶板结构钢筋配置

框架的顶板、侧墙、底板、中柱各部分构件，经荷载计算、内力计算和配筋设计，则可进行设计图的绘制工作。

5.5 城市地下工程结构设计例析

地下工程结构设计是地下工程是否满足施工和使用要求的重要环节，一个好的、合理的设计不仅可以使施工得以顺利进行，保证安全，而且可以节约施工成本，减少维护费用，保证使用安全。下面介绍两个地下工程结构设计的案例，即某地铁车站结构设计和公路隧道结构设计。

5.5.1 地铁车站结构设计

1. 工程概况

某地铁车站采用10m岛式站台，单拱、单柱结构，车站总长度212.1m，宽度为20.0m，高度为15.6m。车站为复合衬砌结构。车站顶部覆土10～20m。车站主体结构断面形式为曲墙＋仰拱的马蹄形断面。结构设计使用年限为100年，建筑结构安全等级为重要，结构重要性系数均为1.1，结构抗震等级为三级抗震。车站内净空轮廓如图5-21所示。

2. 工程地质

该车站所处场地上部覆盖层薄，基岩埋藏浅，基岩岩性主要为上沙溪庙组紫色层状构造的砂质泥岩与灰色细、中粒结构、块状构造的长石砂岩组成。岩层呈单斜状产出、产状平缓，随深度增加，岩体趋于完整，裂隙发育程度也减轻为较发育～不发育。埋置深度小于15m的岩体较破碎，埋置深度大于15m的岩体较完整～完整。砂质泥岩，紫红色，泥质、粉砂质结构，薄～中层状构造，主要矿物成分为黏土矿物，含钙质、砂质。

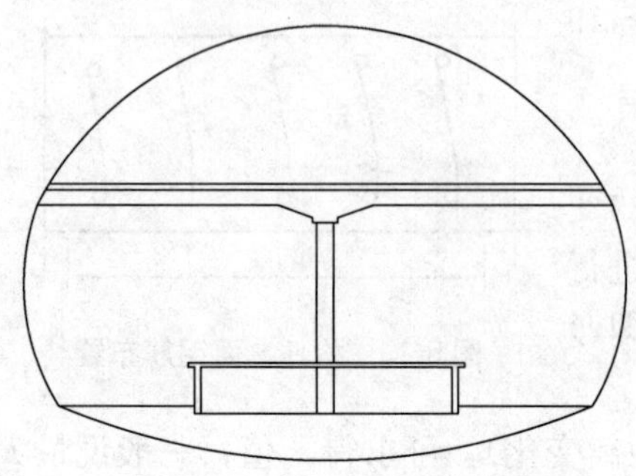

图5-21 车站内净空轮廓图

按铁路隧道围岩基本分级标准判定：砂质泥岩为软质岩类的软岩，围岩基本分级为Ⅴ级。拟建场地设计基本地震动峰值加速度0.05g，场地的抗震设防烈度为6度。本站结构处在岩层中，岩层的等效剪切波速大于500m/s，建筑场地类别为Ⅰ类。

3. 围岩类别

本站位于砂质泥岩中，围岩级别为Ⅴ级。但覆盖层岩体较薄，车站上部建筑基础距车站隧道较近，车站设计应考虑上部建筑荷载。地下水较少，但车站隧道全包防水后，外侧可能会渗水积存产生水压力。岩体物理力学参数如表5-6所示。

岩体物理力学参数　　表5-6

岩土名称	中风化砂质泥岩	中风化砂岩	人工填土
重度（kN/m^3）	25.56	24.87	20
地基承载力标准值（kPa）	1500	2000	

续表

岩土名称		中风化砂质泥岩	中风化砂岩	人工填土
岩石抗压强度标准值（MPa）	天然	18.98	40.09	
	饱和	12.15	30.19	
变形模量 E_0（MPa）		1330	3519	
弹性模量 E_e（MPa）		1682	4510	
泊松比 μ		0.36	0.18	
岩体抗拉强度 σ_t（kPa）		340	648	
内聚力 c（kPa）		1320	2080	
内摩擦角 φ（°）		35	43	30
基床系数（弹性抗力系数）（MPa/m）		400	800	
砂浆与岩石的黏结强度（kPa）		400	600	
基底摩擦系数		0.40	0.60	

4. 荷载类型

车站设计分析使用了以下荷载，如表 5-7 所示。

荷载类型 **表 5-7**

荷载分类		荷载名称
永久荷载		结构自重
		地层压力
		隧道上部和破坏棱体范围的设施及建筑物压力
		水压力及浮力
		设备重量
		地基下沉影响力
		侧向地层抗力及地基反力
可变荷载	基本可变荷载	地面车辆荷载
		地面车辆荷载引起的侧向土压力
		隧道内部车辆荷载
	其他可变荷载	施工荷载
偶然荷载		地震作用、人防荷载

5. 主体结构

1）主体结构设计

主体结构断面如图 5-22 所示。

2）主体结构按地层结构法分析计算

以 A 断面为例，模型本构关系采用摩尔库仑准则，考虑爆破震动和结构面的影响，分析中所采用的各项地质参数经由对地勘提供的参数进行一定折减得到。地表覆土（人工填土）以上部面荷载的形式进行模拟。依据地勘资料提供的岩层分布情况并结合车站与上部建筑基础的平面位置关系建立有限元分析模型，模型边界范围的确定如下：车站左右两

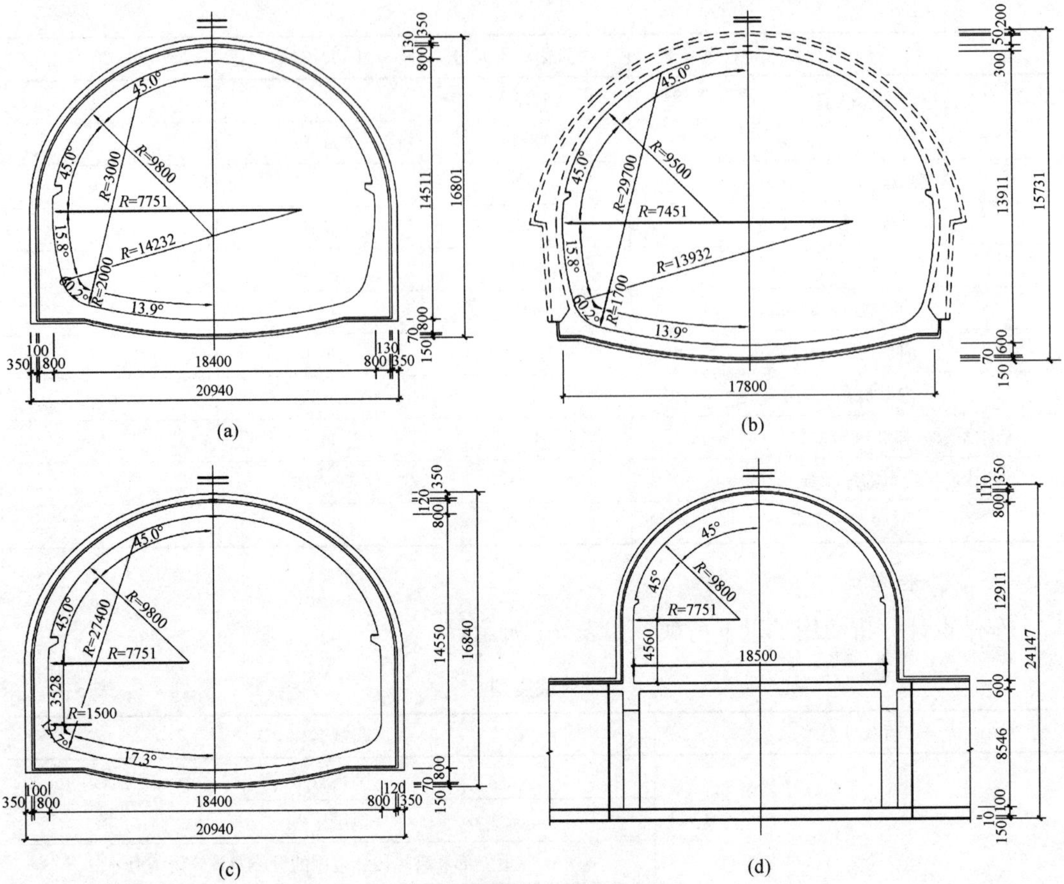

图 5-22 主体结构断面

(a) A 断面；(b) B 断面；(c) C 断面；(d) 换乘断面

侧各取隧道开挖跨度的 3 倍，车站底部取隧道开挖高度的 3 倍，隧道上部取到自由地表，地表按水平地面考虑，隧道左侧约 10m 高的上坡段以面荷载的形式进行模拟。有限元模型如图 5-23 所示。

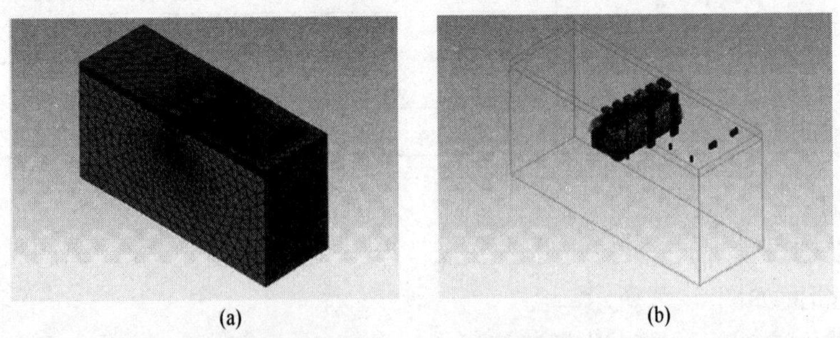

(a) (b)

图 5-23 有限元模型

(a) 有限元模型网格图；(b) 基础与车站的位置关系

3）主体结构按荷载结构法分析计算

荷载结构法计算采用 MIDAS/GTS 软件，采用主动荷载加地层弹性约束模型按平面杆系有限元法进行计算。A 断面为下穿某大厦段车站断面，该大厦为地面 11 层（局部 13 层），地下 1 层，因此上部结构按 14 层计；基底与拱顶间岩层厚度为 8.5～9.8m，为超浅埋隧道，取拱顶以上岩层厚度为 10m，于是有：14×20＋10×25.6＝536kN/m²，按延米计为 536kN/m；根据地勘资料，侧压力系数取 λ=0.271，侧压力为 0.271×536=145kN/m；地下水位取至拱顶，故隧底水压力为 15.4×10=154kN/m。模型计算图如图 5-24 所示。

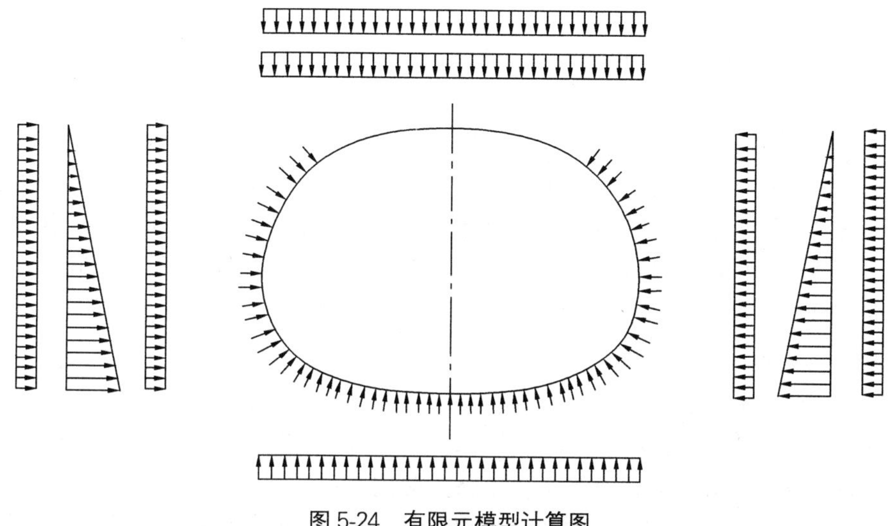

图 5-24 有限元模型计算图

通过有限元计算进行最不利组合以后得到二次衬砌的内力，如图 5-25 所示。具体内力计算数值如表 5-8 所示。

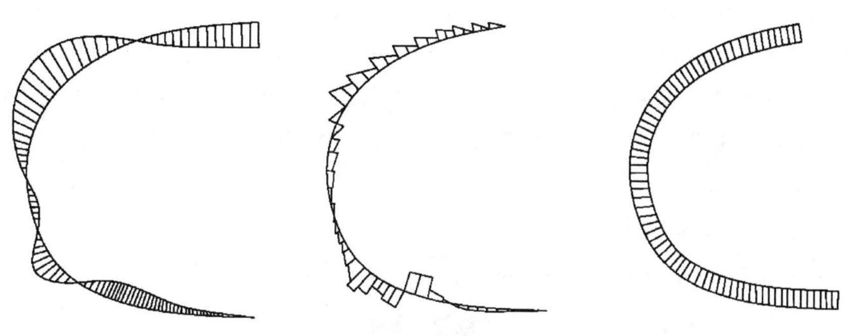

图 5-25 二次衬砌内力图

二次衬砌内力计算值 **表 5-8**

位置	弯矩（kN·m）		剪力（kN）	轴力（kN）
	内侧	外侧		
拱顶	1815	—	149.4	6085
拱腰	—	1766	792.1	7846
边墙	724.4	—	685.7	8960
拱脚	—	1677	1705	9266
仰拱	1200	—	430.1	9333

初衬根据工程类比确定，二次衬砌设计采用荷载结构法计算结果。根据内力分析结果对结构进行验算，结果如下：

（1）超前支护：R51 自进式注浆锚杆，长 9m，环向间距 500mm，纵向间距 6m；

（2）初期支护：C25 钢纤维喷射混凝土 350mm 厚；

（3）中空预应力注浆锚杆：R28@1000mm×800mm 梅花形布置（纵距 1m，环距 0.8m），长度 6.0m；

（4）钢筋网：双层Φ 8@200mm×200mm；

（5）钢拱架：I28b@500mm；

（6）仰拱部位：C25 喷射混凝土 150mm 厚，钢筋网Φ 8@150mm×150mm，不设钢拱架；

（7）二衬：C30 钢筋混凝土 800mm 厚；

（8）二衬配筋：经计算拱顶配筋需 4141mm^2，拱腰配筋需 5660mm^2，边墙配筋需 1468mm^2，拱脚配筋需 4177mm^2（取拱脚厚度为 900mm），仰拱配筋需 4643mm^2。裂缝按 0.2mm 控制，二衬和仰拱实配内侧通长Φ 28@100，A_s＝6158mm^2；外侧通长钢筋Φ 28@100，A_s＝6158mm^2。

6. 车站牛腿设计和分析

牛腿所支撑板跨度按 9.5m 计，恒载：25×0.4＋25×0.15＋25×0.15＋10＝27.5kN/m^2；活载：8kN/m^2；每延米长牛腿上竖向荷载设计值为：（1.35×27.5＋1.4×8）×9.5/2＝230.0kN；牛腿水平荷载设计值取 15kN。根据牛腿具体尺寸以及材料属性，进行斜截面抗裂验算，局部受压验算，正截面抗弯验算和钢筋截面计算。最终确定 A、C 型牛腿 b＝1000mm，h＝600mm，h_1＝300mm，c＝400mm。上柱高度：H_2＝800mm，下柱高度：H_1＝800mm。纵筋实配 5 Φ 20，箍筋实配Φ 16@150，弯起钢筋实配 5 Φ 20。B 型牛腿 b＝1000mm，h＝600mm，h_1＝300mm，c＝400mm。上柱高度：H_2＝300mm，下柱高度：H_1＝300mm。纵筋实配 5 Φ 20，箍筋实配Φ 16@150，弯起钢筋实配 5 Φ 18。

7. 换乘节点区域梁、柱、既有线下穿断面（含行车板）设计和分析

1）二衬下加强梁计算

二次衬砌传来的地层荷载引起的结构内力采用 MIDAS/GTS 软件建立三维有限元模型进行计算，荷载组合系数如表 5-9 所示。计算模型如图 5-26 所示。

荷载组合系数 **表 5-9**

	组合方式	永久荷载	可变荷载	人防荷载
承载能力极限状态	基本组合	1.35	1.4	—
	人防偶然组合	1.2	—	1.0
正常使用极限状态	短期效应组合	1.0	1.0	—

模型计算内力图如图 5-27 所示，内力计算结果如表 5-10 所示。

内力计算结果 **表 5-10**

位置	边柱支座	跨中	中柱支座
弯矩（kN·m）	2259	6536	5264
剪力（kN）	4668	1300	6650

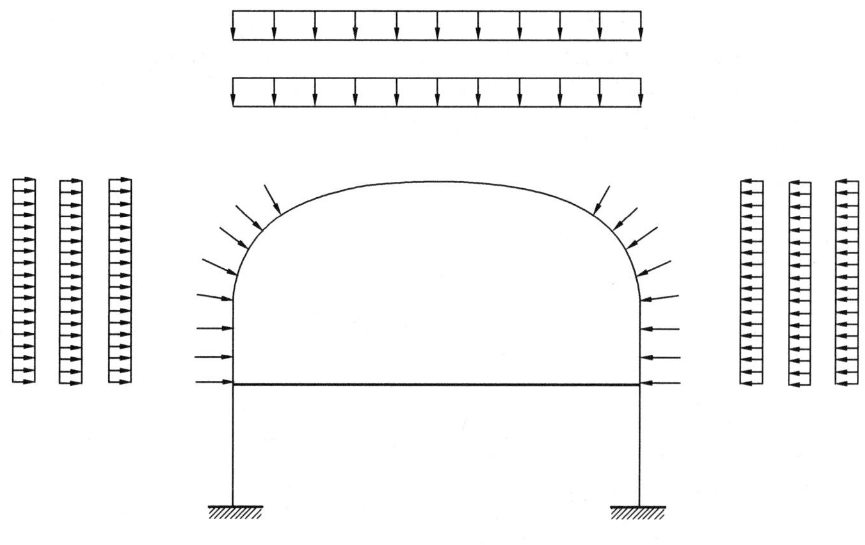

图 5-26 换乘节点计算模型示意图

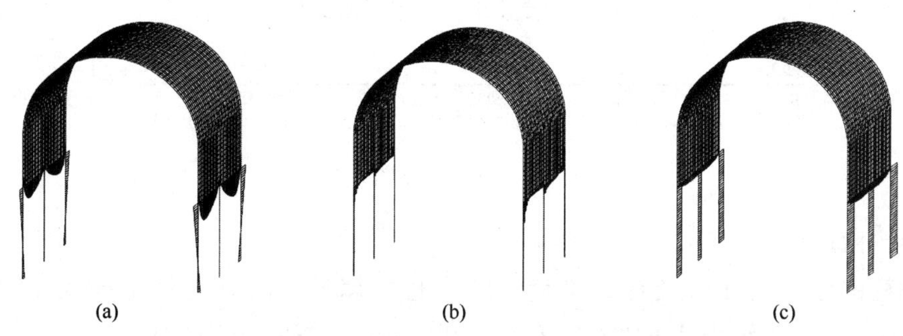

图 5-27 模型计算内力图

(a) 弯矩图；(b) 剪力图；(c) 轴力图

考虑一号线上跨段楼板传给 L1 的荷载，进行计算如下：以最大受荷面积区域的梁段为计算单元，该梁段位于 A 轴线上，板向该段梁传递荷载。楼板传来恒载（三角形荷载峰值）：30×7.5/2＝112.5kN/m；楼板传来活载（三角形荷载峰值）：120×7.5/2＝450kN/m。荷载简图如图 5-28 所示，内力图如图 5-29 所示。

内力计算结果如表 5-11 所示。

内力计算结果 **表 5-11**

位置	边柱支座	跨中	中柱支座
弯矩（kN·m）	5448	8379	7992
剪力（kN）	6668	2000	8466

裂缝按 0.2mm 控制，配筋图如图 5-30 所示。

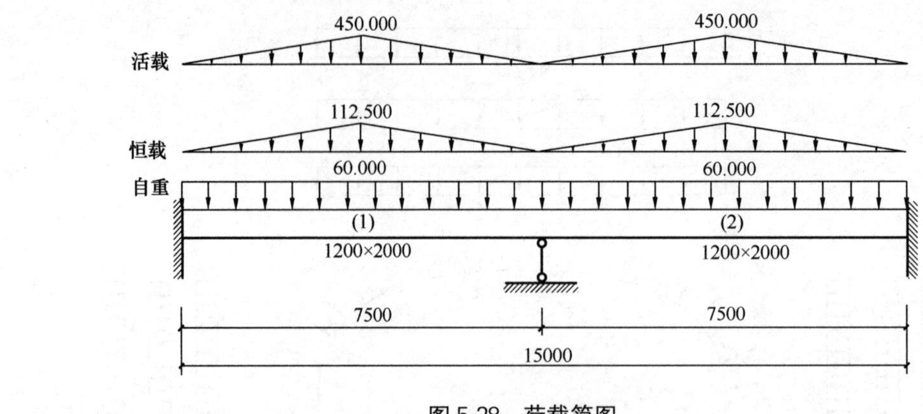

图 5-28 荷载简图

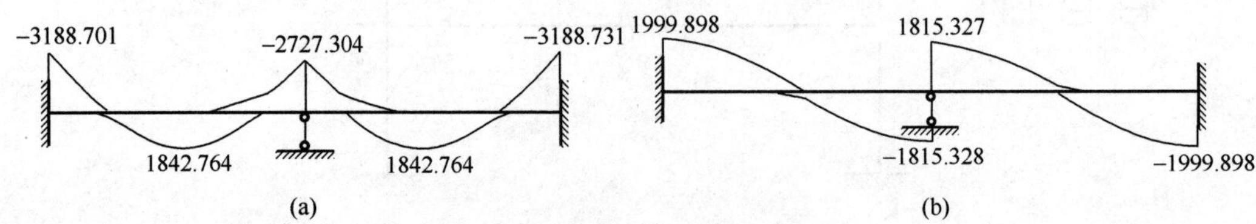

图 5-29 模型内力计算图

(a) 弯矩包络图；(b) 剪力包络图

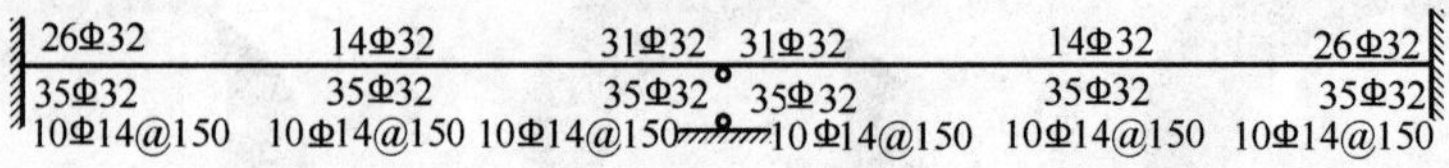

26Φ32 14Φ32 31Φ32 31Φ32 14Φ32 26Φ32
35Φ32 35Φ32 35Φ32 35Φ32 35Φ32 35Φ32
10Φ14@150 10Φ14@150 10Φ14@150 10Φ14@150 10Φ14@150 10Φ14@150

图 5-30 配筋图

2）柱计算

根据柱的截面尺寸以及计算高度，结合材料属性：混凝土强度等级 C50，$f_c=23.10\text{N/mm}^2$，纵筋级别 HRB335，$f_y=300\text{N/mm}^2$，箍筋级别 HRB335，$f_y=300\text{N/mm}^2$，轴力设计值 $N=18750+2000=20750\text{kN}$，弯矩设计值 $M_x=0.00\text{kN}\cdot\text{m}$，$M_y=0.00\text{kN}\cdot\text{m}$，剪力设计值 $V_y=0.00\text{kN}$，$V_x=0.00\text{kN}$。计算柱的正截面承载能力和斜截面承载能力。最终确定 1 类柱的配筋结果为：纵向受力钢筋：每侧中部筋 10Φ25，角筋 4Φ25，箍筋：加密区Φ14@100，非加密区Φ14@200。2 类柱的配筋结果为：纵向受力钢筋：短边中部筋 5Φ25，长边中部筋 13Φ25，角筋 4Φ25，箍筋：加密区Φ14@100，非加密区Φ14@200。

3）桩基础计算

桩径采用 2000mm，扩底端直径 3000mm，桩长 4000mm，考虑基岩为中风化岩，乘以 0.9 予以折减，计算地基承载力。同时根据风化泥岩的单轴抗压强度计算地基承载力特征值。最终计算结果满足要求。

4）既有线下穿段断面计算

在建线上跨段采用厚板结构，板厚取 600mm。恒载包括道床重和楼板自重，两者合计取值 30kN/m^2；活荷载为列车行车荷载，列车轴重 140kN，最小轴距 2.2m，轨距 1.435m，行车荷载动力系数取 1.3，等效均布活荷载取为 $(140\times2\times1.3)/(2.2\times1.435)=$

115.3kN/m^2，取 120kN/m^2。以 E 断面为例，断面如图 5-31 所示。按照断面尺寸建立模型，荷载简图如图 5-32 所示。

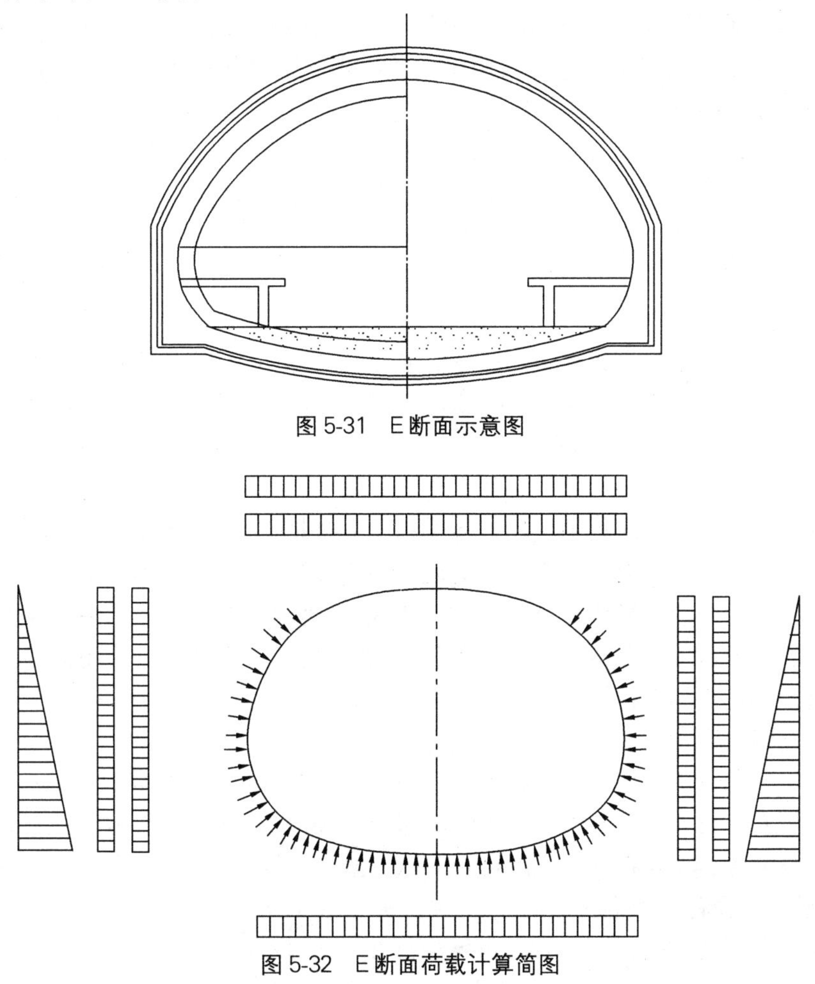

图 5-31 E断面示意图

图 5-32 E断面荷载计算简图

内力计算如图 5-33 所示。经计算二衬结构按构造配筋 1200mm^2 即可，裂缝按 0.2mm 控制，拱墙实配内侧通长Φ 25@200，A_s＝2454.5mm^2；外侧通长钢筋Φ 25@200，A_s＝

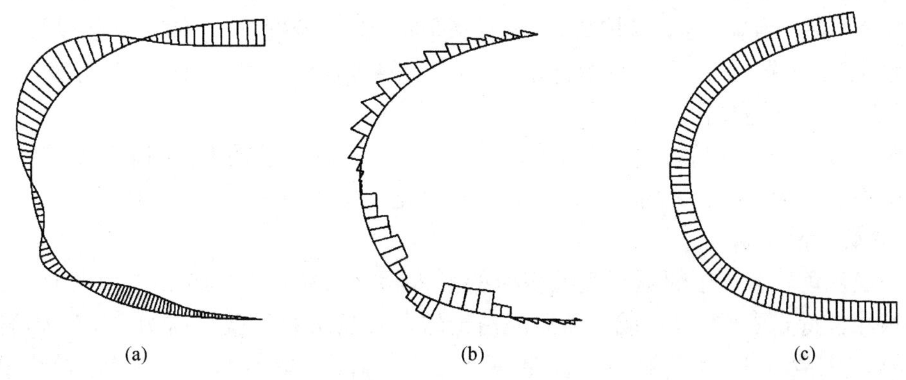

(a) (b) (c)

图 5-33 模型内力计算图

(a) 弯矩图；(b) 剪力图；(c) 轴力图

2454.5mm²；仰拱实配内侧通长Φ 25@200，A_s=2454.5mm²；外侧通长钢筋Φ 25@200，A_s=2454.5mm²；分布钢筋配置Φ 18@150，拉结筋Φ 12@300×400。

本站顶部覆盖层厚度10～20m，从节约投资、减小施工对地面交通及周边环境的影响等因素出发不适合明挖施工，适合采用暗挖法施工。本站结构上方为某大厦裙房独立基础，基础底距车站拱顶仅8.5m，该大厦主楼桩基础紧贴隧道边墙。故施工前要对地质超前预测，根据实地情况制定施工应急预案；施工时加强量测，发现异常及时更改施工方案，并采取可靠措施处理，架立临时支撑或先拱后墙施做二衬。

5.5.2 公路隧道结构设计

1. 工程概况

隧道分为上、下行分离式隧道，行车道宽度均按设计行车速度100km/h考虑；隧道衬砌结构设计采用"新奥法"复合式衬砌。隧道围岩岩性以糜棱岩、角砾岩、闪长岩为主，围岩级别以Ⅲ、Ⅳ、Ⅴ级为主。

2. 工程地质

隧道穿越的山岭位于向斜的南翼，地层总体上向北倾斜。区域内主要的构造线以西北东南向延伸，与路线走向大角度交叉。隧道轴线横穿的主要断裂是将军岔断裂。地层主要是古生界泥盆系中统西峡岭沟组（D2d），岩性相对比较复杂，硬质岩有糜棱岩；软质岩有砂岩、泥岩。隧道地表层覆盖以第四系残破积层为主，为灰色、灰褐色粉质黏土夹碎石土。主要岩土类特征如下：

1）糜棱化闪长岩

褐黄色、灰色、灰白色，中细粒糜棱结构，条纹条带状、流层状、块状构造，受动力作用强烈，岩石具有明显糜棱化，矿物成分主要为长石、石英、角闪石及云母，岩质坚硬，节理裂隙发育，风化强烈，表层可用镐锹挖掘。

2）含碎石、角砾黏质砂土

褐红色，湿，结构疏松。碎石、角砾含量20%～25%，黏粉粒含量20%～25%，砂粒含量50%～60%，碎石角砾成分主要为白云岩，局部为泥岩、粉砂质泥岩、砂岩等，多为棱角状，分布较均匀，土体较均匀。

3）糜棱岩

灰绿色，原岩为凝灰岩，糜棱结构，条纹条带状构造，糜棱面极发育，片状假象，矿物成分主要为石英、长石、绿泥石、绿帘石等，浅部节理裂隙发育，岩体破碎，深部岩体完整。

4）变灰岩夹硅质岩

灰色、青灰色，细晶结构，薄片及薄层状构造，局部为受动力作用而强烈变形，褶皱发育，矿物成分为石英、方解石、燧石，局部可见大量方解石，石英脉体。

5）含砾微晶灰岩

灰～浅灰色，岩石中的砾石为沉积时的混入物，其粒径2～15cm，为次原-棱角状，分布不均，含量5%～20%，成分为泥晶白云岩。微晶灰岩呈微晶结构，生物碎屑结构，块状构造。主要矿物为方解石，含量不小于95%，少量有机质（2%）及生物碎屑（3%）。岩石较坚硬，整体完整性较差，抗分化能力较强。

6）细粒长石石英砂岩

灰白色、细粒砂状结构，块状结构。碎屑成分主要为石英，含量大于75%，次为长石10%~15%，硅质岩屑小于1%。填隙物成分主要为硅质（5%~8%）及少量黏土质。岩石为颗粒支撑接触式胶结。岩石坚硬，整体完整性较好，抗风化能力较强。

7）泥岩

黄色，泥质结构，块状构造。主要成分为黏土矿物，含少量粉砂粒。岩石软弱，整体完整性差。物理力学性质差，接近于半成岩的黏性土。

综上所述，此地区岩土工程地质性质普遍较差。白云岩虽较坚硬，但受构造运动影响，较破碎，分化较严重，整体完整性较差。砂岩虽坚硬，抗风化能力较强，力学性质较高，整体完整性较好，但其出露宽度窄，泥岩受构造变形大，岩石软弱不完整，抗风化能力弱，其工程地质条件差。

3. 围岩等级

隧道围岩级别划分主要依据岩体弹性波速度、岩样饱和极限抗压强度、岩石质量指标，并结合围岩分化程度、完整性、坚硬程度、节理发育程度、断层及地下水影响程度等进行综合分类。

依据实际资料在确定隧道围岩级别时，制定以下原则：

（1）以交通运输部行业标准《公路隧道设计细则》JTG/T D70—2010提供数据为围岩级别划分标准。

（2）遇断层破碎带，围岩级别较同类岩石降低1~2等级，影响带推至洞底以上40~80m与断层交界处。

（3）为便于隧道施工，按隧道开挖过程中可能遇到的地层和构造情况分段划分评价。

（4）未有钻孔控制段，参照勘测区同类岩石已有资料进行类比分级。

根据上述围岩级别划分原则，隧道围岩级别划分如表5-12所示。

隧道围岩级别划分表 **表5-12**

里程桩号	岩土名称	长度（m）	围岩级别	占总长比例（%）
K2+100−K2+275	风化泥岩、糜棱岩	175	Ⅴ	—
K2+275−K2+500	风化灰岩、糜棱岩	225	Ⅳ	—
K2+500−K2+980	变质灰岩、砂岩夹灰岩	480	Ⅲ	—
K2+980−K3+220	断层泥岩、断层砂岩	240	Ⅳ	—
K3+220−K3+500	风化泥岩、糜棱岩	280	Ⅴ	20

4. 衬砌设计

隧道断面设计除符合建筑限界要求外，考虑到洞内排水、通风、照明、消防、监控等运营附属设施所需空间，并考虑到围岩收敛变形及施工等必要的预留量，内轮廓采用单心圆。隧道衬砌结构形式均采用“新奥法”复合式衬砌，衬砌设计参数以工程类比法并结合计算分析确定，断面形式采用等截面单圆心，对于Ⅳ、Ⅴ级围岩均采用带仰拱衬砌。

Ⅲ级围岩初期支护采用径向系统锚杆，钢筋网喷射混凝土支护体系。系统锚杆采用药卷锚杆，直径为22mm；Ⅱ级围岩喷射混凝土厚度为12cm，预留变形量为5cm。

Ⅳ级围岩分为Ⅳ级围岩深埋段和Ⅳ级浅埋段，初期支护采用径向系统锚杆、超前锚杆，钢拱支撑配合钢筋网喷射混凝土形成整体。

Ⅳ级围岩深埋段：系统锚杆采用药卷锚杆，直径为 22mm，长度为 3.0m，环向间距为 1.2m；超前锚杆直径为 22mm，长度为 4.3m，外插角为5°～7°，水平搭接长度不小于 1m，环向间距为 40cm。Ⅳ级围岩喷射混凝土厚度为 20cm，预留变形量为 7cm，深埋段采用钢格栅，间距为 1m。

Ⅳ级围岩浅埋段在深埋段的基础之上相应加强，系统锚杆采用药卷锚杆，直径为 22mm，长度为 3.0m，环向间距为 0.8m；超前小导管直径为 50mm，长度为 4.3m，外插角为 5°～7°，水平搭接长度不小于 1m，环向间距为 40cm。Ⅳ级围岩喷射混凝土厚度为 22cm，预留变形量为 7cm，深埋段采用Ⅰ16 钢拱架，间距为 0.8m。

Ⅴ级围岩分为Ⅴ级围岩深埋段和Ⅴ级围岩加强段，初期支护采用径向系统锚杆、超前小导管周壁预注浆，钢拱支撑配合钢筋网喷射混凝土形成整体。

Ⅴ级围岩深埋段：系统锚杆采用中空注浆锚杆，直径为 25mm，长度为 3.5m，环向间距为 0.75m；超前小导管采用直径为 50mm 的无缝钢管，长度为 4.5m，外插角为 5°～7°，水平搭接长度不小于 1m，环向间距为 30cm。Ⅴ级围岩喷射混凝土厚度为 26cm，预留变形量为 12cm，深埋段采用钢拱架型号为Ⅰ18，间距为 80cm。

Ⅴ级围岩加强段：系统锚杆采用中空注浆锚杆，直径为 25mm，长度为 3.5m，环向间距为 0.75m；超前小导管采用双排小导管直径为 89mm 的无缝钢管，外插角为 1°，水平搭接长度不小于 1m，环向间距为 40cm。超前小导管采用直径为 50mm 的无缝钢管，长度为 4.5m，外插角为 5°～7°，Ⅴ级围岩喷射混凝土厚度为 26cm，预留变形量为 12cm，深埋段采用钢拱架型号为Ⅰ20。

通过围岩监控量测，最终在初期支护相对稳定的条件下，全断面模筑二次混凝土衬砌。衬砌采用曲边墙拱形断面，明洞二次衬砌厚度为 60cm，Ⅱ级围岩二次衬砌厚度为 35cm，Ⅳ级围岩深埋段和Ⅳ级围岩的二次衬砌厚度为 40cm，Ⅴ级围岩深埋段和Ⅴ级围岩加强段的二次衬砌厚度为 45cm。

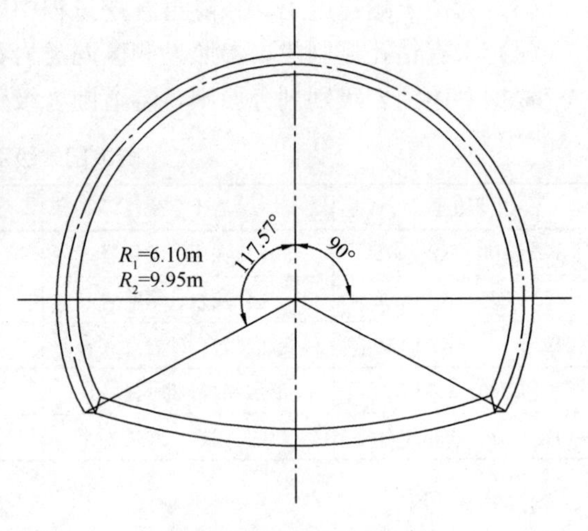

图 5-34 衬砌结构断面图

5. 二次衬砌内力计算

1） 基本资料

结构断面图如图 5-34 所示。围岩类别为Ⅴ级，$\gamma=18\text{kN/m}^3$，围岩的弹性抗力系 $K=0.15\times106\text{kN/m}^2$，衬砌材料为 C25 混凝土，弹性模量为 $E_h=2.95\times107\text{kPa}$，$\gamma_h=23\text{kN/m}^3$。

2） 荷载确定

围岩竖向均布压力：

$$q = 0.45\times2^{s-1}\gamma\omega$$

式中 s——围岩类别，此处 $s=5$；

γ——围岩容重，此处 $\gamma=18\text{kN/m}^3$；

ω——跨度影响系数，此处 $\omega=1.744$。

所以，有：

$$q = 0.45 \times 16 \times 18 \times 1.744 = 226.0224\text{kPa}$$

此处超挖回填层忽略不计。

围岩水平均布压力：

$$e = 1/3 \times q = 75.3408\text{kPa}$$

3）衬砌几何要素

（1）衬砌几何尺寸如表 5-13 所示。

衬砌几何尺寸 **表 5-13**

内轮廓线半径	$r_1=5.65\text{m}$ $r_2=9.50\text{m}$
内径 r_1 所画圆曲线的终点截面与竖直轴的夹角	$\varphi_1=90°$ $\varphi_2=117.57°$
拱顶截面厚度	$d_0=0.45\text{m}$
墙底截面厚度	$d_n=0.45\text{m}$
外轮廓线半径	$R_1=r_1+d_0=6.10\text{m}$ $R_2=r_2+d_0=9.95\text{m}$
拱轴线半径	$r'_1=r_1+0.5d_0=5.875\text{m}$ $r'_2=r_2+0.5d_0=9.725\text{m}$
拱轴线各段圆弧中心角	$\theta_1=90°$ $\theta_2=27.57°$

注：此处墙底截面为自内轮廓半径 r_1 的圆心向内轮廓墙底做连线并延长至与外轮廓相交，其交点到内轮廓墙底间的连线。

（2）半拱轴线长度 S 及分段轴长 ΔS 如表 5-14 所示。

半拱轴线长度 S 及分段轴长 ΔS **表 5-14**

分段轴线长度	$S_1=\frac{\theta_1}{180°}\pi r'_1=9.2238\text{m}$ $S_2=\frac{\theta_2}{180°}\pi r'_2=4.7077\text{m}$
半拱线长度	$S=S_1+S_2=13.9315\text{m}$
将半拱轴线等分为 8 段，每段轴长	$\Delta S=\frac{S}{8}=1.7414\text{m}$

（3）各分块接缝（截面）中心几何要素，与竖直轴夹角 α 值如表 5-15 所示。

α 值 **表 5-15**

α_1	14.5543°	α_5	72.7715°
α_2	29.1086°	α_6	87.3285°
α_3	43.6629°	α_7	101.8801°
α_4	58.2172°	α_8	117.5700°

另一方面，$\alpha_8=\theta_1+\theta_2=117.57°$，角度闭合差 $\Delta=0$（因墙底面水平，计算衬砌内力时用 $\varphi_s=90°$）。

接缝中心点坐标计算结果如表 5-16 所示。

接缝中心点坐标 **表 5-16**

y_1	0.4135m	x_1	1.4764m
y_2	0.9670m	x_2	2.8580m
y_3	1.8499m	x_3	4.0562m
y_4	3.0056m	x_4	4.9940m
y_5	4.3599m	x_5	5.6114m
y_6	5.8259m	x_6	5.8686m
y_7	7.3095m	x_7	5.7492m
y_8	8.7154m	x_8	5.2607m

位移计算，内力计算此处不再赘述。

第 6 章　城市地下工程施工方法

城市地下工程施工涉及的施工方法有数十种之多，如敞口开挖法、盖挖法、矿山法（也称钻爆法）、新奥法、盾构法、顶管法、沉管法等，每种施工方法都有自己的特点和适用范围。本章主要介绍城市地下工程施工方法的分类、各类施工方法的特点、常用施工方法的施工工艺以及典型施工方法的施工案例分析。

6.1　城市地下工程施工方法概述

城市地下工程施工是城市地下工程得以实施和实现的重要环节，施工方法因工程类型、所在地层环境和技术水平等不同而异。从施工形式上看，地下工程施工包括支护（或衬砌）工程施工和开挖工程施工两大部分；从所在地层环境上看，地下工程主要包括土层中施工和岩层中施工。

6.1.1　施工方法分类

1. 施工方法分类

根据目前的技术条件，城市地下工程采用的施工方法可分为三类：暗挖法、明挖法和特殊施工方法。

1）明挖法

挖除拟建地下工程上的覆盖层，由地下施工变为露天施工，最后再回填覆盖。明挖法可分为：敞口开挖法、盖挖法（包括：顺作法、逆作法），一般适用土层中的地下工程施工。岩层中地下工程当埋深较浅时，也可采用明挖法施工。明挖法中为了保证露天施工场地的边坡稳定性，常需要进行支护结构施工。

2）暗挖法

不扰动拟建地下工程的上部覆盖层，而在地下修建的一种方法。土层中的暗挖法有：掘进法、盾构法、顶管法等；岩层中的暗挖法有：矿山法（也称钻爆法）、新奥法、浅埋暗挖法等。暗挖法中为了保证洞室围岩的稳定性，常需要进行支护和衬砌结构施工。

3）特殊施工方法

对于不便于使用明挖法和暗挖法的特殊环境或地质条件，可采用特殊施工方法。特殊施工方法有：沉管法、气压室法、冷冻法、管棚（幕）法等，一般适用土层中的地下工程施工。特殊施工方法中为了保证施工顺利实施，常需要进行一些辅助性的施工。

2. 施工的基本工序

城市地下工程施工尽管形式上差异很大，但从施工的基本工序上看，一般包括：开挖工程施工、支护（衬砌）工程施工、建筑内部及防排水工程施工、专业及设备安装工程施工、进出口及配套工程施工等。以岩层中城市地下工程修建为例，介绍各施工工序中包含的基本施工内容。

(1) 洞室开挖工程：根据工程设计，采用不同挖掘方法，在岩体内进行开挖成洞的作业，以获得符合使用要求的洞室空间。

(2) 洞室支护工程：为了增强围岩的稳定性，保证洞室施工期或在长期使用条件下的安全，需进行支护工程施工。按照支护形式不同，有喷射混凝土、锚杆、吸锚、整体式衬砌、装配式衬砌工程等类型。

(3) 洞内建筑及防排水工程，包括：洞内衬套及房屋；分隔洞室平面或空间的隔墙和维护结构工程；防排水工程；设备基础工程；地面工程；各类坑、池、管沟工程；门窗、粉刷、油漆等装修工程。有些工程的防排水工程，根据工程项目和内容，如衬砌背部的排水盲沟等，需要在支护工程阶段进行。

(4) 专业及设备安装工程，包括：产生工艺设备、运输设备、动力、照明、通风、供热、给水、排水、消防、通信、信号等管线设施；消波、密闭、滤毒洗消等三防设施；防震、隔声、防腐等专业工程；人员生活及公用设施的设备安装工程。

(5) 洞口及配套工程，包括：洞门、洞口护坡、泄洪排水、道路，以及洞外必须的配套工程等。

由于地下工程的类型多，使用要求不同，工程的施工工序组成不一定只包括上述几项，或者每一项工序中包含的具体内容也不尽相同。上述几项工程中，前三项及第五项属于土建工程。在土建工程中，开挖工程及支护工程是形成洞室空间的主体工程。另外，在整个施工过程中还应有环境控制和施工管理等工作。

3. 影响施工方法选择的主要因素

以城市地铁为例，区间隧道依地质条件、环境要求、施工单位技术水平等因素，有明挖法、盾构法、顶管法等可供选择使用；地铁车站依据不同的地质情况、工作环境要求、工期及安全方面因素，可以选择明挖法、异型盾构法等方法。因此，城市地下工程建设，应通过优化对比分析，因地制宜地选择施工方法，以达到缩短工期、节约投资、事半功倍的效果。根据长期的工程实践，决定和影响城市地下工程的施工方法选择的主要因素有以下几方面：

1) 地质条件

地质条件包括：工程地质、水文地质、岩土层条件、岩土体工程性质、环境条件等。地下工程是在岩土体中获得实用空间的，所以，不同性质的岩土体，是软弱土层还是坚硬岩石层，其形成地下工程的工艺与方法是完全不同的。另外，地下工程是位于水下、山体内或市区街道下，或者它们的埋置深度不同，也对地下工程的施工方法选择有重大影响。

2) 建筑的体型特征

建筑体型特征包括：洞室的断面形式、断面尺寸大小，以及洞室的平面和立体布置形式等要素。大多数地下工程由于用途不同，洞室在平面和立体布置上往往较复杂，洞形也有变化，不等跨，不等高，如一般通道部分断面较小，主洞室部分断面较大。这些不同体型的洞室，其施工的方法也是千差万别的。

3) 施工条件

施工条件包括：施工环境、投资大小，以及施工单位拥有的施工装备和施工技术水平等，当然也包括施工的管理水平。对软岩如泥岩、砾岩、页岩等掘进相对较容易，甚至有时不必打孔爆破，然而，硬岩如一般的岩浆岩、变质岩和较好的石灰岩、砂岩、白云岩等沉积岩，当硬岩完好时，支护措施一般可简单些，只是断层、节理、破碎带处需要加强。无论是土层还是岩层，地下工程施工时，地下水都会对施工带来较大的困难，因此，在地下工程施工过程中，对地下水一定要有足够的重视并采取特别的措施。

上述因素中，前两项反映了影响施工方法的客观方面的因素，后一项反映了主观方面的条件。因此，地下工程施工没有一个通用的、定型不变的施工方法，需要因主客观方面的条件，即因围岩性质、洞室体型及施工条件的不同而异。具体工程的施工方法选择应根据工程性质、工程地质、水文地质、土岩层条件、环境条件、施工设备、工期要求等要素，经技术、经济比较后确定。应选用安全、适用，技术上可行，经济上合理的施工方法。施工方法的选择是城市地下工程成败的关键因素之一。

6.1.2 地下工程施工相关技术

地下工程施工涉及因素较多且比较广泛，与其有密切关系的基础技术有：地基处理技术、锚固技术、支护技术、衬砌技术、爆破技术和量测技术等。

1）地基处理技术

地基处理一般是指用于改善支承建筑物的地基（土或岩石）的承载能力或改善其变形性质或渗透性质而采取的工程技术措施。地基处理主要分为基础工程措施和岩土加固措施。在城市修建地下铁道、地下街等地下工程，地基处理技术是必不可少的。例如，为了安全地开挖，崩塌和涌水问题的处理是很重要的。为此，增加地层强度和强化其止水性能的技术，就十分有用。此外，为防止地下水位降低，防止地下工程施工中地面沉降，也需要良好的地基处理技术。

2）锚固技术

锚固技术是地下工程施工中十分重要的技术之一。锚杆是其中一种新型受拉构件，分为土锚和岩锚两种形式，它的一端与工程结构物或挡土桩墙连接，另一端锚固在地基的土层或岩层中，以承受结构物的上托力、抗拔力、倾侧力或挡土墙的土压力、水压力，它是利用土层或岩层的锚固力维持结构的稳定。在深基坑逐层开挖时，有时逐层在边坡以较密排列（上下左右）打入土钉（钢筋），强化受力土体，并在土钉坡面设置钢筋网，分层喷射混凝土，这就是土钉锚固技术，亦称土钉墙。该技术于20世纪70年代在德国、法国和美国对其进行研究与应用，20世纪80年代末我国开始试验与应用。

3）支护技术

支护结构在开挖中，对直接阻止围岩崩塌和涌水起重要作用，尤其在明挖施工中。支护结构因地质水文情况的不同，分为透水部分和止水部分。透水部分的支护结构须在基坑内外设排水降水井，以降低地下水位，如H型钢、工字钢桩加插板、密排桩（灌注桩、预制桩）、连拱式灌注桩等。止水挡土结构主要不使基坑外地下水进入坑内，只在坑内设降水井，如作防水帷幕、地下连续墙、深层水泥土搅拌桩、墙、密排桩间加高压喷射水泥桩、钢板桩等。

4）衬砌技术

衬砌方法主要有现浇模板法和预制装配法。现浇混凝土有模板法和喷射法两种施工形式，预制构件有预制混凝土构件和金属构件两类。整体式混凝土衬砌是岩层地下工程常用的衬砌技术，可分为混凝土衬砌和钢筋混凝土衬砌两大类。其主要工艺过程是模板工程、钢筋工程和混凝土工程。模板工程是在毛洞开挖完成后，为了修筑一定形状的混凝土或钢筋混凝土衬砌，必须先架设由模板和支撑系统（包括拱架、框架）组成的临时性结构物；钢筋工程包括钢筋加工和钢筋骨架的绑扎安装两部分作业；混凝土工程是整体式衬砌施工的主要作业，混凝土工程的施工质量，直接影响到混凝土的强度、耐久性以及地下工程的正常使用，因此在整体式衬砌施工中，应把重心放在混凝土作业上。

5）爆破技术

爆破技术是利用炸药爆炸的能量破坏某种物体的原结构，并实现不同工程目的所采取的药包布置和起爆方法的一种工程技术。这种技术涉及数学、力学、物理学、化学和材料动力学、工程地质学等多种学科。比较安全的起爆方法有电和非电两种方式：前者由电热点燃电雷管内的灼热桥丝引爆炸药；后者则由导火索的火焰或导爆索、导爆管传递的冲击波引爆雷管，从而起爆药包。爆破技术在目前的岩层地下工程施工中仍是主要手段，其主要趋势是控制爆破和无公害爆破。

除上述五种技术外，在地下工程施工中，为了保证施工顺利进行，测量技术和施工监测技术也是常用的施工技术。

6.1.3 地下工程施工监控

在地下工程施工过程中，由于每一个环节都存在不确定因素，因此，施工监控便成为保证施工顺利实施和施工质量满足设计要求的重要措施和途径之一。地下工程的施工监控主要包括：超前预报、施工过程观测和反馈设计等工作。

1. 超前预报

地下工程施工监控的超前预报主要包括：施工地质的超前预报，给出前方的地质条件变化情况；地下工程围岩稳定性失控预报，给出围岩稳定性情况；最佳支护作用时间的长期、中期和短期预报，给出最佳支护作用时间或最佳支护作用距离。

1）施工地质的超前预报

由于地质条件复杂，在勘察阶段进行的勘察研究，即使工作做得再详细，开挖以后，也有许多条件与勘察时所得到的认识不同，常导致在施工过程中出现意料不到的塌方、涌水等事故，造成较大的损失。这些问题的出现，主要是由于没有注意到前方的地质条件变化，待问题突然出现又一时不知所措，致使事故的出现，因此，在施工过程中，对前方地质条件应做好超前预报工作。

（1）塌方预报：根据地下工程的地质调查，塌方类型主要有三种：岩体比较破碎、地应力低，有地下水存在，造成顶板塌方或边墙挤出，该类型塌方主要决定于岩体的破碎程度，可以通过巷道收敛变形的分析进行预报；断层、大节理、层间错动面以及层面切割的块体塌方，该类型塌方可用结构面组合分析的方法进行预报；层状结构的岩体产生溃屈破坏而导致块体的塌方，该类塌方可以用溃屈破坏的极限条件预报。大变形引起的塌方是地下工程围岩稳定性失控预报的一部分。

（2）突水、瓦斯预报：现在仍在探索的难题，但目前的许多研究成果已表明，要实现突水、瓦斯突出的预报已为期不远了。

（3）断层预报：断层对于地下工程的围岩稳定性影响很大，与掌子面斜交的断层很容易准确预报，而对于与掌子面接近平行的断层却因不能直观观测而出现预报困难。孙广忠教授（1993）等的研究证实，用节理发育特征与断层要素来进行预报可获成功。图 6-1 是军都山隧道的一个实例，说明距断层越近，节理发育密度增加，至断层处最大，远离断层则节理密度低且稳定，这说明据节理可以预报断层即将到来，但什么时候会遇到，孙广忠教授认为有两种方法：一是注意节理面充填物的分布，一旦节理面内出现有夹泥，前方即将出现断层；二是节理密度单独增加，用长度大于炮孔的深孔超前探测。孙广忠等在军都山工程中实施了风钻孔超前测试，并从实践中得出钻进速率小于 20cm/s 的地段即为断层带。

2）地下工程围岩稳定性的失控预报

洞室的开挖伴随着应力重新分布，围岩产生变形。围岩变形曲线对于软岩来说有两种类型，即Ⅰ类和Ⅱ类，如图 6-2 所示。第Ⅰ类具有减速、恒速和加速变形三个阶段，进入第三阶段则预示着围岩很快就要掉块或坍塌垮落。若岩体中应力与岩体强度相差不大，则第三阶段或不出现（岩体强度大于岩体中应力），或要很晚才出现（岩体强度略小于岩体中主应力）。岩体中应力相对岩体强度而言越大，则第二阶段越短，第三阶段出现越早。当大到第二阶段不出现时，收敛曲线则转为第Ⅱ类。

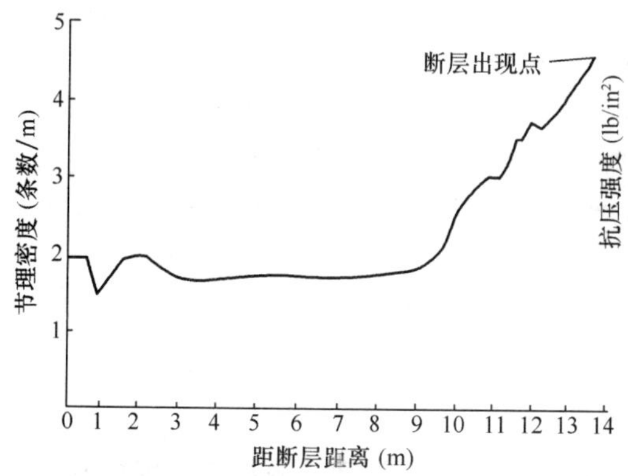

图 6-1 军都山隧道 DK286＋630 处平均节理密度与距断层距离关系（据孙广忠，1993）

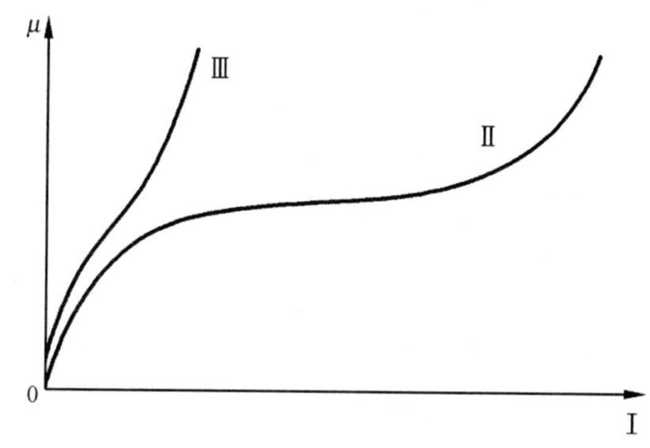

图 6-2 软岩地下工程收敛曲线类型

地下工程的围岩稳定性的失控超前预报，实际上是预报第一阶段和第三阶段的分界点或者说是第三阶段曲线段出现的最初时间点。第二阶段变形的特点是变形加快，亦即变形速率增大，这个规律就是进行预报的主要依据。如果连续二三次出现变形速率增大的情况，应缩短变形测量时间间隔（如改为半天、六小时、四小时、二小时、一小时测一次）；如果变形速率超过某一阈值，则表明地下工程即将失控，应及时采取处理措施。

3）最佳支护作用时间超前预报

选择合适的支护作用时机是实现成功支护的关键，也是实现支护优化必不可少的重要环节。地下工程围岩变形曲线可以进行预测，有了这条预测曲线，再加上围岩强度恶化规律的工程经验，无疑可以确定出最佳支护作用时间，其中如何准确预测围岩的收敛曲线是关键。可以利用数学方法建模拟合实测的围岩收敛曲线，对未来变形作出预测，这类方法有三种：曲线拟合法、时间系列分析法、灰色模型预测法。

为了实现最佳支护作用时间预报，要求在地下工程开挖后尽快设点量测围岩变形，同时，根据建模来预报未来围岩变形发展情况和按这个规律发展所得到的最佳支护作用时间（既充分放压，又充分发挥围岩支承能力）。实测变形资料随时间的增多，对未来变形的预测越准确，最佳支护作用时间的预报也就更精确。增加一个实测数据，便可建立一个新的变形模型，得到一个最佳支护作用时间，即可以实现最佳支护作用时间的动态预报。

2. 施工过程观测

地下工程的超前预报本身处于发展阶段还不完善，加之岩土体工程性质的复杂性导致在施工过程中的每一个环节都存在不确定因素，因此，施工过程的观测就显得越来越重要。地下工程施工过程观测的主要目的在于了解围岩的稳定性、支护的作用以及对环境的影响。在施工过程中能够观测的信息主要有：围岩表面及内部的位移、应力变化、围岩与衬砌之间的接触压力、衬砌内部的应力、支护锚杆（索）中的应力等。在这些信息中，又以围岩表面及内部的位移量最容易准确量测并容易实现反馈。因此，位移量测应放在首位，其他量测可与位移观测配合进行，相互对照比较，综合分析观测结果。在观测工作中应考虑如下问题：

（1）按工程需要和地质条件选定观测部位、断面确定观测项目，制定观测设计整体方案；

（2）仪器布置应考虑方便合理，尽可能减少对施工操作的干扰，又能保证仪器设备的安全；

（3）仪器应有足够的灵敏度和精度，抗干扰性强，能保证在恶劣环境下长期可靠的工作；

（4）建立严格的监测管理制度，有明确的观测目标，经过训练的有较好素质的稳定的观测队伍，以保证进行系统连续的监测并及时整理资料、反馈信息，提供给相关技术人员，系统修改开挖支护等设计参数。

不同的地下工程类型和施工方法对施工过程观测的要求和设置的项目不同，以隧道施工过程观测为例，说明现场观测的具体内容和方法。

1）位移观测（量测）

在隧道内部位移的观测中，开挖断面收敛量测和钻孔多点位移计量测是最重要的观测内容，隧道内部位移量测断面的典型布置如图 6-3 所示。

（1）收敛量测是对洞室临空面各点之间的相对位移的量测，在图 6-3 中以点划线表示。收敛量测断面一般布置在离掌子面较近的位置，量测仪器由埋入岩土体内的收敛标点及收敛计构成。收敛计有钢丝式、卷尺式和测杆式三种，使用上区别不大。收敛量测的布置应尽可能考虑垂直和水平的测线，当因施工出渣等原因不易在底板布置测量时，应采用顶板与边墙测点形成闭合三角形的方式进行量测，图 6-3 中是较典型的布置。

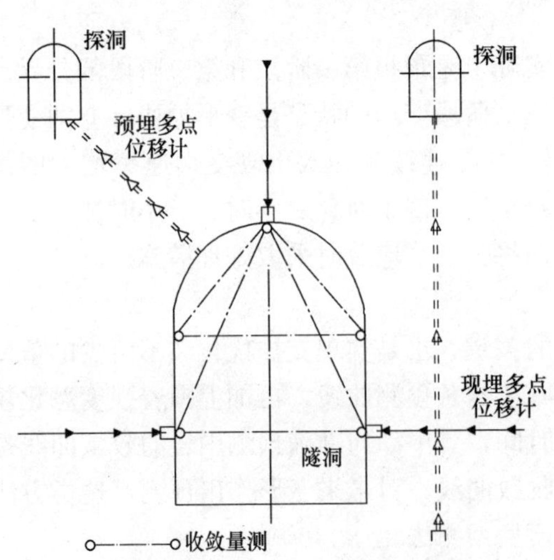

图 6-3 位移量测的典型布置（据谷兆慎等，1994）

（2）钻孔多点位移计量测是用来量测隧道周围不同深度处的位移的一种方法，其基本原理是沿洞壁向周围深处的不同方位（一般沿洞壁法线方向）钻孔，用压缩木或涨壳等类型的锚塞入并固于钻孔的不同深度，形成一系列的测点。通过由测点引出的钢丝或金属导杆将测点围岩岩土体的位移传递到钻孔孔口，观测由锚固点到孔口的相对位移，从而计算出各锚固点沿钻孔轴线方向的位移分布。可使用电测法或机械表量测法等进行量测，埋设方式可分为开挖前的预埋和开挖过程中的现埋。预埋的多点位移计至少要在开挖到观测断面之前相当于两倍隧洞断面最大特征尺寸的距离时就埋设完毕，并开始测取初始读数。现埋的仪器则要尽量靠近开挖面，以减少已发生位移的漏测，同一钻孔中的锚固测点应多布置在位移梯度较大的范围内，这种位移量测方法需要钻孔，费用较高并有一定的施工干扰，因此，不宜布置断面过多，以少而有典型意义为好。

2）应力应变量测

隧道施工过程可进行应力应变观测的项目内容很多，根据不同观测目的采用的方法也不尽相同。应力应变量测布置的量测仪器有以下几种：

（1）在围岩与衬砌接触面处埋设压力盒，量测接触压力，了解围岩和支护结构间的相互作用；

（2）在锚杆上或受力钢筋上串联焊接锚杆应力计或钢筋计，量测锚杆或钢筋的受力情况及支护效果；

（3）在衬砌内部埋设水银型液压应力计，元件沿径向和切向布置，分别量测衬砌内法向正应力和切向剪应力，了解衬砌受力过程及大小，对支护可靠性进行判断；

（4）若使用钢支撑，则可在钢支撑上粘贴电阻应变片，量测钢支撑受力情况，但要注意防潮；

（5）直接在围岩中钻孔，埋设应力、应变计，用测得的应力信息反馈分析原始应力场，该方法国内使用较少。

图 6-4 给出了门形隧道的地下洞室应力应变信息量观测的一种布置形式。这种布置形式可以给出支护与围岩相互作用的关系，支护（混凝土衬砌或锚固设施）内部的应力应变值，以了解支护的工作状况。

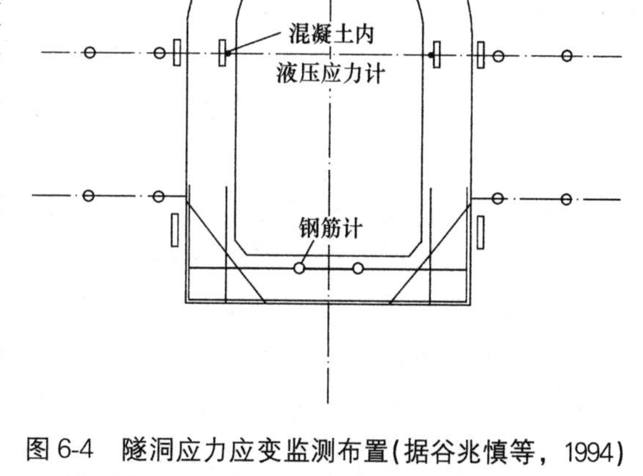

图 6-4 隧洞应力应变监测布置(据谷兆慎等，1994)

3）环境影响观测

在施工过程中对环境影响的观测，特别是对于在城市施工且埋深较浅的地下工程，属于对围岩表面位移量测的内容，就对地质环境影响而言的主要观测内容是施工区域及周边地表建（构）筑物的沉降观测。

地表建（构）筑物的监测主要包括在对地下工程施工影响范围内地面道路、房屋、堤坝、高压线塔基等各类建（构）筑物的沉降进行观测的同时，并对其水平位移、倾斜状态以及建筑物裂缝进行必要的观测。通过对观测结果的分析，把握施工对地表建（构）筑物的影响程度，以对其安全性进行有效的评定，同时指导施工。图 6-5 为地表测点布置图，用于观测地下工程周围地形的变形。

(1) 监测网的布置：地表建（构）筑物的水平位移及倾斜监测，根据具体情况分别采用三角网、边角网、三边网和轴线等形式布设平面位移监测控制网。平面位移及倾斜监测网，由控制网点及加密的控制点（工作基点）构成。每一测区布设3～4个控制点，根据测区具体情况布设若干个工作基点。建筑物的水平位移及建筑物的倾斜观测，分别采用前方交会或极坐标法测定顶部及其相应底部观测点的偏移值。对于受监测条件限制无法观测建筑物顶部观测点的建筑，采用基础差异沉降推算主体倾斜值。

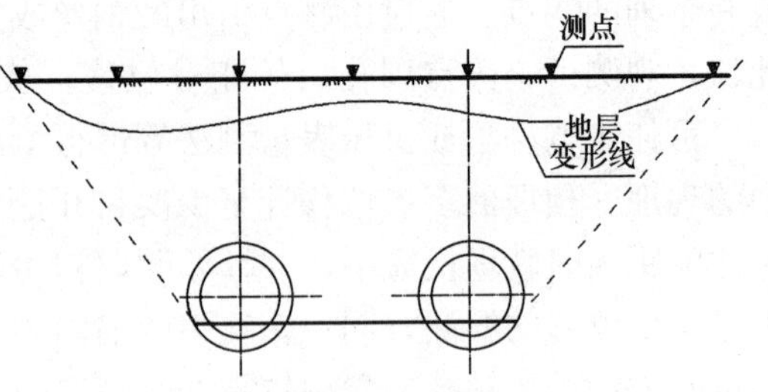

图6-5 地表测点布置图

(2) 监测点的布设包括：民用建筑观测点的布设，一般用于观测建筑的沉降和倾斜；工厂厂房观测点的布设，沉降和倾斜观测点的布设方式与民用建筑相同，但同时要根据厂房特点，对特殊的大跨结构观测点要进行加密；水系的监测及观测点的布设，主要是对河堤地段的沉降观测；主要道路观测点的布设，主要是对道路表面的沉降、隆起进行观测；高压输电线路铁塔观测点的布设，对于在施工影响范围内的高压线输电线路铁塔须在塔基设沉降观测点和塔身设倾斜观测点，对铁塔同时进行沉降和倾斜观测。

3. 反馈设计

地下工程设计是建立在地质勘察研究的基础上，但是由于地质条件的千变万化和岩土体工程性质的复杂性，往往很难准确把握，导致在开挖过程中，常发现实际地质条件会与设计时有出入。无数工程实践也表明，据勘察资料判断的地质条件无论如何也达不到实际工程的要求，多少会与设计时所考虑的情况有出入，所以在实际的地质条件下，原结构和支护设计方案是否可行，能否达到最优化状态，需要通过施工监控和信息反馈给出参考答案，如果问题较大，则需要根据施工中的各种反馈信息对原设计进行必要的调整。

1) 反馈设计内容

地下工程反馈设计有三项内容：地下工程的布局调整、初次支护形式及参数调整和永久支护形式及参数调整。地下工程开挖后，地质情况如果与原设计出入很大，将会影响到工程的稳定，或增加过多的软岩问题以及增加软岩问题的严重性，必须进行地下工程布局的调整；如果初次支护（锚杆、钢筋网、混凝土喷层是初次支护的有效材料）达不到应有的目的，差别不大时，则调整支护参数，而不改变支护形式；差别大时，则要从支护形式和支护参数上进行改进或调整，调整时可从锚杆类型、长度、间排距和布置方式（方向），喷层厚度及钢筋网层数、网距、材质等方面考虑；永久支护的目的是阻止地下工程的变形发展，它不允许发生结构内部发生过大的变形。在设计时不应出现薄弱环节，同样，永久支护形式及参数也会因地质条件的改变而要进行调整。

2) 实例分析

以某大厦深基坑工程为例，说明施工监测及信息反馈作用。该大厦设计主楼为大底盘南北姐妹楼（南楼30层为写字楼，北楼22层为宾馆），底盘为群楼4层，地下室2层。地下室南北向长为116.50m，东西宽39.8m，北侧距一栋高层公寓（28层，一层地下室，打入式预制桩基础）约11m，允许使用的距离为2m；东侧距多层住宅楼（2～5层）约13～16m（空地为规划道路）；南距一人行道边缘3.5m（人行道下有ϕ300煤气管道和上下水管线等)；西侧为在建的工地（桩基正在施工)，允许使用的地界为5m。场地地貌属古河漫滩区，与基坑开挖有关的地层主要是以砂性土层为主，上地表人工填土层；下为黏性土层，其埋深变化较大。根据监测目的，开挖前在基坑边坡稳定性最弱面上设置了深层水平位移、平面位移、表面沉降等测点。自基坑开挖后，对基坑边坡进行了沉降与位移观测，并及时对可能产生的危险情况进行预报，采取了必要的措施。

(1) 深层水平位移观测。基坑东侧为长边，有多层住宅，且建筑结构较差；南侧虽为短边，但距人行道（坑外）3～5m处有ϕ300煤气管道。因此，在东侧搅拌桩体中设置了2个测斜孔；在南侧搅拌桩体中设置1个测斜孔，采用伺服加速度式测斜仪对边坡各深度上的水平位移进行观测。从观测数据做出的深层水平位移-时间-深度关系的变化曲线上看，1号～3号测点的观测数据变化与整个开挖施工过程相匹配，即随着开挖深度增加各断面位移不断增大，但增长速度减慢，并随地下室底板混凝土的浇筑完成而趋于稳定。反馈信息反映，开挖过程中，除2号测点个别时间段经预报调整施工方法外，基坑悬臂桩支护结构始终处于稳定性可控制状态，而且未出现大的破坏性裂缝及煤气管漏气现象。

(2) 平面位移观测。在东、北、西侧支护体上设置了4个地表位移监测点，其中，北边坡和东边坡上各设置1点，编号为D_1、D_2；西边坡上设置2点，编号为D_3、D_4。需要指出，西侧空场地段坡比1∶0.6，原方案中没有布监测点，但在基坑开挖时因地界原因没有能卸去坡顶荷载，致使坡顶搅拌桩侧土体开裂，裂缝最大宽度达30mm，卸载后补设了D_3、D_4平面位移观测点。各点采用经纬仪进行观测。从观测数据上看，各点在整个开挖过程中位移变化基本与施工过程相匹配，最终位移量约在70～80mm之间。反馈信息反映，在电梯井开挖过程中对西侧边坡的平面位移有影响，再加之大沉井下沉时遇到连续阴雨，基坑外水向坑内倒灌，造成水由沉井外缘向沉井内绕流，使边坡坡角下水土流失，边坡位移不断异常增加，后在沉井内外注浆加固土体，并用高强度等级商品混凝土封底，使边坡位移基本稳定。

(3) 地表沉降观测。在基坑东、南侧支护桩体上及其外侧土层中设置沉降观测点。采用水准仪和固定水准尺进行观测。现场实测到各观测点的最大沉降为25mm左右，反馈信息反映，对基坑和周围的结构物影响不大，无需增加加固措施。

6.2 地下工程施工方法特点

地下工程施工方法包括：明挖法、暗挖法和特殊施工方法。当埋置较浅且条件许可时，应优先采用明挖法施工。为了避免打桩等施工的噪声与振动，减少明挖法对地面的影响，可采用“地下连续墙”支护，盖挖逆作法施工等。当埋深超过一定限度后，常采用暗挖法施工，暗挖最初多用传统的矿山法，20世纪中叶创造了新奥法，该法是尽量利用围岩的自承能力，用柔性支护控制围岩的变形及应力重分布，使其达到新的平衡后再进行永久支扩，目前应用较广；对于松软含水地层可采用泥水加压或土压平衡式盾构施工，目前我国城市地铁施工中多采用盾构法；修建水底隧道除采用盾构法外，还可采用沉管法，此法主要工序在地面进行，避免了水下作业，优点显著，应用日益广泛；在坚硬的岩层中可以用掘进机施工。对于不便于使用明挖法和暗挖法的特殊地质条件，可采用特殊环境施工方法。

6.2.1 明挖法施工

明挖法是先挖除拟建地下工程上的岩土体覆盖层，形成露天施工场地，然后进行地下工程的内部土建结构施工，完成后再进行回填的施工方法。明挖法具有施工简单、快捷、经济、安全的优点，城市地下隧道式工程发展初期都把它作为首选的开挖技术。明挖法的关键工序是：降低地下水位，边坡支护，土方开挖，结构施工及防水工程等。其中，边坡支护是确保安全施工的关键技术。边坡支护施工主要有自然放坡、各种形式支护边坡施工，如重力式水泥土墙、土钉墙、地下连续墙、高压旋喷桩等。土方开挖是地下工程土建工程中最主要的施工环节，是获得符合使用要求地下空间的途径。土方开挖施工方法主要有：深基坑法、沉井法、盖挖法等。

1. 放坡开挖法

放坡开挖法也称大开挖法，适用于地面开阔和地下地质条件较好的情况。该方法一般自上而下分层、分段依次开挖，随挖随刷边坡，必要时可采取水泥黏土等相应措施加固边坡，如图 6-6 所示。

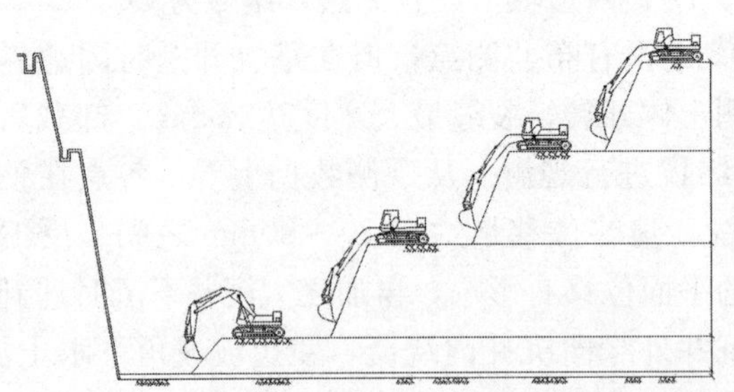

图 6-6 放坡开挖流程图及施工图

优点：无围护、支撑结构（高渗透性地层必须设置止水结构），方便大型挖土机械与主体结构施工，施工速度快，出土快捷，成本低，适用于地下水位低，场地开阔的场合。

缺点：出土量相对较大，无堆土场地时要回填土，会增加造价，适用开挖深度不大（一般不大于 10m），无止水结构时要求地下水位较低或采取降水措施，要求场地开阔，周围无重要保护建筑物，雨期施工或施工周期长时必须设置护坡措施，会增加造价。

2. 重力式水泥土墙法

浅槽支护一般采用重力式水泥土墙法，该方法是通过搅拌桩基将水泥与土进行搅拌，形成柱状的水泥加固土（搅拌桩）而构成重力式支护结构，如图 6-7 所示。

优点：无污染、无噪声、无振动，对周边环境影响小，造价低；坑内无支撑，方便大型挖土机械与内部土建结构施工，施工速度快。

缺点：水泥土搅拌桩强度较低（一般 0.8MPa）；水泥土搅拌桩施工时对周边环境影响较大，需要梯形搭接施工；水泥土搅拌桩水泥用量较大（13%～15%）；需要较大的施工场地；基坑变形较大。

3. 土钉墙法

土钉墙法是一种采用原位土体加筋技术形成的边坡加固型支护施工方法。该方法首先将加筋杆件（即土钉或锚杆）设置边坡内，然后边坡表面铺设一道钢筋网，再喷射一层混

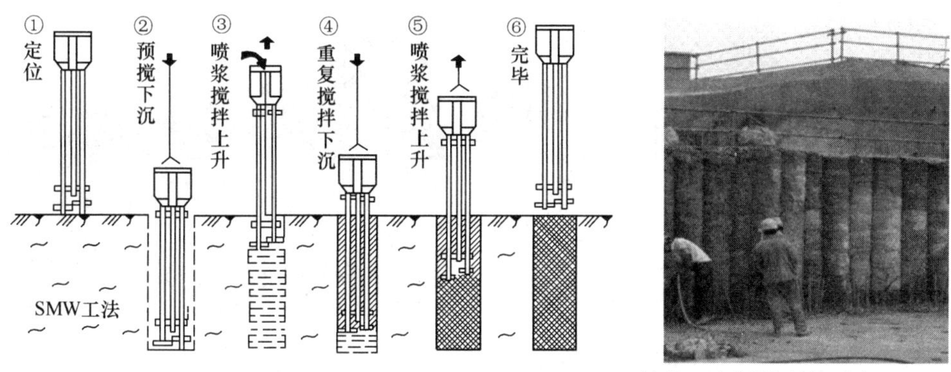

图 6-7 重力式水泥土墙施工流程图及施工图

凝土面层，与适当放坡的土方边坡相结合，形成类似重力挡土墙的边坡加固型支护结构。土钉墙不仅可应用于临时支护结构，而且也可应用于永久性构筑物，当应用于永久性构筑物时，宜增加喷射混凝土面层的厚度并适当考虑其美观，如图 6-8 所示。

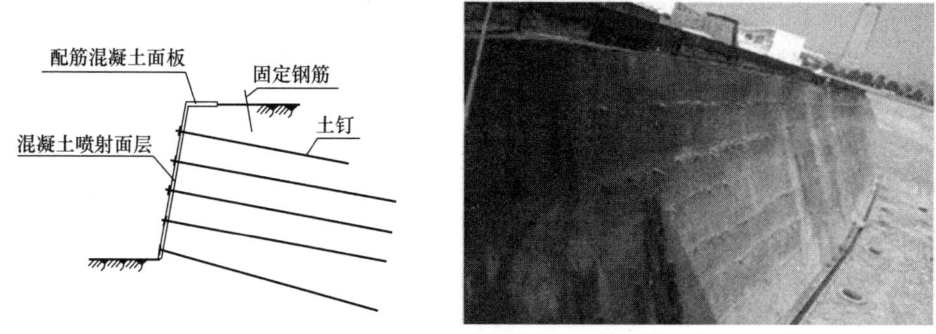

图 6-8 土钉墙示意图及施工图

优点：无支撑，方便大型挖土机械与内部土建结构施工；挖土方便，施工速度快；相对重力式挡土墙变形较小，工期短；无污染，对周边环境影响较小，造价低；适用于地下水位低于开挖层或经过降水使地下水位低于开挖标高的情况。

缺点：挖土必须分层；软土地区有高地下水位时，必须设置止水帷幕，会增加造价；锚体质量控制较困难，土钉承载力较小。在施工土钉杆、面层喷射混凝土期间，坡段处需在无支撑状态下能保持自立稳定。

4. 高压旋喷桩法

高压喷射注浆桩法可形成各种直径的桩体（单重管、双重管、三重管）一般用于地基处理，可以作为重力式挡土墙、止水结构，插入型钢后也可作为围护结构。该方法利用钻机钻孔，把带有喷嘴的注浆管插至土层的预定位置后，以高压设备使浆液成为 20MPa 以上的高压射流，从喷嘴中喷射出来冲击破坏土体。部分细小的土料随着浆液冒出水面，其余土粒在喷射流的冲击力、离心力和重力等作用下，与浆液搅拌混合，并按一定的浆土比例有规律地重新排列。浆液凝固后，便在土中形成一个固结体，与桩间土一起构成复合地基，从而提高地基承载力，减少地基的变形，达到地基加固的目的，如图 6-9 所示。

优点：可方便、灵活地避让地下管线和障碍物；可作止水帷幕；桩体可形成自立式支

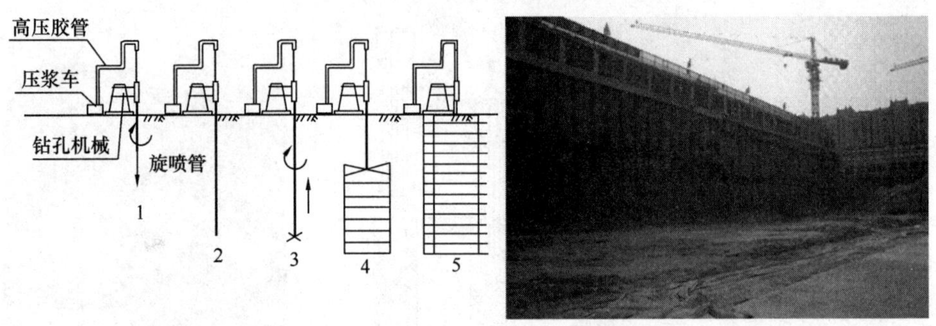

图6-9 高压旋喷桩施工流程图及施工图

1-钻机就位钻孔；2-钻孔至设计高程；3-旋喷开始；4-边旋喷边提升；5-旋喷结束成桩

护结构，坑内无支撑，方便大型挖土机械与内部土建结构施工；无污染、无噪声、无振动，对周边环境影响小；强度比水泥土搅拌桩高（一般1.2～2.0MPa）；施工时对周边环境影响较水泥土搅拌桩小；直径较大（单重管0.6～0.8m，二重管0.8～1.2m，三重管1.2～1.5m，特殊条件下可达2.5m）；适用于处理淤泥、淤泥质土、流塑、软塑或可塑黏性土、粉土、砂土、黄土、素填土和碎石土等。

缺点：造价较水泥土搅拌桩高；水泥土搅拌桩水泥用量较大（20%）。

5. 深基坑法

基坑工程是由地面向下开挖一个地下空间，深基坑四周一般设置垂直的挡土围护结构，内部设置水平的支护结构，如图6-10所示。围护结构一般是在开挖面基底下有一定插入深度的板（桩）墙结构；板（桩）墙有悬臂式、单撑式、多撑式。支撑结构是为了减小围护结构的变形，控制墙体的弯矩；分为内撑和外锚两种。

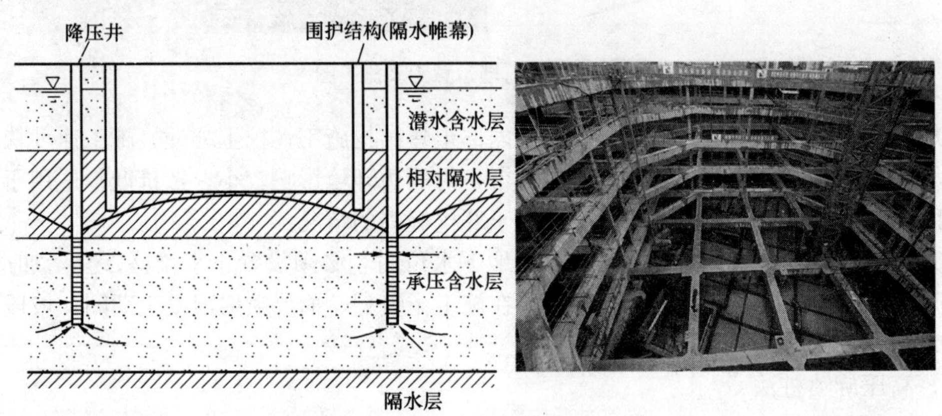

图6-10 深基坑法示意图及施工图

优点：适用开挖深度大（一般大于10m）；适用于城市内施工；采用外拉锚时，坑内无支撑，方便挖土和内部土建结构施工。

缺点：采用内撑时，必须设置一至多道支撑；挖土困难、内部结构施工困难；造价高；施工要求高。

6. 沉井法

沉井法又称沉箱凿井法，是在土层开挖前，在井筒设计位置，把预先制好的一段6～

7m 长的整体井壁，靠自重局部沉入土中，然后在它的掩护下，边掘进边下沉，相应砌筑井壁，通常称为普通沉井法，如图 6-11 所示。随着沉井深度的增加，井壁与井帮的摩擦阻力增加，下沉深度受到限制，一般只能下沉 20～30m。按井内淹水与否分为不淹水沉井和淹水沉井两种，淹水沉井又分壁后泥浆淹水沉井和壁后施放压气淹水沉井。按井壁下沉动力可分为自重沉井和加载沉井。后者又分为振动沉井和压水沉井。不淹水沉井，在沉井内排水，工人在井底工作面掘进。除井壁在地面浇筑、随掘进下沉外，其他工序和普通凿井法相同。由于排水造成井内外压力不平衡，下沉深度受到限制，本法不宜在涌水大、流砂层厚的表土层采用。

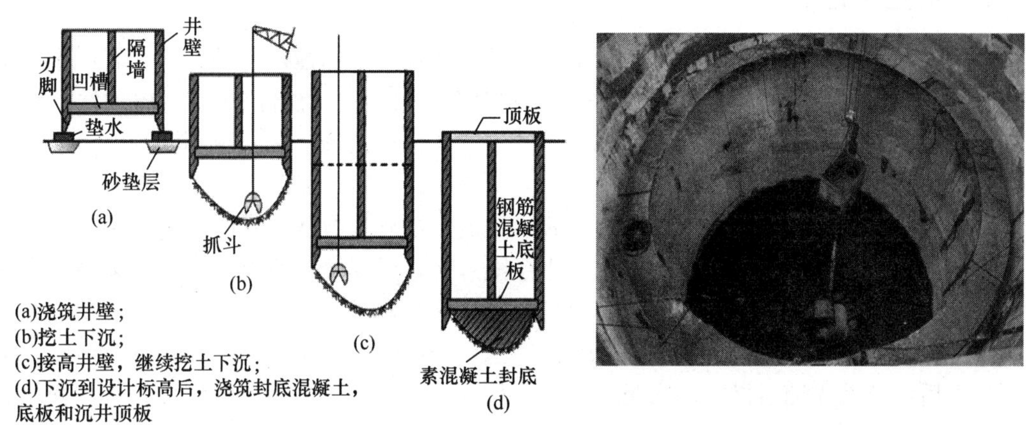

图 6-11 沉井法施工流程图及施工图

优点：施工占地面积小，不需要另外围护结构，对周围建（构）筑物的影响较小；操作方便，无需特殊的专业设备；造价较低，结构整体性好，质量易保证。

缺点：大沉井纠偏困难，不排水下沉时，出土困难，开挖对周围环境影响大，会形成漏斗形地面，采用沉箱施工时，可能引起气压病等。

7. 盖挖法

盖挖法是当地下工程施工需要穿越公路、建筑等障碍物而采取的一种施工方法，该方法由地面向下开挖至一定深度后，将顶部封闭，其余的下部工程在封闭的顶盖下进行施工，如图 6-12 所示。主体结构可以顺作，也可以逆作。

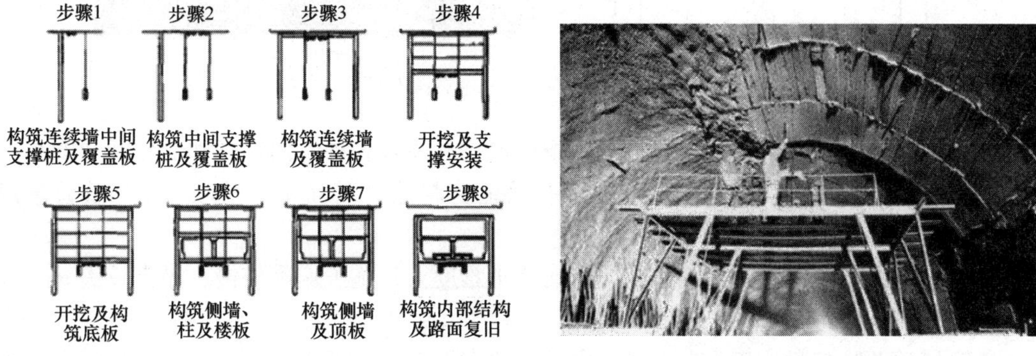

图 6-12 盖挖顺作法施工流程图及施工图

优点：对结构的水平位移小；安全系数高；对地面的影响小；只在短时间内封锁地面交通；施工受外界气候的影响小。

缺点：盖板上不允许留下过多的竖井；后续开挖土方需要水平运输；出土不方便；施工空间较小；施工速度慢；工期长；费用较高。

在明挖法中的边坡支护、土方开挖施工除上述几种方法外，还有外拉锚法、地下连续墙法、型钢围护结构施工法、板桩法、排桩法、铺盖法、扩挖法等，其中地下连续墙法是一种常用的施工方法，将在后面的内容中详细介绍。

6.2.2 暗挖法施工

暗挖法是不扰动拟建地下工程的上部覆盖层，而在地下修建的一种方法。岩层中的暗挖法有：矿山法（也称钻爆法）、新奥法、掘进法等。土层中的暗挖法有：盾构法、浅埋暗挖法等。不同的施工方法其特点和施工工序不同，适用的施工环境也不同。

1. 矿山法

矿山法是采用开挖地下坑道的作业方式修建隧道的施工方法。该方法是一种传统的施工方法，适用于岩层中地下工程的修建。由于隧道开挖后受爆破影响，造成岩体破裂形成松弛状态，随时都有可能坍落，因此需要按分部顺序采取分割式，一块一块的开挖，并要求边挖边支护，以求安全，如图 6-13 所示。支护以衬砌形式为主，按衬砌施工顺序，可分为先拱后墙法及先墙后拱法两大类。前者也称支承顶拱法，适用于稳定性较差的松软岩层和坚硬岩层中跨度或高度较大的洞室施工；后者又可按分部情况细分为漏斗棚架法、台阶法、全断面法和上下导坑先墙后拱法。其中，漏斗棚架法、全断面法适用于较坚硬稳定的岩层施工；台阶法中正台阶法适用于稳定性较差的岩层中施工，反台阶法适用于稳定性较好的岩层中施工；上下导坑先墙后拱法适用于稳定性较差的松软岩层中施工。

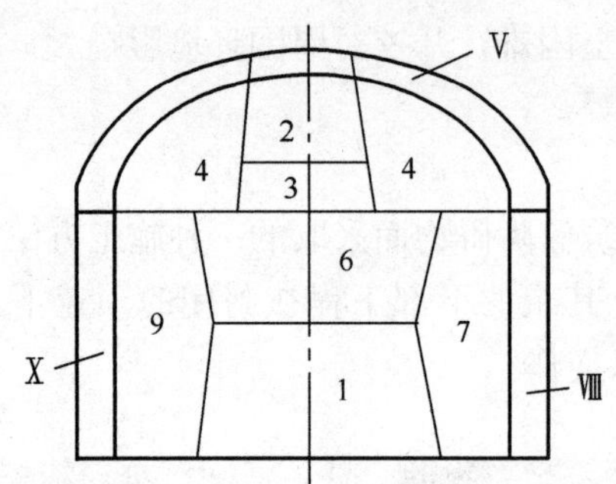

图 6-13　矿山法施工顺序示意图及施工图

优点：适用于各种地质条件和地下水条件；具有适合各种断面形式和变化断面的高度灵活性；通过分部开挖和辅助工法，可以有效地控制地表下沉和坍塌；从综合效益观点看，是较经济的一种方法。

缺点：支撑复杂，材料耗用多；大断面施工难度大；施工速度较慢；噪声较大。

2. 新奥法

奥地利学者拉布谢维茨首先提出，由矿山法发展形成的新奥法是一种采用毫秒爆破和光面爆破技术，进行全断面开挖施工的隧道施工方法，如图 6-14 所示。由于围岩本身具有一定的承载能力，即隧道空间靠空洞效应有一定的保持稳定的能力，所以可以将喷射混凝土、锚杆、钢筋网、钢支撑等外层支护（称为初次柔性支护）作为主要支护手段，通过施工过程的监测控制围岩变形，充分发挥围岩的自承载能力。对于新奥法而言，保护围岩、发挥围岩的自承载能力是其基本理念；外层支护和内层支护（称为第二次衬砌）形成复合式衬砌是其基本结构；监控量测是其工作的重点，动态设计是其核心。初次柔性支护的作用，主要是使围岩体自身的承载能力得到最大限度的发挥，一般需在洞身开挖之后立即进行支护施工，使围岩的变形进入受控制状态；而第二次衬砌主要是起安全储备和装饰美化作用。

图 6-14 新奥法施工示意图及施工图

优点：最大限度地保持隧道周边围岩的原有岩体强度；及时支护并与岩面紧密接触，形成围岩与衬砌的整体化，大大降低了要求的支护阻力，省去传统施工法中架设后又要拆除的构件支撑；采用薄层支护，减少了开挖数量及衬砌的工作量；应用量测技术，促使设计与施工更加合理；在软弱围岩、不良地质及浅埋隧道中，更能显示其优越性。

缺点：技术上要求高，如光面爆破、锚喷支护、量测手段等；为执行洞内观察任务，施工技术人员必须按时进洞，对工作面及施工地段进行仔细观察；忽略任一环节，均可能造成不良后果。

3. 掘进机法

掘进机法简称 TBM（Tunnel Boring Machine）法，是挖掘隧道、巷道及其他地下空间的一种施工方法，适用于岩层中地下工程的施工，如图 6-15 所示。该方法用特制的大型切削设备，将岩石剪切挤压破碎，然后，通过配套的运输设备将碎石运出。具体施工时可分为：全断面掘进机的开挖施工，独臂钻的开挖施工，天井钻的开挖施工，带盾构的 TBM 掘进法。

优点：施工速度快，工期得以缩短，特别是在稳定的围岩中长距离施工时，此特征尤其明显；比爆破围岩的损伤小，减轻支护的工作量，排碴容易；振动、噪声小，对周围居民和结构物的影响小；因机械化施工，安全，作业人员少；安全性和作业环境较好。

缺点：一次投资大，设备重量大；对岩层变化的适应性小；开挖隧洞断面局限于圆形，对于其他形状的断面，则需进行二次开挖；作业率低；设备的运输、组装、解体等费用高，初期投资高，不用于短隧道。

4. 浅埋暗挖法

浅埋暗挖法是在距离地表较近的地下进行各种类型地下洞室暗挖施工的一种方法。该

图 6-15 掘进机实物图及施工图

方法沿用新奥法基本原理，初次支护按承担全部基本荷载设计，二次衬砌作为安全储备，初次支护和二次衬砌共同承担特殊荷载。在软弱围岩地层中实施修建的地下工程，需以调动部分围岩的自承载能力的改造地质条件为前提，以控制地表沉降为重点，以格栅（或其他钢结构）和喷锚等作为初次支护手段，并使其在不同的开挖方法中及时支护、封闭成环，与围岩共同作用形成联合支护体系，如图 6-16 所示。遵循“新奥法”大部分原理，按照十八字原则（即管超前、严注浆、短开挖、强支护、快封闭、勤量测）进行隧道的设计和施工。

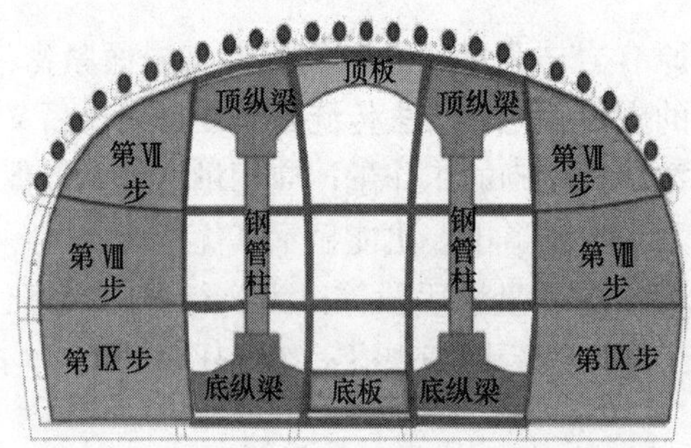

图 6-16 浅埋暗挖法施工顺序图及施工图

优点：埋深浅，能适应周围环境复杂、地层岩性差、存在地下水状态的地下工程施工；结构形式灵活多变；对地面建筑、道路和地下管线影响小；拆迁占地少、造价低；扰民少；对城市环境干扰较小，无须太多专用设备等。

缺点：施工速度慢；喷射混凝土粉尘多；劳动强度大；机械化程度不高；高水位地层结构防水比较困难等。

在暗挖法中除上述介绍的几种方法外，还有盾构法、全断面法、台阶法等施工方法，其中盾构法是暗挖法施工中的一种全机械化施工方法，适用于土层中地下工程的施工，将在后面的内容中详细介绍。

6.2.3 特殊环境施工方法

特殊施工方法是在软弱地层又多地下水或者施工环境受约束时，使得明挖法和暗挖法不便于使用而采用的一种施工方法。在软弱地层又多地下水情况时，特殊施工方法有：气压室法、冷冻法、分部开挖分部支护法、超前灌浆起前锚杆法等；在穿越各种障碍物和江河湖海等施工环境受约束时，特殊施工方法有：顶管法、沉管法、管棚（幕）法等。

1. 气压室法

气压室法是将整个开挖洞段密封起来，在进出口段做上气密室，由洞外进入气密室再进入洞内，须经过两层密封门，洞内气压大于外压或大气压1～2bar（巴）。该方法的原理，就是用这个超压来减少渗入洞内的水，也用此压力来改善围岩自稳情况，如图6-17所示。当然，气压室法需额外的设备投资，而且施工的速度将降低，一般只是在不得已时采用，上海过江隧道即用此法。

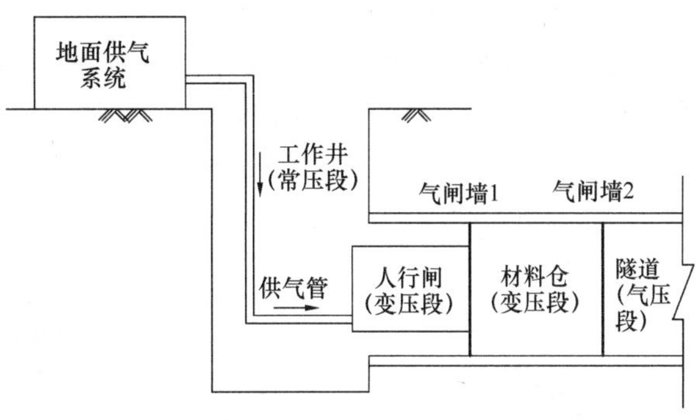

图6-17　气压系统和气压止水加固土体示意图

优点：环境影响小，施工中不使用化学物质；施工期密封性好，所有渗水被气压完全堵截；应对预期外地下水时，仅需增加气压便能应对更大水压。

缺点：成本高；前期设备安装及开挖初期耗时较长。

2. 冷冻法

自从1883年德国工程师波兹舒（F. H. Portsch）在德国首次应用冻结法开凿井筒，并取得专利以来，该项技术广泛应用于矿井建设、地下铁道和河底隧道等工程。冷冻法，即用液氮注入地层中，将隧洞周围的土层全部深度冻结起来，然后进行开挖。原理是，土层冻结后，强度、刚度将增加，同时也提高土层的自稳定能力，如图6-18所示。这个方法非常昂贵，非不得已，一般不采用。南京二桥在主塔桥墩施工中，由于地下水特别多，桩基础施工特别困难，曾讨论过采用冷冻法，润扬大桥也有类似经历。

图6-18　冷冻法施工示意图和施工图

优点：安全性好；适用性强；复杂地质条件可行；灵活性高；冻土帷幕性状（范围、形状、温度、强度）可控。

缺点：冻胀融沉对环境有一定的影响，严重时具有一定的破坏力，融沉控制不当可导致结构差异沉降和长期沉降；供冷不足或外部热源可导致冻土帷幕性能退化（范围、强度）；流水作用下冻土可快速消融；地下水流速、地层含盐和含气地层均会影响冻结效果。

3. 分部开挖、分部支护法

在软弱地层中开挖较大的洞室，常采用的方法是先开挖一小部分，然后用喷锚支护做全断面保护，再逐步扩挖，逐步支护。最常用的是双侧壁导坑法，即挖好一个侧导坑，支护好，再挖另一个侧导坑，也支护好。最后再挖掉中间遗留下来的土柱，并支护形成封闭结构。开挖后再在其中做钢筋混凝土二次衬砌，如图 6-19 所示。原理是，通过中间支护提高地层自稳定能力和自稳定时间。我国北京地铁王府井-东单区间折返线，就是采用类似的方法施工的。根据折返线断面类型、地面沉降控制分析及工期、造价比较，同时兼顾前后断面施工的衔接，选定了正台阶法、中隔壁法、“眼镜”法、中洞法等分部开挖、分部支护形式。

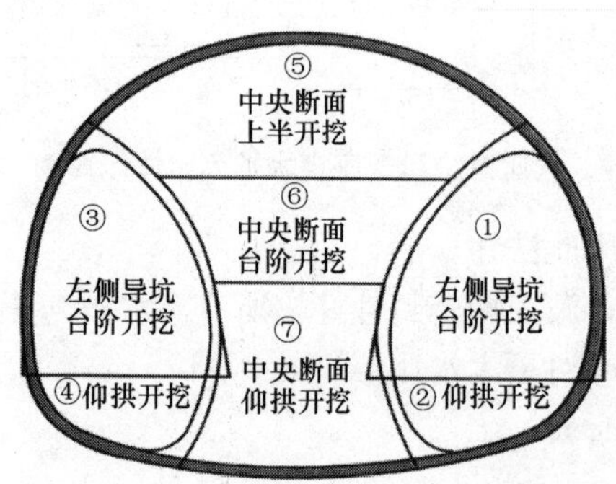

图 6-19 双侧壁导坑法开挖顺序图和施工图

优点：引起的地表沉降小；变形小；施工安全性高。

缺点：开挖断面分块多，扰动大；速度较慢；成本较高。

4. 管棚（幕）法

管棚法是隧道开挖施工中用以防止掌子面坍塌并限制围岩变形的一种预支护手段。其主要原理是在隧道开挖之前，沿着隧道开挖轮廓线外的设定部位水平铺设钢管，并可以通过钢管向围岩注浆，对管棚周围的围岩进行加固，使管棚成为隧道后续开挖的防护伞（棚），达到安全施工的目的，如图 6-20 所示。

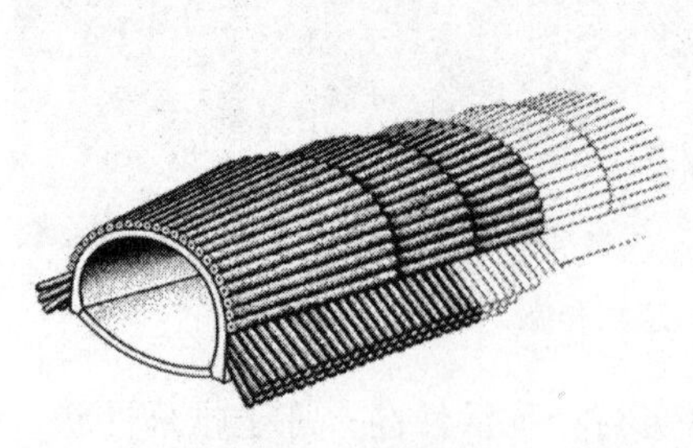

图 6-20 管棚法施工示意图和实物图

优点：能够承载较大上部负荷；注浆在加固土体的同时，还能起到一定的止水效果；减少预支护循环次数，加快施工进度；可以控制隧道施工时的开挖量，减少施工成本；施工效率比较高，大幅度地减少隧道开挖过程中辅助时间，提高施工效率。

缺点：作为管幕的钢管埋入土体后不能回收，造成了资源浪费，增加了成本；打设方法存在问题；管棚施作精度低；施工距离较短。

在特殊施工方法中除上述介绍的几种方法外，还有超前灌浆、超前锚杆法、沉管法、顶管法、箱涵法、复合土钉墙支护法等施工方法，其中沉管法、顶管法是特殊施工方法中较常用的施工方法，将在后面的内容中详细介绍。

6.3　地下连续墙施工

在明挖法中边坡或基坑的支护施工是关键的工序，在诸多支护施工中，地下连续墙的施工具有一定的典型性。地下连续墙是在深基础的施工中发展起来的一种施工方法。它是以专门的挖槽设备，沿着深基础或地下构筑物周边，采用触变泥浆护壁，按设计的宽度、长度和深度开挖沟槽，待槽段形成并清槽后，在槽内设置钢筋笼，采用导管法浇筑混凝土，筑成一个单元槽段和混凝土墙体。依次继续挖槽、浇筑施工，并以某种接头方式将单元墙体逐个地连接成一道连续的地下钢筋混凝土墙或帷幕，以作为防渗、挡土、承重的地下墙体结构，如图 6-21 所示。

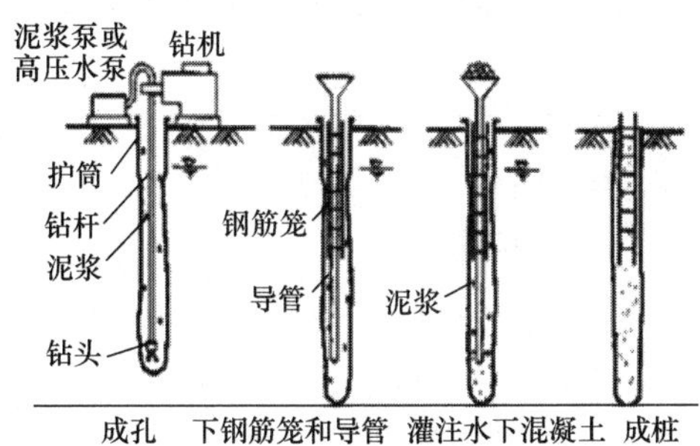

图 6-21　地下连续墙施工流程图及施工图

6.3.1　地下连续墙适用条件

1. 地下连续墙的分类

从国内外的使用情况及习惯考虑，地下连续墙有如下类型：

（1）按槽孔的形式分类，可以分为壁板式和桩排式两种；

（2）按开挖方式，可分为地下挡土墙（开挖）、地下防渗墙（不开挖）；按机械分抓斗冲击式、旋转式和旋转冲击式；

（3）按施工方法的不同分类，可以分为现浇、预制和二者组合成墙等；

（4）按功能及用途分类，可以分为承重基础或地下构筑物的结构墙、临时挡土墙、永久挡土（承重）墙、防渗心墙、阻滑墙、隔震墙等；

（5）按墙体材料不同分类，可以分为钢筋混凝土、素混凝土、黏土、自凝泥浆混合墙体材料等。

2. 地下连续墙的适用条件

由于受到施工机械的限制，地下连续墙的厚度具有固定的模数，不能像灌注桩一样根据桩径和刚度灵活调整。因此，地下连续墙只有在一定深度的基坑工程或其他特殊条件下才能显示出经济性和特有优势。一般适用于如下条件：

(1) 开挖深度超过10m的深基坑工程。

(2) 围护结构亦作为主体结构的一部分，且对防水、抗渗有较严格要求的工程。

(3) 采用逆作法施工，地上和地下同步施工时，一般采用地下连续墙作为围护墙。

(4) 邻近存在保护要求较高的建（构）筑物，对基坑本身的变形和防水要求较高的工程。

(5) 基坑内空间有限，地下室外墙与红线距离极近，采用其他围护形式无法满足留设施工操作要求的工程。

(6) 在超深基坑中，例如30～50m的深基坑工程，采用其他围护体无法满足要求时，常采用地下连续墙作为围护结构。

3. 地下连续墙的特点

地下连续墙有许多优点，主要反映在如下方面：

(1) 施工全盘机械化，速度快、精度高，并且振动小、噪声低，适用于城市密集建筑群及夜间施工；

(2) 具有多功能用途，如防渗、截水、承重、挡土、防爆等，由于采用钢筋混凝土或素混凝土，强度可靠，承压力大；

(3) 对开挖的地层适应性强，在我国除熔岩地质外，可适用于各种地质条件，无论是软弱地层或在重要建筑物附近的工程中，都能安全地施工；

(4) 可以在各种复杂的条件下施工，如美国110层世界贸易中心的地基，过去曾为河岸，地下埋有码头等构筑物，用地下连续墙则易处理。广州白天鹅宾馆基础施工，地下连续墙呈腰鼓状，两头窄中间宽，形状虽复杂也能施工；

(5) 开挖基坑无需放坡，土方量小，浇混凝土无需支模和养护，并可在低温下施工，降低成本，缩短施工时间；

(6) 用触变泥浆保护孔壁和止水，施工安全可靠，不会引起水位降低而造成周围地基沉降，保证施工质量；

(7) 可将地下连续墙与“逆做法”施工结合起来，地下连续墙为基础墙，地下室梁板作支撑，地下部分施工可自上而下与上部建筑同时施工，将地下连续墙筑成挡土、防水和承重的墙，形成一种深基础多层地下室施工的有效方法。

地下连续墙也存在一些不足，主要反映在以下几方面：

(1) 每段连续墙之间的接头质量较难控制，往往容易形成结构的薄弱点；

(2) 墙面虽可保证垂直度，但比较粗糙，尚须加工处理或做衬壁；

(3) 施工技术要求高，造槽机械选择、槽体施工、泥浆下浇筑混凝土、接头、泥浆处理等环节，均应处理得当，不容疏漏；

(4) 制浆及处理系统占地较大，管理不善易造成现场泥泞和污染。

6.3.2 地下连续墙施工工艺

1. 施工准备

1) 前期调查

施工前应进行详尽的前期调查。由于墙体在较大的范围内连续地挖掘或浇筑，为了研究施工方法的适应性，必须对地层的情况，如有无卵石、孤石、障碍物等，及地下水位、渗流水、承压水的水头大小、水质的 pH 值、含盐浓度以及邻近河海的影响等，编制可靠的地质勘察报告。

2）施工组织

由于地下连续墙的特点，施工前应编有单项施工组织设计及施工平面布置图，其内容有：地质、水文情况与施工有关条件说明；挖掘机械等施工设备的选择；导墙设计；单元槽段划分及施工作业计划；钢筋笼加工、运输及吊装的方法与计划；预埋件和地下连续墙内部结构连续施工图；泥浆配合比、泥浆循环管路布置及泥浆管理；混凝土配合比、供应方法和水下浇筑方法；供水及供电计划；施工现场的平面布置；安全措施、质量管理措施及劳动力安排；工程施工进度计划。

2. 修筑导墙

导墙一般为现浇钢筋混凝土结构，主要作用是：起挖槽、造孔导向作用；储存触变泥浆；维护槽口稳定，避免塌方；支承造孔机械及其他设备的荷载。导墙的各种形式如图 6-22 所示。

图 6-22 中，(a)、(b) 适用于表层土质良好和导墙上荷载较小的情况；(c)、(d) 应用较多，适用于表层土为杂填土、软黏土等承载能力较弱的土层；(e) 适用于作用在导墙上荷载很大的情况；(f) 适用于相邻建筑物一侧的一肢加强，以保护建（构）筑物；(g) 适用于地下水位高，须将导墙提高，以保持泥浆面距水位 1m，导墙提高后两边要填平找平；(h) 适用于施工作业面在地下（如路面以下时）。

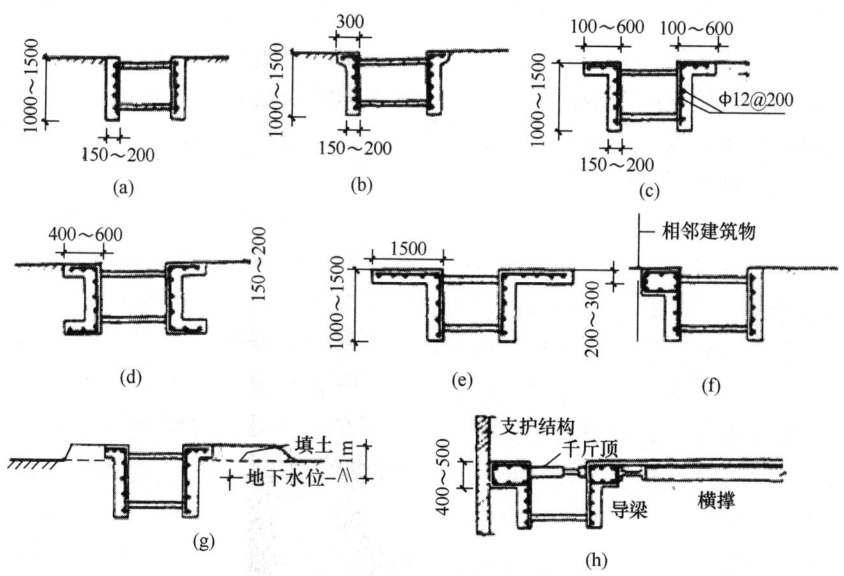

图 6-22 各种形式的导墙断面

导墙的规格与施工，如果导墙是作为深基坑的围护结构，导墙应考虑一定余量放样（一般取 2cm＋成槽精度×最大开挖深度）。导墙内净宽一般比设计墙厚大 2～5cm，导墙的深度一般取 1.5～2.0m。除考虑用途外，还要根据地质条件，使导墙坐落在稳定的老土层以下。导墙厚一般取 10～20cm 现浇钢筋混凝土，混凝土强度等级在 C20 以上。导墙顶部略高于地平，以防地表水反流向槽内。导墙的转角处，应做成下图的平面形式，以保证转角处断面的完整。导墙施工时，其基底应和上面紧贴，墙侧回填土用黏性土夯实，导墙内的水平钢筋必须相互连接成整体。

3. 泥浆的成分与功能

泥浆的主要成分是膨润土、水、化学掺剂和一些惰性材料。泥浆的功能有如下方面：

(1) 护壁：泥浆柱压略大于地下水土压力，泥浆向地层流渗形成一层薄韧致密透水性很小的泥皮，同泥浆柱一起平衡地压，稳定井壁；

(2) 洗槽：利用泥浆为介质进行循环排渣，钻头钻下之岩屑及时由泥浆携带排出槽外，钻头始终切削新土，提高了机械效率；

(3) 冷却润滑钻头：泥浆的循环降低了由于钻头与土层所作机械功而产生的温升，同时，泥浆又是一种润滑剂，从而降低了钻机的磨损。

4. 挖槽与清槽

挖槽是地下连续墙的主体工程，约占整个施工工期的一半。合理的施工方法是保证工程以高速、优质完成并获得良好经济指标的关键。近年来，国内外研制的施工机械及其相应的施工方法达数十种之多，归纳起来有三种形式：冲击式造孔直接取土机械及施工法、斗式成槽机械及施工法、旋转切削式泥浆循环出渣成槽机械及施工法。挖槽中主要工序的技术要点如下：

1) 槽段划分

槽段划分就是确定单元槽段的长度，它既是进行一次挖掘的长度，也是一次浇筑混凝土的长度，应结合以下条件综合考虑确定：地质条件对槽段壁面稳定性的影响，地层不稳定时，应减少槽段的长度；对相邻建筑的影响，当附近有高大建筑物或地面有较大荷载时，为了保证槽壁的稳定应缩短槽段的长度；要考虑钢筋笼的整体吊装要求和混凝土的供应能力；槽段的最小长度，不得小于挖槽机械工作装置的长度。槽段开挖常用钻抓式挖槽机开挖和多头钻成槽机开挖两种形式。

(1) 钻抓式挖槽机开挖，采用两孔一抓施工工艺，预先在每一个挖掘单元的两端，用潜水钻机钻两个直径与槽段宽度相同的垂直导孔，然后用导板抓斗依次挖除导孔之间的土体，使之形成槽段。导孔位置必须准确垂直，以保证槽段质量。

(2) 多头钻成槽机开挖，属无杆钻机一般由组合多头钻机（由 4～5 台潜水钻组成）、机架和底座组成。钻头采取对称布置正反向回转，使扭矩相互抵消，旋转切削土体成槽。掘削的泥土混在泥浆中，以反循环方式排出槽外，一次下钻形成有效长 1.3～2m 的圆形切削单元。排泥采用专用的潜水砂石泵或空气吸泥机，不断将吸泥管内的泥浆排出。

2) 清槽

无论采用何种施工方法，必须对残留在槽底的土渣、杂物进行清除。清槽方法一般采用吸力泵、空气压缩机和潜水泥浆泵等排渣方法，如图 6-23 所示。此外，在浇筑混凝土之前，应对已浇筑混凝土槽段的接头处进行清扫，将贴附在接头处的浆皮、灰渣清扫干净。

5. 槽段连接

地下连续墙各单元之间靠接头连接，接头通常是满足受力和防渗要求，又要求施工简单。国内目前使用最多的接头形式是与接头管连接的非刚性接头。在单元槽段内，土体被挖除后，在槽段的一端先吊放接头管，再吊入钢筋笼，浇筑混凝土，然后逐渐将接头管拔出，形成半圆形接头，如图 6-23 所示。

6. 吊放钢筋笼

钢筋笼要求非常平直，加工时一般在工厂的平台上放样成型。钢筋笼应在清槽后 3～4h 内吊装完毕。吊装时最好按单元槽段组成整体吊装，如需分段连接，接头用绑条焊，纵向受力筋的搭接长度采用 60*d*（*d* 为钢筋直径）；钢筋笼起吊方式和吊点位置与吊放，应周密考虑，制定切实可行的方案，不使钢筋笼发生较大变形，图 6-24 为一般起吊方法；钢筋笼的吊放应缓慢进行，放到设计标高后，可用横担搁置在导墙上，再进行混凝土浇筑。

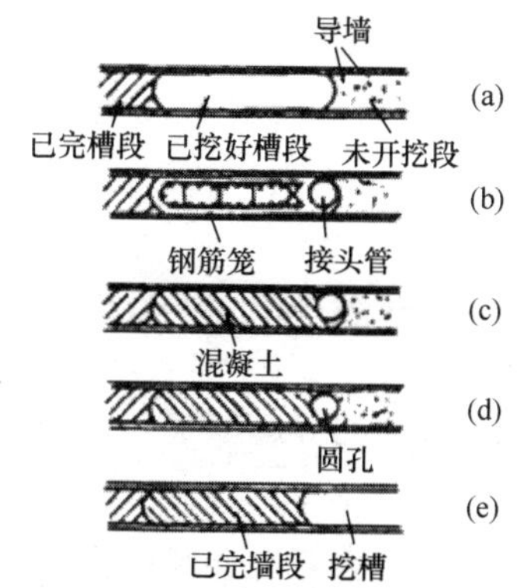

图 6-23　地下连续墙槽段的连接

（a）挖出单元槽段；（b）先放接头管，再放钢筋笼；（c）浇筑槽段混凝土；（d）拔出接头管；（e）形成弧形接头

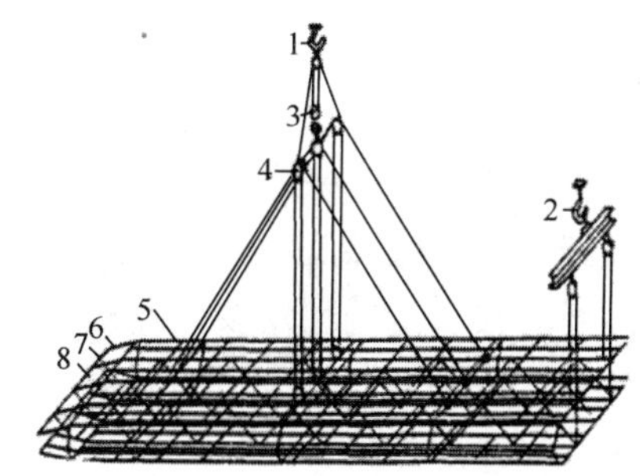

图 6-24　地下连续墙钢筋笼起吊方法

1、2-吊钩；3、4-滑轮；5-卸甲；6-端部向里弯曲；7-纵向桁架；8-横向架立桁架

7. 浇筑混凝土

在泥浆中通过导管灌注混凝土是一种特殊施工方法，难以使用振捣设备，混凝土密实只能依靠其自重压力和灌注时产生的局部振动来实现。灌注过程中，混凝土的流动易将泥浆和槽内沉渣卷入墙体，造成局部混凝土质量低劣，因此，混凝土拌合料级配、流动性要求更严格，施工工艺同样要求更严格。

6.3.3 地下连续墙施工质量控制

1. 关键施工技术要点

1）泥浆工艺

泥浆材料主要包括：膨润土、水、分散剂、增黏剂、加重剂等。泥浆工艺技术要点包括：

（1）泥浆搅拌严格按照操作规程和配合比要求进行；

（2）对槽段被置换后的泥浆进行测试，必须符合要求；

（3）保证城市环境清洁；

（4）严格控制泥浆的液位。

2）成槽施工

槽段长度一般按 6.0m 左右长度划分，并在导墙上精确定位地连墙分段及锁口管标记线，做好成槽设备选型。成槽施工技术要点包括：

(1) 成槽垂直度控制，选择自带垂直度检测仪、超声波测斜仪的成槽机。

(2) 成槽挖土顺序，按槽段划分，分幅施工，标准槽段（约 6m）采用三抓成槽法开挖成槽，先挖两端最后挖中间，使抓斗两侧受力均匀，如此反复开挖直至设计槽底标高为止。

(3) 成槽挖土：成槽开挖时抓斗应闭斗下放，开挖时再张开，每斗进尺深度控制在 0.3m 左右，上、下抓斗时要缓慢进行，避免形成涡流冲刷槽壁，引起坍方，同时在槽孔混凝土未灌注之前严禁重型机械在槽孔附近行走产生振动。

(4) 成槽测量及控制，确保泥浆液面高出地下水位 0.5m 以上，同时也不能低于导墙顶面 0.3m；槽段检验，槽段平面位置偏差检测，槽段深度检测，槽段壁面垂直度检测。

3）清底及接头处理

清底及接头处理施工技术要点包括：

(1) 用抓斗直接挖除槽底沉渣之后，进一步使用空气升液器等清除未能挖除的细小土渣，以泥浆反循环法吸除沉积在槽底部的土碴淤泥。

(2) 刷壁，接头上的泥皮会影响槽壁接头质量，发生接头部分渗漏水。刷壁方法采用强制式刷壁机，将附着在接头上的泥皮清除。

(3) 采用圆形柔性接头时，混凝土一次浇筑；所有导墙接头与地连墙接头错开。

4）钢筋笼的制作和吊放

钢筋笼的制作和吊放施工技术要点包括：

(1) 根据成槽设备的数量及施工场地的实际情况，搭设钢筋笼制作平台，平台尺寸需满足现场加工钢筋笼需要，每幅钢筋笼采用多台桁架时，桁架间距不大于 1500mm。

(2) 钢筋笼端部与接头管或混凝土接头面间应留有 15～20cm 的空隙。竖向钢筋保护层厚度内侧不少于 5cm，外侧不少于 7cm。在垫块与墙面之间留有 2～3cm 的间隙。钢筋连接器预埋钢筋与地下连续墙外侧水平钢筋点焊固定，焊点不少于 2 点。

(3) 桁架一般采用主吊和副吊履带式起重机，双机抬吊配合吊装。钢筋笼设置纵横向桁架，防止不可复原的变形。

5）浇筑混凝土

采用水下混凝土，混凝土的坍落度控制在 18～22cm 之间。导管在第一次使用前，在地面先作水密封试验。在混凝土浇筑前要测试混凝土的坍落度，并做好试块。浇筑混凝土施工技术要点包括：

(1) 导管直径 200～300mm，每节长 2～2.5m，由管端粗丝扣或法兰螺栓连接，连接处用橡胶垫圈密封防水，导管间距应大于 3m，导管距槽端不宜大于 1.5m；

(2) 在浇筑过程中导管不能横向运动，因为横向运动会把沉渣和泥浆混入混凝土内，并应随时掌握混凝土的浇筑量和导管埋入深度，防止导管下口暴露在泥浆内，造成泥浆涌入导管；

(3) 混凝土料斗内必须储存足够的混凝土量，按计算确定，其量应包括排出导管内的泥浆，并使导管出口埋入一定深度（一般离槽底标高 300～500mm）的混凝土中；

(4) 开导管的方法，采用球胆预先塞在混凝土漏斗下口，当混凝土浇筑后，从导管下口压出漂浮泥浆表面；

(5) 钢筋笼沉放就位后，应及时浇筑，不应超过 4 小时；混凝土浇筑一气筑成，不得中断，控制在 6h 内完成，保持槽段内混凝土均匀上升，上升速度不宜大于 2m/h，浇筑高度应高于设计墙顶 300～500mm，硬化后凿去，以保证墙顶部强度满足设计要求。

(6) 锁口管提拔应与混凝土浇筑相结合，并以浇筑记录作为提拔锁口管时间的控制依据。浇筑开始后 4 小时左右开始拔动，以后每隔 30 分钟提升一次，其幅度不宜大于 50～100mm，待混凝土达到终凝后，将锁口管一次全部拔出并及时清洁和疏通。

2. 质量控制及预防措施

1) 垂直度控制及预防措施

经纬仪、成槽机显示仪跟踪观测垂直度，随挖随纠，合理安排一个槽段中的挖槽顺序，先两边后中间，先短边后长边，抓斗掘进应慢提慢放，严禁满抓。

2) 地下墙渗漏水的预防措施

减少泥浆中的含砂量；接头大块淤泥刮除；严格控制导管埋入混凝土的深度在 2～6m。

3) 防止绕灌及应急处理技术措施

必须在锁口管安放完成后，做好对锁口管背侧的空隙回填工作，为确保回填质量，采用 5～40mm 石子回填，一直回填到地面，以防止混凝土绕流。

4) 地下墙露筋现象的预防措施

钢筋笼必须在水平的钢筋平台上制作，制作时必须保证有足够的刚度，架设型钢固定。必须按设计和规范要求放置保护层钢垫板，严禁遗漏。吊放钢筋笼时发现槽壁有塌方现象，应立即停止吊放，重新成槽清渣后再吊放钢筋笼。

5) 对地下障碍物的处理

及时拦截施工过程中发现的流至槽内的地下水流。障碍物在较深位置时，采用自制的钢箱套入槽段中，然后处理各种障碍，确保挖槽正常施工。

6) 对于钢筋笼无法下放到位的预防及处理措施

入槽不能准确到位时，不得强行冲放，严禁割短割小钢筋笼，应重新提起，待处理合格后再重新吊入。对于坍孔或缩孔引起的钢筋笼无法下放，应用成槽机进行修槽，待修槽完成后再继续吊放钢筋笼入槽。对于大量坍方，以致无法继续施工时，应对该幅槽段用黏土进行回填密实后再成槽。对于由于上一幅地下连续墙混凝土绕管引起的钢筋笼无法下放，可用成槽同抓斗放空冲抓或用吊机吊刷壁器空档冲放，清除绕管部分混凝土后，再吊放钢筋笼入槽。

7) 保护周边环境的施工措施

在地连墙施工前，在周边建筑物和道路上布设监测点；在施工过程中，按照设计规范要求做好监测工作，及时通报变形情况；若发现有沉降超过监测预警数值时，立刻召开专题会议分析原因，制定有效的控制措施。在距离建筑物较近的槽段施工时，适当加大泥浆比重，保持泥浆液面高度，防止因成槽时出现大的塌方而引起建筑物变形及道路沉降。

6.4 盾构法施工

盾构法是暗挖法施工中的一种全机械化施工方法，适用于土层中地下工程的施工，是城市地铁隧道等常用的施工方法。该施工方法将盾构机械在地中推进，通过盾构外壳和管片支承四周围岩防止发生往隧道内的坍塌。同时在开挖面前方用切削装置进行土体开挖，通过出土机械运出洞外，靠千斤顶在后部加压顶进，并拼装预制混凝土管片，最终形成隧道结构，如图 6-25 所示。

图 6-25 盾构机实物图及施工图

6.4.1 盾构法类型和特点

盾构法施工中的盾构机由保护内部各种作业机器的钢壳及在钢壳保护下可进行各种作业的机器和作业空间构成。这个钢质组件在初步或最终隧道衬砌建成前，主要起防护开挖出的土体、保证作业人员和机械设备安全的作用，这个钢质组件被简称为盾构。盾构的另一个作用是能够承受来自地层的压力，防止地下水或流沙的入侵。

1. 盾构法类型

盾构可以从很多方面进行分类，如可按盾构切削断面的形状；盾构自身构造的特征、尺寸的大小、功能；挖掘土体的方式；掘削面的挡土形式；稳定掘削面的加压方式；施工方法；适用土质的状况等。下面介绍一些常见的分类形式，其他分类形式可参见有关国家规范、标准和规程。

1）按掘削面的挡土形式分类

按掘削面的挡土形式，盾构可分为开放式、部分开放式、封闭式三种。

（1）开放式：掘削面敞开，并可直接看到掘削面的掘削方式。具体形式包含手掘式、半机械式和机械式。

（2）部分开放式：掘削面不完全敞开，而是部分敞开的掘削方式。具体形式包含网格式。

（3）封闭式：掘削面封闭不能直接看到掘削面，而是靠各种装置间接地掌握掘削面的方式。具体形式包含泥水平衡式和土压平衡式，其中，土压平衡式又可以分为泥土式和加泥式。

2）按加压稳定掘削面的形式分类

按加压稳定掘削面的形式，盾构可分为压气式、泥水加压式、削土加压式、加水式、加泥式、泥浆式六种。

（1）压气式：向掘削面施加压缩空气，用该气压稳定掘削面。

（2）泥水加压式：用外加泥水向掘削面加压稳定掘削面。

（3）削土加压式（也称土压平衡式）：用掘削下来的土体的土压稳定掘削面。

（4）加水式：向掘削面注入高压水，通过该水压稳定掘削面。

（5）泥浆式：向掘削面注入高浓度泥浆（$\rho=1.4g/cm^3$），靠泥浆压力稳定掘削面。

（6）加泥式：向掘削面注入润滑性泥土，使之与掘削下来的砂卵混合，由该混合泥土对掘削面加压稳定掘削面。

3）按施工方法分类

按施工方法分类盾构可分为二次衬砌盾构，一次衬砌盾构。二次衬砌盾构工法：盾构推进后先拼装管片，然后再作内衬（二次衬砌），也就是通常的方法。一次衬砌盾构工法：盾构推进的同时现场浇筑混凝土衬砌（略去拼装管片的工序），也称 ECL 工法。

2. 盾构构造

盾构按切削断面形状可分为圆形、非圆形两大类。圆形又可分为单圆形、半圆形、双圆搭接形、三圆搭接形。非圆形又分为马蹄形、矩形（长方形、正方形、凹矩形、凸矩形）、椭圆形（纵向椭圆形、横向椭圆形），其基本构造是由钢壳、推进机系统、衬砌拼装系统三部分构成的。

1）盾构壳体

盾构壳体一般由切口环、支承环和盾尾三部分组成，每个组成部分均承担着不同的作用。

（1）切口环部分位于盾构的最前端，施工时切入地层，并掩护作业，切口环前端制成刃口，以减少切口阻力和对地层的扰动。

（2）支承环位于切口环之后，是与后部的盾尾相连的中间部分，是盾构结构的主体，是具有较强刚性的圆环结构，作用在盾构上的地层土压力、千斤顶的顶力以及切口、盾尾、衬砌拼装时传来的施工荷载等，均由支承环承担，它的外沿布置盾构推进千斤顶。

（3）盾尾部分，是由盾构外壳钢板延长构成，主要用于掩护隧道衬砌的拼装工作，其末端设有密封装置，以防止地下水、外层土、衬砌背面压浆之浆液等流入隧道内。

2）盾构的推进系统

盾构的推进系统由液压设备和盾构千斤顶组成，盾构前进是靠千斤顶推进来实现的，因此要求千斤顶有足够力量，用以克服盾构推进过程中所遇到的各种阻力。

3）衬砌拼装系统

衬砌拼装系统中的拼装器是该系统的主要设备，它是把管片按照设计的形状，安全迅速地进行拼装的机械装置，它必须具有夹钳、使管片位置伸缩、前后滑动、旋转等功能。常用的有杠杆式拼装机和环式拼装机两种形式。

此外，切削刀盘和螺旋输送机也是盾构机的主要设备。切削刀盘有的在切口环内，有的突出于切口环，有的与切口环几乎为同一位置。螺旋输送机的主要功能是从切削密封舱内将切削下来的土运出。

3. 盾构法的选择

在具体施工中，盾构法的选择除需掌握好各种盾构机的特征及与适用土质、辅助工法的关系外，还需了解盾构的外径、覆盖土厚度、线形（曲线施工时的曲率半径等）、掘进距离、工期、竖井用地、路线附近的重要构筑物、障碍物等地域环境条件和安全性与成本。下面列举一些被实际工程证实过的成功选择盾构工法的实例，这些实例对类似的工程设计也有一定借鉴价值。

(1) 掘削地层是工作面自立性好的黏土层，或者间隙水压 0.1MPa 以下的砂、砂砾层，上部覆盖层是不透气的黏土层，且厚度一般不低于 10m 的情形下，可选用开放式盾构，为了提高工作效率宜选用半机械掘削盾构机。

(2) 掘削地层具有自立性，上部存在连续的黏土层，地下水位较低，这种情况可选用压气的手掘式盾构。若地层中存在直径较大的漂砾，可不装反铲设备。

(3) 某供水隧道工程的掘进地层是高水压的砂砾层（砾径 300mm 以下）和洪积黏土层的交互层，工区内存在铁路、河流和邻近构筑物，但可确保泥水处理设备的场地，故选用泥水式盾构工法。

(4) 某供水隧道工程，掘进地层以黏土为主，间隙水压较高，地层中存在甲烷气体，工区内存在铁道、高速公路，施工中选用泥土式盾构工法。掘削地层是间隙水压高的砂砾和洪积黏土的交互层时，也可选用泥土式盾构工法，对这种情况应选用合适的泥材，并对工作面进行认真的监测管理。

(5) 掘削地层是含大漂砾的含水的粉砂层、洪积黏土层的交互层，且间隙水压高，施工路线须横穿铁道、河流、道路，这种情况应考虑采用泥土式盾构工法。作为应付含大漂砾的砂砾层的措施，可在面板前面安装盘形滚刀破碎漂砾，用旋转排土装置防止地下水剧涨造成的螺旋输送机内的掘削土的喷射，以此确保工作面的稳定。另外，途中设立中间竖井对切削刀头和面板进行检修。

(6) 掘削地层是砂砾层、砂层、洪积黏土层的交互层，间隙水压高，盾构机须横穿铁道、河流，故选用泥土式盾构工法。对漂砾的处理措施同前。

(7) 掘削地层受河流影响，地下水位高，地层中含有直径 300mm 的漂砾。此外，区间路线两侧存在居民楼。因上述条件，故把施工方法确定为顶盖式盾构工法，即选择顶盖式盾构机，并在机内安装前后两扇闸门，防止地下水涌入带来的土砂过剩，而造成土砂输出通道不畅。

4. 盾构法的特点

(1) 优点：适用于软弱、深埋地层；盾构既能支承地层压力，又能在地层中推进，即开挖和衬砌安全性高，掘进速度快；盾构的推进、出土、拼装衬砌等全过程可实现自动化作业，施工劳动强度低；不影响地面交通与设施，同时不影响地下管线等设施；穿越河道时不影响航运，施工中不受季节、风雨等气候条件影响，施工中没有噪声和扰动，隐藏性好；在松软含水地层中修建埋深较大的长隧道往往具有技术和经济方面的优越性。

(2) 缺点：盾构机造价较昂贵，隧道的衬砌、运输、拼装、机械安装等工艺较复杂；在饱和含水的松软地层中施工，地表沉陷风险较大；需要设备制造、气压设备供应、衬砌管片预制、衬砌结构防水及堵漏、施工测量、场地布置、盾构转移等施工技术的配合，系统工程协调复杂；在断面尺寸多变的区段适应能力差；覆土浅时开挖面土体稳定较困难；气压盾构易引发气压病；建造短于 750m 的隧道经济性差；当隧道曲线半径过小，会引起转向困难，施工难度较大。

6.4.2 盾构法施工工艺和施工方法

1. 盾构法施工工序

盾构法施工主要有工作井建造、土层开挖、盾构推进操纵与纠偏、衬砌拼装、衬砌背后压注等。这些工序均应及时而迅速地进行，决不能长时间停顿，以免增加地层的扰动和对地面、地下构筑物的影响。

1）工作井建造

采用盾构法施工时，首先要在隧道的始端和终端开挖基坑或建造竖井，用作盾构及其设备的拼装井（室）和拆卸井（室），特别长的隧道还应设置中间检修工作井（室）。拼装和拆卸用的工作井，其建筑尺寸应根据盾构装拆的施工要求来确定。拼装井的井壁上设有盾构出洞口，井内设有盾构基座和盾构推进的后座。井的宽度一般应比盾构直径大1.6～2.0m，以满足铆、焊等操作的要求。当采用整体吊装的小盾构时，井宽可酌量减小。井的长度，除了满足盾构内安装设备的要求外，还要考虑盾构推进出洞时，拆除洞门封板和在盾构后面设置后座，以及垂直运输所需的空间。中、小型盾构的拼装井长度，还要照顾设备车架转换的方便。盾构在拼装井内拼装就绪，经运转调试后，就可拆除出洞口封板，盾构推出工作井后即开始隧道掘进施工。盾构拆卸井设有盾构进口，井的大小要便于盾构的起吊和拆卸。

2）土层开挖

在盾构开挖土层的过程中，为了安全并减少对地层的扰动，一般先将盾构前面的切口贯入土体，然后在切口内进行土层开挖，开挖方式有：

（1）敞开式开挖。适用于地质条件较好、掘进时能保持开挖面稳定的地层。由顶部开始逐层向下开挖，可按每环衬砌的宽度分数次完成。

（2）机械切削式开挖。用装有全断面切削大刀盘的机械化盾构开挖土层。大刀盘可分为刀架间无封板的和有封板的两种，分别在土质较好的和较差的条件下使用。在含水不稳定的地层中，可采用泥水加压盾构和土压平衡式盾构进行开挖。

（3）挤压式开挖。使用挤压式盾构的开挖方式，又有全挤压和局部挤压之分。前者由于掘进时不出土或部分出土，对地层有较大的扰动，使地表隆起变形，因此隧道位置应尽量避开地下管线和地面建筑物。此种盾构不适用于城市道路和街坊下的施工，仅能用于江河、湖底或郊外空旷地区。用局部挤压方式施工时，要根据地表变形情况，严格控制出土量，务必使地层的扰动和地表的变形减少到最低限度。

（4）网格式开挖。使用网格式盾构开挖时，要掌握网格的开孔面积。格子过大会丧失支撑作用，过小会产生对地层的挤压扰动等不利影响。在饱和含水的软塑土层中，这种掘进方式具有出土效率高、劳动强度低、安全性好等优点。

3）推进纠偏

推进过程中，主要采取编组调整千斤顶的推力、调整开挖面压力以及控制盾构推进的纵坡等方法，来操纵盾构位置和顶进方向。一般按照测量结果提供的偏离设计轴线的高程和平面位置值，确定下一次推进时须有若干千斤顶开动及推力的大小，用以纠正方向。此外，调整的方法也随盾构开挖方式有所不同：如敞开式盾构，可用超挖或欠挖来调整；机械切削开挖，可用超挖刀进行局部超挖来纠正；挤压式开挖，可用改变进土孔位置和开孔率来调整。

4）衬砌拼装

常用液压传动的拼装机进行衬砌（管片或砌块）拼装。拼装方法根据结构受力要求，可分为通缝拼装和错缝拼装。通缝拼装是使管片的纵缝环环对齐，拼装较为方便，容易定位，衬砌圆环的施工应力较小，但其缺点是环面不平整的误差容易积累。错缝拼装是使相邻衬砌圆环的纵缝错开管片长度的1/2～1/3。错缝拼装的衬砌整体性好，但当环面不平整时，容易引起较大的施工应力。衬砌拼装方法按拼装顺序，又可分为先环后纵和先纵后环两种。先环后纵法是先将管片（或砌块）拼成圆环，然后用盾构千斤顶将衬砌圆环纵向顶紧。先纵后环法是将管片逐块先与上一环管片拼接好，最后封顶成环。这种拼装顺序，可轮流缩回和伸出千斤顶活塞杆以防止盾构后退，减少开挖面土体的走动。而先环后纵的拼装顺序，在拼装时须使千斤顶活塞杆全部缩回，极易产生盾构后退，故不宜采用。

5）衬砌压注

为了防止地表沉降，必须将盾尾和衬砌之间的空隙及时压注充填。压注后还可改善衬砌受力状态，并增进衬砌的防水效果。压注的方法有二次压注和一次压注。二次压注是在盾构推进一环后，立即用风动压注机通过衬砌上的预留孔，向衬砌背后的空隙内压入豆粒砂，以防止地层坍塌；在继续推进数环后，再用压浆泵将水泥类浆体压入砂间空隙，使之凝固。因压注豆粒砂不易密实，压浆也难充满砂间空隙，不能防止地表沉降，已趋于淘汰。一次压注是随着盾构推进，当盾尾和衬砌之间出现空隙时，立即通过预留孔压注水泥类砂浆，并保持一定的压力，使之充满空隙。压浆时要对称进行，并尽量避免单点超压注浆，以减少对衬砌的不均匀施工荷载；一旦压浆出现故障，应立即暂停盾构的推进。盾构法施工时，还须配合进行垂直运输和水平运输，以及配备通风、供电、给水和排水等辅助设施，以保证工程质量和施工进度，同时还须准备安全设施与相应的设备。

在盾构法施工工艺中，土层开挖、衬砌拼装是主要施工环节；工作井建造、推进纠偏、衬砌压注是保证施工顺利进行和工程质量的措施。

2. 泥水盾构施工

在土层开挖工序中，可采用泥水盾构。由于高透水性地层用压缩空气支撑隧洞开挖面非常困难，1874年，Greathead开发了用流体支撑开挖面的盾构，开挖出的土料以泥水流的方式排出。1896年Haag在柏林为第一台德国泥水式盾构申请了专利，该盾构以液体支撑开挖面，其开挖室是有压和密封的。1959年，E. C. Gardner成功地将以液体支撑开挖面技术应用于建造一台直径为3.35m排污隧洞的盾构。1960年，Schneidereit引进了用膨润土悬浮液来支撑开挖面，而H. Lorenz的专利提出用加压的膨润土液来稳固开挖面。1967年第一台有切削刀盘并以水力出土、直径为3.1m的泥水盾构在日本开始使用。在德国，第一台以膨润土悬浮液支撑开挖面的盾构由Wayss和Freytag开发并投入使用。

1）工作原理

泥水式盾构机施工时，稳定开挖面的机理为：以泥水压力来抵抗开挖面的土压力和水压力以保持开挖面的稳定，同时，控制开挖面变形和地基沉降；在开挖面形成弱透水性泥膜，保持泥水压力有效作用于开挖面。在开挖面，随着加压后的泥水不断渗入土体，泥水中的砂土颗粒填入土体孔隙中，可形成渗透系数非常小的泥膜（膨润土悬浮液支撑时形成一滤饼层）。而且，由于泥膜形成后，减小了开挖面的压力损失，泥水压力可有效地作用于开挖面，从而可防止开挖面的变形和崩塌，并确保开挖面的稳定。因此，在泥水式盾构机施工中，控制泥水压力和控制泥水质量是两个重要的课题。为了保持开挖面稳定，必须可靠而迅速地形成泥膜，以使压力有效地作用于开挖面。为此，泥水应具有以下特性：

（1）泥水的密度。为保持开挖面的稳定，即把开挖面的变形控制到最小限度，泥水密度应比较高。从理论上讲，泥水密度最好能达到开挖土体的密度。但是，大密度的泥水会引起泥浆泵超负荷运转以及泥水处理困难；而小密度的泥水虽可减轻泥浆泵的负荷，但因泥粒渗走量增加，泥膜形成慢，对开挖面稳定不利。因此，在选定泥水密度时，必须充分考虑土体的地层结构，在保证开挖面的稳定的同时也要考虑设备能力。

（2）含砂量。在强透水性土体中，泥膜形成的快慢与掺入泥水中砂粒的最大粒径以及含砂量（砂粒重/黏土颗粒重）有密切的关系，这是因为砂粒具有填堵土体孔隙的作用。为了充分发挥这一作用，砂粒的粒径应比土体孔隙大而且含量适中。

（3）泥水的黏性。泥水必须具有适当的黏性，防止泥水中的黏土、砂粒在泥水室内的沉积，保持开挖面稳定；提高黏性，增大阻力防止逸泥；使开挖下来的弃土以流体输送，经后处理设备滤除废渣，将泥水分离。

2）适用范围

由于泥水平衡盾构具有在易发生流沙的地层中能稳定开挖面，泥水传递速度快而且均匀，开挖面平衡土压力的控制精度高，对开挖面周边土体的干扰少，地面沉降量控制精度高，用泥浆管路可连续出渣，施工进度快，刀盘、刀具磨损小，适合长距离施工等优点。因此，泥水平衡盾构适用于含水率较高、软弱的淤泥质黏土层、松散的砂土层、砂砾层、卵石层和硬土的互层等地层。特别适用于地层含水量大的上方有水体的越江隧道和海底隧道，以及超大直径盾构和对地面变形要求特别高的地区施工。

3）施工内容

泥水盾构的始发（出洞）泥水盾构始发的主要内容包含：封门、土体加固、临时支撑、洞门密封等，也有采用辅助工法进行始发的（冻结法）。泥水盾构始发方法多种多样，有利用现有空间组装好后利用临时支撑始发的（如地铁工程利用车站始发）、有利用竖井始发的、有开挖始发隧道始发的（始发隧道有长有短）。

（1）封门：现浇钢筋混凝土封门、钢板桩封门、装配式封门等。

（2）土体加固：洞口周围土体加固包括注浆加固、深层搅拌桩、旋喷桩等化学加固方法和井点降水疏干、冻结加固等物理加固方法。土体加固方法选择，应根据实际情况确定，如在砂质土层不宜使用注浆加固；埋深较深的进出洞口不宜用井点降水疏干等。土体加固厚度确定，如在砂性土体中盾构出洞加固范围应为盾构机长度加上 3 环管片的长度。

（3）临时支撑：临时支撑是盾构始发的根本，是重要工序。要有足够的稳定性，确保盾构始发时推力均匀地传递到各支撑上。临时支撑包括基座、导轨、支撑等。还有些泥水盾构利用钢管片、安装负环管片始发。

（4）洞门密封：为了防止盾构始发时泥水、地下水从盾壳和洞门的间隙处流失，以及盾尾通过洞门后背衬注浆浆液的流失，在盾构始发时需安装洞门临时密封装置，临时密封装置由帘布橡胶、扇形压板、垫片和螺栓等组成。密封装置安装前对帘布橡胶的整体性、硬度、老化程度等进行检查，对圆环板的成圆螺栓孔位等进行检查，并提前把帘布橡胶的螺栓孔加工好。盾构机进入预留洞门前，在外围刀盘和帘布橡胶板外侧涂润滑油以免盾构机刀盘挂破帘布橡胶板影响密封效果。

(5) 泥水盾构正常掘进：在泥水平衡模式下掘进时，操作人员必须时刻注意各种掘进参数的变化并迅速分析、判断，对变化的参数进行合理的调整。

3. 土压平衡盾构施工

在土层开挖工序中，除泥水盾构外，可采用土压平衡式盾构又称削土密闭式或泥土加压式盾构，这种盾构是在局部气压盾构和泥水加压盾构的基础上发展起来的。该种盾构的前端有一个全断面切削刀盘，在盾构中心或下部由长筒形螺旋运输机的进土口，其出口在密封舱外。其施工方法是保持开挖面的稳定，在切削刀盘后面的密封腔内充满开挖下来的土砂，并保持一定土压力。土压平衡式盾构自 1974 年在日本首次使用以来，以其独特的优势已广泛应用于世界各地的隧道工程中。目前，土压平衡式盾构在全国地铁、市政、能源等工程建设中得到了广泛的应用。实践证明，土压平衡式盾构具有能较好地控制地表沉降、保护环境、适应在市区和建筑密集处施工等优点。

1) 设备组成

土压平衡式盾构主要由以下几部分组成（图 6-26）：盾构壳体、刀盘及驱动系统、螺旋输送机、管片拼装机、推进系统、皮带输送机、人行闸、液压系统、电气控制系统、集中润滑系统、加泥系统、水冷却系统、盾尾密封系统、衬背注浆系统、车架、双梁吊运机构和单梁吊运机构。

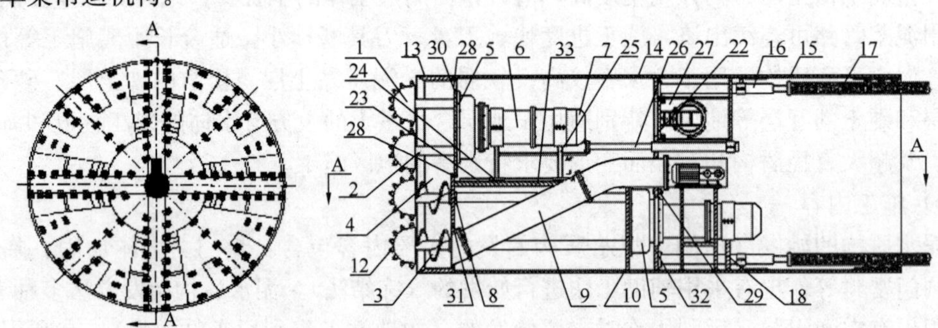

图 6-26 土压平衡盾构机主机构造图

1-刀具；2-刀盘；3-推进油缸；4-拼装机；5-螺旋输送机；6-涌缸顶块；7-人行闸；8-拉杆；9-双梁系统；10-出封系统；11-工作平台

2) 工作原理

土压平衡式盾构的掘进是利用安装在盾构最前面具有全断面切削刀盘的掘进机，掘进机将正面土体切削下来进入刀盘后面的贮留密封舱内，并使舱内具有适当压力与开挖面水土压力平衡，以减少盾构推进对地层土体的扰动，从而控制地表沉降。土压平衡式盾构的土渣排出是利用安装在密封舱下部的螺旋运输机，螺旋运输机依靠控制转速来掌握出土量，出土量要密切配合刀盘切削速度，以保持密封舱内始终充满泥土而又不至于过于饱满。这种盾构避免了局部气压盾构的主要缺点，也省略了泥水加压盾构投资较大的控制系统、泥水输送系统和泥水处理等设备。

3) 适用范围

土压平衡盾构掘进机一般不需要辅助技术措施，本身具有改善土体的性能，通过对各种土体的改良，能适应多种环境和地层的要求。可在砂砾、砂、粉砂、黏土等压密程度低、软硬相间的地层以及砾层、砂层等地层中使用。根据适用范围土压平衡式盾构可分为两类：一类是在黏性土地层中将开挖下来的土体直接填充在切削腔内，用螺旋输送机调整土压，使土舱内土体与开挖面水土压平衡；另一类是在砂性土地层中向开挖下来的土砂中加入适量的水或泥浆、添加剂等，通过搅拌以匀质、具有流动性的土体填充土舱和螺旋机，达到工作面的稳定。

4）施工特点

土压平衡式盾构掘进机几乎适应于全部的软弱土层，并能有效地保持开挖面的稳定和减少地面的沉降，施工的安全性及可操作性高。施工中基本不使用土体加固等辅助施工措施，节省技术措施经费，并对环境无污染；根据土压变化调整出土和盾构推进速度，易达到工作面的稳定，减少了地表变形；对掘进土量和排土量能形成自动控制管理，机械自动化程度高，施工速度快。

4. 衬砌施工

盾构施工隧道，尤其是在软土地层施工隧道，其衬砌多采用预制拼装形式，对于防护要求高的隧道也有采用整体浇筑混凝土支护、复合式衬砌等。预制管片或砌块相比整体式现浇混凝土衬砌具有以下优点：安装后立即能承受荷载；易于机械化施工；由于在工厂按设计要求专门加工模具，加上质量易于保证，并可附加专用防水装置。

装配式衬砌圆环一般由标准块、邻接块和封顶块的多块预制管片在盾尾拼装而成。10m 左右大直径隧道在饱和含水软弱地层中，如采用钢筋混凝土衬砌，为减少接缝形变和漏水，每个衬砌环可分为 8～10 块。土质较好的地层为减少内力还可增加块数，6m 左右中直径隧道一般分成 6～8 块，3m 左右的小直径隧道可采用 4 块。

圆环的拼装形式有通缝和错缝两种。错缝拼装，使圆环接缝刚度趋向均匀，减少接缝及整个结构变形，可取得较好的空间刚度，防水性能也比通缝好，但在某些场合，如需建旁侧通道或某些特殊需要时，则采用通缝形式便于结构合理。目前封顶块趋向于采用小封顶形式，其形式有径向楔入、纵向插入等几种。纵向插入式的封顶块受力情况较好，但拼装时需要长盾构千斤顶行程。我国及德国、比利时等国多采用纵向插入式，如图 6-27 所示。

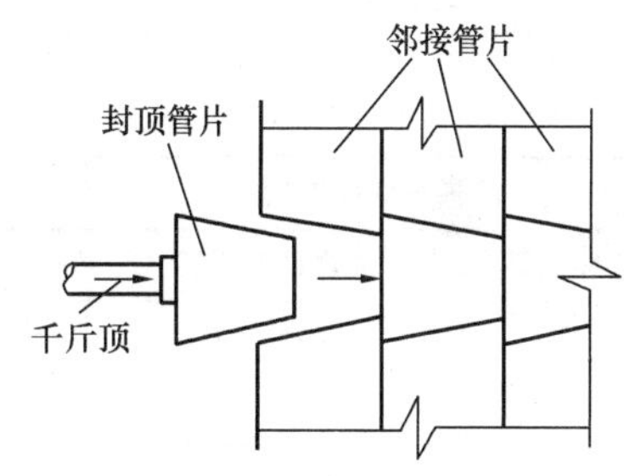

图 6-27 盾构法施工纵向封顶管片示意图

装配式衬砌材料有钢筋混凝土、铸铁、钢壳与钢筋混凝土复合式等，除特殊需要外，一般都选用钢筋混凝土作为衬砌管片材料，混凝土强度等级在 C40 以上。

盾构法施工的砌块衬砌结构主要解决以下三个问题：一是应满足结构强度和刚度要求；二是提高管片自身抗渗性和制作精度；三是重点解决接头的密封问题。目前广泛采用弹性密封防水，即采用接头密封条和弹性密封垫。接头密封条是用橡胶沥青密封条，厚 3mm，压缩后到 1.5mm，靠加热粘接在管片上，用在无螺栓的钢筋混凝土管片衬砌中，如图 6-28 所示；弹性密封垫是预制的成品，嵌置在接头面上专

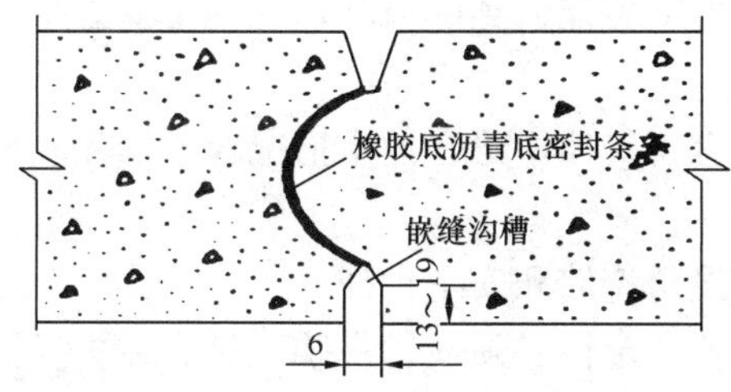

图 6-28 接头橡胶底沥青密封条

设的密封垫沟槽内，其形式有硫化橡胶类弹性密封垫、复合型弹性密封垫、灌注密封剂、嵌缝填料和螺栓孔防水等。

6.4.3 盾构法施工质量控制

1. 技术要求

（1）盾构在厂内制造完工后，必须进行整机调试，检查核实盾构设备的供油系统、液压系统和电气系统的状况，调试机械运转状态和控制系统的性能，确保盾构出厂就具备良好的性能，防止设备上的先天不足给工程带来不必要的困难。

（2）工程所使用的各种原材料、半成品或成品都必须符合国家现行有关标准和设计要求，特别是防水材料在使用前必须按规定抽查检测。

（3）盾构掘进施工对上部所需的覆土层的厚度要求。盾构顶推时，应防止千斤顶对刚拼装完毕的管片造成损伤。盾构推进后，应及时对衬砌背后实施注浆，尽可能减少地层损失。

（4）平行双洞应有足够的线间距，洞与洞及洞与其他建（构）筑物之间所夹土（岩）体加固处理的最小厚度为水平方向 1.0m，竖直方向 1.5m。

（5）两条隧道平行或立体交叉施工时，应根据地质条件、盾构（如土压平衡盾构）的特点、隧道埋深和间距，以及对地表变形的控制要求等因素，合理确定两条盾构推进前后错开的距离。

（6）掘进（如泥水平衡盾构）时，工作面压力应通过试推进 50～100m 后确定，在推进中应及时调整并保持稳定。盾构掘进水平与垂直方向控制标准，水平方向控制标准：±50mm；垂直方向控制标准：±50mm；地表沉降控制标准，如表 6-1 所示。

地表最大沉降量控制标准 **表 6-1**

隧道掘削面地层		隧道上方地层	最大沉降量（mm）
冲积层	软黏性土层	冲积层	30～100
洪积层	砂性土层	洪积层且厚度小于隧道直径	50～80
	黏性土层	洪积层或冲积层	10～30

（7）盾构掘进中遇有下列情况之一时，应停止掘进，分析原因并采取措施：盾构前方发生坍塌或遇有障碍；盾构自转角过大；盾构位置偏离过大；盾构推力较预计的增大；可能发生危及管片的防水、运输及注浆故障等。

2. 安全要求和措施

1）安全要求

（1）针对盾构施工在特定的地质条件和作业条件下可能遇到的风险，在施工前必须仔细研究并切实采取防止意外的技术措施。

（2）应特别注意防止瓦斯爆炸、火灾、缺氧、有害气体中毒和涌水情况等，预先制定和落实发生紧急情况时的对策和措施。

（3）盾构工作竖井地面设防雨棚，井口周围应设防淹墙和安全栏杆。

（4）更换刀具的人员必须系安全带，刀具的吊装和定位必须使用吊装工具。在更换滚刀时要使用抓紧钳和吊装工具。所有用于吊装刀具的吊具和工具都必须经过严格检查，以确保人员和设备的安全。

(5) 隧道施工时应进行机械通风，保证每人每分钟需供应新鲜空气 $3m^3$；最小风速不小于 0.15m/s。隧道内气温不得高于 28℃；隧道内噪声不得大于 90dB。

(6) 带压作业人员必须身体健康，并经过带压作业的专业培训，制定并执行带压工作程序。

2) 安全措施

(1) 采用专门仪器、仪表测量可燃性气体、有害气体和氧含量并做好记录。

(2) 必须选择合适的通风设备、通风方式、通风风量，做好隧道通风，将可燃性气体和有害气体控制在容许值以内。

(3) 当存在燃烧和缺氧危险时，应禁止明火火源，防止火灾。

(4) 当发现可燃气体和有害气体浓度超过容许值时，应立即撤出作业人员，加强通风、排气。

(5) 盾构需停止施工较长时间时，应按相关规定做好各项安全防护工作。

3. 质量控制和施工测量

不同盾构施工方法，对质量控制的内容、施工过程中的控制测量，以及环境保护要求也不同，以泥水盾构施工为例，阐明关键点。

1) 质量控制

(1) 掘进参数的控制。推进速度、排渣量、同步注浆和补强注浆、盾构姿态控制及方向调整、泥水处理及质量控制。

(2) 泥水要具有物理稳定性好，化学稳定性好，泥水的粒度级配、相对密度与黏度适当，流动性好，成膜性好。

(3) 泥水的最佳特性参数是：可渗比 $n=14\sim16$，相对密度为 1.2，漏斗黏度为 25～30s，界面高度小于 3mm（24h 静置后），pH 浓度 7～10。

(4) 泥浆制备。作泥量需考虑以下因素：混入泥水中的粉砂、黏土使泥水成分增加（砂质土几乎全部，硬质黏土有 10%～15%左右的细粒混入）；在作业面的损失量；泥水处理时的损失量；在加长配管时的损失量；从配管、泵向洞内泄漏的损失量等。

(5) 作泥设备。泥水的密度和黏度是泥水主要控制指标。在充分把握开挖前后泥水成分的增减和查明对于不同地质的泥水损失量及泵的规格的基础上，设置能应付预想的泥水性能变化的设备容量。作泥设备主要包含剩余泥水槽、黏土溶解槽、清水槽、调整槽、CMC（增黏剂）贮备槽、搅拌装置等。

(6) 泥水制作流程。调整槽内泥水不足时，黏土或膨润土被送入黏土溶解槽，经过搅拌装置充分搅拌后，送入调整槽；剩余泥水槽内的黏稠泥浆与来自清水槽的水混合，经过搅拌后，送入调整槽；泥水黏度不足时，向泥水中添加 CMC（增黏剂）增加泥水黏度；调整槽内的泥水经搅拌后由送泥泵送入送泥管道。

(7) 泥水盾构到达（进洞）管理。盾构到达是盾构推进施工的最后一道工序，也是关系工程成败的关键工序之一。盾构到达施工要保证隧道贯通、防止靠近洞口若干环管片纵向移位、防止基座出现姿态突变而影响成环管片变位等，还需要在洞门封门拆除、洞门缝隙处理等方面采取相依的技术措施、施工工艺和方法，确保盾构顺利到达。

(8) 到达前姿态控制。在盾构离洞口 50～100m 处，作最后一次传递测量，从而复核盾构的位置是否达到要求的范围之内。从三个方面控制盾构姿态：盾构轴线与隧道轴线夹角控制；盾构切口中心高程偏离值，宁正勿负；盾构切口中心平面偏离值控制在允许范围内。

(9) 管片拉紧。每环管片拼装后及时拧紧、复紧。对前若干环管片全部连接在一起，采取纵向拉杆或其他材料。

(10) 洞门封门。如为钢板封门，应在盾构距离 20～30cm 时停止掘进，拆除封门后，盾构快速掘进进入接收基座上，并立即进行洞口缝隙密封处理。如为钢筋混凝土封门，须在盾构到达前进行拆除。

(11) 接收导轨安装。根据测量出的盾构进洞姿态作为接收基座安装的依据，使盾构进洞后产生的姿态突变尽量小，并尽量减少对管片变位的影响。

(12) 土体加固。地质情况较差时的土体加固方法与始发施工类似。

2) 施工测量

一般来说，泥水盾构施工掘进时，应对以下项目进行控制和测量：

(1) 盾构机切削刀盘与掌子面压力的控制和测量。

(2) 切削刀盘的扭矩（驱动压力）和盾构机开挖舱泥水压力的控制和测量。

(3) 盾构机顶部泥水压力的测量；同步注浆及注脂的控制。

(4) 盾构机推进压力和进排浆系统压力及流量的控制和测量。

(5) 掘进方向的控制和测量。

3) 环境保护要求

(1) 废弃泥水的排放应经三次处理，符合循环再利用标准及废弃物排放标准。

(2) 盾构穿越重要建筑物下部时，应严格按监测计划实施监测，并及时进行信息反馈，确保建筑物的安全。

(3) 施工现场产生的排水，应先经过沉砂池、沉淀池除去悬浮物质，对酸性、碱性溶液进行中和后才能排放至公共下水道。

6.5 沉管法施工

沉管法，也称预制管段沉放法，即先在隧址以外的预制场制作隧道管段，管段两端用临时封墙密封，待达到设计强度后拖运至隧址位置。此时，在设计位置上已预先进行了沟槽开挖，设置了临时支座；然后沉放管段，待沉放完毕后，进行管段水下连接，处理管段接头及基础，而后覆土回填，再进行内部装修与设备安装，以完成隧道。这种方法一般用于过江、过海隧道建设，建成后的隧道也称沉管隧道，如图 6-29 所示。

图 6-29 沉管法示意图和施工图

6.5.1 沉管隧道适用条件

根据各国的实践经验，在水底隧道建设中，盾构法与沉管法各有优缺点，一般常采用比较经济、合理的沉管法。

1）沉管隧道的类型

沉管隧道的分类方式很多，可按用途、断面形状、材料等进行分类：

（1）按用途分，可将沉管隧道分为铁路隧道、道路隧道、人行隧道和水工隧道等。

（2）按断面形状分，可将沉管隧道分为圆形隧道、八角形隧道和矩形隧道等。

（3）按材料分，可将沉管隧道分为钢材隧道和钢筋混凝土隧道。

2）沉管隧道的环境适用条件

水道河床稳定，便于顺利开挖沟槽，减少土方量；水流不能过急，便于管段浮运、定位和沉放。沉管法的优点：管段为预制，容易保证隧道施工质量；工程造价较低；在隧道现场的施工期短；操作条件好、施工安全；断面形状、大小可自由选择，断面空间可充分利用；容易与周边道路和立交相连接。沉管法的不足，需要大面积干坞，对河道有影响。

3）施工需满足的条件

（1）隧道的截面尺寸既要考虑交通条件，又要考虑隧道施工的两个重要阶段（即浮运阶段和沉放阶段）的要求；每节管段长度为60～140m，一般为100m左右。

（2）沉管结构的配筋不宜采用Ⅲ级或Ⅲ级以上的钢筋，混凝土常采用C30～C45，具体的荷载组合和配筋计算，可参照《公路桥涵设计通用规范》JTG D60—2015。

（3）一般矩形沉管干舷高度为50～100mm，如果管段在波浪较大的水中浮运，则干舷高度要保持在150～250mm。在计算施工阶段抗浮安全系数时，临时施工设备的重量可以不计，抗浮系数在1.05～1.10之间；在使用阶段，抗浮安全系数取1.2～1.5。

6.5.2 沉管法施工工艺

沉管隧道施工大致包括以下八个步骤：第一步，干坞开挖（用于制作预制管段）；第二步，预制管段制作；第三步，干坞进水，打开坞门；第四步，沉放基槽开挖及清淤；第五步，将预制管段浮运至基槽指定位置；第六步，管段沉放及接头安装；第七步，基础处理；第八步，基槽回填覆盖。其中，管段制作、管段沉放、水下连接、基础处理是主要工序。

1. 管段制作

沉管隧道按其管段制作方式（或按其截面形状）分为两大类，即船台型（圆形、八角形或花篮形）和干坞型（矩形）。

1）船台型管段制作

利用船厂的船台，先预制钢壳，将其沿滑道滑移下水后，在浮起的钢壳内灌筑混凝土。该类管段的横断面一般为圆形、八角形和花篮形，此外，还有半圆形、椭圆形及组合形，基本上是从盾构隧道演化而来，如图6-30所示。

由于管段内轮廓为圆形，结构断面受力合理；沉管的底宽较小，基础处理比较容易；钢壳既是浇筑混凝土的外模，又是隧道的防水层，这种防水层在浮运过程中不易碰损；当具备利用船厂设备条件时，可缩短工期，在工程需要的沉管数量较大时，更为明显。但圆

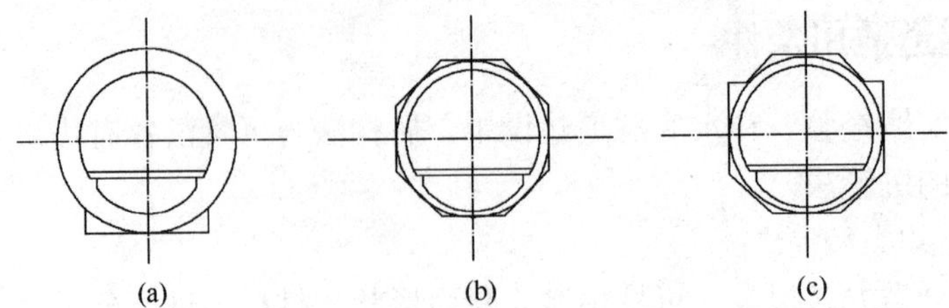

图6-30 沉管隧道各种圆形沉管

(a) 圆形；(b) 八角形；(c) 花篮形

形断面的空间利用率不高（与矩形截面相比），在车辆限界以外的上下方空间虽可利用为送、排风道，但车道高程相应压低，致使隧道深度增加，因此沟槽深度和隧道长度均相应增大；又因其内径受限制而只能设置双车道的路面，亦即限制了同一隧道的通行能力；同时耗钢量大，管段造价高，而且钢壳焊接质量及其防锈尚未能完善解决，因此只是早期在美国应用较多。

2）干坞型管段制作

在临时的干坞中制作钢筋混凝土管段，制成后往坞内灌水，使之浮起，并拖运至隧址沉放。这类沉管多为矩形断面（也称为矩形沉管），不存在圆形断面的缺点，可以在一个断面内同时容纳 2～8 个车道，如图 6-31 所示。

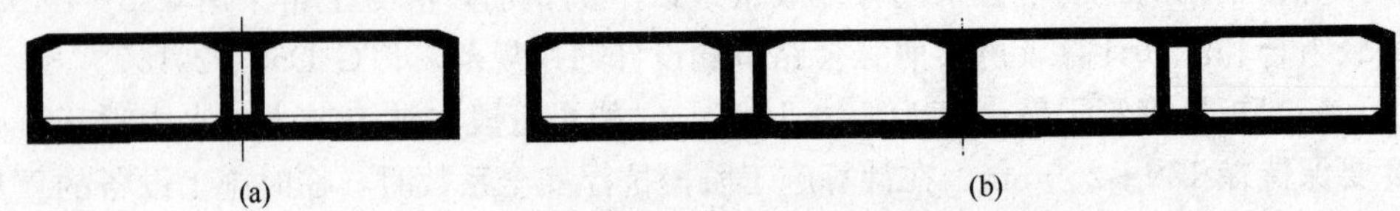

图6-31 矩形沉管隧道

(a) 六车道的矩形沉管理体制；(b) 八车道的矩形沉管

车道上方没有多余空间，断面利用率高；车道最低点的高程较高，隧道全长缩短，土方工程量少；建造 4～8 个车道时，工程量和施工费用均较省；一般用钢筋混凝土灌注，大大节约钢材，降低造价。但在制作管段时，对混凝土施工工艺须采取严格措施，以满足其均质性和水密性特别高的要求，并保证必需的干舷（管段顶部浮出水面的高度）和抗浮安全系数。这类管段较船台型管段的造价经济，自 20 世纪 50 年代以来，在欧洲已成为最常用的制作方式。荷兰鹿特丹马斯河水底隧道为用干坞制作管段的最早一例。目前，国内外多采用矩形沉管，并根据设计方案和要求，施工队伍的综合素质制定施工组织设计，然后组织施工。

2. 管段沉放

预制的管段达到设计强度后，便可浮运至沉放地点，然后沉放。管段沉放是整个沉管隧道施工的关键环节，它不但受气候、河流自然条件的直接影响，而且受到航道、设备条件的制约，所以，在沉管隧道施工中，并没有一套统一的沉放方法，但大体上可分为吊沉法和拉沉法两种形式。

1）吊沉法

根据施工方法和主要起吊设备的不同，吊沉法又分为分吊法、扛吊法和骑吊法等。

(1) 分吊法。在管段预制时，预埋 3～4 个吊点，在沉放作业时用 2～4 艘起重船或浮箱提着各个吊点，将管段沉放到规定位置。

(2) 扛吊法。在左右方驳之间加设两根“扛棒”，“扛棒”下吊设沉管，然后沉放。“扛棒”一般是型钢梁或组合梁，每副“扛棒”的每个“肩”所受的力仅为沉浮的负浮力（下沉力）的四分之一。用两艘方驳构成作业船组的吊沉方法称“双驳扛沉法”。用四艘方驳构成作业船组的吊沉方法称“四驳扛沉法”。

(3) 骑吊法。用水上作业平台“骑”于管段上方，将其慢慢地吊放沉没。水上作业平台，实际上为矩形钢浮箱，就位时，可向浮箱内灌水加荷压载，使四条钢腿插入海底或河底，移位时，则反之。

2) 拉沉法

利用预先设置在沟槽底面上的水下桩墩作为地垄，依靠架在管段上面钢桁架顶上的卷扬机和扣在地垄上的钢索，将具有 2000～3000kN 浮力的管段缓慢地拉下水，沉放到桩墩上。此法必须在水下设置桩墩，费用较大，应用很少。

管段沉放一般步骤是：准备工作、浮运、管段就位、管段下沉和水上交通管制。管段下沉经常分三步进行，即初次下沉、靠拢下沉和着地下沉。

3. 水下连接

20 世纪 50 年代以前，对钢壳制作的管段，曾采用水下灌筑混凝土的方法进行水下连接。对钢筋混凝土制作的矩形管段，现在普遍采用水力压接法。此法是在 20 世纪 50 年代末期在加拿大隧道实践中创造成功的，故也称温哥华法。它是利用作用在管段后端端面上的巨大压力，使安装在管段前端面周边上的一圈橡胶垫环发生压缩变形，构成一个水密性良好，且相当可靠的管段接头。接头胶垫是水力压接法的关键部件，目前世界上应用较多的是尖肋形胶垫，须按沉管周边的外形在工厂制作，后运到管段预制场安装。水力压接法主要工序是对位、拉合、压接和拆除端封墙。

(1) 对位。施工中在每节管段下沉着地时，结合管段的连接，进行符合精度要求的对位。

(2) 拉合。使用预设在管段内隔墙上的 2 台拉合千斤顶（或利用定位卷扬机），将刚沉放的管段拉向前一节管段，使胶垫的尖肋略为变形，起初步止水作用。

(3) 压接。完成拉合后，即可将前后两节管段封墙之间被胶垫封闭的水，经前节管段封墙下部的排水阀排出，同时利用封墙顶部的进气阀放入空气。

(4) 拆除端封墙。排水完毕后，作用在整个胶垫上更为巨大的水压力将其再次压缩，达到完全止水。完成水力压接后，便可拆除封墙（一般用钢筋混凝土筑成），使已沉放的管段连通岸上，并可开始铺设路面等内部装修工作。

在管段水下连接完毕后，需在管段内侧构筑永久性的管段接头，使前后两个管段连成一体。目前采用的管段接头有刚性接头和柔性接头两种。刚性接头是在水下连接完毕后，在相邻两节管段端面之间，沿隧道外壁浇筑一圈钢筋混凝土将之连接起来，其最大缺点是水密性不可靠。柔性接头是利用水力压接时所用的胶垫，吸收变温伸缩与基础不均匀沉降造成的角度变化，以消除或减少所受温变与变形应力。

4. 基础处理

处理沉放管段基础的目的是使沟槽底面平整，而不是为了提高地基的承载力。在水下开挖的沟槽，其底面凹凸不平，如不加以整平，管段沉放后会因地基受力不均匀而导致局部破坏，或因不均匀沉陷而开裂。为了提高沟槽底面的平整性，至今绝大多数建成的水底隧道采用垫平的方法。早期大多采用一种在管段沉放之前先铺砂石作为垫层的先铺法。它是在作业船上通过卷扬机和钢索操纵特制的刮铺机或钢犁，沿着沟槽底面两侧设置的、具有规定标高和坡度的导轨，将放下的垫料往复刮平。该法缺点较多。另一种垫平的方法为后填法。即先将管段沉放在沟槽底上的临时支座上，并使管底形成一定的空间（管段底板内预设液压千斤顶，在定位时可以顶向支座，调节管段高程），随后用垫层材料充填密实。后填法中最早用的是灌砂法，仅适用于底宽不大的船台型管段。

20 世纪 40 年代初创造成功的喷砂法，适用于宽度较大的大型管段。从水面上用砂泵将砂水混合料通过伸入管段底下的喷管向管底空间喷注，使形成一厚实均匀的砂垫层，喷砂作业须设专用台架和一套喷砂与回吸用的 L 形钢管。喷砂开始前，可利用它清除沟槽底上回淤土或塌方土。喷砂完毕，随即松开定位千斤顶，利用管段重量将砂垫层压实。这一基础处理方法在欧洲用得较多。20 世纪 70 年代日本用沉管法建造东京港、衣浦港等水底隧道时，采用了压浆法、压混凝土法等管段基础处理的新技术。

6.5.3 沉管法施工质量控制

不同地质环境其沉管法施工的质量控制要求不尽相同，以过河管道沉管施工为例，对沉管施工的 5 个质量控制重点进行阐述。

1）测量定位的质量控制

（1）采用卫星导航系统（北斗卫星导航系统、GPS 卫星导航系统等）进行测量定位，首先确定管道基槽中线和边线；挖掘船作业过程中位置会随水流移动，因此要在两岸管道轨道轴线处设置水尺标记供操作员目测定位，岸上指挥员也要注意轴线不能偏移。在航道中部水位较深的地方采用浮标作标志，在两岸水位较浅的地方插金属管做标志。

（2）在河涌的两岸设置水尺进行深度控制，方便施工时船舶观看，及时控制开挖深度。测量人员开挖过程中随时用探杆测量，做好记录，指挥操作员调整开挖位置。如有需要，由潜水员下水检查详细开挖情况。

（3）吊管、沉管过程中，在管道上每隔一定距离（30m 左右）安装一条观测标尺，在两端弯头的弯起段每间隔一定距离（300mm 左右）标注高程点，在岸上架设测量仪器（经纬仪），控制沉降位置。

2）基槽开挖的质量控制

（1）施工前对图纸及施工控制点、水准点进行复核。

（2）水下开挖沟槽容易塌方及回淤，考虑到施工时减少回淤量，采用分层开挖，减小淤泥的回淤，每层开挖深度在 0.5～1m。

（3）抛石及沉管前，必须对基槽进行全面复测。

（4）基础用串筒进行抛填角石，抛填平整后在角石基础上制作碎石垫层，由潜水员下水进行平整、检查，以保证管道安装标高符合设计要求。最后再由潜水员在水下用高压水枪进行全面的基槽整平，以使基槽底面高程能完全符合要求，确保管道顺利下沉。

（5）在管道基槽的施挖过程中，会对河堤产生一定的影响。为确保堤岸安全，可在过河管道的起点，终点分别施打钢板桩，以维护堤岸不坍塌。在过河管道基槽施挖过程中，加支撑对钢板桩作加强处理。

3）管道焊接及防腐的质量控制

（1）由于沉管施工完毕后，管道埋设在河床下，维修极其不便；因此对管道的焊接质量、防腐质量等要求较高，需严格控制。

（2）因为管道还要进行吊装、拖移等操作，焊缝的延展性要好，为此最好选用碱性焊条进行现场焊缝的焊接；沉管过程中，如沟槽有塌方，弯头处将会承受较大弯矩，因此弯头处要进行加固处理。

（3）管道按图纸尺寸焊接成型后先在岸上进行水压试验，检查管道的强度及严密性；然后在1.2倍工作压力下稳压24h以消除焊缝应力，最后对焊缝进行内外防腐处理。

4）吊管、沉管的质量控制

（1）按照施工计划安排，提前向部门申请并办理相关手续；做好管道拖吊下水的准备工作，检查管内积水是否排洁，管口是否密封，吊船舶位水深等。

（2）吊管、沉管采用船吊和岸上吊机配合施工。吊管下水时，管道底安放滑掌，在统一指挥下，各吊点吊起管道并摆渡，让管道在滑掌上滑向涌内，由涌内的吊船接应。随着管道的移动吊船慢慢地向对岸移动。在对岸的吊机接应吊船，吊住管道，使在此岸上的管道全部移到水面。将管道移到基槽上方，打开管道两端的排气阀，进水阀，即可灌水沉放。

（3）吊管下水时，各吊络与管道接触部分均用胶管套好，使钢丝绳与管道隔开，避免破坏管道外防腐。各吊船应掌握本船的吃水深度，避免受力不均匀而使管道出现过大的变形。

（4）控制各吊点的起吊或下降速度，将升或降每一动作控制在0.2～0.3m，避免管道变形。密切注意水流情况，调整吊船前后锚缆的松紧度，使管道不至于因水流的变化而发生位移。

（5）沉管完成后，派潜水员下水检查管底与沟底的接触均匀程度和紧密性，并由航道局验收管顶高程和位置。

（6）管道铺设完毕后，解开吊环钢索，用串筒导向抛石，抛筑碎石层，紧跟抛筑块石层。碎石层、块石层增加管道的上覆重量，起到保护管道和稳定管道位置的作用。部分回填点回填后，解除吊船的吊络，拆除测量标杆，将尾端的排气口封堵。

5）管道试压的质量控制

（1）管道制作过程中，必须进行闭水试验，管道拼装完整体进行试压；管道沉放安装完毕后进行水压试验。

（2）水压试验前应对压力表进行检验，应在有效检定期内。

（3）管道入水时，要认真进行排气，排气点应尽量选择在管道的高位。

6.6 顶管法施工

顶管法是地下管道或隧道穿越铁路、道路、河流或建筑物等各种障碍物时，采用的一种暗挖式施工方法。地下管道的铺设一般采用开槽方法，这种方法施工时挖大量土方，占用大量临时场地，管道安装后需进行回填，而且施工时影响交通，影响环境。而采用顶管技术铺设管道，无须挖槽或在水下开挖土方，并可避免为疏干和固结土体而采用降低地下水位等辅助措施，从而大大加快施工速度，降低造价，并能克服在穿越已成建筑物、交通线下面的涵管或河流、湖泊等无法降水的特殊环境下施工的困难，如图 6-32 所示。

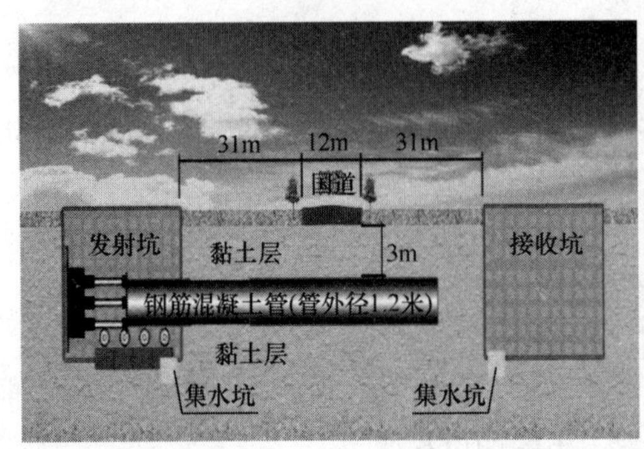

图 6-32 顶管法穿越断面示意图和实物图

6.6.1 顶管法适用条件

在顶管法施工时，通过传力顶铁和导向轨道，用支承于工作坑（井）后座上的液压千斤顶将管压入土层中，同时挖除并运走管正面的泥土。当第一节管全部顶入土层后，接着将第二节管接在后面继续顶进，这样将一节节管道顶入，做好接口，建成涵管。

1）顶管法类型

顶管法根据顶管距离长短可分为：普通顶管，一般距离不大于 100m；长距离顶管大于 100m，现在专家认为增加中继环可提高到 1000m。根据顶管直径大小可分为：超大管径顶管，一般认为顶管直径不小于 3m，现在日本、德国等国顶管管径已达 4～5m；普通管径顶管，一般顶管直径不小于 300mm，其中大口径顶管直径不小于 2000mm；中口径顶管直径 1200～2000mm；小口径顶管直径 500～1200mm；微口径顶管直径小于 500mm，最小顶管直径现可达 75mm。根据顶管形成的线形可分为：S 形曲线、水平与垂直兼有曲线、小曲率半径曲线等。

2）顶管法设备

顶管施工的基本设备主要包括管段前端的工具管，后部顶进设备及贯穿前后的出泥与气压设备，此外还有通风照明等设施。

（1）工具管是长距离顶管的关键设备，它安装在管道前端，外形与管道相似，其作用是定向、纠偏、防止塌方、出泥等。工具管从前向后由冲泥仓、操作室和控制室组成。

（2）顶进设备主要包括后座、主油缸、顶铁和导轨等。后座设置在主油缸与反力墙之间，每只油缸配置一块，其作用是将油缸的集中力分散传递给后墙。主油缸是顶进动力，一般对称布置 4～6 台，其顶力和行程可根据工程实际选定。顶铁主要是为弥补油缸行程设置的，其厚度应小于油缸行程。导轨起顶进导向作用，在接管时又起管道吊放和拼焊平台的作用。

（3）出泥设备主要是吸泥机，应根据工程实际，选择其提升高度、排量、供水泵型号、排泥管口径等。

此外，在水下进行长距离顶管，工具管有时必须采用局部气压施工，而且时间很长，有时还需要在气压下排除故障，因此，还需要压缩空气供气系统。

3）适用条件

顶管法在城市地下工程特别是市政管线工程施工中适用的范围还是比较广，如遇到下面几种情况时均可考虑采用顶管法施工：

（1）管道穿越铁路，公路、河流或建筑物时；

（2）街道狭窄，两侧建筑物多时；

（3）在市区交通量大的街道施工，又不能断绝交通或严重影响交通时；

（4）现场条件复杂，上下交叉作业，相互干扰，易发生危险时；

（5）管道覆土较深，开槽土方量大，并需要支撑时；

（6）河道以下施工，采用隧道方式施工不经济或技术上有困难时。

4）顶管法特点

（1）优点：比盾构法造价低；适用于市政工程；对建筑物、地下管线和道路交通影响小；施工时无噪声和振动，对周围环境的影响较小；不必进行大范围开挖，不影响城市道路正常交通；不需降低地下水位，地面沉降较小；在建筑物附近施工，不对建筑物产生不良影响，故无需加固房屋地基和桩基。

（2）缺点：内部尺寸较盾构小；无中继环时顶进距离较小；需要工作井；使用小型顶管（钻）机进行施工，要求顶管（钻）机具有较高的顶（钻）进精度和顶（钻）进速度。

6.6.2 顶管法施工工艺

顶管施工的基本程序为：先在管道的一端挖掘工作坑（井），完成后在其内安装顶进设备，将管道顶入土层，边顶进边挖土，将管段逐节顶入土层内，直到顶至设计长度为止。其施工工艺如图 6-33 所示。

1）测量定位放线

根据设计图纸的桩位、标高及交桩记录，将坐标、标高对应到相应检查井井位。

2）工作井的开挖与砌筑

目前多采用水泥砂浆、黏土砖砌筑圆形倒挂井。工作井的工作面尺寸与顶管管径、长度、方法、选用顶管机具、操作空间、垂直运输距离等因素有关，内径、外径多选用 5000mm、5500mm。一般在工作井顶管上口部位设置钢筋混凝土圈梁，根据工作井深度，圈梁可选择 250mm×300～500mm（高度）。

3）工作井的基底施工

工作井底做混凝土基底，埋设预埋铁件、安装导轨等。基底混凝土多采用 C20 混凝土，厚度在 350～500mm 之间；预埋铁件用于固定导轨；导轨的主要作用是支托未入土的管段并为顶铁导向，一般用大于管壁厚度的工字钢制作。导轨安装应顺直、平行、等高，其纵坡应与管道设计纵坡一致，其高程应根据管道的壁厚、导轨间距、管道设计高程等指标计算。在工作井底部做一个集水坑，且基底向集水坑有一定坡度。

4）后背墙的制作

后背墙是千斤顶的支承结构，必须要有足够的强度和刚度，且压缩变形要均匀。在工作井砌筑过程中，在最下部管道轴线方向两端预留一定范围井壁不砌筑，一端用于后背墙

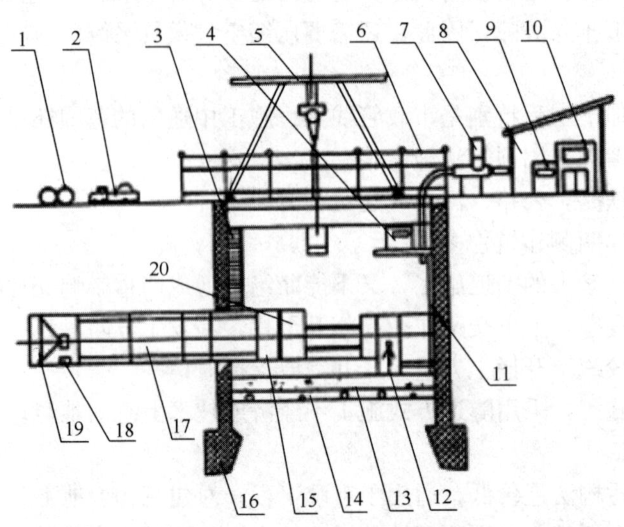

图6-33 顶管施工工艺流程图

1-钢筋混凝土管；2-运输车；3-扶梯；4-主顶油泵；5-行车；6-安全扶栏；7-润滑注浆系统；8-操纵房；9-配电系统；10-操作系统；11-后座；12-测量系统；13-主顶油缸；14-导轨；15-弧形顶铁；16-工作井；17-钢筋混凝土管；18-运土车；19-机头；20-环形顶铁

支承土体，另一端用于管道顶进。后背墙可采用外侧单排枕木，内侧厚钢板制作。为保证顶进中后背墙外土体单位面积所受压力小于土体允许承载力，保证顶进工作的顺利进行，因此在后背墙面积确定时，应根据顶进长度、土质计算总顶力，根据土质的允许承载力计算后背墙的允许承载力，从而确定后背墙面积。

5）安装千斤顶与提升设备

目前顶管多为1个高压油泵，2台液压千斤顶，千斤顶主油缸是顶进系统的核心，安装时应根据已确定的合力中心线位置，左右对称布置。主油缸一般应安装在支架上，轴线应与管轴线平行，与后背墙垂直，油缸着力点无间隙。

提升设备主要包括：电动卷扬机、横跨工作井的龙门架等，卷扬机根据提升重量、效率要求进行选择；龙门架可采用钢管、工字钢等刚度较大的型钢焊接而成。

6）掏土、安管、安顶铁顶进

（1）掏土。为节省费用，一般采用人工管内掏土，四轮小车管内水平运土。

（2）安管。将钢筋混凝土顶管安放在导轨上。如采用“F”管，管接口处配合安装橡胶密封圈；如为平口管，管接口处配合安装钢套箍，油麻。

（3）顶铁。顶铁是为了弥补千斤顶油缸行程不足而设置的。顶铁要传递顶力，所以顶铁两面要平整，厚度要一致，受压强度要高，刚度要大，以确保工作时不破坏、不失稳。

（4）顶进。顶进前应检查全部设备是否处于良好状态，导轨高程、坡度、方向是否符合设计的管道轴线、高程、坡度要求。根据土质的不同，顶进可采用先挖后顶、先顶后挖两种方法。

7）设备拆除

顶进完成后，先拆除千斤顶、后背墙，保留提升设备为检查井砌筑提供材料垂直运输，检查井砌筑完成后拆除提升设备。

8）检查井砌筑

检查井一般采用水泥砂浆、黏土砖砌筑，按设计要求安装爬梯；管道与井壁接触部分要砌筑砖块，防止管道受到额外荷载作用；按设计要求做好井内壁防腐。砌筑砂浆饱满度是检查井质量控制的主要指标，要满足抗渗漏及闭水试验的要求。

以上介绍的是顶管施工的基本程序，在长距离顶管施工中，顶进过程中常需采用润滑剂减阻和中继接力技术。国外某一顶管工程，采用触变泥浆减阻和 16 个中继接力顶进，一次顶进长度达 1200m。我国在 1981 年 4 月完成的浙江镇海穿越甬江工程，ϕ2.6m 的管道采用 5 只中继环从甬江一岸单向顶进 581m，终点偏位上下左右均小于 10mm。1986 年上海基础工程公司，用四根长度 600m 以上的钢质管道先后穿越黄浦江，其中黄浦江上游引水工程关键之一的南市水场输水管道，单向一次顶进 1120m。在此超千米的顶进施工中，成功地将计算机、激光、陀螺仪等先进设备有机结合，用计算机控制中继环、压浆系统和激光导向，计算机指导纠偏施工，顶进轴线精度达到左右小于±150mm，高低小于±50mm。顶进施工还有效地控制了地面沉降，成功地穿越了地面建筑区，节省了一只中间井，避免了 $1.2\times10^4\mathrm{m}^2$ 建筑物拆迁，节省投资 560 万元。

6.6.3 顶管施工关键技术与措施

1. 关键技术和技术措施

普通顶管施工是在一般条件下的顶进技术，在最佳施工条件下，一次顶进长度为百米左右，但在城市干管施工中，或管线需穿越大型建筑群或河道时，普通顶管法的一次顶进长度就不足以顶完全程，因此，需要完善长距离顶管技术。以长距离顶管施工为例，介绍其主要关键技术和技术措施。

1）关键技术

（1）顶力问题：顶管的顶力是随着顶进长度的增加需不断增加，但是又受到管道强度的限制，不能无限增加，因此用普通顶管法只在管尾推进的方法，顶进距离受到限制。所以长距离顶管必须解决在管道强度允许范围内施加的顶力问题。目前有两种方法：润滑剂减阻技术和中继接力技术。

（2）方向控制：管段能否按设计轴线顶进，这是长距离顶管成败的关键之一。顶进方向失控，会导致管道弯曲，顶力急剧增加，顶进困难，工程无法施工。因此，必须有一套能准确控制管段顶进方向的导向机构。上海基础工程公司顶管系统中，采用三段双铰工具管来完成。

（3）制止正面坍方：坍方危及地面建筑物，使管道方向失去控制，导致管道受力情况恶化，给施工带来许多困难。在深层顶管中，制止坍方实际上是制服地下水的问题。

2）技术措施

为了解决上述技术关键，在长距离顶管中主要采用的技术措施如下：

（1）穿墙。从打开穿墙管闷板，将工具管顶出井外，到安装好穿墙止水，这一过程通称穿墙。穿墙是顶管施工的主要工序，因为穿墙后工具管方向的准确程度将会给以后管道的方向控制和管道拼接工作带来影响。穿墙时应注意，在墙管内事先填满经过夯实的黄黏土，以免地下水和土大量涌入工作井，打开穿墙管闷板，应立刻将工具管顶进。

(2) 纠偏与导向。顶管必须沿设计轴向顶进，应控制顶进中的方向和高程，若发生偏差，必须纠偏。以往纠偏工作是当管道头部偏离了轴线后才进行，但这时管道已经产生了偏差，因此管轴线难免有较大的弯曲。管道偏离轴线，其中一个主要原因是顶力不平衡导致。如果事先能消除不平衡外力，就能更好防止管道的偏位。

(3) 局部气压。顶管在流砂层和流塑状态的土层顶进，有时因正面挤压力不足以阻止坍方，则易产生正面坍方，出泥量增加，造成地面沉降，管轴线弯曲．给纠偏带来困难，而且还会破坏泥浆减阻效果。为解决这类问题，常采用局部气压。局部气压的大小视具体情况而定，一般土层以不坍方为准。

(4) 触变泥浆减阻。为减少长距离顶管中管壁四周摩阻力，在管壁外压注触变泥浆，形成一定厚度的泥浆套，使顶管在泥浆套中顶进，以减少阻力。

(5) 中继接力顶进。在长距离顶管中，只采用触变泥浆减阻单一措施仍显不够，还需采用中继间接力顶进，也就是在管道中间设置中继环，分段克服摩擦阻力，从而解决顶力不足问题。

2. 质量控制要点

1) 工作井施工质量控制要点

工作井深度一般都在 5m 以上（最深可达十几米），是施工人员工作场地，每个井一般要至少需连续工作一个月左右，因而工作井施工质量对施工人员安全、工作环境及施工进度都有着密切的关系。

工作井的砌体圆曲度要均匀一致，才能保证在外侧土压力的作用下，井壁砖砌体处于环向受压状态，充分利用砌体材料的抗压强度。

倒挂井砌筑时，分段要尽可能小一些，上下段要在一个垂面内且形成整体；砌体水平、垂直灰缝砂浆要有一定饱满度。由于工作井砌筑由上而下分段砌筑，上、下段接茬处容易形成环形断面，受力时各施工段就成为独立段受力，为了保证井壁砌体形成整体，砌筑上段时，在该段砌体底部每隔 1m 左右设置预埋钢筋，砌筑下段至两段接口处采用混凝土浇筑。为保证砌体砂浆饱满度，砖提前浇水湿润，砂浆和易性恰当控制，采取挤浆砌法。当地下水位较高时，砌体砌筑过程中容易产生水顺砖缝流出带走砂浆，此时采用井外井管降水措施，同时在每段砌体下部预埋一定量的引水管。

2) 后背墙施工质量控制要点

后背墙枕木与土壁直接接触，接触面要平整、严密，才能保证管道在顶进过程中后背墙外侧土体受力时压缩变形均匀，要防止土体不平顶进时局部土体受力而破坏。具体控制指标应根据施工验收规范逐项检查。

当后背墙外侧土体出现局部塌方时，应先清理土方，再用袋装碎石堆填空隙密实，顶进时通过袋装碎石传力至土壁，使外侧土壁（后背墙范围内）都能均匀受力。当后背墙外侧土体含水率较大时，在顶进受力时土体压缩，撤力时土体回弹，反复循环作用容易造成土体液化，后背墙土体失去承载力，从而导致顶管无法顶进。可根据土质类型分别采用轻型井点管或电渗井点降水。

3) 管道轴线、标高控制方法要点

管道轴线、标高是顶管工程最主要的两项技术指标，它控制的准确程度直接关系到管道能否满足使用要求。

（1）管道顶进前，需根据设计图纸及交桩记录，将管道轴线方向点引测到工作井下部前后井壁上，并作标识（比如打入水泥钉），同时将水准点引测到工作坑下部井壁，并予以标识，且依据基准点进行复核，以此作为顶管方向及标高控制基准点。

（2）在导轨安装时，要保证导轨坡降标高符合设计要求，从而更容易地控制顶进管道的轴线和标高。

（3）测量仪器尽可能选用激光经纬仪和水准仪，既便于准确读数，又提高测量效率。利用井壁基准点进行轴线、标高控制，做到每顶进一次，测量一次轴线、标高。

4）纠偏措施要点

当管道顶进中出现偏差时可采取如下纠偏方法：

（1）挖土纠偏：管道偏离设计中心，一侧适当超挖，而在对方一侧不超挖或适量少挖，让首节管道调向，逐渐回到设计位置。此法主要用于轴线偏差 10～30mm。

（2）顶木纠偏：用圆木或方木 1 根，一端顶在管道偏向设计一侧内管壁上，另一端支在垫有木板的管前土体上，支架稳固后，开动千斤顶，利用顶进时顶木斜支管所产生的分力，使管道方向得以校正。主要用于轴线偏差大于 30mm 情况。

（3）千斤顶纠偏：配合挖土纠偏法，在超挖的一侧管端壁支上 1 个 5～10t 的小千斤顶，千斤顶底座上接一短顶木，利用小千斤顶的顶力使首节管道调向，在顶进中逐渐回到设计位置。

纠偏时，采取逐步顶进逐步纠偏，限制每一次纠偏量。禁止一次纠偏量过大，防止反向偏差产生。

5）检查井砌筑质量控制要点

（1）砌井前，砖要提前浇水充分润湿。

（2）根据空气湿度、砌井环境，调制恰当水泥砂浆和易性，满足挤浆砌筑要求。

（3）砖错缝砌筑，砂浆饱满度达到 80%以上。

（4）当基坑有地下水时，要在基底外侧地下水上游设置集水坑，不断抽水，直至砌筑抹灰、砂浆达到一定强度。

6.7 城市地下工程施工例析

在城市地下工程修建中，因地质条件、建筑的体型特征、施工条件的不同，采用的施工方法不同，即使是相同的施工方法在实施上也会有差异，主要反映在施工参数确定、施工机械选择以及质量控制要求等方面。下面通过几个具体的地下工程施工实例分析，介绍施工方法中施工参数、质量控制参数等的取值。

6.7.1 广州某地铁车站施工

1. 工程概况

广州某地铁车站位于两条市郊道路的交叉处，是地铁 X 号线与 Y 号线的换乘站。周边地形较为开阔、平坦。地下水位在现有地面以下 2m，地下水对地铁构筑物中的混凝土结构无腐蚀性，对钢筋混凝土结构中的钢筋有弱腐蚀性。主要施工工序流程为：

（1）基坑围护：地下连续墙围护、钻孔桩止水帷幕、工法桩围。

(2) 地基处理及降排水：高压旋喷桩、水泥土搅拌桩。

(3) 基坑开挖：放坡、分层开挖。

(4) 支撑体系：由钢筋混凝土支撑、钢支撑及格构柱组成。

(5) 内部结构：地下两层（站台层、站厅层），由底板（1m）、中板（0.5m）、顶板（0.8m）、柱及内衬墙（0.6m）组成。

(6) 施工监测。

2. 地下连续墙施工

本工程钢筋笼分“一”“L”“Z”三种形状，地墙接头采用圆形柔性接头，混凝土一次浇筑，所有导墙接头与地墙接头错开。地下连续墙施工流程如图 6-34 所示。

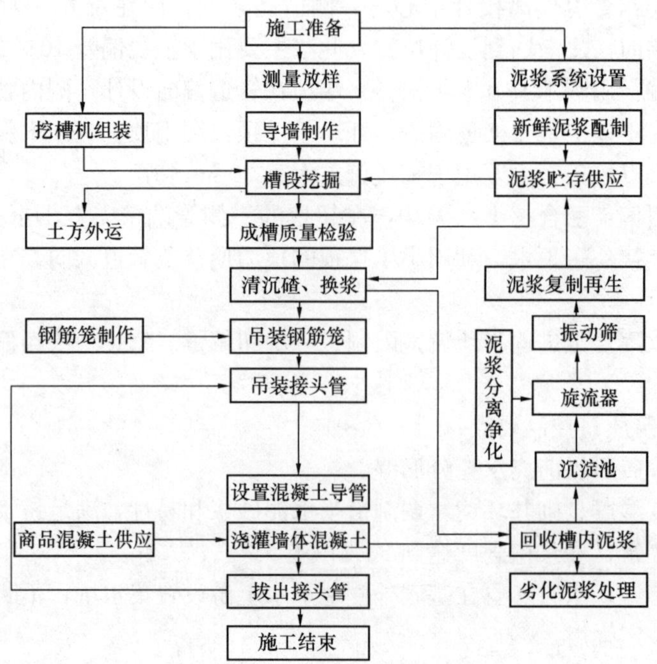

图 6-34　地下连续墙施工流程

1) 导墙制作

地下连续墙导墙示意图与施工图如图 6-35 所示。

图 6-35　导墙设计图与现场施工图

2）泥浆工艺

（1）泥浆材料

膨润土：200 目商品膨润土；水：自来水；分散剂：纯碱（Na_2CO_3）；增黏剂：CMC（高黏度，粉末状）；加重剂：200 目重晶石粉。

（2）技术要点

泥浆搅拌严格按照操作规程和配合比要求进行；对槽段被置换后的泥浆进行测试，必须符合要求；保证城市环境清洁；严格控制泥浆的液位；如图 6-36、图 6-37 所示。

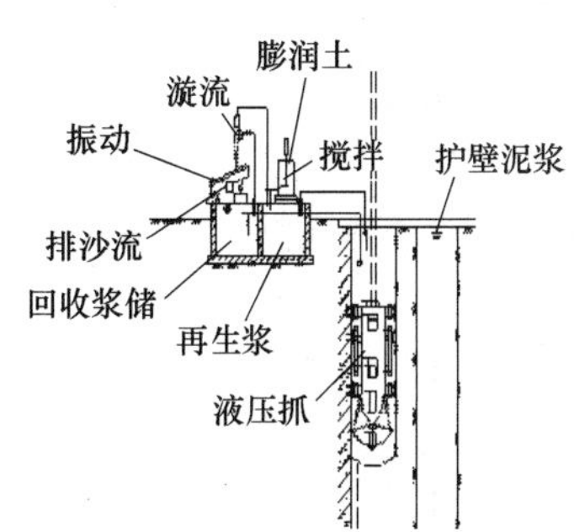

图 6-36 泥浆循环系统示意图与现场图

图 6-37 成槽施工现场图

3）成槽施工

（1）槽段划分：宽度一般为 6.5m、6m、5.5m、5m；

（2）槽段放样：在导墙上精确定位地墙分段及锁口管标记线；

（3）成槽设备选型；

（4）成槽垂直度控制：成槽机自带垂直度检测仪、超声波测斜仪；

（5）成槽挖土顺序：按槽段划分，分幅施工，标准槽段（约 6m）采用三抓成槽法开挖成槽，先挖两端最后挖中间，使抓斗两侧受力均匀，如此反复开挖直至设计槽底标高为止；

（6）成槽挖土：成槽开挖时抓斗应闭斗下放，开挖时再张开，每斗进尺深度控制在 0.3m 左右，上、下抓斗时要缓慢进行，避免形成涡流冲刷槽壁，引起坍方，同时在槽孔混凝土未灌注之前严禁重型机械在槽孔附近行走产生振动；

（7）挖槽土方外运：15t 土方车外运，工地设临时堆放场地；

（8）成槽测量及控制：确保泥浆液面高出地下水位 0.5m 以上，同时也不能低于导墙顶面 0.3m；

（9）槽段检验：槽段平面位置偏差检测，槽段深度检测，槽段壁面垂直度检测。

4）清底及接头处理

（1）用抓斗直接挖除槽底沉渣之后，进一步使用 Dg100 空气升液器清除未能挖除的细小土渣，以泥浆反循环法吸除沉积在槽底部的土渣淤泥。

（2）刷壁：老接头上的一层泥皮会影响槽壁接头质量，发生接头部分渗漏水。刷壁方法主要采用自制强制式刷壁机，将附着在接头上的泥皮清除。

5）钢筋笼的制作和吊放

（1）钢筋笼加工：根据成槽设备的数量及施工场地的实际情况，搭设 3 只钢筋笼制作平台，现场加工钢筋笼，平台尺寸 7m×30m。每幅钢筋笼一般采用 4 榀桁架，桁架间距不大于 1500mm。钢筋笼端部与接头管或混凝土接头面间应留有 15～20cm 的空隙。竖向钢筋保护层厚度内侧为 5cm，外侧为 7cm。在垫块与墙面之间留有 2～3cm 的间隙。钢筋连接器预埋钢筋与地下连续墙外侧水平钢筋点焊固定，焊点不少于 2 点。

(2) 钢筋笼吊放：桁架采用 QUY150A（150t 主吊）和 LS-218RH-5（50t 副吊）履带式起重机双机抬吊配合吊装。钢筋笼设置纵横向桁架，防止不可复原的变形，如图 6-38 所示。

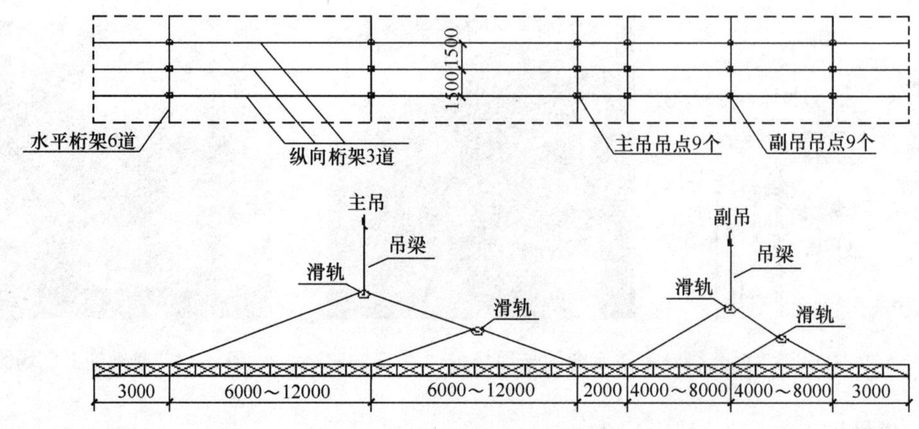

图 6-38 钢筋笼吊放示意图

6）水下混凝土浇筑

本工程混凝土的设计等级为水下 C30P8，混凝土的坍落度为 18～22cm。混凝土浇灌采用龙门架配合混凝土导管完成，导管采用法兰盘连接式导管，导管连接处用橡胶垫圈密封防水。导管在第一次使用前，在地面先作水密封试验。在混凝土浇筑前要测试混凝土的坍落度，并做好试块。水下混凝土浇筑注意事项：

(1) 钢筋笼沉放就位后，应及时灌注混凝土，不应超过 4 小时。

(2) 导管插入到离槽底标高 300～500mm，灌注混凝土前应在导管内临近泥浆面位置吊挂隔水栓，方可浇筑混凝土。

(3) 检查导管的安装长度，并做好记录，每车混凝土填写一次记录，导管插入混凝土深度应保持在 2～6m。

(4) 导管集料斗混凝土储量应保证初灌量，并保证开始灌注混凝土时埋管深度不小于 500mm。

(5) 混凝土浇筑中要保持混凝土连续均匀下料，混凝土面上升速度控制在 4～5m/h，导管下口在混凝土内埋置深度控制在 1.5～6.0m。

(6) 导管间水平布置距离一般为 2.5m，最大不大于 3m，距槽段端部不应大于 1.5m。

(7) 在混凝土浇筑时，不得将路面洒落的混凝土扫入槽内，污染泥浆。

(8) 混凝土泛浆高度 50cm，以保证墙顶混凝土强度满足设计要求。

7）锁口管提拔

锁口管提拔与混凝土浇筑相结合，混凝土浇筑记录作为提拔锁口管时间的控制依据。混凝土浇筑开始后 4 小时左右开始拨动，以后每隔 30 分钟提升一次，其幅度不宜大于

50～100mm，待混凝土达到终凝后，将锁口管一次全部拔出并及时开展清洁和疏通工作。

3. 高压旋喷桩

二重管旋喷桩工艺流程如图 6-39 所示。

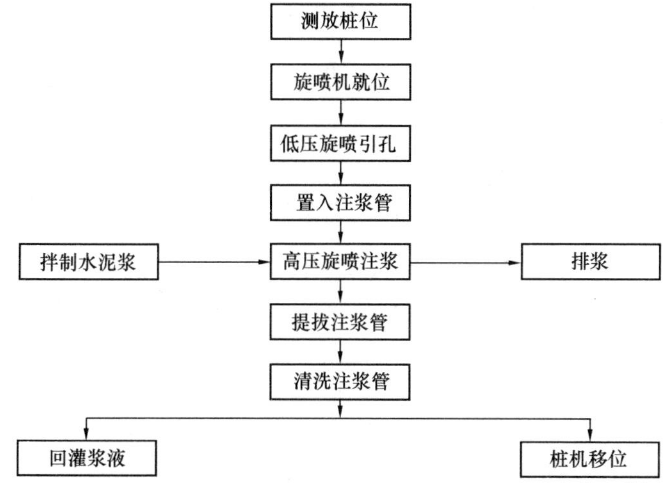

图 6-39 二重管旋喷桩工艺流程

高压旋喷桩的施工及技术要求：

(1) 控制点布设于非施工区域，桩位误差不大于 20mm。

(2) 钻机就位应准确，架设应平稳坚实，就位偏差不大于 20mm。

(3) 用水平尺控制桩架垂直度，成孔偏斜率控制在 1%以内。

(4) 水泥浆液应随配随用，浆液搅拌采用二级搅拌，防止水泥浆沉淀。

(5) 高压旋喷注浆作业时，供浆、送气应连续。

(6) 高压喷射注浆施工应跳打，跳打程序为隔孔跳打，以防邻桩串浆而影响成桩质量。

4. 井点降水

1) 降水目的

(1) 疏干开挖范围内土体中的地下水，方便挖掘机和工人在坑内施工作业。

(2) 降低坑内土体含水量，提高坑内土体强度，减少坑底隆起和围护结构的变形量，防止坑外地表过量沉降。

(3) 及时降低下部承压含水层的承压水水位，防止基坑底部突涌的发生，确保施工时基坑底板的稳定性。

2) 成井施工流程

成孔及清孔工艺与钻孔桩相似，即下井管、埋填滤料、洗井、降水运行工况，成井施工流程图，如图 6-40 所示。

3) 封井原则

(1) 所有降压井均应在所在区域底板浇筑完毕并达到设计强度之后方可考虑停止抽水。

(2) 封井应会同总承包方、设计方以及降水方确定封井原则并形成相关文件；由总承包方发出封井指令或降水方提出封井申请由总承包方确认，降水方按指令或确认文件停止

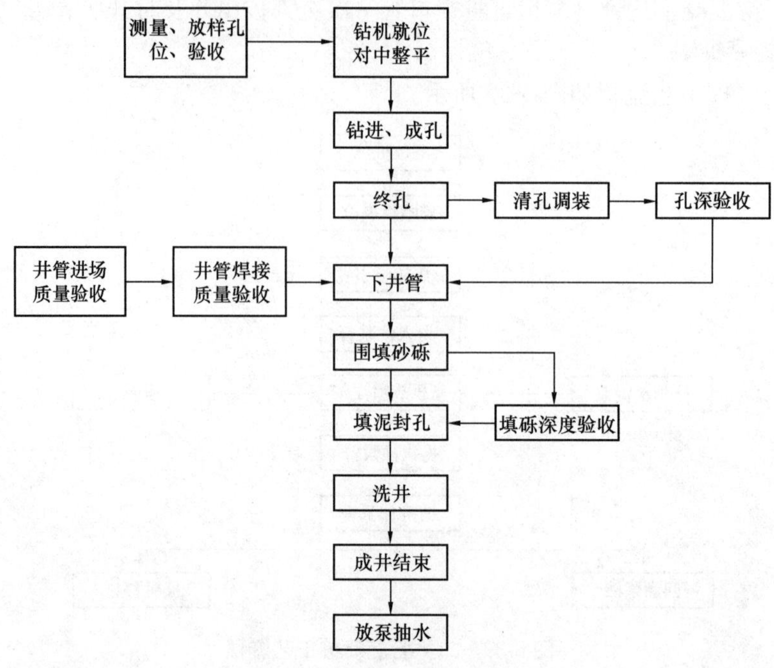

图6-40 成井施工流程图

所有降水井抽水并实施降水井封井。

5. 基坑开挖及支撑

1）基坑开挖

工程前期先进行地基加固、钻孔桩、井点降水和圈梁的施工，待完成上述项目施工后，并达到预降水15～20天或降水深度达到设计要求后（圈梁强度达到设计要求），即开始基坑开挖施工。基坑开挖按时空效应原理分为若干个单元开挖，基坑开挖时“由深向浅”逐段开挖，即水平分段、竖向分层、纵向放坡、抽槽开挖、“盆式”开挖。

2）支撑体系

（1）第一道支撑为钢筋混凝土支撑，第二道支撑采用大开挖安装，然后架设钢支撑。

（2）根据土方开挖进度，及时配齐开挖段所需的支撑及垫块等。钢支撑均采用ϕ609mm×16mm钢管，钢管之间采用法兰螺栓连接。

（3）采用一台50t履带吊安装支撑。

（4）钢支撑安装后，为控制墙体水平位移，必须对其施加预应力，并在第一次加预应力后12h内观测预应力损失及墙体水平位移，并复加预应力至设计值。

3）支撑拆除

（1）在底板混凝土强度达到设计强度后，方可拆除支撑。

（2）拆除第二道支撑先用50t履带吊吊住钢支撑，然后割除连接，吊出基坑。单根支撑拆除为先对撑，释放支撑应力，松开活络端，从两边往中间方向拆，然后逐根拆除。

（3）拆除标准段的第三道支撑，各自先在中板上的吊环上安装链条葫芦，然后用气割割断钢垫箱；链条葫芦将支撑慢慢放下至基坑底，然后再分解支撑螺丝，将小段支撑水平运至洞孔吊点处用50t履带吊从孔洞吊出钢支撑。

6. 内部结构

1）顺作法内部结构

施工流程：底板施工、侧墙施工、中板施工、顶板施工、施工缝及诱导缝防水措施、结构底板抗浮措施、顶板防水施工、回填土施工。

2）逆作法重难点

由于是先施工顶板，再中板，最后是底板，故每层板浇筑后的平整性及稳定性、侧墙浇筑及板底纵向水平施工缝防水是逆作法施工的三个重点、难点。

(1) 每层板浇筑后的稳定性保证措施。板底进行地基加固；离设计标高 20cm 时改用人工挖土，减少土体扰动；板底浇筑垫层。

(2) 侧墙浇筑质量保证措施。每层板浇筑时沿侧墙四周预留浇筑孔；混凝土分层浇筑，每层高度不大于 50cm；加强振捣，插入式与水平式共同使用。

(3) 板底纵向水平施工缝防水措施。在板浇筑时，在侧墙底支模时，制作榫槽；在施工缝处涂抹遇水膨胀密封胶；在接缝处预留注浆管，待混凝土达到一定强度后对接缝进行压密注浆。

7. 施工监测

工程进行信息化施工，通过在工程施工期间对基坑围护体系和周围环境的变化情况进行监测，汇总各项监测信息，可进行综合分析，有利于指导施工，采取各项施工措施以及环境保护措施的实施。因此，有效、准确、及时的施工监测是信息化施工的关键。基坑本身的安全监测和基坑周围的环境的变形监测是工程监测的重点。

1）监测内容

针对一般工程的设计要求及施工条件，总体设置以下监测内容：围护体位移（测斜）监测；围护墙顶沉降与位移监测；支撑轴力监测；立柱隆沉监测；坑底土体隆沉监测；坑外地下水位（潜水）变化监测；坑外地表沉降监测；既有建（构）筑物沉降监测。

2）监测频率

(1) 监测工作自始至终要与施工的进度相结合，监测工作布置的基本原则是在确保施工安全，本着“经济、合理、可靠”的原则下安排监测进程，尽可能建立起一个完整的监测预警系统。

(2) 基坑预降水阶段，测量频率为 2～3 次/周。

(3) 在基坑开挖过程中，适当加密监测频率，直至跟踪监测。

(4) 在地下结构施工阶段，各监测项目观测频率为 2～3 次/周，支撑拆除阶段 1 次/天。

6.7.2 杭州地铁区间隧道施工

1. 工程概况

杭州市地铁 1 号线 16、17 号盾构区间工程包括，九堡东站～下沙西站，区间单圆盾构隧道、区间风井以及联络通道、泵站等附属结构；下沙东站～文泽路站，区间单圆盾构隧道、联络通道、泵站等附属结构。盾构机在下沙西站西端头下井组装，并始发掘进，掘进至九堡东站东端头，盾构机解体、吊出后运至下沙东站，在下沙东站东端头二次下井组装，并始发掘进，掘进至文泽路站西端头，完成掘进，解体吊出。盾构掘进示意图，如图 6-41 所示。

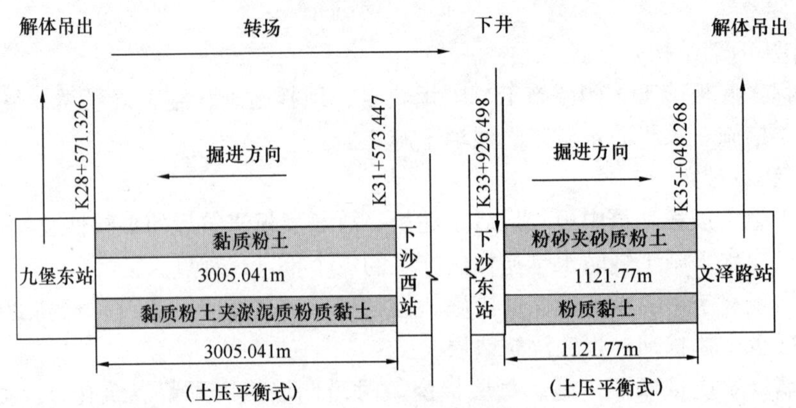

图6-41 盾构掘进示意图

九堡东站～下沙西站区间盾构始发井位于下沙西站西端头，车站为明挖法车站，为地下二层钢筋混凝土结构；始发井西端基坑围护采用连续墙；始发井侧墙、端墙厚度为800mm，底板厚度为1000mm；始发井中板、顶板均设置11.4m×7.2m的盾构机下井口，用于盾构机和后配套台车的吊装下井组装。

下沙东站～文泽路站区间盾构始发井位于下沙东站东端头，车站为地下二层钢筋混凝土结构，用明挖顺做法施工。始发井位于车站东端头，围护结构采用直径1000钻孔灌注桩；始发井端墙厚度为750mm，底板厚度为900mm；始发井中板、顶板均设置11.4m×7.2m的盾构机下井口，用于盾构机和后配套台车的吊装下井组装。

2. 盾构机主要技术指标

该盾构区间工程采用两台小松TM634PMX土压平衡盾构机先后始发掘进。盾构机设备总重量约为266.2t，盾体长度为8.680m。盾构机设备分为盾构机主机和后配套设备两大部分，后配套设备总长66.88m，分别安装在6节后续台车上，适宜在黏质粉土、粉土、局部为粉砂、淤泥质黏土、粉砂、细砂等土层的掘进施工，主要技术指标如下：

(1) 盾构机掘进最小曲率半径250m，最大坡度30‰；

(2) 盾构机盾尾间隙30mm，最大掘进速度6cm/min，最大推力37730kN；

(3) 盾构机刀盘直径为6.36m，刀盘的结构为辐条面板型，刀盘开口率为40%。在刀盘上配置安装了66把先行刀及12把周边先行刀，主切削刀配置78把，周边刮刀12把。

3. 盾构始发准备工作

1) 始发线型及参数

九堡东站～下沙西站区间盾构始发的线型是直线，盾构机始发洞门中心点坐标为左线(87405.4590，94111.4876)、右线(87390.5596，94109.7535)；下沙西站西端头盾构始发左、右线洞门中心点标高为：−6.6100m。

下沙东站～文泽路站区间盾构始发的线型是直线，盾构机始发洞门中心点坐标为左线(87338.6492，96458.6289)、右线(87325.6499，96458.7615)；下沙西站西端头盾构始发左、右线洞门中心点标高为：−6.1700m。

2) 始发流程图

始发流程图如图 6-42 所示。

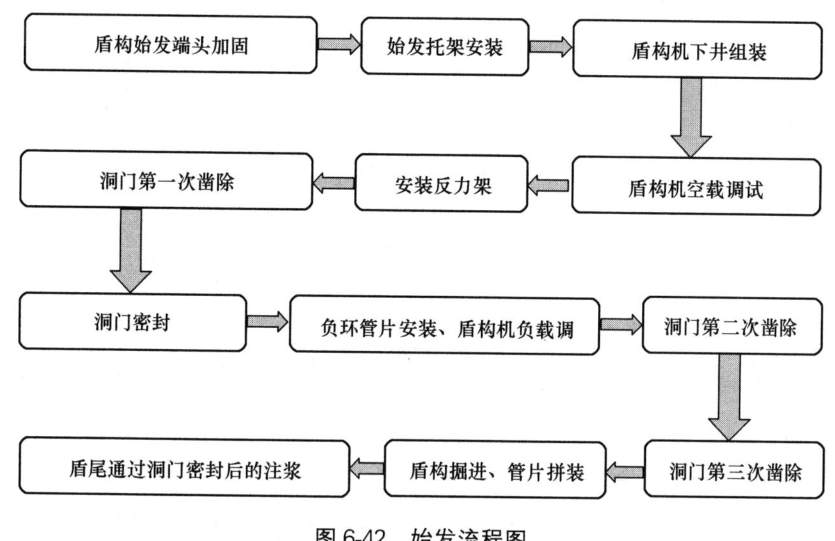

图 6-42 始发流程图

3）周边环境核查、监测

（1）盾构始发前一个月对始发段隧道范围内的所有地下管线、地面建构筑物进行核查；

（2）盾构始发前一个月取出监测点初始值，在始发段前 100m 每隔 5m 布设监测点。

4）施工场地布置

施工场地布置主要包括场地围蔽、消防通道及消防设备布置、施工临时供电系统、场地排水系统及污水防治、供水系统、生产办公、生活区布置等。

5）始发端头土体加固

（1）于盾构始发前的一个月之前，在每个端头进行不少于三个点的钻芯取样，点位主要选在洞门范围内进行钻芯，测定其强度，芯样的采集率应大于 90%，其无侧限抗压强度达到 1.2MPa 以上为合格。若不达到要求，则立即采取补强措施，保证盾构始发的安全。

（2）由于下沙西站端头加固是在基坑开挖之前进行的，基坑开挖后引起围护结构的变形，易导致已加固土体与围护结构、围护结构和车站结构之间形成渗水通道，对始发很不利，故需要在始发前对始发端头采取注浆加固等措施以保证盾构始发安全。

盾构机下井的吊装顺序图示如图 6-43 所示。

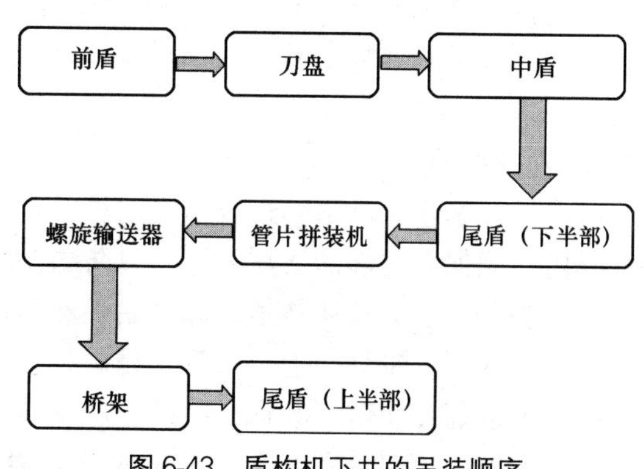

图 6-43 盾构机下井的吊装顺序

6）洞门凿除

用风钻钻 9 个观测孔，每孔的流水不超过 30L/h（通过观测流水不成线），允许凿除洞门。洞门检测孔位图如图 6-44 所示。

洞门采用人工凿除，凿除时按先上后

下、先中间两侧的顺序进行。洞门凿除顺序如图 6-45 所示。

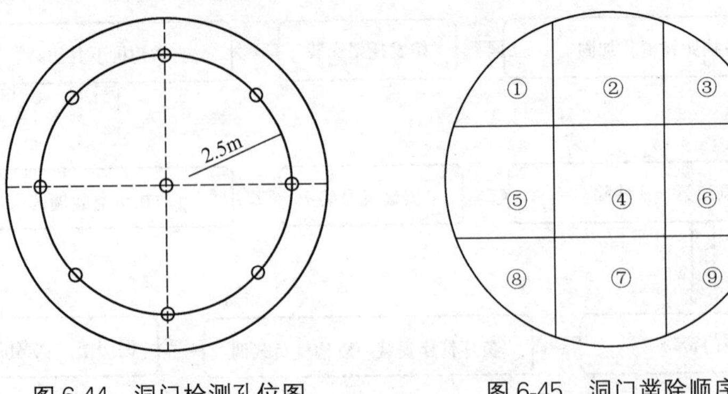

图 6-44 洞门检测孔位图　　图 6-45 洞门凿除顺序

4. 盾构始发掘进

1）初期掘进长度的确定

本工程初期掘进长度设定为 100m。100m 的长度考虑了下几个因素：

(1) 盾构机和后方台车的长度。

(2) 工作井井口处布置双线道岔的需要。

(3) 管片与土体之间的摩擦力足以支持盾构机的正常掘进。

2）初期掘进模式的选择

选择土压平衡模式推进。

3）初期掘进的参数控制管理

初期掘进为盾构施工中技术难度最大的环节之一，不可操之过急，要稳扎稳打。在初始掘进段内，对盾构的推进速度、土仓压力、注浆压力作了相应的调整，建议指标为：推进速度 20～30mm/min，土仓压力 0.06～0.18MPa，注浆压力 0.15～0.3MPa（需以地层计算为主）。

通过初始推进，选定了六个施工管理的指标：土仓压力；推进速度；总推力；排土量；刀盘转速和扭矩；注浆压力和注浆量。其中土仓压力是主要的管理指标。

4）渣土运输

为保证盾构始发段的出土，在距离洞门 74.5m 处，于下沙西站车站中板和顶板左右跨各设置两个临时出土口。渣土用运输列车将渣土运送到临时出土口，龙门吊再吊出到渣坑，并用自卸汽车外运出土。由于本地区所出渣土含水量较大，故在渣坑东西两侧设置集水坑，将渣土中的部分水分流入集水坑中，渣土经晾置后再外运出土，可减少对环境的污染。

5）管片拼装

(1) 管片选型以满足隧道线型为前提，重点考虑管片安装后盾尾间隙要满足下一掘进循环限值，确保有足够的盾尾间隙，以防盾尾直接接触管片。

(2) 管片安装必须从隧道底部开始，然后依次安装相邻块，最后安装封顶块。安装第一块管片时，用水平尺与上一环管片精确找平。

(3) 安装邻接块时，为保证封顶块的安装净空，安装第五块管片时一定要测量两邻接块前后两端的距离（分别大于 F 块的宽度，且误差小于±10mm），并保持两相邻块的内表面处在同一圆弧面上。

（4）封顶块安装前，对止水条进行润滑处理，安装时先径向插入 2/3，调整位置后缓慢纵向顶推。

（5）管片块安装到位后，应及时伸出相应位置的推进油缸顶紧管片，其顶推力大于稳定管片所需力，达到规定要求，然后方可移开管片安装机。

（6）管片安装完后要及时对管片连接螺栓进行二次紧固。

6）负环管片、始发托架和反力架的拆除

（1）将反力架后座与车站结构分离，采用切割反力架后撑的型钢，并用千斤顶顶开后，将反力架和车站结构分离 100mm 左右。

（2）将反力架与负环分离约 100mm 左右。

（3）用两条钢丝绳各绕首负环一圈，在横向另加一条钢丝绳作保险绳，整环吊出井口。

（4）拆除其他负环各连接螺栓，分别吊出井口。

（5）分块拆除始发托架和反力架并调出井口。

7）始发掘进工期控制

九堡东站～下沙西站区间右线 100m 始发掘进，根据车站进度情况，开始定于 2008 年 9 月 20 日，2008 年 10 月 9 日完成，工期为 20 个工作日，左线于右线始发后一个月开始始发掘进。下沙东站～文泽路站区间左线始发掘进，开始定于 2009 年 12 月 17 日，右线于左线始发后一个月开始始发掘进。

5. 质量控制措施

1）管片安装

最初的管片安装必须做到以下几点：

（1）按顺序及操作规范施工。

（2）拼装管片后及时进行同步注浆。

（3）加强管片真圆度的测量。测量办法有两种：丈量弦长法、间距控制法；通过测量盾尾间隙，如各个方向的间隙基本一致，则可说明管片的真圆度较好。

（4）安装成环后，在纵向螺栓拧紧前，进行衬砌环椭圆度测量。椭圆度测量，当椭圆度大于 31mm 时，及时做调整。

2）同步注浆

同步注浆的注意事项如下：

（1）在开工前制定详细的注浆作业指导书，并进行详细的浆材配比试验，选定合适的注浆材料及浆液配比。根据本区间始发时防水的需要可将浆液的凝固时间适当缩短。

（2）制订详细的注浆施工设计和工艺流程及注浆质量控制程序，严格按要求实施注浆、检查、记录、分析，及时做出 P（注浆压力）-Q（注浆量）-t（时间）曲线，分析注浆速度与掘进速度的关系，评价注浆效果，反馈指导下次注浆。

6. 安全控制措施

（1）所有特殊工种必须持证上岗，作业人员佩带好安全帽、安全带、工作服、绝缘鞋、防护罩及各项安全防护用品。

（2）始发时，在洞口内侧准备好砂袋、水泵、水管、方木、风炮等应急物资和工具。

(3) 准备洞内、洞外的通信联络工具和洞内的照明设备；增加地表沉降监测的频次，并及时反馈监测结果指导施工。

(4) 橡胶帘布外侧涂抹油脂，避免刀盘刮破帘布而影响密封效果；盾构密封刷要涂满密封油脂。

(5) 在盾构始发后安装的几环管片，一定要保证注浆饱满密实，并且一定要及时拉紧，防止引起管片下沉、错台和漏水。

(6) 盾构机始发在反力架和洞内正式管片之间安装 8 环负环管片，在内、外侧采取钢丝拉结和钢管支撑和方木等加固措施，以保证在传递推力过程中管片不会浮动变位。

(7) 管片拼装必须落实专人负责指挥，盾构机司机必须按照指挥人员的指令操作，严禁擅自转动拼装机，以免发生伤亡事故。拼装管片时，拼装工必须站在安全可靠的位置，严禁将手脚放在环缝和千斤顶的顶部，管片安装过程中，举起的管片下严禁有人作业。

(8) 盾构机掘进时，严格执行盾构机安全操作规程，不得在设备运转过程中检修设备；洞门水平运输列车按照规范操作，设专职人员指挥。

(9) 根据地层实际情况，必要时采取带压换刀，人员严格按照人员带压作业操作顺序进行操作。

(10) 在始发掘进前应对端头是否有可燃性气体作进一步的检测取证。若存在可燃性气体，则应在始发掘进时采取加强通风、禁止吸烟等措施来保证掘进的安全。

6.7.3 上海外环越江沉管隧道施工

1. 工程概况

上海外环线北环中连接浦东、浦西的越江沉管工程为双向八车道公路沉管隧道，是一个重要咽喉节点工程。越江地点江面宽度为 780m，工程全长 2882.8m。江中线路设 1 个变坡点，竖曲线半径为 3000m。隧道平面采用半径为 1200m 的曲线从深潭中心下游穿越过江，同时在河床断面深潭处将隧道顶抬高出河床底 3.61m，如图 6-46 所示。管段断面宽 43m、高 9.55m（风机壁龛处高为 10.15m），为 3 孔 2 管廊 8 车道形式，结构底板厚 1.5m，顶板厚 1.45m，外侧墙厚 1m，内隔墙厚 0.55m，如图 6-47 所示。

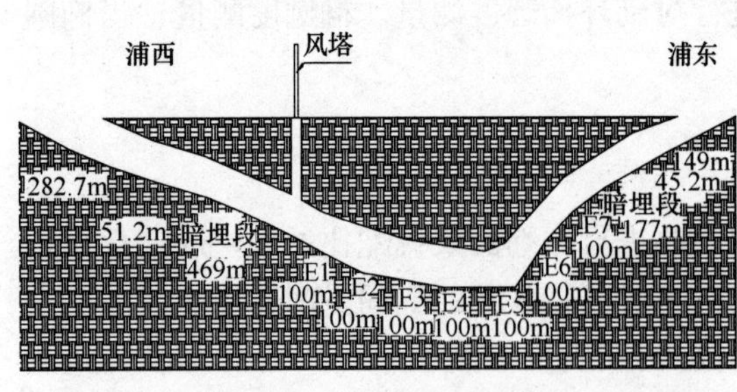

图 6-46 沉管隧道纵断面

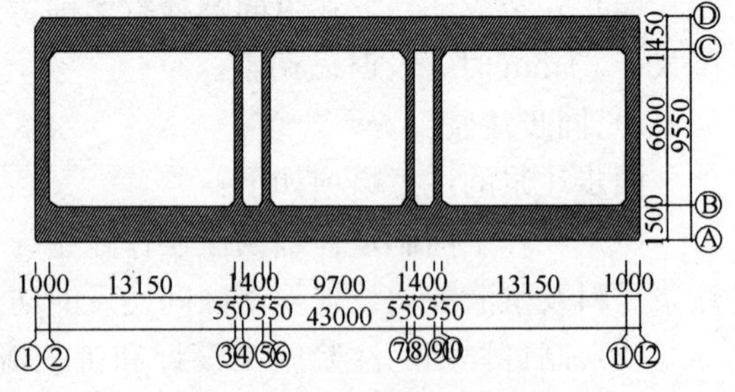

图 6-47 管段横断面

场区为多层孔隙含水层结构。场地浅部地下水位受黄浦江水位变化控制，含水介质为砂质粉土及粉细砂，水平向渗透性较大，竖向渗透性小。

2. 干坞施工

干坞是沉管管段的预制场地，在规模、地址、技术条件及经济性上需满足沉管管段的制作以及总体工程的要求。该工程在隧道轴线两侧建造两个可同时制作工程所需的所有（7 节）管段的干坞，如图 6-48 所示。

图 6-48　干坞现场图

1）干坞基坑的边坡稳定

（1）干坞加固。为提高干坞边坡的稳定性，达到基坑隔水的目的，在干坞东、南、北三侧坡顶处设置 2 排直径小于 700mm 深层搅拌桩，西侧临江处设 4 排搅拌桩。

（2）干坞开挖及边坡处理。根据分析计算结果干坞分四级放坡，综合坡度为 1∶3.5（迎江侧综合边坡为 1∶4），中设 3 级 1.5m 宽平台。边坡采用混凝土护坡方式，并设置纵横向钢筋混凝土格梗，边坡坡面每级平台上设横向截水沟，与顺坡向排水沟构成坡面排水系统，确保边坡的安全。

（3）井点降水。由于干坞基坑开挖面积大，深度大，且又处透水地层中，所以除在周边设置隔水帷幕外，还在边坡和坞底设置降水井点，以保证开挖和使用期间的工程安全。

（4）坡脚处理。边坡坡脚处采用浆砌块石结构，由人工分段开挖砌筑。为避免坡脚处开挖过深，将坞底周边的排水沟设于距坡脚 3.0m 处，施工时分段从坡脚处按 12%的坡度放坡开挖，并立模浇筑排水边沟。

（5）施工跟踪监测。干坞施工过程中加强对干坞地表和各平台处的沉降和位移的监测，并建立“BP”神经网络模型对干坞边坡变形进行分析预测，判断基坑的稳定性。

2）干坞坞底处理

为了避免管段制作因干坞地基变形产生裂缝，干坞施工时对干坞的坞底基础作了换填处理，换填厚度为 1.0m。由于坞底基础不但要满足承载变形要求，而且要能消除管段起浮时的吸附力，因此管段下换填基础的上层为 42cm 的碎石起浮层，如图 6-49、图 6-50 所示。

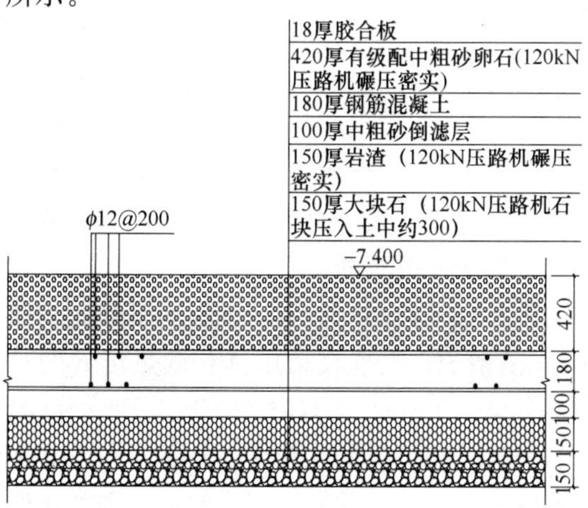

图 6-49　管段下基底剖面

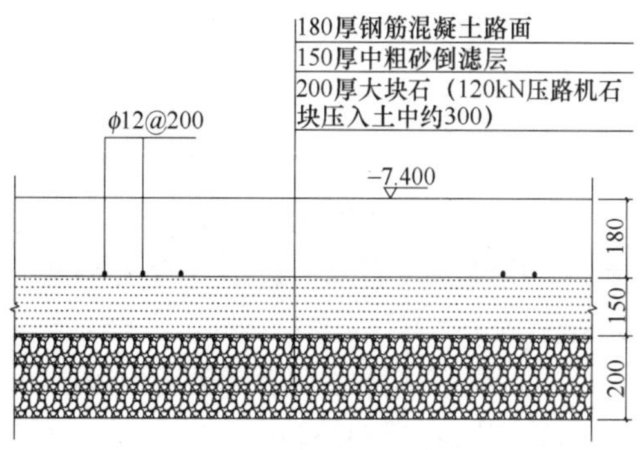

图 6-50　道路下基底剖面

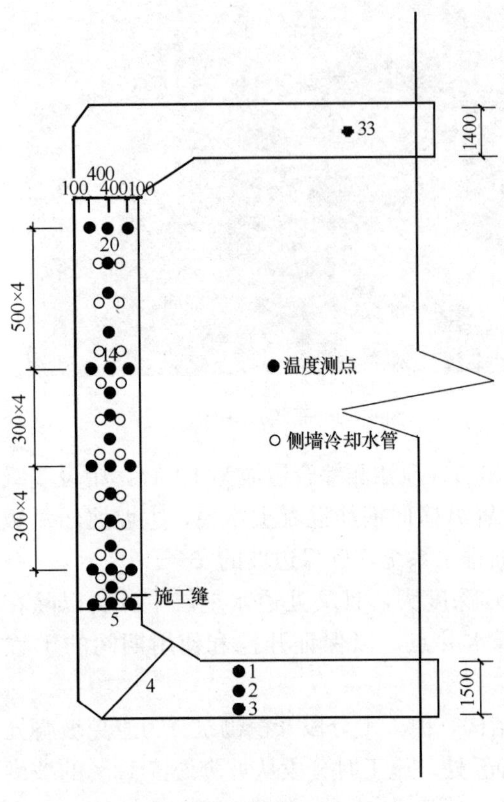

图 6-51 管段示意图

3）冷却管布置

（1）冷却管双排布置，排间距为 500mm。底层冷却管布置在底板与侧墙的施工缝以上200mm 处，共布置 2 列 20 根冷却管，如图 6-51 所示。

（2）坞底换填基础施工。坞底基础换填施工分区分块进行，坞底最后 30cm 土体采用人工修挖；块石抛填后采用压路机充分碾压，以达到相当密实度；盲沟管排设保持畅通，以确保基底地下水及时排除；上部 42cm 厚起浮层选用颗粒级配均匀的材料，以保证起浮效果。

（3）坞底排水。坞底排水系统分为地下排水系统和坞底明排水系统。地下排水系统采用 ϕ100PVC 打孔排水管，双向坡度为 3‰，并与纵向排水明沟相接，将坞底地下水收集后排入排水明沟，最后流入集水井里。坞底明排水系统由顺管段方向的明沟和周边边沟以及设于干坞转角处的集水井组成。

3. 管段制作

江中段的混凝土管段采用自防水结构，管段制作时的裂缝控制和干舷控制是管段制作的关键。

1）管段混凝土结构裂缝控制

（1）混凝土的配合比的设计中应用了掺加粉煤灰和外加剂的双掺技术，如表 6-2 所示，以减少水泥用量，降低水化热，提高混凝土工作性和抗渗性，并可补偿收缩，从而最终达到减少裂缝产生、提高混凝土抗裂和抗渗性的目的。

混凝土配合比 **表 6-2**

成分	42.5 级普通硅酸盐水泥	水	砂	石子	粉煤灰	外加剂
掺量（kg/m^3）	296	185	739	1021	104	17.4

（2）管段施工流程。根据地基沉降分析结果，管段制作采用由中间向两端推进的分节浇筑流程，以减少管段因温度应力及纵向差异沉降而产生的裂缝。

（3）支模体系优化。为了减少混凝土结构的渗水路径，在模板设计中取消了外侧墙模板的对拉螺栓，而改为采用具有大刚度的侧墙靠模系统，且模板采用具有低热传导的竹夹板。

（4）混凝土冷却措施。采用的混凝土的绝热温升较高，裂缝比较容易产生，所以必须采取冷却措施。根据理论计算，底板和顶板的温度应力远小于同期混凝土的抗拉强度，所以冷却管的布置范围仅为外侧墙内。经实测数据分析，采用冷却措施后，混凝土温度应力可降低 50%以上。

(5) 混凝土浇捣及养护。管段混凝土采用泵送，外侧墙与顶板一次浇捣完成，以减少施工缝的形成。管段养护时，底板和顶板采用蓄水养护；中隔墙采用喷水保湿养护；外侧墙外侧采用带模和覆盖的保温保湿养护方法，内侧则采用悬挂帆布封闭两端孔口后保湿养护的办法。

(6) 后浇带施工。后浇带是为控制混凝土收缩和地基差异沉降引起的裂缝而设，其必须在相邻管节的混凝土达到设计强度、相邻管节的沉降基本稳定、外侧模板拆除后进行施工，一般控制后浇带施工和管节施工的间隔时间不少于 40 天。后浇带施工同样分 3 次制作。

2) 管段干舷控制

管段干舷控制的关键是保证管段制作的尺寸精度、管段混凝土的重度和均匀性。

(1) 支模工艺。制作管段的底模采用 1.8cm 厚的九夹板，铺筑在经碾压密实的碎石起浮层上。管段顶板模板采用九夹板，支架采用可移动支架形式，支模的刚度均需保证在 52kN·m^2垂直施工荷载作用下变形小于 3mm 的要求。侧墙支模系统采用 2.4m×1.2m 的钢框竹夹板，除模板需达到保温、保湿和平整度要求外，整个系统还需在 70kN·m^2的侧向施工荷载作用下变形不大于 3mm。

(2) 混凝土重度控制。混凝土生产中除对原材料的采购进行管理外，还必须对计量系统经常校准，保证每班、每次混凝土的称量精度。

此外，混凝土的浇筑严格按规范分层浇捣密实，每次混凝土浇捣完成后需将方量、试块重度等仔细统计并汇总，实行材料总量控制，以提供管段干舷计算分析。

4. 基槽浚挖和清淤

1) 基槽浚挖

(1) 高精度定位定深监控系统。解决挖泥精度问题的关键是定位。双 GPS-RTK 定位定深系统可对船舶进行三维精确定位，其平面定位精度为 2～3cm，高程精度 4～6cm。系统能以平面和剖面的图形数据形式将泥斗位置和深度显示在监控屏幕上指导操作者挖泥。

(2) 浚挖工艺。基槽浚挖分普挖与精挖两步进行。普挖为基槽底面以上 3m 至河床顶面的部分，剩余部分为精挖。挖泥采用由定位定深监控系统控制的 8m^3抓斗挖泥船施工。基槽浚挖时江中采用逆流施工；两岸浅滩处则采取顶滩展布作业。施工时分条分层作业，每条宽 16m，每层挖深 3m。

2) 基槽清淤技术

(1) 基槽清淤。采用由 1000～1600m^3/h 的绞吸船和抛锚船联合组船的方案，利用抛锚船的移位控制绞吸船的船位和清淤点的进点，清淤点的平面位置采用高精度的 DGPS 仪器控制。

(2) 清淤采用定点、分层施工。施工过程中采用回声测深仪检测，吸完一遍检测一次，往复清淤多遍，直至要求的水样密度和水深度。清淤吸出的泥浆由水上排泥浮管输送到基槽下游 200m 的江中水面下排放。

5. 管段浮运与沉放

管段浮运沉放的技术关键是管段水平和垂直控制的方法，以及管段水下沉放对接的姿态监控和管段沉放后的稳定。

1）管段水平控制系统

管段出坞采用坞内绞车和拖轮结合的方法，过江浮运采用 4 艘 3400 匹全回转拖轮拖带管段的方法，另用 2 艘拖轮辅助克服管段在江中浮运受到的水流阻力。管段沉放采用双三角锚的锚缆系统，该系统最大的特点是对航道的影响小，理论上仅为管段的长度。

2）管段垂直控制系统

管段沉放采用双浮箱吊沉法。钢浮箱按 1%的管段负浮力设计，管内水箱的储水量按 1.04 的管段抗浮安全系数设计，可为管段在沉放的各个阶段提供相应的负浮力。管段支承采用四点支承方式，前端搁置在 2 个鼻托上，后端两个垂直千斤顶搁置于临时支承上，临时支承采用钢管桩。

3）管段浮运、沉放作业

（1）作业计划。管段过江浮运和沉放一般选定在每月中潮差最小、流速最缓的一天中进行。

（2）管段浮运。管段坞内抽水起浮后即由坞内绞车和拖轮配合将管段移至位于坞口出坞航道处的系泊位置，管段浮运当天，逐步解除系泊缆绳，并由 4 条拖轮带缆趁上午高平潮时间将管段沿临时航道浮运至隧道轴线处，再沿隧道轴线浮运至江中沉放位置，然后连接沉放定位缆绳，解除浮运拖缆，拆除保护措施，安装拉合千斤顶，管段沉放准备就绪。

（3）管段沉放。管段浮运至距已沉管段 10m 位置处，即停顿调整系缆布置，进入沉放状态。下沉开始时，先按沉放设计坡度调整管段姿态，然后以 3m 为一下沉幅度，不断测量和调整管段姿态。最后通过水平定位系统和临时千斤顶对管段的平面位置和纵坡进行调整，准备拉合对接。

（4）管段拉合、对接。待沉管段调整到设计的姿态后，即从岸上绞拉滑轮组拉合管段，然后再打开封门上的 ϕ100 进气阀和 ϕ150 排水阀排除隔腔内水进行水力压接。

4）管段浮运、沉放三维姿态测量

管段浮运、沉放采用坐标测量方法。整个测量系统具有人工对准、自动采集、数据通信（有线或无线）传输、计算机处理并实时显示管段三维姿态的功能，可满足管段沉放定位精度的要求；系统的数据采集频率可达 5 秒一组，满足了管段沉放的定位操作要求。

5）管段沉放后稳定

沉放完成后需在管段外侧齐腰部进行锁定回填，以确保管段的稳定。回填施工采用网兜法，施工抛石分段、分层、对称进行，由距自由端 30m 处向压接端抛填，剩余部分待下节管段沉放后完成，以防抛石滚落到下节管段基槽影响沉放。为提高定位精度，将定位定深系统应用于锁定抛石。

6）管段沉放时的航道管理

由于管段需过江浮运才能到达沉放位置，所以管段浮运期间须实行 3 小时封航；而管段沉放作业时可保持航道通行，但需限速 3 节。

6. 管段基础施工

管段基础施工的关键是管底灌砂基础的密实。管段沉放到位后，须对管底约 50cm 的空隙进行灌砂。为了提高管段结构的水密性，底板下的灌砂孔通过隔墙从顶板引出，灌砂施工由潜水员将灌砂管接入设于顶板上的灌砂口，然后从停泊于江面上的灌砂船将砂压入管底。为防止灌砂基础的震动液化，灌砂料中掺入了 5%的水泥熟料。每节管段横向每排布置 4 个灌砂孔，孔间距为 10.25～11m，排间距为 10m。

灌砂按由压接端向自由端，每排先中孔后边孔的顺序施工，但每节管段都将最后一排孔留至下节管段沉放后灌注。灌砂过程中，对灌砂量、灌砂压力进行监测，并采取潜水员水下探摸和管内测量等手段了解砂积盘的形成和管段抬升情况。

7. 沉管连接

1）管段间接头

管段间采用柔性接头形式。其中 GINA 橡胶止水带和 OMEGA 橡胶止水带构成管段接头的两道防水屏障，同时接头处还设置了水平和垂直剪切键，如图 6-52 所示。

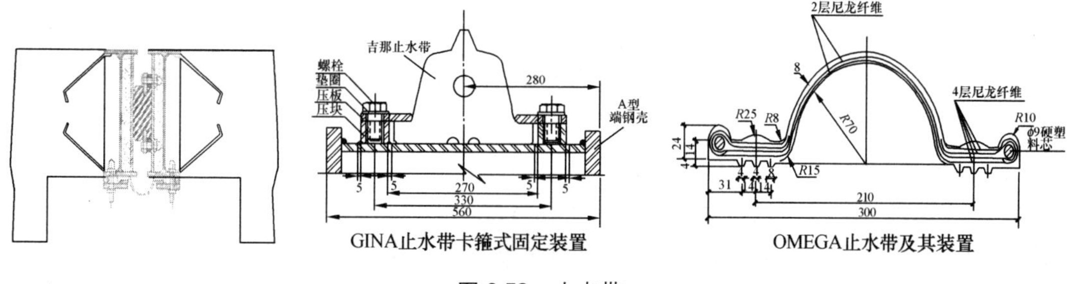

图 6-52 止水带

2）最终接头施工

最终接头为位于 E6 和 E5 之间的水下接头，最终接头采用防水板方式施工。为了保证顶板混凝土的浇筑质量，采用了免振混凝土的施工工艺。最终接头结构构筑完成后，再次拉紧接头拉索，使 E6 管段与 E5 管段之间形成柔性连接，如图 6-53 所示。

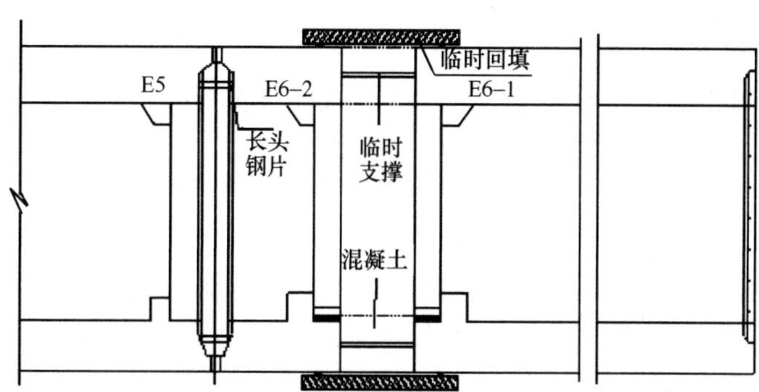

图 6-53 接头施工

3）管段与浦西、浦东岸边隧道的连接

与江中沉管段水力压接连接的岸边隧道结构部分称为沉管隧道的连接结构（井）。由于外环隧道江中管段的最终接头设于江中，所以浦西和浦东侧的岸边隧道都设有连接结构，连接结构的端面设计成管段端面形式，宽度为 43m，沉管管段搁置在连接结构的底板上，并与其水力压接连接。

连接结构是岸边隧道暗埋结构的一部分，所以连接结构的施工随岸边暗埋隧道一同完成。开挖施工时两侧采用钢板接头地下墙作为围护结构，端部采用钢管桩墙作为围护结构。连接结构施工完成及岸边的临时防汛体系建成后，且近岸处管段基槽成型后，即拆除连接结构施工时端部的钢管桩墙。

8. 管段的回填与覆盖

管段沉放后需进行回填、覆盖以固定和保护管段。回填、覆盖物的组成视管段所在位置而异。E1、E2、E3、E4、E5 管段位于黄浦江主航道，其回填、覆盖物分别由管段锁定抛石、一般基槽回填、面层抛石覆盖、防锚带等部分组成。由于 E1、E2、E3 管段又位于黄浦江自然凹岸深槽区，部分管段出露于河床，为防止管段两侧河床发生冲刷，另加设护底防冲结构。

E6、E7 管段位于浦东一侧的浅水区，其回填、覆盖物仅由管段锁定抛石、一般基槽回填和面层抛石覆盖三部分组成。

1）管段锁定抛石

管段沉放后，在每段管段两侧设锁定抛石。E1 管段至 E7 管段的锁定抛石均采用厚度为 3m、粒径为 1.5～5cm 的碎石棱体。

2）一般基槽回填

锁定抛石棱体以上至管段顶标高以上 0.5m 之间的基槽需进行一般回填，基槽回填只能采用石料。本工程要求距管段 10m 外可直接抛放，在靠近管段处采用网兜抛石。

3）面层抛石覆盖

在穿越大船航道的沉管顶部设面层抛石覆盖，以缓冲管段可能受到的意外锚击。根据黄浦江通航设计船型的情况，考虑采用由 0.5m 厚的碎石层和 1m 厚的 50～200kg 的块石所组成的面层防锚抛石覆盖层。

4）防锚带

除防止管顶直接受锚击的情况外，还在管段两侧 5m 外设防锚带防止船舶走锚对管段的破坏。防锚带宽度 5m，厚度 2m，采用 100～500kg 的大块石抛填。防锚带仅在黄浦江 350m 主航道范围内布设。防锚带使用与面层覆盖相同的工艺。

9. 岸壁保护结构

在江中沉管基槽浚挖前，为了避免基槽开挖引起两岸防汛体系失稳破坏，必须进行岸壁保护结构的施工或沿江堤岸的加固工作。

1）浦西岸壁保护结构根据基槽开挖的深度采用阶梯形渐浅的格构形地下连续墙（墙厚 1.0m，最深为 46m，及格构内为直径 ϕ1400 的旋喷桩）和重力式旋喷桩（深为 15.5m，在基槽浚挖线位置 8～10m 不等）两种形式。

2）浦东侧则是对沿岸大堤采用 4 排深层搅拌桩加固。

6.7.4 港珠澳大桥拱北隧道施工

1. 工程概况

港珠澳大桥拱北隧道是珠海连接线的关键性控制工程，双向六车道，设计时速 80km/h。隧道起于拱北湾大桥，止于广东公安边防总队第五支队茂盛围军事管理区。隧道施工包括海域明挖段、口岸暗挖段、陆域明挖段三部分，其中口岸暗挖段采用“顶管管幕＋冻结法”施工，下穿拱北海关。“顶管管幕＋冻结”工法中将冻土作为结构体考虑，钢管只是为了提高冻土结构的整体承载性能而存在；管幕冻结工法中，由顶管形成的管幕作为结构体，冻结只是起到顶管间的封水作用，如图 6-54 所示。

将人工地层冻结和顶管管幕工法结合在国内尚无案例，国际上也仅有日本的株式会社有过“钢管+冻结”工法的设想与研究，目前仅见德国柏林地铁在一车站（Brandenburger Tor，U55，Berlin）暗挖施工中有应用实例。拱北口岸每天有30多万人次进出这个口岸往返珠海和澳门，设计采用“顶管管幕+冻结法”暗挖通过，在施工过程中不能影响口岸的正常通关，不能影响周边建筑物及地下管线的稳定和正常使用，地面沉降不能大于3cm。苛刻的条件使得255m的工程造价高达约4亿元，是普通高速公路山岭隧道造价的40倍左右。

图 6-54 “钢管+冻结”工法图

2. 施工难点及工法

拱北隧道被称为是世界最复杂的公路隧道，原因是因为港珠澳大桥的拱北隧道所处的条件极其苛刻，反映在以下从三个方面：

1）超大断面

隧道外轮廓线几乎贴着澳门边检大楼，相距仅1.46m，而距珠海边检楼的风雨廊更是只有46cm，更严重的是建筑桩基和地下管线星罗棋布，只有一条30m宽的狭长地带。为了避让，只能由左右并行的传统隧道改为上下双行，由此形成了隧道21m×19m超大断面，如篮球场般的大断面使周边结构极易收敛变形，掌子面的稳定性变差，容易引起变形、坍塌、失稳。采用多层多部开挖，立体交叉作业的施工方法，把1个大洞分成上下5层，施工人员逐个击破，按一定顺序交叉向前挖掘推进。开挖的同时采用钢材混凝土进行支护封闭，最大限度地确保隧道结构的稳定。

2）超浅埋深

隧道顶部土层的覆盖厚度不足5m，上覆土层厚度与跨度之比大约为四分之一，属于超浅埋深。埋深越浅对地表施工影响越大，上方是人流密集的通关口岸，一旦有明显沉降就会引起建筑物开裂变形，甚至引起坍塌。

为了尽可能减小隧道施工对地表的影响，采用管幕超前支护的方法。顶管管幕法是采用顶管技术将钢管依次顶进地层中形成管幕作为临时支护结构，然后再用开挖或箱涵顶进的方法进行地下构筑物施工的一种新型非开挖施工技术，具有安全、地层适应性好以及对周围环境影响小等优点，是地铁车站及隧道等超大型地下工程施工的关键工法。

管幕由36根ϕ1620mm钢管组成，其中上层17根钢管壁厚20mm，下层19根钢管壁厚24mm，管间距35.5～35.8mm。管幕距地面平均4～5m，管幕外侧距澳门联检大楼桩基最近约1.6m，管幕内侧距免税商场回廊桩基最近约0.46m，平均长度255m。采用顶管机将顶管分节顶入。

3）曲线管幕顶管轨迹精准控制难度大

拱北隧道曲线管幕工程长255m，由88m缓和曲线和167m圆曲线组成，采用曲线顶管精准顶进形成管幕的施工方案，在技术难度上世界罕见，工程规模上尚无先例。在风险高的条件下进行施工，其参数设定、扰动变形控制等均缺乏可供参考的经验及理论、方法。顶管轨迹精准度控制成功与否，将会直接影响地面建（构）筑物的安全，关系项目的成败。

3. 顶管施工

在顶管施工中对顶管顶进工艺的控制也极为重要，具体的顶管工艺控制如下：

1）测定实际土层中的压力值。

顶管机徐徐推出洞口 0.8～1.0m 的土层后停止顶进，通过监测手段，及时测出掌子面前方土层中的土压力，并根据测量结果，对预定的掘进参数进行调整。

2）出洞时管道顶进方向控制。

机头后的两节管与顶管机头采用刚性连接，避免发生顶管机头上浮或磕头的现象。

3）顶进参数控制

（1）出土控制：在顶进过程中，需对出渣量进行适时监控，防止出渣量超出顶管机刀盘切削下来的土体量，若出渣量超标，将导致掌子面前方土体超挖，形成空腔，一旦仓内泥浆压力不足以维持土体稳定，则会造成土体失稳、地面塌陷、地面建构筑物受损等不良后果。

（2）轴线控制：管道每顶进 20m，由测量工程师进行偏差测量，对管道中轴线坐标进行校核，如测量结果显示偏差在设计允许范围内，可继续正常顶进施工，如测量结果显示偏差超标，需立即通知现场负责人停止顶进，待查明原因并制定纠偏措施后，迅速开展纠偏作业，以确保管道轴线始终可控。

（3）土压力值控制：为实测土压力值的±20kPa。

（4）沉降控制：按照设计及规范要求，切实开展地表沉降监控量测工作，实现信息化施工，如监控量测结果显示沉降值超标，监测人员及时通知顶进施工负责人采取相应对策，必要时对掘进参数进行调整。

4. 顶管障碍物处理

在施工中难免会遇到障碍物，对障碍物的处理因障碍物的不同处理方式不同，表 6-3 是几种拱北隧道施工中顶管障碍物处理方案。

顶管障碍物处理方案 **表 6-3**

遭遇障碍物工况	可能遭遇的管位	处理方案
管幕施工范围内有桩基	两侧靠近桩基的管	探明后绕避，无法绕避时提前拔除
遭遇直径不大于 400mm、强度不大于 30MPa 的混凝土块、孤石等	埋深小于 5m	选择可破碎块石的顶管机，用刀盘破碎后由泵泵出
遭遇直径为 400～1000mm、强度不大于 30MPa 的混凝土块、孤石等	埋深小于 5m	尽可能挖除，无法挖除的通过侧管破碎成小块后取出
遭遇直径不小于 1000mm 或强度不小于 30MPa 的混凝土块、孤石等	顶部 6 根管，靠近鸭涌河侧	从地面挖除或从侧壁破除后取出
顶进过程中遇大量建筑垃圾，如混凝土块、废旧钢筋、编织袋等	埋深小于 5m，主要在风雨廊两侧 30m 范围	放慢顶进速度，增加泥浆黏度，及时清理堵塞的泥浆管
机头或孔口管偏位，顶到孔口管壁上	所有管	控制精度，避免出现此情况，若有，则从接收舱正面打开，切除孔口管，焊接导向板后顶出

续表

遭遇障碍物工况	可能遭遇的管位	处理方案
两端土体加固段有钻杆等障碍物	根据地基加固工况	加强施工管理，避免出现，若有，从地面通过冲击钻机处理
遇特殊情况管周抱死，无法顶进	所有管	通过中继套管方案
其他不明障碍物	所有管	尽量通过刀盘磨碎，无法处理的，可从侧管加固地层后处理

5. 冻结法施工

拱北隧道地下含有丰富的地下水，隧道的开挖和建设难度加大。直径 1.62m 的顶管之间有 35cm 的间隙，给地下水的渗入创造了条件。拱北隧道地下 1.48m 富含地下水，而且地下水与拱北湾海水连通，导致地下水无限补给，工作井最深处达 32m，水压为 0.3MPa。为了解决地下水问题，拱北隧道采用冻结法。

冻结法是利用人工制冷技术，使地层中的水结冰，把天然岩土变成冻土，增加其强度和稳定性，隔绝地下水与地下工程的联系，以便在冻结壁的保护下进行地下工程掘砌施工的特殊施工技术。其实质是利用人工制冷临时改变岩土性质以固结地层。冻结壁是一种临时支护结构，永久支护形成后，停止冻结，冻结壁融化。

冻结法优点是适用性好，对于含水量大于 10%的任何含水、松散、不稳定地层均可采用冻结法施工技术；安全性好；和其他帷幕施工工艺相比，抗渗透性能更好，更加有效隔绝地下水；环保性好，相对于水泥注浆和化学注浆法，对周围环境无污染，无异物进入土壤，噪声小，也不需要抽取地下水。冻结结束后，冻土墙融化，不影响建筑物周围地下结构；灵活性好，冻土帷幕的形状、范围、强度、温度可视施工现场条件、地质条件灵活布置和调整；经济性好，造价相对较低，不占用地面土地，减少对地面交通干扰。冻结法示意如图 6-55 所示。

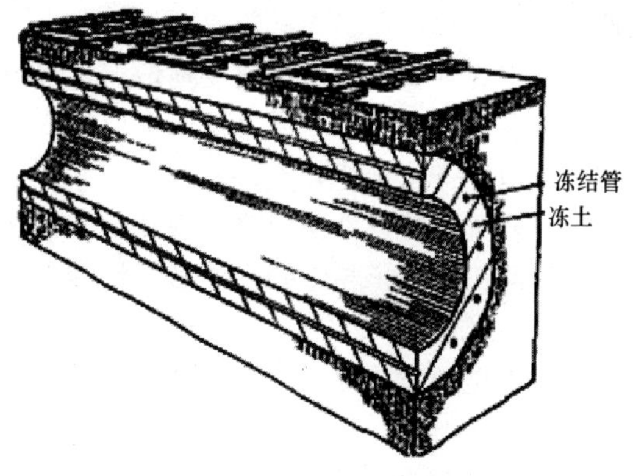

图 6-55 冻结法示意图

拱北隧道为了隔绝地下水，采用冻结法施工技术，不同于一般的冻结法。这里的隧道线路为曲线，无法在土层中布设冻结管，可行的途径是把冻结管布置在管幕的大钢管里，但这种做法国内外并无成例，因为不与土体接触的冻结管面临是否能把土体冻住、常年暑热的南方冻土如何抗弱化、如何限制冻胀避免地面隆起三大难题。

摈弃传统的单种冻结管思路，用圆形冻结管、异形冻结管和冻土限位管三种管路，构建起一套特殊的冻结系统。圆形冻结管和异形冻结管是冻结的主要冷源，以冻结形成冻土并抵御冻土弱化；限位管在需要时开启热盐水，用来限定冻土帷幕的范围从而实现冻胀的控制。通俗的解释是把管幕比作人的骨骼，然后利用冷却盐水管道，通过循环低温盐水在骨骼周围塑造血肉（冻土），最终形成完整的“人体”。于是，拱北隧道暗挖段在拱北口岸的地下最终变身成一个厚 2～2.6m、长 255m 的大冰筒。隧道的天然软弱土体被人为地变成冻土，隔绝了地下水与工程的联系，隧道便可以在无水条件下开挖。

6.7.5 西安地铁滈河停车场施工

1. 工程概况

滈河停车场场址位于申店乡徐家寨村与西寨村之间，布设在滈河北岸南长安街的东侧。其中停车场出入场线明挖段 PDKO+742.889～RDKO+841.743，CDKO+736.848～CDKO+843.198 段采用放坡+排桩+内撑的围护方式，其后区间埋深小于 10m，采用一级或二级放坡开挖的方式施工。

1）环境条件

施工区间场地开阔，无重要建（构）筑物，场地内有铸铁给水管一根，埋深约 2.0m，斜穿本施工场地，施工前应先改移。在里程 RDKO+262 处有漕运明渠一条，开放式排污，东西方向通过，直接影响基坑的围护和主体施工，施工前应采取处理措施。

2）地质条件

（1）地形地貌。拟建停车场场地地貌单元属渭河高漫滩。地形起伏较大，鱼塘分布众多，自然地面高程 370～371m，北部鱼塘堤面高出自然地面 2.5m 左右，南部鱼塘堤面与自然地面齐平，鱼塘低于地面 1.5～2.5m。漕运明渠为一条开放式排污渠道，从出入段线里程 RCKO+262 附近东西方向通过。

（2）地质构造。西安地区内有渭河断裂、秦岭山前断裂、产河-灞河断裂、长安-临潼断裂。断裂空间上大体以北东、北西向展布，以正断层为主。与西安地铁二号线有关的断裂主要是渭河南岸断裂和长安-临潼断裂，但经勘察得出地铁二号线滈河停车场区域内无地裂缝通过，故不考虑地裂缝影响。

（3）区域地层概况。西安地铁二号线自北向南穿越地貌分别为渭河漫滩、一级阶地、二级阶地，中部为黄土梁洼及南部长安段的皂河、滈河漫滩、一级阶地。总体地势南高北低。

（4）水文地质概况。拟建场地地下水水位埋深为 4.4～8.6m，高程 363～366m，属第四系孔隙潜水，现为年较低水位，水位年变幅 2.0m 左右。周遭河流、漕运明渠以及鱼塘对拟建场地地下水干扰较大。

（5）岩土分层特性。拟建工程场地在勘探深度 40.0m 范围内的地层主要由全新统人工填土、冲积粉土、粉细砂、中砂、粗砂、薄层粉质黏土、上更新统冲积中砂、粉质黏土组成。

（6）不良地质状况。湿陷性黄土、淤泥和淤泥质土、人工填土、可液化土。

2. 施工技术

1）地下停车场明挖法施工

明挖法是先从地表向下开挖基坑或堑壕，直至设计标高，再在开挖好的预定位置灌注地下结构，最后在修建好的地下结构周围及其上部间回填，并恢复原来地面的一种地下工程施工方法。明挖法施工属于深基坑工程技术，主要有放坡明挖和围护结构内的明挖两种方法。明挖法的优点是施工技术简单、快速、经济，常是各国地下铁道施工的首选方法。但其缺点也是明显的，如阻断交通时间较长，噪声与震动等对环境的影响。

2）明挖法施工顺序

明挖法施工的基本顺序为：打桩（护坡桩）→路面开挖→埋设支撑防护与开挖→地下结构物的施工→回填→拔桩恢复地面（或路面），如图 6-56 所示。

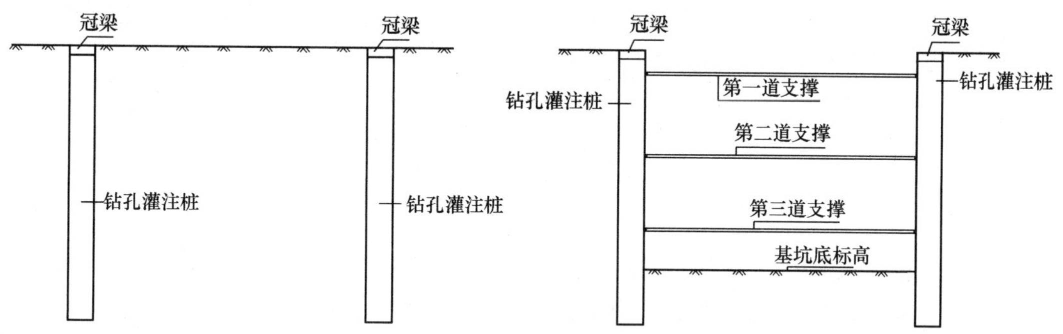

第1步　施作钻孔灌注桩及冠梁

第2步　开挖其坑，随开挖依次施做第一、第二、第三道支撑，开挖至设计基坑底标高处

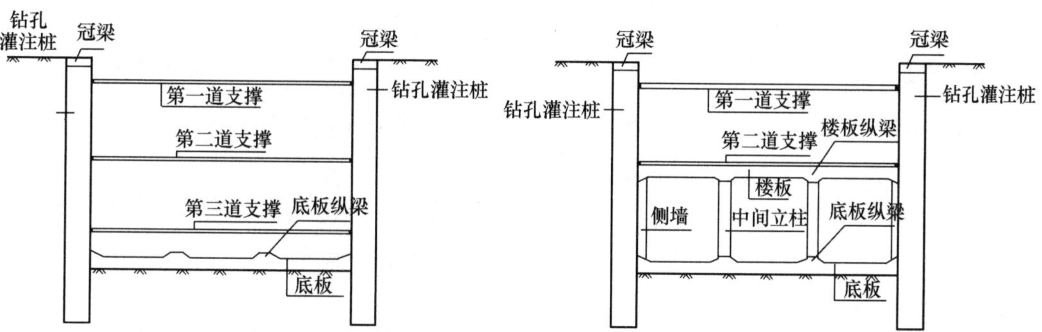

第3步　施作垫层，底板防水层，底纵梁和底板

第4步　拆除第3道支撑，施作结构侧墙，中楼板及底纵梁

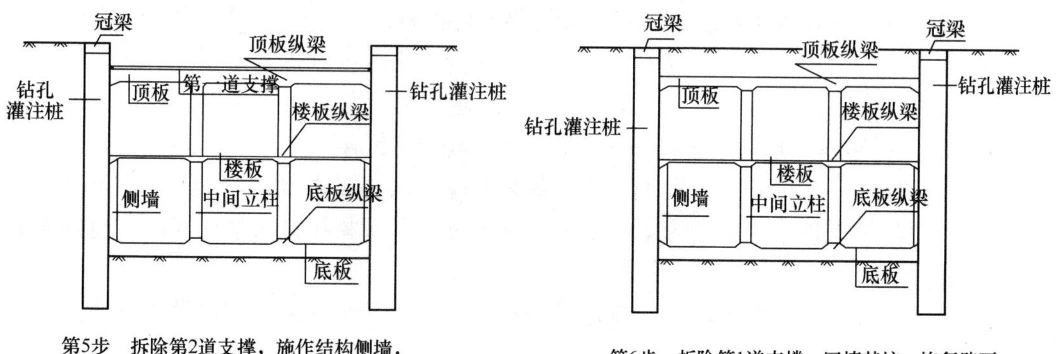

第5步　拆除第2道支撑，施作结构侧墙，顶板及顶板纵梁

第6步　拆除第1道支撑，回填基坑，恢复路面

图 6-56　明挖法施工顺序图

3）放坡开挖基坑的施工

在城市地下工程采用明挖法施工时，为了防止塌方保证施工安全，在基坑（槽）开挖深度超过一定限度时，土壁应做成有斜率的边坡，以保证土坡的稳定，工程中常称为放坡。放坡基坑是指不采用支撑形式，而采用放坡施工方法进行开挖的基坑工程。当基坑开挖深度较大时，如果考虑采用放坡基坑，一般在坡面上要设置土锚或土钉等临时挡土

结构。

3. 基坑围护设计方案

本工程位于淤泥、淤泥质地基地段，采用直径 500mm 间距 1.5m 的水泥搅拌桩以矩形布置的方式进行处理，以提高地基承载能力。

基坑两侧打 1 排直径 700mm 的钻孔支护桩，支护桩空隙间打 1 排直径 500mm 间距 35cm 水泥搅拌桩止水，用钢筋混凝土冠梁将灌注桩连接成整体，以确保基坑两侧的稳定与安全。

4. 基坑开挖方法

基坑开挖的总体原则：在基坑开挖过程中应掌握好“分层、分步、对称、平衡、限时”五个要求，遵循“竖向分层、纵向分段、快速封底”的原则，并做好基坑排水。

为保证开挖与主体结构施工流水作业，基坑采用纵向分段、竖向分层、横向分块，先对称放坡开挖两侧，后开挖中间预留部位土体，最后开挖至基底，采用台阶式整体推进开挖。竖向按设计自上而下分层开挖，分为两个阶段进行。

5. 基坑开挖施工和基坑边坡支护

1）基坑开挖

基坑开挖工艺流程：降水→开挖表层→对称放坡开挖→冠梁施工→分层向下开挖（每层监测）→挖至基底（底部 30cm 人工开挖）→底板施工。

为保证基坑开挖的安全，上部土方开挖分两步进行，下部土方开挖分两层开挖至基坑底部。

2）基坑边坡支护

为减少基坑暴露时间，基坑边坡开挖完成后，应立即组织人员清理坡面松散土体，整平坡面，及时进行坡面支护。

6. 钢板桩围护结构施工

一般认为基坑开挖深度超过 7m 时，就需要考虑设置围护结构。基坑围护结构设计应遵循“安全、经济、施工简便”的原则。围护结构的入土深度直接关系到围护结构的整体稳定性。钢板桩强度高，桩与桩之间的连接紧密，隔水效果好，可多次倒用。钢板桩常用断面形式多为 U 形或 Z 形，我国地下铁道施工中多用 U 形钢板桩。

（1）支护设计：基坑分两级开挖，第一级四周 3m 内将自然地坪降至 −1.82m 位置。第二级采用钢板桩支护，桩类型为 36b 型工字钢，一顺一丁相扣打入基坑四周，起到支护和隔水的作用。

（2）施工流程：施工准备→测量放样→钢板桩施工→基坑开挖→排水设置→消防水池施工→基坑回填→拔桩。

（3）施工准备：场地平整好，所有材料设备进场，人员组织到位，现场技术员定出钢板桩轴线，确定钢板桩施工位置，按顺序标出钢板桩的具体桩位，洒灰线标明。

（4）钢板桩检验：由于本工程钢板桩只用于基坑的临时支护和隔水，只需对其做外观检验，外观检验包括表面缺陷、长度、宽度、厚度、平直度等内容。对不符合形状要求的钢板桩进行矫正，以减少打桩过程中的困难。

（5）钢板桩吊运及堆放：装卸钢板桩宜采用两点吊，吊运时每次起吊的钢板桩数量不宜太多，钢板桩堆放的位置、顺序、方向和平面布置应考虑到以后的施工方便，堆放的高度不宜超过 2m。

（6）钢板桩施打：采用单独打入法，吊升第一根钢板桩，准确对准桩位，振动打入土中，使桩端穿过淤泥层，进入预定深度，吊第二根钢板桩对好其口，振动打入土中。如此重复操作，直至钢板桩帷幕完成。

（7）围檩、支撑、角撑：为加强钢板桩墙的整体刚度，沿钢板桩墙全长设置围檩、角撑、对撑进行支撑，在进行围檩与支撑设置施工，围檩与板桩及支撑间采用焊接连接。

（8）基坑开挖：基坑土开挖采用挖掘机开挖，开挖时分层挖取，从中间向两侧挖取，每层厚度控制在 1m 以内。开挖完成后，在坑底设临时排水沟及集水井两处，随时抽水，坑内不得积水。

（9）消防水池施工：消防水池按照设计图纸及施工方案进行施工，施工期间挖土、吊运、绑扎钢筋、模板支护、混凝土浇筑等作业中，严谨碰撞支撑，禁止任意拆除支撑，不得在支撑上搁置重物。

（10）钢板桩拔除：待到工程回填完成后即进行钢板桩拔除，用振动拔桩机产生的强大振动扰动土质，破坏钢板桩周围土的黏聚力以克服拔桩阻力将桩拔出。

第 7 章　城市地下工程环境效应与改善

城市地下工程的建设基于自身特定功能，对缓解城市交通、扩大城市利用空间、促进城市现代化发展等都具有很大的益处，把这种由于城市地下工程建设而带来的环境效应称为内效应。同时，城市地下工程的兴建对周围环境也会带来一定的影响，把这种由于城市地下工程建设而带来的环境效应称为外效应。对于工程而言，除需考虑建设工程本身的功能外，也要考虑对周围环境的影响，这是现代城市建设的最基本出发点之一。本章主要介绍地下工程外效应的形式、特点和减少外效应不利影响的措施；以及地下工程内部环境要素、特点和改善内部环境不利因素的措施。

7.1　地质环境影响主要形式

地下工程在施工中或竣工后，对地质环境的影响是多方面，主要表现在地层变形、变形与失稳和地下水环境变异等几个方面。

7.1.1　地层变形

地下工程施工之前，地层处于一定的应力平衡状态，然而用于各种目的的地下开挖改变了原有的平衡状态，从而造成开挖空间周围的应力重新分布。为了适应这种变化了的应力条件，地层将产生各种形式的变形，反映到地面上就是纵向变形（沉降）、横向变形(开裂)。不同的地下工程和施工方法引起的地面变形表现不同，危害程度也有差异，下面介绍一些典型的工程情况。

1. 基坑工程引起的地层变形

在基坑开挖进程中，所产生的地面沉降主要来自两个方面：一是降低地下水位产生的差异性地面沉降；二是由于护坡设施的侧向变形引起的地面沉降。前者产生的沉降往往是在较大范围内，一般在以坑为中心的环形区域里；后者主要集中在基坑四周。根据工程实践经验，在基坑周边的地面沉降往往是降低地下水位和支护结构变形叠加的结果，如图 7-1 所示。

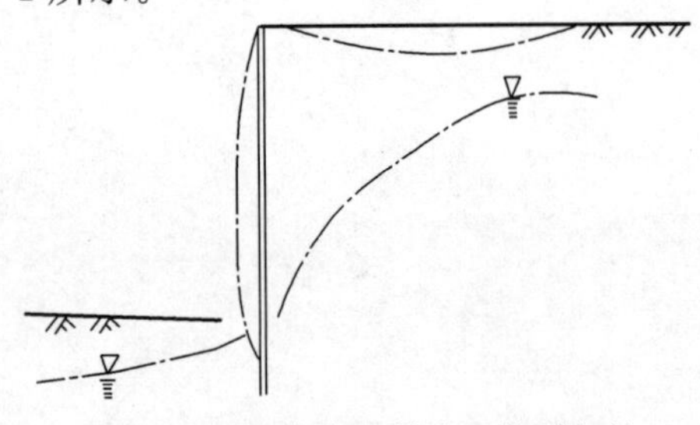

图 7-1　基坑周边深基坑开挖引起的地面沉降

1）降低地下水位产生地面沉降

若水位降低不太大，产生的沉降危害可不予考虑，但水位降低过大，且疏干的范围又较小时，过大的不均匀沉降可能引起建筑物倾斜，墙体、道路及地下管线开裂等严重问题。我国南京市中心新街口广场西侧的南京友谊大厦，建筑面约为 38000m^2。地上 18 层，地下 2 层，基坑深度为 8m，局部电梯井部位深达 10m。在基坑降水过程中，由于过多地降低地下水位使地下降水漏斗逐渐扩大，土层含水量显著降低，土体产生排水固结，造成周围地面不同程度的沉降和开裂，对周围环境产生了极大的危害。

2）支护结构变形产生的地面沉降

这类地面沉降对基坑周边产生的影响往往是严重的。我国南京市进香河农贸市场大楼工程，由于支护结构大的位移，造成基坑周边过大的地面沉降，引起道路开裂，南侧的珠江路小学教学楼向基坑移动了 9cm，垂直沉降约 11cm，教学楼南台阶隆起开裂，房屋被迫撤除。这起事故不仅对周围环境造成极大的危害，而且也严重影响了工期。事故发生后，由于剩余土方开挖时间推迟，并采取了斜向钢支撑加固基坑边坡，才避免了一次更大的事故。

2. 盾构施工引起的地层变形

盾构法在松软饱和含水不稳定的淤泥质、粉质黏土或黏土地层中进行隧道施工时，隧道上方及其附近地表发生不均匀沉降变形是一种常见且又十分严重的问题，若在建筑物、道路和各种地下管线密集的市区，其危害性就更大。日本东京地铁施工引起地面突然出现大陷坑，致使 4 辆机动车落入坑中。我国城市也不乏其例，最典型的是上海黄浦江交通隧道，1965 年动工，1976 年建成，全长 2760.72m。施工采用盾构敞胸和部分开挖方法，在降水疏干时，开挖面产生大面积的滑塌，地面产生了严重的沉陷，最大沉降约 5m；在施工过程中，隧道上方地面出现多处沉陷槽，导致影响范围内的建筑物产生了不同程度的损坏而被迫拆除，盾构出 2 号井时，盾构前上方的地面上产生深度达 4～5m 的塌陷；竣工后，因隧道纵向变形引起接缝渗漏，泥土流失，也产生了地面的沉降，据 1978～1987 年资料，隧道 1 号井下沉了 7cm，2 号井 70 环处下沉了 5cm，3 号井 340 环下沉了 9cm。

3. 顶管施工引起的地层变形

顶管施工过程中由于使周边土体内的应力状态和土体性质发生改变，不可避免地会对地层有扰动影响，从而导致周围地表产生一定变形。这种地表变形如果过大，就会对周围建筑物产生影响，危及周围建筑物的安全。我国上海市虹桥商务核心区二期供能管沟工程采用顶管施工，施工过程中地表发生了过大沉降，导致润虹路北侧半幅，靠近申虹路的路面呈漏斗形塌陷，塌陷最深约 1.2m，东西向长 10.7m，南北向 10.1～12.9m，面积约 117m^2，影响了 2 幅机动车道及 1 幅非机动车道。杭州市石桥路顶管工程Ⅱ标段 36 井～37 井顶管段，采用土压平衡式顶管施工，顶进长度为 210m，管节直径为 ϕ1200mm，覆土深度（地表到轴心）为 3.91m。顶管施工过程中，地面最大隆起达到 12.8cm。

7.1.2 变形与失稳

城市地下工程兴建过程对周边地层有影响，然而在影响周边地层的同时，对地下工程自身的变形、稳定性和使用状态也有影响，两者相互作用直至地层达到新的平衡状态。从地层变形角度看，沉降、开裂可以看成是变形的量变，而出现稳定性问题可以看成是地层变形的质变。不同的地下工程因地层变形导致出现稳定性问题的形式不同，下面介绍一些典型情况。

1. 深基坑开挖引起变形与失稳

地下工程建设中，地铁车站、高层建筑的地下室、地下商场和车库、地下蓄水库、地下电站和水泵房等，常要进行深大基坑开挖，开挖深度常达到 12～18m 或以上。在开挖基坑的过程中，由于改变了原地层的应力场，必然导致周围地层的变形，引起支护（支挡）结构的变形破坏、基坑周围地表沉降、基坑失稳和基底隆起等问题。

1）基坑失稳

基坑开挖首先涉及的是边坡问题，即基坑开挖后其边坡在本身重量和其他外力（如土压力等）作用下，土体将会产生向低处坍滑的趋势，其原因是土体存在条件和应力状态发生了变化，失去了平衡从而产生滑动。基坑边坡滑动有三种情况（图 7-2）：

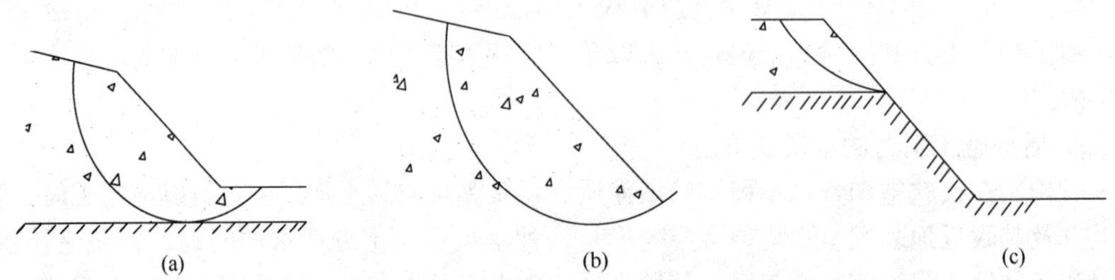

图 7-2 基坑开挖边坡滑动的基本类型

（a）底部破坏；（b）斜面前破坏；（c）斜面内破坏

（1）底部破坏，往往形成在软土地层中，滑动圆心多发生在坡面中的垂直线上，滑动面一般交于基底软硬交互层上；

（2）斜面前破坏，常发生在黏性土中，由于坡面倾角较大而形成，基本破坏形式为坡前滑动；

（3）斜面内破坏，常在接近于斜坡面下面的硬层出现，且为坡间浅层滑动。

2）支护结构的变形破坏

深基坑支护结构的变形表现为两个方面：水平变形和竖向变形。水平变形的大小，主要取决于基坑的宽度，开挖深度、地层性质、支护结构的刚度和入土深度。基坑暴露时间短、支撑及时且支撑刚度和位置选择合理等，将对减少支护结构的变形起重要作用。近年来，我国深基坑开挖支护结构多次出现问题，极大地影响了地质环境，并带来严重的社会影响。某深基坑工程位于长春市斯大林大街东侧，其四周地下有供水管道和煤气管道（距基坑 3m），基坑大致呈长方形，南北长 99.7m，东西宽 87.4m，基坑深度约 16m，边坡支护采用挖孔灌注桩加锚杆结构。基坑在其东北部南边开挖至设计标高后，发现 46 号桩第一层锚杆下部发生轻微水平裂缝，裂缝很快扩大至 5mm 后，有 8 根桩在地下 10～12.0m 处相继断裂。由于桩的断裂，坑外地面发生沉陷，并将地下煤气管拉断，还使供水管露出。为保证安全立即组织各方力量，改线修复煤气管，并拉断高压电源，避免因煤气泄漏引起火灾事故，同时，将供水管道牢固支吊，才避免一场更大的恶性事故。

3）基坑涌砂破坏

基坑以下的土为疏松的砂土层，且又作用有向上的渗透水压，当产生的动水力梯度大于砂土层的极限动水力梯度时，砂土颗粒就会处于悬浮状态，在渗透力作用下，细砂向上涌出，造成大量流土。在施工中常遇到的流砂（或管涌）有三种情况：

（1）轻微涌砂，支护结构缝隙不密，有一部分的细砂随着地下水一起穿过缝隙而流入基坑中，增加基坑的泥泞程度；

（2）中等涌砂，在基坑底部尤其是靠近支护结构的地方，常会出现有一堆细砂缓缓冒出，仔细观察可见细砂堆中形成许多小的排水槽，冒出的水夹杂着一些细砂颗粒在慢慢地流动；

(3) 严重涌砂，在出现轻微甚至中等涌砂时继续开挖，在某些情况下，流砂的冒出速度很快，有时像开水初沸时的翻泡，此时基坑底部成为流动状态。

广州华侨大厦扩建工程，在基坑施工过程中，出现流砂，事故中随水流涌出约 5～8m^3粉细砂，使附近地面不均匀下沉，两层“华大”配电房屋严重开裂破坏。上海市某路煤气越江工程，竖井为一直径 18m，壁厚 0.8m 钢筋混凝土连续墙，深 34.6m，要求竖井内干开挖至 29m，地层在 5.6m 以上为杂填土和淤泥质粉质黏土，33m 以下为粉砂层（第一承压含水层）厚 7.75m，承压水离地面 5m，当时有关部门认为在连续墙内开挖无须降水，忽视了基坑以下具有水头高达 28m 的承压水层，在没有降水的情况下开挖，当挖至离地面 25m 时，由于承压水头顶托力影响，含水层顶板出现裂缝，井内砂土大量上涌高达 4m，竖井四周砂土上涌 0.7～2.5m，造成连续墙不均匀下沉，沉降量最大达 38cm，这才意识到降水减压的重要性，但已付出了代价。

4) 基坑隆起变形破坏

每个基坑开挖后，都会有不同程度的隆起现象发生，主要原因有四个方面：

(1) 由于土体挖除，自重应力释放，致使基底向上回弹；

(2) 基底土体回弹后，土体受松弛与蠕变的影响，使基底隆起；

(3) 基坑开挖后，支护结构向基坑内变位，在基底面以下部分的支护结构向基坑方向变形时，挤推其前面的土体，造成基底的隆起；

(4) 黏性土基坑积水，因黏性土吸水使土体积增大而隆起。

基坑隆起量不大，一般不会引起基坑失稳，可处于正常的施工状态。然而，若施工过程中基坑发生了较大的隆起量，将易造成基坑失稳。研究表明，基坑的隆起量与基坑开挖后搁置的时间长短有关，据日本的实测数据，在不到 10 天的基坑搁置时间中，隆起量增加约 50%，说明土体具有流变性。当基坑开挖深度较小时，土体蠕变引起的增加量不显著，但随着开挖深度的增加，这种增加量的比例逐渐会变大，因此，基坑开挖后应尽量减少基坑的搁置时间。

2. 洞室开挖引起围岩变形与失稳

地下工程洞室开挖后，地下形成了自由空间，原来处于挤压状态的围岩，由于解除束缚，而向洞室空间产生松胀变形。当变形使围岩应力大小超过了岩土体强度时，便会发生失稳破坏。弹脆性岩石构成的围岩，变形尺度小、发展速度快，不易用肉眼觉察，而一旦失稳，突然破坏，其规模和影响都很显著。弹塑性岩石和塑性土构成的围岩，变形尺度大，甚至堵塞整个洞室空间，但其发展速度缓慢，变形和破坏不易截然划分，是一个连续发展的过程。地下工程洞室围岩的变形与破坏，按其发生部位可划分为顶围（板）悬垂与坍落、侧围（壁）突出与滑塌、底围（板）鼓胀与隆破。城市地下工程建设围岩失稳较常见，典型实例如下：

1) 青岛地铁暗挖段

该段以基性岩、花岗岩和后期的脉岩作为隧道的直接围岩，其中花岗岩以“青岛花岗岩基”为主体，其规模达 630km^2，推测延深不小于 10km。通过实地调查，工程区围岩的失稳方式有三类：

(1) 滑移拉裂型破坏，特点是由两组陡立结构面作为侧边界，以一组缓倾结构面或一陡一缓复合结构面构成底滑面，将岩体切割成锥形或菱形滑落体，破坏规模较大，一般为数立方米至数十立方米；

(2) 自重坠落型破坏，特点是开挖后很快即垮落，往往发生在洞顶或洞壁上部，由两组陡立面形成两侧滑石，以缓倾结构面为破坏顶面，破坏规模小，一般尺寸 0.5～0.6m，破坏流程短；

(3) 剪切蠕滑型破坏，常常沿煌斑岩脉或断裂带产生整体塌落，破坏规模较大，破坏方式受软弱带的产状和力学性能的控制。

对十余处围岩失稳的调查表明，洞室开挖，在隧道围岩中产生松动圈厚度为 0.8～1.0m，围岩破坏几乎都是沿已有的结构面产生，并可形成新的断裂。

2) 八达岭高速公路潭峪沟隧道

该隧道长 3455m，单向三车道，净跨 13.1m，毛跨 14.5m 左右。自开工以来，共发生大塌方三起，中塌方一起，小塌方二十余起。按破坏形式和作用机理有三种破坏类型：

(1) 掉块式破坏。临空围岩在自重作用下沿软弱结构面掉落或倒塌，规模不大。

(2) 溃散式塌方破坏。临空围岩在重力作用下，沿软弱面发生溃散，主要发生在节理发育和很发育的无地下水的破碎围岩中，破坏规模一般为中、小塌方，若不及时支护，可发展为大塌方。

(3) 涌流状破坏。岩体风化或泥沙状的囊状风化带或断层泥包碎石的松散体，且富含地下水，水压极大，破坏规模为大塌方。

洞室围岩失稳还往往导致地表环境的突变，如洞内塌方引起地表坡体变形、地表塌陷等。

3. 顶管施工引起变形与失稳

在顶管施工中，管道周围土体的承载力和承受的土压力大小，对于管道施工的稳定性至关重要，因为在顶进过程中难免发生轴线偏移现象。若管道周围的土体能够提供较大的作用反力，则管道不易发生较大偏移和失稳；若周围土体属于软弱土质或不均匀土质，则管道很容易因周围平衡侧向分力的承载能力不足造成失稳。同时，管道上方的覆盖层过薄也很容易因管顶土压力不足造成失稳，最常见的是管道轴线向上弯曲和管道中间鼓肚现象。顶管设备在顶进过程中，若出现与管道联结不稳固或者刚度不足，都有可能造成管道失稳。顶管施工过程中，如果管道没有发生偏斜，而是按设计轴线笔直前进，则管道不会发生失稳。但在实际施工中，管道一般都会发生或多或少的偏移，主要原因为：

(1) 由于管道存在制造误差，存在垂直面内和水平面内的校正，以及管线的平顺转弯，当管道被顶进时，一段接一段的管道必然会产生小的角度偏差，从而在管道间的连接处产生应力集中。

(2) 封填材料受压时也会产生不均匀压缩，使顶进力传递不均匀。

(3) 中继间发生偏斜，主要是由于中继间外侧张口带土造成的。

(4) 因土质条件或其他因素的变化而使管道顶进时偏离设计轴线。

郑州市郑密快速路道路下方铺设雨污管道时采用了顶管施工，因施工过程中发生轴线偏移，经纠偏处理导致周围土体承载力下降。一场大雨过后，在郑密路与南三环交叉口向南两公里发生了塌陷，塌陷处出现了一个 $4m^2$ 左右的水坑，离塌陷处 30m 处，还有两个约 1m^{2}的大坑。

7.1.3 地下水环境变异

地下工程建设不可避免地会对地下水环境造成一定的影响，一般来说，地铁、水底交通隧道等大跨度的地下工程对地下水环境的影响形式有两个方面：地下工程施工期间产生的影响；地下工程建成后潜在的影响。

1. 施工期间

1）水环境的破坏

在地下工程施工中，为保证开挖面的稳定、土方开挖及基础施工处于疏干和坚硬的工作条件下进行，大多数都需要进行人工降低地下水。如在地下水较浅地区进行深基坑开挖，用盾构法在饱和土体中施工隧道，都需要进行大面积的人工降水，并将地下水位线降至施工面以下。大面积的人工降水，将导致地下水形成“漏斗式”下降，使地下水的动力场和化学场发生变化，引起地下水中某些物理化学组分和微生物含量变化，从而导致地下水环境的破坏。另一方面，在降低地下水中若遇到地下水赋存量丰富区域，抽排将造成地下水的大量流失，导致地下水系统的失衡。南京市某地下隧道工程，其施工过程中的日抽排地下水可达上万立方米。一般而言地下工程建设规模越大，施工周期越长，局部水动力条件必然会因长时间的抽水而发生改变，形成地下水降深漏斗。从单个地下工程建设来看，水位降深的影响可能并不大，但不计其数的地下工程降水的累积效应会造成城市地下水系统的失衡。

2）地下水状态的改变

人工降低地下水位的方法很多，主要有明排方法、点井方法、自渗井方法、管井方法、大口井方法、辐射井方法等。不管采用哪一种方法，都会引起地层产生地下水渗流，地下水状态也随着改变，不仅土体的物理力学性质有变化，而且水压力系统也会改变。另外，在岩溶区进行地下工程建设，为保证基底稳定，通常需要对基底的溶洞进行充填，若充填的溶洞为地下岩溶管道流的重要径流通道，充填则将截断地下水的流通路径，有可能地下水径流方向发生重大变化，造成下游地下水水量减少，甚至断流。所以，地下工程的开挖施工或充填施工均会改变地下水的状态，影响地下工程结构的受力状态。

3）水质的污染

施工中为了提高地层的防渗性能和增强地层强度，需要进行化学注浆，这可能引起地下水的化学污染。如隧道在开挖过程中，为避免土体的失稳，会在水系发育区进行注浆加固处理。相关研究表明，若灌浆材料中包含粉煤灰，粉煤灰在淋滤条件下会淋滤出众多的重金属元素以及氟化物，造成对地下水的污染，甚至还会对地下水造成放射性污染。再如某地下工程施工场地下部为受到污染的承压水，与其基底隔着一层弱隔水层，因受到抽水降深的影响，承压水水头高于局部潜水水位，通过越流补给的形式，污染的承压水穿过弱隔水层，对上部潜水造成污染。另外，施工中产生的废水（洞内漏水、洗刷水、排水）、废浆，以及施工机械漏油等，都将影响地下水水质。而大面积的人工降水，也可能导致地下水的污染逐步加剧。

2. 建成运营期

地下工程运营中对地下水环境的影响是大范围的，时间上具有“滞后性”，对地下水环境有潜在的影响。根据许劼等人（1999）的研究，南京市地铁和水底交通隧道的建设，对古河道地下水有较严重的影响，地铁先后5次与古河道相截，玄武湖水底交通隧道正好与古河道相正交，它们犹如6条"围堰"，截住了地下水的径流。以玄武湖水底交通隧道为例，地下工程建设对地下水环境的影响表现在如下三个方面：

1）在隧址古河道断面上，隧道占古河道截面积的1/2，由公式 $Q = kwI$（Q 为单位时间内过水断面 w 的流量，k 为渗透系数，w 为过水断面面积，I 为水流梯度）可知，如果忽略修建隧道前后渗流速度的变化，则古河道向长江的排泄量将减少一半，这就使得地下水难以及时排泄，污染物不断积累，因而使地下水的污染逐步加剧，水质恶化。

2）隧道建成后将改变地下水的径流条件，古河道的底部为隔水层的基岩，两侧谷坡又为黏性土，使得古河道成为一个天然的地下水通道，地下工程对地下水的"拦截"必将导致迎水面地下水位的抬升和背水面地下水位的下降，地下水位的抬升将可能导致部分洼地沼泽化、背水面的地下水位下降，将影响到城市的供水及附近树木的生长，给城市的绿化带来困难。

3）玄武湖下面分布有一层较薄的淤泥层，成了玄武湖的隔水底板，隧道施工及建成后若排水不当，则可能诱发湖水突破淤泥层进入古河道，这将威胁到玄武湖的储水能力，而玄武湖的水污染较重，地表水大量渗入古河道，会使地下水遭到严重破坏，将影响到整个城市的水文环境。为了减少地下工程对地下水环境的影响，许劼等人（1999）认为，应采取如下两点对策：

（1）古河床沉积的粉细砂粒径自上而下由细变粗，透水性相应地自上而下增强，在部分古河道的底部，常有厚约数十米到数米的卵砾石层，砾石直径为1～5cm，透水性很好，为了把隧道地下水环境的影响减少到最低限度，建议地铁与水底隧道采用浅埋方案，把隧道最大埋深控制在地下15m以内，使隧道下面留出较大的有效过水断面。

（2）地铁与玄武湖水底隧道在下面通过时，要尽可能小地扰动玄武湖底的天然淤泥层。若用明挖法施工，要做好淤泥层的"修复"工作，若用盾构法施工，要严防因隧道上覆土厚度太大而导致的盾构"冒顶"事故，并且要严格控制地表变形。

7.1.4 地质生态环境恶化

地下施工往往要挖出大量的岩石和土体，堆积于隧道顶部或口门附近，有的可高达6m、7m，不仅对周围环境有影响，而且若弃土超载，还可能引起隧道下沉。基坑开挖使大量地面裸露，在开挖或运输过程中，如不及时围护和采取车辆密闭运输，容易造成城市的扬尘污染。北京市目前有大小工地数千个，分布在全市的各个地方。北京市环保局大气处的负责人介绍，北京市空气污染比较严重，大气污染物中总悬浮颗粒物全年超标，造成超标的原因之一就是地面扬尘。地面扬尘在采暖期对总悬浮颗粒物的影响约占50%，非采暖期约占70%，特别是施工引起的扬尘较为严重。再如某废弃物堆场与潜水位之间尚有一定距离，加之场址底部土层良好的防渗性能，基本不会对地下水造成污染。然而，由于某过江隧道的建设，使局部地下水位抬升了1～2m，导致地下水受到了废弃物堆场淋滤下渗的污染。此外，地下工程施工过程中的排水形成了地下水降深漏斗，造成局部地下水的回冲，导致附近的污染物进入地下水系统。在某些承压含水层分布区域，由于地下工程的开挖，导致承压含水层隔水顶板被揭露，从而对含水层的天然保护层造成破坏。场地周边的污染径流经揭露的天窗直接进入承压含水层，将对地下水水质造成污染。另外，地下工程常采用化学灌浆来实现加强护壁措施或堵漏处理。化学灌浆材料多数具有不同程度的毒性，特别是有机高分子化合物（环氧树脂、乙二胺、苯酚）毒性复杂，浆液注入构筑物裂缝与地层之中，然后通过溶滤、离子交换、复分解沉淀、聚合等反应，不同程度地污染地下水，导致公害。

7.2 地质环境影响原因分析

地下工程兴建引起地质环境变化的原因很复杂，涉及影响因素也多，有地质条件、施工方法、建筑物特征、外部干扰等方面，要完全准确掌握还是比较困难的。然而，掌握地下工程对地质环境影响的原因，对防治或减少危害十分重要。就目前的技术水平而言，绝大部分地下工程对地质环境影响的原因分析，仍以研究和分析引起地层变形和自身稳定性问题为主。下面以基坑工程为例，着重介绍在开挖施工过程中产生变形原因及分析方法。

7.2.1 基坑工程变形

1. 基坑工程变形的原因

在软土地层中进行基坑开挖施工，由于改变了原土体应力场和土的流变特性等，必然导致发生基坑周围地面沉降、支护结构变形、基坑失稳、基底隆起等变形现象，不同变形类型的变形机理不同且很复杂。

1）降水引起的坑外地层固结沉降

基坑开挖绝大多数情况都需要进行人工降低地下水水位，一方面能保证基坑开挖在干燥的环境下进行，为机械化进场施工创造了良好的条件；另一方面基坑边坡地下疏水以及含水量的降低会提高岩土体的内聚力和内摩擦角，从而增加了基坑边坡的稳定性，保证施工的顺利进行。由有效应力原理可知：由于基坑不断抽水，土层中的孔隙水压不断消散，在总应力不变的情况下，消散的孔隙水压力转变为有效应力，土层在增加的有效应力作用下引起新的固结压缩变形，在地面上则产生了沉降和水平位移。

2）支护结构的变形

在基坑开挖引起的周围地表变形与支护结构的变形有关。在基坑支护结构形成之后，随着基坑内土体的挖除，在支护结构背侧土压力和支撑轴力的共同作用下，支护结构将产生变形，导致墙背土体产生位移，从而引起地表变形。这部分变形一般是基坑周围地表产生沉降变形的主要部分。

3）基底的回弹和隆起

基坑开挖是一种卸载过程，开挖越深，深层应力状态的改变越大，这样不可避免会引起基坑底面土体的回弹变形，这不仅影响基坑自身的支护体系，而且对周边的建筑物也会产生较大影响。开挖卸载的坑底面回弹在空间上表现为以基坑为中心的倒盆地形状，距支护结构较近处，曲率较大，越靠近基坑中心，曲率越小，距中心一定距离后地面隆起为一定值。它是垂直向卸荷而改变坑底土体原始应力状态的反应。随着开挖深度增加，基坑内外的土面高差不断增大，荷载变化及应力差逐渐提高，使支护墙外侧土体产生剪切应变，增加其向基坑内滑动趋势与动能，并由此导致或加剧基坑周围地表的沉降。

4）其他原因

影响基坑变形的因素比较多，无论是设计、施工，还是管理环节出现问题，都可能导致基坑开挖的过程中造成周围地表沉降较大，甚至导致基坑工程的失败。如支护结构入土深度不足时，会因开挖面内外四周土体产生过大的塑性区而引起的基坑局部或整体失稳；基坑的变形随开挖深度而增加；当支护结构埋设深度一定时，土体塑性区随开挖深度的增加而逐渐扩大；基坑隆起量与地表超载、土性、入土深度、基坑开挖深度等有密切关系，这些因素也影响着基坑的变形。

2. 基坑工程变形的影响因素

工程实践证明，影响基坑开挖变形的因素很多，经分析主要取决于如下因素：

（1）几何情况：基坑形状、开挖深度、开挖面积。

（2）地质情况：土压力、地下水位、水压。

（3）支护、止水设计情况：支护和支撑结构形式、强度和刚度、安装方式、止水结构设计。

（4）施工情况：开挖工艺、支护和支撑时间、支撑间距和施加预应力大小、基坑内地基加固等。

（5）外部情况：基坑周围堆载及建筑物、温度天气变化等。

上述影响因素有些是主要的，有些是次要的，有些是可预见性的，而有些是不可预见的。影响基坑开挖变形的因素具有多样性，使得完全掌握基坑开挖变形的原因难度很大。

3. 基坑工程变形的过程

基坑开挖的变形过程大致可分为三个阶段：

（1）挡土结构和止水帷幕施工，引起支护结构横向挤土，产生地表的沉陷、隆起等。

（2）开挖过程中，随着深度增加，土压力增加，支护结构产生水平变位，引起地表沉降或基坑失稳。

（3）开挖后，基底土的蠕变、松弛，引起基坑隆起，或因降水引起地表的固结沉降。

7.2.2 基坑工程受力体系特点

1. 地基土的卸荷-再加荷及应力松弛特性

基坑开挖（卸荷）解除坑底以下土中的一部分自重应力，由于土体膨胀，坑底回弹；当修筑基础和上部结构时，基坑转入加荷阶段，土体再度压缩。实验表明：卸荷时，试样不是沿初始压缩曲线，而是沿回弹曲线回弹，说明土体的变形由可恢复的弹性变形和不可恢复的塑性变形两部分组成；回弹曲线和再压缩曲线构成一回滞环；回弹和再压缩曲线比压缩曲线平缓得多；当再加荷时，再压缩曲线最终就趋于初始压缩曲线的延长线。

土的应力松弛特性，就是土在一定的变形下应力随时间而衰减的特性。试验时是将土体瞬时地施加一个不超过标准强度（以常规的强度试验侧出）的初始剪应力，以后维持它所引起的初始变形不变，测定剪应力随时间的变化。

2. 地下水状态的改变

基坑开挖过程中，需要进行人工降低地下水，不管采用哪一种方法，都会引起基坑内外产生地下水渗流，地下水状态也随着改变，不仅土体的物理力学性质有变化，而且水压力系统也改变，所以，需根据基坑类型、水环境考虑水压力。基坑的类型主要分为三类：

Ⅰ类基坑，一般深度小于10～15m，基岩埋深较浅，基坑防渗帷幕打入不透水岩层中，防渗帷幕的止水效果良好，井点降水以疏干基坑内的地下水为目的，抽出的水反灌到潜水含水层里面。在这种情况下，基坑内外无水力联系，基坑内降水，基坑外的地下水位不受影响。由于反灌，基坑外的地下水位升高，产生流向防渗帷幕的渗流。抽水停止后，水位逐渐稳定。

Ⅱ类基坑，一般深度大于15～20m，地基为潜水含水层-弱透水层-承压含水层结构，基坑的防渗帷幕只好打入弱透水层中，防渗帷幕的止水效果良好，井点降水以维持基坑开挖为目的，反灌井打在承压含水层内。这种情况基坑降水后，当水力坡度增大时，地下水可以透过弱透水层，沿着防渗帷幕的下端流向基坑底部，基坑内外产生了水力联系，抽水停止后，基坑内外具有一定的水力坡度，基坑外的地下水向基坑内渗流，渗流力对基坑底部产生了作用，抽出的水只能反灌到深层的承压含水层内。若反灌到上部的潜水含水层内，使基坑内外水头差更大，渗流加快，对基底的稳定更加不利。

Ⅲ类基坑，一般深度大于20～25m，基坑的防渗帷幕打入承压含水层中，井点降水以前期降低承压含水层水头，后期疏干承压含水层为目的。防渗帷幕位于承压含水层的中下部，基坑内外含水层被隔开，仅含水层底部未被隔开。地下水的渗流特征：由于防渗帷幕阻挡，上部地下水不连续，底部含水层连续相通；随水位降深的加大，井内外水位降相差增大，地下水绕过防渗帷幕流入降水井；潜水被防水帷幕有效阻挡。因此，抽出的地下水再反灌到潜水含水层内，潜水位上升，但不会产生渗流力作用在基底上。降水停止后水位降至承压含水层顶板以下，在承压含水层内形成了无压水，承压含水层内的地下水绕过隔水帷幕向基坑底部渗流。

上述情况中，如果防水帷幕因施工或设计不当，造成帷幕透水，则基坑内外产生水力联系，地下水的渗流特征将改变，坑壁将会出现涌砂现象。

3. 土压力改变

基坑开挖使地基土的初始应力状态发生了改变，地下水位也产生了变化，基坑内外产生渗流使地基土有效应力发生改变，这些变化对土压力会产生一定的影响。

(1) 地面荷载产生的侧压力。土压力是当土体发生位移时产生的，是支护结构所承受的主要荷载。侧向土压力是基坑支护设计中一个重要的设计参数。地面荷载所产生的土压力，不仅与建筑物基础的埋深及地面荷载离基坑的距离有关，还与地面荷载的类型有关。按地面荷载的类型可分为均布荷载、局部均布荷载、集中荷载、均布线荷载、条形荷载以及地面下一定深度的荷载（相邻建筑物荷载）等。

(2) 基坑开挖的实际应力状态对土压力的影响。由于基坑开挖，在基坑的外侧，如果不考虑地下水位的变化，铅直方向的自重应力保持不变，水平方向的地基内应力减少。随着挖掘深度的增加，坑壁的水平位移也不断加大，当水平方向内应力达到最小值时，土体达到了主动土压力状态。这种应力状态可以利用侧压减少试验来模拟。在基坑底部以下的地基，如果不考虑地下水位的变化，铅直方向自重应力减少（卸荷），开挖面以下的支护结构挤压基底下部地基，使得基底底部以下地基水平方向受压，这相当于轴压减少，侧压增加试验（卸荷试验）的应力状态。

(3) 地下水渗流对土压力的影响。基坑开挖过程中，为保证基底干燥、便于施工，要采用一些降水方式，降低地下水位。基坑降水会引起地下水渗流，地下水状态便随之改变，同时，也会引起土的物理力学性质的改变、土体应力状态以及土的强度的改变，并直接影响着土压力的大小。

7.2.3 基坑工程变形的分析模型

基坑开挖方案与支护设计是以工区的地质及土质条件为先决条件的，必须考虑土体变形特性、地下水的影响变异等，而采取不同的设计方案。不同的土质、不同的地质条件，以及不同的开挖深度，需要采用不同的加固措施。在分析基坑变形时，一般采用地层结构模型。基坑工程的地层结构模型，对于基坑工程破坏机理的研究、基坑开挖地质环境效应的预测与防治也有重要意义。

我国城市的分布特点决定着城市地区地质环境的差异性和复杂性，同时由于历史开发早晚不同，人类对环境产生的影响亦有差异。因此，导致城市工程地质条件复杂多变、水文地质条件复杂，这也造成城市基坑工程典型地层结构与模型研究的复杂性。下面分别介绍不同城市地层结构特点与常见的地层模型。

1. 城市地层结构特点

根据城市自然环境和工程地质的不同，我国城市可分为滨海平原型、滨海山地型、内陆冲积平原型、内陆河谷盆地型、山前倾斜平原型、黄土高原河谷盆地型、岩溶河谷型和高原寒冻河谷盆地型等，不同的城市类型其地层结构特点也不同。

(1) 滨海平原型城市。中国东部分布着著名的下辽河、华北和江淮大平原，还有南部珠江、闽江等大河口三角洲平原区，属于新生代构造断陷沉积平原，新生代以来仍在持续缓慢下降，主要发育在杭州湾以北的平原区，如上海、天津、南通、营口等城市。

(2) 滨海山地型城市。滨海平原山地型城市总的特点是地貌上既有平原又有山地，在靠近山坡处，基岩埋藏浅，上有坡积物覆盖，在滨海地段，地表有 1～3m 的硬壳层，其下为海相淤泥，最厚达 20 多米，再下有的为较为坚硬的黏性土和基岩。根据工程地质环境的南北不同，北部以烟台、青岛、秦皇岛、大连最为代表，南部以广州、深圳、汕头、湛江、香港等城市为代表。

(3) 内陆冲击平原型城市。地处我国东部和中部的广阔平原地带，如松嫩平原、辽河中下游平原、海河平原、黄河中下游平原、淮河平原、长江中下游平原等，是我国分布最大的地区，如郑州、石家庄、合肥、成都等城市。

(4) 内陆河谷盆地型城市。在一些开阔的盆地内沿内陆大型主干河流沿岸分布的城市，一般具有内河航运和陆路交通发达的特点，如重庆、宜昌、武汉、长沙、南京、太原、抚顺等城市。

(5) 山前倾斜平原型城市。处于山前冲积扇、洪积扇地貌单元内分布的城市，如北京、沈阳、呼和浩特等。

(6) 黄土高原河谷盆地型城市。地处黄土高原上的城市，分布在陕西、甘肃、宁夏、青海和内蒙古等省和自治区，多为中小城市。因气候干旱，多有暴雨发生，加之不合理的工程开挖，导致滑坡、泥石流灾害普遍。

2. 基坑工程常见的地层结构模型

根据我国城市地层结构特点和基坑开挖揭露的岩土体性状，我国基坑工程常见的地层结构模型有三种基本类型：单一土体结构、混合土体结构和混合岩土结构。各类型基本特征如表 7-1 所示。

基坑工程常见的地层结构模型 **表 7-1**

地层结构模型	类型	代表城市类型	地层结构特征	基坑开挖常见问题
单一土体结构	一般黏性土基坑	山前倾斜平原、河谷平原城市	基坑处在土质均一，强度较高的黏土层中，其顶部往往有人工填土	比较容易支护，在没有特大暴雨或者附近没有重荷载的情况下，一般的支护能满足要求
	软土层基坑	滨海平原型城市	主要土层为淤泥质粉质黏土，淤泥质黏土层，含水量较大，孔隙比为 1.2～1.6，土的压缩性高，抗剪强度低	重力式挡墙失稳，基坑内不降水开挖引起土体滑动，基坑周围堆载造成塌方、涌水、流砂事故等
	红黏土基坑	岩溶河谷型城市	常为岩溶地区的覆盖层，厚度不大，受基岩起伏影响大，含水量高，但一般处于硬塑或坚硬状态，具有较高的强度和较低的压缩性，在纵深方向从上到下含水量增加，土质由硬到软的变化	具有胀缩性，地基具有不均匀性，红黏土厚度在短距离内相差悬殊，岩溶现象发育，影响场地的稳定性
	黄土层基坑	黄土高原河谷盆地型城市	分为老黄土、新黄土和新近堆积黄土，老黄土土质紧密至坚硬，颗粒均匀，块状或柱状节理发育；新黄土，土质较均匀，稍密至中密；新近堆积黄土，结构松散呈蜂窝状	具有湿陷性，施工时应进行地基处理。破坏湿陷性黄土的大孔结构，并做好防水措施
	膨胀土基坑	云南、贵州、广西等省和自治区盆地内境岗、山前丘陵地带及河流二、三级阶地上的城市	有三类：一是湖相沉积及其风化层土的膨胀，收缩性最显著；二是冲积、冲洪积和坡积物土的膨胀，收缩性也显著；三是碳酸盐类岩石的残积、坡积及洪积的红黏土，收缩性显著	具有显著的吸水膨胀和失水收缩的变形特征，开挖基坑时要收集当地多年的气象资料，了解其变化特点，调查地下水的类型与埋藏条件、水位及变化幅度，有针对性地采取措施
混合土体结构	软土、砂砾石层混合基坑	滨海山地型城市，山前倾斜平原、河谷平原城市	基坑顶部有薄层人工填土，其下为软土层，基坑底部含承压水，软土层下面是砂砾石层	基坑降水设计十分重要，降水成功时，遇到问题同上；降水失败，基坑将面临大的变形，坑底可能突涌或底部变形过大等
	多层土混合基坑	滨海平原型城市、山前倾斜平原、河谷平原城市	具有黏性土与砂土互层结构，或者黏性土中夹一层或多层砂层或粉砂层，顶部有人工填土	由于砂层存在，尽管厚度不大，往往成为地下水进入基坑的良好通道，同时砂层在地下水作用下易产生流沙事故

续表

地层结构模型	类型	代表城市类型	地层结构特征	基坑开挖常见问题
混合岩土结构	残积土、岩体基坑	滨海山地型城市，山前倾斜平原	基坑开挖在花岗岩或其他火成岩残积土中，下部即为花岗岩强风化带	残积土强度较高，一般的支护设计能满足要求，但在南方暴雨较多、残积土抗冲刷能力差，应注意坡面保护
	多种土、岩体基坑	滨海山地型城市，山前倾斜平原	黏性土、砂土互层或黏性土夹砂土，底部是砂砾石层，再下是岩体的强风化带	问题同多层土混合结构

7.2.4 基坑工程变形预测和监测

非线性和非弹性是土体变形的突出特点，这也是根据位移确定土压力的困难之一，目前应用于基坑变形分析的本构关系模型主要有非线弹性的 Duncan-Chang 模型、弹塑性的 Lade-Duncan 模型和 Ohta 模型、Cambridge 模型以及结合 Biot 理论应用于分析地下降水问题和解决基坑影响范围的弹粘塑性模型。对这些模型的应用应根据具体基坑土体的力学特性予以选取，同时要重视计算参数的选取方法。由于问题的复杂性和不确定性等，采用理论模型进行基坑开挖变形的计算还是很困难的，常常无法实现。实际工程中比较多的是采用基坑开挖变形预测方法。目前基坑开挖变形预测有两种基本方法：经验估算法和有限元分析法。

1. 经验估算法

以地下连续墙基坑开挖为例，说明其预测方法。

理论分析和工程实测证明，地下连续墙基坑开挖引起的坑外附近的地面沉降是以下各方面的变形积累产生的：

（1）开挖和支撑过程中的墙体走动（刚体位移）与墙体挠曲变形；

（2）坑底地基土回弹、塑性隆起和翻砂管涌；

（3）因降水导致墙内外土层固结和次固结沉降；

（4）井点抽水带走土体颗粒造成的地层损失；

（5）墙身各槽段间接头处混凝土不密实，或相邻槽段间因差异沉降而相对错移，造成土砂漏失；

（6）槽内挖土，因护壁泥浆不理想，使外侧土层向槽内变形。其中前三项是主要变形因素，应采取积极措施尽可能地加以控制。

用经验估算基坑的变形，可以从墙体的走动与变形、坑底的土体回弹和塑性隆起特征、墙外周边土层的固结沉降等特征进行分析比较：

（1）墙体的走动与变形分析，主要是根据墙体走动与变形的如下关系进行经验估算：墙体水平位移量的大小与墙体截面的抗弯刚度 EI 以及两侧墙之间各道横向支撑的竖向间距 h 密切相关；当其他条件不变时，基坑开挖宽度增大，墙体下部的侧向位移将相应增加，坑周地基土的沉降量与沉降范围亦有所加大；墙体水平位移及由此引起的墙后地表沉降量大小与分布，和是否设置顶排支撑有很大关系。

(2) 坑底的土体回弹和塑性隆起分析，基坑开挖后，随着开挖的不断加深，观察到基坑隆起量（包括回弹变形和塑性隆起）也不断增加。土的塑性区的产生反映了土体的塑性剪切破坏和体积膨胀（其中还包括有基底开挖回弹量），但这并不等同于坑底土体就一定会发生因塑性隆起变形而致失稳的危险。孙钧教授建议按坑底以下土体塑性区的深度（到墙下土体塑性区最深处止）D_p 与墙体插入坑底以下的深度 D 之比来判断地基失稳与否，即当 $D_p/D<1.5$ 时，则认为墙体的入土部分尚能以共同抵抗坑外土体向坑内的大部分塑性挤入位移，因而坑底一般不致发生因隆起而失稳破坏，但当 D_p/D 在 1.2～1.5 之间时，将有比较多的土体自外侧由墙底之下向坑内挤入，导致坑内土体将有相当可观的隆起量，而坑周地表沉降量也相应加大；当 $D_p/D>1.5$ 时，则基底土体隆起过度，终将导致坑底土体失稳而崩溃，此时相应的坑周地层塌陷，从而发生重大的工程事故。

(3) 墙外周边土层的固结沉降分析，基坑开挖时的周边降水，尽管只是有限幅度的下降，也将导致地表土层的固结沉降，以及随时间不断持续增长的黏性土滞后次固结流变，土层的固结沉降量可按比奥固结理论进行计算。

2. 有限元分析法

对基坑的变形预测，除利用经验估算法，必要时还可采用弹塑性有限元进行数值分析。有限元作为一种独立的工具，在基坑开挖变形分析中得到广泛的应用。有限元分析法有弹性抗力法、小变形有限元法、大变形有限元法等方法。目前土工计算中广泛采用的模型有两大类：一是弹塑性模型，另一类是非线性弹性模型，两者都反映了土的非线性应力-应变关系特性。

3. 神经网络预测

神经网络预测法是基于有限元分析法衍生出来的一种方法。神经网络就是由大量处理单元广泛互连而成的网络，它是在现代神经科学研究成果的基础上提出的，反映了人脑功能的基本特性，但它并不是人脑的真实描写，而只是它的某种抽象、简化与模拟。网络的信息处理由神经元之间的相互作用来实现；知识与信息的存贮表现为网络元件互连间分布式的物理联系；网络的学习和识别决定于各神经元连接权系的动态演化过程。神经网络实际是一个超大规模的非线性连续时间自适应信息处理系统。

经实践证明，神经网络用于预测基坑挡土墙在开挖过程中的变形是可行的，而且计算结果比较准确。神经网络预测基坑开挖过程中支护结构变形，无需知道传统计算中所必须的岩土参数，计算简单，大大减少了工作量，这对复杂地质条件下的基坑工程很有意义。

但是这种方式也有许多需要完善的地方。一方面，由于基坑开挖过程中影响支护结构变形的因素有很多，且有些因素不能用简单的数学参量来表示；另一方面，神经网络模型的一些参数和结点个数等目前只能凭经验确定，这些需要在以后的实践中加以研究。

4. 施工监测

地层变形是地下工程对地质环境的主要影响之一，而且总是存在的，能做的工作就是减少危害。减少地层变形的途径有以下几点：提高设计水平、加强地质勘察、加强现场监测。其中现场监测是最重要的环节。地下工程施工监测目前还处于发展阶段，本身还不完善，加之施工中每个环节都存在不确定因素，因此施工监测就显得越来越重要。地下工程施工监测的主要目的在于了解地层的稳定性、支护作用和周围环境的变化。现场观测工作应考虑如下问题：

（1）按工程需要和地质条件选定观测部位、断面，确定监测项目，并制定监测设计的整体方案；

（2）仪器布置应考虑方便合理，尽可能减少对施工干扰，又能保证仪器设备的安全；

（3）仪器应有足够的灵敏度精度和抗干扰性，保证在恶劣环境下长期可靠工作；

（4）建立严格的监测管理制度，有明确的观测目标，经过训练，有较好素质、稳定的观测队伍，以保证进行系统连续的监测，并及时整理资料、反馈信息，提供给专家系统修改开挖支护参数。

7.3 减少地质环境影响措施

在减少地下工程对地质环境影响方面，减少其施工过程中和竣工后对地层变形的影响仍是主要工作。地层变形对地下工程自身（如使工程失稳、影响使用功能、影响工程质量等）和周围建筑物（下沉、开裂等）有着很大的危害，需要通过多方面的工作（包括对已有工程的经验教训总结和分析）和措施，才能避免或减少危害。

7.3.1 主要措施

1. 做好场地周围环境及地下管线的调查

城市地下工程建设是在市区进行，场地环境复杂，邻近建筑物密集，若设计、施工不当或保护措施不力，会产生一系列环境地质问题。因此，在设计阶段，应该对周围环境、邻近建筑物和地下管线进行调查，这样不仅为确定允许变形量提供信息，而且为将来可能的法律纠纷提供证据。调查内容主要有：邻近建筑物的分布、基础形式、地上层数、地下室层数、地下室深度、地下管线分布与埋深，已存在裂缝，倾斜渗漏情况，修筑年代等。

2. 开展详尽的工程地质勘察

工程地质勘察资料是地下工程施工的重要依据，通过详细的工程地质勘察，为设计施工提供需要的参数和指标，确定合理的开挖方案、开挖步骤，如果地下工程建设所涉及勘察资料不详细、不准确，势必给支护工程带来事故隐患。对深基坑着重查明如下问题：场地位置、地形地貌、地质构造、不良地质现象等；对场地地层进行划分；调查地下水的类型、埋藏条件、侵蚀性以及土层的冻结深度；测定土的物理力学性质指标；调查基坑周围地质环境。对地下洞室，主要工程地质问题可以概括为：位址和方向选择的工程地质论证、围岩压力的工程地质评价、支护结构设计的工程地质论证、施工方法和施工条件的工程地质论证，地下洞室工程地质勘察的任务就是为不同设计阶段所要解决的主要问题提供必要的工程地质依据。

3. 做好开挖方案的优化选择

地下工程的开挖方法很多，大型地下工程，尤其是大型地下洞室群的施工过程中不可能全断面一次成洞，实际上是根据出渣运输洞布置、施工机械类型和岩石的特性等条件，选择开挖施工方式。这就决定了大型地下洞室是分层分块开挖，逐步形成洞室设计体型的特点。在开挖时间上，就有分期开挖过程。在分期开挖过程中，每一个施工分期对应一种施工短期洞型，不同的开挖顺序，就意味着围岩对应一种暂时加载方式。由于在施工时期洞型和加载方式不断变化，不仅影响了施工期内围岩的应力、破损区、洞周位移，而且影响洞体成型后的应力分布、破损区大小及洞周位移状况。因此，在软弱地层中进行隧洞施工，采用不同的开挖和支护方案及步骤，会对围岩稳定性及施工成本产生十分不同的影响。基于洞室群开挖存在分期分块的特点，在各项措施中，以采取合理的开挖顺序，适时有效的支护方案最为经济有效。施工顺序优化方法可以运用动态规划原理及人工智能方法，优化效果显著，尤其像厂房群这类大型地下工程。

4. 实行科学的降水设计

水是影响地下工程稳定的重要因素之一，地下工程建设绝大多数都需要进行人工降水。要降低地下水位，就要合理地选择降水方法，在此基础上进行人工降水的方案设计，以及进行降水方案的水位预测，通过预测并进行降水方案的优化，从而达到最佳的降水方案。

地下水的人工处理方法较多，其中止水法中的主要几种常用方法有明排方法、点井方法、自渗井方法、管井方法、大口井方法和辐射井方法。人工降水技术方法的选择是人工降水成败的关键，在降水技术方法的选择时，应重点研究如下几条：

（1）考虑降水场地的水文地质条件，特别是注意含水层与隔水层的组合与分布，各含水层的水位埋深与补给特征；

（2）含水层的透水性，即渗透系数的大小以及含水层的厚度；

（3）地下工程开挖的深度及技术要求；

（4）降水场地的施工条件及施工的设备能力和技术；

（5）选用的方法做到经济技术合理、易施工；

（6）根据降水技术要求和水文地质条件，可考虑单一技术方法或用不同降水技术方法的组合，充分发挥其通用性和互补性。

整个降水工程的设计方案，一般由井数、井深和井距构成，可是影响井数、井深和井距的因素很多，除场地自然环境外，还有天然因素（如含水层与隔水层的岩性、分布与组合等）及人为因素的影响。因此，应对场地水文地质条件、水文气象资料、场地工程地质勘察资料、邻近工地降水工程的实际资料等进行详细研究，并用合适的方法计算出合理的水文地质参数。在此基础上，实行科学的降水方法，进行合理的降水设计。

5. 推行考虑时空效应的工程技术

近年来有许多岩土工程专家认为：要接受过去几年深基坑周围地层移动引起附近建筑和设施破坏的经验教训，在技术规程中，要重视控制基坑变形问题，而运用时空效应规律在软土地区是一条安全、经济的技术途径。实践证明，运用时空效应规律，能可靠而合理地利用土体自身在基坑开挖过程中控制土体位移的潜力而达到保护环境的目的。

在软土基坑开挖中，适当减少每步开挖土方的空间尺寸，并减少每步开挖所暴露的部分基坑挡墙的未支撑前的暴露时间，是考虑时空效应、科学地利用土体自身控制地层位移的潜力，以解决软土深基坑稳定和变形问题的基本对策。考虑时空效应的工程技术的主要特点是：

（1）设计与施工密切结合。在设计和施工中定量地计算及考虑时空效应的基坑开挖和支撑的施工因素对基坑在开挖中的内力和变形的实际影响，并以科学的施工工艺，有效地减少地层流变性对基坑受力变形的不利影响。

(2) 考虑时空效应的工程设计。在基坑支护结构（挡墙、支撑及挡墙被动区加固土体）的内力及变形计算中采用目前弹性计算法所用的较简单的力学模型和设计参数项目，而对反应基坑变形总体效应的最主要的综合参数——基坑挡墙被动区的水平抗力系数，按一定的地质和施工条件做出经验性的修正，此综合参数是土的力学性质指标和每一步基坑挖土的空间尺寸及暴露时间的函数，其数值是根据一定施工条件下基坑开挖中所测出的基坑变形数据，经反分析而得出的一个考虑了开挖时空效应的等效水平抗力系数。

(3) 考虑时空效应的工程施工。要求按基坑规模、几何尺寸、支撑形式、开挖深度和地基加固条件，提出详细的、可操作性的开挖与支撑的施工程序及施工参数，开挖和支撑的施工工序基本是按分层、分步、对称、平衡的原则制定的。例如，长条形地铁车站深基坑中，基坑开挖和支撑的施工技术要点是：按一定长度分段开挖和浇筑结构，在每段开挖中再分层，每层分小段地开挖和支撑，随挖随撑，施加支撑预应力，完成每小段的开挖和支撑的施工时间限制在24小时内。各种形式的基坑优先考虑以井点降水法改善土性，减少土的流变变形。

6. 做好现场监测，开展信息化施工技术

地下工程是土体与围护结构体相互共同作用的一个动态变化的复杂系统，仅依靠理论分析和经验估计是难以把握在复杂的开挖和降雨等条件下支护结构与土体的变形破坏，也难以完成可靠而经济的开挖设计。通过施工时对整个工程进行系统的监测，可以了解其变化的态势，利用监测信息的反馈分析，就能较好地预测系统的变化趋势。当出现险情预兆时，可做出预警，及时采取措施，保证施工和环境的安全；当安全储备过大时，可及时修改设计，削减围护措施。通过反分析，可修改计算模型，调控计算参数，总结经验，提高设计和施工水平。现场监测工作主要包括对支护结构施工、安设工作的现场监理，土体与支护结构的位移变形监测，地下开挖设施的装设及运营情况监测，建筑物及重要设施的监测，地下管道的监测等。工程实践表明，做好现场检验与监测工作，将极大地减少可能出现的事故。

信息化施工技术是将系统工程应用于施工的一种现代化施工管理方法，它包括信息采集、信息分析处理、信息反馈和控制与决策（调整设计和施工方案及采取相应措施）。在现场监测的基础上，开展信息化施工技术，即使出现临时问题，由于监测预报及时，也不会造成事故。如广州华侨大厦基础深11m，地处珠江边，基坑支护采用地下连续墙加锚杆方案，锚杆施工完第一层后，根据信息反馈，进一步审核原设计，决定第二层锚杆可减少1/3，节约经费20万元，并加快了施工进度。

7. 积极采用新技术、新方法

城市地下工程多建设在人口拥挤、楼房林立的城市闹市区，为了确定科学合理的设计方案，设计人员必须首先进行场地考查，再进行设计。同时，还应搜集同类工程地质条件下深基坑工程成功与失败的设计方案实例。然后，才能用先进的技术方法进行设计，严禁不顾场地条件、不考虑施工条件，仅凭计算机给出的信息进行设计的错误做法。工程实践证明，采用基坑内降水、坑内侧土体加固（化学灌浆、石灰桩加固等）、及时支撑并预加轴力、增加挡墙的入土深度、墙外地层中筑帷幕、坑内降水、坑外注水、分步开挖、逆作法施工、信息反馈施工法的采用等，对改善基坑变形、提高其稳定性有重要意义。如水下施工的效果与通常方法施工比较，能使挡墙最大水平变位减少 53%，基底隆起减少 44%，地表沉降减少 50%。B. Broms 曾用 FEM 分析这些辅助工法所产生的效果，发现地面沉降减少约 30%～60%，尤其以基坑内化学灌浆的效果最为显著。计算机技术方法应广泛地应用到地下工程建设中，如进行数据分析与计算、计算机制图、计算机辅助深基坑设计、信息施工与管理等领域具有十分广阔的前景。

8. 积极推行地下工程建设系统管理与防御技术

地下工程建设是一系统工程，必须从勘察、设计、施工、监测全方位地采取工程防御体系。

（1）勘察设计方面，首先对地质条件了解清楚，查明周围各种地下管线和建筑物或构筑物的要求，设计时要对地质资料了解清楚，所有构件必须符合力学原理，精心设计并尽量做到优化设计。

（2）施工方面，必须按照设计要求进行施工，对于有支撑的围护结构，必须遵守先撑后挖，严禁超挖，尽量缩短墙体暴露时间以及分层开挖，而高差不宜过大的原则，对施工中出现的各种问题要有预见性，对于在毗邻建筑物施工时，必须做好保护措施。

（3）监测方面，它是及时指导正确施工，避免事故发生的必要措施，已经成为一种信息技术。因此，在整个施工和运营期间，实施严格的现场检验与监测是十分必要的。在目前监测手段中，以水准测量位移最为可靠，其次就是测斜仪测墙体位移，利用地面和地下两对眼睛来监视墙体位移的发展，在监测工程中显得尤为重要。其他测量仪，如深层标、土压力盒、孔隙水压力仪、水位计、钢筋应力计等配合手段，用以综合分析；地下水方面，它是导致工程事故的最直接的影响因素之一。从实际统计资料来看，约有 70%的基坑事故与地下水有关。因此，地下工程建设中应特别注意地下水的影响。

9. 加强对邻近建筑物的保护

在已有建筑物或构筑物附近设置新的基础及开挖基坑时，应该考虑对已有建筑的影响，一般把这种影响叫作“相邻影响”。相邻影响的设计与施工以前，应对新建构筑物及周围场地进行调查，内容包括土质、原构筑物基础和上部结构可靠度及对地基变形的要求等。根据新建建筑物和已有建筑物的相邻程度，具体定出三个范围及其对策：

（1）无条件范围，不需要特殊施工方法的范围，但要根据需要对已有建筑物进行变形和裂缝的观测。

（2）需注意的范围，对设计一般不加考虑，但在新构筑物施工方法上采取有效对策。

（3）需要有对策的范围，设计和施工都要特别考虑，从工程计划开始就必须考虑对已有建筑物不产生有害影响的对策和防护工程，同时在施工时需进行变形和裂缝的观测。

10. 加强岩土变形的理论研究

由于地下工程建设的复杂性，在实践中既存在着实践超越理论的现象，又存在着理论不能正确反映实际施工过程和存在问题的现象。因此，针对工程实践的具体情况，加强有关理论研究，显得尤为重要。侯学渊教授认为，要保证深基坑工程安全可靠，和尽量少地影响周围建筑物和地下构筑物（包括地下管线），必须对地基中卸荷-再加荷的变形特征以及土壤的蠕变，应力松弛特性；支挡结构的变形机理；基底的隆起规律；基坑的失稳现象及验算方法；支挡结构的变形、基底隆起和地表沉降之间的关系；地基加固效应等理论问题进行详细研究。此外，基坑失效事故分析表面，水是一个重要的因素，在粉土与砂性土中产生管涌、流砂，水是首祸。因此，必须研究地下水位、水压对基坑变形的影响，加强水土相互作用的研究。在此基础上，才有可能提出有效的设计和施工方案，有效地防治基坑开挖变形。

7.3.2 杭州地铁深基坑事故分析

1. 杭州地铁深基坑事故概况

2008 年 11 月 15 日下午 3 时 15 分，正在施工的杭州地铁湘湖站北 2 基坑现场发生大面积坍塌事故，造成 21 人死亡，24 人受伤（截至 2009 年 9 月已先后出院），直接经济损失 4961 万元。经调查，事故直接原因是施工单位违规施工、冒险作业、基坑严重超挖；支撑体系存在严重缺陷且钢管支撑架设不及时；垫层未及时浇筑；监测单位施工监测失效，施工单位没有采取有效补救措施。

2. 工程简介

杭州地铁事故基坑，长 107.8m，宽 21m，开挖深度 15.7～16.3m。设计采用 800mm 厚的地下连续墙结合四道（端头井范围局部五道）ϕ609 钢管支撑的围护方案，基坑平面图如图 7-3 所示。地下连续墙深度为 31.5～34.5m。基坑西侧紧临大道，交通繁忙，重载车辆多，道路下有较多市政管线（包括上下水、污水、雨水、煤气、电力、电信等）穿过，东侧有一河道。

基坑土方开挖共分为 6 个施工段，如图 7-4 所示，总体由北向南组织施工至事故发生前，第 1 施工段完成底板混凝土施工，第 2 施工段完成底板垫层混凝土施工，第 3 施工段完成土方开挖及全部钢支撑施工，第 4 施工段完成土方开挖及 3 道钢支撑施工、开始安装第 4 道钢支撑，第 5、6 施工段已完成 3 道钢支撑施工、正开挖至基底的第 5 层土方，同时，第 1 施工段木工、钢筋工正在作业；第 3 施工段杂工进行基坑基底清理，技术人员安装接地铜条；第 4 施工段正在安装支撑、施加预应力，第 5、6 施工段坑内 2 台挖机正在进行第 5 层土方开挖。

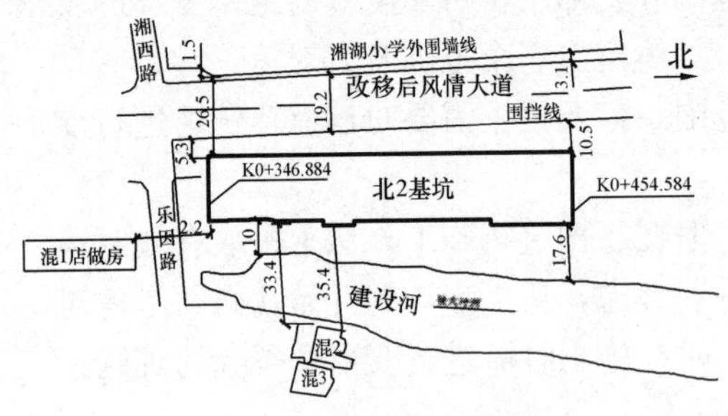

图 7-3 基坑平面图示意图

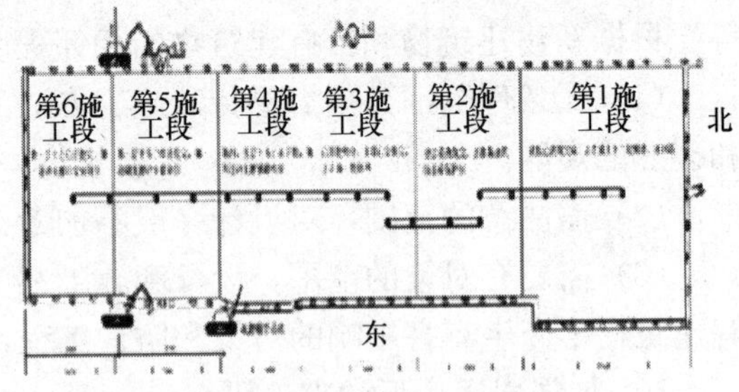

图 7-4 基坑开挖工序示意图

3. 工程事故发生情况

首先西侧中部地下连续墙横向断裂并倒塌，倒塌长度约 75m，墙体横向断裂处最大位移约 7.5m，东侧地下连续墙也产生严重位移，最大位移约 3.5m，如图 7-5 所示。由于大量淤泥涌入坑内，风情大道随后出现塌陷，最大深度约 6.5m。地面塌陷导致地下污水等管道破裂，河水倒灌造成基坑和地面塌陷处进水，基坑内最大水深约 9m。

图 7-5 杭州地铁深基坑工程现场事故图

4. 事故发生原因分析

根据勘查结果对基坑土体破坏滑动面及地下连续墙破坏模式进行了分析：

(1) 西侧地下连续墙静力触探试验表明，在绝对标高−10～−8m 处（近基坑底部），q_c值为 0.20MPa（q_c仅为原状土的 30%左右），土体受到严重扰动，接近于重塑土强度，证明土体产生侧向流变，存在明显的滑动面。

(2) 西侧地下连续墙墙底（相应标高−27.0 左右），C1 孔静探 q_c值约为 0.6MPa（q_c为原状土的 70%左右），土体有较大的扰动，但没有产生明显的侧向流变，主要是地下连续墙底部产生过大位移而所致。

1) 勘察方主要问题

勘察方法不符合规范要求，主要反映在以下几方面：

(1) 基坑采取原状土样及相应力学试验指标较少，不能完全反映基坑土性的真实情况。

(2) 勘察单位未考虑薄壁取土器对基坑设计参数的影响，以及未根据当地软土特点综合判断选用推荐土体力学参数。

(3) 勘察报告推荐的直剪固结快剪指标 c、φ 值采用平均值，未按规范要求采用标准值，指标偏高。

(4) 勘察报告提供的淤泥质黏土层的比例系数 m 值（$m=2500\text{kN/m}^4$）与类似工程经验值差异显著。

提供的土体力学参数互相矛盾，不符合土力学基本理论，主要反映在以下两方面：

(1) 推荐用于设计的主要地层土的三轴 CU、UU 试验指标，无侧限抗压强度指标与验证值、类似工程经验值差异显著。

(2) 试验原始记录已遗失，无法判断其数据的真实性。

2) 设计方出现的问题

设计单位未能根据当地软土特点综合判断，合理选用基坑围护设计参数，力学参数选用偏高，降低了基坑围护结构体系的安全储备。如设计中考虑地面超载 20kPa 较小。基坑西侧为一大道，对汽车动荷载考虑不足。根据实际情况，重载土方车及混凝土泵车对地面超载宜取 30kPa，与设计方案 20kPa 相比，挖土至坑底时第三道支撑的轴力、地下连续墙的最大弯矩及剪力均增加约 4%～5%，也降低了一定的安全储备。设计单位考虑不周，经验欠缺，主要反映在以下几方面：

(1) 设计图纸中未提供钢管支撑与地下连续墙的连接节点详图及钢管节点连接大样，

也没有提出相应的施工安装技术要求和对钢管支撑与地连墙预埋件焊接要求。

(2) 同意取消施工图中的基坑坑底以下 3m 深土体抽条加固措施，降低了基坑围护结构体系的安全储备。经计算，采取坑底抽条加固措施后，地下墙的最大弯矩降低 20%左右，第三道支撑轴力降低 14%左右，地下墙的最大剪力降低 13%左右，由于在坑底形成了一道暗撑，抗倾覆安全系数大大提高。

(3) 从地质剖面和地下连续墙分布图中可以看出，对于本工程事故诱发段的地下连续墙插入深度略显不足，对于本工程，应考虑墙底的落底问题。

(4) 设计提出的监测内容相对于规范少了 3 项必测内容。

3) 施工方的主要问题

施工方的问题，主要反映在以下几方面：

(1) 土方超挖。土方开挖未按照设计工况进行，存在严重超挖现象。特别是最后两层土方（第四层、第五层）同时开挖，垂直方向超挖约 3m，开挖到基底后水平方向多达 26m 范围未架设第四道钢支撑，第三和第四施工段开挖土方到基底后约有 43m 未浇筑混凝土垫层。土方超挖导致地下连续墙侧向变形、墙身弯矩和支撑轴力增大。

(2) 支撑设计不合理。与设计工况相比，如第三道支撑施加完成后，在没有设置第四道支撑的情况下，直接挖土至坑底，第三道支撑的轴力增长约 43%，作用在围护体上的最大弯矩增加约 48%，最大剪力增加约 38%；超过截面抗弯承载力设计值 1463kN·m/m，如表 7-2 所示。

基坑受力情况 表 7-2

情况类型	最大变形(mm)	第一道支撑力(kN)	第二道支撑力(kN)	第三道支撑力(kN)	第四道支撑力(kN)	最大正弯矩(kN·m/m)	最大剪力(kN/m)	坑底隆起(mm)
不超挖	25.4	120.5	628.9	743.3	703.7	1186.4	596.3	1.83
超挖	34	120.5	563.7	1064.3	—	1750.9	820.7	1.69

(3) 钢支撑与地下连续墙预埋件未进行有效连接。钢管支撑与地连墙预埋件没有焊接，直接搁置在钢牛腿上，未有效连接易使支撑钢管在偶发冲击荷载或地下连续墙异常变形情况下丧失支撑功能，如图 7-6 所示。

图 7-6 钢支撑连接情况

4）监测问题

监测数据不全，电脑中的原始数据被人为删除，通过对监测人员使用的电脑进行的数据恢复，发现以下3个问题：

（1）2008年10月9日开始有路面沉降监测点11个，至11月15日发生事故前最大沉降316mm，监测报表没有相应的记录。

（2）2008年11月1日49号（北端头井东侧地连墙）测斜管18m深处最大位移达43.7mm，与监测报表不符。

（3）2008年11月13日CX45号测斜管最大变形数据达65mm，超过报警值（40mm），与监测报表不符。

数据反映，电脑中的数据与报表中的数据不一致，实际变形已超设计报警值而未报警，可以认为监测方有伪造数据或对内对外两套数据的可能性。

5）其他问题

（1）专项方案审批管理混乱，未严格按设计及规范要求监理；

（2）监理未按规定程序验收，违反监理规范；

（3）发现存在严重质量安全隐患，而未采取进一步措施予以控制。

调查结果显示：由于在该工程基坑土方开挖过程中，基坑超挖，钢管支撑架设不及时，垫层未及时浇筑，钢支撑体系存在薄弱环节等因素，引起局部范围地下连续墙产生过大侧向位移，造成支撑轴力过大及严重偏心。同时基坑监测失效，隐瞒报警数值，未采取有效补救措施。以上直接因素致使部分钢管支撑失稳，钢管支撑体系整体破坏，基坑两侧地下连续墙向坑内产生严重位移，其中西侧中部墙体横向断裂并倒塌，风情大道塌陷。

5. 深基坑安全事故启示

（1）施工应严格按经审查的施工组织设计进行。应及时安装支撑（钢支撑），及时分段分块浇筑垫层和底板，严禁超挖。

（2）基坑围护结构设计应方便施工，基坑工程施工应有合理工期。

（3）基坑工程不确定因素多，应实施信息化施工。

监测点设置应符合规范和设计要求。监测单位应认识科学测试，及时如实报告各项监测数据。项目各方要重视基坑的监测工作，通过监测施工过程中的土体位移、围护结构内力等指标的变化，及时发现隐患，采取相应的补救措施，确保基坑安全。

（4）有多道内支撑的基坑围护体系应加强支撑体系的整体稳定性。对钢支撑体系应改进钢支撑节点连接形式，加强节点构造措施，确保连接节点满足强度及刚度要求。施工过程中应合理施加钢管支撑预应力，应明确钢支撑的质量检查及安装验收要求，加强对检查和验收工作的监督管理。

（5）施工中应加强基坑工程风险管理，建立基坑工程风险管理制度，落实风险管理责任。每个环节都要重视工程风险管理，要加强技术培训、安全教育和考核，严格执行基坑工程风险管理制度，确保基坑工程安全。

7.3.3 某顶管施工事故分析

1. 工程概况

伊通河污水截流二次改造工程位于长春伊通河两岸，全长18km。由于管线需穿越两岸的密集生活区以及道路、铁路，故采用了非开挖方式的顶管施工工艺。

事发地段属上述工程的一个节点，位于伊通河东岸，长春市二道区惠工路附近，穿越长途铁路干线。排水管采用钢筋混凝土三级管，内径 2.6m，壁厚 26cm，管长 2.5m/节。铁路南北两侧设 D35 和 D36 作业井，作业井采用现浇钢筋混凝土沉井，内径 8m，壁厚 800mm，深度 15m，间距 60m，井外设直径为 600mm 双排旋喷桩隔水。D36 为工作井，顶进方向自北向南，采用手掘式人工顶管方式，如图 7-7 所示。管道位于全风化及强风化粉砂质泥岩中，事发地段管顶及管底标高为 187.24m 和 184.12m，埋深为 10.36m 和 13.48m，如图 7-8 所示。

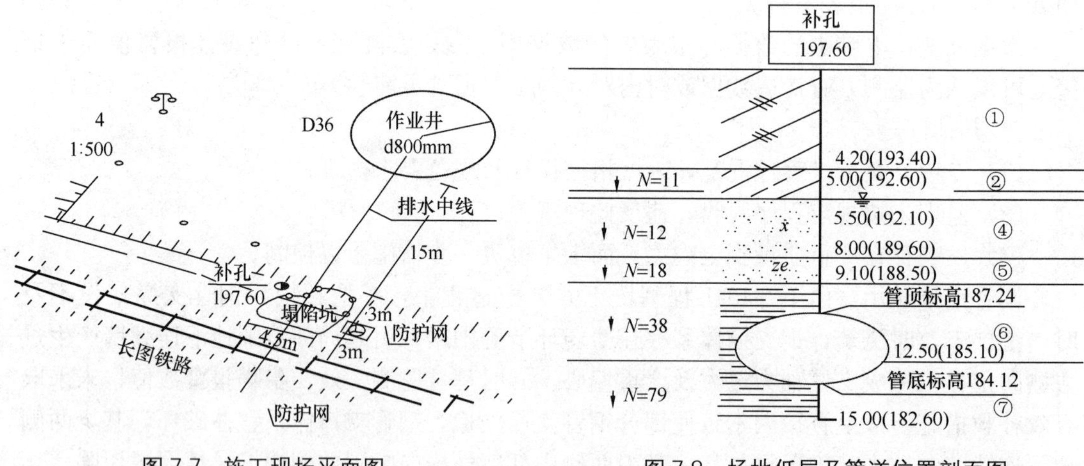

图 7-7 施工现场平面图　　图 7-8 场地低层及管道位置剖面图

2. 场地工程及水文地质条件

1）地貌条件

场地地貌单元为伊通河Ⅰ级阶地，距伊通河主河道最小距离为 144m。地表凹凸不平，杂草丛生，植被茂盛。

2）地层条件

场地地层自上而下依次为：

(1) 杂填土，褐色～灰褐色，黏性土为主，含碎砖石及植物根系，松散，厚度 4.20m；

(2) 粉质黏土，褐黄色，可偏软塑，饱和，中偏高压缩性，厚度 1.30m；

(3) 有机质粉质黏土，褐灰色，有机质含量 5.41%，软塑，饱和，高压缩性，事发地段该层缺失；

(4) 粉细砂，灰色，夹淤泥，稍密，饱和，厚度 2.50m；

(5) 中粗砂，灰色，中密，饱和，厚度 1.10m；

(6) 全风化粉砂质泥岩，紫红色，灰绿色，风化剧烈，呈硬塑黏土状，为极软岩，具软化性，岩体基本质量等级为Ⅴ级，厚度 3.40m；根据长春地铁设计施工经验，全风化粉砂质泥岩的围岩等级为Ⅴ级，自稳能力较差，暴露时间长，易坍塌；

(7) 强风化粉砂质泥岩，紫红色，灰色，岩心呈碎块状，为极软岩，具软化性。

地层情况如表 7-3 所示。

岩土的主要物理力学指标　表 7-3

层号	土性描述	含水率（%）	孔隙比	液性指数	压缩系数（MPa^{-1}）	标贯击数（击/30cm）	抗压强度（MPa）
①	杂填土	23.40	0.845	0.27	0.512	—	—
②	粉质黏土	24.80	0.850	0.68	0.410	11	—
③	有机质粉质黏土	30.80	0.932	0.78	0.505	6	—
④	粉细砂	—	—	—	—	12	—
⑤	中粗砂	—	—	—	—	18	—
⑥	全风化粉砂质泥岩	—	—	—	—	38	0.30
⑦	强风化粉砂质泥岩	—	—	—	—	79	0.94

注：表中标贯击数为实测值，抗压强度为岩石天然状态下的单轴抗压强度。

3）水文地质条件

场地地下水类型为微承压孔隙水，砂层为主要含水层，透水性强，渗透系数 35m/d，稳定水位 5.0m，标高 192.60m，与伊通河互为补给。

3. 事故经过

施工单位介绍，顶管施工采用人工顶管方式，即由人工挖掘岩土层，再由顶进机顶进管道，进尺控制标准为 20cm/次。事故发生前完成了 6 根管的顶进工作，累计进尺 15m，未见异常。2012 年 9 月 24 日出现事故：

(1) 凌晨 3:20，在第 7 节管顶管施工中，作业人员发现挖掘区左前方上部地层中出现一个拇指大小的漏水点，水流逐渐增大。

(2) 早 6:40～7:00，第 7 节管正上方地面出现一直径约 30cm 的空洞，随即地表突然塌陷，形成一个面积约 4.5m×5.0m，深 8.50m 的塌陷坑，形状近四边形，塌陷坑南侧边缘距铁路路基约 3.0m，如图 7-7 所示。由于作业人员撤离及时，故未造成人员伤亡。塌陷后，施工单位立即对塌陷坑进行了回填，回填材料主要为挖出的风化泥岩。

(3) 上午 9:00～10:00，现场人员发现塌陷坑内的填土再次沉陷了 1.5m，塌陷坑的平面范围没有扩大。之后，施工单位进行了第二次回填，回填材料为风化泥岩和筑路用碎石，两次共回填土方约 70～75m^3。伴随第一次塌陷，地下水顺管道涌入 D36 作业井，井内水位迅速上升，3h 左右水位上升了 2.70～2.80m，4～5h 后地下水充满了整个作业井，水位上升至地表下 5.5m，标高 192.10m，此时，作业井内水位基本稳定。

事发后，勘察、设计、施工、铁路、人防及市建委主管部门等人员立即到现场，铁路部门对管道中线两侧 20m 范围内的轨道采取了“扣轨”保护措施，布置了沉降观测，列车通行速度降低至 40km/h，第二天再降低至 25km/h。勘察单位在塌陷坑西侧边缘进行了钻探，结果与勘察报告一致，地层未出现异常变化。人防部门确认，事发地周围没有人防工事。经观测，铁路路基未出现沉降。

4. 影响因素分析

分析塌陷产生的过程和现象，认为超挖施工、不利的地层条件和地下水条件、列车行进产生的地面震动以及这些因素的相互作用，导致了塌陷事故的发生。

(1) 施工因素：每挖掘 20cm 一顶进的施工方法，由于存在作业空间狭窄，挖掘不便等问题，这一标准在实际施工中难以得到认真执行，超挖现象普遍存在。塌陷坑平面形态呈四边形，轴线与管道中线基本一致，面积不大，仅 22.5m^2，如图 7-7 所示，据此判断，超挖进尺应为一节管长，即 2.5m 左右。

(2) 地层因素：场地杂填土以及第四系黏性土和砂土，孔隙度大，密实度低，不具有自稳能力。全风化粉砂质泥岩，遇水软化，自稳能力较差，暴露时间长，易坍塌，事发地段管道上部全风化粉砂质泥岩厚度薄，仅 1.26m。

(3) 地下水因素：场地地下水具有微承压性，对泥岩顶板产生的孔隙水压力大于潜水压力。含水层颗粒松散，地下水径流通畅，伊通河补给充分，对管道施工均构成不利影响。

(4) 动荷载因素：长途铁路为干线铁路，每日除 11：10～13：30 外，均有客货列车通过，产生不利于围岩稳定的震动荷载。

5. 塌陷过程分析

(1) 管道施工初期，由于粉砂质泥岩尚具有较弱的自稳能力，管道与轨道间距相对较远，列车通行对管顶泥岩稳定影响有限，因此，洞体稳定，施工正常。粉砂质泥岩具有隔水能力，旋喷桩阻断了沉井周围地下水，因此，作业人员可以在沉井和管道内正常施工。

(2) 随着管道前端距铁轨越来越近，列车震动对施工的影响越来越大，当施工到第 8 根管时，震动影响达到极限。超挖所产生的临空面不足以抵抗列车通行所产生的震动，使拱顶泥岩产生了破坏裂隙，砂层中微承压水沿着裂隙流入洞内，形成了一个拇指大小的漏水点。在地下水的侵蚀下，拱顶泥岩发生软化，并开始塌落。由于管顶以上泥岩的厚度仅 1.26m，因此，拱顶泥岩塌落速度非常快。泥岩上部的砂、粉质黏土以及杂填土，密实度低，没有自稳能力，这些地层随泥岩一起迅速塌落，形成一个地表呈近似四边形，土体中呈近似垂直方向的梯体塌落体。此时塌陷区与管道连通，塌落体不仅塌落至超挖区内，而且还涌入到管道中，故回填土用量达 70 余立方米，远远超过一节排水管的体积，此为第一次塌陷过程。

(3) 在第一次塌陷回填过程中，微承压水顺着塌陷坑和排水管道涌入作业井内，塌陷区与沉井间产生了约 10m 的水头差。由于含水层透水性强，水量丰富，补给充沛，在强大水头差作用下，地下水快速涌入作业井内，致使作业井内水位迅速上升 2.70～2.80m。在此过程中，塌陷物以及回填物特别是细颗粒部分，被快速涌入的地下水带到管道深处和作业井中，形成了塌陷坑内第二次塌陷。5 小时后，作业井内的地下水位上升至稳定水位，塌陷坑与作业井的水头基本一致，水压力达到平衡状态，塌陷不再继续。

(4) 由于回填及时，塌陷坑壁没有扩大，故铁路路基没有出现沉降，塌陷坑边的钻孔没有遇到回填物。

6. 事故处理

为确保铁路行车安全，采用的事故处理措施主要为：

(1) 对塌陷体及管道前方一定范围内的土体注浆，提高开挖面前方土体的强度，改善其受力条件；

(2) 在顶进方向铁路两侧设降水井，消除地下水的影响；

(3) 严格控制每回次的挖掘进尺，杜绝超挖；

(4) 铁路部门继续实施沉降观测、限速和“扣轨”措施。如今，事故已处理完毕，铁路恢复正常通车，事故处理共耽误工期四十余天。

7.3.4 某盾构施工对周边建筑物影响及保护措施

长沙地铁 5 号线时湘及湘木区段位于万家丽路下方，盾构区间地面环境复杂，建筑物分布较密集。为了避免盾构隧道施工对地面建筑物产生影响，在地铁施工前对本区间段建筑物进行了详细的实地勘察及风险鉴定，根据勘察报告制定了合理的施工方案，在施工过程中针对不同建筑物的具体情况采取有效的保护技术。

1. 周边建筑情况

为了减小时湘及湘木区间段盾构施工对周边建筑物的影响，确保地铁隧道施工能够按预期进行，在施工前对区间沿线的建筑物进行了实地勘察，并对勘察结果进行了分析整理，如表 7-4、表 7-5 所示。

时湘区间建筑物勘察表 **表 7-4**

名称	建筑物基本情况	建筑物破损情况
圭塘河桥	隧道下穿河桥，桥墩、桥台桩基侵入隧道内	桥梁正在使用，无明显破损
天际绿洲小区	隧道右穿小区，距离房屋边线距离为 16.9～19.9m	房屋墙角和屋前路面局部裂缝
天际岭隧道	地铁隧道左右线下穿天际岭隧道	天际岭隧道洞口及内部局部裂缝
华银天际小区	隧道右线侧穿华银天际小区，最近距 B 楼 15.7～21.2m	B 楼西侧及北侧根部局部裂缝
雅苑加油站	隧道右线侧穿雅苑加油站，距离油罐水平距离约 3m	雅苑加油站前面路面存在较多裂缝
华茂名爵 4S 店	隧道右线侧穿此店及停车场，隧道下方距停车场约 3m 房	房屋钢结构变形，墙角装饰面裂
万家丽路高架桥	隧道左线侧穿万家丽路高架桥，距高架桥桩基 4～12m	桥梁正在使用，无明显破损

湘木区间建筑物勘察表 **表 7-5**

名称	建筑物基本情况	建筑物破损情况
美洲故事小区	右线隧道侧穿商业楼，距离房屋距离约为 5.4～13.9m	1 号和 2 号商业楼局部裂缝破损
唐湘国际电器城	右线隧道侧穿电器城，距离其距离约为 19.6～21.3m	电器城建筑物及道路局部破损
泰禹家园小区	右线隧道侧穿小区，左线下穿地下过街通道	小区二期基坑深约 17m，且路面破损
喜乐地购物中心	右线隧道距中部大门位置约 2.3～3.8m	购物中心局部墙体变形
万家丽路高架桥（美洲故事西）	左线隧道侧穿万家丽路高架桥	桥梁变形缝处出现裂缝
万家丽路高架桥（泰禹家园西）	左线隧道侧穿万家丽路高架桥	桥梁正在使用，无明显破损

1）时湘区间圭塘河桥

时湘区间隧道下穿天际圭塘河桥，右线隧道边线位于桥梁边线处，如图 7-9 所示。圭塘河桥横跨圭塘河连接万家丽路南北岸，桥面长约 20m，桥面总宽约 52m，共分两幅桥面。河桥的桥墩桩基深为 10m，有 2 根桥墩桩基侵入隧道结构约为 5m。桥台桩基深为 8m，有 4 根桥台桩基侵入隧道结构约 3m。

(a)

(b)

图 7-9 时湘区间隧道下穿天际圭塘河桥现场勘察

(a) 隧道下穿河桥桥面；(b) 桥梁正在使用

2）时湘区间天际岭隧道

隧道洞口出现环向裂缝、破损，隧道内部侧壁局部湿渍，存在渗水现象，如图 7-10 所示。区间隧道左右线下穿天际岭隧道，其顶部距离天际岭隧道结构净距约 12m。

(a)

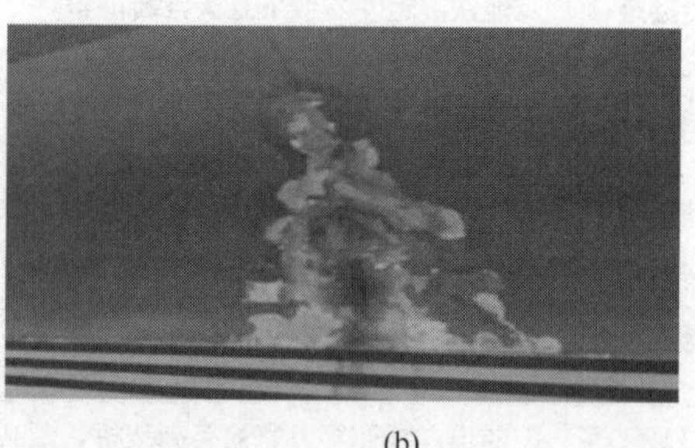
(b)

图 7-10 时湘区间隧道下穿天际岭隧道现场勘察图

(a) 隧道洞口环向裂缝；(b) 隧道内侧壁渗水

3）时湘区间华银天际小区

华银天际小区综合 B 楼下部瓷砖破损，裂缝明显，小区西侧人行道路面破损，如图 7-11 所示。该小区综合 B 楼地上 4 层，地下 0 层，已建成 9 年左右。区间隧道右线侧穿小区综合 B 楼，该楼地基距离隧道顶部约 3～4m，其距离右线隧道边线水平距离为 20.4～21.2m。小区住宅楼距离右线隧道边线水平距离为 15.7～17.6m。

(a)

(b)

图 7-11 时湘区间隧道下穿天际岭隧道现场勘察图

(a) 综合 B 楼下部瓷砖裂缝；(b) 小区西侧道路破损

4）时湘区间雅苑加油站

雅苑加油站附近双塘路路面坑洼明显，加油站前路面裂缝较多，区间隧道右线侧穿雅苑加油站，如图 7-12（a）所示。雅苑加油站楼层地面高度约 7m，地下 0 层，砖混结构，桩基基础，已建成 14 年。雅苑加油站地基距离隧道结构顶部约 4.5～5.5m，该加油站油罐底到隧道顶部的净距约 7m，油罐距离右线隧道边线的水平距离约为 3m，如图 7-12（b）所示。

(a)

(b)

图 7-12 时湘区间隧道下穿雅苑加油站现场勘察图

（a）雅苑加油站前路面裂缝；（b）右线隧道边线距油罐约 3m

5）湘木区间喜乐地购物中心

喜乐地购物中心北侧墙上装饰面变形，北侧墙下部悬挑顶装饰面变形，西侧墙上部和下部装饰面变形脱落，西侧墙下方路面裂缝，如图 7-13 所示。喜乐地购物中心楼层为地上 5 层，地下 1 层。区间隧道右线侧穿喜乐地购物中心，建筑物距离右线隧道边线水平距离约为 9.7～15.1m，其中部大门位置距右线隧道边线水平距离约为 2.3～3.8m。

(a)

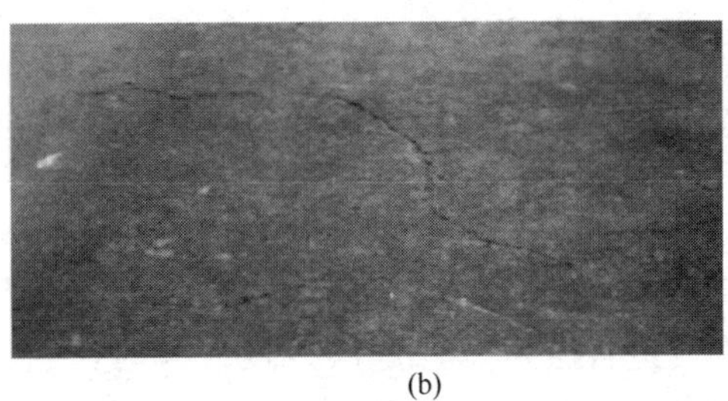

(b)

图 7-13 时湘区间隧道下穿喜乐地购物中心现场勘察图

（a）西侧墙装饰面变形脱落；（b）西侧墙下路面裂缝

6）湘木区间万家丽路高架桥（美洲故事西侧）

万家丽路高架桥桥梁（美洲故事西侧）变形缝处存在细微裂缝，桥梁正常使用，如图 7-14 所示。该高架桥匝道桥桩基 PE9-01～PE9-06，距离左线隧道边线水平距离约为 3.7～5.5m，高架桥桥桩基 Pm-467～Pm-473 距离左线隧道边线水平距离约为 11～12m。该盾构区间内与地铁隧道净间距小于 5m 的桥桩基共有 3 根，即桩基 PE9-05、桩基 PE9-06 和桩基 Pm-467，与盾构隧道净间距大于 5m 且小于 7m 的桥桩基有 2 根，即为桩基 PE9-01～PE9-04 和桩基 Pm-468～Pm-473。

(a)

(b)

图 7-14　时湘区间隧道下穿万家丽路高架桥现场勘察图

(a) 桥梁正在使用；(b) 桥梁变形处裂缝

2. 风险评估及处理措施

结合现场勘察结果及盾构施工的工程实际，针对时湘及湘木盾构区间建筑物的具体特性采取了不同的保护措施。

1) 时湘区间圭塘河桥

根据时湘区间圭塘河桥现场勘察情况，河桥有 2 根桥墩桩基侵入隧道结构约为 5m，有 4 根桥台桩基侵入隧道结构约 3m。为了避免河桥桩基对盾构施工造成干扰，在盾构施工本区域时，先拆除了圭塘河桥的右侧桥面，破除了区间冲突的桥桩后，再进行盾构掘进。

区间施工完成后，再对破除的半侧圭塘河桥进行恢复修整。因涉及半幅桥梁拆除与重建，在桥桩基拆除后，及时采用了低强度等级混凝土回填桩孔。考虑河床距隧道顶部距离约 5～6m，隧道覆土浅且桥梁拆除重建过程中对河床扰动较大，盾构通过时采取了洞内深孔注浆的措施，在拱顶 120°范围内进行注浆 2～2.5m 厚度。同时加强了盾构施工掘进参数控制以及施工阶段的监控量测及数分析。

2) 时湘区间天际岭隧道

本区间盾构施工下穿天际岭隧道，盾构隧道顶部距离天际岭隧道结构较近。而且天际岭隧道通车使用多年，结构存在变形、裂缝、漏水等情况。为了减小盾构掘进对天际岭隧道产生影响，在盾构掘进下穿天际岭隧道时，对盾构隧道采取了深孔注浆措施，在拱顶 120°范围内进行注浆 2～2.5m 厚度。同时，通过不断优化盾构掘进参数，控制盾构掘进速率，严格按要求对隧道进行了监测及数据分析。

3) 时湘区间华银天际小区

区间隧道右线侧穿华银天际小区，隧道右线距离小区内综合 B 楼较近，并且综合 B 楼下部瓷砖破损，裂缝明显，小区西侧人行道路面破损。为了有效避免盾构施工产生的应力扰动对小区建筑物造成影响，盾构施工期间，对盾构控制参数进行了优化，对盾构掘进速率进行了严格控制。按要求对小区房屋进行了监测及数据分析。

4) 时湘区间雅苑加油站

根据时湘区间雅苑加油站的现场实地勘察情况，区间隧道水平及竖向均距雅苑加油站内油罐较近，而且隧道顶部存在富水性圆砾层，稳定性较差，对区间盾构雅苑加油站区段进行了鉴定，此处为重大风险源。在盾构通过此区段前，在区间隧道与油罐间采用 ϕ800@600mm 旋喷桩进行了隔离保护。在盾构施工通过此区段油罐时，对盾构隧道采取了深孔注浆措施，在拱顶 120°范围内进行注浆 2～2.5m 厚度。同时，优化了盾构施工参数，控制了盾构的掘进速率，并且加强了对加油站的监测及数据分析。

5）湘木喜乐地购物中心

区间盾构隧道边线距离喜乐地购物中心南端部分仅 2.3m，而且喜乐地购物中心中部大门北端位于盾构端头加固区域东侧，经鉴定盾构施工会对建筑物产生较大影响。在盾构端头加固施工期间，对喜乐地购物中心大门采取了注浆隔离保护。同时，在盾构施工期间，优化了盾构控制参数，控制了盾构掘进速率，并加强了对房屋的监测频次及数据分析。

6）湘木区间万家丽路高架桥（美洲故事西侧）

地铁隧道下穿美洲故事西侧万家丽路高架桥且距离高架桥桥桩较近，盾构施工前经过鉴定，盾构施工对万家丽高架桥桥桩基会产生一定影响。在盾构掘进中，对净间距小于 5m 的桥桩基采取了旋喷桩注浆隔离和预埋袖阀管跟踪注浆的保护措施。对净间距大于 5m 且小于 7m 桥桩基采取了预埋袖阀管跟踪注浆措施。同时，盾构施工期间，对盾构控制参数进行了优化，对盾构掘进速率进行了严格控制，并加强了对桥桩基的监测频次及数据分析。

3. 处理效果

长沙地铁 5 号线时湘及湘木区间建筑物分布密集，地面环境复杂，对本区间内建筑物的具体特性进行了详细勘察，并通过本区间内建筑物与盾构隧道边线的水平和竖直距离评估了地铁施工对建筑物的影响。针对不同建筑的具体特性采取了优化盾构掘进参数、控制盾构掘进速率、深孔注浆、旋喷桩隔离保护以及预埋袖阀管跟踪注浆等保护措施，有效减少了盾构施工对区间内沿线建筑物的影响，避免了建筑物发生变形、裂缝、倾斜等不良现象，取得了良好的施工效果。

7.3.5 减少开采页岩气对水环境影响

以开采页岩气的水力压裂法为工程背景，探究对地质环境的影响。页岩气赋存于富有机质泥页岩及其夹层中，是以吸附或游离状态为主要存在方式的非常规天然气，成分以甲烷为主；未来 20 年内，或成为与石油、煤炭鼎立的三大能源之一。

1. 研究背景

我国页岩气储量丰富：地质资源潜力为 134 亿 m^3，可采资源量 21.8 万亿 m^3。海相 13.0 万亿 m^3、海陆过渡相 5.1 万亿 m^3、陆相 3.7 万亿 m^3，可供我国使用 300 年。

2010 年四川威远开采第一口页岩气水平井（威 201 井）；截至 2012 年 4 月，实施页岩气探井 58 口，获页岩气流 30 口，这些探井主要分布在四川盆地及周缘、鄂尔多斯、渤海湾盆地；目前有两个国家级页岩气示范区建成：长宁-威远示范区，云南昭通示范区。在 2020 年，已完善成熟 3500m 浅海相页岩气勘探开发技术，突破 3500m 深海相页岩气、陆相和海陆过渡相页岩气勘探开发技术；在政策支持到位和市场开拓顺利情况下，页岩气产量 300 亿 m^3。在“十四五”及“十五五”期间，我国将页岩气产业加快发展，海相、陆相及海陆过渡相页岩气开发均获得突破，新发现一批大型页岩气田，并实现规模有效开发，2030 年实现页岩气产量 800 亿～1000 亿 m^3。页岩气的重点建产区为涪陵、长宁-威远、昭通和富顺-永川。

2. 页岩气特点及水力压裂法

页岩气的储层具有低孔、低渗透率的特点，90%的井需实施储层压裂改造，而人工裂缝是其产出的主要通道。目前，施工人员常采用水力压裂法对页岩气进行开采。水力压裂法是向地下岩层泵入高压液体（水和固体支撑剂以及化学添加剂）致使岩层产生裂缝达到油气增产的技术，目的是增加井孔与气藏岩层的接触，为油气提供高渗透通道，又称液压破裂法。采用水力压裂法开采页岩气的具体过程：用高压设备将超过100万加仑的水、砂和化学药品的混合物注入气井的水平井中，将地层中的页岩压碎并产生裂隙。砂子起到支撑和固定气体通道的作用，页岩被压裂的时候，裂隙中的气体压力马上降低，体积增大，顺着气体通道汇集到气井中，上升到地面喷口，如图7-15所示。

1）水力压裂法开采页岩气引起的水污染问题

水力压裂法虽能够有效地开采页岩气，但也造成了十分严重的水污染问题。在页岩气开采压裂结束后，有一部分压裂液将被抽回地面，被抽回地面的压裂液约占总量的30%～70%。这部分压裂液被称为“返排水”。而目前对于“返排水”的主要处理方式为循环利用，在对返排水进行处理后排放到河流中、注入地下水以及储存在露天的蓄水池中。返排水中所含的化学物质及甲烷等会对地下水产生污染，而大量使用水也会造成地区缺水风险。

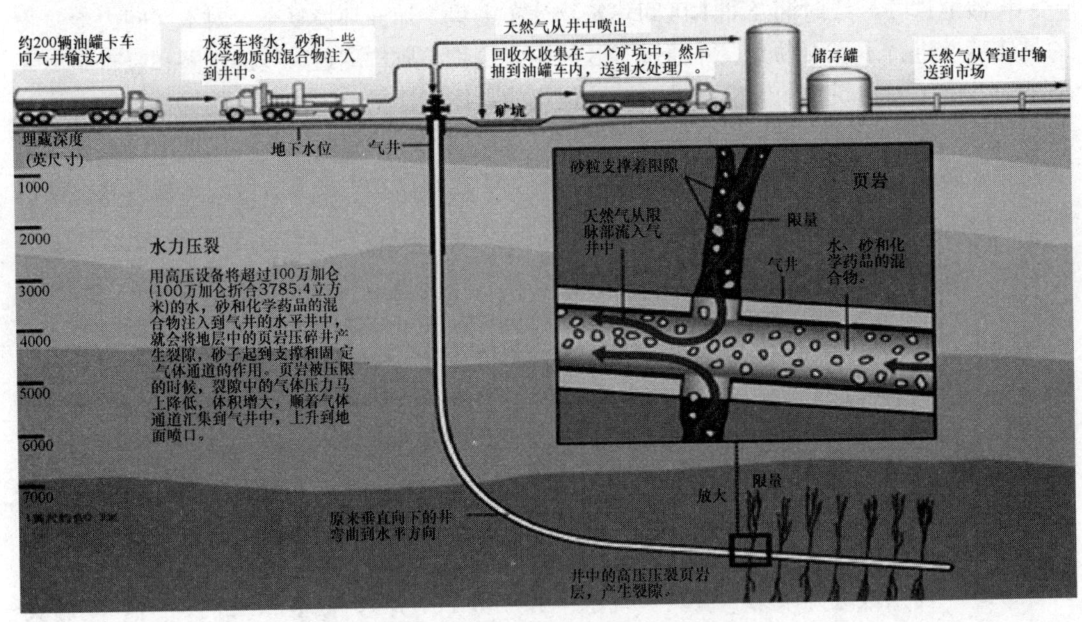

图7-15 水平井和水力压裂法示意

水力压裂的过程中使用了许多会对环境产生污染的添加剂，生产单位页岩气的耗水量也比生产单位天然气或石油的耗水量多许多。其对水环境造成的污染还有压裂过程中压裂液通过页岩气目标岩层裂缝渗透造成含水层及深层地下水污染和扩散；深部页岩层的水和浅层地下水之间有水力联系，钻井液导致浅部含水层受污染，而同位素比值分析认为深部页岩层和浅部页岩层之间存在联通的裂缝。

由页岩气资源开发产生的污染物类型及来源如表7-6所示。

页岩气资源开发产生的污染物类型及来源 表 7-6

主要污染形式	污染来源	主要污染物构成
压裂液返排水水污染	钻井作业废水、压裂过程废水、返排水废水、设备冲洗废水、生活废水	酸碱度，COD、甲醛、苯、二甲苯、单乙醇胺、芳香烃、有毒金属、铀、镭
废气污染	燃烧、挥发、泄漏、机器设备使用、生产装置的泄漏	可挥发性有机化合物，如苯、CH4、烟尘、二氧化硫、氮氧化物、一氧化碳、碳氢化合物、粉尘、臭氧、HAP 等
固体废弃物	钻井过程	岩屑、泥浆
噪声	钻井设备、压裂设备、运输车辆	钻井压裂设备噪声、交通噪声

2）水力压裂法开采页岩气诱发微地震等地质灾害

水力压裂法开采页岩气也会诱发微地震等地质灾害。2001 年以来，美国中西部地区地震频发，USGS 报告显示其“几乎肯定是人为活动诱发”。近年统计数据表明加拿大和英国的小型地震数量日益增加，产生这些地震的原因主要为向页岩层大量注水，在强液压作用下可能促使深层岩石滑动，诱发地震。多数情况下，地震的产生是由对已经完成压裂后的水力压裂液的不适当处理引发。

流体注入诱发地震活动过程的概念模型如图 7-16 所示。深井流体注入诱发地震的过程为：注入井围岩内部断层中孔隙水压力上升；沿旧断层的有效正应力减小，摩擦系数减小引发断层滑动，进而导致已有断层活化；流体注入使应力大于岩体强度，使其失去完整性，水压致裂形成新的断层和断裂诱发地震活动。

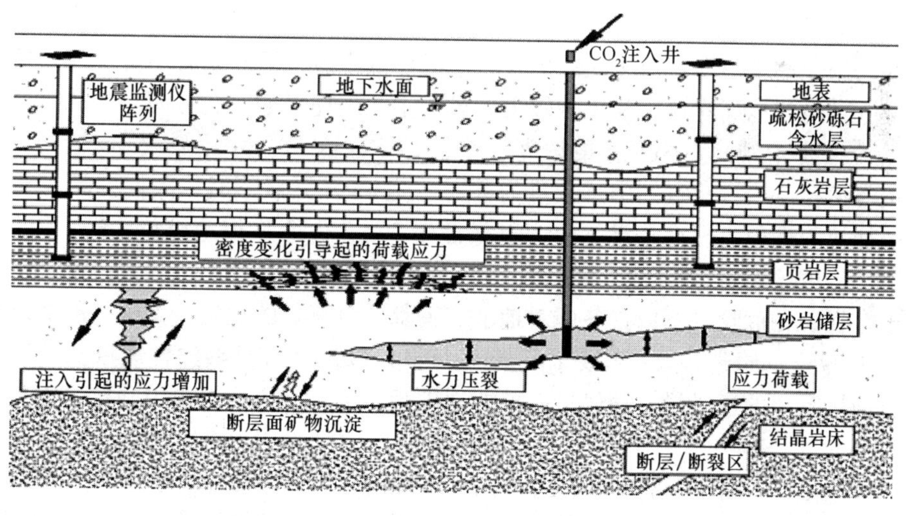

图 7-16 注入诱发地震活动过程的概念模型

3. 页岩气环境友好开发措施和规定

美国部分页岩气环境友好开发措施和规定有如下几点：

（1）关于水力压裂。在钻井之前收集水与空气的基础数据，公开披露水力压裂的化学成分，同时，研究水力压裂液体所含有毒化学物质的替代品。

（2）废水处理与处置。主要是循环利用产出废水，对钻井现场附近的水质进行持续检测，在油气行业应用雨水排放许可要求。

(3) 空气污染与气候变化。在生产链各个环节进行甲烷排放测量并建立报告体系，研究甲烷减排技术，确立空气污染物排放标准，研究页岩气生产全生命周期的温室气体排放。

(4) 建立问责制。在水供应链被破坏时，进行问责并补偿当地社区；聘用巡视员和监管人员；同时改进关于页岩气作业的公共信息。

我国页岩气发展规划针对环境问题的应对措施主要是将页岩气开采环境评价及保护技术作为重要发展目标，重点开展页岩气井钻井液及压裂返排液处理处置技术、开发生态及地下水环境风险评估与监控技术、安全环保标准体系等攻关研究。

7.4 地下工程内部环境特点

地下工程领域从开始产生就呈现出与人类习惯了的环境大相径庭的特点，这一方面是由于其自身性质、物理特性的不同，另一方面是来自人类自身，因为人们对未经验过的事情，总是怀着疑虑的心理。实践证明，地下工程的环境改善，将是促进地下工程健康发展的关键。

7.4.1 城市地下工程内部环境

城市地下工程内部环境的特点，主要包括：空气环境、视觉（光）和听觉（声）环境、生理和心理环境。

1. 空气环境

空气与阳光和水一样，对于人的生存、生活和从事各种活动是必不可少的，然而地下工程的空气环境与地面建筑物相比有较大差异，主要表现在如下几方面：

1) 氧、一氧化碳、二氧化碳的浓度

在正常情况下，自然空气中氧含量为21%；若到10%以下时，人们开始有头晕、气短、脉搏加快等现象出现；若空气中含氧量低于5%，生命将很难维持，5%是维持生命的最低限度。由于地下工程近似于封闭空间，因此，保证空气中有足够氧含量是十分重要的。由于存在潜在危险，所以，各国对地下工程都有含氧量的规定，美国一般要求空气含氧量不低于17%；瑞典等国一般要求不低于18%，以保证有足够的含氧量。具体的措施就是调节新风系统的通风量，通风量一般要根据面积大小、人员多少等确定，而且要有备用系统。

一氧化碳是一种有害气体，自然空气中含量很少（小于1%）。在地下工程中，由于各种因素的影响，可能使一氧化碳的浓度升高，如地下车库，由于汽油和柴油的不完全燃烧，都会产生一氧化碳，导致浓度上升。据调查统计，汽车发动机每燃烧1kg汽油，要消耗15kg新鲜空气，同时排出150～200g的一氧化碳，当每立方米的空气中一氧化碳含量达到4g时，人能在30min内死亡。所以，在地下车库设计中一定要考虑这点，严加控制。

二氧化碳本身无害，自然空气中含量为0.03%～0.04%。我国建议地下工程中二氧化碳浓度控制标准为0.07%～0.15%。若二氧化碳浓度过高，人们将有不舒适感。对地下商场的设计要考虑这点，因为人多会导致二氧化碳浓度上升，人们会感到不舒服。

2）空气中负离子浓度

空气中带电的气体分子称为离子，包括正离子和负离子，是空气的正常组成部分。在地下工程中，虽然在温湿环境和气流速度等方面都达到比较舒适的标准，但人们在这样的环境中，停留较长时间，仍会出现头晕、烦闷、乏力、记忆力下降等不适现象，原因是空气中负氧离子数量不足。一般情况地下工程中的负离子浓度仅为地面自然空气的20%，有的甚至为0；改进措施之一是引进采光窗，可达70%。

3）空气中的含尘量

空气中的含尘量也称粉尘浓度或飘尘浓度，自然空气中含尘有固体、液体、有机物、无机物等多种。地下工程没有窗，通过空气渗透进入室内的尘量比地面上有窗建筑少得多，含尘量比较容易控制，这也是有些精密性生产适合于在地下生产的原因之一。除空气带入的尘粒外，地下工程中也可能有其他尘源，如地铁车站中，空气含铁粉的浓度较高，日本的地铁车站和我国北京的地铁车站都有过这样的记录。

4）空气中的细菌含量

在地下工程中，特别是当其中人员较多时，细菌含量常常超过正常含量很多。地下工程中的空气细菌含量与季节和使用情况有关，如夏季比冬季一般高出约2～3倍，人员在其中步行活动较多的环境（如商场），地面上的细菌容易被搅起，而使空气中细菌含量增多。

5）空气中氡的浓度

氡是一种惰性气体，具有放射性。当吸入人体积累到一定剂量可能引起人体组织的癌变。据美国测定资料，每平方米混凝土墙每小时释放出的氡为100～450微微居里/升，若是内隔墙向两边释放，总量还要增加40%。同样的结构和建筑材料，地下室的氡释放浓度要高两倍以上。

2. 视觉（光）和听觉（声）环境

1）光环境

衡量光环境质量的指标有照度、均匀度、色彩的适宜度等。我国对地下工程的照度有明确的要求，如营业厅或商店内要求平均照度应达到300～700勒可斯，通道上200～500勒可斯，出入口部分700～1000勒可斯；人群密集处和光照要求高处（如金银首饰柜台，防假货）要求的照度更高，一般达1000～3000勒可斯。

对于地下工程光的均匀度和色彩适宜度一般都会存在一些缺陷，需要采取适当措施在一定程度上弥补，如地下商场内除荧光灯外，夹杂一些白炽灯或其他光源，尽量使光源环境接近太阳光的光谱。

2）声环境

人在室内活动对声环境的要求概括为三个方面：一是声信号（语言、音乐等）能够顺利传递，在一定距离内保持良好的清晰度；二是背景噪声水平低，适合于工作和休息；三是室内声源引起的噪声强度应控制在允许噪声级以下。

地下工程与外界基本隔绝，城市噪声影响很小，我国一些实测资料表明，在风机运转的情况下，地下工程室内的背景噪声水平相当低，在无噪声源的情况下，仅为20dB左右，比在地面上，特别是沿街建筑中要低得多，这是地下环境在声环境方面的有利条件，可以花费比较小的代价，消除背景噪声的影响。但声源引起的噪声（回声）要比地面建筑高一些，原因是地下工程没有窗，界面的反射面积相对增加，减少这类噪声应从减少反射面积入手。当然对一般非人们活动的地下工程就无所谓了。

人在噪声环境下长期工作，能在一定程度上习惯噪声，但强烈噪声的长时间影响，会引起听觉迟钝，形成职业性耳聋、听力衰退以及中枢神经系统的病变。因此，室内环境的噪声必须控制在容许值以下，称为容许噪声级。国内外尚无统一的噪声级标准，较普通地使用国际标准组织委员会提出的“N 曲线族”评价标准，据此定出不同功能房间的容许噪声级。

3. 心理环境

地下工程的内部环境在人的心理上会产生一些反应。通过实验研究发现，人们在认知地下环境的过程中，一般会产生如下一些心理反应：

1）与世隔绝的联想

由于人们在工作和学习的间隙，不能直接观赏到地面的各种景观（如阳光、绿叶、车水马龙、鸟语花香、山水动物、风吹草动等），于是，与大自然隔绝的感觉便油然而生；地下曾是人类祖先的墓地。因此，人们不由得联想起死亡；由驯养在棚、笼的动物，人们又会联想到身在地下的环境，由此可能会产生闭塞、压抑和不自由感；地下工程是无窗建筑，也会给人一种幽闭感等。所有这些，都会使人产生与世隔绝的联想。

2）对灾害的恐惧心理

伦敦地铁火灾时的烟雾，日本静冈地下街的煤气爆炸，上海黄浦江隧道的车祸，日本青函海底隧道施工时的海水涌入等，人们对地下工程中发生的火灾、水灾、断电、烟雾、毒气等各类灾害事故的严重性、残酷性，已有了比较多的认识。人们在靠电和各种机械设备维持着的地下环境中工作、生活时，时常会有这样的想法：电源断了，一片漆黑，怎么办？发生火灾，充满烟雾时，如何快速撤离？结构会不会坍塌？洪水灌入怎么办？诸如此类不安的心理，使人们进入地下环境后时常提心吊胆。

3）对健康的忧虑

当人们还没有充分认识到地下环境对人体健康有利的情况下，往往会对“没有阳光照射，不能直接呼吸到新鲜空气，夏天太冷、太湿（我国的南方地区），冬天太干燥、太暖和，连续烦人的低频噪声”等现象敏感起来，便由此开始对自己的身体状况担忧起来，恐怕自己会患病。

针对诸多不良的心理反应，可以在建设地下工程的时候，营造与自然相似的地下环境，以便克服人们的心理障碍，如安装闭路电视，可看见外界景物；培植盆栽植物，增添自然景观；安装日光传输设施等。

4. 生理环境

地下工程内部各种因素对人体生理有不良影响，主要反映在以下几方面：

1）化学因素对人体的影响

一般情况下，地下环境中的二氧化碳、氡气、甲醛等有害气体的浓度高于地面，往往会引起人体生理上的一系列不适反应。

2）物理因素对人体的影响

湿热环境、噪声、没有阳光等因素对人体均有影响：

（1）湿热环境与人体，在没有空调的地下工程，由于受太阳辐射和地层温度场的影响，围护结构表面及室内空间沿垂直方向存在明显的温度梯度变化，即夏天上高下低，冬天上低下高。因此，夏季地下工程中的人们普遍反映：腿部以下身段感觉凉，须穿着较多的衣服，易患关节炎。另外，由于土壤和结构体的掩蔽作用，夏季和冬季地下与地上的温度差别较大，夏季，3℃～5℃，地下工程是个大冷辐射场；冬季，5℃～15℃，是个大暖辐射场。因此，初次进入地下环境的人们，往往易患感冒。

（2）噪声与人体，地下环境中的噪声来源于机械设备的连续运转和人们的吵闹声，其中尤以通风机的连续低频噪声最为烦人，由于建筑体型和空间具有封闭性，一般场合，同一噪声源，在地下环境内的声压级要大于地面 3～8dB。对人体影响较明显的方面有头痛、头晕、易疲劳、心烦、失眠等。

（3）阳光与健康，由于阳光与灯光的光质、光谱、强度不一样，长时间在地下工作的人员，身体健康容易受到影响，主要反映在机体免疫力有所下降，以及视觉器官过度疲劳而引起的全身疲劳。

3）生物因素

地下工程内部空气中，尤其在通风不良、人员拥挤、无阳光直接照射的地下环境中，微生物污染以及对人体健康的影响，已引起众多学者的关注。据现场测试，地下环境的微生物种类和数量均高于地面。微生物的污染，往往会引起呼吸道传染病（如流行性感冒、麻疹、结核等）的传播，危害人体健康。

4）社会因素

一个国家的政治，一个民族的传统、文化和信仰，以及经济技术水平，都影响地下环境的创造，也影响人们对事物的认识与评价。在地下工程中，诸如空间的布置形式、家具、室内陈设、照明、建筑装修、各种宣传品的张贴艺术等，都会影响人的情感，引起人们的兴趣，增加或减轻人们的精神负担，如日本的地下街，已被国民视为本国的光荣和自豪；我国的城市地下民防设施已成为抵抗外来侵略的地下长城；唐山地震后，人们认识到还是地下安全等。所有这些，在一定程度上可以消除或加重人们的疲劳。

7.4.2 地下工程与地上工程内部环境的主要区别

人类对地下空间的改造，便形成了地下工程，地下工程与习惯于地面生活的人们所认识的地面工程有所不同，它们之间的最大区别在于地下工程具有封闭性的特点，地面工程的限定可以是部分的，形成的空间可能是模糊的、暗示的，空间的内外可以是不定的，而地下工程的限定却相当确切，围护空间不论大小都有规定性，视距、视角、方位等都有一定的限制，空间的封闭性是地下工程最为明显的特征；其次，地下工程还具有空间单一性的环境特点，地面工程是自然空间和内部空间的组合体，它的外部直接和大自然产生关系，有天空、太阳、山水和树木花草，而地下工程缺乏自然空间，只存在内部空间，人们的一切活动都是围绕它来进行的，缺乏人与大自然相互“对话”的机会；再者，地下工程与地面工程内部的环境也各有不同，地面环境中的不利因素，如空气中的尘埃、交通车辆的噪声、温度随气候变化的幅度等，在地下工程中影响不大，而某些在地面环境中不太严重的问题，如 CO_2 浓度、放射性物质氡气的含量、空气湿度和异臭等，在地下工程中却变得严重起来。因此，地面工程与地下工程的环境是不同的，改善地下工程的环境是非常必要的。

地下工程的环境与人的心理因素有着必然的联系，人类总是和自然环境的各组成部分处于一个辩证统一的整体之中，习惯于地面生活的人在进入地下环境时，由于环境条件的差别，往往会导致人们本能的心理反应，如压抑、闭塞、阴暗等感觉和方向不明、情绪不安和烦躁恐惧等不良反应，还容易产生对灾害的恐惧心理和对健康的忧虑。人们这种对地下工程的印象和心理反应，会使许多人对地下工程的利用持回避态度，会影响地下工程的开发利用。为了减轻人们对地下工程的不良感觉与反应，创造良好的地下工程内部环境是十分重要的。

7.4.3 城市地下工程内部环境改善途径

地下工程内部的空气环境，光、声环境，心理和生理环境等对人们都会产生不良影响，要想克服人们在地下工程中的压抑、闭塞、阴暗、情绪不安、烦躁恐惧等不良反应，就必须加强工程的内部环境功能的设计，即创造良好的地下工程内部环境，为人们提供一个安全、实用、舒适的地下活动和工作环境。为了改善地下工程内部环境，建议采取如下途径与措施：

1. 重视地下工程“口部”的过渡处理

地下工程的出入口是地下环境与外界联系的交界面，其设计的优劣直接影响人们情绪。当然，地下工程的“口部”处理主要是为了方便地下工程的进出，解决人们由于地面进入地下时所产生的畏惧心理，适应其心理变化的要求。在设计时应注意以下几方面：

（1）重视地下工程“口部”的过渡处理。具体方法如下：在出入口前布置广场或下沉式广场；在出入口处布置建筑，通向地下的阶梯不直接与口部相连，最好是以一种看起来不是为了进入地下的形式而设置。

（2）注意地上、地下的过渡处理。如口部处理上亮度力求与天空亮度一致；内外用同一材料制成，使之具有等同的质感和色彩；借助水体、长廊、植物等作过渡处理，使之自然过渡等。

2. 积极创造虚拟的地下外部空间

地下工程造成许多不良心理差异，主要是其封闭性的环境特点所决定的，即内部封闭、与户外隔绝、无外部景观、无日光、无风感、无鸟语花香等，所以，在地下工程环境设计时，可以通过各种人工手段创造虚拟的外部空间，使平面布置通透、开敞，并配合室内装饰与灯光、水体、盆景绿化等，创造一种明快、爽朗的环境气氛。基本设计手段如下：

（1）将天然光线引入地下。如结合下沉式广场，采用倾斜式逐层下落方式，以便更多地引入阳光；采用开天井的办法；制造各种反射系统将自然光引入地下。

（2）使地面上的景物在地下环境中再现。可以通过远景入射器（电视、CCD、潜水艇的目镜等）再现；另外，可以通过音响设备，放一些优雅、好听的乐曲，让人们在脑海中再现。总之，让人们在地下环境中看到或联想到地面的景色。

（3）使用较多植物装饰地下环境。如经常更换盆景、适宜于地下生长的阴性植物及各种人造植物等。

（4）运用园林建筑的设计技巧。如花格、漏窗艺术、建造和提供自然景观设施等。

3. 精心推敲室内单元的装饰与设计

室内单元的装饰与设计是改善地下工程环境的重要措施，是一门综合性的科学技术，应该做到适用、经济、美观、耐久，装饰艺术上要求，朴实明朗、协调大方。地下工程的室内装饰内容包括：天棚、墙面、地坪（面）、柱子及门窗孔等的材料选择、位置安排、形式确定、色彩应用（一般冷、暖色都不行，采用中色）及室内比例关系（不能太低、长宽比最好是黄金分割）的协调等。基本方法如下：

（1）天棚，是地下工程的最高处，容易给人们留下良好印象，是地下工程的窗口，在设计中应重点考虑，应宁静明朗，利于光线反射和清洁维护，还可以创造出一种充当天空的发光顶棚，将点或线光源变成面光源，模拟出自然的天空。

（2）墙面，在室内面积中占的比例较大，是装饰的重点部位之一，当然在装饰前应搞好防水、防渗、堵漏等处理，然后精心装饰，确保质量。对低矮空间，墙面宜采用吸声粉刷，拉竖向线条，以减少压抑感；对高大空间（如地铁车站），墙面宜采用横向划分线条，调整空间比例，以给人们舒适感，墙壁上可使用玻璃隔墙，以创造出多层次的空间。

（3）地坪（面），应满足耐磨、防滑、防潮、防腐、平整光泽、便于清扫等要求。当然，在装饰前要做好防潮等措施，可以根据不同要求，因地制宜地采用不同的材料。

（4）柱子，装饰应与整个大厅的装饰相协调。

（5）门窗孔，装饰多运用园林设计技巧，采用各种漏花、花格墙、曲线门洞等建筑小品进行装饰，一方面利用自然通风、空气对流；另一方面，可以点缀环境，增加气氛，避免单调、呆板、枯燥，起到画龙点睛的效果。

在这些装饰设计中，色彩的设计尤为重要，它往往可以造成良好的视觉环境效果，可以起到丰富和美化环境的作用。因此，可根据不同的使用要求，选用不同的色彩、基调，一般选用中性浅色、清淡明亮、悦目柔和的色彩（大理石比较理想，一般大厅车站都采用），避免用大红或大绿色，使人产生眼花缭乱之感。当然，若色彩设计中，能恰当地应用错觉原理，更可取得良好的装饰效果。

4. 努力改善地下工程室内心理环境

地下工程室内环境较差是普遍存在的问题，如空气质量差、温湿度过高、持久内在噪声、存在氡气异臭等，因此，人们要在地下长期活动，必须具备适宜的生理环境。具体技术方法如下：

（1）加强通风换气，多注入新鲜空气，采用合适的通风措施，保持足够的新风量；

（2）在室内安装负氧离子发生器，提高空气中负氧离子浓度，改善室内空气质量；

（3）改善空气湿度，应由采暖通风专业技术人员采取相应的技术措施；

（4）改善听觉环境，一方面在建筑上严格分区，作适当隔声处理，另一方面，将产生噪声源的风机房、电机房、水泵房等布置在远离功能中心空间和其他需要安静的部位，风机和管道系统必须进行消音处理，机座必须设置减振措施；

（5）做好工程密封处理，控制氡气污染，减少进入地下工程的辐射污染源，还要加强通风措施，降低地下环境空气中的氡含量。

以上介绍了城市地下工程内部环境改善的途径，再加上采取适当的地下工程内环境设计技术，一个舒适、美观、宜人的地下工程室内环境就能形成，进一步促进城市地下工程的发展。

7.5 城市地下工程内部环境设计

城市地下工程内部环境设计包括：内部房间的大小、布局和隔断的设计；色彩、质感、照明和家具摆设的设计；室内喷泉、树木花草等小品设计；通风、温湿度、吸声音质设计；另外还有各种导向、标志以及防灾设计等。通过这些巧妙的设计与处理，人们进入地下后会有一种新奇、舒适感，以及与大自然浑如一体，忘掉自身置于地下，从而有效地减轻人们的地下心理压力。这章在对地下工程内部环境特点论述的基础上，探讨了地下工程内部环境改善途径，以及对地下工程内部空间组合设计、地下工程室内装修、地下工程的室内色彩设计、地下工程室内光线照明设计和地下工程内部自然环境的引入等。

7.5.1 地下工程内部空间组合设计

城市地下工程内部空间组合设计是一项重要工作，通过空间组合环境设计，可以消除或减轻人们对“置身地下”的心理障碍。

从理论上讲，一个大空间可以封闭起来，并可包含若干个小空间，两者之间便容易产生视觉及空间的连续性。在这种空间关系中，封闭的大空间是作为小空间的三维场地而存在的。也就是说，通过适当的大小比例关系和形式等，可以消除人们的心理障碍，具体设计的原则如下：

1. 大小空间两者之间的尺寸必须有明显的差别

如果小空间的尺寸增大，那么大空间就开始失掉其作为封闭空间的能力；小空间越大，外围的剩余空间就愈感到压抑而不成其为封闭空间，变成仅仅是环绕于小空间的一片薄层或表皮，那么原来的意图就破坏殆尽了。

2. 使小空间具有较大的吸引力

主要有两种途径：一是采用与大空间形式相同而朝向相异的方式，这样会在大空间里产生第二网格，并留下一系列富有动势的剩余空间；二是采用与大空间不同的形体，以增强其独立实体形象，这种形体上的对比，会产生一种两者之间不同的暗示，或者象征着小空间具有特别的意义。

3. “三面”（壁面、地面、顶棚）处理同整个室内环境气氛设计有机地结合

对于地下工程室内空间分隔组成的元素而言，最基本的是壁面、地面和天棚。因此，在室内设计中，壁面、地面和天棚（简称“三面”）的处理，不仅仅是一般的建筑室内装饰处理，而且对于室内环境气氛的创造也是有很大的影响。“三面”处理造成的空间效果和环境气氛是一个整体，其间是相互影响的，既有技术上的原因，也有美学的因素，其主要功能是在心理和精神上给人一个舒适的工作、生活、休息、娱乐的室内环境。

（1）壁面，作为围成空间的要素之一，由于它是垂直于地面和人的视平线，因此，对人的视觉和心理感觉是极为重要的，其中包括门窗、灯具、装修处理等，都在设计之列。

（2）天棚和地面，是组成空间的天地盖，同样需要考虑依附在上面的点、线、面的处理，给人以恰当的心理影响，如灯具、空调进口、排气孔、消防喷水孔、横梁的处理、吊顶棚的处理以及地面高低差变化造成的线面空间变化等。

在地下工程室内设计时，建筑空间的尺度具有相对的弹性。限定空间的天棚、墙面、楼梯等建设要素，是要以按功能需要做种种升降或左右移动，一般有水平方向的限定和垂直方向的限定。所谓水平方向限定，即改变地面和顶棚的高度，如在地下住宅中，餐厅和起居室之间，餐厅与厨房之间可设踏步，这些踏步既能保持方便联系，又把性质不尽相同的空间划分开，以形成几个相互贯穿又有一定界限的新空间，从而进一步改善空间感；所谓垂直方向的限定，就是墙壁左右移动，从垂直的方向限定大小空间尺寸。

7.5.2　城市地下工程室内装修设计

地下工程的室内装修是建筑艺术形式的重要内容，是门综合性的科学技术，随着工艺水平和施工技术的不断提高，建筑装饰日益引起人们的重视。地下工程的室内装修在花钱不多的情况下，就可取得改善内部环境、促进平战结合、增加经济效益的效果，使地下工程更多、更好地为生产和生活服务。

1. 室内装修存在的主要问题

地下工程不同于地面工程：地下工程埋入岩土中，无日照，湿度大；地下工程要长年使用，消声、防火、防潮、防震要求较高。因此地下工程的建筑装饰比地面工程要困难得多，也是当前急待解决的技术问题。经过调查研究，当前城市地下工程室内装修存在的主要问题如下：

（1）不科学的习惯，如水泥拉毛作为吸声装饰。水泥拉毛本身较坚硬，对声音反射强，吸声系数很低，经测试：在 500Hz 时，小拉毛的吸声系数只 0.03，大拉毛仅 0.07，与一般粉刷差不多，而且又易积灰，不利于清扫。

（2）采用美观价廉的材料，对防火不利。地下工程室内装修时常用易燃的钙塑板或塑料制品，大面积使用自熄性的钙型板或塑料制品进行建筑装修，这对防火极为不利。因为钙型板或塑料制品在受火作用时，发热量大（超过木材 1～2 倍），发烟量多，毒性较强，不仅含有二氧化碳和一氧化碳，而且产生氯化氢、氢化氰等剧毒气体，对人的健康危害极大。

（3）基本材料的选用不当。如采用水泥地坪，易积污起尘，造成空气污染，而且不便清扫。地下工程内部门窗孔采用木质材料，看起来美观，但防潮能力差，易长霉变形，年久报废。

（4）色彩设计不科学。如用色太深、照度暗淡，使人产生阴沉感；室内灯具选择太大，造成空间比例不协调，使人产生压抑感等，影响了地下工程室内装修效果。

2. 室内装修技术要点

为使地下工程满足人们精神生活方面的要求，让人们进入后有一种舒适愉快的感觉，地下工程的建筑装饰，应该满足如下技术要点：

（1）在建筑装饰上，必须适用、经济、美观、耐用；

（2）在装修艺术上，要朴素、明朗、协调、大方；

（3）在装饰标准上，应根据地下工程用途、规模、材料来源和施工条件等因素确定，原则上不宜低于地面同类建筑的装饰标准，某些方面还可略高于地面同类型建筑的装饰标准。

3. 室内建筑装饰设计

地下工程的建筑装饰，包括顶棚、墙面、地坪、门部、柱子以及门、窗、孔等材料的选择、位置安排、形式确定、色彩应用及空间比例关系上的协调。

1）天棚的建筑装饰

天棚的建筑装饰天棚是地下工程的最高处，容易给人以良好印象，因此是地下工程装饰的重点。天棚装饰应宁静、明朗，利于光线反射和清洁维护。根据平战两用的特点，还应具备良好的抗震、消声性能。

2）墙面的建筑装饰

墙面包括墙裙在内，它与整个地下空间的面积比较，所占的比例较大，因此是装饰的重点部位之一。低矮空间的墙面，应以吸声粉刷，拉竖向线条，分隔印花，增大空间比例，减少压抑感；高大空间的墙面，应以吸声粉刷，横向划分线条，调整空间比例，给人以舒适感。

3）地坪的建筑装饰

地坪是人们接触最经常、最直接的部位，因此装饰材料应具有耐磨、防滑、防潮、防腐、平整光泽，便于清扫等特点。地下工程的地坪，应根据不同要求，因地制宜地采用不同材料。通常用水泥压光、水磨石、红缸砖、马赛克、地面涂料等装饰。有特殊要求房间（如总机、电台、档案室、载波机室等），可采用橡胶板、纤维板地面。如果必须做木质地板时，要做好防潮防腐处理。

4）口部的建筑装饰

出人口是地下工程的门面，是地下环境与外界联系的关键部位，地下工程给人们的不好印象往往是先从出入口开始的，因此，必须在不减弱防护能力、不增加口部堵塞的前提下，加强对口部建筑的装饰。出入口的设置与装饰应注意如下问题：

(1) 应与周围的环境紧密结合好，要让人感到它与周围环境是协调的，不能未加处理就生硬地突出口部，应该强调其本身的合理性与融洽性，使之自然而然地体现出来。

(2) 要注意出入口从地下到地上的空间过渡，这是一种由大的开敞空间到小的封闭空间的过渡，这种过渡的形式很多，光过渡是常用的主要形式，利用光的色彩和亮度的变化，把人们从明亮宽敞的环境引到暗淡封闭的地下环境，以渐进变化的形式，使人们从明亮的地面过渡到地下，无眼花头晕感。

(3) 在地下环境的入口处进行必要的装饰，如进行必要的绿化布置、水体（喷泉、洒水）布置和灯光配置，也可以采用玻璃幕、假台阶、假门窗、假幕帘等。

(4) 注意从出入口通道到主体空间的过渡处理，通道的形状不要局限于拱形空间，因为不管出于何种考虑，只能提醒人们“这是在地下”。对于较长的通道，可隔一定距离设置景门、雕塑，并用灯光加以强调，以便增强文化艺术气氛。

5）柱子的建筑装饰

地下大厅常设有柱子，其装饰应与整个大厅的装饰相协调，一般常用水泥砂浆抹光，用涂料做成假的大理石花纹饰面，这样造价低，效果好，或者用大理石、瓷砖等贴面。地下大厅的空间较低矮时，配合墙面，柱子可用吸声材料粉刷，拉竖线条，以调整空间的比例。柱子色彩，一般以桃红色、暗红色、淡绿色为宜。柱上配以壁灯，给人醒目舒适感。

6）门、窗、孔的建筑装饰

地下工程的门、窗、孔，多运用园林建筑中各种形式的漏花、花格窗、曲线门洞等建筑小品进行装饰，一方面利于自然通风、空气对流；另一方面点缀环境，增加气氛。根据使用需要，在房间前墙、隔墙开设圆形门洞、六角形门洞、“I”形门洞等。房间的送风口，作艺术装饰，房间的隔墙，可增设花格窗，从而克服了单调、呆板、枯燥感，使整个地下工程装修收到“画龙点睛”的效果。

7.5.3 城市地下工程室内色彩设计

色彩设计是关系到整个地下工程装饰效果的重要手段，可以起到丰富和美化环境的作用。地下工程，应根据不同的使用要求，选择不同的色彩基调进行色彩设计。一般选用中性浅色、清淡明亮、悦目柔和的色彩，并采用“上轻下重”的手法，加上陈设品的衬托，使整个地下工程的色彩协调，有层次感。地下工程的室内色彩设计要综合考虑功能、美观、空间形式、建筑材料等因素。具体来说，在地下工程的色彩设计时应注意如下问题：

1. 考虑功能上的要求，并力求体现与功能相适应的性格和特点

不同的地下工程类型，功能不同，色彩设计侧重点亦不同。如地下医院，色彩要利于治疗和修养，为此常用白色、中性色或其他彩度较低的色彩做基调，这类色彩能给人以安静、平和与清洁的感觉；地下餐厅的色彩，应给人以干净、明快的感觉，设计时，常以乳白、淡黄等色为主调，而橙色等暖色可以刺激食欲，不过应注意彩度要合适，彩度过高的暖色可能导致行为上的随意性，易使顾客兴奋和冲动，常出现吵闹、醉酒等现象；地下商场的营业厅，商品琳琅满目，色彩丰富，为此墙面色彩应采用较素的颜色，以突出商品，吸引顾客；地下旅馆的色彩处理要呈现亲切、舒适、优雅的气氛，强调安静感，一般可用乳白、浅黄、浅玫瑰红等做主色调；地下影剧院应通过色彩设计，把观众的注意力集中在舞台上，台口和大幕可用大厅的对比色，舞台的背景常用浅黄等偏冷的颜色；地下工厂车间的颜色直接关系到工人的健康、生产安全、劳动效率和产品质量，一般高温车间应用冷的色调，以减轻灼热感，不同的工作区域和管道，危险区域和设备，应当用不同的颜色加以区别和提示。

所以，考虑功能要求的色彩设计，要具体地分析空间的性质和用途，以及人们感知色彩的过程，此外，还要注意生产、生活方式的改变。

2. 必须密切配合建筑材料

同一色彩用于不同质感的材料效果相差很大，它能使人们在统一之中感到变化，在总体协调的前提下，感受到细微的差别，充分运用材料的本色，可使色彩更具有自然美。

3. 充分发挥室内色彩的美化作用

地下工程室内色彩的配置必须符合形式美的原则，正确处理协调与对比、统一与变化、主景与背景、基调与点缀等各种关系。色彩种类少，容易处理，但有单调感；色彩种类多，富于变化，但可能杂乱，为此要力求符合构图原则。

4. 注意不同建筑部位的色彩差异

地下工程的色彩设计，应因地制宜，区别对待，既要避免色彩单调，又要反对五花八门。天棚，宜采用白色、乳白色、天蓝色、湖绿色、米黄色等色彩；墙面，在一般情况下，室内的几个墙面应用相同的颜色，一般常用白色、奶黄色、淡绿色、天蓝色、米黄色、淡红色等色彩；墙裙，一般用淡绿等色；踢脚板，其颜色可与墙裙相一致，也与地坪

颜色相一致，一般的做法是采用较深的颜色，以增加整个空间色彩的稳定感；地坪，可用低明度的色彩，既可保持上轻下重的稳定感，也易保持地面的清洁，一般用棕色、铁红等色。在一个空间内，各个墙面，不宜采用对比强烈的色调，要避免用大红和大绿色，这样容易使人眼花缭乱，不愿久留。

此外，进行色彩设计还应考虑民族地区的特点。随着科学技术的不断进步，色彩设计会更加科学化和艺术化。

7.5.4 城市地下工程室内光线照明设计

城市地下工程密闭性，使工作、生活在地下工程的人们患有幽闭恐惧症，害怕被禁闭在地下。为此，在地下工程内部，尽量引入自然光线，是消除这种障碍的主要途径。

目前，有两种主要方式可将自然光线引入地下工程内部：一是像国外的掩土建筑那样，房屋一侧有直接对外的视景，他们往往将房屋建在斜坡上，从而有效地达到引入自然光的目的；二是通过天井，如日本八重州地下街，是一个三层地下街，在设计中采用了直通地面的天井，引入自然光线，一定程度上消除了人们在地下街中的压抑感。美国建筑师J. 巴拿德设计的马萨诸塞州康尔斯托·密勤斯的地下生态房屋，结构完全处于地下，围绕一个中心天井，解决了采光问题。

1. 地下工程人工照明设计的技术措施

虽然有些地下工程能将自然光线引入，但大部分地下工程是通过人工照明来满足人们生产和生活。人工照明发光强度远小于阳光，而且光色不全，再加上我国地下工程照度标准较低，长期生活在这样的环境中会导致视力下降，工作效率降低。美国试验表明，在由仿日光灯而特制的荧光灯照明的房间里每天度过八小时，一个月以后，这些人摄入的钙量增加 5%，而在用普通白炽灯和荧光灯的房间里，每天同样照射八小时，一个月以后，他们摄入钙的能力减少 25%。可见光源选择合适，就能防止矿物质摄入量的减少。医学界还报道未加遮挡的荧光灯光线可使室内工作人员每月紫外线摄入量增加 5%，这样对紫外线敏感的人，还会增加发生皮肤癌的可能性。为了消除上述危害，地下工程的室内照明设计应做好如下措施：

(1) 人工照明的照度应满足工作需要，当前我国地下工程照度标准太低，有待提高；

(2) 室内色彩应明亮；

(3) 尽量选用带有玻璃罩的荧光灯，以滤掉一些紫外线；

(4) 选用含多种光的荧光灯或各种光源混用，降低光色的单调程度；

(5) 照明设计要有装饰性和艺术性，要安全可靠，利于投资和节约能源，便于维护管理。

2. 不同地下工程室内照明设计要点

1) 地下商场的照明方式

地下商场，其照明方式应是综合的，切忌单一，其设计技术要点如下：

(1) 照明效果能招揽和吸引消费者；

(2) 货柜、橱窗的局部照明，要突出商品的形、色、光泽等质感，使商品本身有宣传力和诱惑力；

(3) 艺术装饰照明要求反映建筑的不同风格和分区的商品特点，使不同售货场具有不同光色、不同照度、不同布置，容易引起顾客注意，增加活泼气氛；

（4）出入口应有醒目的广告照明、霓虹灯照明，使顾客产生一种希望进入地下商场观光的心理，入口通道是过渡照明，照度要明亮，以改善视觉器官对明暗的适应性；

（5）地下商场的天棚照明在工程层较低时，不适宜采用大花吊顶。

2）其他商业设施室内照明设计

地下餐厅、酒吧、茶室等，室内照明设计的技术要点如下：

（1）照明必须与室内环境布置风格一致；

（2）光源应尽量用白炽灯，形成暖色调；

（3）光的色彩应有丰富的红、黄色成分，其显色性能好，使食品色泽鲜艳，有助于增进食欲；

（4）照明应根据餐桌排列来布置，既有整体，又有单独性，照度不宜过高，可配置壁灯，光色以茶色、橙色为宜；

（5）音乐茶座舞池照明，可以采用聚光灯、射灯、效果灯等照明方式，强调空间有立体感，对于灯光的色彩和照亮度，应伴随着音乐欣赏的艺术效果。

3）地下公路的照明方式

地下公路的照明与一般公路相比，其显著特点是昼间需要照明，应保证白天习惯于外界明亮宽阔的司机，在进入隧道后仍能认清新车方向，正常驾驶。地下公路的照明一般由入口部照明、基本部照明和出口部与连接道路照明构成。

（1）入口部照明，是指司机从适应野外的高亮度到适应隧道内的明亮度，所必须的保证视觉的照明，它由临界部、变动部和缓和部三部分的照明组成；

（2）基本部照明，是为使司机适应急剧的明亮度变化，在隧道中运行能保持视觉条件所必要的照明；

（3）出口照明，是指汽车从较暗的隧道驶出至明亮的隧道外时，为防止视觉降低而设的照明。

总之，地下工程室内照明设计应根据地下工程的用途、空间大小、建筑形式、材料光洁度、色彩及灯具形式全面考虑。

7.5.5　城市地下工程室内自然环境引入设计

地下工程室内设计时将自然环境引入应考虑的内容和问题如下：

1. 室内绿化

室内绿化是室内设计的要素之一，在组织内部空间，丰富色彩，增加生气，美化环境，陶冶情操，影响人的心理状态、行为深度、性格及改善小气候等方面起着重要作用。我国传统的室内绿化，一般以木体为主，草本为辅，绿化的造型，重人工修剪，寓意性强。而西方国家则以草本为主，木体为辅，他们主张自然形态，抽象造型，重色、重型。

2. 室内水体

水池、喷泉、小溪、瀑布等室内水体往往比室内绿化更诱人，主要原因是室内水体的形态多变，性格鲜明，能够引人联想，给人留下深刻印象。明镜式的水池清澈见底，给人以平和宁静的感觉，蜿蜒的小溪气氛欢快，喷珠吐玉的喷泉千姿百态，奔腾而下的瀑布气势磅礴，都具有强烈的感染力。各种水体都有运动感，就连表面看来静止不动的水池，也能通过反映周围的景物丰富自身的层次，扩大空间感，给人以静中有动的印象。

3. 室内山石

山石和水是相辅相成的，“山以石为面”“水得山而媚”，水体的形态受石材（或人工石）制约。以溪为例，或圆或方，皆因池岸而形成；或曲或直，亦受堤岸的影响；瀑布的动势与悬崖峭壁有关系；石缝中的泉水正因为有石壁作为背景，才显得有情趣。因此在室内设计时，山石的布置多数与水体结合在一起。

在室内设计时，将室内绿化、山石与水体三者之间错落有致地结合，将会赋予地下工程极为生动的内涵，他们可以巧妙地组织内外空间的过渡与延伸，成为空间的提示与指向，也可以深入建筑内部，作为室内视野的延伸，丰富和扩大室内空间。

4. 入口与通道的自然景观引入

地下工程的入口与通道是室内环境设计的重要部位，由于植物是大自然的一部分，将植物引进室内，使内部空间兼有自然界外部空间的因素，有利于内外空间的过渡。在入口处布置花池和盆栽，在门廊的顶棚上或墙上悬吊绿化；在进厅处布置花卉树木，形成一种室外进入建筑物内部时的自然过渡和连续感，或者在入口处围以喷泉和水池或设计一水幕，有静有动。

5. 地下工程内部自然景观引入

在地下工程的内部设计一些较为开敞的庭洞，除可供游览观景外，还可坐览景色。在庭洞的适当位置立山石、植花木、引小溪，形成室内具有一定主题的景观。有些自然景观还与灯光、音响设备相结合，用闪烁多变的灯光，高低起伏的音乐和姿态万千的水体、山石、绿化相呼应，其效果更加奇异和感人。日本的地下街，其内设计布置有“绿地”“庭园”等，为人们提供休息和散步的地方，消除顾客的疲劳。自然景观由于具有观赏的特点，能强烈吸引人们的注意力，因而常能巧妙而含蓄地起到指向和提示的作用。如在空间的入口处、廊道的转折点、台阶坡道的起止点，可运用花池、盆景作为提示；在旅馆、商店、剧院等公共建筑的大厅内，往往以重点绿化处理来突出主楼梯位置或者借助于有规律的花池或吊篮绿化，形成无声的空间诱导路线。

通过上述巧妙地设计手法，利用现代的技术和材料，创造出逼真的风景，布置得美妙和谐，不仅使人忘记了“身在地下”，还使地下工程别具一格，受人欢迎。

7.6 地下工程内部环境改善例析

实际地下工程内部环境的改善设计，应从工程类型、装修设计原则、装修艺术照明的设计原则及布置、装修设计构思、装修设计及施工中的问题等方面考虑，下面是典型地下工程内部环境改善设计的实例。

7.6.1 莫斯科地铁

莫斯科地铁，被公认为世界上最漂亮的地铁，按运营路线长度为全球第五大地铁系统，按年客流量为全球第四繁忙暨亚洲以外第一繁忙的地铁系统。1935 年 5 月 15 日，苏联政府出于军事方面的考虑，正式开通莫斯科地铁。地下铁道考虑了战时的防护要求，可供 400 余万居民掩蔽之用。

地铁站的建筑造型各异、华丽典雅。每个车站都由著名建筑师设计，各有其独特风格，建筑格局也各不相同，多用五颜六色的大理石、花岗岩、陶瓷和五彩玻璃镶嵌各种浮雕、雕刻和壁画装饰，照明灯具十分别致，好像富丽堂皇的宫殿，享有“地下的艺术殿堂”之美称。

地铁车厢除顶灯外，还设计了便于读书看报的局部光源，在车厢门口安装了报站名用的电子显示屏。地铁站除根据民族特点建造外，还以名人、历史事迹、政治事件为主题而建造。

1. 空间环境

为了营造具有良好方位感与可识别的地下空间环境，莫斯科地铁站地下空间设计采用了下列手法：

（1）地铁站的形象与其在城市中所处的地点拥有形象上的联想，如图 7-17 所示。

（2）地铁站地下空间环境的设计与其站名保持形象上的一致，如图 7-18 所示。

图 7-17　红门站地下大厅

图 7-18　革命站地下大厅

莫斯科地铁站地下空间环境的不同色彩、材料、空间形式创造了丰富多彩的空间形象，从而营造了可识别的地下空间环境。

2. 文化艺术氛围的营造

俄罗斯有着独特的俄罗斯建筑文化内涵。莫斯科地铁站的文化环境是城市文化环境的一部分。地铁站所营造的文化艺术氛围渗透到整个城市文化环境之中。地铁站文化艺术氛围的营造主要采用不同题材的室内装饰主题，以及利用雕塑、壁画、不同造型的灯具产生的光环境，创造了不同风格的文化环境。

1）运用雕塑来营造文化艺术氛围，表现城市文化环境

地铁站文化环境的一个重要特色在于其内部的雕塑，雕塑成为地铁站地下空间创造文化精神环境的点睛之笔。在革命站地下大厅中，作者设计了一系列革命战士的群雕，一排排充满革命精神的战士塑像，营造了一个充满革命精神的文化环境。在鲍曼站和列宁图书馆站的地下大厅的转换空间和端头空间分别设计了俄罗斯伟大的教育家鲍曼的头像和苏联伟大的革命家列宁头像的雕塑与大型壁画，营造地铁站不同的文化氛围。

2）运用壁画和装饰营造历史文化氛围

建筑师在塔干地铁站的地下大厅两侧的墙壁和端头空间用了大型的壁画和浮雕装饰空间环境。壁画和浮雕体裁是传统的俄罗斯风格，从而为该地铁站地下大厅空间环境营造了

独特的俄罗斯传统历史文化氛围。在“Kponockas”地铁站地下大厅，建筑师将承重柱的断面处理成自下而上逐渐扩大的喇叭状柱头，将照明光源藏在柱头和柱子顶面之间，独特的装饰配合灯光照明，大理石贴面的明快色调与白色抹灰顶棚的巧妙结合，形成地铁站内部空间环境特有的节日气氛。

3）灯具及光环境设计营造不同的文化环境

在门捷列夫地铁站，其地下大厅的灯饰采用了化学元素的不同组合形式，这种化学元素形式的灯饰，不仅使该地铁站具有很好的可识别性（不同于其他地铁站的装饰产生的空间形象），而且为该空间营造了一种科学文化氛围，创造了科学文化的城市环境。环线共青团站，建筑师在地下空间设计中采用了一系列富丽堂皇的吊顶灯及顶棚华丽的壁画装饰，结合富有韵律感的一排排雄伟的柱式，营造凯旋的、隆重的环境气氛。

3. 地铁站地下大厅细部设计

（1）清晰的车站站牌。在每座地铁站的入口两侧的墙面上有指示站名、换乘站以及前方各站站名的指示牌。各地铁站的指示牌经过精心的设计，位置适当、醒目，利用简单的图式和文字表示，使乘客一目了然，清楚自己前往或换乘的方向。站名和指示牌有的作为地下空间整体装饰的一部分设计，与大厅整体空间环境融为一体；有的单独设计，造型上考虑了整体空间环境形象，如图 7-19 所示。

（2）可识别的不同入口及端部。在地铁站入口及端部设计上建筑师考虑了同一大厅的两端出入口及两侧的端部的可识别性，创造了具有不同标记的可识别的空间形式。采用不同的标记，或不同的雕塑和壁画营造不同的空间环境，如图 7-20 所示。

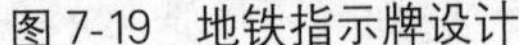

图 7-19 地铁指示牌设计

图 7-20 基辅站地下大厅壁画

（3）具有标志性的地下空间处理。每座地铁站或者空间形式不同，或者空间形象不同，创造了不同的标志性的地下空间环境。

（4）具有人情味的、造型各异的休息座椅。座椅结合指示牌设计形成地铁站独特的景观。

（5）墙面装饰结合主题。通过壁画、雕塑的不同体裁记录不同的社会历史事件及文化传统。

（6）光环境设计。多采用模仿自然光线的室内照明手法，将照明灯灯具埋在顶棚或侧墙内，使人看不到具体的灯具形式，只能感觉到光线射入室内，模仿自然光直接射入室内的效果。

4. 空间形式多样，空间形象丰富

追求轻巧而非沉闷的、开阔而非压抑的、明亮而非昏暗的地下空间效果。采用不同的结构色彩、材料、空间形式，营造出具有不同文化含义的丰富多彩的空间形象。马雅可夫斯基地铁站采用了钢结构体系，尺度适宜，创造了宽敞、开阔、自由的建筑空间形式。

地铁站建筑的性质，决定了它要解决的主要问题之一是城市交通。但是地铁站设计仅仅停留在解决城市交通组织上是远远不够的，它不仅要考虑到人的舒适程度需求（良好的通风，以保证清新的室内空气；充足的光线，以保证良好的照度），而且要考虑人的精神方面的需求，精美的装饰、雕塑、壁画给人提供美好的艺术享受，从而真正做到以人为本，满足人的全面需求（从生理到心理需求）。地铁站的地下空间环境又是城市整体空间环境的一部分，应从城市整体空间环境的角度去思考去设计，需要从城市的历史文脉出发，将城市的地域性、整体性与可印象性有机地融入地下空间环境设计中，使市民置身于这种空间环境中，享受着最大的物质和精神的满足。

7.6.2　北京地铁 13 号线站台

1. 工程概况

北京地铁 13 号线全线设车站 16 座，其中东直门站为地下站，其余均为地上站，如图 7-21 所示。为将全线各个装修风格迥异的车站有机地形成整体，以体现北京地铁 13 号线车站整体的装修设计风格，有关设计人员先后进行了多方案的探讨、比较、论证，最后确定了实施方案。

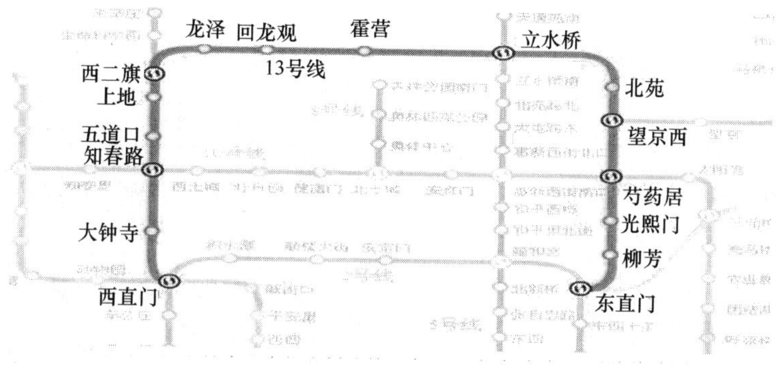

图 7-21　北京地铁 13 号线线路图

2. 装修设计原则

（1）基本原则是实用、经济、美观、简洁、明快，能体现首都的建筑艺术特色和时代精神，并能体现现代交通建筑的特点。

（2）在装修形式上，使地上车站外装修与城市景观相协调，力求成为城市一景；内装修力求多样化，并具有可识别性；充分采用暴露结构，简洁的墙面、地面铺装、通透精致的细部处理，形成亲切宜人的氛围，减少乘客在大空间中的压抑感，室内色彩尽可能淡雅、统一。同时，结合灯具广告、各种指示牌、站名牌和不同的色调处理，创造丰富的空间艺术效果。

（3）充分体现“以人为本”的设计理念，从车站的各个方面较好地满足车站的功能需求，全方位、多层次地满足乘客的不同需要，形成一个高效、准确、方便的乘车环境。

(4) 树立“安全第一”的设计理念，并弥补土建设计中的不足，杜绝车站的各种安全隐患（火灾隐患、乘客坠落等），为乘客创造一个安全的环境。

(5) 树立“绿色环保”的设计理念，选择对人体无害的建筑材料。

(6) 北京地铁 13 号线地上车站在接近居民区处，车站装修设计采取了各种有效控制噪声的方法。

(7) 北京地铁 13 号线车站装修设计结合北京地区的实际情况，采用综合设计的方式，用可持续发展的眼光指导设计。

3. 装修设计构思

作为一种形式较为特殊的交通建筑，北京地铁 13 号线车站在装修设计中力求做到功能和审美需求的完美结合。由于地面车站体量较大（长 120 多米）、形式特殊，所处位置又多为人流、车流较为集中的区域，其建筑形式、建筑造型及立面装修对城市环境的影响较大。因此，装修设计方案从城市大环境出发，对每个车站在城市中所处的不同区域加以分析研究，不特意采用共性符号，而是根据各车站特点，在统一各车站装修设计基调的前提下，采用大手笔，即从大处着眼，保证车站的整体效果，同时注重细部处理。道路在充分发挥车站使用功能的同时，也为丰富城市空间、改善城市景观起到应有的作用。在不同的环境中，其装修风格、特点及重点是不同的。

1) 位于闹市之中的车站设计

西直门、大钟寺、和平里北街车站位于闹市之中。由于周围有较多的建筑物及人流、车流，在形体处理及立面装饰上力求简洁单纯，弱化形体，突出功能特征，以此与城市大环境相协调。

西直门车站是地铁 13 号线工程中位置最为重要的车站，位于西直门交通枢纽内。由于车站体量比较大，为了使车站与周边建筑及环境协调，用了平顶的造型，同时用了树枝型的钢结构来体现交通建筑的现代风格（树枝型钢结构是一种较新颖的结构形式）。车站装修设计采用大面积的玻璃幕墙，暴露出白色的树枝型钢结构，配以银灰色外墙铝板，使整个车站轻盈、飘逸，富于动感，并与地铁 13 号线指挥中心形成一个有机的整体。在黎明及夜色降临时，车站内星星点点的灯光与暴露结构形成了一个美妙的组合，是城市中心区的一道美丽的风景线，如图 7-22 所示。

图 7-22 西直门内景

车站站内装修，站厅吊顶为白色，使站厅公共空间显得更加开敞；蓝色与白色搭配，形成树枝型，与站台上树枝型钢结构相呼应，以异型铝合金条板吊顶，加上与之有机组合的异型铝合金柱面，配以花岗石（地面）作为主材等。总之，通过明快的色彩、简单且流畅的曲线线条、重复且有韵律感的造型、局部特殊点缀的设计手法，创造出高效、快捷、实用的现代交通建筑空间，如图 7-23 所示。

2) 位于道路中央的车站设计

五道口站、知春路站、望京站和太阳宫站位于道路中央或横跨于城市道路之上。在设计中，一个最基本的出发点就是使建筑物形体尽量轻盈，以削弱其对道路的压迫感。同时，由于建筑物同城市道路之间的特殊关系，建筑物立面装修细部处理应尽量简洁，以减少其对行人的视线干扰。

五道口站横跨于成府路上，站房位于道路两侧，整个建筑物立面以水平线条为主。轻钢结构雨篷高低起伏，形成平缓而自由的曲线，宛如一只展翅欲飞的巨鸟，充分体现了钢结构特有的造型特点，使整个建筑形体轻盈通透。在车站跨越路口的位置加入一个拱形钢架，它既使轻盈的曲线形雨篷有了中心，又加强了形体的稳定感。在突出建筑形象的同时，利用站台两侧点式玻璃幕墙，室内空间通透明亮、亲近自然，形成了极富韵律感的建筑形象，并达到了与空间巧妙结合且“外”与“内”的完美统一。

望京站形体以不断地重复椭圆形钢架和彩色钢板相结合，车站室内空间通透流畅、亲切自然，无论是建筑物的内部还是外部都极富韵律感，强烈的秩序感与流动感完美地体现了现代交通建筑的特殊个性，如图 7-24 所示。

图 7-23 五道口站内景

图 7-24 望京站站台层室内实景图

太阳宫站整个建筑物形体均统一在外墙铝单板与点式玻璃幕墙的协调中，显得异常简洁明快。站台以垂片（吊顶）、花岗石（墙面及地面）作为主材，运用少量且明快的色彩（杏黄色向导标志等）；站厅以白色铝条板（吊顶）、花岗石（墙面及地面）作为主材，采用简单且流畅的线条（横线条、纵线条）、重复且有韵律感的造型、局部特殊点缀的设计手法，如图 7-25 所示。

图 7-25 太阳宫站站台层室内实景

3）结合环境特征的车站设计

有些车站所处的区域已经形成了一定的环境特征，如上地经济开发区、回龙观居住区、望京居住区等。这一类型的车站在设计中试图通过个性化的建筑语言来协调并强化该区域的环境特征，使建筑与环境相辅相成，相得益彰。

在 14 个车站中，回龙观站所处区域的环境特征较为突出，它位于回龙观文化居住社区的中心区，小区内建筑物均为坡屋顶，体现我国传统的文化氛围。

图 7-26 回龙观站站台层室内实景

回龙观站在装修设计中也力图通过建筑造型来反映回龙观文化居住社区的文化特点。建筑物的形体及细部借鉴了我国传统的大屋顶形式，并且在细节处理和色彩搭配上与之相协调。整个建筑既古朴又现代，较好地通过现代手段体现出对我国传统文化的尊重与认同，使车站成了回龙观文化居住社区的一个景点，如图7-26所示。

4）装修艺术照明的设计原则、照明灯具的类型及布置

(1) 车站照明灯具应以荧光灯为主，局部布置一些点光源或特型灯具；选择使用寿命长、节能、高效的光源，以适应目前倡导的绿色工程。

(2) 车站照明灯具宜选择直接型、敞开式或带有隔栅的灯具。

(3) 所选择的灯具应易于维修、清洁和更换。

5）装修设计及施工中的问题

(1) 阳光板屋面的养护存在问题。北京气候变化明显，阳光板屋面在热胀冷缩中易产生变形，如施工中人为操作造成损坏，则遇雨雪会产生滴漏现象，影响正常运营。

(2) 车站站台的两端为露天，吊顶面材尤其是垂片对开敞的半室外空间需进行处理。我们认为，城市轻轨车站站台层应在钢结构设计中充分考虑装修设计（包括灯具的处理），尽可能少做吊顶，以展示暴露钢结构的美感。

(3) 车站的防盗、防跨越。北京地铁 13 号线车站装修设计应充分考虑运营管理中遇到的问题，而车站用房的防盗、车站防跨越是最需要解决的问题，这关系到运营的安全。

(4) 车站装修设计中站台层荧光灯具采用室外型。由于北京地铁 13 号线车站绝大部分为地上或高架站，站台层裸露于室外，以荧光灯为主要灯具的车站站台层必须考虑冬季冷启动，以保证站台的正常照度，保证运营的安全。

(5) 车站站台声屏障与车站装修的有机结合。北京地铁 13 号线车站站台声屏障设计是为了贯彻“以人为本”的设计理念，充分考虑车站运营噪声对周围居民的影响，同时也应考虑车站站台的装修效果，站台层应在钢结构设计过程中考虑声屏障设计及车站装修设计的细部构造节点。

(6) 由于部分车站站台采光过暗，造成司机由站外到站内的光适应过程时间过长。产生此问题的原因是由于车站站台层位于站厅层下方，采光方式只可能为侧窗，而侧窗距侧式站台边缘的距离过远。装修解决方案：照明上加大顶棚灯的亮度及灯具布置的均匀度；车站站台的装修材料色调尽可能浅；装修中减少对站台层侧窗的遮挡。

7.6.3 广州地下商城

1. 工程概况

广州市珠江新城核心区中轴线地下空间是广州大范围整体开发利用地下空间的一个探索。珠江新城中轴线地面部分规划为开放的广场绿地供市民休闲游憩，其带状的地下空间被整体开发利用，既将中轴线两侧建筑的地下室和南端的“四大公共建筑”、海心沙岛联

系起来形成一个整体，构成一个地下城市，又解决了珠江新城本来较为缺乏的餐饮和停车问题，在功能上与地面建筑形成互补，相得益彰，达到了地上、地下空间良好的整合效果。其地上部分“花城广场”整体环境和功能效果在建成后特别是亚运会期间得到广大市民和游客的高度评价，成为体现广州城市巨大发展变化的一个名片，如图 7-27 所示。

图 7-27 珠江新城核心区中轴线地下空间下沉式广场与地面绿化广场

2. 地下空间功能布置的多样化

地下空间一般分为出入口、交通、营业、休息和辅助五个部分。为满足人流集散需要，减轻由于通道过长而产生的枯燥感，改善购物环境，交通空间应与休息空间作为一个整体考虑，在交通空间的适当位置组织设置一些节点，给顾客提供休息、交往停留的空间。主要休息空间常常根据一个主题来设计构思，如采用喷泉、雕塑、灯光和建筑小品等手段来突出主题，再搭配上精致的座椅，另外，尽可能增加一些趣味性的娱乐活动，营造一些儿童游乐、演讲、交流、表演和展览的场所，使单纯的功能空间成为公共活动的场所。

3. 内部环境设计方面

采用中庭设计，打破地下空间的封闭环境，如图 7-28 所示，将地下空间和地面空间连通起来。地下工程内部的中庭是功能最强和用途最广的设计类型之一，在地下工程中是最富有变化、引人入胜和更接近自然化的空间，对于人们形成地下空间环境意象和定位、定向起着相当大作用。对于层数少、平面体量相对较大的地下工程，更需要一个中心开放的“核心”空间，来改善地下工程方向感差的问题及缓和地下工程内部的局促感，使地下工程的内部空间有拓延、有发展，容易使人感受到地下工程的外形特征和体量的存在。

4. 出入口设计方面

地下空间出入口是地下空间与地表衔接的重要部分，如图 7-29 所示，其设计好坏在一定程度上影响着地下工程的成败。出入口设计要体现可识别性强的原则，出入口应醒目突出，易于让人们看到和接近，且通达入口的方向要明确，在设计中可通过增强入口的标志性、宽敞和明亮的口部设计、尽量平缓的通道坡度、采用自动扶梯等方式加强出入口的导向感。

图 7-28 地下商业街的中庭空间

图 7-29 “动漫星城”的出入口之一

第 8 章 城市地下工程灾害特点和防灾措施

城市地下工程建成后会面临着突发性灾害和长期性存在且与水有关危害的威胁。突发性灾害具有较强的突发性和复合性等特点，如火灾、爆炸、洪水、恐怖袭击等。长期性危害具有长期性和潜在性等特点，往往与地下水有关，如漏水、渗水、潮湿等，这类危害虽不会造成像突发性灾害那样在人员、财产上的重大损失，但它们影响城市地下工程的正常使用，存在着潜在的威胁。本章主要介绍城市地下工程的灾害类型、灾害特点和防灾措施，以及城市地下工程的防水、防潮与除湿技术。

8.1 灾害类型和特点

城市地下工程面对突发性灾害时，如火灾、爆炸等，要比地上工程危险得多，防护难度也大得多，这由地下工程比较封闭的特点所决定。因此，城市地下工程的防灾措施需要重视，尤其在城市地下空间大面积、大规模、深层次的开发，在灾害出现具有上升趋势的情况下，建立系统的城市地下工程防灾体系是必要的。

8.1.1 灾害类型

自然界中有风灾、水（涝）灾、火灾、地震等灾害，这些灾害往往还会互相影响、互相并存。如台风季节，往往还伴有暴雨，造成风、水灾害并存；又如强烈地震往往使建筑物倒塌，甚至会造成爆炸而引起火灾等。灾害有原发性灾害与次生灾害之分，原发性灾害是由某次灾害直接造成的危害，如地震可使建筑物倒塌，又如一个烟蒂可使一幢大楼烧毁等；次生灾害是非直接造成的灾害，如地震引起的海啸、山崩，造成泥石流等。有时次生灾害比直接灾害所造成的危害和损失更大，如 1970 年秘鲁大地震时，瓦斯卡兰山北峰的泥石流从 3750m 高崩落，以约 320km/h 的速度掩埋了一些村镇，一些建筑物荡然无存，地形也随之改变，死亡达 25000 人。从灾害发生的原因上看，可分为三种类型：

1. 自然性灾害

自然性灾害指自然界物质的内部运动造成的灾害，是不可抗拒的。如地球在运动发展过程中发生巨大的能量作用，使地球的地壳和地幔产生很大的应力，当这些应力积累超过了某处岩层的强度时，岩石遭到破坏，产生错动，形成地震。地震往往是突发性的，它在某时某刻，甚至在人们毫无思想准备的情况下出现，造成的危害也最大。如 2008 年 5 月 12 日，我国四川省汶川县发生 8.0 级地震，如图 8-1 所示，严重破坏地区超过 10 万 km^2，其中，极重灾区共 10 个县（市），较重灾区共 41 个县（市），一般灾区共 186 个县（市）；2011 年 3 月 11 日，日本东北部太平洋海域发生 9.0 级地震，此次地震引发的巨大海啸对日本东北部岩手县、宫城县、福岛县等地造成毁灭性破坏，如图 8-2 所示，并引发福岛第一核电站核泄漏，导致 19533 人遇难，2585 人下落不明。

图 8-1 汶川地震相关图片

图 8-2 东日本大地震引发的海啸

2. 条件性灾害

条件性灾害指物质在运动中必须具备某种条件才能发生质的变化，并由这种变化引发造成的灾害。如某种液体所散发的可燃气体在空气中形成的某种混合物，一旦遇到明火就会发生爆炸，乃至引起火灾，这里混合物和明火都是条件，只要缺少其中一个条件，爆炸就难以发生。如 2011 年 1 月 12 日，我国河北省廊坊市和平路一中石化加油站发生起火爆炸事故，如图 8-3 所示，起火原因为油罐车卸油后，静电火花引发，所幸的是未殃及地下油库，也未造成人员伤亡；2015 年 6 月 27 日，我国台湾省新北市八仙水上乐园发生粉尘爆炸事故，如图 8-4 所示，受轻伤为 79 人、中伤 157 人、重伤 202 人。

图 8-3 河北廊坊加油站爆炸事故图

图 8-4 新北游乐园粉尘爆炸事故图

3. 行为性灾害

行为性灾害指人为因素造成的灾害，如在日常生活中，有时不注意，使得烛火碰到蚊帐，用电炉烤东西碰到可燃物等引起的火灾；2015 年 8 月 12 日，位于天津市滨海新区天津港的危险品仓库因管理人员不注意发生火灾爆炸事故，如图 8-5 所示，爆炸总能量约为 450t TNT 当量，造成 165 人遇难、8 人失踪、798 人受伤，304 幢建筑物、12428 辆商品汽车、7533 个集装箱受损。有的灾害是由于人的故意破坏而造成的，如某百货商场，因故意破坏造成严重火灾，使整栋大楼和财产付之一炬，造成重大经济损失；2019 年 9 月 20 日，俄罗斯符拉迪沃斯托克最大型的一家购物中心发生火灾，如图 8-6 所示，火灾面积达 $1000m^2$，现场火势凶猛，几乎覆盖了整个建筑，所幸没有人员遇难。

对于地下工程内部防灾而言，突发性灾害可分为两大类，即自然灾害和人为灾害。自然灾害主要是气象灾害和地质灾害，如洪水、地震、地陷等；人为灾害主要是意外（或故意）事故灾害，如火灾、爆炸、交通事故、恐怖袭击等。发生在地下工程内部的灾害多是人为灾害，都有较强的突发性和复合性，其灾害的严重程度与综合防灾能力有直接关系。所以，需要从地下工程的特点出发，认真搞好地下工程的规划与设计，按照不同的使用性质和开发规模，采取严格的综合防灾措施，以保障平时使用中的安全。

图 8-5 天津滨海新区爆炸事故图

图 8-6 符拉迪沃斯托克购物中心火灾事故图

8.1.2 城市地下工程易灾性

地下工程内部防灾与地面建筑防灾，在原则上是基本一致的，但是，由于地下工程的封闭环境所造成的疏散困难、救援困难、排烟困难和从外部灭灾困难等特点，使得地下工程内部更具易灾性，而且防灾问题更复杂、更困难，因防灾不当所造成的危害也就更严重。在这一点上，与地面上的高层建筑防灾有某些相似之处，故两者常被相提并论，作为城市防灾的难点和重点。地下工程内部易灾性主要表现在以下几方面：

1. 人们在地下工程内部方向感差，灾害时易造成恐慌

在封闭的室内空间中，容易使失去方向感，特别是那些进入地下工程但对内部布置情况不太熟悉的人，容易迷路。在这种情况下发生灾害，心理上的惊恐程度和行动上的混乱程度要比在地面建筑中严重得多；内部空间越大，布置越复杂，这种危险就越大。

2. 地下工程内部通风困难

在封闭空间中保持正常的空气质量要比有窗的空间困难得多，进、排风只能通过少量风口，空气质量低，在机械通风系统发生故障时，很难依靠自然通风的补救。另外，地下工程内部封闭的环境使物质不容易充分燃烧，在发生火灾后可燃物的发烟量很大，对烟的控制和排除都比较复杂，对内部人员的疏散和外部人员进入救灾都不利，导致窒息死亡人数较多。

3. 地下工程内部人员疏散、避难困难

地下工程处于地面高程以下，人从室内向室外的行走方向与在地面上多层建筑中正好相反，这就使得从地下工程到地面开敞空间的疏散和避难都有一个上行的过程，比下行要消耗体力，从而影响疏散速度；同时，自下而上的疏散路线，与内部的烟和热气流自然流动的方向一致，因而人员的疏散必须在烟和热气流的扩散速度超过步行速度之前完毕。由于这一时间差很短暂，又难以控制，故给人员的疏散造成很大困难。

4. 地下工程易受地面滞水倒灌

地下工程处于城市地面高程以下的特点，使地面上的积水容易灌入地下工程内部，难

以依靠重力自流排水，容易造成水害。其中的机电设备大部分在底层，更容易因水浸而损坏。如果地下工程处在地下水包围之中，还存在工程渗漏水和地下工程上浮的可能。

5. 地下工程阻碍内部无线通信

地下工程的钢筋网和周围的土或岩石，对电磁波有一定的屏蔽作用，妨碍使用无线通信，如果有线通信系统和无线通信用的天线在灾害初期即遭破坏，将影响到内部防灾中心的指挥和通信工作。

6. 附建于地面建筑的地下室，一旦发生火灾，会对上部工程构成很大威胁

地面建筑的地下室与地面建筑上下相连，在空间上相通，这与单建式地下工程有很大区别。单建式地下工程在覆土后，内部灾害向地面上扩展和蔓延的可能性较小，而地下室则不然，一旦地下发生灾害，会对上部建筑物构成很大威胁，最后造成整个建筑物受灾。

8.1.3 灾害成因

日本在 1991 年曾对 1970～1990 年间日本国内 626 起地下工程发生的内部灾害（即火灾、爆炸、风和水灾、空气恶化、施工事故、公用设施事故等）进行了调查与统计，调查与统计的主要结论如下：

（1）在 626 件灾害中，人员活动比较集中的地下街、地铁车站、地下步行道等各种地下设施和建筑物地下室中发生灾害的可能性较大，约占 40%，应引起高度重视。

（2）在所调查的灾害中，火灾的次数最多，约占 30%，空气质量恶化约占 20%，两者相加约占一半，因为空气质量事故多由火灾引起，故火灾是地下工程内部次数最多的灾害，应重点防治；其他灾害发生次数一般不超过 5%。

（3）以缺氧中毒为主要特征的内部空气质量恶化现象，在建筑物地下室、地下停车场等处发生的次数较多，过去尚未受到足够的重视，因此，应列为地下工程内部灾害的主要类型之一。

根据日本对 30 项重大灾害的调查，地下工程内部灾害的发生和扩大的原因复杂多样，不同灾害类型的成因有差异。

1. 火灾成因

引起火灾的原因主要有：发生火情，报警迟缓；场地不易寻找，延误初期灭火行动；消防队距火源地过远，而且火源附近缺少水源；信息不能顺利传递；对避难人流疏导失误，造成人员滞留在火场；手动喷淋设备未启动；备用电源故障；风道和烟道的灭火设备失灵；混合式灭火设备因热气流作用而未能启动；排烟系统运转失灵，无法形成安全避难区；防火卷帘未开启，又无旁道小门；防火卷帘过早降落，使疏散人流发生混乱；逃生者逃跑，妨碍灭火水源的接通；第一层和第二层地下室之间没有隔火设施，不利于控制火源和组织灭火行动；装饰材料使用不当，木质等易燃物较多。

2. 爆炸成因

引起爆炸的原因有：易燃气体泄漏；初期爆炸后的易燃气体扩散未被感知；易燃气体沿通风道向上扩散，地下室中未能嗅到气体的气味；二次爆炸使消防人员遭到严重伤亡；气体紧急阀门失灵；因热辐射使人无法关闭阀门；对建筑物上部与地下两部分的特点缺乏了解而反应迟缓；报警延迟和消防队的到达因交通堵塞而受阻。

3. 缺氧和中毒事故成因

引起缺氧中毒的原因有：感知迟缓；报警和救援延误；防火卷帘未开启；备用发电机启动后耗氧多；门关闭后空调停止；管理系统反应迟钝，不知如何应付紧急局面等。

4. 水淹成因

引起水淹的主要原因是，由于相邻施工现场发生水害后因无阻隔，水浸入地下工程内部，或者是因为在救灾过程中因不知水管位置使供水干管破裂，地下室外门因内部空气超压而无法开启排水。

5. 电气事故成因

发生电气事故原因有：事故原因查找时间拖延；未准备好需要更换的备用零件；正常照明与事故照明系统之间切换时间过长而引起混乱。

除上述几种相对常见的灾害外，不同的地下工程类型还会存在一些其他灾害形式，如结构破坏、施工事故、交通事故、公用设施事故、犯罪等。综合各种灾害的成因，归纳起来可以概括为三个方面：设计问题、设备问题和管理问题。其中，由于管理不善而引起的灾害，是导致灾害发生或使灾害损失扩大的一个重要原因。

8.1.4 灾害特点

尽管城市地下工程内部不同灾害的成因各异，但各种灾害一旦成灾后均有其共性特点。然而，这种共性特点随不同灾害所造成的人员和物质方面损失不同，总体而言，均比地上工程遇到相同灾害，造成的危害性更大，其主要原因是灾害的特点所致。

1. 火灾灾害特点

地下工程内部火灾事故几乎占了事故总数的1/3，是地下工程中发生灾害次数最多，损失最为严重的一种灾害，其危害性极大，不但会导致设施瘫痪和人员伤亡，还会造成地下结构的损毁，其修复耗费巨大，是最不容忽视的地下工程灾害。

从消防的角度看，地下工程有着比地面建筑更多的不利因素，如空间相对封闭狭小，人员出入口数量少，自然通风条件差，难以实现天然采光，主要依靠人工照明等。因此，一旦发生火灾，造成的人员伤亡和损失程度将十分严重。主要反映在以下五个方面：

1）含氧量急剧下降

地铁发生火灾时，由于隧道的相对封闭性，新鲜空气难以迅速补充，致使空气中氧气含量急剧下降。研究表明，空气中氧气含量降至10%～14%时，人体四肢无力，判断能力低，易迷失方向，降至5%以下时，人会立即晕倒或死亡。

2）发烟量大

火灾产生时的发烟量与可燃物的物理化学特性、燃烧状态、空气充足程度有关。如地下隧道发生火灾时，由于新鲜空气供给不足，气体交换不充分，产生不完全燃烧反应，导致CO等有毒有烟气体大量产生，不仅降低隧道内的可见度，同时会加大疏散人群窒息的可能性。研究表明，只要人的视觉距离降到3m以下，逃离火灾现场的概率微乎其微。另据国内外火灾统计分析，烟气致死人数占总死亡人数的60%～70%，在死亡的人群中，有不少人都是先窒息后被烧死的。

3）排烟和排热差

被土石包裹的地下工程（如隧道等），热交换十分困难，发生火灾时烟气聚集在建筑物内，无法扩散，会迅速充满整个地下工程，使温度骤升，较早地出现“爆燃”，烟气形成的高温气流会对人体产生巨大的影响。

4）火情探测和扑救困难

地下工程火灾扑救难度相当于高层建筑层火灾，无法直观地下火场，需要详细查询和研究地下工程图纸才能确定具体部位；同时，出入口有限，而且出入口又经常是火灾时的冒烟口，消防队员在高温浓烟情况下难以接近着火点，扑救工作难以展开；可用于地下工程的灭火剂比较少，对于人员较多的地下公共建筑，如无一定条件，毒性较大的灭火剂则不宜使用，设备相对较差，步话机等设备难以使用，通信联络困难；照明条件也比地面差得多。由于上述原因，从外部对地下工程火灾进行有效扑救十分困难。

5）人员疏散困难

火灾时正常电源被切断，人的视觉完全靠事故照明和疏散指示标志灯保证，如果没有照明，一片漆黑，地下工程复杂、疏散路线过长，人员根本无法逃离火场，人群易产生恐慌而盲目逃窜；再加上浓烟，使人员疏散极为困难，而且人员的逃生方向与烟气的自然扩散方向一致，烟的扩散速度一般比人的行动快，人员疏散很困难。国内外研究经验证实，烟的垂直上升速度为3～4m/s，水平扩散速度为0.5～0.8m/s。在地下工程烟的扩散实验中证实，当火源较大时，对于倾斜面的吊顶来说，烟流速度可达3m/s。

2. 爆炸灾害特点

地下工程上部覆盖的岩土介质和围岩的稳固保护作用，使得地下工程结构具有良好的抗外部爆炸性能，但随着地下空间的进一步开发与利用，地下工程已从战争需要，走向平战结合，到现在的公共活动场所，如地下商业街、地铁等。在地铁、地下商场等地下工程内爆炸所产生的强烈爆炸波冲击作用下，地面和地下各种结构物（民房、公共建筑和高架桥梁等）有可能产生不同形式的振动响应和不同程度的破坏，严重的甚至会引起地下和地面建筑的倒塌，进而加重灾害的发生和损失。爆炸灾害一般具有以下特性：

（1）爆炸冲击波。冲击波是燃烧高速传播形成的压力突变。冲击波会破坏地下工程的通风系统和结构，造成灾害区域的扩大。

（2）有害气体。爆炸发生后，地下工程的通风性减弱，造成氧浓度下降，同时燃烧产生CO_2、CO等有害气体。

（3）二次爆炸。由于地下工程密闭性的特点，初期爆炸的易燃气体难以消散，往往会发生二次爆炸。

3. 地震灾害特点

地震灾害具有突发性、成纵性、继发性等特点，地震释放的能量十分巨大，一个5.5级中强震释放的地震波能量就大约相当于2万t TNT炸药所能释放的能量，或者说，相当于“第二次世界大战”末美国在日本广岛投掷的一颗原子弹所释放的能量，它对建筑物产生的破坏主要以地震加速度的形式形成地震力。地下工程包围在岩土介质中，地震发生时地下工程结构随围岩一起运动，与地面结构约束情况不同，围岩介质的嵌固改变了地下结构的动力特征（如自振频率），人们一般认为地震对于地下工程结构的影响很小，同时由于之前对城市地下空间开发利用得不够，地下工程结构在规模和数量上相对于地面结构都比较少，受到地震灾害，特别是中震、大震考验的机会也少，加之地下工程结构的震害相对地面结构也比较轻，因此，人们长期以来都认为地下工程结构具有良好的抗震性能。

然而，1995 年日本阪神地震中以地铁车站、区间隧道为代表的大型地下工程结构首次遭受严重破坏，充分暴露出地下工程结构抗震能力的弱点，随着城市地下空间开发利用和地下结构建设规模的不断加大，地下工程结构的抗震设计及其安全性评价的重要性、迫切性愈来愈明显。

特别需要指出的是，我国大部分地区为地震设防区，根据地震烈度分布资料，在全国 300 多个城市中，有一半位于地震基本烈度为 7 度或 7 度以上的地震区，23 个特大城市中，有 70％属 7 度和 7 度以上的地区，像北京、天津、西安等大城市都位于 8 度的高烈度地震区。

4. 洪水灾害特点

洪灾一直是很多城市需要重点防御的自然灾害之一，带有很强的季节性和地域性。我国的江河流域内有 100 多个大中城市，集中着全国 50％的人口和 70％的工农业总产值，其中大部分城市的高程处于江河洪水的水位之下，历史上都曾遭遇过严重的洪涝灾害。除江河溃堤造成洪灾外，城市内涝的危害也不容忽视，因此，应采取“以防为主，以排为辅，截堵结合，因地制宜，综合治理”的原则。此外，沿海城市还要面临风暴、潮汐的威胁。

一个城市发生洪灾后，首先会殃及城市地下工程。所谓水往低处流，在洪水到来之时，地面建筑尚属安全的情况下，地下工程则会发生口部灌水，乃至波及整个相连通的地下工程，甚至会直达多层地下工程的最深层，虽然在灌水过程中一般很少造成人员伤亡，但是对于地下的设备和储存物质将会造成严重的损失。

在城市发生洪灾后，即使口部不进水，但由于周围地下水位上升，工程衬砌长期被饱和土所包围，在防水质量不高的部分同样会渗入地下水，严重时甚至会引起结构破坏，造成地面沉陷，影响到邻近地面建筑物的安全。虽然，防洪能力差是地下工程的弱点，但通过适当的口部防灌措施和结构防水措施，是可以避免这类灾害发生，保持地下工程正常使用的。

5. 空气污染灾害特点

地下工程内部空气污染事故的发生，主要有两方面的因素，即自然因素和人为因素。

1） 自然因素

随着地下空间的开发利用向地下深层发展，地下工程及周围环境渐趋多样性和复杂性，表现在开发中产生的有害气体增多，同时周围的岩土、地下水中的放射性物质（如镭、铀等）含量也较高，衰变过程中产生各种有害放射线，对于长期处于地下工程内生活、工作的人群会造成无形的伤害，对这类地下工程灾害及其防治的研究还刚起步。

2） 人为因素

除了因意外而引发的空气污染事故外，如地下工程中化工用品在运输、储存或使用过程中易出现泄漏而造成地下工程内的空气污染，甚至由此引起火灾、爆炸事故等；另外一个突出的问题便是恐怖袭击，如 1995 年 3 月 20 日，日本首都东京市 3 条地铁电车内发生施放神经性毒气“沙林”事件，造成 12 人死亡，5000 多人因中毒进医院治疗；2001 年 9 月 2 日，加拿大蒙特利尔市中心地铁车站发生毒气袭击事件，40 多名乘客受伤。这类灾害突显出了城市地下工程的通风、排风设施的重要性。

6. 恐怖袭击灾害特点

城市地下公共空间存在着可能遭受恐怖威胁袭击的外在和内在因素，对这些因素的识别和分析，有利于做出有针对性的预防和应对策略。

1）外部威胁因素

对于城市地下公共空间，其外部的危险性因素使城市地下公共空间容易遭受恐怖威胁，主要包括以下2个方面内容：

（1）地下工程环境复杂。城市地下公共空间环境比较复杂，如地上商业街的地下往往也是繁华的综合购物中心，其相伴随的餐饮、交通等附属产业设施也较多，呈现出多样化和复杂化的特性。地下公共空间的这种复杂的周边环境，使恐怖分子容易隐藏，易于实施恐怖行为，并利用这种复杂环境逃脱。因而，城市地下工程环境的复杂性和脆弱性使其易成为恐怖袭击的目标。

（2）外部安全保障缺失。城市地下公共空间的安全应当由专门保卫单位保卫，并提供相关的技术支持和保障。但很多地下公共空间的安全保障机制存在漏洞，无法提供全方位、全天候的安全保障，这种对城市地下工程安全保障的不利也容易使其成为恐怖袭击的目标。

2）内部威胁因素

由于城市地下公共空间其自身内部的一些脆弱性，致其容易被恐怖分子利用，成为恐怖袭击的目标。主要包括以下3个方面内容：

（1）空间内部人员的密集性。城市地下公共空间内部人口的密度相对较大，人口的流动性强，且具有不确定性。若恐怖分子为了达到扩大事件负面效应的目的在城市地下工程制造恐怖袭击事件，必然造成大量的人员伤亡。因此，城市地下公共空间的这种特性增加了其受攻击的风险，可能成为恐怖分子袭击的目标。

（2）城市地下公共空间的特定功能性。从功能的角度来讲，大部分城市地下公共空间具有特定功能性，比如具有交通功能的地铁的运营或具有防灾功能的人防通道等。这些地下公共空间的实体对城市的安全和正常运行具有重要作用，一旦遭受恐怖袭击会使整个城市处于半瘫痪或瘫痪状态，影响城市的正常运转。因而城市地下公共空间的这种功能性增加了其受恐怖袭击的可能。

（3）城市地下公共空间自身的脆弱性。城市地下公共空间与相关建筑实体或物体共同构成综合性空间结构。一方面，这些城市地下公共空间具有封闭性和隐蔽性，这种特性在面对地上发生的灾害时，可能会成为安全掩体。但是在地下工程发生恐怖袭击时，城市地下公共空间的封闭性会成为人员逃生和疏散的瓶颈，增加人员营救的难度。另一方面，在建筑空间设计中，存在着忽视预防和应对恐怖袭击威胁的安全设计考虑。这些空间自身的脆弱性加大了其遭受恐怖威胁的潜在可能性。

8.2 城市地下工程防灾措施

城市地下工程发生灾害是灾难性的，造成的损失一般会很大，因此，根据各种灾害的类型、成因和特点，做好防灾工作是必要的。做好防灾工作，首先需要做好防灾规划和设计，其次需要做好防灾的管理工作，包括平时维护制度（避免设备遇灾失灵）、防灾管理体系建立等。规划和设计不合理是成灾的主要原因或潜在影响因素，而管理不善、体系建立不科学是导致灾害发生或使灾害损失扩大的一个重要原因。

8.2.1 防火灾规划与设计

1. 规划和设计难点

从规划和设计角度看，地下工程发生火灾时与地面建筑相比具有不同的特点，其危害更大，主要表现在高温的危害、缺氧和中毒、火灾蔓延快、疏散困难、火灾救援困难等方面。

1）高温的危害

由于地下工程的密封性好，出入口少，发生火灾时室内热量不易排出且散热困难，使得环境温度很高。起火房间内温度可达 800～900℃，火源附近温度往往高达 1000℃以上。在高温的长时间作用下，混凝土容易产生爆裂，使得结构变形甚至倒塌。高温也使得可燃物较多的地下工程内发生轰燃，导致火灾大面积蔓延。另外，高温对地下工程内的人员产生灼伤甚至导致死亡，研究表明人在空气温度达 150℃的环境中只能生存 5min。

2）缺氧和中毒

地下工程直接对外的门窗洞口或其他开口较少，通风和排烟条件差，因此火灾时容易产生大量的烟气，且烟气滞留在工程内不易排出。地下工程火灾过程中氧气大量消耗，如果通风不好，空气中的氧含量急剧下降，一氧化碳含量剧增，容易导致人员窒息或中毒死亡。另外，许多可燃的商品、家具和装修材料在燃烧时会产生大量的有毒气体，刺激人的呼吸系统和神经系统，最终导致人员伤亡。

3）火灾蔓延快

地下工程中的楼梯间、管道、风道、地沟及通道与地面大气相通，一旦起火，这些部位成了火灾蔓延的主要途径。管道、楼梯间等垂直扩散速度比水平扩散速度大 3～5 倍，达 3～4m/s。如火灾时未能及时控制通风空调等设备，会加快火灾蔓延速度。

4）疏散困难

火灾对人的危害主要通过四种效应，即烧伤、窒息、中毒及高温热辐射。除此之外，在地下工程中火灾对人的影响还表现在：

（1）能见度低，逃离困难；

（2）容易使人迷失方向感；

（3）地下工程基本位于自然地面标高以下，人从楼层向室外由下向上的行走方向与地面建筑的正相反，比下行要消耗体力，从而影响人员的疏散速度。

5）火灾救援困难

（1）由于地下工程密闭等特性，使得外部救援人员不容易掌握内部火灾情况；

（2）地下工程火灾烟气蔓延迅速，火灾影响范围广，救援人员很难确定真正的火源位置，且很多适用于地面建筑火灾救援的设备和工具，在地下工程的火灾救援中无法发挥作用；

（3）救援人员救援路线与室内疏散人员的疏散路线相对，矛盾突出；

（4）灭火救援人员需佩戴空气及氧气呼吸器，同时携带一些灭火器材，由于负重大，通道狭窄，难以接近火源。

总之，地下工程若发生火灾，其危害性比地面建筑要严重得多，20 世纪 90 年代末统计的我国火灾情况如表 8-1 所示。

火灾统计调查情况　　表 8-1

火灾损失	火灾次数（次）			死亡人数（人）			直接经济损失（万元）		
年份	1997	1998	1999	1997	1998	1999	1997	1998	1999
高层建筑	1297	1077	1122	56	47	66	9683	4651	4750
地下工程	4886	3891	4059	306	288	340	14102	13350	12953

2. 灾因分析

不同的城市地下工程发生火灾的原因不同，以地铁、隧道及车库、地下民用建筑为例，简述引起火灾的主要原因。

1）地铁火灾的灾因

（1）电气设备故障引发火灾。常由地铁内各种用电设施故障和内铺电缆短路而引发。

（2）运行设备故障引发火灾。地铁设备多而复杂，又无不与电气设施相联系，若设备质量问题或平时管理维护不善，造成设备故障，则易引发地铁火灾。

（3）违章施工造成火灾。通常由违章电焊违章动用火源、违章损坏电器或燃气管等引发火灾。

（4）人为事故、恐怖活动破坏引发火灾。

2）隧道及车库火灾的灾因

（1）漏油、撞车引发隧道内行驶车辆起火、爆炸等火灾。

（2）电器设备故障、电路短路、违章使用火源等引发车库内车辆起火、爆炸等火灾。

3）地下民用建筑火灾的灾因

地下商场、地下商业街、仓库和其他类型地下民用建筑的主要火灾原因有：设备及电路故障、违章动用火源、用火不慎、管理不善以及人为故意破坏等因素。

3. 防火灾规划原则

为了最大限度地减少火灾发生，在城市地下工程防火灾规划时，应坚持下列原则：

（1）严格控制大人流量的地下空间开发深度。

（2）明确合理的防火防烟分区。

（3）空间布局应简明规整。

（4）均布足够的地下工程出入口。

（5）科学布置照明和疏散指示标志。

（6）选用阻燃或无毒装修材料。

4. 规划的主要内容

根据城市地下工程防火灾规划的原则，其规划的主要内容如下：

1）确定地下工程分层功能布局

明确各层地下工程功能布局，如地下商业设施不得设置在地下一层以下；地下文化娱乐设施不得设置在地下二层以下。当位于地下一层时，地下文化娱乐设施的最大开发深度不得深于地面下 10m。具有明火的餐饮店铺应集中布置，重点防范。

2）防火防烟分区

每个防火防烟分区范围不大于 2000m²，不少于 2 个通向地面的出入口，其中不少于 1 个直接通往室外的出入口。各防火防烟分区之间连通部分设置防火门、防火闸门等设施。即使预计疏散时间最长的分区，其疏散结束时间也须短于烟雾下降的时间。

3）地下工程出入口布置

地下工程应布置均匀、足够的通往地面的出入口。地下商业空间内任何一点到最近安全出口的距离不得超过 30m。每个出入口的服务面积大致相当，出入口宽度应与最大人流强度相适应，保证快速通过能力。

4）核定优化地下空间布局

地下空间布局尽可能简洁、规整，每条通道的折弯处不宜超过 3 处，弯折角度大于 90°，便于连接和辨认，连接通道力求直、短，避免不必要的高低错落和变化。

5）照明、疏散等各类设施设置

依据相关规范，设置地下工程应急照明系统、疏散指示标志系统、火灾自动报警装置、应急广播视频系统，确保灾时正常使用。

5. 防火设计要点

我国《建筑设计防火规范》GB 50016—2014 将建筑物分成一、二、三、四级。各耐火等级的建筑物、对建筑构件的燃烧性能要求为：一级耐火等级，是钢筋混凝土结构或砖墙与钢筋混凝土结构组成的混合结构；二级耐火等级是钢结构屋顶、钢筋混凝土柱和砖墙的混合结构；三级耐火等级是木屋顶和砖墙的砖木结构；四级耐火等级是木屋顶和难燃烧体墙组成的可燃结构。参照有关规范规定，地下工程除口部建筑外，工程的耐火等级为一级。各类构件的燃烧性能和耐火极限均不低于表 8-2 的规定。

地下工程各构件的燃烧性能和耐火极限　　　　**表 8-2**

构建名称	燃烧性能和耐火极限（h）
防火墙	非燃烧体 3.00
承重墙、柱、楼梯间和楼梯井的墙	非燃烧体 2.00
梁、顶部结构	非燃烧体 2.00
楼板和疏散楼梯	非燃烧体 1.50
疏散走道两侧的墙	非燃烧体 1.00
房间的墙	非燃烧体 0.75
吊顶	非燃烧体 0.25

6. 防火要求

由于地下工程在规划和设计方面的存在上述难点，因此，在进行地下工程的防火设计中应具有比地面建筑更高的防火安全等级和内部消防自救能力，主要表现在以下 4 个方面：

1）火灾的早期探测和报警

在防火设计中，火灾的探测和报警功能是由火灾自动报警系统来完成的。根据被保护建筑规模的大小，火灾自动报警系统可分为区域报警系统、集中报警系统和控制中心报警三类。这些系统通常都包含火灾探测与报警、报警信息处理和联动控制三大功能。火灾自动探测与报警系统各功能单元的协调工作可为发现火灾和尽快扑灭火灾发挥重要作用。

2）控制火灾规模及蔓延范围

在建筑防火设计中，通常采用限制火灾荷载、限定防火间距、划分防火分区和设置自动灭火系统等措施控制火灾规模，防止火灾大面积蔓延。控制火灾的规模及其蔓延的范围，对于减小火灾造成的财产损失，减小火灾对人员疏散的影响具有重要意义，同时也利于火灾的救援。地下工程一旦发生火灾，应将火灾的影响控制在尽可能小的范围内。一方面应尽量限制可燃物数量，避免存放易燃物；其次，对于储存可燃物较多的场所，应做好防火分区的划分与防火分隔措施，配置必要的灭火系统与设备。

3）人员疏散设计

地下工程火灾具有更大的危害性，特别是对人员的生命安全威胁较大。因此，人员疏散的设计应是地下工程防火设计的首要内容。人员疏散不是一个孤立的问题，它不仅与疏散出口的数量、疏散宽度以及疏散距离等因素有关，而且涉及火灾时烟气的运动、烟气对人的危害、防排烟系统以及火灾自动报警系统等多方面的内容。

4）火灾救援

由于地下工程火灾外部救援实施困难，因此应加强内部自救措施：

（1）主要依靠内部安全管理和值班人员，同时应发挥内部其他工作人员的作用，特别是人员数量较多、规模较大的地下工程内应有一支训练有素的专业义务消防队；

（2）消防值班人员应该对地下工程内的布局和主要通道非常熟悉，了解各消防设施的位置及使用方法；

（3）制定不同火灾情况下的火灾确认、人员疏散和灭火救援的应急预案；

（4）加强日常的消防演练，减少人们对地下火灾的恐惧心理，避免出现人流的混乱。

尽管在地下工程火灾中实施外部救援比较困难，但是外部救援还是非常必要的。所以，合理地设计地下工程消防监控中心的位置和救援通道也是非常重要的。

8.2.2 防水灾规划与设计

1. 规划和设计难点

洪涝自然灾害往往具有季节性和地域性，尽管水量大、来势猛、持续时间长，但从水位升高到形成倒灌需要一定的时间，可以预见，因此对于一般水灾，通过事先采取措施可予以解决，但对于没有预兆或以一般经验难以觉察的突发性水害的危害往往影响极大。现阶段，我国城市地下空间开发利用主要集中在东部沿海发达城市，做好地下工程的防水防洪工作更加显示其重要性和迫切性。地下工程水灾事故虽然不多，但一旦发生，它在地下工程中所造成的危害将远远超过地上空间同类事件。地下工程水灾若处理不善将会诱发二次和三次灾害，地下车库、地下商场地下商业街、地铁车站等地下工程是城市防汛薄弱环节之一。

国内外城市地下工程水灾事件时有发生，如 2000 年 9 月，日本名古屋市受东海水灾的影响，河水泛滥流入地下工程，地铁受淹没，损失严重；2005 年 8 月，上海遭遇麦莎台风，由于预警措施、排水能力不够，一些地下车库发生严重积水，有的车辆甚至完全被淹没，部分路面积水倒灌入 1 号线常熟路站至徐家汇站区间隧道；2005 年 11 月 29 日，兰州市博物馆工作人员突然发现馆内办公楼地下室有大量积水。经过消防、供热、自来水、市政等部门救援人员十多个小时的联合施救，馆内地下室积水最终被抽空，但地下室内存放的部分馆藏珍贵文物却遭到不可挽救的损毁，数量约在几千件；2012 年 10 月 28 日至 30 日，桑迪飓风横扫美国东海岸，使美国东部地区遭遇狂风暴雨、暴雪及洪水灾害，造成城市许多地区积水严重，尤其是地铁、地下通道、地下车库等，有着 108 年历史的纽约地铁系统遭遇了最严重的破坏，布鲁克炮台隧道及曼哈顿闹市区的荷兰隧道也都被迫关闭。

2. 灾因分析

（1）因雨量太大且集中，城市的排水系统不畅或者雨量超过排水设计能力，造成路面积水，地下工程的地面挡水板、沙袋无法抵御高水位，致使雨水漫进地下工程。

（2）地下工程的排水系统故障，如架空电缆被台风刮断、遭雷击、电气设备被水淹造成跳闸等各种原因的停电，导致排水能力丧失，从而造成地下工程积水受淹。

（3）未能及时落实各类孔口、采光窗、竖井、通风孔等的各项防汛措施，暴雨打进和漫进地下工程，造成地下工程积水受淹。

（4）地下工程外面的积水从排出管倒灌而止回阀失效，造成地下工程积水。

（5）城市市政改造导致路面标高抬高，路面积水从地下工程采光窗、出入口等裸露部位漫进地下工程。

（6）城市大口径自来水管爆裂，大量自来水涌入，造成地下工程水灾。

（7）由于地下工程的水泵、管道、阀门、浮球和水位开关等机械故障、管理不善，造成地下工程内部漏水，形成水灾。

（8）大型地下工程的沉降缝止水带老化破裂，造成地下水涌入成灾。

（9）地下水位的抬高，也会加剧简易地下室的渗漏。

（10）由于地下工程的积水和潮湿，使得电气线路的绝缘性能降低，甚至线路浸泡在水中，会导致触电事故，形成二次灾害。

3. 防水灾规划原则及主要内容

城市地下工程防水灾规划坚持“以防为主，堵、排、储、救相结合”的原则，预防城市地下工程所在地区的最大洪水和暴雨涨水，采取各种预防措施避免洪涝灾害的发生。同时采用堵截、排涝、储水、急救等各种手段，减少洪涝灾害的影响和损失，保障城市地下工程的安全。规划的主要内容如下：

1）确定城市地下工程防洪排涝设防标准

城市地下工程防洪排涝设防标准应在所在城市防洪排涝设防标准的基础上，根据城市地下工程所在地区可能遭遇的最大洪水淹没情况来确定各区段地下工程的防洪排涝设防标准，确保该地区遭遇最大洪水淹没时，洪（雨）水不会从出入口灌入地下工程。

2）布置确定城市地下工程各类室外洞孔的位置与孔底标高

城市地下工程防灾规划首先确保地下工程所有室外出入口、洞孔不被该地区最大洪（雨）水淹没倒灌。因此，防水灾规划首先确定地下工程所有室外出入口、采光窗、进排风口、排烟口的位置；根据该地下工程所在地区的最大洪（雨）水淹没标高，确定室外出入口的地坪标高和采光窗、进排风口、排烟口等洞孔的底部标高。室外出入口的地坪标高应高于该地区最大洪（雨）水淹没标高 50cm 以上，采光窗、进排风口、排烟口等洞孔底部标高应高于室外出入口地坪标高 50cm 以上。

3）核查地下工程通往地上建筑物的地面出入口地坪标高和防洪涝标准

城市地下工程不仅要确保通往室外的出入口、采光窗、进排风口、排烟口等不被室外洪（雨）水灌入，而且还要确保连通地上建筑的出入口不进水。因此，需要核查与其相连的地上建筑地面出入口地坪是否符合防洪排涝标准，避免因地上建筑的地面出入口进水漫流造成地下工程水灾。

4）城市地下工程排水设施设置

为将地下工程内部积水及时排出，尤其及时排出室外洪（雨）水进入地下工程的积水，通常在地下工程最低处设置排水沟槽、集水井和大功率排水泵等设施。

5）地下储水设施设置

为确保城市地下工程不受洪涝侵害，综合解决城市丰水期洪涝和枯水期缺水问题，可在深层地下工程内建设大规模地下储水系统，或结合地面道路、广场、运动场、公共绿地建设地下储水调节池。

6）地下工程防水灾防护措施制定

为确保水灾时地下工程出入口不进水，在出入口处安置防淹门或出入口门洞内预留门槽，以便遭遇难以预测洪水时及时插入防水挡板。加强地下工程照明、排水泵站、电气设施等的防水保护措施。

4. 防水设计要点

城市地下工程防水灾设计中，应采取下列对策：

(1) 地下工程的出入口、进排风口和排烟口都应设置在地势较高的位置，出入口标高应高于当地最高洪水位。

(2) 出入口安置防淹门，在发生事故时快速关闭，堵截暴雨洪水或防止江水倒灌。另外，一般在地铁站出入口门洞内墙留门槽，在暴雨时临时插入叠梁式防水挡板，阻挡雨水进入；在洪水时可减少进入地下工程的水量。

(3) 在地下工程入口外设置排水沟、台阶或使入口附近地面具有一定坡度，直通地面的竖井、采光窗、通风口，都应做好防洪处理，有效减少入侵水量。

(4) 设置泵站或集水井。侵入地下工程的雨水、洪水和火警时的消防水等都会聚集到地下工程最低处，因此，在此处应设置排水泵站，将水量及时排出；或设集水井，暂时存蓄洪水。

(5) 通常采取防水拢头或双层墙结构等措施，并在其底部设排水沟、槽，减少渗入地下工程的水量。

(6) 在深层地下工程内建成大规模地下储水系统，不但可将地面洪水导入地下，有效减轻地面洪水压力；而且还可将多余的水储存起来，综合解决城市在丰水期洪涝而在枯水期缺水的问题。

(7) 及时做好洪水预报与抢险预案。根据天气预报及时做好地下工程的临时防洪措施，对于地铁隧道遇到地震或特殊灾害性天气时，及时采取关闭防淹门、中断地铁运营、疏散乘客等措施，从而使灾害的危害程度降到最低。

8.2.3 防恐怖袭击规划与设计

1. 规划和设计难点

当前我国大城市非常注重城市地下空间的开发利用，实现城市立体化的良性生长。面状城市地下空间的形成是城市地下空间形态趋于成熟和完善的标志，是城市地下空间发展到一定阶段的必然结果，也是城市土地利用、有序发展的客观规律。但是，历年来多次针对地铁的恐怖袭击显示，城市地下公共空间已经成为恐怖袭击的高危空间。城市地下公共空间之所以容易成为恐怖袭击的对象，首先是人员密集程度高，恐怖分子容易混入；其次是城市地下空间一旦遭遇袭击，疏散与救援难度大，且多依赖机械通风，二次杀伤效应明显。

城市地下工程内部的爆炸事故日益突出，在地铁、地下街等地下结构内爆炸所产生的强烈爆炸波冲击作用下，地上和地下各种结构物有可能产生不同形式振动响应和不同程度的破坏，严重的甚至会引起地下和地上建筑的倒塌，进而加重灾害的发生和损失。在美国“9·11恐怖袭击事件”和英国、俄罗斯发生的多起地铁恐怖袭击爆炸事件后，城市地下空间内部反恐防爆问题的研究日益引起各国重视。

国内外城市地下工程的恐怖袭击事件也时有发生，如2004年2月6日，俄罗斯莫斯科地铁高峰时期，一枚炸弹在地铁通道内爆炸，造成40人死亡，134人受伤；2005年7月7日，英国伦敦6处地铁站早高峰时期遭恐怖爆炸袭击，造成52人死亡，700多人受伤；2010年3月29日晨，俄罗斯莫斯科“卢比扬卡”和“文化公园”两个地铁站先后发生恐怖爆炸事件，造成至少38人死亡，63人受伤；2012年10月20日凌晨，日本东京地铁丸内线发生爆炸，造成11人受伤。

2. 恐怖袭击灾害形式

城市地下公共空间面临多种恐怖威胁，其可能遭受的恐怖威胁形式可归结为以下4种：

（1）爆炸。爆炸会造成人员伤亡和物质损害，使用爆炸物制造恐怖是最常见的恐怖威胁形式。城市地下公共空间，人员密集，环境复杂，恐怖分子容易伪装放置爆炸装置，其成功的可能性较高。在城市地下公共空间实施爆炸，会产生较大的影响。因此，爆炸成为恐怖分子最容易也是最常采用的方式。

（2）纵火。在城市地下公共空间实施纵火，对人和物都会造成相应的损害。在城市地下公共空间，特别是地铁、商场、购物中心，由于实施纵火的简便性和空间设施的易燃性，使得纵火可能成为恐怖分子最便利的利用形式。一旦大型城市地下公共空间受到纵火破坏，其营救难度和灭火难度都大，会造成极大的灾损。

（3）暗杀与人质劫持。暗杀是恐怖分子为达到某种政治目的和制造恐怖影响而杀害特定人物的恐怖威胁形式，是一种针对人的恐怖袭击。在城市地下公共空间进行暗杀恐怖行为，不仅会造成现场的拥挤混乱，而且形成社会恐怖气氛，引起人们的恐慌。人质劫持主要是为了达到某特定政治目的或影响而对普通民众采取限制人身自由甚至伤害的威胁形式，也是一种针对人的恐怖袭击。城市地下公共空间人员密集，为恐怖分子实施劫持制造影响提供了条件，被恐怖分子所利用。

（4）生化或放射性物质攻击。生化或放射性物质攻击表现为不法分子及邪教分子释放化学毒剂、投放放射性材料，制造惊人伤人事件。在人员密集的城市地下公共空间，利用化学毒气、生物制剂或放射性物质等会对人员形成巨大危害，容易造成巨大伤亡。

3. 防恐怖袭击规划原则及主要内容

城市地下工程应对恐怖袭击规划坚持“以防为主，全面监控，遏制发生，积极应对”

的原则，从地下公共空间出入口、各防火防烟分区、联系通道等各部位全方位预防、监控，消除犯罪死角，遏制恐怖袭击发生。当恐怖袭击发生时，系统地积极应对，及时制止和救援。规划的主要内容如下：

1）城市地下工程监控系统规划布局

城市地下工程应对恐怖袭击首先要建立完整严密的监控系统。地下工程出入口、各防火防烟分区、各联系通道以及采光窗、进排风口、排烟口、水泵房等设施均需要设置监控设施，全方位、全时段监控地下工程运行情况。每个出入口的各个方向均需设置监控设施，每个防火、防烟分区设置不少于 2 个监控设施，每条联系通道设置不少于 2 个监控设施，且每个折弯处均应设有监控设施。

2）城市地下工程避难掩蔽场所布局

城市地下公共空间应在若干防火、防烟分区间设置集警务、医务、维修、监控设施于一体并有一定可封闭空间容量的避难掩蔽所。避难掩蔽所应耐烟、耐火，具有独立送风管道，确保其安全、可靠。避难掩蔽所可用作恐怖袭击发生时地下工程内人员的临时躲避场所，发生火灾时地下工程内人员难以全部撤离时可作为临时避难场所。

3）城市地下公共空间应对恐怖袭击的防护措施

为确保地下公共空间免受恐怖袭击，首先应加强地下公共空间入口安全检测，杜绝进行恐怖袭击的物品进入地下公共空间。在交通高峰期，实施人流预先控制，减少人流拥挤对安检的压力。建立地下公共空间安全疏散机制，拟制安全疏散预案。同时，将安全监控系统与地下公共空间的运行、维护、信息系统联动成一体，及时高效地应对恐怖袭击。

4. 防恐怖袭击设计要点

城市地下公共空间的反恐怖袭击应对重在预防，采取明确、有效的事前防范措施，在恐怖行动发生前对其进行遏制，从而消除可能发生的危险。而在城市地下工程防恐怖袭击灾害设计中，应考虑采取下列对策：

1）加强地下公共空间的入口控制

城市地下公共空间作为承载特定功能的场所，来自各方面的人流要进入地下公共空间，必须通过预设的入口进入。这种进入地下公共空间的独特性就为地下公共空间的反恐预防提供了控制的可能。加强城市地下公共空间人口的控制主要包括人流的控制与入口安全检测两方面：人流的控制主要是对进入地下公共空间的人流，特别是高峰期的人流实施预先控制，减少人流拥挤和对安检的压力；入口安全检测是为了加强发现可能的恐怖行为，以便及时采取措施加以制止。

2）引入地下公共空间的情景预防

奥斯卡·纽曼的可防卫空间理论是情景预防的主要理论。所谓情景预防，是指从研究犯罪产生的原因和条件出发，在环境设计上堵塞犯罪的可能性。由于地下公共空间的人员密集性和空间相对密闭性，情景预防必须针对这一特点来实施。地下公共空间的情景预防包括建筑结构设计、内部环境设计、监视的实施以及限制标语等方面。具体体现为改善地下公共空间的照明，设立警示牌，设置障碍、监视警报设备以及防爆罐等反恐设备。

3）消除地下公共空间的结构性犯罪死角

地下公共空间犯罪死角的广泛存在，为恐怖活动的实施提供了可能的空间。恐怖分子会利用这些不易被注意的角落来隐藏犯罪动机和藏匿危险物品，从而实施恐怖袭击行为。消除地下公共空间这种结构性的犯罪死角，需要加强安保人员，配备警力，配置监控视频系统，完善地下公共空间的防范网络。

4）建立地下公共空间安全疏散机制

安全疏散是指在地下公共空间发生紧急情况时，将地下公共空间内的人员撤出现场，保证人员生命安全。由于地下公共空间特定时间的人流高密度特性，对其安全疏散的能力要求极高，因而地下公共空间的安全出口要有更大承载容量，便于集中疏散。另外，根据城市地下公共空间类型的不同和人流的不确定性，编制切实有效的地下公共空间安全疏散预案，做好反恐预防工作，遏制恐怖袭击的发生。当恐怖袭击发生时，可及时、自如地应对，减少恐怖袭击造成的影响和灾损。

8.2.4 防灾管理体系

城市地下工程内部灾害的防治是一个复杂的系统工程，有地下工程的防灾规划系统、地下工程的减灾设计系统、地下工程防灾减灾预报预警系统、地下工程减灾技术系统、地下工程的防灾管理与指挥系统及地下工程灾后修复重建系统等若干个子系统组成。其中，防灾减灾预报预警系统、减灾技术系统、防灾管理与指挥系统属于防灾管理体系。

1. 防灾减灾预报预警系统

1）采取有效措施，控制灾源

地下工程内部灾害的发生、发展，都是由某种灾害源引起的，如火灾的灾害源是明火和可燃物；爆炸的灾害源是可燃气体和易爆化学品等。因此，建立防灾减灾的预报预警系统，采取一系列措施，控制灾害源是城市地下工程综合防灾系统的首要任务。

地下工程用途有多样性，其内部存在各种灾害源是不可避免的，关键的问题是如何采取有效的控制措施。现以地下商业工程为例加以说明。商业用途的地下工程在建设与使用的过程中，首先，应当限制易燃和发烟量大的商品数量，禁止使用易燃的装修材料。据日本资料，一般综合性商店中的可燃数量约为每平方米营业面积 100kg，相应的发烟量也很大，因此，日本要求地下商业街中，可燃物减少至每平方米营业面积 50kg 以下，同时要求地下商业街的材料应以耐火极限在 1 小时以上的不燃材料为主。其次，对商业空间内明火的使用加以限制，并禁止吸烟。日本对地下商业街中的餐饮类店铺实行集中布置和统一管理，以控制易燃气体的使用，此外除顾客休息设施指定的吸烟处外，绝对禁止吸烟。

2）设立灵敏的感知仪器与人工监视系统

一旦灾害发生，对灾害感知的快、慢、正、误，是能否控制灾情使之不扩大的关键。感知迟缓或报警延误而使灾情迅速发展的事例时有所见，为此，设立灵敏的感知仪器与人工监视系统十分必要。一是提高感知仪器设备的自动化程度和灵敏程度，包括烟感器、煤气泄漏报警器、有害气体检测器等，使之随时处于完好状态；二是设立人工监视系统，如在重点部位设置闭路电视摄像机等，以防自动系统失灵。此外，日本的大型地下商业街中，都有专职防灾人员实行 24 小时巡逻，以保证及时发现和验证灾情。

3）建立快速警报系统

灾害被仪器感知后，信息传输到防灾总控制室或防灾中心，经计算机处理或人工的判断和证实后，才能发出警报和向外报警。这一过程越短越好，对救灾越有利，要及时通过有线广播系统发出警报和各种指令，同时使用无线和有线两种通信设备向城市防灾部门报警，等待救援。

2. 救灾、减灾系统

地下工程的救灾、减灾首先要做好灾害的初始控制，使灾害及时消灭在萌芽之中；当灾害在初始阶段失去控制，开始扩大和蔓延后，救灾、减灾系统的主要任务有两个：一是将内部所有人员安全撤离；二是实行有效的灭灾。

1）做好灾害的初始控制

在地下工程的防灾救灾中，应当将灾害感知系统与灾害初始控制系统自动联系起来，如自动喷淋系统、电气路切断系统、通风排灾系统等，力求把灾害在刚一出现时就加以清除或使之得到抑制。以火灾为例，自动喷淋系统可以有效地将初始火灾控制在有限范围内，防止其扩大和蔓延，直至扑灭。据美国资料，建筑物火灾在全面喷淋情况下可使生命损失减至最小，因为喷淋系统的自动启动起到辅助警报的作用，还可使烟和空气降温，有利于延长人员避难的有效时间。为了使自动喷淋系统保持有效，应防止消防用水枯竭和管道因爆炸而破坏。

2）建立完善的疏导体系

地下工程内部，有长时间滞留其中的工作人员和短时间停留的外来人员。为了使大量对地下环境不太熟悉又没有受过防灾训练的外来人员不受伤害，最有效的途径是在防灾中心和受过防灾训练的工作人员的组织和引导下，在灾害没有危及生命之前撤离灾害现场，到达地面开敞空间的安全地带避难。为了做好这一工作，应保证最低限度的照明和适当数量的清洁空气，同时要对烟和有害气体等进行排除和阻隔。在建筑布置上要为人员疏散创造便捷的条件，如顺畅的通道、位置明显的安全出口等，并以广播、灯光、指示牌等加以引导。

3）进行有效的灭灾

灾害开始蔓延和扩大后，除组织人员疏散外，应动员一切内部和外部的人力、物力将灾害在尽可能短的时间内扑灭或消除。鉴于地下工程的灾害从外部救援比较困难，主要应依靠内部的救灾设施。以灭火设施为例，在内部应针对燃烧物的特性准备不同的灭火系统。普通燃烧物用水即可扑灭，应设置消火栓；还可增设泡沫灭火或二氧化碳灭火系统，泡沫包围燃烧物后使之与空气隔绝而自熄，二氧化碳可排除燃烧物周围的氧气使火窒息。这两种系统在平时均应加强维护管理，以免在使用时出现故障。目前对电火的灭火剂主要用卤代烷，对油火的有效灭火剂为轻水。

3. 灾害指挥和管理系统

为了使以上各防灾救灾系统能正常运转，在灾害发生时能有效地起到救灾、灭灾的作用，凡是达到一定规模的地下工程，都应建立起与其使用性质和规模相应的综合防灾指挥和管理系统，一般可采用三级防灾体制：第一级是地下工程内部装备的各种自动防灾、救灾、灭灾系统；第二级是内部的专职防灾人员、受训人员及其他辅助人员；第三级是从外部来的城市防灾专业队伍。考虑到地下环境的特点，应强调以前两级为主。以火灾为例，当地下工程的出入口向外排出浓烟和炽热气流时，人员根本无法进入，即使戴防毒面具强行进入，也会因温度过高和通视条件差而无法停留和活动。

据日本经验，凡中等以上规模的地下工程，特别是外来人员非常集中的公共活动空间，都应设立防灾中心，配备专职人员，除日常的维护、管理、训练等工作外，主要从事24小时的灾情监控和巡逻，对各种意外情况及时加以判明和处理。防灾中心同时也是各种防灾系统和设备的控制中心，从日本比较现代化的大型地下商业街来看，防灾中心的主要设备有：火灾自动感知设备，与消防、警察、救护部门的紧急通话设备，内部广播设备，通道上和安全出口的诱导照明设备，排烟设备，二氧化碳灭火设备（用于变电室），无线通信辅助设备，闭路电视监视设备，煤气泄漏报警设备，有害气体浓度检测设备等。在1986年建成的川崎地下街中，还增加了对盲人的导铃设备。

8.3 城市地下工程防水技术

水是人类赖以生存必不可少的重要物质之一，但是水也可能给人们带来危害，甚至威胁到人们的生命财产安全。地下工程都和地表水、地下水接触，这些水都以不同的方式、在不同程度上对建筑物的维护结构产生作用，如果不及时采取可靠的防水、防燃和除湿措施，建筑物就会渗漏，轻则影响使用，或缩短建筑物的使用年限，重则淹没毁坏整个地下工程，影响到地面建筑与交通的安全，有的会酿成更严重的后果。因此，加强地下工程的防水、防潮与除湿技术研究有十分重要的实际意义。本节主要介绍防水方面的有关内容，它是减少因水引起灾害重要环节。

8.3.1 水对地下工程的影响

发生在地下工程内部的与水有关的灾害具有长期性和潜在性等特点，多由自然环境引起，但对地下工程的危害不能忽视，其灾害严重程度也与综合防水能力有直接关系。水对地下工程的影响和危害是多方面的，康宁等（1998年）研究认为主要有如下方面影响：

1. 水对地下工程围护结构的影响

水对地下工程的围护结构可产生一系列有害作用，主要是吸湿作用、毛细作用、侵蚀作用、渗透作用、冻融作用等。

1）吸湿作用

任何物质在和气态的水蒸气或液态的水接触时，都能将它们吸附在自己表面上，这种现象叫吸湿。砖、石、混凝土等建筑材料，都是一种非匀质的多孔材料，在空气中和水中都有很强的吸湿作用。地下工程围护结构的吸湿作用，往往是地下工程潮湿的主要原因。

2）毛细作用

大部分物质组织的结构中有许多肉眼看不见的缝隙，即毛细管。这些毛细管形状不一，粗细不同，遇水后只要彼此有附着力（即水可以润湿管壁），水就会沿着毛细管上升，直至水的重量超过它的表面张力时才停止上升。毛细作用在许多建筑材料中都可以看到，如砖墙毛细管水上升，往往可以达到一层楼的高度。不仅地下水能被有孔的建筑材料吸收，产生毛细上升现象，潮湿的土壤也有毛细作用，引起潮气上升，对地下工程的危害很大，特别是地下水和土壤中含侵蚀性介质时，由于毛细作用，可使整个工程受到损害，还能传到地面建筑上。

3）侵蚀作用

地下水对建筑物的侵蚀主要表现在酸、盐及各种有害气体对各种围护结构的损坏，地下水对混凝土的侵蚀主要有碳酸侵蚀、溶出性侵蚀、碳酸盐侵蚀。

4）渗透作用

地下工程的围护结构材料，如砖、石、混凝土有大量的毛细孔、施工裂隙，在水有一定压力时，水就会沿着这些孔隙流动而产生渗透作用，特别是地下工程埋得越深、地下水位越高，渗透压就越大，地下水渗透作用就越严重。

5）冻融作用

地下工程处于冰冻线以上时，土壤含水，冻结时不仅土中水变成冰，体积增大，而且水分往往因冻结作用而迁移和重新分布，形成冰夹层或冰堆而使地基冻胀。冻胀时使地下工程不均匀抬起，融化时又不均匀地下沉，年复一年使地下工程产生变形，轻者出现裂缝，重者危及使用。

2. 地下水渗流对地下工程的影响

在地下水位以下开挖基坑、构筑附建式地下室、竖井、坑道、地道、穿过含水地层，都会有地下水流进基坑或洞内。施工中必须采取可靠措施排除渗入基坑或洞内的地下水，一般情况下不允许带水作业，要防止地表水和地下水渗透进基坑，以保证基坑处于干燥状态。当基坑下有承压水时，要注意防止发生土涌，破坏地基。防止施工时地下水渗流和涌水的技术方法有：注浆法、沉井法、地下连续墙、冻结法、气压法等。

3. 流砂现象对地下工程施工的影响

在地下水位以下土中开挖构筑地下工程时，往往碰到基坑周围或洞壁周围的土随地下水一起涌进坑内或洞内，这种现象就是流砂，此时，土完全失去承载力，人难以立足，边挖边冒，无法施工，强挖只好掏空地基，上部或邻近有建筑物时，将因地基掏空而下沉、倾斜、甚至倒塌。因此，流砂对地下工程施工和附近建筑物都有很大危害。流砂的防治原则是减少动水力，主要方法有：

（1）人工降低地下水位，一般采用井点降低地下水位；

（2）沿基坑四周打板桩，使桩底达到不透水层，或经计算打到一定深度，使坑外地下水流入坑内的渗流里程尽量加大，以减少动水压力；

（3）枯水期施工，因为地下水位低，坑内、外水位差小，动水压力减少，也就不易产生流砂，至少可以减轻流砂：

（4）采用水中挖土法，即不排水施工，使坑内外地下水压相平衡，以阻止流沙产生。

4. 地下水位变化对地下工程的影响

地下水位变化的幅度很大，最低水位和最高水位有时能相差数米。水位变化对地下工程的影响有浮力作用、潜蚀作用的影响及衬砌耐久性、地基强度的影响。

地下工程位于地下水位中，将受到向上的浮力，尤其是地下水位骤然上升，浮力增大，使工程很容易浮起破坏，工程实践得知，有的掘开式工程或地道的底板，曾因浮力的作用引起断裂。地下工程在自流排水或机械排水降低地下水位时，很容易引起潜蚀作用，将会掏空地基，不仅使地下工程地基失稳，而且往往会引起地表塌陷，危及地面建筑的安全。地下水位在地下工程埋置范围内变化，使衬砌结构湿润和干燥交替更迭，将降低工程结构材料的耐久性。此外，地下水位变化对地基强度也有影响，当地下水位上升时，水浸湿软化岩土，地基土强度降低，压缩性加大，使地下工程产生较大变形。

8.3.2 影响地下工程防水质量因素

地下工程的防水是指阻止液体状态的水进入建筑内部的综合措施。地下工程的防水是一项综合性很强的工作，与地形、气候、地质条件、水文条件、结构形式、施工方法、防水材料的性能和供应情况等都有较密切的关系，因此，不能简单地套用某种现成的做法，而要针对地下水和其他各种水源的特点，根据现场的具体条件，确定综合的防水技术方法。

到目前为止，尽管在地下工程建设中都采取了一定的防水措施，但在实践中因防水失效而造成渗漏的情况仍大量存在。例如，日本在 1979 年时全国有铁路隧道 3819 条，其中发生漏水现象的有 2135 条，占总数的 56%，若以滑水隧道的延长千米计，则占 71%。据我国 1985 年统计数字，在已使用的铁路隧道中，漏水的有 1300 多条，占总数的 30%。我国在 20 世纪 60～70 年代建造了大量城市地下人防工程，限于当时的历史条件，有很多建成后即有漏水情况，严重的终年积水，已无法使用，即使再花费很大的人力、物力进行堵漏和补救，也较难达到正常的使用标准。影响地下工程防水质量的因素很多，主要有如下方面：

1）水文勘测资料不全面，没有掌握地下水的类型、形态和运动规律

这是最根本的原因，没有认清地下水的存在情况、运动规律和渗漏途径，设计时就不能针对出现渗漏的各种可能性采取可靠的防水措施。

2）制定的防水方案不完善，对设计方案考虑不周

（1）由于对地下水运动规律认识不足，导致工程防水标高确定不合理。

（2）勘察时地下水位低于工程埋置深度，因而设计未考虑防水措施或防水层高度按当时地下水位设计，工程建成后，由于生产用水和生活用水排放不当或管道漏水等各种原因造成地下水位上升，工程未设防或设防高度不够造成渗漏。

（3）采用的防水方案与使用条件及结构特点不相适应，如地下通廊的设计中，一般只取通廊的横断面计算，纵向均为构造配筋，因此，长达几十米甚至几百米的通廊刚度较差，采用混凝土防水时，虽然设置了变形缝，但混凝土仍出现环向裂缝而漏水。

（4）防水定额偏低，防水工程等级不清，设计中由于防水定额标准所限，工程造价偏低，选用的防水材料难以满足防水要求而造成渗漏。

（5）不能因地制宜地选择防水和堵漏方案，片面地采用全堵法或灌浆法，造成堵漏失败。

3）对钢筋混凝土结构自防水功能的认识片面

认为混凝土或钢筋混凝土是防水的，不了解它们是一种非均质性的材料，体内有许多大大小小的孔隙，通常是渗水的，只有从材料和施工两方面采取措施，提高混凝土的密实性，抑制或减少混凝土孔隙的生成，堵塞渗水通路，才能提高混凝土的抗渗能力；不了解混凝土的碳化将加速钢筋混凝土中钢筋的锈蚀，进而促使钢筋混凝土强度降低，产生各种裂缝导致渗漏；对混凝土耐久性的重要性认识片面，有时将之与强度混为一谈，其实，在水工或海工建筑中，耐久性比强度更为重要；对 1∶3 水泥砂浆和 1∶2.5 配比以上水泥砂

浆抗渗性认识不清，客观上 1∶3 水泥砂浆与 1∶2.5 配比以上的水泥砂浆除强度差外，1∶3水泥砂浆由于毛细孔能贯通要渗水，而 1∶2.5、1∶2 等水泥砂浆由于提高了砂浆的密实性，可少渗水或不渗水；对结构自防水和附加层防水各自作用认识不清，由于各自作用不能充分发挥，甚至互为依赖，造成严重渗水。

4）施工质量达不到要求

在防水混凝土工程中，由于施工质量不良造成渗漏水问题也十分突出，如浇灌混凝土不按防水混凝土配置原则设计施工，随意加水、漏震、混入杂物、绑钢筋穿透混凝土；混凝土养护不良，浇灌之后水分快速散失温差太高（超过 10℃）；施工缝留设及处理不当，有的甚至随意留设，后续施工不进行处理直接浇灌，形成渗水通道；有的是模板漏浆在变形缝或穿墙套管等部位的施工未认真将橡胶止水带、塑料止水带等进行定位，浇灌两侧混凝土时，任意碰撞，形成止水带扭曲倾斜、搭接不良、用钉固定而造成严重渗漏；施工工艺粗糙、质量低劣，蜂窝麻面严重，本体基层不能达到干燥、干净、平整和坚固，虽用高档防水材料，同样达不到杜绝渗漏之目的。

5）防水材料质量不高

近十几年来，我国的新型建筑防水材料获得了迅速发展，产量大幅度增加，新型材料已发展为包括改性沥青防水卷材、合成高分子防水卷材、建筑防水涂料、密封材料、堵漏和刚性防水材料等，基本上形成了门类基本齐全、档次配套的材料工业体系。但是真正解决地下工程防水的材料仍较少，特别是还没有实行统一的防水材料质量认证制度，有的经过省级认证的产品也达不到认证时的质量标准，劣质产品大量充斥市场，很多不合格的材料用于工程上，留下渗漏隐患，主要问题表现在如下方面：

（1）工作中将高强度等级混凝土和防水混凝土混淆，所以有的设计只标明混凝土强度等级，误认为这样就可防水，结果不少采用高强度等级的混凝土的地下工程出现渗漏现象。

（2）随着商品混凝土的推广应用，防水混凝土的配置原则很难得以实现，特别是泵送混凝土坍落度较大，水灰比往往超过限值，有的则以增加水泥用量的方法来满足大坍落度的要求，致使混凝土收缩增大，出现裂缝，造成渗漏。

（3）对原材料、拌合工艺、运输、浇筑等环节缺乏严格的质量管理与监控，造成工程渗漏。

（4）对新型防水材料的性能、作用、任何应用认识不清，对混凝土及钢筋在防水工程中的影响等认识不清，不管矿渣水泥还是普通硅酸盐水泥都机械地应用 UEA 复合膨胀剂、明巩石膨胀水泥、防水灵、无机铝盐防水剂、减水剂及防冻剂、促凝剂等，施工养护仍按传统施工工艺，未能取得预期效果。

（5）使用与碱反应的骨料，碱及硅胶吸水膨胀；混入海砂或海水，使混凝土产生发射状裂纹或从混凝土内部产生龟甲状发射状裂纹造成渗漏。

8.3.3 地下工程防水等级与基本要求

1. 地下工程的防水等级

地下工程的防水等级，按围护结构允许渗漏量划分为四级，如表 8-3 所示。

地下工程防水等级 表 8-3

防水等级	标准
一级	不允许渗水，圈护结构无湿渍
二级	不允许漏水，围护结构有少量偶见的湿渍
三级	有少量漏水点，不得有线流和漏泥沙，每昼夜漏水量小于 0.5L/m^2
四级	有漏水点，不得有线流和漏泥沙，每昼夜漏水量小于 2L/m^2

地下工程的防水等级，应根据工程的重要性和使用中对防水的要求确定。地下工程的防水等级亦可按工程或组成单元划分。对防潮要求较高的工程，除应按一级防水等级外，还应采取相应的防潮措施，如表 8-4 所示。

各类地下工程的防水等级 表 8-4

防水等级	工程名称
一级	医院、餐厅、旅馆、影剧院、商场、冷库、粮库、金库、档案库、通信工程、计算机房、电站控制室、配电室、防水要求较高的生产车间、指挥工程、武器弹药库、防水要求较高的掩蔽部、铁路旅客站台、行李房、地铁车站、城市人行地道
二级	一般生产车间、空调机房、发电机房、燃料库、一般人员掩蔽部、电气化铁路隧道、寒冷地区铁路隧道、地铁运行区间隧道、城市公路隧道、水泵房
三级	电缆隧道、水下隧道、非电气化铁路隧道、一般公路隧道
四级	取水隧道、污水排放隧道、人防疏散干道、涵洞

建筑防水划分等级，体现了重要工程和一般工程的区别、耐用年限的不同和防水可靠性保证率的不同，因此，设防层次、选用材料的性能和造价都有所区别，这样使建筑防水工程设计更趋合理。

2. 地下工程防水的基本要求

为了保证地下工程的防水质量，除合理确定地下水的设计水位之外，还应从工程位置选择、总平面布置、建筑防水、结构设计和施工方法等方面进行全面考虑，为建筑防水创造有利条件。从防水的角度分析，地下工程的基本要求如下：

1）在工程位置选择和总平面布置中的基本要求

应避开地质构造比较复杂的地带，如岩石的断裂和破碎带、土层中的含承压水粉砂层等；选择地势较高的地形，使地下工程的埋置深度既符合使用要求，又能处于设计地下水位之上，以简化防水措施；避开地面上容易积水的低洼地形，否则应组织好地面的排水系统；与地下埋设的供水排水管道（特别是干管）保持适当的距离，同时应避开热力管道，因为防水用的沥青高于 40℃会软化；避开地下水严重污染或地下水的水质对结构有腐蚀作用的地段，同时避开地面上有较强震动的地区。

2）确定建筑设计方案时的基本要求

建筑的外形尽量整齐简单，减少凹凸部位；岩石中的地下工程，主要洞室的地面标高应略高于洞口外的地面标高，以便组织有效的排水系统；附建式的地下工程，应尽量与上部建筑的面积一致，避免不均匀的结构荷载；对于防水的薄弱环节，如变形缝、穿墙管、构、坑等，应从建筑布置上为加强防水措施创造条件。

3）结构设计时的基本要求

在选择结构形式时，应有利于防水构造和防水施工，当顶部采用空间结构时，如连续的壳体、幕式屋盖等，应防止在凹陷部位积水；按照地下水在设计水位时的静水压力，保证结构有足够的强度和刚度，防止裂缝，当遇到承压水时，则更应慎重，同时应防止地下工程因受水的浮力而丧失稳定，使防水构造受到破坏；应防止地下工程发生不均匀沉降，以避免因结构开裂导致防水构造破坏，必要时应设沉降缝，过长的地下工程应考虑适当设温度伸缩缝，预制装配的结构，应解决好拼装缝的防水问题。

4）施工的基本要求

防水构造的施工应严格按操作规程进行；在主体结构和防水构造完工后，应及时回填，回填土应分层用机械夯实，不能用水冲法回填。如果在雨季之前不能回填，应在基坑周围砌临时挡水墙，防止地面雨水大量灌入；岩石中地下工程的衬砌需要回填时，应有足够的操作空间，以保证回填质量；应减少热沥青的使用，必须使用时，应具备适当的操作条件；所有排水用的明沟、盲沟、天沟、滤层等，施工后均应清理，以防因堵塞而失效。

8.3.4 地下工程防水技术与方法

1. 地下工程防水易存在的主要问题

根据工程结构需要，目前所修建的地下工程多用钢筋混凝土作为围护结构，在设计和施工中都强调做好结构自防水，并在设计中明确提出混凝土抗渗等级要求，但在现实中却难以做到，这主要是存在以下方面的问题：

（1）片面强调混凝土的抗压强度和抗渗等级，而忽略了防止混凝土产生裂缝的各种措施，通常表现为混凝土强度等级和抗渗等级越高，单位水泥用量越多，水化热增高，混凝土收缩量加大，从而导致混凝土裂缝产生，破坏了混凝土结构自防水的完整性。

（2）混凝土质量欠佳，导致地下工程底板和墙体的混凝土不密实，成为渗漏水孔道，对混凝土结构变形缝处理不当导致渗漏水。大量实践证明，单靠设置橡胶止水带处理变形缝很难达到密封防水，常常在变形缝处产生渗漏水。有的工程，对变形缝虽采取多道防水措施，但由于施工不严谨，质量无保证，则仍然产生渗漏水，如北京地铁西单车站西南出入口所设的三条变形缝，设计为七道防水措施，由于施工质量等原因，于 1995 年 7 月皆产生渗漏水。

（3）在含水松软地层中及建筑物、构筑物密集地区构筑地下工程或高层建筑的深基础工程，常用地下连续墙作围护结构或基础，但由于墙面粗糙，故对使用要求标准较高的地下工程，还须作二次衬砌，紧贴连续墙内壁再模筑一定厚度的混凝土，但在地下连续墙施工中，由于挖掘深度不够，接头平面错位、渗水通道短、接头处理欠佳、新老混凝土接合不好，或者是由于浇筑地下连续墙混凝土时，有土体塌落，裹于混凝土内，则使墙体形成孔洞，刚性接头未除掉钢筋间的固化物、悬浮物，或者是由于地下水透过外侧混凝土沿地下连续墙内预埋钢支撑基座金属渗入墙内等原因，导致渗漏水。

（4）高层建筑采用桩基或箱基时，当桩柱穿过底板钢筋混凝土时，由于未采取加强措施，底板防水层不连续，以及桩柱四周混凝土不密实等原因，地下水沿桩柱根渗入底板内。

（5）外贴卷材防水层因选材不当，基面处理不好、拐角处未加强等原因，导致防水层失效而产生渗漏。

（6）当采用涂料类材料做外涂防水层时，由于基面欠平整、含水率高或基面不洁净，涂刷防水涂料，涂料防水层与基层形成两层“皮”或造成涂膜厚薄不均，有的甚至形成砂眼，从而使防水层失效而渗漏。

（7）穿墙管施工不符合要求，管根处混凝土不密实，又未采取加强措施，故导致穿墙管处渗漏水。

2. 地下工程防水的基本原则

（1）地下工程防水设计与施工要符合技术先进、经济合理、安全可靠、确保质量的要求，根据工程具体情况制定防水措施。

（2）地下工程的防水有全封闭型和排水型，根据工程特点和使用要求，为确保防水可靠、不渗不漏，其总原则是：以防为主、多道设防、防排结合、刚柔结合、选材恰当、经济合理、因地制宜、综合整治。

（3）当采用钢筋混凝土做围护结构时，应强调做好结构自防水，并采用防水混凝土，抗渗等级根据工程具体情况确定。

（4）双结构变形缝、施工缝、穿墙管等特殊部位要采取措施加强。

（5）选用的防水材料及措施，要具有良好的防水性能、物理力学性能及耐酸碱特性。防水施工工艺要保证防水层具有连续整体密封性。

（6）为保证防水施工质量，地下工程防水施工（含现浇防水混凝土施工）期间要做好防排水工作，应做到在无水条件下进行防水施工。

3. 地下工程防水的基本方法

由于地下工程所处位置的不同，所遇到的地下水的类型和埋藏条件也不相同，因此，必须针对地下水存在的特点，采取相应的防水措施，其主要方法有隔水、排水、堵水等几种，可根据情况单独使用，也可以几种措施综合使用。

1）隔水

隔水是利用不透水材料或弱透水材料，将地下水（包括无压水、承压水、毛细水等）隔绝在建筑空间之外。隔水可以通过外加的防水层起作用，也可以利用结构的自防水。

地下工程多在迎水面设置防水水泥砂浆防水层、卷材防水层或涂料防水层等，其目的是补偿增强结构的自防水，作为一道重要的防水线。目前，国内地下工程附加防水层常用的卷材防水层为SBS改性沥青防水卷材（北京地区），涂膜胶防水层为焦油聚氨酯涂膜胶及聚合物水泥防水砂浆等。

混凝土结构自防水的关键是施工时必须确保混凝土密实及控制混凝土不产生裂缝，普通防水混凝土存在收缩开裂现象，因此最近研制开发了补偿收缩混凝土，它是在水泥中掺入膨胀剂或采用膨胀水泥拌制而成。目前北京地区地下工程混凝土结构自防水采用的补偿收缩混凝土，是在混凝土中掺入具有使混凝土抗裂、防渗功能的外加剂，常用的有防裂型FS防水剂、U型膨胀剂等。实践证明，掺加上述外加剂的防水混凝土可以达到比较理想的抗裂、防渗效果，同时，以加强带取代温度伸缩缝，可以实现连续浇筑百米以上的地下工程结构混凝土，减少了混凝土接缝，有利于防渗漏。图8-7是采用结构自防水的地下工程剖面。

“北京地铁复八线”工程隧道和车站皆采用复合式衬砌结构，由初期支护＋防水层＋二次衬砌模筑防水混凝土。防水层选用柔性高分子树脂防水片材（如EVA，ECB或

LDPE等），基于防水片材性能优越和施工工艺先进的优点，能做到防水层整体连续密封性，因而取得了良好的防水效果，已建成的天安门东站、永安里车站均采用盖挖逆作法修建，防水层采用EVA膜（厚0.8mm），虽然地下水位较高，车站主体无渗漏水，北京地铁天安门东站防水设计如图8-8所示。

2）排水

排水是建筑防水措施之一是将水在渗漏进建筑物内部之前加以疏导和排除，包括地表水的排除、人工降低地下水位和将水引入建筑物后再有组织地排走等几种做法。该类防水措施的主要特点是解除了水量较大的重力水对地面建筑的直接威胁，卸掉了这些水的静水压力，对于承压水的防治效果尤为有效。

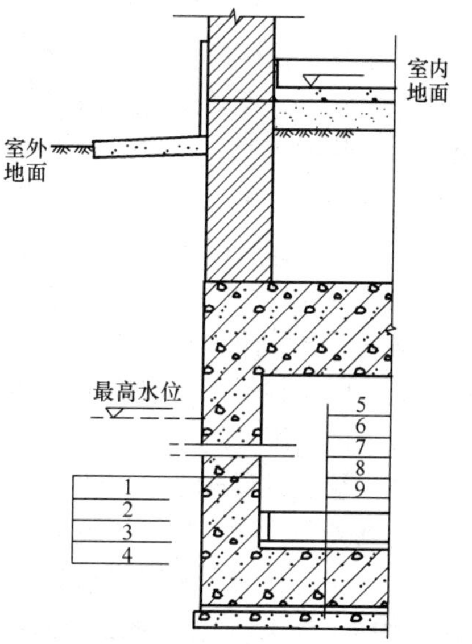

图8-7 地下工程的结构自防水构造

1-内抹灰；2-防水混凝土；3-防水抹面；4-灰土；5-地面；6-防火混凝土；7-热沥青涂层

3）堵水

堵水有两个含义，一是指向岩土体内注入防水材料，堵塞水流通路而形成一个隔水层，又称注浆止水；另一个含义是指当防水结构和防水构造受到破坏而渗漏水时，向破坏处（孔隙、裂隙等）及其附近注入防水材料，起修复作用，又称堵漏。注浆适用于大面积堵水，使用的材料主要是硅酸盐类和树脂类两种，用于局部堵漏的材料很多，目前常用的有氰凝、丙凝、水溶性聚氨酯等。

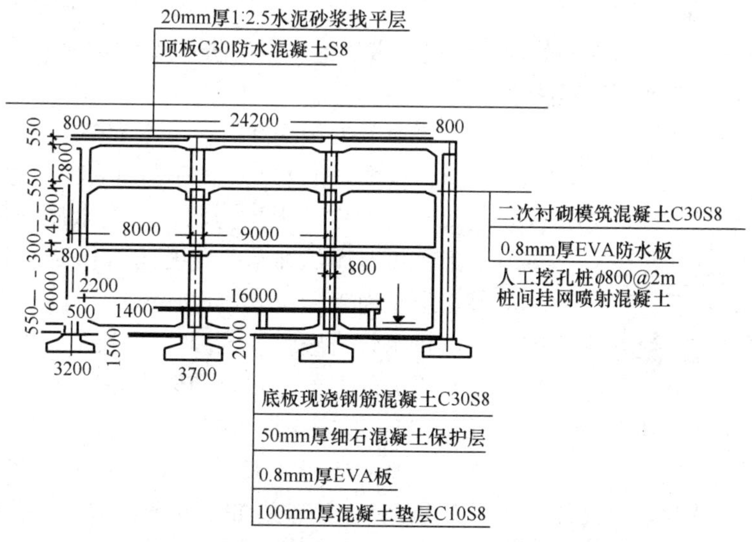

图8-8 北京地铁天安门东站防水设计（据崔玖江，1996）

4）特殊部位的防水处理方法

地下工程的特殊部位，如变形缝、施工缝、穿墙管等是防水工程的重点和难点，在地下工程防水中应特别引起注意。

变形缝应满足密封防水，适应变形、施工方便等要求。变形缝的形式通常有：嵌缝式、粘贴式（粘贴橡胶片）、埋入式、附贴式（分内外附贴两种）。实践证明，这几种形式变形缝均不十分理想。“北京地铁复八线”工程采用了复合式橡胶止水带处理变形缝，效果很好。其做法如下：首先在变形缝部位、现浇混凝土中间部位埋入橡胶止水带；然后，再在缝端部位应用双组分聚硫橡胶嵌缝，由液态聚硫橡胶与金属氧化物配制而成的双组份聚硫密封胶可在室温条件下固化为弹性体，其剥离强度不小于0.4MPa，扯断强度不小于0.5MPa，扯断伸长率不小于300%，这相当于作了一条嵌缝式止水带；最后，在预留槽内涂抹焦油氨酯防水胶，加一层涤纶布，这相当于作了一条粘贴式止水带。这样将埋入、嵌缝、粘贴三种形式变形缝止水带做法组合在一起，形成了三道防线，因而防水的可靠性有了很大的提高。

施工缝也是混凝土结构防水的薄弱部位，如处理不当，极易产生渗漏水。施工缝宜留在结构物受剪力较小且便于施工的部位，施工缝的形式通常有平直缝、阶梯缝、凸缝、凹缝四种，也有在缝中预埋遇水膨胀橡胶止水带或膨胀土橡胶止水带等。为保证施工缝不渗不漏和易于施工，“北京地铁复八线”工程采用平直缝形式，并在缝中间铺钉一条复合型橡胶止水条，即用氯丁橡胶与遇水膨胀橡胶复合在一起，氯丁橡胶强度较高，弹性较好而起支撑作用，遇水膨胀橡胶遇水时产生膨胀，从而其起到止水的作用。

地下工程各种穿墙管众多，防水的薄弱部位处理不当，则易把地下水引入工程内部。穿墙管防水的方法主要有两种：一是在穿墙管中间缠绕一圈遇水膨胀橡胶止水条，并在管根部嵌填双组分聚硫橡胶；二是在穿墙管与墙之间的间隙喷射聚氨酯（PU）发泡填料，该发泡填料用前是液态，喷射于间隙后便发泡，膨胀达45倍，这种方法操作简单，效果好。

4. 地下工程防水技术与措施

1）土层中的地下工程防水技术

土层中地下工程的防水要分别做好包气带和饱水带的防水问题。

（1）包气带中的地下工程防水

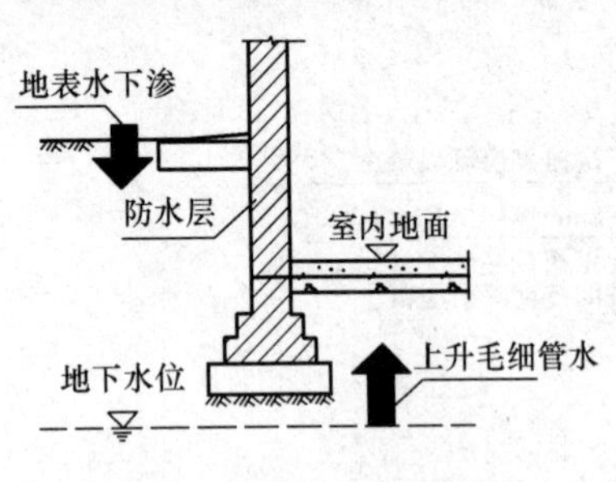

图8-9 包气带中地下工程与地下水的关系

当地下工程浅埋时，一般布置在稳定的地下水位以上，这样，地下工程处于包气带中。过去一般认为，包气带中的土体无重力水，没有水压作用，因此，地下工程仅考虑毛细水、气态水等做防潮处理即可。但是，由于地表径流或地面积水的下渗，以及地下大型供、排水管道破裂等原因，在建筑物周围形成有一定静水压力的上层滞水，使防潮措施失效，而出现渗漏（图8-9）。我国城市早期一些人防工程之所以普遍渗漏水，除施工质量不良外，主要是因为忽略了这一点。童林旭（1994）认为，包气带中地下工程的防水应注意如下问题：防止地面水下渗，切断重力水水源；防止与排除地下工程屋顶滞水；认真进行防水构造的细部处理，选用抗渗性好的材料进行分层夯实；重视回填层的作用。

（2）饱水带中地下工程的防水

在饱水带中的地下工程，长时间处于水的浸泡和静水压力的作用之下，如遇到流动的承压水，还要受到水的冲蚀，因此，要做到完全防水是相当困难的，必须采取多道屏障的综合措施。

饱水带中地下工程的防水应注意如下问题：当地下工程处于有压重力水带中时，对防水十分不利，一般的单体地下工程在选址时应尽量避开；当地下工程采用地下连续墙法施工时，可主要依靠结构自防水；明挖法施工的地下工程，在施工过程中要用人工井点降水法将基坑内的水疏干，这样可在较好的劳动条件下进行防水结构和构造的施工；当采取多种措施后仍有少量渗漏，或当建筑特别重要，防水标准要求很高时，可采用在结构层内加套层的方法，将掺入的少量液态与气态水完全与室内空间隔绝，使建筑防水达到绝对可靠的程度（图 8-10），但该方法会占用室内有效的使用面积和空间，提高了整个建筑的造价，使用须严格控制。

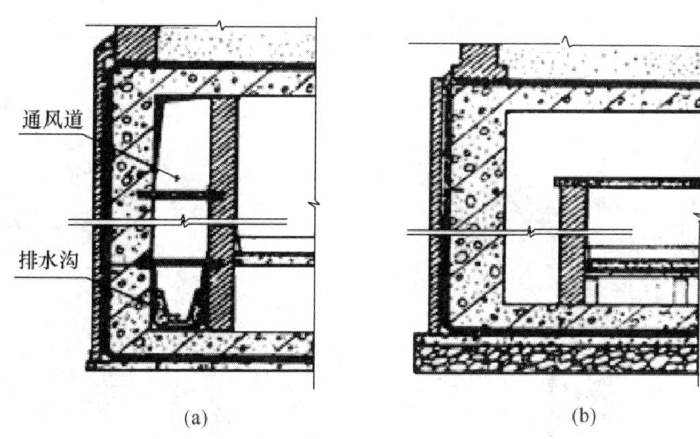

图 8-10　高标准防水防潮综合措施（据童林旭，1994）

（a）夹墙排水兼做通风道；（b）架空套层

2）岩层中的地下工程防水技术

岩层中的地下工程，是在岩石中开挖成比所需的建筑容积略大的空间，一般称之为毛洞，后沿毛洞表面进行衬砌，形成建筑空间。毛洞表面对于不论哪种形态和类型的地下水，都是一个存在和转移的界面。因此，衬砌结构的形式，衬砌与毛洞岩壁的关系，直接影响到建筑防水措施的做法。从原则上看，防水措施有隔水、排水、堵水等几种形式，但在具体使用时，必须结合上述特点，才能取得应有的防水效果。

早期的铁路和公路隧道以及工业建筑和贮库等，采用贴壁衬砌较多，贴壁衬砌的防水较有效的做法是在回填层中均匀设置一些疏水带，在疏水带内以干砌块分代替浆砌，使岩壁渗出的水集中到疏水带中，通过底部的排沟排走（图 8-11）。近年来，贴壁衬砌

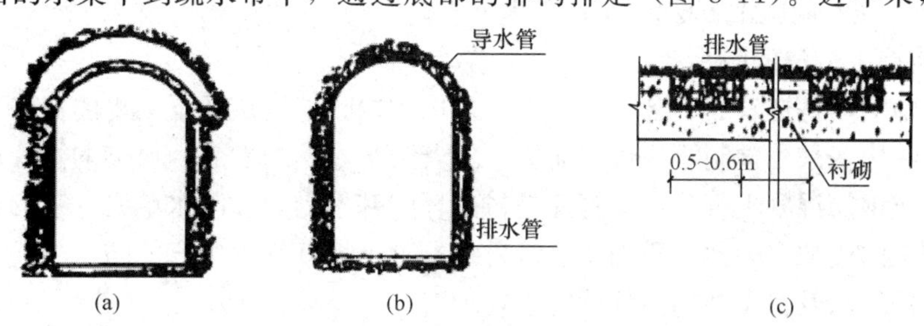

图 8-11　贴壁衬砌的疏水和排水做法

（a）侧墙贴壁顶拱离地；（b）全贴壁；（c）排水带平面放大

已逐渐被喷射混凝土衬砌所替代，其防水做法是在岩壁上的渗水和涌水点预先做好空腔导水管，国内常用铁丝绕成直径 50mm 的弹簧圈，外面包一层窗纱，沿渗水裂隙暂时固定在岩壁上，喷射混凝土后导水和排水效果较好，与现浇混凝土贴壁衬砌中留空腔的做法相似。

在岩石较完整，岩壁侧压力较小的情况下，常采用离壁式衬砌，比贴壁衬砌较容易解决防水问题。离壁式衬砌的防水，应回填时在拱脚处流出天沟，通过预埋在顶拱内的排水管将渗漏水排到壁外夹层中，经下部的排水沟排走（图 8-12）。图 8-13 是采用喷射混凝土贴壁衬砌、轻型衬套和架空地板的岩层中地下工程典型剖面，是目前所能达到的综合防水较高标准。

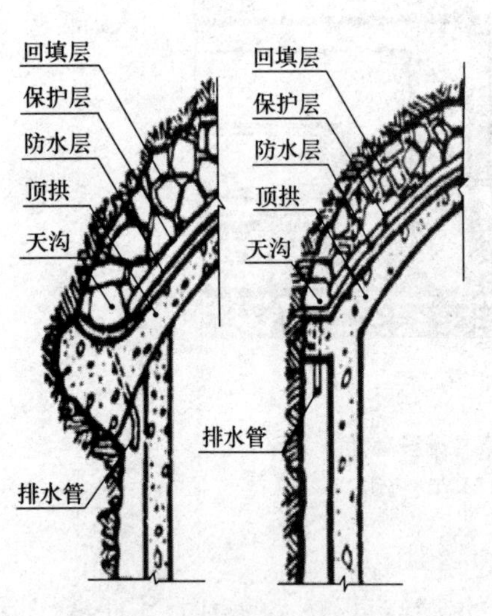

图 8-12 离壁衬砌顶拱排水做法
（据王作垣等，1982）

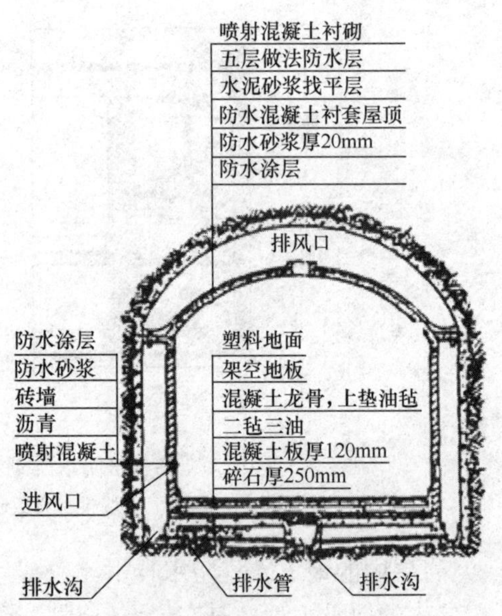

图 8-13 岩层中地下工程高标准防水综合做法（剖面）
（据童林旭，1978）

在美国，一般认为地下工程的防水需设三道互相配合的屏障：合理进行总平面布置和绿化设计，限制可控制水源；密实回填并做好排水系统，以防止未预料到的湿源；最后一道防水层是进行隔水。

5. 地下工程不同施工方法的防水要点

1）盾构施工方法的防水要点

盾构法施工，是在软弱、含水地层中，采取盾构暗挖构筑地下工程的一种新技术。该施工方法的结构多采用预制管片拼装而成，随着防水技术的发展，衬砌的管片逐步从钢或铸铁，演变成钢筋混凝土管片。该管片是衬砌环的基本受力和防水单元，它的构筑质量决定盾构法施工的成败。因此，盾构法防水要点是重点抓好管片本身的防水、管片接缝的防水、螺栓孔的防水及衬砌结构内外的防水处理。

钢筋混凝土管片（图 8-14）一般为 300～1200mm，其中以 750～900mm 者居多，管片的基本要求是在施工阶段和使用阶段不开裂漏水，在特殊荷载作用下，接头不产生脆性破坏而导致渗漏。为此管片要用防水混凝土、聚合混凝土或浸渍混凝土制作，以保证管片本身具有较高强度和高抗渗指标，外表面涂刷防水涂料，以提高管片的防水效果。

装配式钢筋混凝土管片接缝是防水的薄弱环节，极容易产生漏水和渗水现象。因此，要提高管片的制作精度（如采用钢模），要解决好管片的结构和嵌缝材料。接缝防水材料是很重要的，应保证在设计水压下不漏水，能承受盾构千斤顶的推力、压注防水材料的压力、拧螺栓时的扭力、土压力和自重所产生的衬砌结构的内力，并且要有足够的黏结力、流动性、耐久性和稳定性，并有一定的弹性。目前常用的是采用一种特制的弹性密封垫防水。根据密封垫的部位分为接缝防水密封垫、承压传力衬垫和防水嵌料三部分。

管片拼装后，还有可能从螺栓孔产生渗漏水，防止措施是：在环纵面的螺孔外设一浅沟槽，上置防水密封圈；在肋腔内的螺栓孔中，放一锥形倒角垫圈，拧紧螺帽，弹性倒锥形垫圈被挤入螺栓孔和螺栓四周，达到止水；在螺纹末端放入弹性垫圈，拧紧螺帽，弹性体被压实止水；在螺帽外加止水铝罩防止水从螺栓孔渗入（图 8-15）。

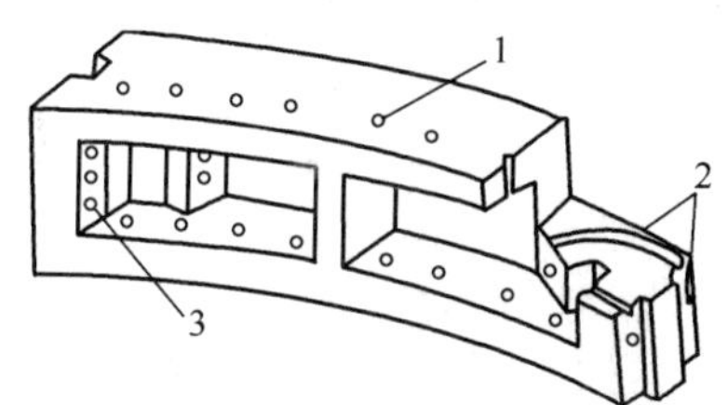

图 8-14 钢筋混凝土管片

1-纵向螺栓孔；2-弯螺栓孔；3-横向螺栓孔

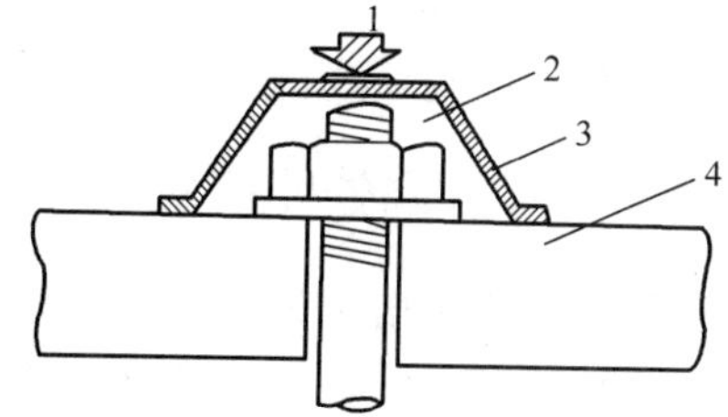

图 8-15 螺栓孔的防水

1-加压；2-嵌缝材料；3-止水铝罩壳；4-管片

管片设计阶段，须在接缝部位预留注浆孔，如拼装后发现渗漏，可从预留孔中注浆堵水，如图 8-16 所示。

拼装完毕后，在工程趋于稳定的情况下，在衬砌内外进行防水处理，具体方法：设置内衬套、设置防水槽、衬砌外注浆防水。

2）沉井工程的防水要点

沉井工程早期主要用来构筑地道的垂直出入口，现已逐步发展为大型沉井作为地下工程的主体，尤其在建筑物密集的市区、存在砂土或淤泥地层的地区，沉井工程更有广泛的应用前景。

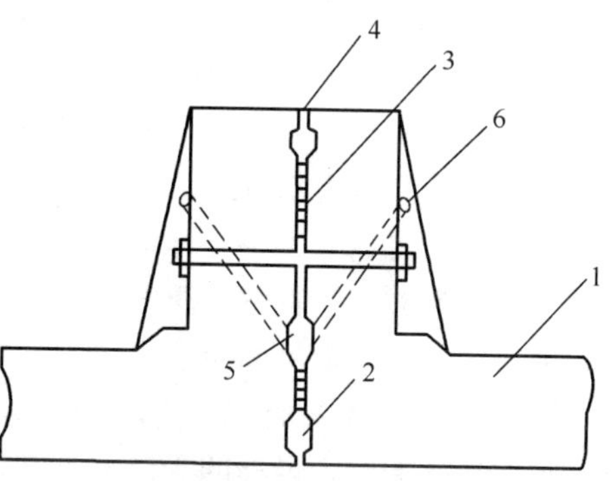

图 8-16 注浆沟槽

1-管片；2-橡胶密封垫；3-承压垫板；4-嵌缝槽；5-预留注浆沟槽；6-预固注浆管

为了使沉井工程达到一定的防水要求，施工中应注意如下几点：井壁的结构要满足防水要求；沉井下沉中要避免井壁开裂而渗水；沉井穿过含水层到不透水层要做好封水工作；处理好沉井接缝防水；做好封底防水。

沉井作为穿过含水层在不透水层中构筑深层地道的出入口时，必须做好封水工作，防止含水层中的水沿井壁渗入底层地道中，沉井封水有两种措施：套井法和注浆防水法。套井法适用于表土层及含水层不太厚的情况；注浆法适用于含水层较厚的情况，但注浆需机械设备。

3）喷射混凝土的防水要点

喷射混凝土施工法不同于普通混凝土，它是以 50～100m/s 的高速度将混凝土的拌合物喷射到围岩表面，以形成密实的混凝土衬砌层。喷射混凝土与锚杆联合支护，不仅是安全可靠的支护形式，也是在岩层中构筑地下工程最为优越衬砌形式。喷射混凝土要作为永久衬砌就必须解决防水问题，这是防水作业中有待解决的新课题。

该种结构的防水方案有：做好喷射混凝土的自防水、处理好围岩淋水问题、搞好锚杆孔的防水处理。喷射混凝土的自防水措施是：采用水泥裹砂法或砂子预湿工艺，使砂、石成为互不接触的隔离体；掺加外加剂，如明矾石膨胀剂、减水剂、早强剂、速凝剂；多层喷射，确保厚度；选择大功率甩射机，甩射防水混凝土。坚硬岩石淋水很小，渗水压力不大时，可直接往围岩上喷射混凝土；围岩淋水较大，无法实施直喷法时，可先导后喷；对漏水量较大的破碎围岩，应先进行作业面预注浆，再喷射混凝土。锚杆孔无渗漏时，可直接用 1∶1～1∶2 的高强度等级水泥砂浆填塞；有渗漏时，应先注浆封水，浆液最好选用黏度小、强度低的丙凝浆液。

8.3.5 地下工程渗漏处理技术

地下防水工程中，由于设计不当、构造处理欠周、选材不良、施工质量不好，以及地基下沉、地震灾害等原因，特别是对地下水的活动规律认识不清，以致使已竣工的工程出现渗漏。防水工程一旦出现渗漏，不仅影响正常使用，而且影响建筑物的寿命，因此，做好地下工程的渗漏处理十分重要。

1. 地下工程渗漏处理的基本原则

对于地下工程的渗漏水，采用单一的治理措施，往往难以奏效，必须将渗水和漏水部位视为一个整体，既要考虑其个性，又要考虑到相互联系，从整体上来设计治理方案。康宁（1998）等研究认为，地下工程渗漏处理应遵循的基本原则为：

（1）刚柔结合，多道设防，这样可以最大限度保证防水工程的施工质量。

（2）引水泄压，大面积止水，封堵漏水，处理口部等防水薄弱部位。这种施工程序符合混凝土多孔介质内水流运动的规律，变被动为主动。

（3）选材得当，方法合理，工艺先进，这是防水施工的关键。

（4）设计方案应具备广泛的适应性，相配套的技术措施、施工程序具有可行性和先进性，可通用于一般常见的渗漏水工程，以达到规范化的要求。

2. 地下工程渗漏的综合治理方案

根据上述原则，最佳的为治理方案，即疏通漏水孔洞，引水泄压，在分散低压力渗水基面上喷涂速凝材料，以创造无渗水壁面，然后涂抹刚、柔防水材料，最后封堵引水孔洞。其施工程序是：材料选择→大漏引水→小漏止水→喷涂封水→柔性防水→刚性水→注浆堵水。

（1）材料选择，防水工程选择合理的防水材料至关重要，否则将达不到预期的效果。渗漏处理常用的防水材料及适用范围见表 8-5。

地下工程渗漏处理常用的防水材料及适用范围 表 8-5

防水材料类型	适用范围
涂料类防水材料	治理的渗漏结构面不规整，如阴阳角、穿墙管、预埋件或有特殊要求的直墙面或底板，优先使用聚氨酯防水涂料和高效防水涂料
嵌缝防水材料	治理的渗漏部位有变形要求（沉降缝、变形缝和施工缝），或有特殊要求的部位（如受振动影响的机座、预埋件等），并优先选择遇水膨胀性嵌缝材料和氯磺化聚乙烯密封膏等
防水抹面材料	渗漏部位的结构面规整且无特殊要求，并优先选择 BR 型防水剂防水砂浆和阳离子氯丁胶乳防水砂浆
注浆材料	集中漏水孔，其漏水量超过 60mL/min 或漏水量在 30～60mL/min 之间的大面积防水，其中水玻璃类注浆材料较好
速凝胶浆	当集中漏水孔的漏水量在 30～60mL/min 之间，只需作临时止水处理的部位，并宜选用复合堵漏剂、防水堵漏粉和五矾速凝防水剂等

（2）大漏引水，大漏是指一个孔的漏水量超过 60mL/min，多数情况采用注浆封水。为给整个渗漏基面创造卸压条件，这时可采用埋管引水、固结材料使用速凝水泥胶浆，埋好引水管后，可用吸球反复吸数次，以使渗漏水通道保持畅通。

（3）小漏止水，小漏是指一个孔的漏水量在 30～60mL/min 之间，而且这类漏水孔的数量较多。处理措施：可在下道工序（喷涂封水）前 2 小时用“快硬水泥胶泥”直接封堵，由于喷涂工艺是大面积喷涂速凝防水材料，因而直接封堵时不需要剔槽凿孔，只需将漏水孔冲洗干净即可。速凝灰浆堵漏法是“小漏止水”工序中常用的方法。根据渗漏水和渗漏部位的不同，用速凝灰浆堵漏有直接堵漏法、下管堵漏法、木楔堵漏法、盒套堵漏法和铁皮堵漏法等。

（4）喷涂封水，适用于当每平方米每分钟的渗水量在 250mL 以下，并且在这一范围内的最大渗漏水眼的渗水量不大于 30mL/min 的渗水基面的情况，可在 1～2s 内凝胶。对于微量渗水，采用其他防水涂料和抹面材料均可获得满意的效果。

（5）柔性防水，经上述方法处理后的渗漏水基面，对防震、防变形有一定要求，或者属基面不规整等情况，就需要设置一道柔性防水层。

（6）刚性防水，经过前四道工序处理过的基面，对其中不须设置柔性防水层的地段，则可直接做刚性防水层，涂抹防水砂浆刚性防水层时，要求基面不得有渗漏。

（7）注浆堵漏，注浆防水层做好后，经 3～5 天的观察，确认没有渗漏现象后，则可进行最后一道注浆工序，其目的是将集束性流动水堵住，并将浆液注入所有的渗漏水通道（指壁内注浆）。一般采用的注浆方法有丙凝灌浆堵漏、聚氨酯灌浆堵漏和压注水泥浆堵漏等，采用哪种方法，要视地层条件、结构特点、渗水部位、浆液材料和机具设备情况而决定。

经过上述七道工序后，整个防水作业即可结束，施工中各工序不能颠倒，若其中某些工序不需要实施，可直接免掉，将下一道工序提前，但彼此的衔接顺序仍然未变。

对于大面积微量渗水的处理方法为喷涂工艺，由于该法使用的是速凝浆液，因而解决了防水材料无法在渗水基面上形成防水层的问题。其基本工艺流程是：在两个不承压浆桶内盛入不同的浆液，由两台耐腐泵独立送至喷枪（或称混合器）的两个浆液连通管上，进入连通管的浆液在受到压缩空气高速射流的作用下，快速进行浆液混合器，再经过多孔金属片的作用，混合浆液呈较佳的紊流状态，使浆液混合充分，反应完全，浆液最后经喷嘴呈雾状喷至基面，当与基面充分接触后，瞬间凝胶，这样在渗水基面上形成一层防水薄膜。浆液的搅拌是通过安置在耐腐蚀泵上的回浆阀循环作用来实现的。

8.4 城市地下工程防潮与除湿技术

水对地下工程的影响，除漏水、渗水外，还有潮湿。潮湿不仅影响人们生活和工作环境，也影响地下工程的使用寿命和使用质量。

潮湿，一般是指相对湿度大于75%的空气。防潮除湿是地下工程建设的一个关键问题，不少地下工程由于防潮防水处理不当，出现渗漏水、结露、潮气大，影响人们的正常生活和工作，降低工作效率，物品生锈、发霉、变质、质量下降等，直接影响地下工程的合理使用。因此，搞好地下工程的防潮除湿，使工程时刻处于良好的使用状态，具有十分重要的意义。

防潮除湿是防止微量水和气态水进入地下工程，并设法创造一个相对湿度在75%以下的空气环境所采取的一系列技术措施。下面在分析地下工程潮湿原因的基础上，分别研究地下工程防潮和除湿的技术措施。

8.4.1 地下工程潮湿的原因

1. 地下工程潮湿的原因

1）壁面散湿

壁面散湿的原因主要是施工水分、地下水通过被覆层渗漏以及被覆层外的湿空气通过被覆层渗透。

（1）施工水分的散发。工程施工中被覆、砌墙、打筑地面都需要一定的水分，而这些水分的大部分在工程竣工后都会逐渐散发到洞室内部，造成洞室潮湿，使室内空气相对湿度在工程竣工后的头两年可高达95%左右。施工水分靠自然干燥，可持续2～3年，以后水分的散发会逐年减少，故施工余水的散发是竣工后2～3年内工程潮湿的主要原因。

（2）地下水通过被覆层渗漏。地下工程周围地下水通过重力作用通过岩体裂隙流到岩体与被覆层之间，在这种情况下，如果设计不合理或施工质量差，地下渗水就可能在岩体与被覆层间聚积起来，与洞室内部形成水位差，由于水位差的存在，产生的渗透压通过被覆层伸缩缝、施工缝、裂缝以及施工质量差的被覆层蜂窝麻面，和由于施工余水散发时灰浆体积收缩而出现毛细管渗漏到工程内部，浸湿壁面，流淌到地面，然后散发到空气中，造成工程潮湿。据测定，当衬砌厚20～30cm，相对湿度在70%以下时，1000m^2混凝土表面一昼夜渗水量为14～24kg。

（3）被覆层外湿空气对工程内部的渗透。被覆层两侧存在温差，甚至温度相等，只要两侧空气的水蒸气含量有明显差别（即水蒸气的分压力有显著差别），湿空气就会通过被覆层向地下工程内部渗透，而且是一个连续的过程。

（4）工程内砖砌隔墙的散湿。工程内部的隔墙大部分是砖砌体，它们有的采用水泥勾缝，有的采用水泥抹面，有的两种兼之（即一面勾缝、一面抹面）。砖砌体的施工水分一般比混凝土体的施工水分散发速度要快，这主要是砖体的毛细管丰富所至。当砖砌体的施工水分散发完毕后，它的潮湿主要是由于地面下的水分或潮气在砖砌体的毛细作用下吸湿，并通过砖砌体表面散发到洞室中去。通过实际观察，发现砖砌体的吸湿发生在潮湿季节，而干燥季节用坑外的干燥空气对工程通风换气，能排除砖砌体在潮湿季节吸收的水分。所以，砖砌体在有的工程内部是一个吸湿、散湿的循环过程，可对室内湿度起到一定的调节作用。

从上述分析可以看出，壁面散湿除工程的地质和水文情况、施工质量、施工水分和地下水渗漏直接影响其大小外，还与被覆层的结构形式、建筑材料、洞室空气的温（湿）度、地下工程内部通风换气次数、施工水分的影响等因素有关。

2）外界热湿空气进入地下工程

潮湿季节，洞室外面的热湿空气（即温度高、含湿量大的空气）会进入温度较低的地下工程，当接触到低于它的露点温度的壁面和洞室内的空气时，就会在壁面结露，使洞室空气潮湿。因此，当外界空气的含湿量大于工程内部时，进风就会给工程带进水分，使地下工程增湿，造成地下工程的潮湿。如一地下贮库工程开门发货 5h，外界温度 23.5℃，相对湿度 57%的空气侵入库内，使库内原温度 8.3℃、相对湿度 56%的空气，上升为相对湿度 90%，造成了洞库潮湿。

洞室外部热湿空气侵入地下工程内部的原因有两个：一是由于自然通风；二是由于机械通风未对空气进行降温减湿处理。在潮湿季节，虽然对一些工程采取了防止外界侵入工程内部的密闭措施，但由于有些工程的气密性差和人员的必要出入，外界热湿空气在热压、风压的作用下，也可能侵入工程内部。

3）敞开水面和潮湿表面的散湿

根据传湿原理，水分蒸发的过程就是水表面的水分子脱离水面进入空气的过程。只要敞开水面周围的空气没有达到饱和状态，水分就会蒸发。

水分蒸发量的大小（或蒸发速度的快慢），同水分和空气接触面的大小、周围空气的干燥程度、风速大小、气温高低都有很大的关系。一般敞开水面和潮湿地段（湿润的地面、墙壁）周围空气的温度越高、风速越大、空气越干燥，水分蒸发速度就愈快。由于水不断蒸发，紧贴水面总是存在着一层饱和空气层，它的水蒸气的分压力始终大于周围未饱和空气的水蒸气分压力，所以水蒸气不断地向周围空气中扩散，直到水分挥发完毕，或周围一定范围内的空气达到饱和状态为止。

4）人体散湿

人员在地下工程内活动、工作要呼吸、要出汗，所以人员在工程内也在不停地散湿。人体散湿量可按下式计算：

$$W = gn \tag{8-1}$$

式中 g——每人每小时的散湿量［g/(h・人)］；

n——进入地下工程内部的人数。

人体散湿和室内温度、人体所处的状态等因素有关，人体不同状态的散湿量如表 8-6 所示。

人体散湿量 表 8-6

室内温度（℃）	散湿量［g/(h·人)］			
	静止	轻型劳动	中型劳动	重型劳动
15	40	55	110	190
20	40	80	145	245
25	50	115	190	300
30	77	152	233	357
35	117	205	280	412

地下工程除以上潮湿的源头外，人员在工程内生活、工作还可以引起其他水分散发，如洗脸、吃饭、喝水、解手和鞋上带的水分等，其散湿量可按 30～40g/(h·人) 计。

2. 地下工程潮湿的危害

过高的相对湿度可以导致：钢铁及金属物体产生腐蚀；使具有特别吸湿性的材料变质；增强有害微生物的活动及繁殖。危害类型一般可分为：

1）腐蚀危害

在大气中发生的腐蚀主要是电化学腐蚀。由于绝对纯净的金属在大自然中存在很少，其本身无实际应用价值。通信系统以及航空系统的金属和电子产品涉及的金属大部分是合金，或者是人为掺入一些物质改变金属的特性来满足使用上的要求。不同物质的微观结构排列不同，内应力的存在，温度场不均匀，介质浓度不均匀等，引起其表面产生电位差，坑道内存在 CO_2、NO_2、NO 等气体，即在水分子作用下形成电介质，产生产品腐蚀。从氧浓差腐蚀可以看出：$O_2+4e^-+2H_2O \rightleftharpoons 4OH^-$。水分子的腐蚀作用是显而易见的。

2）具有特别吸湿性的材料变质

一些物质由于生产制造和储藏时技术要求不同，而要求有不同含水率。对绝大多数的易吸水物质可以承受和接受的相对湿度是 50%。

3）微生物引起破坏

带有破坏作用的微生物通常是霉菌、发酵真菌及其他类型的细菌。过高的相对湿度有助于微生物繁殖及增强其活动能力。但如果相对湿度低于 70%，霉菌的破坏就会大大减少。霉菌的破坏不仅仅意味着腐烂、散发霉烂气味，同时它还会破坏物质的物理和机械上的指标。

此外，地下工程潮湿还会危害人们的健康：

（1）呼吸道过敏症：过敏性疾病敏感者吸入霉菌即可引起呼吸道过敏症状，轻者出现鼻塞、流涕、打喷嚏症状，重者会呼吸困难，喘息不止。霉菌及其代谢产物通过各种渠道进入人体，还会引发过敏性支气管炎、支气管哮喘、花粉病、皮炎等，或使原有的过敏性疾病复发。

（2）心脑血管病：气压、气温、空气湿度等气象要素变化较大时，容易导致人体神经功能紊乱，血管收缩，血流受阻，血压上升，心肌耗氧量增大，心脏负荷加重，从而诱发心肌梗死、脑中风等心脑血管病，而潮湿更是增加了患上心脑血管病的风险。

（3）霉菌感染：温暖潮湿的环境有利于霉菌的生长繁殖，特别是原来在人体皮肤上处于“休业”状态的霉菌会“死灰复燃”，在脚趾等部位蔓延，引起皮肤癣病。脚癣如不及时治疗，还会向身体其他部位传染，变成体癣、股癣、手癣、花斑癣。研究表明，霉菌还会在人体内生长繁殖，引起霉菌性肺炎等病。

（4）睡眠质量下降：在潮湿环境下，细菌能够快速的滋生，睡眠环境如果很潮湿，会引起失眠多梦。而且睡眠状态下，人体抵抗力比较弱，这个时候更容易被细菌所侵害，引发更多的其他疾病。

（5）食物中毒：闷热潮湿的环境下，食物容易受污染而发霉变质，人吃了这种霉变的食物，可直接或间接地引起中毒，出现上吐下泻等症状。研究表明，如食用被黄曲霉素污染的食物，可致肝癌、胃癌等病。

（6）关节疼痛：气温多变，再加上空气中湿度大，易使风湿性关节炎、类风湿性关节炎的病情加重或恶化，还会使腰背劳损、扭伤、骨折处和手术切口等部位及邻近关节疼痛。

8.4.2 地下工程防潮技术与方法

地下工程的防潮就是想方设法控制、减小、杜绝一切工程潮湿的来源。工程防潮做好了，就控制了洞室潮湿的来源，洞室空气相对湿度上升就会缓慢，减小除湿的负担降低工程维护量，节约经费。

工程防潮，要从工程的勘察定点、设计、施工开始。工程勘察时，除了考虑工程的使用技术性能、防护能力、施工组织等因素外，还必须考虑防潮要求，例如，工程应选在岩石完整性好、裂隙少、无断层、避开大漏水点的地方，对工程上面的山体表面，尽量不要有大面积凹坑，以免雨后积水向下渗透等；工程设计时，对于洞口的朝向、内部建筑、结构、形式的布置和排水隔潮措施都要考虑周到；施工安装时，要严把质量关，特别是排水要畅通，防水处理要认真，混凝土捣固要密实，严格按设计要求和科学态度办事，以免竣工后给工程使用带来麻烦。地下工程防潮方法很多，下面重点论述已建工程的防潮方法。

1. 防止外界热湿空气自由侵入工程内部

对于平时使用的工程和平战结合的工程，潮湿季节要对进入工程的热湿空气进行冷却降湿处理，防止无组织地进风；对于一些不使用的工程和夏季不需要通风换气的工程，为防止潮湿季节洞外热湿空气侵入工程内部，主要措施是采取工程内部隔绝，使工程处于密闭状态。

1）平时不供人员出入的洞口密闭

有些工程有多个出入口，平时不供人员、物质出入或很少出入的，在潮湿季节要密闭，其具体方法是，在干湿过度季节到来之前，关闭洞口防护门、密闭门。为了提高密闭性能，可在防护门的门扇和门框的缝隙用黄油调制的滑石粉膏剂涂抹严密，使之不漏气；也可用融化的石蜡浸过的石棉绳顺着门扇和门框缝绕一圈，最后再刷一两遍石蜡液，冷却后，如同蜡封药丸一样，起到密封作用。

2）进、排风口和排烟口的密闭

在工程进、排风口和排烟口的防护设备以外，增设简易防潮密闭门，既可起密封作用，又便于在通风、排烟时开启，能长期使用。另外，工程头部通风管道上的密闭活门和给水排水管道上的阀门，在不使用的情况下，应全部处于关闭状态。

3）密闭段穿线管口的密封

工程头部密闭段的一切穿线（通信电缆线、电力电缆线）管口，应按要求用石棉沥青封堵，表面再用黄油抹平，也可以用市场上出售的“隔离密封胶泥”密封管口，施工比较方便。

4）建筑排水沟的密封

有密闭要求的地下工程的建筑排水沟都设置有水封井，但有的工程的建筑排水沟常年或季节性没水。为了使建筑排水沟无水的水封井起到水封作用，可在干湿过渡季节到来之前罐满水，但不得有严重渗漏，水封井灌水后要加盖封严。

5）人员出入口的密闭

对于人员、物质经常出入，洞口密闭门不得不经常打开，甚至人员、物质出入相当频繁的工程，在可能的情况下，要尽量少留或只留一个口供人员出入。所留人员出入口要避开夏季主导风向，选择标高较低的洞口，这对于工程密闭，防止造成穿堂风，减小空气由于热压、风压所引起的自然通风有很大好处。

根据实践经验，人员出入口密闭采用防潮密闭门和空气幕相结合的措施，是一种行之有效的方法。防潮密闭门是在潮湿季节工程密闭期间，设置在工程人员出入口的一种简易密闭门；空气幕是一种特殊的通风装置，它是利用特制的空气分布器喷出一定速度的幕状气流，借以封闭敞开的门洞，以减少或隔绝外界气流冲入。

2. 严格控制工程内部的水分散发

控制工程内部的水分散发，主要是处理好渗漏水和封闭敞开水面。

1）处理好渗漏水

地下工程的渗漏水，会造成地面积水、浸湿墙面，直接影响工程的使用。渗漏水散发到空气中，加大了空气的相对湿度，造成工程潮湿。所以，处理工程渗漏水也作为减少和杜绝洞内水分散发的一项重要措施。

地下工程的渗漏水形式各异，但处理的基本原则是一致的：在条件许可时，要“以排为主，以堵为辅”。无论是孔洞漏水、裂隙漏水，还是大面积渗漏水，处理时尽量把渗漏水的面积缩小，使大漏变小漏，缝漏变点漏，片漏变孔漏，为最后堵塞漏水点创造条件。

处理渗漏水的方法有排水堵漏法、水洞、缝填塞法、注浆堵漏法、建筑结构表面防水隔潮法等。处理渗漏水的方法很多，在处理时要因地制宜地选用。

2）封闭敞开水面

为控制工程内部的水分散发，要对工程内的敞开水面进行封闭。工程内的水库要加盖封严，检查孔应封闭或增设检查门密闭；泵房、卫生间的门要采用密闭措施，门扇装弹簧，使门经常处于关闭状态，以阻止房间的湿空气向周围扩散；规模不大的工程，平时可封闭内部厕所或只使用少数厕所，并严加管理；可能的情况下，平时尽量不在洞内做饭、烧水。

3. 地下工程内部的分区密闭

地下工程内部的分区密闭就是把工程内部的工作区和非工作区、高温区和低温区、潮湿区和干燥区，在不影响内部通风空调系统、气流组织和便于管理的基础上，在适当位置用防潮密闭门或其他隔离措施分区隔绝密闭起来，以防潮湿转移和扩散，这样既有利于防潮，又便于集中除湿。

进行工程内部分区密闭前，要首先对工程内部的温、湿状况进行调查和分析，隔绝密闭位置要适当，措施要得力。

4. 加强工程的维护管理

已竣工的地下工程，应有专人维护管理。在工程维护中，应根据工程的不同性质和特点，因地制宜地制定工程综合防潮除湿方案，根据不同季节，采取不同的措施。

干燥季节，要组织好工程的自然通风，并结合机械保养，组织机械通风，最大限度地干燥工程；严冬季节，要严防冻坏给水、排水管道和设备；干湿过渡季节，加强对洞室内外空气参数的测定，准确掌握工程开门通风驱湿和关门密闭的时机；潮湿季节，工程维护的主要任务就是防潮除湿，以保证正常使用的空气条件，并尽量少安排工程的施工，不进行带水作业，大量的施工任务可安排在干燥季节；夏季，要避免工程的无组织进风。

5. 地下工程的封闭防潮

地下工程的封闭防潮，就是在潮湿季节对平时不使用的工程采取有效的防潮封闭措施，使工程在整个潮湿季节不开门、不进人，不除湿也能保证内部空气的相对湿度符合要求。

封闭防潮的适用条件是：

（1）工程施工质量好，竣工时间长，被覆混凝土的施工水分已基本散发完毕；

（2）内部渗漏水处理较彻底，已基本上杜绝渗漏水对工程潮湿的影响；

（3）内部水源封闭可靠，散湿量已控制到最低限度；

（4）引起工程夏季潮湿的主要原因是来自外界热湿空气的工程；

（5）工程规模小，内部管线设备少，平时不使用的工程。

根据程绍仁先生的研究（1990年），封闭的具体做法是抓好四个环节，采取两项措施。

1）四个环节

（1）彻底处理工程内部的渗漏水，尽量杜绝地下水对工程的渗漏、散湿；

（2）在干燥季节，对工程进行充分的自然通风，最大限度地干燥工程；

（3）做好封闭前的准备工作；

（4）适时封闭。

2）两项措施

（1）建立必要的测量制度，定时遥测工程内部的温、湿度，特别是空气的相对湿度，以便随时了解内部的潮湿状况，必要时采取相应的措施；

（2）严格控制无组织的人员进入工程内部，必要时要上锁贴封条。

8.4.3 地下工程除湿技术

做好地下工程防潮，可有效地控制洞室内湿源，但不能降低洞室空气的相当湿度。人们在工程内部生活、工作，生活和机械用水，壁面散湿和生活用水的散湿，人员、物质出入地下工程而造成外界热湿空气侵入，所有这些湿源，哪怕是极少量的散湿，都会使内部空气的相对湿度不断上升，因此，应在“以防为主”的思想指导下，当内部的相对湿度上升到一定值时，采取一些相应的除湿措施，以保证工程的相对湿度在一定范围内。具体除湿技术方法如下：

1. 自然通风驱湿

自然通风驱湿就是在热压、风压作用下，用外界的低湿空气对地下工程实施通风，以排除洞室内部的湿空气，达到干燥工程的目的。

实施自然通风驱湿的条件是外界空气的含湿量低于工程内部空气的含湿量。因此，自然通风驱湿的大好时机是在冬季，春秋次之，夏季几乎不能通风。

自然通风驱湿是一种既简便、又经济的降湿方法，应充分利用。影响自然通风的因素是洞室外部的风速、风向，洞口朝向，洞室内外空气的热压差，洞室轴线和平面布置等。为了有利于工程的自然通风，应注意如下几点问题：

(1) 洞口的设置应尽量避免两个出入口在大山的同一侧，低口的朝向应尽量与当地冬季的主导风向一致，高口的朝向应反之，并尽量避开夏季主导风向。

(2) 工程在满足使用要求的前提下，轴线应尽量平直，并力求缩短其长度；内部布置尽量采用大跨度的双通道式房间或贯通式的一字形，应避免狭长、多弯和死巷式；房间形式要避免窑洞式或蜈蚣腿式。

(3) 为减少自然通风的阻力，工程头部门的设置不宜过多和过小。

(4) 春秋通风要掌握好时机，春季干湿过渡季节洞室内外温、湿度一天天增高，自然通风驱湿要在洞室内外空气含湿量差 1～2g/kg 以上时进行；而秋季的干湿过渡季节，以后空气越来越干燥，秋季通风应晚几天。

(5) 冬季自然通风时，要注意洞口设备的防冻，并在洞口增设铁栅门。

2. 加热与通风驱湿

加热与通风驱湿就是采用加热与通风相结合的措施，使工程内空气的温度提高，相对湿度降低，并采用自然通风或机械通风，把洞室内产生的余湿排出洞外，取而代之的是洞外的新鲜空气，达到洞室空气新鲜，并保证洞室内所要求的温、湿度的要求。

地下工程的加热与通风驱湿是一个增焓等湿或增焓减湿的过程，地下工程能否采取加热与通风驱湿方法，就要看能否达到增焓等湿过程的这一基本要求，具体取决于下列因素：工程内部空气允许升温的程度、工程外空气的参数和工程内散湿量的大小，一般当驱除洞室内所要求的风量不超过 8 次/h，可采用加热与通风驱湿。

加热与通风驱湿适用情况如下：工程竣工后，洞室内散湿量大，为了使工程尽快投入使用，常采用加热与通风驱湿；余热量大的工程，气温在 30℃左右，人员在内工作感到闷热，需要降温驱湿；一些工程无余热，内部气温很低，人员在内感到阴冷，采用加热与通风驱湿，来保证内部的温湿度要求。

目前常采用的加热方法有：锅炉热水采暖、电热采暖、集中热风炉采暖、辐射板、暖风机和柴油机废热利用等几种；通风方法可采用自然通风和机械通风，并尽可能地利用自然通风。

常用的加热与通风驱湿系统有：集中进风加热系统，将外界空气在进风小室内经过加热后达到预定温度，再用通风机经送风管道送到洞内，分配到使用房间；集中进风与加热，将外界的空气直接送入洞内，分配到使用房间，并用设置在洞内的加热设备及加热系统将其加热升温；自然通风与加热；自然通风与机械通风系统相结合与加热。

3. 固体吸湿剂除湿

固体吸湿剂可分为吸收剂和吸附剂两大类：

(1) 固体吸收剂，又称为固体液化吸湿剂，它吸湿后就变为液体，成为和水的化合物，它的吸湿过程称为化学过程，固体吸收剂表面水蒸气分压力低于周围空气的水蒸气分压力，在这个压力差作用下，它能吸收空气的水分。常用的固体吸收剂有氯化钙、无氧化二磷、硫酸铜和苛性钠等。

(2) 固体吸附剂，本身具有大量的孔隙，可产生强烈的毛细作用，因此，孔隙表面水蒸气的分压力比周围空气的水蒸气分压力低得多，容易吸收空气中的水分。常用的固体吸附剂有硅胶、铝胶、分子筛和活性炭等。

固体吸湿剂的吸湿过程开始强，随着吸湿时间的延长逐渐变弱。固体吸湿剂吸湿后可进行再生（用加热法脱水），再生后的固体吸湿剂可重复使用。目前地下工程的除湿中，氯化钙和硅胶应用比较普遍。

4. 液体降湿

用低于露点温度的水去喷淋空气，对空气的处理为减焓降温减湿过程，这是因为低于空气露点温度的水的水滴表面上饱和空气层的水蒸气分压力低于周围空气中水蒸气分压力的缘故。该法适用于余热量大、需降温减湿的工程，但对于无余热的低温工程，处理后的空气为低温潮湿空气，所以不太适宜。

利用水蒸气分压力低、不易结晶、加热后性能稳定、黏性小的盐类溶液作吸湿剂除湿，也是一种降湿方法。降湿剂一般采用氯化锂、二缩三乙二醇、溴化锂、氯化钙等水溶液。

液体除湿就是用盐水溶液喷淋空气来实现的，盐水溶液吸收水分后，其浓度将逐渐降低，吸湿能力将逐渐减弱。对于变稀的盐水溶液需进行浓缩再生，一般通过喷淋并经高压蒸气排管浓缩，也有采用真空喷射浓缩的。目前，用做液体吸湿的盐类主要有氯化钙和氯化锂两种。

除上述除湿技术外，还有氯化锂转轮除湿机除湿法、冷冻降湿机除湿法。氯化锂转轮除湿机除湿法，是为了克服氯化锂除湿中的腐蚀作用，除湿机由除湿转轮、传动机构、外壳、风机及再生用电加热器等组成，通过该装置，吸收空气中的水分。冷冻降湿机，由制冷系统和通风系统组成，实际上是具有风冷冷凝器的空调机，它采用热泵形式，不仅能减小空气的含湿量，又能使空气温度升高，降低相对湿度，因此，它适用于既要降温，又需加温的地下工程。

参 考 文 献

[1] 李相然，岳同助．城市地下工程实用技术[M]. 北京：中国建材工业出版社，2000.

[2] 陈立道，朱雪岩．城市地下空间规划理论与实践[M]. 上海：同济大学出版社，1997.

[3] 陈建平，吴立．地下建筑工程设计与施工[M]. 武汉：中国地质大学出版社，2000.

[4] 彭立敏，王薇，余俊．地下建筑规划与设计[M]. 长沙：中南大学出版社，2012.

[5] 童林旭．地下建筑学[M]. 济南：山东科学技术出版社，1994.

[6] 童林旭，祝文君．城市地下空间资源评估与开发利用规划[M]. 北京：中国建筑工业出版社，2009.

[7] 钱七虎，陈志龙．地下空间科学开发与利用[M]. 南京：江苏科学技术出版社，2006.

[8] 束昱．地下空间资源的开发与利用[M]. 上海：同济大学出版社，2002.

[9] 孙广忠．工程地质与地质工程[M]. 北京：地震出版社，1993.

[10] 张庆贺，廖少明，胡向东．隧道与地下工程灾害防护[M]. 北京：人民交通出版社，2009.

[11] 康宁，王友亭，夏吉安．建筑工程的防排水[M]. 北京：科学出版社，1998.

[12] 朱馥林．建筑防水新材料及防水施工新技术[M]. 北京：中国建筑工业出版社，1998.

[13] 孙福，魏通垛．岩土工程勘查设计与施工[M]. 北京：地质出版社，1998.

[14] 童林旭．地下建筑图说100例[M]. 北京：中国建筑工业出版社，2007.

[15] 周文波．盾构法隧道施工技术及应用[M]. 北京：中国建筑工业出版社，2004.

[16] 施仲衡，等．地下铁道设计与施工[M]. 西安：陕西科学技术出版社，1996.

[17] 陶龙光，巴肇伦．城市地下工程[M]. 北京：科学出版社，1999.05.

[18] 王树理．地下建筑结构设计[M]. 北京：清华大学出版社，2009.11.

[19] 刘建航，侯学渊．基坑工程手册[M]. 北京：中国建筑工业出版社，1997.

[20] 夏才初，李永盛．地下工程测试理论与检测技术[M]. 上海：同济大学出版社，1999.08.

[21] 童林旭．地下空间与城市现代化发展[M]. 北京：中国建筑工业出版社，2005.

[22] 童林旭．地下汽车库建筑设计[M]. 北京：中国建筑工业出版社，1998.

[23] 王思敬，杨志法，刘竹华．地下工程岩体稳定性分析[M]. 北京：科学出版社，1984.

[24] 李清．城市地下空间规划与建筑设计[M]. 北京：中国建筑工业出版社，2019.12.

[25] 李健行，魏文术．城市重点地区地下空间综合利用规划探讨——以广州宏城广场周边地区为例[J]. 地下空间与工程学报，2012，8(03)：461-466.

[26] 彭学军，孙望成，饶永强，等．盾构施工对周边建筑物影响及其保护技术[J]. 湖南文理学院学报(自然科学版)，2020，32(02)：75-79.

[27] 胡向东，郭晓东，王啟铜，等．管幕冻结法现场试验研究[J]. 隧道建设，2015(S2)：1-7.

[28] 田海芳，田莉．论城市立体开发[J]. 城市问题，2007(07)：35-39+48.

[29] 李小龙，程鹏飞．中国北方地区新石器时代窑洞式建筑结构演变研究[J]. 草原文物，2015(01)：69-76.

[30] 郑怀德．从人性化视角看城市地下空间——以广州地下商城为例[J]. 华中建筑，2012，30(02)：91-94.

[31] 董玉香．俄罗斯地铁站地下空间人性化设计[J]. 建筑学报，2004(11)：79-81.

[32] 克利斯朵夫·德伍尔夫，等．地下蒙特利尔：混凝土下的神话[J]. 世界建筑导报，2012，27(03)：13-17.

[33] 陈娟，李夕兵，顾开运．地下商业步行街内部环境优化初探[J]. 地下空间与工程学报，2009，5

(04)：635-639＋654.

[34] 赵毅，葛大永，李伟，等．地下空间铸就都市传奇——发达国家城市地下空间开发利用杂谈[J]．江苏城市规划，2016(06)：12-18.

[35] 吕莉莉．加拿大蒙特利尔的城市地下空间开发利用[J]．地下空间，1998(S1)：3-5.

[36] 谢屾．南京新街口地下综合体步行通道空间环境研究[J]．南方建筑，2011(05)：56-59.

[37] 蒋宇轩．商业建筑公共空间环境设计研究[J]．建材与装饰，2017(48)：98-99.

[38] 解中．商业建筑公共空间环境设计[J]．山西建筑，2008(28)：56-57.

[39] 王立新，雷升祥，汪珂，等．城市地下工程施工监测新技术[J]．铁道标准设计：1-8.

[40] 王曦，刘松玉，章定文．基于功能耦合理论的城市地下空间规划体系[J]．解放军理工大学学报(自然科学版)，2014，15(03)：231-239.

[41] 程光华，王睿，赵牧华，等．国内城市地下空间开发利用现状与发展趋势[J]．地学前缘，2019，26(03)：39-47.

[42] 雷升祥，申艳军，肖清华，等．城市地下空间开发利用现状及未来发展理念[J]．地下空间与工程学报，2019，15(04)：965-979.

[43] 袁红，赵世晨，戴志中．论地下空间的城市空间属性及本质意义[J]．城市规划学刊，2013(01)：85-89.

[44] 彭芳乐，乔永康，程光华，等．我国城市地下空间规划现状、问题与对策[J]．地学前缘，2019，26(03)：57-68.

[45] 韦丽华，唐军．城市地下空间与人防工程融合发展利用探索[J]．规划师，2016，32(05)：54-58.

[46] 王成善，周成虎，彭建兵，等．论新时代我国城市地下空间高质量开发和可持续利用[J]．地学前缘，2019，26(03)：1-8.

[47] 油新华，何光尧，王强勋，等．我国城市地下空间利用现状及发展趋势[J]．隧道建设(中英文)，2019，39(02)：173-188.

[48] 许劼，王国权，李晓昭．城市地下空间开发对地下水环境影响的初步研究[J]．工程地质学报，1999(01)：3-5.